워드프레스
플러그인과 테마 만들기
소스코드 분석부터 블로그 마케팅까지

워드프레스
플러그인과 테마 만들기

소스코드 분석부터 블로그 마케팅까지

할 스턴 · 데이빗 댐스트라 · 브래드 윌리엄스 지음
이정표 옮김

에이콘

할 스턴Hal Stern

유명 기술 회사의 부사장이다. 클라우드 컴퓨팅과 보안, 대규모 데이터 관리 및 개발자 커뮤니티 구축에 관심이 있다. 5년 전에 기술 동향을 공유하고 고객과 공감대를 형성하고자 블로그에 글을 쓰기 시작했고, 음악과 음식, 아이스 하키나 골프, 뉴저지에서의 생활 등 좀 더 사적인 관심사를 워드프레스를 통해 공유한다. 온라인 웹사이트 주소는 snowmanonfire.com이다.

데이빗 댐스트라 David Damstra

크레딧 유니언의 서비스 부서인 CU* Answers의 웹서비스 담당 매니저다. 데이빗의 개발팀은 금융업에 맞는 웹사이트와 웹 애플리케이션을 개발하며, 여러 웹사이트 구축 프로젝트에 워드프레스를 적용하고 있다. 데이빗은 PHP5용 젠드Zend 인증 엔지니어이기도 하다. 온라인 웹사이트 주소는 ws.cuanswers.com(업무용)과 mirmillo.com(개인용)이다.

브래드 윌리엄스Brad Williams

WebDevStudios.com의 대표이자 공동 창업자다. 또한 사이트포인트SitePoint 출판사 팟캐스트의 공동 진행자이자 포럼의 고문이며, 워드프레스 위클리 팟캐스트의 초기 공동 진행자 중 한 명으로 요즘도 가끔씩 참여한다. 브래드는 14년이 넘게 웹사이트를 개발했고, 최근 4년간은 워드프레스와 오픈소스 기술을 개발했다. 온라인 웹사이트 주소는 strangework.com이다.

감사의 글

이 책이 출간될 수 있었던 것은 조나단 딩맨 덕분이다. 그는 우리가 워드캠프 뉴욕 2008에서 나눴던 아이디어를 기억해 두었다가 와일리^{Wiley} 출판사의 캐롤 롱을 소개해 주었다.

내가 다른 프로젝트를 끝낼 때까지 기다려 준 캐롤과 정리되지 않는 생각을 설득력 있는 문장으로 바꿔준 편집자 브라이언 맥도널드에게 감사한다. 또한 기술 감수를 맡은 마이크 리틀도 예리한 통찰력으로 많은 도움을 주었다. MySQL과 선 마이크로시스템 커뮤니티의 동료들은 내가 블로깅을 하고, 학습하는 데 큰 도움을 주었다. 그 중에서도 특히 팀 브레이, 리치 지펠, 데이브 더글라스, 브라이언 에이커, 밥 소콜, 제레미 바니시, 한슈외르그 클리메츠키, 디바스, 캔다이스 로모나코, 마리아 부이를 언급하고 싶다. 책을 쓴다는 게 쉬운 일은 아니지만 공동 저자인 브레드와 데이빗 덕택에 재미있게 프로젝트를 할 수 있었다. 두 분은 소프트웨어 개발만 잘 하는 게 아니라 공동 집필 작업에도 역량을 발휘해 주었다.

마지막으로 아내 토비와 내 아이들 엘레나와 벤에게 고맙게 생각한다. 주말이나 휴일에도 일하는 나를 이해해 주고 배려해준 덕에 이 책을 완성할 수 있었다.

– 할 스턴

먼저 와일리 출판사 모두에게 감사하고 싶다. 특히 책 쓰는 데 문외한인 나를 믿고 팀에 합류시켜 준 캐롤 롱과 편집자인 브라이언 맥도널드, 주저없이 다양한 의견과 감수를 진행해 준 마이크 리틀에게 특히 감사를 표하고 싶다. 또한 공동 저자인 할 스턴과 브레드 윌리엄스에게 신세를 졌다. 그들 덕택에 매우 짧은 일정 내에서 이 책이 나올 수 있었다.

애정으로 지원해 준 가족 홀리, 잭, 저스틴과 조나에게도 고맙다는 말을 전한다. 또한 이 책을 쓰는 동안 여러모로 도와주고 격려해준 부모님과 친구들, 동료들에게도 감사를 전하고 싶다.

마지막으로 이렇게 튼튼하고 강력한 워드프레스가 탄생할 수 있게 해준 커뮤니티에게 감사한다.

– 데이빗 댐스트라

나의 괴짜짓을 참아준 에이프릴에게 감사한다. 나의 롤모델이자 대단하신 분인 아버지께 감사한다! 여동생 브리트니와 그의 남편인 앨리스터와 조카 인디애나 브루크에게도 고맙다. 열정적인 작업으로 이끌어준 할 스턴과 훌륭한 작업 동료인 데이빗 댐스트라, 전문가인 마이크 리틀, 놀랄만한 편집 기술을 가진 브라이언 맥도널드, 그리고 내게 신뢰를 보내준 캐롤 모두에게 감사하고 싶다. 또한 내가 뉴저지를 떠나 WDS를 진짜로 창업할 수 있게 도와준 브라이언 메센레너에게도 감사를 전한다. 플러그인 개발 부분을 검토해준 맷 마르츠, 마이클 토버트와 스콧 바스가드, 워드프레스 위클리 팟캐스트에 참여시켜준 제프 챈들러(Fizzypop), 멘토링으로 도와준 마가렛 로치에게도 감사를 전한다. 내 모든 워드프레스 친구들에게도 감사하고 싶다. 리사 사빈–윌슨, 브라이언 가드너, 크레이그 튤러(oohrah!), 트래비스 발라드, 코레이 밀러, 조나단 딩맨, 드리 아메다, 앤디 피틀링, 매트 뮬렌웨그, 마크 자퀴스, 제인 웰스, 안드레아 그리고 론, 아론 브라젤, 칼 행콕, 댄 밀워드, 라이언 이멜, 쉐인 F(margarita), 데이지 올슨, 제레미 클라크, 스티브 브루너, 마이클 마이어스. 좋은 친구가 되어 준 제프 아브셔와 제프 그레이, 고맙다. 팟캐스트 친구들에게도 고맙다는 말을 전한다. 패트릭 오키프, 스테판 세그라브즈, 케빈 양크에게 감사한다.

마지막으로 말하지만 결코 작지 않은 나의 동물 친구들 렉터, 클라리스, 고양이 스퀵스에게도 감사를 전한다.

– 브래드 윌리엄스

기술 감수자 소개

마이크 리틀Mike Little

워드프레스 프로젝트를 공동으로 창립한 개발자다. 2003년 매트 뮬렌웨그(현재는 오토매틱 사)와 함께 워드프레스를 시작하여 끊임없이 개발에 매진하고 있다. 마이크는 워드프레스를 전문으로 하는 웹 개발 및 컨설팅 회사인 zed1.com을 운영한다. 최근에는 다수의 정부기관 사이트를 워드프레스로 구축하는 프로젝트를 수행했다. 대표적으로는 Law Commission 컨설팅 사이트가 있고, 현재는 Cabinet Office 고객용 대규모 사이트를 개발 중이다. 워드프레스 서적의 저자이며 UPAUsability Professionals Association의 멤버다.

이정표 lee.jungpyo+wp@gmail.com

PC용 소프트웨어부터 웹 개발, 모바일 게임, 모바일 브라우저 개발에 이르기까지 15년 동안 다양한 개발 프로젝트에 참여했다. 텔레카코리아의 수석연구원과 탁텔아시아의 CTO를 거쳤으며, 현재는 케이티하이텔의 모바일 백엔드 서비스인 baas.io 사업을 책임지고 있다. 최근에는 오픈 라이선스를 활용한 공공정보의 개방과 활성화에 관심이 많으며 크리에이티브 커먼즈 코리아CCK와 코드나무codenamu 활동도 한다. 크리에이티브 커먼즈 권리표현언어ccREL와 『참여와 소통의 정부 2.0』의 공역자로도 참여했다.

옮긴이의 말

내가 처음 워드프레스를 알게 된 것은 2009년 초로 거슬러 올라간다. 당시 가장 널리 알려진 오픈 라이선스 중 하나인 크리에이티브 커먼즈 라이선스CCL를 RDFa를 이용한 메타데이터로 표기하는 '크리에이티브 커먼즈 권리표현언어ccREL'를 한글화하는 작업을 하는 중에 이를 웹에 적용하는 다양한 플러그인을 분석하면서 유독 해외 사례 중에 워드프레스가 자주 언급되는 것을 통해 알게 됐다. 그 이후 워드프레스가 제공하는 엄청난 규모의 다양한 플러그인과 테마 기능에 매료되어 개인 또는 협업 프로젝트를 할 때 자주 활용하면서 친숙하게 되었다.

워드프레스는 단연 현존하는 최고의 콘텐츠 관리 시스템이다. W3 테크에서 조사하는 전 세계 오픈소스 콘텐츠 관리 시스템 점유율 현황을 보면 워드프레스는 점유율 55% 수준을 유지하면서 점유율 10% 수준으로 2위인 줌라Zoomla와의 격차를 월등히 벌리면서 수년째 단 한 번도 최고의 자리를 내준 적이 없다.

인터넷상의 수많은 개인이나 소규모의 웹 사이트가 워드프레스로 구축될 뿐만 아니라 심지어는 테크 크런치나 CNN 블로그처럼 대용량의 서비스도 워드프레스를 사용하는 이유는 과연 무엇일까? 그것은 워드프레스가 무료로 제공되며, 오픈소스인데다 무한대의 확장 능력을 제공하기 때문일 것이다. 즉, 매우 합리적이고 구조적으로 설계된 플러그인과 테마 시스템 덕분에 초급 개발자라도 쉽게 워드프레스의 동작을 파악해 원하는 대로 기능을 확장할 수 있다. 게다가 직접 만들지 않아도 무료로 이용할 수 있는 플러그인 저장소의 플러그인이 만여 개가 넘고, 몇 번의 클릭만으로 테마를 적용하면 최고급 디자이너가 작업한 수준의 웹사이트를 만들어 낼 수 있다는 사실을 생각하면 워드프레스의 성공은 어찌 보면 당연한 것이 아닌가 하는 부러움이 들기도 한다.

이 책은 이미 설치된 워드프레스를 이용하려는 사용자와 플러그인과 테마를 개발하려는 개발자, 그리고 블로그 운영과 관련된 다양한 주제인 검색 엔진 최적화SEO, 보안, 기업에서 활용법에 관심 있는 운영자 모두를 대상으로 하는 입문서다. 이런 방식은 워드프레스라는 콘텐츠 관리 시스템을 둘러싼 광범위한 주제를 폭넓게 다룬다는 점에서 장점이 있지만, 반면 특정 주제를 깊이 있게 다루지 못한다는 아쉬움도 있기 마련이다. 다행인 것은 워드프레스에는 코덱스^{codex}라 불리는 너무나도 훌륭한 위키 기반 문서 시스템과 개발자 포럼이 제공된다는 점이다. 단언컨대 이 두 곳을 활용하면 워드프레스 사용 중에 부딪히는 거의 모든 의문점을 해소할 수 있을 것이다. 또한 특정 주제에 대해 좀 더 자세히 알고자 하는 독자라면 플러그인과 테마 개발에 대해서만 전문적으로 다루는 관련 도서를 찾아보는 것도 큰 도움이 될 것이다.

참고로 워드프레스 한글판의 경우 버전에 따라 용어가 다르다는 사실을 알려주고 싶다. 예를 들면, 관리자 화면에서 사용한 Dashboard의 경우 3.4 이전까지는 **대시보드**로 사용했으나 3.4부터는 **알림판**으로 변경되었다. 하지만 3.5부터는 다시 이전 용어로 바뀐다고 한다. 또한 테마 작업 메뉴인 Appearance는 2.9 버전에서는 **테마 디자인**이라고 썼고 중간에 **모양새**라고 바뀌었다가 3.4 버전에서는 **외양**이라고 표기되고 있다. 하지만 한글판이 참조하는 영문판의 경우 용어가 일관되게 유지되고 있으므로 이 책에서는 원서의 기준 버전이면서 동시에 메뉴 버전의 누락도 없었던 한글판 2.9 버전을 기준으로 용어를 통일했다.

끝으로 지난 번역과정을 꼼꼼하게 챙겨주신 에이콘 출판사의 황지영 과장님과 번역 기회를 주신 김희정 부사장님께 감사하고, 워드프레스와 리눅스에 대한 해박한 지식 덕분에 여러모로 도움을 받은 박민우 피디와 곽상용 피디께도 감사한다.

이정표

목차

들어가며

워드프레스는 현재 세계적으로 가장 많이 사용되는 설치형 블로깅 소프트웨어다. 또한 GPL 라이선스로 배포되는 오픈소스 프로젝트로서 프로그래밍 언어로는 PHP를, 데이터베이스로는 MySQL을 사용한다. 어떤 서버 환경이든 이 두 가지 요건만 만족하면 운영할 수 있기 때문에 워드프레스는 이식성이 매우 좋으며 설치와 운영은 더욱 쉽다. 워드프레스는 시스템 관리자나 개발자, HTML 전문가나 디자이너의 전유물이 아니며, 인터넷 분야의 표준 기술로만 개발해서 확장과 수정이 쉽고 다양한 애플리케이션에 적용될 수 있다. 워드프레스는 미디어 플랫폼으로서 수많은 개인의 블로그 소프트웨어로도 널리 사용되고 있으며, 고용량과 고성능이 필요한 CNN 방송사의 블로그 엔진으로도 쓰인다. 또한 블로그를 읽는 사용자에게뿐만 아니라 블로그를 꾸며야 하는 웹 디자이너에게도 매우 적합한 도구다. 워드프레스의 창시자인 매트 뮬렌웨그 Matt Mullenweg는 2008년 뉴욕시에서 열린 워드캠프의 키노트를 통해 워드프레스 개발팀은 단순하면서 강력한 도구인 PHP와 MySQL을 이용해 워드프레스를 개발했으며, 이러한 선택을 통해 워드프레스가 사용자에게는 쉬운 기능을, 개발자에게는 강력한 기능을 제공하는 플랫폼으로 자리매김했다고 역설했다.

워드프레스가 다양한 애플리케이션과 기능을 지원하고 있지만 독자가 원하는 기능에 맞춰 활용하고자 할 때 어디서부터 시작해야 할지 잘 모를 수 있다. 우선 데이터베이스 모델이나 콘텐츠와 메타데이터의 관계를 학습해야 할까? 아니면 HTML 코드를 생성하는 화면 출력 모듈을 학습해야 할까? 이 책은 워드프레스 내부 구조와 코어 코드 동작 및 데이터 모델에 대해 자세히 알기 원하는 독자를 위한 것이다. 동작 방식을 이해하면 훨씬 능숙하게 워드프레스를 다룰 수 있을 뿐만 아니라, 기능을 확장할 수도 있으며, 문제가 생겼을 때 고치는 것도 가능하다. 경주용 자동차를 운전할 때는 자동차 내부의 연소 기관과 항공 역학, 서스펜션 등에 대한 기초 지식을 아는 게 필요하듯 워드프레스의 기능을 십분 활용하려면 내부 동작 방식에 익숙해지는 것이 매우 중요하다.

이 책의 대상 독자

워드프레스로 개인 블로그를 만들고 글을 작성한 다음 인터넷에 공개하는 것은 아주 쉽다. 그러나 대중을 위한 서비스를 구축할 때는 좀 더 자세하고 폭넓은 이해가 필요하다. 이 책을 쓰게 된 이유는 바로 이와 같은 워드프레스의 이중성 때문이다. 시중에 나와 있는 초보 블로거를 위한 워드프레스 안내서는 단순히 워드프레스로 만든 사이트의 글을 작성하고, 관리하며, 유지보수하는 기본 기능에 대한 설명만을 제공한다. 이 책을 쓴 목적은 매뉴얼을 읽는 것보다는 워드프레스 코덱스^{Wordpress Codex}가 훨씬 익숙한 PHP 전문 개발자와, 블로그를 소셜 네트워킹 사이트와 연결하고 화면 디자인을 바꾸는 정도만 활용하는 일반 사용자 사이의 간극을 줄이려는 것이다.

간단히 말하자면, 워드프레스 테마를 정교하게 다듬는 데 관심이 있는 독자부터 워드프레스를 대기업의 CMS로 사용하려는 전문가까지 광범위한 분야의 개발자에게 도움이 되기를 바란다. 따라서 워드프레스의 코어부터 주변기능까지 하나씩 살펴볼 것이다. 이 책에서는 기능의 기본 동작을 자세히 알아본 후, 예제를 통해 다양한 필요에 맞는 기능을 어떻게 분해 및 조립할 수 있는지를 설명했다. PHP 개발에 익숙하지 않은 워드프레스 사용자는 개발자를 대상으로 설명한 부분은 건너뛰고 읽어도 좋다. 워드프레스용 테마나 플러그인을 개발하는 데 코드가 필요한 사용자는 책의 중반부부터 시작하는 것을 추천한다.

이 책의 구성

이 책은 크게 세 부분으로 나눌 수 있다. 1장부터 4장까지는 워드프레스의 개요와 주요 기능 요소, 그리고 워드프레스에서 웹페이지를 출력할 때 내부에서 어떤 일이 진행되는지를 개괄적으로 설명한다. 5장부터 8장까지는 워드프레스 코어로 좀 더 깊이 들어가서 내부의 소스코드와 데이터 구조에 대해 설명한다. 이 부분은 특히나 개발자를 대상으로 했으며, 플러그인을 통한 확장과 테마를 사용자화하는 방법에 대해 깊숙이 설명한다. 9장부터 15장까지는 마지막 부분으로서 개발자의 관점으로 본 사용자 경험과 최적화에 대해 다루고, 이용자 입장에서 성능과 보안, 그리고 기업용으로 활용하는 방안에 대해 알아본다.

각 장별로 어떤 내용을 다루는지 구체적으로 알아보도록 하자.

1장 '첫 글 올리기'에서는 워드프레스 소프트웨어의 역사와 자주 이용하는 호스팅 옵션, 콘텐츠 중심 환경에서 커뮤니티가 중요한 이유 및 워드프레스의 설치와 디버깅 방법에 대한 기초 지식을 설명한다.

2장 '워드프레스의 기능'에서는 일반 사용자가 블로그 포스트를 작성하고, 편집하고, 시스템을 관리하는 도중에 접하게 되는 워드프레스 시스템의 주요 내용에 대해 살펴본다. 즉 워드프레스의 가장 기본적인 기능인 대시보드와 플러그인, 세팅과 퍼미션, 사용자와 콘텐츠 관리 등에 대한 기본 지식을 전달하여 고급 단계를 위한 준비를 한다. 만약 독자가 워드프레스 입문자로서 고급 수준의 워드프레스 저작 및 관리 역량을 개발하기 원한다면 2장에서 설명하는 내용을 완전히 숙지해야 한다.

3장 '코드 개요'에서는 워드프레스 배포판 다운로드에 대한 설명으로 시작하며 배포판 파일의 기본 구성과 각 콘텐츠에 대해 설명한다. 인덱스^{index} 파일을 시작으로 하향식으로 코드를 검토해 포스트의 선택, 콘텐츠의 조합, HTML 출력코드의 산출 등의 과정을 처리하는 특정 포스트 URL에 대해 알아본다. 3장은 이후에 개발자를 대상으로 설명하게 될 중간 부분에 대한 지도의 역할을 한다고 할 수 있다.

4장 '워드프레스 코어 해부'에서는 워드프레스 엔진의 기초를 구성하는 핵심 PHP 함수에 대해 알아본다. 4장은 이후에 개발자를 대상으로 설명하게 될 중간 부분에 대한 개략적인 설명이다. 그리고 후반부에서 다루게 될 워드프레스의 실전 배치와 통합 및 사용자 경험 등에 대한 기초를 쌓는 부분이라고 할 수 있다. 또한 4장에서는 코어 코드를 레퍼런스 가이드로 사용하는 방법도 다루며, 사용자가 임의로 코어 코드를 해킹하는 것이 좋지 않은 이유에 대해서도 설명한다.

5장 '루프'는 이 책에서 설명하는 개발 코어의 핵심 부분이다. 워드프레스 메인 루프는 콘텐츠를 생성하고 MySQL 데이터베이스에 저장하며, 저장된 콘텐츠를 다시 브라우저로 출력할 때 데이터를 추출, 정렬, 배치하는 다양한 함수를 구동한다. 5장은 MySQL 데이터베이스에 저장된 콘텐츠를 출력하는 과정뿐만 아니라 새로운 포스트를 생성, 저장, 발행하는 과정을 샅샅이 살펴본다. 특히 워드프레스의 내부 동작을 철저히 이해할 수 있도록 데이터베이스 기본 함수와 메타 데이터 관리 부분에 대해서도 상세히 알아본다.

6장 '데이터 관리'는 5장에서 설명한 부분 중 나머지 반쪽인 MySQL과 이 데이터베이스에서 사용하는 생성, 업데이트 등 명령어 처리 함수에 대해 알아본다. 또한 데이터베이스 스키마와 데이터 및 메타데이터 택소노미, 워드프레스 요소 간에 존재하는 기본 관계에 대해서도 알아본다. 블로그에서 사용되는 기초 데이터가 저장된 MySQL에서 데이터를 선택하고 추출하는 데 사용한 기본 쿼리 함수에 대해서도 설명한다.

7장 '플러그인 개발'에서는 플러그인의 기본 구조를 설명하고 훅과 액션, 그리고 필터 인터페이스를 이용해 워드프레스 코어에 새로운 기능을 결합하는 방법을 알아본다. 또한 페이지를 구성하고 콘텐츠를 배치하는 함수를 변경하는 방법과 플러그인 데이터를 저장하는 방법을 설명한다. 그리고 기본 프레임워크를 사용해 플러그인을 구축하는 예제를 통해 플러그인의 필수 기능을 알아본다. 또한 7장은 위젯을 생성하는 방법과 블로그 사이드바에 이미지나 콘텐츠를 추가하는 플러그인에 대해 다룬다. 대다수 플러그인이 관리하기 편리하게 위젯을 제공한다. 플러그인을 워드프레스 리파지토리에 발행하는 것과 플러그인 충돌 시 문제해결에 대해 다루는 것으로 7장을 마무리한다.

8장 '테마 개발'은 7장의 나머지 반쪽 부분으로 화면 출력과 렌더링을 다룬다. 플러그인이 새로운 기능과 함수를 코어에 추가하는 것이라면 테마와 CSS 페이지 템플릿은 콘텐츠를 독자에게 보여주는 방법을 다룬다. 8장에서는 간단한 샌드박스 테마를 소개하고 테마 작성법과 커스텀 페이지 템플릿 구축, 테마 설치, 7장에서 설명한 함수가 어떻게 테마의 요소를 사용하는지에 대해서도 다룬다. 여기까지가 개발자를 대상으로 한 중반부분의 마지막 장이다.

9장 '콘텐츠 수집'에서는 서비스의 관점에서 워드프레스를 살펴본다. 독자의 블로그가 온라인에 공개된 가상의 퍼소나persona이거나 온라인 공간online presence이라면 다양한 콘텐츠 공급처에서 데이터를 가져와야 할 것이다. 9장은 웹 서비스 인터페이스와 워드프레스 API 및 워드프레스로 유입되거나 유출되는 글에 대해 자세히 알아보고, 워드프레스에서 작성한 포스트를 페이스북 페이지로 보내는 방법도 알아본다.

10장 '사용자 경험 강화'에서는 독자의 관점에서 워드프레스 설치방법을 알아본다. 블로그의 기본이라 할 수 있는 사용성과 테스트, 그리고 정보를 쉽게 찾는 방법을 다루고 좀 더 고급 주제인 검색 엔진 최적화SEO, Search Engine Optimization와 웹 표준 메타데이터를 사용해 검색 엔진에서 블로그 사이트나 특정 블로그 포스트를 노출하는 방법을 다룬다. 9장에서는 외부 콘텐츠를 워드프레스로 가져오는 방법을 다루었으나 10장에서는 반대로 독자의 콘텐츠를 웹상의 다른 곳으로 보내는 방법을 알아본다. 그리고 콘텐츠 접근성이나 모바일 기기로 전송하는 방법 등 워드프레스의 약점인 검색 기능을 대신할 수 있는 방법에 대해 논의한다.

11장 '확장성과 통계 및 보안과 스팸'에서는 유명한 사이트가 되는 방법과 악명 높은 사이트가 되지 않는 방법에 대해 알아본다. 워드프레스를 댓글 스패머와 악의적인 해커로부터 안전하게 유지하는 것이 환경설정 및 관리의 핵심이라 할 수 있다. 11장에서는 많이 이용되는 보안 및 안티스팸 플러그인과 그 기능에 대해 살펴본다. 트래픽 분석 도구를 이용하면 콘텐츠 타입과 함수, 광고 캠페인과 프로모션 또는 링크 등이 얼마나 독자의 관심을 유도하는지를 알려주며 어떻게 트래픽을 관리해야 하는지도 알 수 있다.

12장 'CMS'에서는 워드프레스를 단순한 블로깅 시스템으로만 사용하지 않고 네트워크로 연결된 콘텐츠를 통합하고 배포하는 관리 시스템으로써의 역할을 알아본다. 또한 드루팔Drupal이나 줌라Joomla 같은 오픈소스 기반의 CMS와의 통합 방법에 대해서도 다룬다.

13장 '기업에서 워드프레스 이용하기'에서는 확장성과 통합 문제를 다룬다. 워드프레스는 종종 '대기업 규모'의 콘텐츠 관리 도구나 12장에서 다룬 방식에 따라 구축하기에는 부족하다는 얘기를 듣곤 한다. 13장에서는 워드프레스를 이용해 작게는 개인 인증부터 크게는 마이크로소프트 사의 ASP/.NET 서비스에 걸쳐있는 다양한 기업 시설과 통합하는 방법을 설명한다.

14장 '워드프레스로 마이그레이션'에서는 현재 블로그의 콘텐츠를 어떻게 워드프레스라는 CMS로 옮길 것인지에 대한 개요를 설명한 다음, 이미지나 비디오 또는 형식 데이터 같은 미디어 파일을 옮길 때 발생하는 문제점에 대해 살펴본다. 또한 14장은 현재 사이트를 워드프레스 설치 페이지로 변경하는 방식도 다룬다.

15장 '워드프레스 개발자 커뮤니티'에서는 코어를 수정하거나 플러그인과 테마를 업로드하거나 문서를 추가하거나 다른 개발자를 지원하는 방식으로 워드프레스 생태계에 기여하는 방법을 소개한다. 또한 워드프레스의 자매 프로젝트로써 포럼 지원을 목적으로 탄생한 비비프레스bbPress의 개요와 다른 개발 리소스에 대한 요약, 그리고 워드프레스에서 사용한 단어를 정리한 용어집 등을 다룬다.

이 책을 이해하는 데 필요한 사전 지식

이 책을 이해하는 데는 HTML에 대한 기초 지식이 필요하고, 테마와 사용자 경험을 다루려면 CSS에 대해서도 알고 있어야 한다. 이 책에서 제공하는 코드를 바탕으로 일부를 변경해 사용한다고 하더라도 고급수준의 개발자용 섹션을 이해하는 데 필요한 PHP 코딩이나 디버깅 경험이 있어야만 코드를 이용해서 템플릿을 만들고 사용할 수 있다. 데이터 저장 기능이 있는 플러그인이나 데이터 관리 기능에 대해 이해하려면 데이터베이스에 대한 기본 지식이 필요하며, 특히 MySQL의 문법과 구문을 잘 알고 있어야 한다.

HTML 페이지 내에 PHP 코드만을 강조해서 보여주는 하이라이트 기능이 있는 개발환경을 사용하면 매우 편리하다. 개발자들이 개발 도구를 선택하는 것은 거의 종교적 믿음과 가깝다고 한다. 게다가 저자의 주변 사람들 중에는 vi 에디터가 곧 개발 환경이라고 믿는 프로그래머도 많다. 좀 더 사용자 친화적인 개발 도구를 사용하면 워드프레스 코어 코드에서 사용된 함수의 동작을 이해하는 작업이 훨씬 수월해질 수 있다.

이 책에서 제공하는 코드 샘플과 예제를 사용하고자 한다면 무엇보다도 이를 적용할 워드프레스 블로그가 미리 설치돼 있어야 한다. 따라서 1장에서는 워드프레스 다운로드 방법과 데스크톱 또는 테스트 기기에 설치하는 방법, 워드프레스 호스팅 옵션과 디버깅하고 소스코드를 찾아보는 방법에 대해 설명한다.

워드프레스를 제대로 이용하려면 무엇보다도 글솜씨가 가장 중요하다고 주장하는 사람들도 있다. 안타깝게도 이러한 주장은 모든 개인에게 출판의 권한을 갖도록 해주는 플랫폼으로서의 워드프레스의 가치를 간과하는 것이라 생각한다. 이 책은 독자의 생각과 아이디어를 안내하는 책이 아니다. 이 책은 독자의 생각과 아이디어를 어떻게 웹사이트에 올려서, 어떻게 세상 사람들에게 공개하고, 어떻게 피드백을 받을 것인지에 대한 책이다.

이 책의 편집 규약

독자의 이해를 돕기 위해 다음과 같이 몇 가지 편집 규약을 사용했다.

> **⊗ 주의** 중요한 내용이나 절대로 잊으면 안 되는 정보를 제공한다.

> **✎ 참고** 현재 말하고 있는 내용과 관련된 보충 설명이나 도움이 되는 정보를 의미한다.

본문에 사용한 표기법은 다음과 같다.

▶ 프로그램을 설치할 때나 화면에서 선택하는 메뉴, 버튼 등은 Gothic체로 표기한다.

▶ 본문에서 함수명이나 소스코드와 관련된 내용은 Courier체로 표기한다.

▶ 소스를 수정한 내용이나 강조해야 하는 부분은 **Courier Bold**체로 표기한다.

소스코드 다운로드

이 책 나온 예제를 실행하려면 소스코드를 직접 입력하는 방법도 있지만 http://www.wrox.com과 에이콘출판사의 도서정보 페이지 http://www.acornpub.co.kr/book/pro-wordpress에서 받을 수 있다.

P2P.WROX.COM

저자와의 토론을 원한다면 p2p.wrox.com 사이트의 P2P 포럼에 가입한다. 포럼은 웹 기반 시스템으로 Wrox 출판사가 발행한 책이나 관련 기술에 대해 글을 올리고 다른 독자나 개발자들과 의견을 나눌 수 있는 곳이다.

포럼에는 구독 기능이 있어서 새로운 글이 올라올 경우 이메일로 전송받을 수도 있다. 이 포럼에는 Wrox 저자와 편집자, 기술 전문가와 다른 독자들이 가입돼 있다.

http://p2p.wrox.com에는 다양한 포럼이 있으며, 책을 읽거나 직접 프로그램을 작성할 때 도움을 받을 수 있다. 포럼에 가입하려면 다음 절차대로 한다.

1. p2p.wrox.com에 접속해 Register link를 클릭한다.
2. 약관을 읽고 Agree를 클릭한다.
3. 가입에 필요한 필수 항목과 선택 항목을 입력하고 Submit을 클릭한다.
4. 가입 시 신청한 이메일 주소로 가입 확인 메일이 전송된다.

> ✎ **참고** P2P에 가입하지 않아도 포럼의 글을 읽는 데는 문제가 없지만 글을 작성하려면 반드시 가입해야 한다.

가입한 후에는 새 글을 작성할 수도 있고 다른 사용자의 글에 댓글을 달 수도 있다. 또한 웹사이트에 접속해 언제든지 글을 읽을 수도 있다. 특정 포럼에 새 글이 등록되면 이메일로 알려주는 기능을 사용하려면 원하는 포럼 페이지로 이동한 후 Forum Tools에서 Subscribe to this Forum(포럼 구독)을 선택한다. Wrox P2P 사용법에 대해 더 자세히 알고 싶을 때는 P2P FAQ를 찾아보면 포럼 소프트웨어의 동작 방식에서부터 Wrox 출판사에 대한 일반적인 정보까지 알 수 있다.

첫 글 올리기

1장에서 다루는 내용

▶ 워드프레스 플랫폼의 역사

▶ 워드프레스 설치 환경

▶ 워드프레스 다운로드, 설치, 기본 설정

▶ 설치 도중 흔히 발생하는 문제와 해결 방법

프로그래밍 언어에서 "Hello World"를 출력하는 것이 가장 기본이라면 블로그에서는 첫 번째 글을 작성하는 것이 기본이다. 1장에서는 워드프레스의 간략한 역사, 워드프레스 호스팅 업체 선택 방법을 알아본다. 또한 흔히 발생하는 실수와 오해, 그 해결책에 대해 살펴보고 올리고 싶은 글을 포스팅하는 방법을 알아본다.

이어서 워드프레스를 설치하고, 설정하고, 관리하는 기본 과정을 마친 후, 2장에서는 소스코드와 워드프레스에 기능을 추가하는 데 사용하는 컴포넌트에 대해 자세히 알아본다. 워드프레스 블로그를 이미 갖고 있다면 1장은 건너뛰고 2장의 대시보드를 설정하는 부분으로 넘어가도 좋다.

워드프레스란

워드프레스는 가장 널리 알려진 오픈소스 블로그 시스템 중 하나다. 워드프레스는 전 세계에 열정적인 사용자, 개발자, 지원 커뮤니티를 보유하고 있다. 사용자가 콘텐츠를 생성하는 데 사용하는 도구로서 워드프레스는 타입패드TypePad, 무버블타입Moveable Type, 구글의 블로거Blogger, 아파치의 롤러프로젝트Roller Project와 비교되는데, 그 중에서도 워드프레스는 훨씬 많은 호스팅 옵션과 기능 확장(플러그인), 미려한 디자인과 요소(테마)를 제공한다.

디지털 기술 덕분에 과거에는 고급형, 고비용이었던 제품을 이제 누구나 저렴하게 소비하고 즐길 수 있게 되었다. 자가 출판의 인기상승, 저렴한 웹 호스팅, MySQL 데이터베이스처럼 무료로 이용할 수 있는 다양한 기술 덕분에 블로깅 소프트웨어도 이러한 트렌드를 따라갈 수 있게 되었다. 워드프레스는 단순한 개인 블로그 시스템이 아니다. 워드프레스는 개인과 기업 모두가 필요로 하는 것을 제공하는 콘텐츠 관리 시스템CMS, Content Management System이다. 다음은 워드프레스의 초기 역사, 현재 릴리스와 사용자 커뮤니티에 대해 알아보자.

역사: 워드프레스와 친구들

워드프레스는 유명한 오픈소스 소프트웨어 패키지들과 비슷하게 시작했다. 몇 명의 재능 있는 개발자들이 GPL을 채택한 기존 프로젝트를 기반으로 강력하고 단순한 도구를 만들어야겠다고 생각했다. 미셸 팔드리히Michel Valdrighi의 b2/cafelog 시스템이 그 시작점이 됐다. 매트 뮬렌웨그Matt Mullenweg와 마이크 리틀Mike Little이 b2/cafelog의 소스코드를 분기해서 워드프레스 개발을 시작했다. 워드프레스는 2003년 처음 모습을 드러냈는데, 콘텐츠는 MySQL 데이터베이스에 저장하고, 개발 플랫폼으로는 PHP를 이용했다. 팔드리히는 지금도 여전히 워드프레스 개발 프로젝트의 기여자로 활동 중이며, 사용자와 개발자 커뮤니티도 이 프로젝트에서 관여한다. PHP로 작성된 대다수 시스템이 모듈로 되어 있는 것처럼 워드프레스의 설치, 설정, 운영, 관리 기능도 모두 PHP 모듈로 되어 있다. 워드프레스가 인기 있는 이유 중 하나는 단순하기 때문인데, '5분 설치five minute installation'라는 문구는 워드프레스에 대한 책이나 설명에는 꼭 등장할 정도로 유명하다. 또한 워드프레스는 쉽게 확장할 수 있는 설계 구조를 채택하고 있다.

몇 명의 핵심 개발자와 100명 이하의 주요 기여자 그룹이 워드프레스를 개발한다. 마이크 리틀은 워드프레스 전문점 zed1.com을 운영하면서 비정기적으로 코드 패치를 한다. 매트 뮬렌웨그의 회사인 오토매틱Automattic 사는 wordpress.com 호스팅 서비스를 계속 운영하면서 동시에 워드프레스MU와 관련한 기금을 개발한다. 워드프레스MU는 다중 사용자multi-user 버전으로 현재 wordpress.com 호스팅 시스템의 핵심이다. 워드프레스MU는 '엠유'라고 읽기도 하고, 그리스어나 수학에서 쓰는 단어처럼 '뮤'라고 읽기도 한다. 한편 그라바타Gravatar는 이메일 주소별로 아바타를 관리하고, 이를 다양한 옵션과 함께 표시하는 서비스다. 독자의 프로필 사진을 멋지게 만드는 데에 그라바타를 사용해보기 바란다.

CMS로서, 워드프레스는 단지 시간순서대로 포스트와 코멘트를 보여주기만 하는 것은 아니다. 버디프레스BuddyPress라는 확장 프로그램은 워드프레스를 소셜 네트워크 플랫폼으로 확장해주는 테마와 플러그인 세트다. 버디프레스를 이용하면 사용자 간에 메시지를 주고받고, 댓글 등을 주고받고, 의사소통을 할 수 있는데, 이 모든 것이 워드프레스 프레임워크 내에서 이뤄진다. 유사한 확장 프로그램인 비비프레스bbPress는 PHP와 MySQL을 사용하는 게시판(포럼) 기능인데, 게시판과 블로그의 특징은 전혀 다르지만 비비프레스는 워드프레스와 자연스럽게 통합될 수 있다.

워드프레스 확장 프로그램에 대해서는 15장 "워드프레스 개발자 커뮤니티"에서 더 알아보겠다. 지금은 워드프레스가 개인 사용자를 위한 것이 아니라는 것만 기억해 두기 바란다. 참고로 저자는 오토매틱 사와 어떤 금전적인 관계도 없다.

워드프레스의 현황

이 책은 워드프레스 2.9 메이저 릴리스를 기반으로 한다. 워드프레스는 관리, 설정(대시보드), 백업, 내보내기export, 가져오기import 등의 기능 개선과 설치, 업그레이드 등의 특징 개선이 릴리스별로 이뤄진다. 최신보다 조금 낮은 버전으로 시작하더라도 현재 릴리스 버전으로 전환하거나 최신 버전으로 유지할 수 있다. 설치와 업그레이드에 대해서는 1장의 뒷부분에서 알아본다.

도대체 워드프레스가 얼마나 인기가 있는 것일까? '인기'라는 말은 주관적일 수밖에 없으니 신뢰도가 높은 통계로 알아보자. 제이슨 칼라카니스Jason Calacanis는 2억 2백만 개의 웹사이트가 워드프레스를 쓰고 있다고 했다(출처: 「This Week in Startups」 16편, 2009년 9월). 이 숫자에는 워드프레스를 콘텐츠 관리용과 블로그용, 개인 홍보용 등으로 사용하는 것을 포함했고, 한 사람이 여러 개의 워드프레스를 설치한 경우는 제외했다. 이 숫자가 다소 과장됐다고 하더라도 워드프레스는 정말 많이 쓰인다. 다음은 워드프레스 다운로드 통계다.

▶ **2006년** 150만 (출처: WordPress.org)

▶ **2007년** 380만 (출처: WordPress.org)

▶ **2008년** 1,100만 이상 (출처: 매트 뮬렌웨그의 워드캠프 NYC 키노트)

wordpress.com에 등록된 블로그는 현재 460만을 넘으며, 등록된 포스트의 수는 2008년에 이미 3,500만 개를 넘었다. 다시 말하면 매월 400만 개의 포스트가 작성된다는 뜻이다. 이 숫자는 매트 뮬렌웨그가 워드캠프 NYC 키노트에서 발표한 내용이다 (워드캠프TV에서 다시 볼 수 있다). 플러그인의 숫자는 2006년에 370개, 2007년에 1,384개였고, WordPress.org에 따르면 현재는 6,300개가 넘게 등록되었다. 플러그인과 테마를 조합할 수 있다는 것을 고려하면 그 숫자는 더 어마어마하다. 그러면서도 다양한 플러그인과 테마를 쉽게 찾고 설치하고 사용할 수 있다. 이는 견고한 아키텍처와 튼튼한 커뮤니티가 빚어낸 결과다.

현재 CNN의 블로그, 월스트리트저널의 All Things D(디지털의 모든 것), 온라인 유머 사이트인 icanhazcheeseburger.com도 워드프레스를 사용한다.

그렇다면 워드프레스를 어디에서부터 시작해야 할까?

WordPress.org는 최신 릴리스 버전과 개발 버전을 모두 운영하는 홈페이지다. wordpress.org/extend에서 플러그인, 테마, 희망하는 기능에 대한 아이디어, 앞으로 구현될 항목에 대해 알 수 있다.

wordpress.com은 유/무료 호스팅 서비스를 제공한다. wordpress.org/hosting에서 워드프레스를 지원하는 여러 호스팅 업체를 찾을 수 있다. 여기에 나오는 여러 호스팅 업체 중에는 워드프레스 설치와 설정을 지원하는 서비스를 제공하는 곳도 있다.

커뮤니티와의 협업

워드프레스는 수많은 사용자가 적극적으로 이용하고 커뮤니티에서 활동하고 있으므로 점점 더 성장하는 추세다. 많은 수의 사용자와 커뮤니티가 참여 자체에 의미를 두고 열심히 노력하고 있다.

워드캠프 행사는 커뮤니티가 주관하는 지역행사로써 세계 여러 도시에서 자율적으로 진행된다. 독자가 사는 곳과 가까운 도시에서 진행되는 워드캠프를 찾아볼 수 있도록 참여자가 많은 캠프 목록은 wordcamp.org에서 등록된다. 매주 진행되는 워드캠프에 참가하는 블로거, 사진사, 작가, 편집자, 개발자, 디자이너는 많은 경험과 각기 다른 기술을 가지고 있다. 워드캠프에서는 저렴한 가격으로 지역 커뮤니티 및 워드프레스의 유명인들을 만날 수 있다. 워드캠프보다는 가볍고, 더 자주 만나는 행사로 워드프레스 미팅Meetup이 있는데, 워드프레스 미팅은 좁은 지역의 사용자와 개발자가 참석하며, 40개 넘는 도시에서 모임을 갖는다. 워드프레스 미팅에 참여하려면 wordpress.meetup.com 계정이 필요하고, 등록 후 미팅 위치 및 시간을 확인할 수 있다.

codex.wordpress.org는 다양한 문서를 여러 국가의 언어로 제공하는 문서 저장소다. 코덱스라는 이름은 고대 필사본에서 나온 단어다. 코덱스에는 워드프레스의 설치부터 디버깅까지 커뮤니티 팁과 트릭이 있다. 또한 코덱스는 14명의 관리자와 7만명이 넘는 등록 사용자가 있는 위키 사이트다. 여러분이 워드프레스 문서에 기여하고 싶다면 등록과 동시에 워드프레스 코덱스에 글을 쓰길 바란다. 이 책이 당신에게 친구 또는 코덱스의 여행가이드가 되길 바란다.

마지막으로, 워드프레스 기여자와 커뮤니티가 이용하는 메일링리스트(및 지난 글 모음)가 있다. 최근 명단은 codex.wordpress.org/Mailing_Lists에서 찾을 수 있다. wp-docs 리스트는 코덱스에 기여한 사람들이 활동하는 곳이고, wp-hackers 리스트는 워드프레스의 핵심과 앞으로 나가야 할 방향을 결정하는 사람들이 활동하는 곳이다.

워드프레스와 GPL

워드프레스는 GPLGNU General Public License 버전 2 라이선스이며, 이 내용은 워드프레스 소스코드 루트폴더에 위치한 license.txt 파일에 포함돼 있다. 많은 사람들이 라이선스를 읽지도 않고서 워드프레스는 오픈소스 프로젝트라고 이해한다. 그러나 기업의 법무 팀이라면 원 배포판에 코드가 추가되거나 콘텐트를 수정하거나 할 때 요구되는 GPL의 강제조항에 대해 여전히 우려를 하고 있다. 이러한 혼란은 '자유'와 '저작권'이라는 용어를 부적절하게 사용하는 데에서 발생한다.

우리 저자들은 변호사도 아니고 인터넷이나 텔레비전에서 변호사와 논쟁하지도 않을 것이다. 독자 여러분이 저작권법의 미묘한 의미를 알고 싶거나, 소스코드 '양도'의 법적 구성에 대해 알고 싶다면 로렌스 레식Lawrence Lessig이나 코리 닥터로우Cory Doctorow의 책을 읽기를 바란다. 저자들이 설명한 이런 내용을 참고하면 회사의 법무 팀이 워드프레스를 기업의 CMS로 도입하는 것을 주저할 때 IT 부서에서 이를 잘 설득할 수 있을 것이다. 워드프레스는 CNN과 월스트리트저널도 법적인 문제없이 사용하고 있으므로 아마도 여러분의 회사를 포함해 대부분의 회사도 문제없을 것이다.

GPL의 핵심 사상은 GPL을 채택한 소프트웨어라면 항상 소스코드를 받을 수 있도록 보장하는 것이다. 어느 회사가 GPL을 채택한 소프트웨어 패키지를 수정해 새로운 버전으로 재배포하였다면, 재배포한 소스코드도 누구나 이용할 수 있게 해야 한다. 이것이 GPL이 유지될 수 있도록 하는 '감염적viral' 속성이며, 그 목적은 소프트웨어에 누구나 접근할 수 있도록 하고, 그 소프트웨어를 이용해 만들어진 2차 저작물에도 이러한 조건이 그대로 적용되도록 하는 것이다. 워드프레스 핵심코드를 수정해 배포할 생각이라면, 여러분이 변경한 부분도 GPL이 적용되므로 소스코드 형태로 이용가능하게 해야 한다. 워드프레스는 인터프리터 언어인 PHP로 작성되었으며 소프트웨어 배포와 소스코드 배포가 실질적으로는 같은 것이다.

다음은 워드프레스를 상업적으로 이용할 때에 자주 발생하는 오해와 그에 대한 설명이다.

'자유 소프트웨어free software'의 의미는 소프트웨어 자체를 팔 수 없다는 뜻이다. 여러분이 설치한 워드프레스를 이용하는 사람들에게 돈을 받거나 여러분의 블로그에 광고를 유치해서 돈을 벌 수도 있다. 또는 워드프레스 콘텐츠 관리 플랫폼을 온라인 스토어의 기반으로 이용할 수 있다. wordpress.com도 이렇게 돈을 번다. 구글Google도 리눅스 기반 서비스를 운영하면서 광고주에게서 돈을 받는다. 여러분은 전문가가 만든 유료 워드프레스 테마를 볼 수 있으며 MySQL, PHP, 아파치Apache, 워드프레스 소프트웨어를 제공하는 호스팅 업체에 일 년에 수백, 수천 달러를 낼 수도 있다. 이런 것이 워드프레스를 상업화하는 것이다.

우리가 만일 우리만의 {콘텐츠 타입, 보안 정책, 불명확한 내비게이션 요구사항}에 맞게 워드프레스의 코드를 수정하면, 이러한 수정사항을 공개해야 한다. 여러분은 소프트웨어를 배포할 경우에만 소스코드를 공개하면 된다. 변경사항을 회사 내부에서만 이용할 것이라면 변경사항을 재배포할 필요가 없다. 반면에 워드프레스 핵심코드를 개선했다면 이로 인해 커뮤니티 전체가 이득을 보게 될 것이다. 커뮤니티에 기여하는 것과 오픈 라이선스의 가치를 꽉 막힌 사장님에게 이해시키는 것은 대단히 어렵겠지만, 이미 많은 사장님들이 이 점을 이해했다는 사실을 알고 힘을 내기 바란다.

GPL은 워드프레스에 추가되는 모든 콘텐츠에 적용된다. 물론 포스트나 페이지, 테마의 그래픽 요소 같은 콘텐츠는 워드프레스 핵심코드와는 별개다. 콘텐츠는 워드프레스로 작성하기는 하지만, 그 소프트웨어를 직접 수정한 2차 저작물은 아니다. 반면 테마 자체는 워드프레스 코드에서 파생된 것으로 GPL 조건을 따르므로 테마의 소스 코드는 공개해야 한다. 원한다면 테마를 돈을 받고 팔 수도 있다는 점을 명심하자. 요점은 소프트웨어를 이용하는 자가 소스코드를 이용할 수 있게 해야 한다는 점이다. 여러분이 테마를 유료로 판매한다면 여러분은 GPL 조건에 따라 소스코드를 공개해야 한다. 물론 워드프레스 테마를 구입한 사용자는 테마를 설치하는 과정 중에 사실 상 소스코드를 받는다.

이상으로 워드프레스의 역사와 라이선스에 대해 살펴봤다. 하지만 더 중요한 것은 매우 안정적인 소프트웨어인 워드프레스를 어떻게 잘 활용할 수 있을지 알아보는 것이다. 다음으로 워드프레스가 단순한 블로그 편집 도구가 아니라 왜 모든 기능을 갖춘 CMS인지 알아본다.

콘텐츠와 대화

문체, 블로그 쓰는 법, 사고하는 법 등에서는 여러분의 글쓰기 실력에 도움을 줄 책이 이미 서점에 많이 나와 있다. 이 책은 워드프레스의 시각적인 부분, 스타일과 관련된 부분, 문맥 관리 메커니즘의 부분에서 도움을 주고자 한다. 이들 요소는 독자의 글읽기 욕구를 자극한다. 즉, 문장의 단어 선택이나 재미있는 글쓰기를 다루지는 않는다. 오히려 사람들이 여러분의 블로그를 어떻게 찾을 수 있는가, 여러분의 블로그를 어떻게 두드러지게 할 수 있는가, 어떻게 여러분의 사이트를 사람들에게 각인시킬 것인가, 여러분의 사이트를 개인용/기업용/커뮤니티용/상업용 중 어느 것으로 특화시킬 것인가에 대한 것이다.

CMS로서의 워드프레스

블로깅 시스템은 글쓰기, 글 내용을 저장하기, 글의 내용을 표시하기 등 기본적인 콘텐츠 관리 작업을 바탕으로 한다. 콘텐츠에 다양한 포맷을 이용하고 콘텐츠의 내용이 다양해지면서 블로깅 시스템은 점점 확장되었다. 확장된 기능에는 정렬하기, 검색하기, 선택하기, 콘텐츠 표현하기presentation 등이 있고, 이어 메타데이터와 콘텐츠 분류 기능도 포함되었다. 개인 사용자를 대상으로 한 평범한 블로깅 소프트웨어와 기업용 CMS의 경계가 불분명해졌다.

CMS는 다양한 타입의 콘텐츠를 생성, 저장, 인출, 설명(또는 주석), 출판(또는 표시)하는 일을 한다. CMS는 일반적으로 편집과 출판에 관련된 워크플로우 태스크를 포함한다. 리뷰어나 원저자가 아닌 타인이 글을 추가 편집한 내용에 대해 콘텐츠 승인과 마킹 같은 활동도 포함한다. 2장에서 살펴볼 워드프레스 대시보드는 워크플로우 관리와 편집권에 대한 기능을 제공한다. 많이 쓰이는 오픈소스 CMS는 워드프레스만 있는 게 아니다. 드루팔Drupal과 줌라Joomla 프로젝트도 잘 알려져 있다. 드루팔과 줌라는 콘텐츠 저장소를 관리하려는 필요에서 시작했다. 드루팔과 줌라의 특징에는 다양한 콘텐츠 타입 지원, 다수의 사용자와 역할 지원, 요청받은 콘텐츠 출력 등이 있다. 워드프레스는 블로깅 시스템을 핵심으로 하며, 콘텐츠를 사용자에게 보여주는 시스템이다. 비록 영역이 겹치긴 하지만 여러분은 워드프레스를 다른 CMS와 통합할 수 있다. 이 부분에 대해서는 12장에서 다룬다.

워드프레스는 진짜 CMS를 목표로 만들어졌다. 이를 위해 워드프레스는 확장성 있게 디자인되었고, 콘텐츠 저장과 콘텐츠 표시가 분리되었다. 워드프레스는 모델-뷰-컨트롤러 패턴으로 만들어졌는데, 데이터 모델인 MySQL 퍼시스턴스persistence 레이어, 테마 중심의 사용자 인터페이스, 플러그인 아키텍처가 따로 분리되었다. 이런 분리는 데이터에서 표현presentaion으로의 흐름 속에 기능을 끼워 넣은 것이다. 워드프레스는 콘텐츠를 입력받은 형태 그대로 저장한다. 콘텐츠는 포맷 없이 입력되어, 템플릿으로 가공되거나 페이지가 렌더링될 때에 꾸며지고, HTML 코드로 만들어진다. 동시에, 데이터 모델은 카테고리, 태그, 저자 정보, 코멘트, 상호 참조 정보 등을 관리하기 위해 많은 데이터베이스 테이블을 이용한다. 워드프레스의 데이터베이스 스키마에 대해서는 6장에서 알아본다.

앞에서 말한 설계 철학이 CMS로서의 워드프레스에게 강력함과 유연함을 주지만, 반대로 여러분에게 데이터가 어떤 과정을 거쳐 어떻게 저장되는지 알아야 하는 숙제를 주기도 한다(그런 이유에서 이 책이 나왔다).

대화 만들기

대화는 왕이다. 콘텐츠는 그저 소재일 뿐이다. – 코리 닥터로우

좋은 CMS는 콘텐츠의 활용성에 의해 결정된다. 아무리 콘텐츠가 훌륭하고 관리가 잘 되어 있더라도 아무도 찾지 않는다면 쓸모가 없을 것이다. 블로깅 소프트웨어를

설치하고 글을 쓴 다음 다른 사람들이 나를 찾아주는 것만으로는 충분하지 않다. 우리는 팀 오라일리가 제안하는 '건설적인 관계'를 만들어야 한다. 이것은 곧 소셜 네트워킹, 광고, 피드, 검색 엔진을 통해 독자가 찾아오게 하는 것이다. 또한 디자인, 브랜드화, 그래픽 요소와 함께 콘텐츠 품질이 받쳐준다면 더 많은 독자가 찾아오게 될 것이다.

독자의 관점에서 문제를 살펴보자. 수천만 블로그 시대에 (물론 그 중 많은 글이 첫 포스트에 그치더라도) 어떻게 관심을 받을 것인가? 당신의 블로그를 읽고 싶어 하는 트위터 팔로워를 위해 워드프레스가 트위터 피드를 업데이트하게 만들 수 있다. 반대로 당신의 트위터 글이 워드프레스 블로그의 사이드바에 보이게 할 수도 있다. 트위터에서 짧은 타임라인으로 보이는 것들이 워드프레스에서는 좀 더 성의 있게 보일 수 있다. 만약 당신이 페이스북을 주로 쓴다면 블로그 글을 페이스북에 보이게 할 수 있고, 페이스북 친구들이 여러분의 블로그를 보게 할 수 있다. 여러분이 특정 분야에 깊이 있는 글을 쓴다면 구글 검색 결과를 통해 방문하는 사람이 많아지고, 그 사람들이 대화에 참여하게 될 것이다. 소셜 미디어와 기타 CMS에 있는 콘텐츠를 워드프레스로 가져오는 방법에 대해서는 9장 "콘텐츠 수집"에서 알아보고, 여러분의 콘텐츠를 널리 알리는 방법에 대해서는 10장 "사용자의 경험 강화"에서 알아본다.

시작하기

우선 블로그 홈이 필요하다(우리는 편리함을 위해 블로그와 설치된 워드프레스를 함께 부를 것이다). 블로그를 설치할 때에 고려할 사항은 아래와 같다.

▶ **비용** 무료 호스팅 서비스는 개발자가 쓰기엔 제한된 옵션만 제공하고, 광고 서비스를 이용해 돈을 버는 것을 막는다. 유료 호스팅 서비스는 더 나은 지원과 더 큰 저장 공간, 더 많은 네트워크 전송량, 여러 개의 데이터베이스를 제공한다.

▶ **통제** MySQL 데이터베이스를 관리하는 데에, 또는 설치된 워드프레스의 파일을 관리하거나 다른 타입의 콘텐츠를 관리하는 데에 어떤 도구가 제공되는가? 여러분이 SQL 수준에서 작업할 수 있거나 명령어를 직접 입력해 MySQL을 관리할 수 있는가? 호스팅 업체가 이런 것들을 제공하는지 확인한다.

▶ **복잡성** 여러분이 직접 아파치, PHP, 워드프레스를 설치할 수도 있지만 많은 호

스팅 업체가 간편한 설치 방법을 제공한다. 운영체제에 대한 기술지원까지 필요하다면 이런 지원을 제공하는 호스팅 업체를 이용하는 것도 좋다.

이 절은 호스팅 옵션에 대해 간단히 알아보고 DIY 설치 방법을 차례대로 진행한다음, 설치 시 발생할 수 있는 문제에 대해 살펴본다.

호스팅 업체 선택

웹사이트를 운영하는 데 있어서 관리의 복잡함에 따라 세 가지 선택사항이 있다. 가장 쉬운 방법은 오토매틱 사가 워드프레스MU를 이용해 운영하는 wordpress.com의 무료 호스팅 서비스를 이용하는 것이다. 이 방법을 이용할 경우 테마, 플러그인을 이용할 수는 있지만 여러분이 새로운 플러그인을 추가할 수는 없다. 또 MySQL 데이터베이스에 직접 접근하거나 소스코드를 수정할 수 없으며, 다른 시스템과 워드프레스를 통합할 수 없다. 여러분의 URL을 wordpress.com으로 이동시킬 수는 있지만 URL과 관련된 전반적인 통제는 하기 어렵다.

유료 호스팅 상품을 찾아볼 수도 있다. 이 글을 읽는 독자라면 처음에는 무료 호스팅을 이용하는 것이 좋겠다. 하지만 여러분은 워드프레스를 설치하고 입맛에 맞게 수정하길 원할 것이다.

WordPress.org에 가면 처음 시작하는 사람들을 위한 유료 호스팅 업체 목록이 있고, wordpress.com의 유료 옵션도 확인할 수 있다. 그 호스팅 업체들은 서버를 제공할 때 MySQL과 최신의 워드프레스 코어를 함께 패키지로 제공한다. 서버를 갖고 있다면, 서버에 모든 것을 직접 설치해도 된다. 서버가 호스팅 업체에 맡겨져 있고, 루트 관리자 권한으로 작업하는 것을 좋아한다면 DIY 설치를 하자.

워드프레스는 PHP가 지원되고 URL 다시쓰기[rewrite] 기능이 있는 웹서버와 MySQL이 필요하다. 이러한 웹서버로 가장 많이 쓰이는 것은 아파치[Apache]이며, PHP 지원은 mod_php로, URL 다시쓰기는 mod_rewrite로 지원한다. URL 다시쓰기 기능의 설정이 좀 까다롭지만, 라이티[lighttpd]도 점점 많이 쓰이고 있다. 마이크로소프트의 IIS 7.0을 쓸 수도 있다. URL 다시쓰기가 필요한 이유는 각 블로그 글마다 깔끔한 고유주소[permalink]를 만들기 위해서다. URL 다시쓰기가 지원되면 날짜, 카테고리, 태그[tag], 그 외 메타데이터별로 URL을 트리구조로 정리할 수 있다. URL 다시쓰기 기능은 MySQL 데이터베이스의 인덱스와 .htaccess 파일을 이용해, 연상되기 쉽고 읽기 쉬운 URL을 원래의 URL과 연결한다. 콘텐츠가 동적으로 생성되는 경우 웹서버가 사람들이 보는 주소를 내부 구조로 연결하는 처리를 해야 한다. 기술적으로 URL 다시쓰기는 워드프레스 설치 시에는 필요하지 않다. 하지만 콘텐츠의 URL에 대한 표현이나 명명규칙naming convention에 큰 유연성을 주므로, URL 다시쓰기가 있는 게 좋다. 여기에서는 워드프레스에 필요한 것들을 잘 기억해두고, 고유주소 디자인과 실제에 대해서는 2장에서 살펴보자.

지금까지 MySQL은 지나가면서 이야기했는데, MySQL에 대해 간단히 알아보면서 워드프레스 설치에 필요한 것들을 마무리 하겠다. MySQL 소프트웨어, 데이터베이스, 워드프레스 인스턴스라는 용어들을 구분해보자. MySQL 소프트웨어를 설치하고 설정한다는 것은 완전한 기능을 갖춘 관계형 데이터베이스 시스템을 갖는다는 의미다. MySQL을 웹서버와 동일한 컴퓨터에 설치할 필요는 없다. 어떤 호스팅 업체는 수평적으로 확장 가능한 MySQL 서버팜farm(밭에 작물들을 열지어 늘어놓은 것처럼 서버를 둔 것)을 웹서버와는 별도로 갖고 있기도 하다. MySQL 인스턴스는 서버에서 실행되는 하나의 MySQL이고, MySQL 인스턴스 하나에는 이름이 다른 데이터베이스 여러 개가 있을 수 있다. 워드프레스를 설치할 때 콘텐츠를 저장할 데이터베이스의 이름을 알고 있어야 한다. 워드프레스와 MySQL을 패키지로 제공하는 호스팅 업체를 이용하면 데이터베이스 이름이 자동으로 생성되고 설정되므로 신경 쓸 필요가 없다. 워드프레스는 여러 개의 블로그에 각각 같은 이름의 관계형 데이터 테이블을 생성한다.

이름도 다양하고 복잡해서 혼란스러울 것이다. 여러분은 여러 서버상에 여러 개의 MySQL 인스턴스를 만들 수 있다. 이때 어느 데이터베이스가 어느 인스턴스에 있는지 알고 있어야 한다. 인스턴스에는 여러 개의 데이터베이스가 있을 수 있고, 데이터베이스에는 여러 개의 테이블이 있을 수 있다. 하나의 MySQL 인스턴스에 하나의 데이터베이스가 있는 호스팅 서버에서 MySQL을 이용하는 애플리케이션 여러 개가 실행될 수도 있다.

하나의 서버에 여러 개의 워드프레스 블로그를 만들고자 할 때 하나의 데이터베이스를 공유해도 된다. 방법은 테이블의 이름을 다르게 하는 것이다. 이 방법에 대해서는 다음 절에서 알아본다. 특히 하나의 데이터베이스에 여러 개의 테이블을 구분되게 만드는 방법, 여러 개의 애플리케이션을 위해 여러 개의 데이터베이스를 구분되게 만드는 방법에 대해 알아본다.

DIY 설치

준비가 잘 돼 있다면 소문처럼 '워드프레스 5분 설치'가 정말 가능하다. 이 절에서는 설치 단계를 차례대로 진행할 텐데, 호스팅 업체에서 제공하는 패키지로 워드프레스를 설치한다면 보지 못할 단계도 포함돼 있다. 그리고 워드프레스 인스턴스와 MySQL 인스턴스간에 연결이 되지 않는 문제도 알아보겠다.

설치 절차는 매우 단순하다(웹서버와 MySQL 서버가 이미 준비돼 있다고 가정할 때). 우선 워드프레스 소스코드 패키지를 다운로드한다. 다음으로 웹서버의 문서 디렉터리 안에 워드프레스 소스코드를 풀어놓는다. 다음으로 웹브라우저에서 워드프레스를 풀어놓은 곳의 URL로 이동한다. 이게 전부다.

랩탑이나 개발용 컴퓨터에 워드프레스를 설치하는 방법도 가능한데 만약 워드프레스 코어를 수정한다거나, 플러그인을 개발한다거나, 원격 웹사이트 설치에 문제가 발생해 수정하거나 하는 경우에는 오히려 이런 방법이 더 유용하다. 맥용 운영체제(Mac OS X)는 PHP와 URL 다시쓰기가 가능한 상태의 아파치 웹서버가 기본 설치돼 있으므로, mysql.com에서 MySQL만 다운로드하면 된다. 또는 개발에 필요한 모듈을 묶어 하나의 패키지로 제공하는 MAMP(mamp.info)를 이용하면 나만의 개발 환경을 쉽게 갖출 수 있다. 다른 운영체제용으로는 XAMPP(www.apachefriends.org)가 유용하며 윈도우용, 리눅스용, 맥용을 모두 지원한다. 이처럼 한 곳에 컴퓨터에 개발환경을 갖추게 되면 앞으로 설명하는 설치과정 중에 발생하는 문제를 해결할 때 큰 도움이 된다.

워드프레스 소스코드 설치

WordPress.org에서 zip(또는 타르볼) 형태의 소스코드를 받아 압축을 풀면 'wordpress'라는 이름의 디렉터리가 생긴다. 워드프레스 설치의 첫 단계는 워드프레스 소스코드를 웹서버의 정확한 디렉터리에 넣고 확인하는 것이다. 이 부분을 확실히 하지 않으면 블로그의 URL이 example.com/wordpress처럼 되고, 여러분은 설치를 처음부터 다시 하거나 친구들과 가족들에게 이상한 URL을 알려주게 될 것이다. 블로그를 웹사이트의 다른 콘텐츠와 구분하려고 example.com/wordpress 같은 주소를 만들려는 것이라면 파일시스템 레이아웃을 선택하는 것도 중요한 부분이다.

워드프레스를 설치할 디렉터리를 선택하라. 보통은 웹서버의 문서 디렉터리를 사용한다. 호스팅 업체를 이용한다면 home 디렉터리에 있는 public_html 디렉터리를 이용한다. 호스팅 업체에서 제공하는 패키지 설치를 이용한다면, 설치할 디렉터리를 물어볼 것이다. 이때에도 public_html 디렉터리를 선택한다. ftp 클라이언트를 이용해 워드프레스 소스코드를 서버에 업로드한다면 올바른 곳에 업로드하도록 주의하기 바란다. 소스코드 zip 파일을 서버에 전송해 서버에서 zip 파일을 풀면 wordpress라는 디렉터리가 생기고 그 안에 소스코드가 들어있다. wordpress 디렉터리를 업로드하면 블로그의 주소가 example.com/wordpress처럼 될 것이다. 블로그의 주소를 example.com/wordpress가 아니라 example.com으로 만들고 싶으면 wordpress 디렉터리 안에 있는 소스코드를 한 단계 상위 디렉터리로 이동시켜라. 이런 설정은 블로그의 주소를 URL의 최상위에 두려는 것이니, 절대적으로 이렇게 해야 하는 것은 아니다. 이런 설정에 대해서는 1장의 끝부분에서 다시 한번 언급한다.

워드프레스 소스코드를 설치했으면 파일 브라우저에 그림 1-1처럼 index.php 파일과 wp-config-sample.php 파일이 보일 것이다. 워드프레스 시스템에서 실제로 PHP 인터프리터로 실행되는 것은 이 두 파일이 전부다.

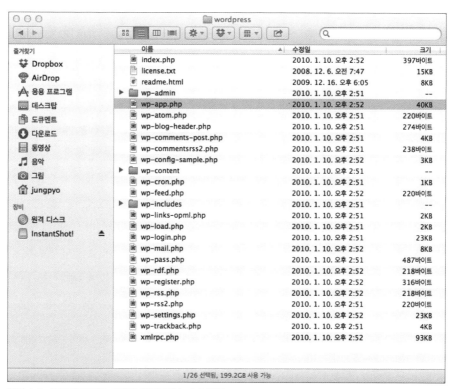

그림 1-1 설정되지 않은 상태의 워드프레스 소스코드

수동으로 설치하는 중이라면 샘플 파일을 참고해 wp-config.php 파일을 직접 만들 수 있다. 아니면 웹브라우저에서 여러분의 블로그 URL로 이동해 자동으로 wp-config.php 파일을 만들 수 있다. 웹브라우저에서 블로그 URL로 이동했는데 설정 파일이 없으면 워드프레스는 그림 1-2, 1-3의 대화상자를 보여줄 것이다. 여러분은 MySQL 데이터베이스 이름, 데이터베이스 사용자 이름, 워드프레스 데이터베이스 테이블의 이름 앞에 붙일 접두어prefix(기본값은 wp_)를 입력해야 한다. 이 부분에 대한 상세한 정보는 다음 절의 데이터베이스 설정에서 다룬다. 호스팅 업체의 패키지 설치를 이용하는 경우 이 단계를 보지 못할 수도 있다. 호스팅 업체가 이미 워드프레스 설치와 MySQL 설정을 완료해서 제공하기 때문이다.

블로그 URL로 쓰려는 곳에 이미 HTML 파일이 있거나, 기존 웹사이트에 워드프레스를 추가하고 싶으면 어떻게 해야 할까? 기존 HTML 파일을 옮길지 여부는 방문자가 해당 URL로 이동했을 때 무엇을 보여줄지에 따라 달라진다. 방문자가 여러분의 블로그를 보게 하고 싶으면 워드프레스를 CMS로 이용하면 된다. 그 방법은 기존의 콘텐츠를 따로 저장했다가 블로그의 포스트나 페이지로 변환하고, 기존의 색상이나 디자인 요소를 워드프레스에 적용하는 것이다. 아니면 워드프레스를 하위 디렉터리에 설치하고, index.html 파일에 버튼이나 링크를 추가해 사용자들을 블로그로 이동시킬 수 있다. 다음과 같은 방법도 있다. index.html 파일을 그대로 두고 워드프레스를 설치한다. 그러면 index.php 파일과 index.html 파일이 모두 존재할 텐데 웹서버의 Directory Index 설정에 따라 방문자는 둘 중 한 파일을 보게 될 것이다. 트래픽 정보를 보면 방문자들이 선호하는 콘텐츠를 알 수 있다. 여러분의 사이트가 웹 검색 엔진에 등록돼 있다면 index.html 파일이 검색 엔진에 캐시로 저장되어 있을 것이므로 기존 URL을 없애고 싶지 않을 것이다. 이런 경우에는 워드프레스를 하위 디렉터리에 설치하자. 워드프레스를 하나의 래퍼wrapper로 이용하고 싶다면 URL 다시쓰기 또는 넘겨주기를 이용해 기존 콘텐츠를 보려는 방문자를 워드프레스로 들어가게 할 수 있다. 기존 콘텐츠를 다양한 포맷으로 워드프레스 안에 옮겨 넣는 것에 대해서는 14장에서 알아보자.

그림 1-2 자동 기본설정 대화상자

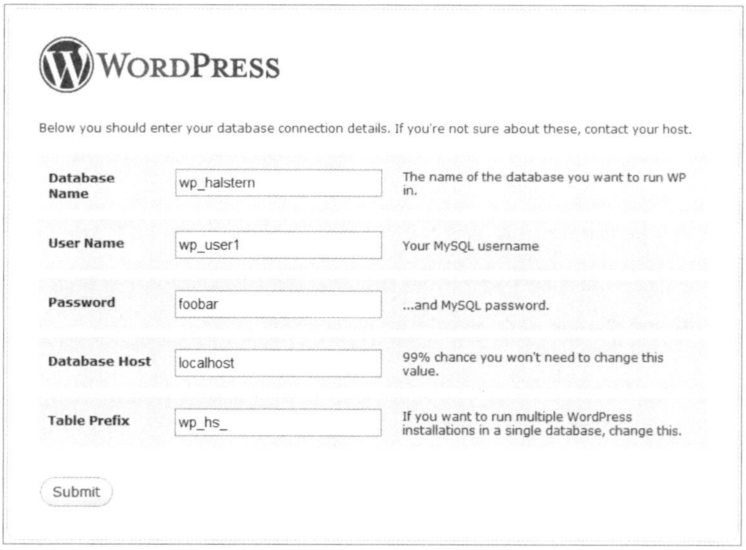

그림 1-3 데이터베이스 설정 대화상자

호스팅 업체의 패키지 설치를 이용하는 경우나 수동으로 wp-config.php 파일을 생성하고 웹브라우저에서 블로그 URL에 접속한 경우 워드프레스가 데이터베이스 테이블과 관리자 계정, 초기 비밀번호를 자동으로 생성한다. 설치가 성공했을 경우 그림 1-4와 같은 화면이 표시된다.

그림 1-4 새로운 설치가 완료되었을 때에 나오는 관리 정보

다음 절에서는 MySQL과 워드프레스 간의 설정에 대해 더 자세히 알아보겠다. SQL을 잘 몰라도 읽어보는데 무리가 없을 것이다. 워드프레스가 잘 돌아가고 있다면 다음 절은 건너뛰고 바로 "관리자 메뉴 실행" 절로 넘어가도 좋다.

데이터베이스 설정

호스팅 업체가 MySQL 데이터베이스를 생성하고 계정을 자동으로 설정했다면, 그에 대한 자세한 정보는 wp-config.php 파일에서 찾을 수 있다. 이 정보는 이 절에서 MySQL을 살펴보는 데에 필요하며, 나중에 MySQL에 문제가 발생했을 때에도 도움이 될 것이다. wp-config.php 파일에는 사용자 이름과 비밀번호가 들어있으므로 다른 로그인 정보처럼 조심해서 다루기 바란다. 이 절을 잘 보면 DIY 설치를 할 때 흔히 볼 수 있는 문제점에 대해 감을 잡을 수 있을 것이다.

이론적으로, 워드프레스에 이용할 MySQL을 설치하는 방법은 다음과 같이 간단하다. MySQL을 실행한다. 사용자를 추가한다. 생성된 사용자로 데이터베이스를 생성하고 그 데이터베이스 안에 워드프레스에 필요한 테이블을 생성한다. 이런 생성 과정에 MySQL 명령어를 이용해도 되고 phpMyAdmin 같은 도구를 이용할 수도 있다. MySQL은 운영체제의 사용자와는 별개로 자체 사용자를 갖고 있다는 점에 유의해라. MySQL을 설치하면 기본으로 users와 grants 테이블이 생성되고, 유닉스의 root 사용자를 MySQL의 슈퍼유저로 추가한다. MySQL의 root 사용자는 유닉스의 root 사용자와 별개다. root 사용자로서 MySQL에 접속하는 것은 로컬호스트localhost(MySQL이 실행된 장비)에서만 가능하다. MySQL의 권한과 권한 정보를 담고 있는 grants 테이블, MySQL의 사용자 관리에 대해 더 알고 싶다면 'MySQL 레퍼런스 매뉴얼'(http://dev.mysql.com/doc/ 국문 번역된 매뉴얼은 http://www.mysqlkorea.co.kr에서 찾을 수 있음)의 '초기 MySQL 계정에 보안 설정하기(Securing the Initial MySQL Accounts)' 부분을 참조하기 바란다.

워드프레스 사용자와 데이터베이스에 대해 명명규칙은 없다. 호스팅 업체에서는 구분하기 쉽게 패키지 이름이나 여러분의 계정 이름을 데이터베이스 이름 앞에 넣기도 한다. 하나의 MySQL 인스턴스에는 사용자마다 여러 개의 데이터베이스를 생성할 수 있다. 그림 1-3에서 보이듯이 wp_를 사용자 이름과 데이터베이스 이름의 접두어로 사용하자. 워드프레스를 설치할 때는 데이터베이스를 구분하기 위한 힌트를 넣는 것이 일반적이다.

워드프레스와 MySQL 사이에 문제가 발생한다면 어떤 것이 있을까? 근본적으로 다음과 같이 세 가지 유형이 있다. 웹서버가 MySQL 서버를 찾지 못하는 경우, MySQL 서버에 접속은 되지만 로그인할 수 없는 경우, 로그인은 되지만 워드프레스 테이블을 만들 데이터베이스를 찾을 수 없는 경우다. 이 세 가지 조건은 워드프레스 설치 시 반드시 충족돼야 한다.

Web server can't find MySQL(웹서버가 MySQL을 찾을 수 없습니다). 이것은 wp-config.php 파일에 MySQL 서버의 주소가 잘못 기록돼 있거나 웹서버가 로컬호스트의 MySQL 인스턴스에 연결하려 하지만 소켓socket을 찾을 수 없는 경우다. 예를 들면, 맥 OS X에서 워드프레스를 실행할 때 MySQL의 로컬 연결은 /tmp/mysql.sock 경로의 소켓 파일을 통해 이뤄진다. 하지만 워드프레스의 PHP 코드는 /var/mysql/mysql.sock 경로에서 소켓 파일을 찾으려고 한다. 이 문제는 다음 명령을 실행하여 심볼릭 링크symbolic link를 만들면 해결할 수 있다.

```
# ln -s /tmp/mysql.sock /var/mysql/mysql.sock
```

MySQL 소켓 파일의 위치는 MySQL 설정에서 정해진다. 실제로 MySQL이 실행될 때 소켓 파일이 만들어진다. PHP 엔진과 이를 이용하는 PHP 애플리케이션이 소켓 파일을 찾는 경로는 PHP의 설정에서 정해진다. 앞에서 나온 소켓 파일 위치의 불일치를 정확히 확인하고 싶으면 printf() 스타일의 디버깅이 필요하다.

wp-includes/wp-db.php 파일을 열어 데이터베이스와 연결하는 함수를 보자. 설치할 때에 "Error establishing a database connection(데이터베이스에 연결하는 데 오류가 생겼습니다.)"이라는 메시지를 보았다면 에러가 확인되는 부분에 echo(mysql_ error()); 구문을 넣어서 그림 1-5와 같이 자세한 메시지를 볼 수 있다.

```
if (!$this->dbh)  {
    echo(mysql_error());
    $this->bail(sprintf(/*WP_I18N_DB_CONN_ERROR*/"
    <h1>Error establishing a  database connection</h1>
```

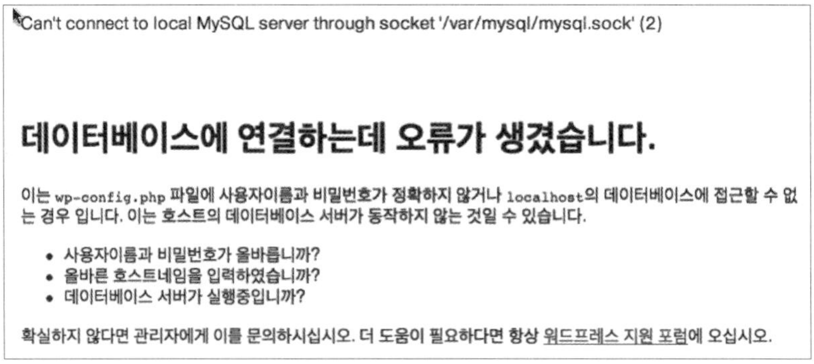
Can't connect to local MySQL server through socket '/var/mysql/mysql.sock' (2)
데이터베이스에 연결하는데 오류가 생겼습니다.
이는 wp-config.php 파일에 사용자이름과 비밀번호가 정확하지 않거나 localhost의 데이터베이스에 접근할 수 없는 경우 입니다. 이는 호스트의 데이터베이스 서버가 동작하지 않는 것일 수 있습니다.
사용자이름과 비밀번호가 올바릅니까?
올바른 호스트네임을 입력하였습니까?
데이터베이스 서버가 실행중입니까?
확실하지 않다면 관리자에게 이를 문의하시십시오. 더 도움이 필요하다면 항상 워드프레스 지원 포럼에 오십시오.

그림 1-5 mysql_error( )가 소켓의 문제에 대해 보고하는 그림

mysql_error() 함수는 마지막으로 실행된 MySQL 함수에서 발생한 에러를 출력하는 PHP 라이브러리 함수다.

WordPress finds MySQL but can't log in(워드프레스가 MySQL을 찾았지만 로그인할 수 없습니다). 이것은 MySQL 사용자명이나 비밀번호가 틀린 경우가 대부분이다. 이 문제는 호스팅 업체가 임의로 생성해준 사용자명을 사용자가 잘못 붙여넣어 자주 발생한다. wp-config.php 파일을 열어보고 사용자명이 맞는지 확인한다. PHP 버전 중에는 오래된 MySQL 4.0의 비밀번호 해싱 방식hashing scheme만 지원하는 것이 있는데 MySQL 4.1이나 MySQL 5.0 버전을 사용하면 이것이 원인일 수 있다. 이 경우에 해당한다면, 비밀번호를 저장할 때에 MySQL의 OLD_pASSWORD() 함수를 사용하면 문제가 해결된다. 다음과 같은 SQL 구문을 MySQL 명령어를 직접 입력하거나 MAMP의 SQL 창에 입력한다.

```
SET PASSWORD  FOR user@host =  OLD_pASSWORD('password');
```

user@host 부분은 워드프레스 데이터베이스 이름과 데이터베이스 서버의 주소를 입력한다. password 부분은 워드프레스 설정 파일에 입력한 비밀번호를 그대로 입력한다.

WordPress connects to MySQL but can't select the database(워드프레스가 MySQL에 접속하였지만 데이터베이스를 선택할 수 없습니다). 워드프레스가 데이터베이스에 접속했다는 것이 데이터베이스를 이용할 수 있다는 뜻은 아니다. wp-db.php 파일의 데이터베이스 선택에 대해 에러가 발생하는 부분에 mysql_error() 구문을 추가해 원인을 찾아보자.

```
function select($db) {
    if (!@mysql_select_db($db, $this->dbh)) {
        $this->ready = false;
        echo(mysql_error());
        $this->bail(sprintf(/*WP_I18N_DB_SELECT_DB*/'
<h1>Can&#8217;t select database</h1>
        ..
```

앞에서 설명한 것처럼 mysql_error() 구문을 추가하고 워드프레스를 설치하려 했을 때 그림 1-6과 같이 에러 박스가 나온다면 MySQL 데이터베이스를 다른 사용자가 만들었거나, 데이터베이스 사용자가 그 데이터베이스를 이용할 권한이 없기 때문이다. 데이터베이스에 대한 권한을 확인하기 위해 다음과 같이 명령어를 이용해보자.

```
% /usr/local/mysql/bin/mysql -u wp_user1 -p
Enter password:
Welcome to the MySQL monitor. Commands end with; or \g.
Your MySQL connection id is 174
Server version: 5.1.37 MySQL Community Server (GPL)
mysql> show databases;
+ - - - - - - - - - +
| Database          |
+ - - - - - - - - - +
| information_schema |
| test              |
+ - - - - - - - - - +
2 rows in set (0.00 sec)
```

워드프레스에 사용할 MySQL 데이터베이스 사용자로 MySQL에 접속했는데 예상했던 데이터베이스가 보이지 않는다면, root 사용자로 데이터베이스를 만들고 해당 사용자에게 권한을 주지 않았기 때문이다. 여러분에게 MySQL의 root 권한이 있거나, 새로운 데이터베이스를 생성할 권한이 있다면, 다음과 같이 명령어를 입력해 데이터베이스를 생성할 수 있다.

```
mysql> create database wp_halstern;
Query OK, 1 row affected (0.00 sec)
```

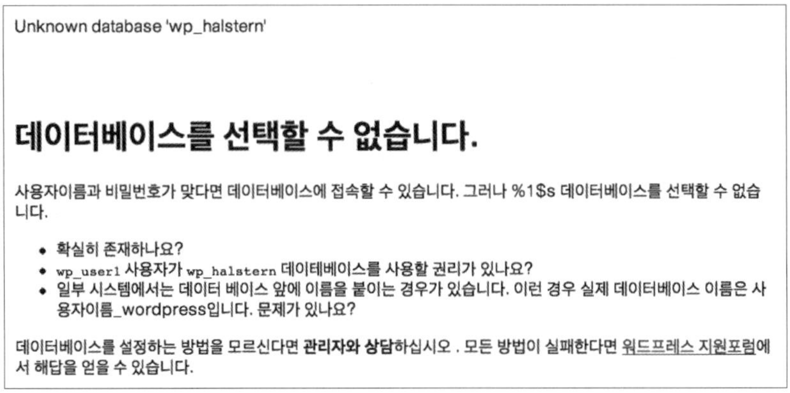

Unknown database 'wp_halstern'

데이터베이스를 선택할 수 없습니다.

사용자이름과 비밀번호가 맞다면 데이터베이스에 접속할 수 있습니다. 그러나 %1$s 데이터베이스를 선택할 수 없습니다.

- 확실히 존재하나요?
- wp_user1 사용자가 wp_halstern 데이터베이스를 사용할 권리가 있나요?
- 일부 시스템에서는 데이터 베이스 앞에 이름을 붙이는 경우가 있습니다. 이런 경우 실제 데이터베이스 이름은 사용자이름_wordpress입니다. 문제가 있나요?

데이터베이스를 설정하는 방법을 모르신다면 **관리자와 상담**하십시오 . 모든 방법이 실패한다면 워드프레스 지원포럼에서 해답을 얻을 수 있습니다.

그림 1-6 MySQL 데이터베이스 선택 에러

운영체제의 사용자, MySQL 사용자, 워드프레스의 사용자는 다른 것임을 명심하기 바란다. MySQL 사용자는 데이터베이스에 정의되어 있고, 데이터베이스와 테이블을 생성할 수 있는 권한을 갖고 있고, 데이터를 관리할 수 있다. 워드프레스 사용자는 워드프레스 데이터베이스의 테이블에 존재하며, 워드프레스 설치 중에 생성되고, 워드프레스에 관한 권한과 문맥context을 갖고 있으며, 워드프레스에 로그인했을 때에만 의미가 있다.

워드프레스를 새롭게 설치하면 여러 개의 테이블이 생성되는데, 테이블의 이름은 wp-config.php에서 정한 접두어가 포함된다. 다음과 같은 명령어로 테이블을 확인해볼 수 있다.

```
mysql> use wp_halstern; show tables;
Database changed
+ - - - - - - - - - - - - - - - +
| Tables_in_wp_halstern         |
+ - - - - - - - - - - - - - - - +
| wp_hs_comments                |
| wp_hs_links                   |
| wp_hs_options                 |
| wp_hs_postmeta                |
| wp_hs_posts                   |
| wp_hs_term_relationships      |
| wp_hs_term_taxonomy           |
| wp_hs_terms                   |
| wp_hs_usermeta                |
| wp_hs_users                   |
+ - - - - - - - - - - - - - - - +
10 rows in set (0.00 sec)
```

예를 들어, 테이블의 접두어를 wp_hs_로 정했고, 나중에 같은 사용자와 데이터베이스 인스턴스를 이용해 새로운 블로그를 만들려면 접두어만 다르게 입력하면 된다. 데이터베이스 스키마와 중요한 테이블에 대해서는 6장에서 살펴본다. 지금은 MySQL에 정상적으로 접속되는지 확인하고, 정리와 첫 번째 관리에 대해 알아보자.

마무리

MySQL이 실행됐고 콘텐츠를 게시할 공간이 생겼으며 웹서버에 워드프레스 코어가 정상적으로 실행된다면 설치가 완료된 것이다.

관리자 메뉴 실행

그림 1-4처럼 관리자 정보를 확인했으면 로그인해보자. 그림 1-7과 같이 기본적인 워드프레스 대시보드*를 보게 될 것이다.

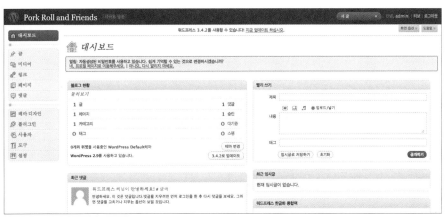

그림 1-7 첫 로그인 때 보여지는 대시보드의 모습

관리자 비밀번호를 바꾸라는 경고가 보일 것이다. 그게 관리 메뉴에서 가장 첫 번째 해야 할 일이다. 로그인 버튼을 눌렀을 때 대시보드 화면으로 넘어가지 않거나 블로그의 최상위 URL로 먼저 이동했을 경우에는 로그인 링크를 누르거나 wp-admin 디렉터리(example.com/wp-admin)로 직접 이동하기 바란다. 그러면 로그인 대화상자가

---

* 워드프레스 3.4 버전에서 '알림판'으로 용어가 변경되었다. - 옮긴이

보일 것이다. 블로그에 로그인하면 많은 것을 할 수 있으면서 단순하고, 복잡하면서도 풍부한 기능들이 담겨있는 워드프레스 대시보드 화면으로 이동한다.

대시보드에서 무엇을 할지는 기본 설치가 얼마나 만족스러운가에 달렸다. 앞에서 워드프레스를 오래된 버전으로 설치했다면 **버전 2.8.6 얻기** 링크를 클릭해 최신 배포 판으로 현재 위치 업그레이드를 할 수 있다. 물론 워드프레스에는 자가 설치 기능뿐 아니라 자가 업데이트 기능도 있다(wp-admin/includes/update.php).

워드프레스는 처음 로그인할 때에 관리자 비밀번호를 바꾸라고 알려준다. 관리자 의 사용자명도 바꿀 수 있다. 사용자명 변경은 대시보드에서 관리자 비밀번호를 바꿀 때 함께 할 수 있다.

데이터베이스 이름 같은 기본 설정을 바꾸고 싶을 수도 있다. 웹서버와 데이터베 이스 서버 모두 완전히 소유하고 있다면 MySQL 사용자를 "root@localhost"로 바 꾸고 싶을 수도 있다. 설정 파일에는 웹브라우저의 쿠키에 강화된 보안을 부여하는 데에 필요한 **보안키**(security key)라는 부분이 있다. 보안키는 11장에서 논의한다. wp-config.php 파일은 수정 즉시 적용된다. 예를 들어, 데이터베이스 테이블명의 접두어 를 바꾸면 워드프레스는 새로운 테이블을 초기화하고 깨끗한 상태의 블로그를 만든 다. 이렇게 하고 블로그의 URL로 접속하면 그림 1-7과 같이 관리자 정보를 보는 단 계로 돌아간다. 하지만 예전 테이블들은 사라지지 않고 남아 있기 때문에 직접 정리 해야 한다.

이 시점에서 블로그의 URL을 워드프레스를 설치한 위치와 다른 곳으로 하고 싶다 면, 대시보드의 **설정**(Settings) > **일반**(General) 메뉴를 선택한다. 블로그의 URL뿐만 아니 라 워드프레스 설치 디렉터리도 바꿀 수 있다. 블로그 URL과 워드프레스 디렉터리를 다르게 한다면 index.php 파일도 블로그 URL의 루트 디렉터리로 옮겨야 한다. 그리 고 index.php 파일의 맨 마지막 줄에 워드프레스 디렉터리의 경로도 수정해야 한다.

첫 번째 글을 쓰기 전에 고유주소 구조를 먼저 만들어두는 게 좋다. 그러면 새로 작성하는 모든 글에 명명규칙에 따라 고유주소가 생겨서, 방문자들이 쉽게 글을 찾고 공유하고 링크를 만들 수 있다. 이것도 대시보드의 **설정**(Settings) 부분에서 할 수 있다. 고유주소와 관련된 데이터베이스 스키마와 성능에 미치는 영향에 대해서는 2장에서 알아본다.

진짜 5분이 걸렸든 몇 시간이 걸렸든, 호스트명, 사용자명, 데이터베이스 설정 등 이 제대로 입력되었다면 여러분은 이제 첫 번째 글을 게시할 준비가 된 것이다.

첫 번째 글쓰기

워드프레스를 정상적으로 설치하면 이미 첫 번째 글과 코멘트가 등록돼 있다. 이것은 곧 블로그가 전체적으로 정상적으로 동작한다는 뜻이다. 대시보드의 오른쪽에 있는 **빨리 쓰기**(QuickPress) 패널을 이용해 새로운 글을 쓰거나, **글**(Posts) 메뉴의 **새 글 쓰기**(Add New)를 이용해 워드프레스 편집기로 새로운 글을 쓸 수 있다. 그림 1-8은 빨리 쓰기 패널을 사용하여 글을 쓰고 대시보드가 업데이트되는 모습이다.

구식 스타일을 좋아하는 편이라면, 여러분이 좋아하는 텍스트 편집기에서 내용을 작성해 편집 패널에 붙여넣기를 해도 된다. 마이크로소프트 워드나 오픈오피스OpenOffice 같은 위지위그WYSIWYG 워드프로세서에서 작성해 워드프레스의 리치 에디터에 붙여 넣을 때에는 HTML이 이상하게 변형될 수 있으니 주의한다. 마지막으로, 일룸닉스illumnix의 엑토ecto 같은 독립 실행형 블로그 편집기가 다양하게 있는데, 이런 편집기에서 작성한 내용을 아톰 출판 프로토콜Atom Publishing Protocol이나 XML-RPC를 이용해 워드프레스에 출판할 수 있다. 이런 기능을 이용하려면 대시보드의 **설정**(Settings) > **쓰기**(Writing) 메뉴를 살펴본다.

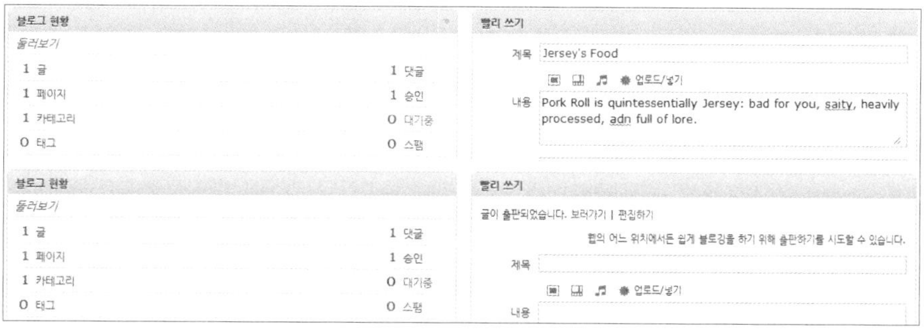

그림 1-8 빨리 쓰기 패널에서 글 작성

이제 **공개하기**(Publish) 버튼을 클릭한다. 워드프레스가 내부에서 콘텐츠를 데이터베이스에 저장하고, 참조 메타데이터를 생성해 저장한 후, 보기 좋게 HTML을 생성하여 출력할 것이다. 사용자에게 보여지는 부분은 대개 대시보드에서 관리된다. 이런 부분에 대해 2장에서 살펴보고 나면, 콘텐츠를 관리하고 발행하는 활동이 여러분에게 잘 맞도록 하위 시스템을 변경, 개선, 통합할 수 있게 된다. 그러면 여러분은 워드프레스의 확장성, 쉬운 디자인, 기능에서의 장점을 취할 준비가 되는 것이다.

워드프레스의 기능

2장에서 다루는 내용

▶ 대시보드 탐색 및 커스터마이징

▶ 글 카테고리 및 태그 넣기

▶ 사용자 생성 및 관리

▶ 미디어 업로드 및 편집

▶ 테마와 플러그인 설치 및 설정

▶ 댓글 관리

▶ 글 가져오기 및 내보내기

▶ 커스텀 고유주소 구조 만들기

▶ 등록 기능 사용 및 글 기여

워드프레스는 단순한 블로그에 힘을 실어주거나 복잡한 웹사이트에 힘을 실어주기 위해 커스터마이즈될 수 있는 소프트웨어다. 워드프레스가 할 수 있는 것을 배우려면 워드프레스가 어떻게 동작하는지 이해해야 한다.

2장은 워드프레스가 어떻게 동작하며, 어떻게 콘텐츠를 관리하고 카테고리를 구분하며, 사용자와 사용자들의 역할은 어떻게 동작하며, 어떻게 테마와 플러그인으로 워드프레스를 확장하며, 어떻게 워드프레스를 여러분이 원하는 대로 설정할 수 있는가에 대해 알아본다.

대시보드

워드프레스에 처음 로그인하면 대시보드Dashboard라는 것을 보게 된다. 대시보드는 콘텐츠, 토론, 테마 디자인, 플러그인 등 웹사이트와 관련된 모든 것을 관리하는 곳이다. 대시보드는 대부분의 관리 기능을 클릭 한 번으로 처리할 수 있게 효율성, 단순함을 강조하여 만들어졌다. 대시보드의 주소는 워드프레스가 설치된 URL의 wp-admin 하위 디렉터리다(http://example.com/wp-admin).

대시보드 위젯

그림 2-1에서 보는 바와 같이 대시보드에는 여러 개의 위젯, 블록, 간략한 정보 등이 있다. 위젯은 워드프레스 웹사이트를 관리하는 정보와 기능을 제공한다.

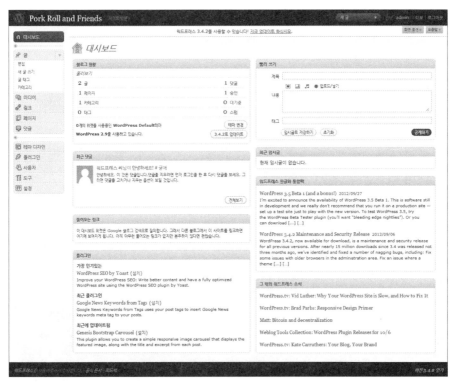

그림 2-1 워드프레스의 기본 대시보드

라잇 나우Right Now 위젯은 웹사이트 콘텐츠의 개괄적인 통계를 보여준다. 그 통계에는 글, 페이지, 임시저장, 댓글, 스팸의 숫자가 포함된다. 통계 항목을 클릭하면 관련된 콘텐츠를 관리하는 화면으로 이동한다. 콘텐츠 통계 아래에, 블로그 현황 위젯은 전체 테마의 숫자와 현재 사용 중인 테마를 보여준다. 여기에서 위젯수는 어드민 대시보드 위젯이 아닌 사이드바^{sidebar} 위젯만 포함한다. 현재 사용 중인 워드프레스 버전도 표시된다. 새로운 버전의 워드프레스가 나오면 업데이트 버튼이 함께 보여진다.

임시글을 빨리 보려면 최근 임시글^{Recent Drafts} 위젯을 확인해라. 이 위젯은 현재 작업 중이고, 보여주기가 되지 않은 글을 보여준다. 그 글을 계속 작성하려면 임시글을 클릭해라. 임시글이 보여주기 되거나 삭제되면 최근 임시글 위젯에 더 이상 표시되지 않게 된다. 최근의 모든 임시글을 보려면 **전체보기**(View all) 링크를 클릭해라.

블로그를 빨리 쓰고 싶은가? 빨리 쓰기^{QuickPress} 위젯은 새로운 블로그 글을 만드는 가장 **빠른** 방법이다. 보통 글을 쓰듯 빨리 쓰기 위젯에서도 제목과 내용을 입력하고, 그림이나 미디어를 업로드하여 삽입할 수 있다. 빨리 쓰기 위젯에서도 임시저장을 할 수 있고, 입력 필드를 초기화할 수 있으며, 바로 보여주기를 할 수 있다.

누가 여러분의 웹사이트를 링크했는지 보려면 인커밍 링크^{Incoming Links} 위젯을 이용해라. 들어오는 링크 위젯은 구글 블로그 검색^{Google Blog Search}(http://blogsearch. google.com)으로 링크를 찾는다. 검색 결과가 있으면 최신순으로 이 위젯에 표시된다. **세잉 링크**(Saying link)를 클릭하면 링크가 가리키는 글의 본문을 바로 볼 수 있다. 이 위젯에 표시되지 않는 링크도 있으니 놀라지 않길 바란다. 들어오는 링크와 트래픽에 대해 자세히 알고 싶으면 구글 애널리틱스^{Google Analytics}나 워드프레스 통계 플러그인을 이용하는 게 좋다.

관리자 대시보드는 두 개의 RSS 위젯을 포함하는데, 하나는 워드프레스 개발 블로그이고 다른 하나는 플래닛 워드프레스^{Planet Wordpress} RSS 피드다. 워드프레스 개발 블로그에는 뉴스와 워드프레스 개발 정보가 있다. 워드프레스의 새로운 버전이 나오거나 베타 버전, 출시 후보가 나오면 이 블로그에 알려진다. 플래닛 워드프레스 피드는 워드프레스와 관련된 뉴스나 정보가 담긴 블로그의 모음이다. 이 두 RSS 위젯은 사용자가 다른 RSS 피드로 바꿀 수 있다. RSS 위젯을 바꾸려면 제목 부분에 마우스 포인터를 올려놓으면 나타나는 **설정**(Edit) 링크를 누른다. 피드 주소를 변경하고 **저장** 버튼을 누른다. 그러면 워드프레스 대시보드에 새로운 RSS 피드의 내용이 바로 나타날 것이다.

플러그인을 통해 대시보드에 새로운 위젯을 추가할 수 있다. 어드민 대시보드에 커스텀 위젯을 만들어 넣으려면 대시보드 위젯 API를 이용해 플러그인을 만들어야 한다. 플러그인에서 제공하는 기능을 위젯에서도 이용할 수 있다. 플러그인과 위젯 설치에 대해서는 2장 뒷부분에서 알아보자.

대시보드 커스터마이징

위젯을 다른 위치로 드래그앤드롭으로 대시보드를 커스터마이징할 수 있다. 위젯의 제목 부분에 마우스 포인터를 올려놓으면 최소화 버튼이 나오는데, 이 버튼을 클릭하면 위젯을 최소화할 수 있다. 최소화된 위젯은 제목 부분만 남고 나머지 부분은 숨겨진다. 헤더의 스크린 옵션 탭에서 원치 않는 위젯들에 대해 **선택을 해제**(uncheck)하는 방법으로도 위젯을 숨길 수 있다. 대시보드 위젯 설정을 수정하려면 마우스 포인터를 위젯의 제목에 올려놓으면 나오는 **설정**(Edit) 링크를 누른다. 그러면 위젯에 대한 설정 화면이 표시된다.

화면 옵션

그림 2-2처럼 **화면 옵션**(Screen Options) 탭에서는 대시보드 스크린의 디스플레이 설정을 수정할 수 있다. **화면 옵션** 탭에서 각 화면은 다른 옵션을 갖고 있다. 예를 들어, **글 > 편집** 화면의 **화면 옵션** 탭을 클릭하면 그 화면에서 선택 가능한 필드가 표시된다. 또한 페이지에 얼마나 많은 글이 보여질지 정할 수 있다.

그림 2-2 어드민 대시보드의 헤더 부분에 위치한 스크린 옵션 탭

어드민 대시보드의 화면 옵션 탭에서 칼럼의 개수도 조절할 수 있다. 칼럼의 개수는 2개에서 4개까지 선택가능하다. 이 옵션은 **화면 옵션** 탭을 클릭해 숫자를 선택해 바꿀 수 있다.

관리자 메뉴

워드프레스 관리자 메뉴는 대시보드의 왼쪽에 있다. 서브패널은 워드프레스의 각 관리 페이지다. 서브패널 링크에 마우스 포인터를 올려놓으면 메뉴 아이템 오른쪽에 조그만

오른쪽 화살표가 나타난다. 이 화살표를 클릭하면 하위 메뉴가
나타난다. 워드프레스는 확장된 메뉴 상태를 기억하고 있어 다
시 로그인했을 때에도 같은 모습을 보여준다. 이런 기능은 여러
분이 자주 사용하지 않는 메뉴를 숨기기에 좋다.

관리자 메뉴를 아이콘만 보이게 축소하면 대시보드의 영역
이 더 넓어진다. 대시보드나 댓글 아래 부분에 위치한 가로 방
향의 **메뉴 축소**(Collapse menu) 화살표를 클릭해보라. 축소된 관리
자 메뉴 위에 마우스 포인터를 올려놓으면 더 많은 옵션이 아래
쪽에 표시된다.

대시보드에서 메뉴를 축소하면 여러분은 더 넓은 작업공간
을 갖게 될 것이다.

그림 2-3 워드프레스
관리자 메뉴

콘텐츠 생성과 관리

웹사이트의 핵심은 콘텐츠다. 콘텐츠는 웹사이트에 트래픽이 발생하는 첫 번째 원인
이자 여러분이 워드프레스를 쓰기로 결정한 주요 이유다. 워드프레스를 통해 초보자
나 고급자 모두 쉽게 콘텐츠를 관리할 수 있다.

2장에서는 워드프레스의 콘텐츠에 대해 다룬다. 글/페이지 생성, 관리, 링크 관리
등의 내용이 포함된다. 콘텐츠는 워드프레스를 관리하는 데 가장 중요한 개념이다.

글 생성

글은 웹사이트에 최신순으로 표시되는 콘텐츠 항목이다. 글은 일반적으로 블로그상의
글로 뉴스, 이벤트, 비즈니스 자료처럼 다양하게 이용될 수 있다. 글은 날짜 및 시간
정보와 함께 저장된다. 글은 카테고리로 분류되고 태그가 붙어 카테고리와 태그에 따
라 필터가 가능하다.

글을 생성하는 첫 번째 단계는 글 서브패널에서 **새 글 쓰기**(Add New Post) 링크를 클
릭하는 것이다. 글을 생성하기는 매우 쉽다. 글 생성 시 반드시 입력해야 하는 정보는
제목과 내용이다. **새 글 쓰기** 화면의 첫 번째 입력란에는 제목을 입력한다. 제목에 '나
의 첫 번째 글'이라고 넣어보자. 제목은 읽는 사람에게 이 글이 무엇에 관한 것인지를
알려주므로 매우 중요하다. 제목은 검색 엔진이 글을 정리할 때에도 중요하게 쓰인다.

고유주소 기능을 켜 놓았다면, 제목은 고유주소를 만들고 고유주소와 관련된 URL을 생성하는 데에도 중요하게 쓰인다. 글의 제목을 빈칸으로 입력하면 그 글의 고유주소는 글 ID가 될 것이다. 처음으로 저장을 하면 지금 작성하는 글의 고유주소가 제목 아래 부분에 표시된다.

글을 생성하는 다음 단계는 내용을 쓰는 것이다. 제목 입력란 아래에 있는 내용 입력란에 내용을 입력한다. 보여주기 편집기나 리치 에디터를 이용해 글을 쓸 수 있다. 보여주기 편집기와 리치 에디터 간에 전환하려면 편집기의 탭을 클릭한다. 편집기의 포맷 옵션은 마이크로소프트 워드 같은 워드프로세서의 포맷 옵션과 비슷하다. 예를 들어, B 아이콘을 클릭하면 선택된 글자나 앞으로 쓸 글자가 굵게 바뀐다. 여러분이 원하는 내용을 내용 입력란에 입력해보자.

글에 그림이나 미디어를 추가할 수도 있다. 그림은 글을 비주얼하게 보여주는 좋은 방법이다. 실습 글에 그림을 추가해보자. 그림을 글에 추가하려면 업로드/넣기 텍스트 옆에 있는 **미디어 추가**(Add Media) 아이콘을 클릭해라. 미디어 추가라는 제목의 레이어창이 나타나는데, 이런 간단한 박스 효과를 두꺼운 박스^{Thickbox}라고 부른다. 두꺼운 박스 효과^{Thickbox effect}는 웹사이트에서 화면 전체를 비활성화하여 어둡게 처리하고 그 위에 팝업 창을 표시하는 것을 말한다. 미디어 추가 창에서 새로운 그림 파일을 추가하거나 작성 중인 글에 추가한 그림을 선택하거나 워드프레스 내에 저장된 그림을 찾아 선택할 수 있다. **파일 선택**(Select Image) 버튼을 클릭하고 컴퓨터에 있는 그림 파일을 선택해보자. 기본 업로드 프로그램인 플래시 업로드 프로그램을 이용한다면 여러 개의 그림 파일도 한꺼번에 업로드할 수 있다.

그림을 업로드한 후에는 그림을 글 내용에 넣어야 한다. **본문 삽입**(Insert into Post) 버튼을 클릭하면 그림이 글 안에 들어갈 것이다. 보여주기 편집기를 이용하면 그림이 글 내용에 바로 보여질 것이다. 글 안에 그림을 선택하면 정렬하거나 그림 설정을 바꾸거나 글에서 제거할 수 있다. 리치 에디터를 이용하면 여러분이 업로드한 그림에 대한 링크와 함께 IMG 태그가 삽입되어 있을 것이다.

다음으로, 글의 카테고리를 선택하고 싶을 것이다. 카테고리는 독자들이 같은 주제의 글을 쉽게 찾을 수 있게 하는 유사한 글들의 그룹이다. 대시보드 오른쪽에 **공개하기**(Publish) 버튼 아래 부분에 **카테고리들**이라는 이름의 박스가 있는데, 여기에서 카테고리를 선택할 수 있다. 하나의 글에 여러 개의 카테고리를 선택할 수 있다. 새로운 카테고리를 추가하려면 **카테고리들** 박스의 아래쪽에 있는 **+ 새 카테고리 추가하기**

(+Add New Category) 링크를 클릭해라. **가장 많이 사용함**(Most Used) 탭도 클릭해보기 바란다. 실습이라는 이름의 새로운 카테고리를 추가하고 실습 글의 카테고리를 실습으로 만들어보자.

글에 태그를 추가할 수도 있다. 태그는 글이 무엇에 관한 것인지를 설명해주는 키워드다. 태그는 짧고 강렬하고, 보통은 두 단어 이내로 만든다. 태그 메타박스는 카테고리 박스 아래에 있다. 키워드를 쉼표(,)로 분리해 태그로 추가해보자. 태그 옆에 작은 X를 클릭하면 입력한 태그를 삭제할 수 있다. 여기에서 말하는 삭제는 작성 중인 글에서만 삭제되는 것이지 워드프레스의 전체 태그 목록에서 삭제되는 것은 아니다. 태그 입력란에 글자를 입력하다보면 워드프레스가 입력된 글자들과 비슷한 기존 태그들을 보여주어 여러분이 기존 글에서 사용한 태그를 찾기 쉽게 도와준다. 실습 글에 몇 개의 태그를 추가해보자.

작성한 글이 만족스럽다면 **공개하기**(publish)를 해보자. 공개하기를 하려면 공개하기라는 이름의 파란 버튼을 클릭한다. 그러면 실습 글이 웹사이트에 보여질 것이다. **공개하기** 메타박스에는 글의 상태를 통제하는 버튼도 있다. 글의 상태에는 공개됨, 검토 중, 임시글 세 가지가 있다. 공개됨 상태는 글을 웹사이트에서 모두가 볼 수 있는 상태를 말한다. 검토 중 상태는 작성자나 관리자가 글을 검토나 승인을 해야 하는 상태다. **기여자**(Contributor)가 제출한 글은 검토 중 상태가 된다. 임시글 상태는 글을 작성 중이며 아직 공개하기를 하지 않은 상태다. 임시글은 보통 여러분이 작성을 하며, 작성을 더 해야 할 글이다.

공개된 글(date/time) 문구 옆에 있는 **편집** 버튼을 클릭하면 글의 날짜를 수정할 수 있다. 글이 미래의 시각에 자동으로 공개하기 되도록 예약을 하고 싶으면 여기에서 날짜와 시간을 미래로 입력하고 OK 버튼을 누른다. 미래 시각으로 공개하기 시각이 바뀌면 **공개하기** 버튼이 **예약**(Schedule) 버튼으로 바뀐다. 이때 **예약** 버튼을 클릭해야 예약이 완료된다. 이 기능은 휴가 기간에 새로운 콘텐츠를 웹사이트에 등록할 때 편리하다. 글의 날짜를 과거로 바꿀 수도 있다. 이 기능은 오랜만에 글을 쓸 때에 유용하다.

마지막으로, **글의 가시성**(visibility)을 바꿀 수 있다. 공개 글은 웹사이트를 방문하는 누구나 볼 수 있는 글이다. **비밀번호로 보호**(password-protected)된 글은 비밀번호를 알고 있는 방문자만 볼 수 있는 글이다. **개인적**(Private)인 글은 작성자나 관리자만 볼 수 있고 방문자는 볼 수 없는 글이다.

글을 추가하거나 편집하는 화면에 보여지는 각 메타박스는 여러분이 편한 대로 드래그앤드롭으로 옮길 수 있다. 여러분의 사용 습관에 따라 메타박스를 정리할 수 있는데, 자주 사용하는 메타박스를 화면의 윗부분으로 옮기는 게 좋다. 메타박스를 드래그하려면 박스의 제목 부분을 클릭한 채로 마우스 포인터를 옮겨 화면의 원하는 곳에 놓으면 된다.

글 관리

글(Posts) > 편집(Edit) 서브패널에서 워드프레스의 글을 관리할 수 있다. 여기에는 모든 상태의 글 목록이 표시된다. 여러분이 작성한 실습글 '나의 첫 번째 글'도 이 목록의 맨 위에 보여질 것이다. 화면 상단에 글의 상태, 카테고리, 작성 일자 등 여러 개의 필터 옵션이 있다. 임시글 상태의 글을 보려면 상단 필터 중 '임시글' 링크를 클릭한다. 화면 오른쪽 상단에 있는 검색란에 키워드를 입력하여 글을 검색할 수도 있다.

이 화면은 기본적으로 **목록보기**(list view)로 보여 지는데, **요약보기**(excerpt view)로 바꿀 수 있다. 요약보기에서는 글의 내용에 대한 요약이 목록에 함께 보여진다. 보여지는 형태를 바꾸려면 검색 키워드 박스 아래에 **목록보기** 아이콘이나 **요약보기** 아이콘을 누른다.

글 위에 마우스 포인터를 올려놓으면 그림 2-4와 같이 글을 관리하는 데 쓰이는 여러 가지 옵션이 표시된다.

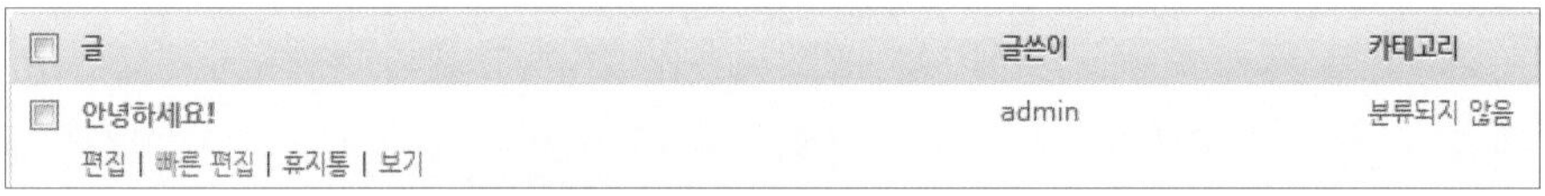

글		글쓴이	카테고리
안녕하세요!		admin	분류되지 않음
편집 | 빠른 편집 | 휴지통 | 보기			

그림 2-4 마우스 포인터를 올려놓으면 보여지는 글 관리 옵션

빠른 편집(Quick Edit) 링크를 클릭하면 글의 정보를 빨리 편집할 수 있는 화면이 보여진다. 글 정보가 AJAX를 이용해 표시되므로 화면 전체가 갱신되지는 않는다. 이 화면에서 글의 카테고리, 제목, 슬러그(고유주소에 사용되는 정보) 등을 바꿀 수 있다. 글 요약에 해당하는 모든 것을 빠른 편집에서 수정할 수 있다.

휴지통(Delete) 링크를 클릭하면 해당 글이 삭제된다. 이 링크를 너무 무서워할 필요는 없다. 정말로 삭제할 것인지 다시 한번 확인해줘야 삭제가 진행된다.

각 글 옆에는 체크박스가 있다. 여러 개의 글을 체크하면 일괄 편집, 일괄 휴지통으로 이동 같은 일괄 작업을 할 수 있다. 일괄 편집을 이용하면 카테고리, 태그, 글쓴이, 댓글, 상태, 핑, 붙박이 옵션 등을 한꺼번에 바꿀 수 있다. 이 기능을 이용하면 여러 글의 카테고리를 변경하거나 여러 개의 글을 휴지통으로 이동시켜야 할 때 시간을 많이 절약할 수 있다.

페이지 만들기

워드프레스에서 페이지는 정적인 정보로된 콘텐츠라는 점에서 글과 다르다. 페이지는 작성일자, 카테고리, 태그 정보 없이 콘텐츠 자체만으로 돼 있다.

새로운 페이지를 만들려면 페이지 서브패널에서 **페이지 만들기**(Add New) 링크를 클릭한다. 페이지 제목은 이 페이지가 무엇에 대한 것인지 설명할 수 있는 것이라야 한다. 페이지 제목은 일반적으로 글 제목보다 짧은 편이다(예를 들면, 소개나 연락처 등). 물론 길게 하고 싶다면 길게 해도 된다.

페이지의 내용 박스는 글 작성할 때의 내용 박스와 완전히 같다. 실습글을 작성할 때처럼 그림 같은 것을 넣어보자.

페이지와 글의 차이점은 **속성**(Attribute) 메타박스의 위치가 **공개하기** 버튼 바로 아래에 있다는 것이다. 상위 옵션에서 작성한 페이지의 계층을 설정할 수 있다. 계층을 설정하면 페이지와 서브페이지 간의 관계를 설정할 수 있다. 예를 들어, 소개 페이지가 있을 때 소개 페이지의 하위 페이지를 여러 개 만들 수 있다. 예를 들면, **소개 > 운영자 소개** 페이지를 만들거나 **소개 > 웹사이트 소개** 페이지를 만드는 것처럼 말이다.

페이지에 추가 기능이 필요하다면 페이지에 페이지 템플릿을 적용할 수 있다. 커스텀 페이지 템플릿을 쓰면 워드프레스 페이지를 테마 디렉터리 안에 있는 PHP 템플릿 파일로 연결할 수 있다. 이렇게 하면 커스텀 코드나 완전히 다른 디자인을 특정 페이지에 쉽게 적용할 수 있다. 이 기능에 대해서는 8장 "테마 개발"에서 알아본다.

페이지의 순서를 적절히 정하는 것도 잊지 마라. 페이지는 기본적으로 알파벳순으로 정렬된다. 여러분이 정렬 필터를 이용하면 바꿀 수도 있다. 순서 필드에 숫자를 입력해 여러분이 원하는 대로 페이지를 정렬할 수 있다.

페이지 관리

페이지 > 편집 서브패널에서 페이지를 관리할 수 있다. 페이지를 관리하는 것은 글을 관리하는 것과 같다. 화면 상단의 필터를 이용해 표시되는 페이지에 필터를 적용할 수 있다. 키워드 검색도 가능하다. 페이지에 별도로 정렬 순서를 정해놓지 않으면 페이지는 알파벳순으로 표시된다. 페이지의 순서를 정하려면 **빠른 편집**(Quick Edit) 링크를 클릭하고 순서 필드에 페이지의 순서를 입력해라. 가장 먼저 보여야 할 페이지에는 0을 입력하고, 제일 마지막으로 보여야 할 페이지에는 99처럼 높은 숫자를 입력해라.

링크

워드프레스에는 링크 관리 시스템이 있는데, **링크**(Links) 서브패널에서 볼 수 있다. 링크는 웹사이트에서 다양한 방법으로 만들어지고, 카테고리로 분류되고, 화면에 표시된다. 링크는 외부 웹사이트를 가리킬 수도 있고 여러분의 웹사이트를 가리킬 수도 있다.

새로운 링크를 추가하려면 **링크 > 링크 추가하기**(Links > Add New) 서브패널을 이용한다. 먼저 링크의 이름을 입력해야 하는데, 이름은 보통 앵커 텍스트로 이용되므로 짧고 어떤 사이트로 이동하는지 설명을 해주는 이름이어야 한다. 다음은 웹 주소를 입력하는데, 완전한 URL(http:// 등 프로토콜 부분까지 포함한 URL 표시)로 입력해야 한다. 내부 링크를 입력한다면 상대 경로를 입력해도 된다. 다음으로 링크 설명을 입력하는데, 링크 위에 마우스 포인터를 올려놓거나 링크 아래에 가져가면 이 링크 설명이 표시된다. 링크 설명이 언제 표시되는지는 테마 템플릿이나 위젯 설정에 따라 달라진다.

링크를 카테고리로 분류하는 것은 유사한 링크를 그룹으로 만드는 좋은 방법이다. 한 개의 링크를 여러 카테고리에 넣을 수 있다. 링크를 넣고자 하는 카테고리의 체크박스를 모두 체크하면 된다. **+ 새 카테고리 추가하기**(+ Add New Category) 링크를 클릭하면 새로운 카테고리를 생성할 수 있다.

링크에 적당한 타겟을 선택해야 한다. 타겟은 링크가 클릭되었을 때 어떻게 열릴지 결정한다. 일반적으로 외부 웹사이트에 대한 링크는 새창이나 새 탭으로 열리는데, 이런 경우는 타겟을 _blank로 선택한다. 내부 링크는 현재 창에서 열리게 되는데 이런 경우는 타겟을 _none으로 선택한다.

링크 정보를 모두 채워 넣었으면 **링크 추가**(Save) 버튼을 클릭해 입력 내용을 저장하자. 새로 만들어진 링크는 링크 목록의 가장 위에 보여질 것이다.

휴지통

워드프레스에는 **휴지통**(Trash) 기능이 있는데 이는 윈도우의 휴지통과 같다. 글, 페이지, 미디어, 댓글에 **삭제**(Delete) 링크 대신에 **휴지통으로 이동**(Move to Trash) 링크가 있다. 콘텐츠를 휴지통으로 이동하는 것은 삭제하는 것과 다르다. 콘텐츠를 영구적으로 삭제하려면 휴지통 컨테이너로 이동해 삭제하려는 콘텐츠를 선택한 후 **휴지통 비우기** (Empty Trash) 버튼을 클릭한다. 이 기능은 실수로 콘텐츠를 영구히 삭제하는 경우를 방지한다.

콘텐츠 페이지의 헤더에 필터 링크가 몇 개 있는데, 그 중에 휴지통이라는 링크가 있다. 휴지통 링크를 클릭하면 휴지통으로 이동된 콘텐츠 항목들을 볼 수 있다. 목록에 있는 콘텐츠 아이템에 마우스 포인터를 올려놓으면 **복원**(Restore), **영구 삭제**(Delete permanently) 두 개의 옵션이 표시된다. 휴지통에 있는 콘텐츠를 원래대로 돌려놓으려면 **복원** 링크를 클릭해라. 콘텐츠를 완전히 삭제하려면 **영구 삭제** 링크를 클릭해라. 휴지통에 있는 항목들은 30일마다 비워진다. 그러므로 휴지통에는 정말 지울 것만 담길 바란다.

콘텐츠를 카테고리로 분류

카테고리로 분류하는 작업은 콘텐츠를 생성하는 측면에서 매우 중요한 일이다. 카테고리를 적절히 지정하면 방문자가 웹사이트를 보기 쉬워진다. 방문자가 웹사이트 내에서 같은 주제를 탐색하기도 편해진다.

카테고리를 정확히 지정하면 카테고리 정보를 테마 템플릿 파일과 함께 사용할 수 있다. 예를 들어, 이벤트 카테고리를 만들고 이 카테고리의 글을 이벤트 뉴스 사이드바 위젯에서 보이게 할 수 있다.

카테고리와 태그의 비교

카테고리와 태그는 유사한 점이 있어서 차이점이 무엇인지 많이 궁금해 한다. 카테고리는 글을 조직화하여 관리하는 방법이고, 태그는 글을 설명하는 방법이다.

예를 들면, '워드캠프 서울'이라는 제목의 글을 컨퍼런스 카테고리에 넣었다면, 키워드는 워드프레스, 워드캠프, 서울이 될 것이다.

또 다른 차이점은 카테고리는 계층적이라는 점이다. 다시 말해, 하나의 카테고리는 다른 하위 카테고리를 가질 수 있지만 태그는 그렇지 않다.

글 카테고리

글 카테고리는 콘텐츠를 쉽게 분류할 수 있도록 해준다. 하나의 글은 여러 개의 카테고리에 들어갈 수 있다. 글을 카테고리에 넣고 싶으면 그림 2-5의 **카테고리** 메타박스에서 적당한 카테고리를 선택한다.

그림 2-5 카테고리 선택 메타박스

가장 많이 사용함(Most Used) 탭을 클릭하면 그런 카테고리들을 볼 수 있다. 새 카테고리를 추가하려면 **카테고리** 메타박스의 **+ 새 카테고리 추가하기**(+ Add New Category) 링크를 클릭해라.

글 > 카테고리 서브패널에서 카테고리를 관리할 수 있다. 이 서브패널에서 카테고리를 생성, 편집, 삭제할 수 있다. 또 모든 카테고리를 찾아볼 수 있고, 카테고리에 어떤 글이 들어가 있는지 찾아볼 수 있다. 카테고리를 삭제하거나 편집하려면 먼저 관리할 카테고리에 마우스 포인터를 올려놓아라. 그러면 편집, 빠른 편집, 삭제 옵션이 나타난다. **삭제** 링크를 클릭하면 해당 카테고리가 삭제된다. 카테고리가 삭제 될 때 그 카테고리에 들어있던 글은 지워지지 않고 기본 카테고리인 **분류되지 않음** 카테고리로 옮겨진다. 앞으로 나올 워드프레스는 카테고리가 지워질 때 그 카테고리에 들어있던 글을 어느 카테고리로 옮길지 선택할 수 있게 될 것이다.

워드프레스는 카테고리에서 태그로 바꾸는 변환기와 태그에서 카테고리로 바꾸는 변환기를 제공한다. 이 변환기들은 이름처럼 카테고리를 태그로 변환하거나 태그를 카테고리로 변환해준다. 카테고리에서 태그 변환기 링크를 클릭하고 변환할 카테고리를 선택한 다음 **카테고리를 태그로 변환하기** 버튼을 클릭하면 된다. 하위 카테고리를 갖고 있는 카테고리를 태그로 변환하면 하위 카테고리들은 최상위 카테고리가 되므로 주의하기 바란다.*

글에 태그 추가

태그는 글을 설명하는 키워드다. 태그란 글의 내용을 설명하는, 글에 붙어있는 포스트 잇이라고 생각하면 쉽다. 태그는 보통 두 단어 이내로 만든다. 태그는 각 글을 설명하는 키워드라는 점에서 카테고리와 다르다. 예를 들면, 여러분은 '지금까지 제일 맛있었던 비빔밥'이라는 제목의 글은 콩나물, 시금치, 당근, 밥, 계란, 고추장 같은 태그를 붙일 수 있다. 하지만 콩나물이라는 카테고리를 만들어 콩나물에 대한 글을 계속해서 쓸 생각은 없을 것이다. 태그는 테크노라티Technorati, 딜리셔스Delicious, 플리커Flickr 같은 다른 사이트에서도 쓰이고 있다.

글에 태그를 추가하려면 그림 2-6과 같이 **글 태그**(Post Tags) 메타박스에 키워드를 코마(,)로 구분하여 입력한다. 태그 입력란에 글자를 입력하면 워드프레스가 기존 태그를 바탕으로 추천 태그를 보여줄 것이다. **이 글 태그 안의 인기 태그중에서 선택**(Choose from the Most Used Tags) 링크를 클릭하면 인기 태그를 볼 수 있다.

그림 2-6 태그 메타박스

태그는 **글 > 글 태그**(Post Tags) 서브패널에서 관리할 수 있다. 이 서브패널에서 태그를 생성, 편집, 삭제할 수 있다. 또, 모든 태그와 태그와 관련된 글을 찾아볼 수 있다.

---

* 워드프레스 버전에 따라 도구 > 가져오기 > 카테고리와 태그 변환기로 이동해야 할 수 있다. – 옮긴이

링크 카테고리

워드프레스에서는 링크도 카테고리로 분류할 수 있다. 링크 카테고리는 **링크 > 링크 카테고리** 서브패널에서 관리할 수 있다. 워드프레스에는 블로그롤^{Blogroll}이라는 카테고리 하나가 기본으로 만들어져 있다. 이 카테고리는 이름은 바꿀 수 있지만 삭제는 할 수 없다.

링크 > 링크 추가하기에서 그림 2-7처럼 카테고리 메타박스의 목록에 카테고리 목록이 표시된다.

카테고리 메타박스에서 새로운 링크가 어느 카테고리에 들어갈지 선택할 수 있다. 많이 쓰이는 링크 카테고리를 확인할 수도 있고, **+ 새 카테고리 추가하기** 링크를 클릭해 새로운 카테고리를 만들 수도 있다.

카테고리도 삭제가 가능한데, 카테고리를 삭제해도 그 안에 들어있는 링크는 삭제되지 않고 기본 카테고리로 옮겨진다.

그림 2-7 링크 카테고리 화면의 카테고리 선택 메타박스

미디어 관련 작업

워드프레스는 웹사이트의 모든 미디어를 통합 관리할 수 있게 특화돼 있다. 미디어는 그림, 비디오, 음악, 그 외 웹사이트에 업로드된 모든 파일을 의미한다. 워드프레스에 업로드된 미디어는 쉽게 글이나 페이지에 삽입될 수 있다. 미디어는 글/페이지 단위로 업로드되고 삽입될 수 있으며, 미디어 라이브러리에서 관리될 수도 있다.

미디어 라이브러리

워드프레스의 미디어 라이브러리에서 워드프레스 내의 모든 미디어를 관리하고 삭제할 수 있으며, 새로운 미디어를 추가할 수 있다. 미디어 라이브러리 서브패널은 미디어 라이브러리에서 직접 업로드됐거나 글/페이지에서 업로드된 미디어를 관리할 수 있게 해준다.

미디어 업로드

미디어 서브패널의 **파일 올리기**(Add New) 링크를 클릭하면 미디어를 업로드할 수 있다. **파일 선택**(Select Files) 버튼을 클릭하면 플래시 업로드 프로그램이 실행된다. 플래시 업로드 프로그램Flash uploader이 제대로 동작하지 않으면 브라우저 업로더Browser Uploader를 이용해도 된다.

플래시 업로드 프로그램을 이용하면 여러 개의 파일을 한꺼번에 업로드할 수 있다. 파일 선택 대화상자에서 여러 개의 파일을 선택하고 **열기**(Open) 버튼을 클릭하면 된다. 선택된 파일이 업로드되는 동안 업로드 상태바가 표시된다. 반면에 브라우저 업로더는 한 번에 하나의 파일만 업로드할 수 있다.

파일 업로드에 문제가 발생하면 제일 처음 확인해볼 것은 업로드 폴더의 권한이다. 워드프레스 디렉터리의 권한은 보안을 위해 755로 설정되어야 하는데, 서버에 따라 777로 설정되어야 하는 경우도 있다. 이 숫자는 유닉스 운영체제의 chmod 명령어가 디렉터리와 파일에 설정하는 접근 권한을 의미한다. 워드프레스를 윈도우 서버에서 실행한다면 IUSER 계정에게 업로드 디렉터리에 파일을 쓸 수 있는 권한을 주어야 한다. 이렇게 하면 미디어를 업로드하는 데에 문제가 없을 것이다.

워드프레스는 파일 타입을 가리지 않으므로 모든 파일 타입을 업로드할 수 있다. 이 점은 보안상 취약점이 될 수 있는데, 워드프레스의 사용자들이 파일을 업로드할 수 있도록 돼 있다면 파일 타입에 제한을 둘 필요가 있다. 미디어 업로드 시 파일 타입을 제한할 수 있는 플러그인이 이미 나와 있다. 예를 들면 그림 파일만 업로드할 수 있도록 하는 플러그인도 있다.

미디어 삽입

글/페이지의 편집 화면에서 미디어를 삽입할 수 있다. 편집 화면에서 워드프레스에 기존에 업로드된 미디어를 선택하고 삽입할 수 있고, 새로운 미디어를 추가한 후 삽입할 수도 있다.

미디어를 삽입하려면 글 제목 아래에 미디어 모양의 아이콘을 클릭한다. 이 아이콘은 **업로드/넣기**(Upload/Insert) 링크 옆에 있다. 이 아이콘은 그림, 비디오, 소리, 미디어를 상징한다. 이 아이콘을 클릭하면 **미디어 추가** 레이어창이 나타난다. 이 창의 상단에 여러 개의 탭이 보여질 것이다. 그 중에 **갤러리**(Gallery) 탭과 **미디어 라이브러리**(Media Library) 탭을 보자. 갤러리 탭은 현재 수정 중인 글/페이지에 삽입된 미디어가 있을 때에만 표시되는데, 삽입된 미디어를 모두 보여준다. 미디어 라이브러리 탭은 워드프레스에 업로드된 전체 미디어를 보여준다. 두 탭 모두 미디어를 리스트 형태로 보여준다.

그림을 글에 삽입하려면 그림의 속성을 확인해야 한다. 그림 이름 우측에 **보기**(Show) 링크가 있다면 클릭해라. 그러면 선택한 항목이 확장되면서 그림의 속성이 표시될 것이다. 속성 중에 그림에 링크도 설정할 수 있는데, 그림을 클릭했을 때 다른 웹 페이지로 이동하도록 만들어야 한다면 유용한 기능이다. 그림의 정렬값과 크기를 확인하고 **본문 삽입**(Insert into Post) 버튼을 클릭해라. 버튼을 클릭하면 **미디어 추가** 레이어 창이 사라지면서 그림이 글에 삽입될 것이다. 보여주기 편집기를 쓰고 있다면 그림이 글 내용으로 바로 보여진다.

워드프레스는 갤러리 기능을 기본으로 갖고 있다. 이 기능을 이용하면 여러 개의 그림을 글이나 페이지에 업로드하고, 이 그림들을 갤러리 형태로 보기 좋게 표시할 수 있다. 갤러리를 이용하려면, 글에 여러 개의 그림을 업로드해보자. 업로드하고 나면 **미디어 추가** 레이어창의 바깥부분을 클릭하거나 창의 우측 상단에 있는 X를 클릭해 레이어창을 닫는다. 다음으로, 글 내용에 숏코드^{shortcode}를 넣어서 갤러리를 표시한다. 숏코드는 워드프레스나 플러그인이 인식하는 대괄호로 싸여있는 짧은 코드다. 글이나 페이지를 편집할 때에는 숏코드가 보여지지만 글이나 페이지를 볼 때에는 숏코드가 그에 해당하는 기능으로 바뀌어서 표시된다. 지금의 경우는 갤러리가 표시될 것이다. 글 내용에 [gallery]라는 코드를 입력하고 저장해라. 그림 갤러리가 여러분의 글에 표시될 것이다. 갤러리 숏코드에는 몇 가지 옵션이 있다. 갤러리의 열 수를 정하고 싶으면(기본은 3이다) [gallery columns="4"]를 입력한다. 아이디가 5인 글의 갤러리를 가져다 표시하고 싶으면 [gallery id="5"]를 입력한다.

워드프레스는 내장된 비디오/오디오 플레이어가 없다. 그러므로 업로드된 비디오나 오디오는 글이나 페이지 내에서 플레이되도록 임베드될 수 없다. 비디오나 오디오를 임베드하려면 플러그인을 이용해야 하며, 그 플러그인이 업로드된 비디오나 오디오의 포맷을 지원해야 한다. WordPress.org 플러그인 디렉터리에 가면 많은 비디오 플레이어 플러그인을 찾을 수 있다. 비디오 플레이어 플러그인으로 WordTube(http://wordpress.org/extend/plugins/wordtube/)가 좋다.

미디어 관리

미디어 > 라이브러리 서브패널에서 미디어를 관리할 수 있다. 이 서브패널에서는 워드프레스 웹사이트에 업로드된 모든 미디어를 관리할 수 있다. 이 서브패널에는 워드프레스를 통해 업로드된 미디어만 표시되며, FTP로 웹사이트에 업로드된 그림 파일 같은 것은 표시되지 않는다.

화면의 상단에 있는 필터 링크를 이용하면 이 서브패널에 표시되는 미디어를 필터링할 수 있다. 화면 우측 상단에 있는 검색박스를 이용하면 미디어를 쉽게 찾을 수 있다.

미디어 라이브러리의 흥미로운 기능은 첨부 칼럼이다. 미디어는 두 가지 방법으로 업로드할 수 있는데, 하나는 미디어 라이브러리에 업로드하는 것이고 다른 하나는 글/페이지에 업로드하는 것이다. 미디어가 글이나 페이지에 직접 업로드되면 첨부 칼럼에 그 미디어가 삽입된 글/페이지의 제목과 날짜가 표시된다. 첨부 칼럼에 표시된 글/페이지의 제목 링크를 클릭하면 그 글/페이지를 바로 편집할 수 있다. 미디어가 미디어 라이브러리를 통해 업로드되면 첨부 칼럼은 빈칸으로 표시된다.

미디어 라이브러리를 통해 업로드된 미디어를 모두 보고 싶으면 **글과 연결되지 않음**(Unattached) 필터를 클릭해라. 그러면 글/페이지를 통해 업로드된 미니어는 필터로 걸러질 것이다. **글과 연결되지 않음** 필터를 적용하면 **없어진 첨부 파일을 검색**(Scan for Lost Attachments) 버튼이 나타난다. 이 버튼을 클릭하면 글/페이지에 삽입되지 않은 미디어를 데이터베이스에서 찾게 된다. 이 기능은 실제 디렉터리에서 파일을 검색하지는 않는다. 없어진 첨부를 검색하여 나온 미디어에 마우스 포인터를 올려놓으면 **첨부**(Attach) 링크가 표시된다. 첨부 링크를 클릭하면 미디어를 첨부할 글/페이지를 검색하는 화면이 표시된다.

미디어 라이브러리는 일괄 편집 기능이 없지만 일괄 영구 삭제 기능은 있다. 삭제하고자 하는 미디어 항목 왼쪽의 체크박스를 선택하거나 제일 위에 있는 체크 박스를 선택하여 모든 파일을 선택한 후 **일괄 작업 > 영구 삭제**를 선택하면 된다.

미디어 편집

워드프레스 2.9에서는 미디어 편집을 위한 새로운 기능을 추가됐는데, 워드프레스에서 바로 그림을 수정할 수도 있다. 업로드된 그림을 편집하려면 그림을 클릭하면 나타나는 **이미지 편집**(Edit Image) 버튼을 클릭한다. 그러면 그림 2-8과 같은 편집 화면이 나타난다.

이미지 편집의 윗부분은 그림을 편집하는 버튼으로 특정한 편집기능을 갖췄다. 첫 번째 버튼은 자르기 아이콘으로 디폴트 화면에서는 클릭되지 않는다. 그림을 자르려면 그림 아무 곳이나 클릭하고 드래그해서 자르기 원하는 위치를 박스로 구분해야한다. 박스로 지정해놓은 부분이 없어지면 자르기 버튼이 활성화되면서 구분해 놓았던 자르고 싶은 부분을 클릭할 수 있다. 또한 오른쪽 사이드바에 위치한 **이미지 자르기**(Image Crop) 섹션을 보자. 그림을 자르기 전 자르고 싶은 부분을 드래그할 때에 선택된 부분이 자동으로 채워진다. 이것은 우리가 정확한 치수를 원할 때 도움이 된다.

그림 2-8 워드프레스에서 미디어 편집

다른 두 버튼은 그림을 시계 방향 또는 시계 반대 방향으로 바꿀 때 사용된다. 또 그림을 수평으로나 수직으로 뒤집을 수 있다. **이미지 편집** 툴바는 되돌리기와 다시하기 기능이 있다. 이 기능은 만약 당신이 연속으로 편집을 했지만 마음에 들지 않을 때 편리하다. 간단하게 몇 번의 되돌리기로 원래의 그림으로 돌아갈 수 있다. 그림 아래에 위치한 저장 버튼은 클릭 전에는 저장되지 않으니 명심해야 한다.

그림 크기조정은 **이미지 편집** 사이드바 오른쪽에 위치한 **이미지 비례**(Scale Image) 버튼으로 쉽게 조정할 수 있다. 여기서는 새로운 그림 치수를 넣을 수 있다. 원하는 너비나 높이를 넣을 때 워드프레스가 다양하게 외관상 맞는 비율을 위해 알맞은 치수를 제공한다. **썸네일 설정**(Thumbnail Setting)에서는 편집한 내용을 어떤 그림에 적용할지 고를 수 있다. 이것은 모든 이미지 크기, 또는 작은 사진(썸네일), 아니면 썸네일을 제외한 모든 크기에 해당된다.

댓글과 토론

댓글은 블로그 플랫폼에서 표준 기능이고, 워드프레스도 다르지 않다. 워드프레스에서는 다양한 툴과 기능으로 웹사이트 댓글과 토론을 관리할 수 있다. 웹사이트를 방문자에게 오픈하기 전에 댓글과 스팸 관리 등에 대해 아래와 같은 내용을 잘 알아두어야 한다.

댓글 관리

워드프레스에서는 다양한 방법으로 댓글을 관리할 수 있다. 가장 자주 사용되는 방법은 **댓글**(Comments) 서브패널이다. 이곳에서 자신의 워드프레스 웹사이트에 있는 모든 댓글을 볼 수 있다. 댓글은 댓글 작성사의 이름, 이메일, IP 주소 등의 정보를 포함헤 목록으로 표시된다. 댓글에 마우스 포인터를 올려놓으면 관리할 수 있는 옵션이 표시된다. **응답**(Reply) 링크를 클릭하면 대시보드에서 바로 댓글을 쓸 수 있다. 댓글은 한번 쓰면 누구에게나 보여진다. 위쪽에 위치한 링크를 통해서 댓글에 필터를 적용할 수 있다. 댓글에 필터를 적용하여 읽지 않은 댓글, 읽은 댓글, 스팸, 또는 모든 댓글을 표시할 수 있다. 또한, 오른쪽 위에 위치한 검색박스를 통해서 특정 댓글을 찾을 수도 있다.

대시보드에서 직접 댓글을 관리할 수도 있다. 대시보드의 **최신 댓글**(Recent Comments) 박스를 통해서 댓글을 **빠른 승인**(Quick Approve), **응답**(Reply), **편집**(Edit), **삭제**(Delete)할 수 있다.

그림 2-9처럼 글 서브패널에서 글에 댓글 아이콘이 표시되는데, 이 아이콘을 클릭하면 좀 더 쉽게 모든 댓글을 볼 수 있다.

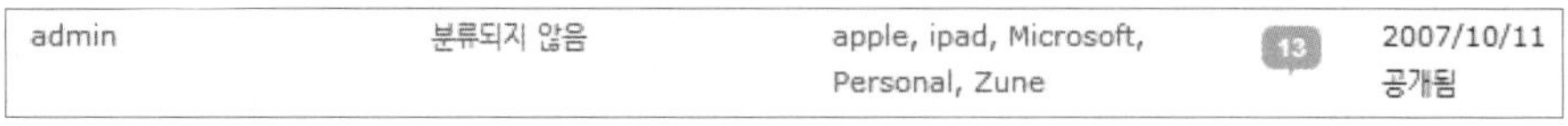

| admin | 분류되지 않음 | apple, ipad, Microsoft, Personal, Zune | 13 | 2007/10/11 공개됨 |

그림 2-9 댓글 아이콘은 블로그 포스트의 전체 댓글 수를 보여준다.

아이콘을 클릭하면 특정 블로그 포스트에 작성된 댓글만 보여준다.

댓글 걸러내기

워드프레스에서는 승인된 사용자만 댓글을 작성할 수 있다. 모든 새로운 댓글은 승인 여부를 확인받아야 한다. 다시말해 여러분이 댓글 서브패널이나 대시보드에 있는 최근 댓글 박스를 통해 새로운 댓글을 승인해야 댓글이 방문자들에게 보여진다는 뜻이다. 이러한 옵션은 **토론**(discussion) 서브패널에서 바꿀 수 있다.

모든 댓글이 자동으로 승인되게 하는 것도 주로 사용하는 설정이다. 이 설정은 지금까지 승인 기록을 없애고 모든 댓글을 승인된 것으로 처리한다. 이 두 가지 설정을 모두 비활성화하면 모든 댓글이 작성되자 마자 노출된다. 이 방법은 최대한 피하는 것이 좋다. 사이트가 스팸으로 가득 찰 수도 있기 때문이다.

스팸 댓글 관리

스팸 댓글은 댓글이 처음 생겼을 때부터 문제였다. 스팸 댓글이란 원하지 않거나, 다른 웹사이트나 물건을 홍보하는 댓글을 말한다. **설정 > 토론**(Discussion) 서브패널에 가면 스팸 댓글을 줄이는 데 도움이 되는 설정들이 있다. 예를 들어, 댓글에 두 개 이상의 링크가 있다면 걸러내기 위해 보류할 수 있다. 댓글에 링크가 많이 있다면 스팸에 가깝다. 또, 걸러내고 싶은 단어 목록을 만들 수 있는 키워드 블랙리스트 기능도 제공한다. 이 방법은 불쾌한 말, 경쟁사 이름 등 원치 않은 말을 걸러내는 좋은 방법이다.

원치 않는 스팸을 줄이거나 없애는 데 도움이 되는 플러그인 두 개를 추천한다.

▶ **Akismet** 워드프레스에 미리 설치돼 나오는 플러그인 중 하나다. Akismet은 오토매틱 사가 만든 스팸방지 플러그인이다. Akismet은 댓글이 제출되는 대로 스캔해 스팸인지 아닌지를 본다. 만약 댓글이 스팸으로 확정되면 자동으로 스팸으로 지정돼 웹사이트에 보여지지 않는다. Akismet은 다른 웹사이트에 있는 스팸 차단 정보를 적용해 스팸 댓글을 미리 차단한다.

▶ **Bad Behavior** Bad Behavior 플러그인은 문지기가 되어 스팸 작성자들을 막고 스팸이 전달되기 이전에 막는다. 이 플러그인은 Akismet과 같이 다른 플러그인과 함께 사용돼도 문제가 없다. Bad Behavior는 내용보다는 댓글이 전달되는 방법을 분석하므로 스팸을 막기에 좋다.

사용자 관련 작업

워드프레스는 사용자 계정으로 쉽고 유연하게 웹사이트를 관리할 수 있다. 워드프레스를 설치하면 관리자 권한을 가진 사용자 계정 한 개가 생긴다. 권한을 다양하게 하여 많은 수의 워드프레스 사용자 계정을 만들 수 있다.

새로운 사용자 만들기

워드프레스에서 새로운 사용자를 만들려면 **사용자**(Users) > **사용자 추가하기**(Add New) 서브패널로 이동한다. 새로운 사용자 계정을 만들 때에 필수사항은 사용자명, 이메일, 비밀번호. 선택사항으로 사용자의 이름, 웹사이트, 개인정보를 입력할 수 있다. 이 정보는 웹사이트 내에 많은 곳에서 사용될 수 있다. 또한 8장 "테마 개발"에 소개되는 글쓴이 템플릿 파일에도 사용자 정보가 이용된다.

만약 **설정** > **일반** 서브패널에 멤버십 옵션이 켜져 있다면 방문자는 사용자 계정을 웹사이트에서 만들 수 있다. 새로운 사용자 등록폼은 http://example.com/wp-register.php에서 찾을 수 있다. 사용자가 등록을 마치면 역할이 부여되는데, 기본 역할은 구독자Subscriber이다.

이제 여러분의 웹사이트에 사용할 관리자 계정을 만들어보자. 첫 번째로 사용자명을 정해야 한다. 사용자명은 독특하고 보안을 위해 추측하기 힘든 것으로 만드는 게 좋다. 다음은 새로운 계정에 사용할 이메일 주소를 넣어야 한다. 이메일 주소는 평소 자주 사용하는 것을 넣는 것이 좋다. 새로운 사용자의 정보가 등록된 주소로 보내지기 때문이다. 그리고는 새로운 관리자가 사용할 복잡한 비밀번호를 만들자. 워드프레스는 비밀번호 강도를 측정하는 표시 기능이 있다. 패스워드가 강함 표시가 나오도록 입력하는 것이 좋다. 마지막으로, 역할을 관리자로 정해야 한다. 새로운 사용자에게 사이트 관리자로서의 모든 권한을 주는 것이다. **사용자 추가** 버튼을 클릭해서 새로운 사용자를 만들 수 있다. 사용자 정보는 등록한 이메일 주소로 올 것이다.

사용자 관리

사용자 관리는 모두 **사용자**(Users) > **글쓴이와 사용자**(Authors & Users) 서브패널에서 한다. 이 페이지에 들어가보면 워드프레스에서 사용되는 사용자 계정이 목록으로 보여진다. 위쪽에 위치한 다수의 필터가 사용자 역할을 필터해준다. 또한 우측상단에 위치한 검색박스에 키워드를 이용해 사용자를 찾을 수 있다. 사용자 편집이나 삭제도 가능하다. 하지만 워드프레스에 로그인된 계정은 삭제가 불가능하다. 만약 지우고 싶은 계정이 있다면 다른 계정으로 먼저 로그인한 다음에 지울 수 있다.

계정을 편집하고 싶다면 사용자에 마우스 포인터를 올려놓았을 때 보이는 편집링크를 클릭한다. **편집**(Edit User) 페이지는 사용자명 빼고는 모든 부분을 고칠 수 있다. 사용자명을 업데이트 하고 싶다면 워드프레스 플러그인이나 워드프레스 MySQL 데이터베이스를 이용해야 한다.

편집 페이지에서는 이름, 별명, 그리고 대중에게 보여지는 이름을 정하고 업데이트할 수 있다. 디폴트는 타인에게 보여지는 이름이 사용자의 사용자명이랑 같다. 사용자 역할도 바꿀 수 있고, 사용자의 연락처 정보나 이메일도 업데이트할 수 있다. 이 이메일로 웹사이트의 다른 사용자와 연락할 수 있다. 또한 사용자 계정에 사용자에 관한 소개도 넣을 수 있다. 이 정보는 글쓴이에 대한 소개 페이지를 만든다면 유용할 수 있다.

사용자 데이터는 웹사이트 곳곳에서 볼 수 있다. 사용자 정보는 글쓴이 소개 페이지에서 찾을 수 있는데, 이 페이지의 소스코드는 테마의 author.php 템플릿 파일이다. 많은 테마가 표준 글쓴이 템플릿 파일을 사용하지 않는데, 이 부분은 8장 "테마 개발"에서 더 알아보자.

비밀번호를 업데이트하는 기능은 **편집** 페이지 하단에서 찾을 수 있다. 여기서는 사용자의 비밀번호를 바꿀 수 있는데 보안상의 이유로 관리자만이 사용자 비밀번호를 바꿀 수 있다. 강도 측정기로 비밀번호가 얼마나 강한지 알 수 있다. 강도 측정은 네 단계로 나뉜다. 아주 약함, 약함, 중간, 강함이다. 튼튼한 보안을 위해서 비밀번호의 강도는 강함으로 만들기를 강력 추천한다.

사용자 역할과 권한

사용자 역할은 권한의 그룹과 같다. 사용자가 웹사이트에서 할 수 있는 것과 할 수 없는 것으로 나뉜다. 워드프레스는 기본으로 다섯 가지 역할이 있으며, 역할마다 능력이 다르다.

▶ **관리자**Administrator 모든 관리와 기능을 이용할 수 있는 사용자다. 설치와 동시에 만들어지는 관리 계정이 관리자 역할로 지정된다.

▶ **편집자**Editor 블로그 글을 쓰고, 관리하고, 공개하는 사용자다. 편집자는 다른 사용자의 글도 관리할 수 있다. 또한 기여자가 쓴 글을 승인할 수 있는 능력이 있다.

▶ **글쓴이**Author 자기 블로그 글을 쓰고, 관리하고, 공개하는 사용자다.

▶ **기여자**Contributor 자기 블로그 글을 쓰고, 관리할 수 있지만 공개할 수 없는 사용자다.

▶ **구독자**Subscriber 댓글을 읽고 쓸 수 있으며, 뉴스레터를 받을 수 있지만 글을 쓸 수는 없는 사용자다.

워드프레스에서는 능력에 따라 역할을 추가로 만들 수 있다. 이 일에 적합한 플러그인이 Role Scoper 플러그인이다(http://wordpress.org/extend/plugins/role-scoper/). Role Scoper 플러그인은 특정한 능력에 따른 역할을 만들 수 있다. 이 플러그인은 다른 워드프레스 플러그인과 통합이 가능하다. 예를 들어, NextGen Gallery를 통해 더 향상된 권한을 만들 수 있다.

사용자 이미지

워드프레스에는 그라바타Gravatar, Globally Recognized Avatar가 내장돼 있다. 그라바타는 사이트를 돌아다닐 때 따라다니는 이미지다. 그라바타를 지원하는 블로그에 댓글을 쓰면 이미지가 자동으로 댓글 옆에 보일 것이다. 웹사이트도 그라바타 테마를 적용시킨다면 아바타를 볼 수 있다. 그라바타는 이메일 계정에도 첨부할 수 있다. 워드프레스의 어드민에게는 사용자 목록에 사용자의 이메일을 바탕으로 그라바타가 함께 표시된다.

플러그인을 사용해 글쓴이 자신의 이미지를 업로드할 수 있다. 글쓴이 이미지 플러그인으로 Author Image를 추천한다(http://wordpress.org/extend/plugins/sem-author-image/). Author Image 플러그인으로 사용자는 자신의 이미지를 업로드하거나 커스텀으로 이미지를 바꿀 수 있다. 이 간단한 기능으로 글쓴이의 사진을 웹사이트 테마를 이용해 어디서나 보여줄 수 있다. 이 플러그인을 이용함으로써 관리자용 워드프레스에 내장된 그라바타를 없앨 수는 없지만 일반적인 사용자 아바타로 대체 할 수 있다.

확장된 사용자 프로필

워드프레스 프로필은 간단하며, 사용자 계정에 부가적인 데이터필드를 추가할 수 있다. 이때 트위터 계정이나 페이스북 프로필을 연결하는 것은 좋은 방법이다. 플러그인을 이용해 사용자 프로필 데이터를 확장할 수 있다.

▶ **Cimy User Extra Fields**(http://wordpress.org/extend/plugins/cimy-user-extra-fields/) 이 플러그인은 커스텀 사용자 필드를 만들 수 있다. 웹 입력 폼 검사 기능을 통해 이메일 주소가 맞는지, 길이가 알맞는지 등 설정해 놓은 부분이 잘 구성돼 있는지 검증한다. 이 플러그인은 워드프레스와 워드프레스MU에서 사용할 수 있다.

▶ **Register Plus**(http://wordpress.org/extend/plugins/register-plus/) 이 플러그인은 부가적으로 사용자 필드를 만들거나 정의할 수 있다. 또한 등록/로그인에 있는 커스텀 로고를 바꿀 수 있는 기능, 캡차CAPTCHA 기능, 사용자 걸러내기 등 많은 기능이 있다.

워드프레스 확장

워드프레스의 힘은 워드프레스의 기본 기능이 아니라 무한으로 확장할 수 있는 워드프레스 프레임워크다. 테마와 플러그인을 잘 이용하면 워드프레스는 어떤 사이트도 만들어 낼 수 있다.

테마

테마를 이용하여 간단하게 워드프레스를 디자인할 수 있다. 폰트, 색깔, 그래픽, 콘텐츠 레이아웃을 통해 사이트를 자유롭게 꾸밀 수 있다. 수천 개의 공짜 테마와 프리미엄 테마를 이용할 수도 있다. 공식적인 테마 디렉터리인 WordPress.org에서도 많은 공짜 테마가 있다. 테마를 이용해 색깔, 스타일, 그래픽을 이용하여 블로그를 독특하게 만들 수 있다. 테마에는 여러 종류가 있다. 표준 테마, 기업 테마, 사진 테마, 개인용 테마, 트위터와 같은 마이크로 블로깅 등 다양한 종류의 테마가있다. 테마 디자이너는 항상 한계를 넘어 흥미진진한 테마를 만들기 위해 노력한다.

테마 관리

대시보드에 있는 **테마 디자인*** > **테마** 서브패널에서 테마를 관리할 수 있다. 워드프레스에 있는 테마는 그리드 포멧으로 wp-content/themes 디렉터리에서 찾을 수 있다. 테마는 보기좋게 스크린샷으로 나열되기도 한다. 스크린샷은 테마 만든이가 포함시키는 이미지 파일인데, 만든이가 포함시키지 않으면 보이지 않는다.

스크린샷 밑으로 테마 이름, 만든이의 웹사이트 링크, 테마에 대해 짧은 설명이 있다. 테마 실시간 미리 보기를 하고 싶다면 리스트에 나와있는 테마나 미리 보기 링크를 클릭한다. 클릭 후 팝업 레이어 창이 나오는데 이것은 현재 콘텐츠가 테마에 어떻게 보일지 알려준다.

새로운 테마를 활성화시키려면 상단 위쪽이나 테마 설명 밑에 위치한 활성화 링크를 클릭해야 한다. 테마가 활성화되었다면 방문자에게도 보여지므로 새로운 테마를 활성화시키기 이전에 테마를 보여줄 준비가 됐는지 확실히 해야 한다.

참고로 테마 액션 링크 밑에 테마 위치를 찾을 수 있다. 이 부분은 만약 테마를 변경하는 중 중복되었을 때 도움이 된다. 스크린샷은 똑같이 보이기 때문이다. 이때 폴더를 통해 어떤 테마가 어떤 테마인지 알 수 있다.

어떤 테마에는 테마 옵션 페이지가 있다. 이것은 **테마 디자인** 서브패널 메뉴 하단에 추가된다. 테마 안에는 많은 옵션이 들어간다. 예를 들어 색깔, 폰트 선택, 콘텐츠 집합 컨트롤, 이미지, 썸네일 옵션 등 다양하다. 이러한 옵션은 만든이의 테마 템플릿 파일을 만들 때 결정된다. 테마를 비활성화 한다면 테마 옵션 페이지도 자동으로 없어진다.

---

* 워드프레스 3.4 버전에서는 '외모'로 용어가 변경되었다. – 옮긴이

새로운 테마 추가

현재 웹사이트 테마를 바꾸는 데에는 세 가지 방법이 있다.

- ▶ **자동 설치** 공식적인 워드프레스 테마 디렉터리에서 테마를 자동 설치할 수 있다. **테마 디자인** 밑에 위치한 **새 테마 추가**를 클릭하자. 찾고 싶은 테마의 종류를 입력하고 찾기를 시작하자. 결과를 필터해주는 기능 필터 옵션도 있다. 미리 보기해서 활성화된 테마를 보고 싶다면 아무 테마를 클릭하면 된다. 사용하고 싶은 테마를 찾았다면 설정 링크를 클릭한다. 이때 테마 파일을 자동으로 다운로드해주고, 웹서버 안에 있는 테마 폴더에 직접적으로 저장해준다. 이 방법은 대부분의 웹 호스트에 적용되지만, 만약 어떤 이유에서 실패한다면 FTP 정보를 입력하라는 메시지가 나타난다.

- ▶ **Zip 업로드** zip으로 압축된 테마 파일도 테마 설치에서 직접 설치할 수 있다. **업로드** 버튼을 클릭한 다음 설치하고 싶은 테마의 zip 파일을 선택한다. 워드프레스는 자동으로 테마 파일을 서버에 업로드하고, 압축을 푼 다음 테마 디렉터리에 저장한다.

- ▶ **FTP** FTP^{File Transfer Protocol}를 이용해서 테마를 설치하는 것이 마지막 방법이다. 모든 테마 파일을 웹서버에 있는 wp-content/themes 디렉터리에 업로드하면 된다.

테마 업그레이드

만약 WordPress.org 공식 테마 디렉터리에서 테마를 설치했다면 새로운 버전을 이용할 수 있다. 이때 테마 설명 밑에 알림이 보일 것이다. 서버에 설치된 새로운 버전의 테마가 테마 디렉터리에 업로드되었을 때 알림이 뜬다. 테마 업데이트에는 새로운 기능의 추가, 디자인의 개선, 보안 취약점 개선 등이 있다.

테마 목록에서 **버전 1.x의 세부 정보** 링크를 클릭하면 테마 정보를 볼 수 있다. 이곳에서 테마 설명과 다운로드 현황을 볼 수 있다. 또한 테마를 다운로드하거나 미리 보기할 수 있다. 테마를 자동으로 업그레이드하려면 **자동으로 업그레이드**(Upgrade Automatically) 링크를 클릭해야 한다. 만약 서버가 자동 업그레이드를 지원한다면 즉시 업그레이드가 시작된다. 그렇지 않다면 FTP 정보를 넣어야 한다. 워드프레스가 FTP에 접속해 업데이트된 테마를 가져와 설치할 것이다. FTP 서버 주소, 사용자명, 비밀번호, 프로토콜(FTP 또는 FTPS 중 하나)을 입력해야 한다. 업그레이드를 진행하기 위해 **확인**(Proceed) 버튼을 클릭한다.

업데이트된 테마는 WordPress.org에서 직접적으로 다운로드돼, 압축이 풀리고 설치된다. 그리고 예전 테마가 제거된다. 테마를 업그레이드하기 전에 기존 테마를 백업하길 바란다. 만약 업그레이드하는 데 문제가 있다면 백업된 테마로 되돌아갈 수 있고, 사이트 다운타임을 최소화할 수 있다.

테마 편집기

워드프레스 안에는 테마 편집기가 내장돼 있다. 테마 편집기를 이용하면 대시보드 안에서 테마를 편집할 수 있다. 테마 파일은 바뀐 부분을 저장하기 전에 웹서버가 파일을 수정할 권한이 있어야 한다. 만약 서버에 테마 파일을 수정할 권한이 없다면 **변경내용 저장하기** 버튼이 보이지 않고 파일을 편집할 수 없다고 메시지가 표시될 것이다. 수정할 권한이 없는 테마 파일은 여전히 볼 수 있지만 코드는 변경이 불가능하다. 8장에서는 테마의 논리적인 구조를 분석해보고 테마 편집기 이용 방법도 알아본다.

모든 테마 파일은 테마 편집기의 오른쪽에 목록으로 표시되고, 여러분은 테마를 선택하고, 상세정보를 보고, 편집할 수 있다. 파일을 편집할 때 테마 파일 링크 옆에 짧은 설명이 있다. 예를 들어, 찾기 페이지를 컨트롤하는 템플릿 파일인 search.php 옆에 '검색 결과'가 표시된다. 편집기를 사용할 때는 **실행 취소**(Undo) 버튼이 없는 점에 주의해야 한다. 따라서 코드를 잘못 입력할 경우 웹사이트에 큰 문제가 발생할 수 있다.

위젯

워드프레스 위젯은 사이드바에서 요소를 좀 더 쉽게 더하고 정렬시킬 수 있다. 위젯은 사이드바에 제한되지 않고 헤더나 푸터 같은 다양 곳에서 사용할 수 있다. 워드프레스를 시작할 때 미리 설치된 위젯이 있다. 하지만 위젯을 지원하는 플러그인을 통해서 다른 위젯을 설치할 수 있다. 위젯 관리는 **테마 디자인**(Appearance) > **위젯**(Widget) 서브패널에서 할 수 있다. 이곳에서 설치된 위젯을 모두 볼 수 있고 위젯을 사이드바에 추가할 수 있다. 여러 개의 사이드바가 메뉴 오른쪽 표시된다. 사이드바 오른쪽에 있는 화살표를 클릭하면 사이드바를 늘리거나 줄일 수 있다.

위젯을 사이드바에 드래그앤드롭해보자. 위젯이 사이드바에 추가돼 보일 텐데, 이

자체로 저장된 것이다. 모든 위젯은 위젯 이름 오른쪽에 화살표가 있다. 이 화살표를 클릭하면 위젯이 확장되고, 옵션 메뉴가 있다면 표시될 것이다. 모든 위젯에 옵션 기능이 있다는 것을 기억해라. 어떤 위젯은 플러그인 설정 페이지에 옵션이 있다. 위젯을 제거하려면 **삭제** 링크를 클릭해야 한다. **삭제** 링크 클릭 시 위젯이 사이드바에서 제거되고, 그 상태로 저장된다.

위젯 서브패널 아래쪽에 **비활성 위젯**(Inactive Widget) 박스에도 위젯을 넣을 수 있다. 이 박스에 있는 위젯은 수정되지 않은 상태이고, 웹사이트에는 보이지 않는 상태이다. 지금은 사용하지 않지만 나중에 사용할 위젯을 보관해 놓을 때 유용한 기능이다. 이런 위젯을 다시 활성화시키려면 위젯을 다시 사이드바로 드래그하면 된다.

만약 사이드바가 안 보인다면, 지금 사용하는 테마가 동적인 사이드바를 지원하지 않는 것이다. 테마 템플릿 파일을 편집하고 다양한 사이드바를 만들 수 있는데, 이 부분은 8장 "테마 개발"에서 알아본다.

플러그인

플러그인은 워드프레스 API를 이용해 만들어지며, 플러그인을 이용하면 워드프레스를 무한히 확장할 수 있다. 플러그인을 이용하면 코어 코드를 변경하지 않고도 워드프레스에 기능을 추가할 수 있다. 플러그인은 업무 성격에 따라 간단할 수도 있고 복잡할 수도 있다.

현재 공식적인 플러그인 디렉터리에는 7,500개 이상의 플러그인이 있다. 인터넷에는 더 많은 플러그인이 있다. 플러그인은 워드프레스의 코어 코드를 변경하지 않고도 워드프레스를 원하는 대로 바꿀 수 있도록 할 수 있는 핵심 컴포넌트다. 이 설정에서 플러그인을 설치, 설정, 관리할 수 있다.

플러그인은 상상하는 어떤 기능도 이뤄지게 할 수 있다. 대부분의 표준 CMS 작업도 플러그인을 이용해 처리할 수 있다. 워드프레스에서 원하는 기능이 있다면 WordPress.org에 있는 플러그인 디렉터리에서 먼저 찾아보자.

플러그인 관리

플러그인은 대시보드에 있는 **플러그인**(Plugins) ➤ **설치**(Installed) 서브패널에서 관리한다. 모든 플러그인은 웹서버의 wp-content/plugin 디렉터리에 있다. 이 서브패널에서 플러그인을 활성화, 비활성화할 수 있으며 삭제도 할 수 있다. 각 플러그인에는 플러그인 이름, 설명, 플러그인의 웹사이트와 제작자 정보 등이 있다. 플러그인의 웹사이트에서는 플러그인에 대한 자세한 정보와 지원 정보를 확인할 수 있다.

화면 위쪽에 필터 링크가 있다. 우측 상단에 있는 검색박스를 이용하면 플러그인을 쉽게 찾을 수 있다. **업그레이드 가능**(Upgrade Available) 필터를 이용하면 어떤 플러그인이 업그레이드가 가능한지 또는 관심이 필요한지를 간단히 볼 수 있다.

새로운 플러그인 추가

웹사이트에 플러그인을 설치하는 데에 테마를 설치했던 3가지 방법(자동 설치, zip 파일 업로드, FTP)을 이용할 수 있다. 이 세 가지 중 한 가지 방법으로 플러그인을 업로드하면 플러그인 아래에 설치된 서브패널이 나온다. 여기서는 새로운 플러그인을 활성화 또는 비활성화시키거나 지울 수 있다. 일단 플러그인이 wp-content/plugins 안에 있다면 자동으로 플러그인 서브패널에 표시된다.

만약 웹서버에 있는 플러그인 디렉터리에서 플러그인이 제거된다면 워드프레스에서는 자동으로 비활성화될 것이다. 이는 만약 이상한 플러그인을 설치해서 웹사이트가 망가지고, 에러 메시지가 나오면서 잠금 상태가 되거나, 두려워하던 흰 화면(워드프레스가 무한루프 빠지게 되거나 PHP 코드에서 빠져나올 수 없는 경우에 발생함)이 나올 때 많은 도움이 된다. 그리고 이상한 플러그인을 디렉터리에서 제거하거나 이름을 바꾸면 워드프레스 안에서 비활성화된다.

플러그인 업그레이드

워드프레스에는 플러그인을 업그레이드할 수 있는 기능이 내장돼 있다. 이 기능으로 플러그인을 쉽게 업그레이드할 수 있다. 업그레이드된 플러그인이 있을 때 **플러그인 > 설치** 서브패널에 알림이 표시된다. 관리자 메뉴에 있는 플러그인 서브패널 링크 옆에도 숫자가 적힌 빨간 동그라미 알림이 표시된다. 이 숫자는 업그레이드 할 플러그인의 수다. 업데이트 알림을 클릭하면 새로운 버전의 정보를 보여주고 업그레이드할 수 있는 화면으로 이동한다. 알림은 WordPress.org의 공식 플러그인 디렉터리에 여러분이 설치한 플러그인의 새로운 버전이 등록됐을 때 나타난다.

버전 1.x의 세부 정보 링크를 클릭하면 레이어창이 나타나는데, 이 창에서 WordPress.org가 제공하는 플러그인 상세 정보 페이지를 볼 수 있다. 플러그인 설명, 설치 방법, 변경사항Changelog을 볼 수 있다. 변경사항은 새로운 버전이 어떻게 바꿰었는지 알려준다. 이 내용은 보안 개선과 새로운 기능에 대한 것이 대부분이다. 플러그인에 변경사항 내용이 없을 수도 있는데, 그런 경우에는 변경사항 탭이 표시되지 않는다.

자동 업그레이드 링크를 클릭하면 플러그인 업그레이드가 시작된다. 여러분이 이용하는 웹 호스트가 자동 업그레이드를 지원하면 업그레이드 업데이트가 있을 때 자동으로 업데이트된다. 자동 업그레이드는 WordPress.org에서 최신 플러그인 zip 파일을 다운로드하고, 압축을 풀고, 플러그인을 비활성화시키고, 최신 버전을 설치하고, 그다음에 다시 플러그인을 활성화시키는 과정이다. 모든 것이 부드럽게 진행됐다면 새로운 플러그인이 자동으로 설치되고 활성화되었을 것이다. 플러그인이 업그레이드되면 다시 활성화되는데, 업그레이드하기 전 이미 활성화 상태의 플러그인이었기 때문이다. 업그레이드하기 전 기존의 플러그인을 백업하는 것을 항상 기억하자. 만약 웹사이트나 플러그인에 에러가 발생하면 백업해놓은 파일로 되돌아 갈 수 있다.

만약 웹호스트가 자동 업그레이드 절차를 지원하지 않는다면 바로 FTP 계정 정보를 이용해서 업그레이드해야 한다. 워드프레스는 FTP 권한을 가지고 서버에 있는 플러그인의 업데이트를 다운로드하고 설치할 수 있다. FTP 서버 주소, 사용자명, 비밀번호, 프로토콜(FTP나 FTPS 중 하나)을 입력해야 한다. **확인** 버튼을 누르면 업그레이드가 진행된다. 여기서부터는 업그레이드 절차가 자동 업그레이드 절차와 같다.

플러그인 에디터

테마에서와 마찬가지로, 워드프레스에는 문법 강조^{syntax highlight} 플러그인 에디터가 내장돼 있다. 여러분은 플러그인의 소스코드를 볼 수 있다. 플러그인에 변경을 가하기 전에 플러그인 파일이 수정 가능한지 확인해야 한다. 브라우저에 **실행 취소** 버튼이 없다는 것을 꼭 기억해라. 플러그인 버전 정보도 없으므로 문제가 발생했을 때 원래 코드로 돌아갈 방법이 없다.

에디터 화면에 플러그인과 관련된 모든 파일의 목록이 표시될 것이다. 화면 오른쪽 상단의 드롭다운 메뉴에서 어떤 플러그인을 편집할지 선택할 수 있다. 화면 하단에는 문서 찾기 기능이 있다. 문서 찾기 기능은 플러그인의 동작을 참조하는 데 도움이 될 것이다.

콘텐츠 툴

워드프레스는 콘텐츠 관리를 위한 다양한 업무를 처리할 수 있도록 여러 가지 도구를 제공한다. 2장에서는 가져오기, 내보내기 기능과 구글 기어스^{Google Gears} 설치, Press This 애플릿, 워드프레스 업그레이드 등에 대해 알아본다.

콘텐츠 가져오기

가져오기는 많이 쓰이는 기능 중 하나다. 다른 소프트웨어 패키지로부터 콘텐츠를 워드프레스로 바로 가져올 수 있는 기능이다. 블로거^{Blogger}, 무버블타입^{Moveable Type}, 타입패드^{TypePad}, 라이브저널^{LiveJournal} 같이 유명한 블로그 사이트와 다른 워드프레스로부터 콘텐츠를 가져올 수 있다.

어디에서 콘텐츠를 가져오느냐에 따라 가져오기가 좀 다르다. 무버블타입과 타입패드에서 가져오는 것은 워드프레스의 데이터를 내보내기했다가 다시 가져오는 것만큼 단순하다. 블로거나 라이브저널에서 가져오는 것은 인증이 필요하다.

워드프레스에서 워드프레스로 가져오는 것은 새로운 웹서버로 옮기거나 호스팅 업체를 바꿀 때에 쓰이는 쉽고 편한 방법이다. 이 방법은 설정은 전달되지 않으므로 콘텐츠를 옮기는 데에만 쓰일 수 있다. 이 방법은 워드프레스를 새로 설치할 때에 적합한 방법인데, 어차피 플러그인이나 테마를 새로 설치해야 하기 때문이다.

지원되지 않는 시스템에서 콘텐츠를 가져와야 할 때에는 RSS Importer를 이용할 수 있다. RSS Importer는 RSS 2.0 피드로부터 글을 추출하여 가져온다.

가져오기 도구와 다른 블로그나 콘텐츠 관리 시스템에서 내보내기에 대해서는 14장에서 알아본다.

콘텐츠 내보내기

도구 > 내보내기 서브패널에서 워드프레스의 콘텐츠를 내보낼 수 있다. 내보내기는 XML 파일로 되는데, 이 XML 파일은 WXR^{WordPress eXtened RSS}(워드프레스 확장 RSS)이라고 부른다. 이 파일은 모든 글, 페이지, 댓글, 커스텀 필드, 카테고리, 태그 등을 포함한다. 글쓴이가 자기 글에 대해서만 내보내기할 수 있도록 제한할 수 있다. 플러그인, 테마, 설정은 WXR 파일에 포함되지 않는다. 웹사이트의 콘텐츠만 내보내기 할 수 있다.

워드프레스 내보내기는 기본적인 기능만 가지고 있고 필터도 하나뿐이다. 고급 내보내기 옵션이 필요하면 Advanced Export for WP & WPMU 플러그인(http://wordpress.org/extend/plugins/advanced-export-for-wp-wpmu/)을 추천한다. 이 플러그인은 날짜 범위, 글쓴이, 카테고리, 콘텐츠, 상태 등을 기준으로 필터로 걸러서 내보내기할 수 있다. 대형 워드프레스 사이트에서 작업할 때 이 플러그인이 특히 유용하다. 대용량의 콘텐츠를 작은 여러 개의 파일로 내보낼 수 있기 때문이다. 가져오기 파일의 크기를 제한하는 호스팅 업체도 있다.

터보

터보Turbo는 구글 기어스를 이용해 워드프레스를 더 빠르게 동작하도록 해준다. 구글 기어스는 오픈소스 프로젝트인데, 웹사이트를 다운로드해 데스크톱에서 실행되도록 한다. 터보는 그림과 자바스크립트 파일을 캐시에 저장해 워드프레스를 이용하는 속도를 빠르게 한다. 터보를 쓰면 웹사이트 관리가 대단히 빠르고 쉬워진다.

대시보드에 접근할 수 있는 사람은 누구나 구글 기어스와 터보를 사용하도록 설정할 수 있다. 터보는 웹사이트 방문자를 위한 도구가 아니다. 터보는 웹사이트 관리자를 위해 대시보드의 속도를 높여주는 도구다.

워드프레스 업그레이드

이 절에서는 워드프레스의 새로운 버전이 나왔을 때 워드프레스를 업그레이드하는 방법에 대해 알아본다. 가장 최신의 버전을 쓰고 있다면, 최신 버전을 다시 설치하는 방법도 알 수 있다. 워드프레스 코어 코드가 손상됐다고 의심될 때 쓸모 있는 내용이다. 워드프레스 코어를 재설치하면 손상된 소스코드를 정상의 소스코드로 덮어쓸 수 있다.

이 절의 내용은 플러그인을 일괄 업그레이드하는 데에도 유용하다. 업그레이드할 플러그인을 선택하거나 모든 플러그인을 선택하고 **플러그인 업그레이드**(Upgrade Plugin) 버튼을 누르면 워드프레스가 업데이트를 다운로드하고 설치한다.

새로운 버전의 워드프레스가 나오면 그림 2-10처럼 업그레이드 알림이 관리자 대시보드의 헤더와 푸터에 표시된다. 이 알림을 클릭하면 **도구** 서브패널의 업그레이드 부분으로 이동한다.

워드프레스 3.4.2를 사용할 수 있습니다! 지금 업데이트 하십시오.

그림 2-10 새로운 버전의 워드프레스가 나오면 업그레이드 알림이 표시됨

지금 업데이트 하십시오. 링크를 클릭하면 업그레이드 페이지로 이동한다. 이 페이지에서 자동으로 업그레이드를 하거나 새 버전을 다운로드하여 수동으로 업그레이드할 수 있다. 업그레이드를 진행하려면 **자동으로 업그레이드** 버튼을 선택해라. 그러면 워드프레스가 새로운 버전을 WordPress.org에서 다운로드해 패키지를 풀고, 설치하고 나머지 업그레이드 절차를 수행할 것이다.

만약 워드프레스가 자동 업그레이드할 수 있는 권한이 없다면 여러분에게 FTP 정보를 물어볼 것이다. FTP 서버 주소, 사용자명, 비밀번호, 프로토콜(FTP나 FTPS 중 하나)을 입력해야 한다.

새로운 버전으로 업그레이드하기 전에 워드프레스 코어 파일을 반드시 백업해라. 이 백업은 wp-admin, wp-content, wp-includes, 워드프레스 루트 디렉터리를 포함해야 한다. 새로운 버전의 워드프레스는 버그가 있을 수 있고, 기존의 테마나 플러그인과 충돌할 수 있다. 백업으로 돌아가려면 웹서버나 호스팅 계정으로 해당 파일을 복사해 넣는다.

워드프레스 설정

워드프레스는 특징과 기능을 쉽게 바꿀 수 있게 다양한 설정 항목을 제공한다. 설정을 통해 워드프레스 웹사이트의 기능을 바꿀 수 있으므로, 설정을 이해하는 것은 매우 중요하다.

일반 설정

일반(General) 설정 서브패널은 웹사이트 전역에 영향을 미치는 설정들이다. **설정**(Settings) > **일반**(General) 서브패널을 열어보자.

많이 쓰이는 옵션은 **블로그 제목**(blog name)과 **태그라인**(tagline)이다. 서브패널의 맨 위에 블로그 제목과 태그라인이 있다. 블로그 제목은 이름처럼 여러분의 웹사이트 이름을 말한다. 태그라인은 웹사이트에 대한 짧은 설명이다. 블로그 제목과 태그라인은 테마의 헤더부분에 많이 쓰이며, RSS와 Atom 피드에도 많이 쓰인다.

이메일 주소는 꼭 입력하길 바란다. 이 이메일은 웹사이트 관리자의 주소여야 하며, 새로운 사용자, 새로운 댓글과 같이 웹사이트에 대해 알림이 있을 경우에 사용된다.

워드프레스 주소^{WordPress address}와 블로그 주소^{Blog address}는 보통 웹사이트 URL을 쓴다. 하지만 블로그와 다른 디렉터리에 워드프레스를 설치할 수 있다. 파워유저들이 웹서버의 root 디렉터리가 아닌 곳에 워드프레스를 설치하는 경우가 있는데, 이 설정은 그런 때에 쓴다. 예를 들면, 워드프레스를 http://example.com에서 실행하는데 워드프레스 소스코드는 http://example.com/wordpress에 두는 것이다. 이렇게 하면 웹서버의 루트 디렉터리를 깔끔하게 유지하면서 웹사이트에 접속했을 때 워드프레스를 바로 볼 수 있다.

일반 설정에서 날짜와 시간도 바꿀 수 있다. 커스텀 날짜 표시 형식과 시간 표시 형식을 만들 수 있는데, PHP의 날짜 포맷을 이용한다. **시작요일**(Week Starts On) 옵션에서는 어떤 요일에서 한 주가 시작하는지 설정할 수 있다. 워드프레스의 시간대는 UTC 포맷이다. 워드프레스는 현재 **일광 절약 시간**(daylight saving time)을 자동으로 적용해주지 않지만 플러그인을 이용하면 가능하다. 이 기능은 앞으로 워드프레스에 포함될 것이다.

멤버십은 체크박스로 되어 있는데, 웹사이트 가입을 활성화 하거나 비활성화한다. 이 옵션이 활성화되어 있을 때 **사용자 추가하기** 페이지는 http://example.com/wp-register.php 주소에서 볼 수 있다. 사용자의 기본 역할도 정할 수 있다. **구독자**가 기본이고, 글을 쓸 수 있는 **글쓴이**로 설정할 수 있다. 이 옵션을 잘못 쓰면 아무나 웹사이트에 글을 쓸 수 있게 되므로 다음과 같은 방법을 사용하자.

방법은, 새로운 사용자가 글을 쓸 수 있도록 하고 글을 검토 중 상태로 제출하게 하는 것이다. 이렇게 하려면 **멤버십**(membership)을 활성화하고 새 사용자의 역할을 **기여자**(Contributor)로 두는 것이다. 이렇게 하면 새 사용자는 글을 써서 검토 중 상태로 여러분에게 제출하거나 에디터 역할을 갖고 있는 사용자에게 제출하게 된다. 여러분은 제출된 글을 공개하거나 편집하거나 삭제할 수 있다.

사용자 등록과 글 쓰기 권한을 공개하면 스팸 공격을 심하게 받게 될 것이므로, 새로운 사용자 등록에 캡차^{CAPTCHA} 플러그인을 설치하는 것이 좋다.

쓰기와 읽기

쓰기와 읽기 서브패널은 그 이름에 해당하는 내용의 설정을 제공한다. 일반 > 쓰기와 일반 > 읽기 서브패널을 열어보자.

쓰기 패널에서 글과 링크의 기본 카테고리를 정할 수 있다. 기본 카테고리를 변경하면 새로운 글이나 링크의 기본 카테고리가 바뀌어 적용된다. 카테고리가 삭제되었을 때 그 카테고리의 글과 링크가 옮겨질 기본 카테고리도 바로 여기에서 설정한 카테고리가 된다.

아톰 출판 프로토콜Atom Publishing Protocol을 이용하거나 XML-RPC를 이용한 기능인 원격 출판을 쓰기 서브패널에서 활성화할 수 있다. 이 기능을 이용하면 데스크톱의 블로깅 소프트웨어나 다른 웹사이트에서 워드프레스에 글을 직접 쓸 수 있다.

이메일로 게시 기능을 이용하면 이메일로도 새로운 글을 작성할 수 있다. 아래 세 단계만 따라하면 된다.

1. 블로그에 글을 쓰기 위한 용도의 이메일 계정을 만든다.
2. 워드프레스에서 해당 계정에 접근할 수 있도록 한다.
3. 해당 계정을 통해 글을 쓸 수 있게 워드프레스를 설정한다.

이메일 계정을 만들었으면 POP3 메일 서버, 로그인, 비밀번호 정보를 입력한다. 메일로 글 쓸 때 기본으로 적용될 카테고리도 선택할 수 있다.

이메일 계정을 통해 글을 쓸 수 있게 워드프레스를 설정하는 것은 다음 방법으로 할 수 있다.

▶ 수동으로 브라우저에서 활성화하기 http://example.com/wp-mail.php 주소에 접속해 이메일 계정 정보를 입력하면 새로운 이메일을 글로 바꿀 수 있다. 이 방법은 수동이므로 새로운 이메일이 있을 때마다 이 주소에 접속해야 한다.

▶ 자동으로 브라우저 활성화하기 이 방법은 자동화된 방법이다. 아래 코드를 테마의 footer.php에 넣는다.

```
<iframe src="http://example.com/wp-mail.php" name="mailiframe" width="0"
height="0" frameborder="0" scrolling="no"  title=""></iframe>
```

이 코드가 새로운 메일을 확인하는 wp-mail.php 스크립트를 실행한다. 웹사이트가 실행될 때 이 스크립트가 실행될 것이므로 자동이나 마찬가지다. 이 스크립트를 실행하려면 워드프레스 웹사이트에 접속한다.

▶ **크론 작업 활성화** 가장 효율적인 방법은 크론 작업을 이용하는 것이다. 크론 작업을 설정하면 정해진 스케줄에 따라 이메일 글 스크립트를 실행해줄 것이다. 크론 작업에 넣을 명령은 다음과 같다.

```
wget -N http://example.com/installdir/wp-mail.php
```

웹사이트의 프라이버시 설정이 모든 사람에게 보이게 설정돼 있으면 **쓰기** 서브패널에서 업데이트 서비스를 추가할 수 있는 옵션이 있다. 업데이트 서비스는 여러분의 블로그가 변경됐음을 다른 웹사이트에 알려주는 기능이다. 이 기능은 XML-RPC 핑을 이용해, 이 옵션에 입력된 모든 URL에 알림을 보낸다. 검색 엔진이나 블로그 인덱스를 유지하는 서비스에게 새 글이 등록됐다는 사실을 알려주는 좋은 방법이다.

많이 쓰이는 업데이트 서비스는 Ping-O-Matic이다. 여러분의 웹사이트가 Ping-O-Matic에게 핑을 보내면, Ping-O-Matic이 다른 모든 업데이트 서비스에 핑을 보낸다. 여러분이 수백 개의 서비스에 핑을 보낼 필요 없이, 핑을 한 번만 보내면 된다. Ping-O-Matic은 오토매틱의 서비스다.

읽기 서브패널에서는 웹사이트 첫 페이지에서 보일 내용을 설정할 수 있다. 가장 최신의 글이나 페이지를 보여 줄 수 있다. 첫 페이지가 계속 바뀌지 않고 하나의 글이나 페이지를 보이고 싶으면 **정적 페이지**(static page)를 선택하고 보여줄 글이나 페이지를 선택한다. **글 페이지**(post page) 옵션에는 모든 글 목록이 표시되고, **앞 페이지**(home page) 옵션에는 선택할 수 있는 정적인 페이지 목록이 표시된다. 글 페이지 옵션은 필수사항은 아니다. 글 페이지 옵션이 비어있으면 웹사이트 첫 화면에서 블로그 리스트가 보이지 않는다.

워드프레스 웹사이트의 기본 인코딩은 UTF-8이며, 이 인코딩은 여러 언어를 지원한다. 여러분이 원하는 다른 인코딩으로 바꿀 수 있다. 보통 이 옵션은 다른 인코딩으로 작성된 글을 워드프레스로 가져올 때 이용한다. 인코딩을 바꾸면 웹사이트에 표시되는 정보가 바뀔 수도 있다.

토론

블로그 글은 토론을 위한 것이 많다. 독자들의 댓글은 방문자들과 상호작용하고 토론을 이어가는 좋은 방법이다. **설정 > 토론** 서브패널에서 토론 관련된 설정을 할 수 있다.

글에서 링크한 블로그에 링크 사실을 알립니다(Attempt to Notify Any Blogs Linked to from the Article). 옵션을 켜면 다른 블로그에 핑백pingback을 보낸다. 핑백은 워드프레스가 다른 블로그에게 그 블로그의 글을 링크했다고 알려주는 방법이다. 핑백을 받은 블로그도 핑백 옵션을 켜 놓았으면 핑백을 받은 블로그 글에 여러분이 링크했다고 댓글을 등록한다.

다른 블로그가 링크 사실을 알리는 것(핑백과 트랙백)**을 받아들입니다**(Allow Link Notifications from Other Blogs). 옵션을 켜면 핑백과 트랙백을 허용한다. 다른 사이트에서 여러분의 글을 링크했다고 핑백이나 트랙백을 보내면 자동으로 이 내용을 여러분의 글에 댓글로 등록해주는 기능이다.

댓글을 쓸 수 있게 합니다(Allow People to Post Comments on New Articles). 옵션으로 웹사이트 전체의 댓글을 켜고 끌 수 있다. 이 옵션은 각 글에 다르게 설정할 수 있다. 하지만 여기에서 설정한 내용은 사이트 전체에 기본으로 적용될 것이다. 이 옵션을 바꾸는 것이 기존 글이나 페이지에는 적용되지 않는다.

글쓴이에게 이메일 보내기(E-mail Me Whenever) 옵션은 언제 알림 이메일을 보낼지를 정한다. 알림 이메일은 누군가가 답글을 남겼을 때, 손봐야 할 답글이 있을 때에 보낼 수 있다. 이 옵션은 웹사이트 관리자에게 유용하다.

미디어

미디어 서브패널은 미디어 옵션을 정의한다. **일반 > 미디어** 서브패널을 열어보자.

업로드하는 그림의 기본 크기를 지정할 수 있다. 워드프레스는 그림 크기 조절 기능이 내장돼 있으며, 이 서브패널에서 지정한 크기를 바탕으로 동작한다. 그림을 업로드하면 워드프레스가 작은 사진thumbnail, 중간 크기medium, 최대 크기large의 세 가지 크기로 그림을 만든다. 원본 크기의 그림은 **전체 그림**(full image)라는 이름으로 저장된다. 미디어 설정에서 지정한 크기보다 큰 그림이 업로드되었을 때에만 크기를 조절한다. 만약 100×100 크기의 그림을 업로드하면 중간 크기인 300×300 크기로 조절하지 않는다.

여러분의 테마에서 그림을 다양한 크기로 이용할 생각이라면 설정에서 그림 크기를 꼭 정하길 바란다. 그림 크기를 작게 정하면, 다시 크게 하거나 원래대로 돌아갈 수 없다. 그림 크기를 다시 크게 하거나 원래대로 돌아가려면 서드파티 애플리케이션을 이용하거나 플러그인을 이용해야 한다. 썸네일 재생성 플러그인(Regenerate Thumbnails)은 썸네일thumbnail을 다른 크기로 다시 생성하려 할 때 유용하게 쓸 수 있다. 이 플러그인의 주소는 http://wordpress.org/extend/plugins/regenerate-thumbnails/이다.

기본으로 그림 썸네일은 잘린 부분이 생긴다. 완전히 정사각형의 썸네일을 만들기 위해 그림을 잘라내는 것이다. 이 방식의 장점은 썸네일의 크기가 일정하다는 것이다. 단점은 그림이 잘려나가서 그림의 일부를 잃어버린다는 것이다. 현재까지는 썸네일을 만들기 위해 잘라내는 방식을 지정하는 방법은 없다.

프라이버시

프라이버시 서브패널은 워드프레스의 프라이버시 옵션을 정의한다. **일반 > 프라이버시** 서브패널을 열어보자.

새로운 웹사이트를 만든다면 웹사이트를 공식적으로 오픈할 때까지 검색 엔진이 여러분의 웹사이트의 인덱스를 생성하지 않게 차단하는 것이 좋다. **블로그 가시성** (Blog Visibility) 설정은 검색 엔진이 여러분의 웹사이트의 인덱스를 생성하지 않도록 할 수 있다. 이 기능은 여러분의 웹사이트가 개발 단계에 있을 때 유용하게 쓸 수 있다. 여러분은 개발 중인 웹사이트가 검색 사이트에 노출되길 원치 않을 것이다. 이 옵션을 검색 엔진이 이 사이트를 **색인하지 않도록 요청**(block search engines)으로 설정하면 웹사이트 전체의 메타 태그에 robot 속성의 값에 noindex와 nofollow를 추가한다.

```
<meta name='robots' content='noindex,nofollow' />
```

또 다른 추천 팁은 웹사이트에 robots.txt 파일을 두어서 검색 엔진이 인덱스를 생성하는 것을 막는 것이다. robot.txt 파일은 검색 엔진 스파이더가 여러분의 웹사이트에 접근하는 것을 막는 방법이다. 검색 엔진을 막고 싶으면 robot.txt 파일을 웹사이트 루트 디렉터리에 만들고 다음 문구를 삽입한다.

```
User-agent: *
Disallow: /
```

*는 이 규칙이 모든 검색 엔진 스파이더에게 적용된다는 뜻이다. `Disallow: /`는 스파이더가 루트 디렉터리를 포함하여 모든 것을 인덱스에서 제외하라는 뜻이다. 검색 엔진이 인덱스를 생성하도록 허용하려면 `Disallow` 다음에 슬래시(/)를 삭제하면 된다.

이 두 가지 방법은 여러분의 사이트가 준비될 때까지 대형 검색 엔진에서 검색이 되지 않도록 해줄 것이나.

고유주소

고유주소 서브패널은 워드프레스의 고유주소와 URL 옵션을 정의한다. **일반 > 고유주소** 서브패널을 열어보자. 고유주소는 글, 페이지, 카테고리, 아카이브 등에 대한 영구적인 URL이다. 이 주소는 바뀌지 않으며 일반적으로 콘텐츠를 공유할 때 사용된다.

워드프레스는 기본적으로 글, 페이지, 카테고리 등에 대한 주소를 만들 때 물음표와 ID 번호를 이용한 웹 URL을 이용한다. 글의 ID 번호에 대해서는 6장 "데이터 관리"에서 상세히 알아본다. 워드프레스는 커스텀 고유주소를 생성할 수 있으며 키워드 URL도 생성할 수 있다. 키워드 URL은 사용자와 검색 엔진에게 편리하다. 고유주소 설정에서 선택할 수 있는 옵션은 기본, 날짜와 이름 기반, 월과 이름 기반, 숫자, 그 외 사용자 정의 구조 등이다.

고유주소 설정을 저장하면, 워드프레스는 루트 디렉터리의 .htaccess 파일을 수정하려고 시도한다. 웹서버가 지원할 경우 .htaccess 권한을 644로 정하면 워드프레스가 이 파일을 수정할 수 있다. 이 파일을 수정할 수 없으면 .htaccess에 추가해야 할 코드를 보여준다. 여러분이 이 코드를 .htaccess 파일에 수동으로 입력해야 한나.

사용자 정의 고유주소 규칙을 만들면 URL 구조를 완전히 통제할 수 있다. 사용자 정의 고유주소 규칙을 만들려면 구조 태그를 이용해야 한다. 다른 고유주소 설정을 선택하면 그에 해당하는 구조 태그가 표시된다. 이 구조 태그를 예제로 참고하기 바란다. 표 2-1에 보이는 여러 가지 구조 태그를 사용할 수 있다.

태그	설명
%year%	4자리 년도
%monthnum%	월
%day%	날짜
%hour%	시
%minute%	분
%second%	초
%postname%	글 제목 또는 슬러그
%post_id%	글 ID
%category%	카테고리 이름
%tag%	태그명
%author%	글쓴이 이름

표 2-1 고유주소 구조 태그

커스텀 고유주소 규칙은 정적인 요소도 쓸 수 있다. 예를 들면, 확장자를 URL 끝에 쓸 수도 있다.

```
/%year%/%monthnum%/%day%/%postname%.html
```

이 규칙은 다음과 같은 고유주소를 만들어낸다.

```
http://example.com/2010/06/09/this-is-my-title.html
```

고유주소를 카테고리, 태그, 글 제목 구조 태그로 시작하는 것은 권장하지 않는다. 왜냐하면 성능에 부담이 되기 때문이다. 이런 구조 태그로 고유주소를 만들면 워드프레스는 여러분이 보려는 게 글인지 페이지인지를 판단해야 하는데 속도를 느리게 한다. 글 제목 구조 태그(/%postname%)를 이용할 때에는 조심해야 한다. 스타일시트나 wp-admin URL 등 원하는 파일에 접근하지 못할 수 있기 때문이다. 고유주소에는 년, 월, 글 ID 같은 숫자 필드를 넣을 것을 권한다.

기타

기타 서브패널에는 다른 영역에 넣기 어려운 내용이 모여 있다. **일반 > 기타** 서브패널을 열어보자.

기본적으로 업로드한 파일은 wp-content/uploads 디렉터리에 저장된다. 이 디렉터리는 웹서버의 어느 디렉터리로 변경할 수 있다. 기본 디렉터리가 아닌 곳으로 바꾸면 **파일을 위한 전체 URL 경로**(Full URL path to files) 옵션도 설정해야 한다. 예를 들면, 업로드 디렉터리를 images로 바꾼다고 하면 다음과 같이 설정한다.

▶ **이 폴더에 업로드한 파일을 저장** wp-content/images

▶ **파일을 위한 전체 URL 경로** http://example.com/wp-content/images

업로드 폴더는 웹서버가 파일을 쓸 수 있도록 권한이 설정되어야 한다. 그림 업로드에 문제가 있을 경우에는 업로드 폴더의 권한을 777로 설정해라.

워드프레스는 업로드된 파일을 연과 달로 구분해 저장한다.

```
wp-content/uploads/2010/6/image.jpg
```

업로드한 파일을 이렇게 정리해 놓으면 웹사이트가 커져도 관리하기 쉽다. 이렇게 정리하지 않을 수도 있는데, 업로드 폴더에 안에 모든 파일을 저장한다. 이렇게 하면 시간이 지나 업로드 폴더에 수천 개의 파일이 쌓여 속도가 느려질 수 있다. 파일을 참조하기 쉽고 속도도 빠르게 유지하기 위해 연월 단위로 파일을 정리하는 게 좋다.

코드 개요

3장에서 다루는 내용

▶ 워드프레스 다운로드 방법

▶ wp-config.php와 .htaccess 설정 방법

▶ wp-content 디렉터리 이해

▶ 워드프레스 유지보수 모드 구동

워드프레스는 시스템 내에 특정 기능을 수행하는 많은 종류의 소스코드 파일로 이루어져 있다. 워드프레스의 동작원리를 전반적으로 이해하려면 소스코드 파일 및 폴더 구성에 대해 꼭 알아야 한다.

3장에서는 워드프레스를 다운로드하는 방법과 파일시스템에 대해 설명한다. 또한 워드프레스를 설정하는 데 매우 중요한 wp-config.php와 .htaccess 파일을 살펴보고, 추가로 고급 설정 옵션에 대해서도 알아본다.

다운로드 방법

워드프레스를 호스팅 서버에 설치하려면 우선 소스코드를 다운로드해야 한다. 워드프레스 설치 방법에 대해서는 이미 1장에서 알아보았다. 3장에서는 워드프레스 코어에 대해 자세히 알아본다.

다운로드 위치

워드프레스는 WordPress.org 사이트에서 직접 내려받을 수 있으며, 다운로드 주소는 다음과 같다.

http://wordpress.org/download/

이미 워드프레스가 설치된 경우에는 **도구**(Tools) **> 업그레이드**(Upgrade) 메뉴의 업그레이드 페이지에서 **다운로드** 버튼을 눌러서 자동으로 업데이트를 진행할 수 있다.

또한 서버버전SVN, Subversion을 통해서도 다운로드할 수 있다. SVN은 오픈소스로 공개된 버전 관리 시스템이다. 워드프레스는 SVN을 이용해서 파일과 디렉터리 및 변경내용을 관리한다. SVN으로 최신 소스코드를 다운로드하려면 다음 주소로 접속한다.

http://core.svn.wordpress.org/trunk/

워드프레스의 SVN 트렁크trunk 디렉터리에는 현재 개발이 진행 중인 '블리딩 엣지 bleeding edge' 버전도 포함된다. 이 버전은 수정되지 않은 버그나 테스트용 코드도 포함한다. 그러므로 상용 웹서비스의 경우에는 워드프레스 트렁크 버전을 이용하지 않도록 한다.

SVN은 워드프레스의 코어 파일을 직접 수정하는 개발자에게 적합한 방식이다. SVN을 이용하면 워드프레스 코어 파일에 포함시킬 패치를 생성 및 반영할 수 있다. 이에 대해서는 15장에서 자세히 다룬다.

파일 형식

워드프레스를 다운로드할 때 제공되는 기본 파일 형식은 zip 압축 파일이며 파일명은 latest.zip이다. 물론 tar 압축 파일로도 다운로드할 수 있으며, 파일명은 latest.tar.gz 이다. 두 파일의 압축방식은 다르지만 그 안에 담긴 파일은 완전히 동일하다.

zip과 tar 파일은 다음 인터넷 주소에서 다운로드할 수 있다.

http://wordpress.org/latest.zip
http://wordpress.org/latest.tar.gz

위 인터넷주소는 변경 없이 항상 동일하게 유지된다. 워드프레스 새 버전이 나올 때마다 자동으로 압축 파일이 생성된 후 위 인터넷 주소에 저장된다. 최신 버전을 다운로드해 저장할 때는 wordpress-2.9.zip처럼 워드프레스 버전을 붙인 파일명으로 바꿔 저장하는 게 일반적이다.

릴리스 저장소

WordPress.org에는 이전 릴리스를 모아놓은 저장소가 있다. 이곳에는 워드프레스 버전 0.71 이후에 발행된 모든 릴리스를 목록으로 구성해 다운로드할 수 있도록 하고 있다. 주소는 다음과 같다.

http://wordpress.org/download/release-archive/

하지만 가장 최신 버전만이 유지보수되고 있으므로 이전 릴리스를 실제로 사용하기보다는 참고만 하는 것이 좋다. 또는 현재 웹사이트를 이전 버전으로 되돌리고 싶을 때 사용하면 유용하다. 즉 현재 구버전으로 운영하는 워드프레스를 최신 안정 버전으로 업그레이드하여 문제가 발생했을 때 릴리스 저장소에서 구버전을 다시 받아 초기상태로 원상 복구하는 것이 가능하다. 한편 릴리스 저장소에는 그간 발행된 모든 베타 버전과 출시 예정인 버전도 있는데 이를 통해 소프트웨어 플랫폼으로서의 워드프레스의 성장사를 확인할 수 있다.

코드 검토

워드프레스 소스코드는 PHP와 CSS, 자바스크립트 등 많은 종류의 파일로 구성된다. 또한 각 파일은 워드프레스 안에서 고유한 역할이 있다. 워드프레스는 코드가 모두 공개되는 오픈소스이므로 누구나 직접 코드를 분석하면서 워드프레스의 기능을 살펴볼 수 있다. 다운로드한 워드프레스 압축 파일을 풀면 그림 3-1과 같은 파일 구조가 나타난다.

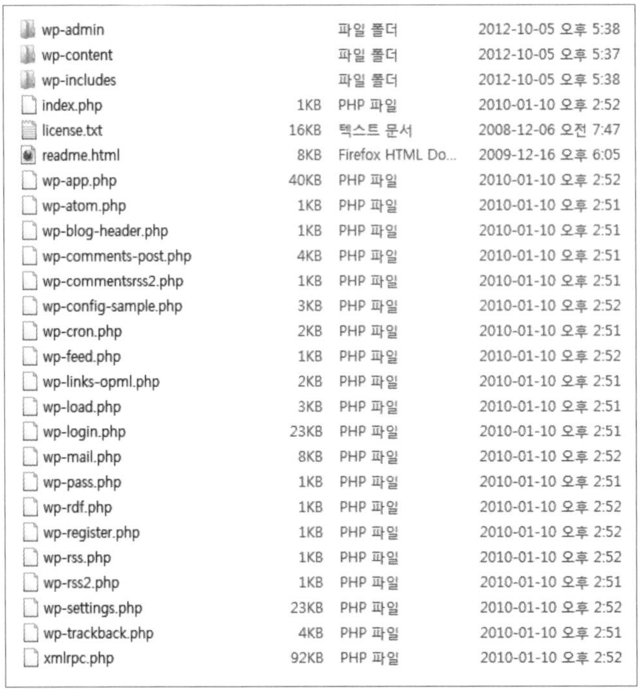

wp-admin		파일 폴더	2012-10-05 오후 5:38
wp-content		파일 폴더	2012-10-05 오후 5:37
wp-includes		파일 폴더	2012-10-05 오후 5:38
index.php	1KB	PHP 파일	2010-01-10 오후 2:52
license.txt	16KB	텍스트 문서	2008-12-06 오전 7:47
readme.html	8KB	Firefox HTML Do...	2009-12-16 오후 6:05
wp-app.php	40KB	PHP 파일	2010-01-10 오후 2:52
wp-atom.php	1KB	PHP 파일	2010-01-10 오후 2:51
wp-blog-header.php	1KB	PHP 파일	2010-01-10 오후 2:51
wp-comments-post.php	4KB	PHP 파일	2010-01-10 오후 2:51
wp-commentsrss2.php	1KB	PHP 파일	2010-01-10 오후 2:51
wp-config-sample.php	3KB	PHP 파일	2010-01-10 오후 2:52
wp-cron.php	2KB	PHP 파일	2010-01-10 오후 2:51
wp-feed.php	1KB	PHP 파일	2010-01-10 오후 2:52
wp-links-opml.php	2KB	PHP 파일	2010-01-10 오후 2:51
wp-load.php	3KB	PHP 파일	2010-01-10 오후 2:51
wp-login.php	23KB	PHP 파일	2010-01-10 오후 2:51
wp-mail.php	8KB	PHP 파일	2010-01-10 오후 2:51
wp-pass.php	1KB	PHP 파일	2010-01-10 오후 2:51
wp-rdf.php	1KB	PHP 파일	2010-01-10 오후 2:52
wp-register.php	1KB	PHP 파일	2010-01-10 오후 2:51
wp-rss.php	1KB	PHP 파일	2010-01-10 오후 2:52
wp-rss2.php	1KB	PHP 파일	2010-01-10 오후 2:51
wp-settings.php	23KB	PHP 파일	2010-01-10 오후 2:52
wp-trackback.php	4KB	PHP 파일	2010-01-10 오후 2:51
xmlrpc.php	92KB	PHP 파일	2010-01-10 오후 2:52

그림 3-1 워드프레스 기본 파일과 폴더 구조

워드프레스에는 wp-admin, wp-content, wp-includes라는 세 개의 기본 디렉터리
가 있다. wp-admin과 wp-includes에는 워드프레스 코어 파일이 포함되어 있으므로
절대로 직접 수정하지 않아야 한다. 워드프레스 루트 디렉터리에도 중요한 코어 파일
이 있으며, 이에 대해서는 3장 후반부에서 자세히 설명한다. wp-content 디렉터리에
는 테마나 플러그인, 미디어와 기타 파일 등 모든 사용자 정의 파일이 들어있다. 또한
워드프레스 내에서 콘텐츠 처리와 출력을 담당하는 코드도 들어있다.

워드프레스 코어 파일 중 하나라도 수정하면 웹사이트 전체가 불안정해질 수 있
다. 또한 워드프레스 새 버전으로 업데이트할 때는 수정부분을 무시하고 기존 파일을
모두 덮어쓰게 되므로, 업그레이드에도 어려움을 겪게 된다는 점을 명심하기 바란다.
코어 파일은 wp-admin과 wp-includes에 들어있는 파일을 말하며, 통상 루트 디렉터
리에 있는 대부분의 파일도 코어 파일로 취급한다. 이어서 코어 파일 중에서 수정할
수 있는 파일에 대해 알아본다.

아무튼 다음 일반 원칙을 기억하자. 코어 해킹 금지!

키 파일 설정

워드프레스의 소스코드는 목적에 따라 파일이 분리된다. 워드프레스의 동작을 바꾸려면 파일을 수정해야 한다. 파일을 수정할 때에는 반드시 개발 서버에서 시험변경해 본 후에 상용 서버에 적용해야 한다는 점을 잊지 않도록 한다.

이 장에서는 데이터베이스 연결과 FTP 접속정보 저장, 디버깅 도구 활성화 방법, wp-config.php를 이용한 설정 변경 등에 대해 알아본다. .htaccess 파일의 강력한 설정 기능을 이용해 PHP 메모리 최대값과 최대 업로드 크기를 증가시키는 방법과 리다이렉트 설정, 접근제한 등을 알아본다.

wp-config.php 파일

wp-config.php는 워드프레스를 설치할 때 가장 중요한 파일이다. 이 파일에는 데이터베이스 연결에 필요한 DB명, 사용자명, 비밀번호와 같은 접속 정보를 저장한다. 또한 데이터베이스 관련 추가 정보와 보안, 기타 고급 설정값도 저장한다. wp-config.php의 원래 파일명은 wp-config-sample.php이다. 1장에서 워드프레스를 설치하기 위한 첫 작업이 wp-config-sample.php 파일의 이름을 wp-config.php로 바꾸는 것이었음을 염두에 두자.

wp-config 파일은 워드프레스 루트 디렉터리에 두는 게 기본이다. 하지만 보안을 위해 워드프레스 디렉터리 밖으로 이동시킬 수도 있다. 다음과 같은 경로에 워드프레스가 설치됐다고 하자.

    /public_html/my_website/wp-config.php

보안을 위해 다음처럼 위치를 옮겨도 된다.

    /public_html/wp-config.php

워드프레스는 루트 디렉터리에서 wp-config 파일을 검색한 후 파일이 없다면 상위 디렉터리를 검색한다. 이 동작은 별도의 설정 없이 자동으로 이루어진다.

wp-config.php 파일에는 다음과 같은 형식의 상수constant를 이용해 옵션을 지정한다.

```
define('OPTION_NAME', 'value');
```

OPTION_NAME은 상수를 저장할 옵션의 이름이다. value는 옵션값이며 사용자가 원하는 대로 바꿀 수 있다.

워드프레스 설치 도중에 데이터베이스 접속문제가 발생한다면 다음과 같은 순서로 문제를 해결한다. 우선 DB_NAME과 DB_USER, DB_pASSWORD 옵션이 맞게 설정됐는지 확인한다. 다음으로는 DB_HOST 옵션이 맞게 설정됐는지 확인한다. 보통 localhost를 사용하나, 호스팅 업체에 따라 변경된 값을 사용하기도 한다. 이런 경우에는 호스팅 업체의 기술지원이나 도움말을 참조하기 바란다.

데이터베이스 캐릭터셋 설정을 하려면 DB_CHARSET 옵션값을 변경한다. 기본값은 utf8(유니코드 UTF-8)이며 대부분의 경우에는 그대로 사용하는 것이 좋다.

워드프레스 2.2 버전부터는 DB_COLLATE 옵션을 이용해서 캐릭터셋의 정렬 순서인 데이터베이스 콜레이션collation을 지정한다(캐릭터셋은 특정 언어에서 문자를 나타내는 코드의 집합을 말한다. 콜레이션은 캐릭터셋을 정렬할 때 사용하는 순서를 결정하며, 통상 알파벳순서를 사용한다). 옵션은 기본값이 공란이며 기본값은 그대로 사용하는 것이 좋다. 데이터베이스 콜레이션을 변경하고자 할 때는 그 언어에 해당하는 값을 추가한다. 이 옵션은 반드시 워드프레스를 설치하기 전에 변경해 두어야 한다. 설치한 이후에 변경하면 오류가 생길 가능성이 높다.

wp-config.php 파일에 **비밀키**secret key를 설정하면 워드프레스의 보안을 강화할 수 있다. 비밀키는 **해시값**hashing salt의 한 종류로, 사용자가 만든 비밀번호에 **임의의 값**salt을 추가해 사이트를 해킹하기 어렵게 만든다. 비밀키가 워드프레스가 동작하는 데 필수항목은 아니지만 웹사이트 보안을 한층 강화한다고 할 수 있다. WordPress.org의 비밀키 생성 페이지(https://api.wordpress.org/secret-key/1.1/)를 이용하면 wp-config.php 파일에 삽입할 수 있게 비밀키를 자동으로 발급받을 수 있다. 자동 발급 대신 **사용자가 작성한 고유 문장을 입력하시오**(put your unique phrase here)라고 표시된 곳에 임의의 문자를 직접 입력해도 된다. 최종 목적은 유일하고, 100% 임의로 작성된 비밀키를 사용하는 데 있다.

그림 3-2 임의로 생성된 비밀키

비밀키는 언제든지 변경하거나 추가할 수 있다. 그 즉시 현재 설정된 모든 워드프레스 쿠키의 효력이 사라지며 사용자들은 다시 로그인 요청을 받게 된다.

wp-config.php에서 설정할 수 있는 또 다른 보안 강화 방안이라면 데이터베이스 테이블 접두어를 변경하는 것이다. 테이블 접두어의 기본값은 wp_ 인데, $table_prefix 변수값을 변경하면 테이블 접두어를 사용자가 원하는 대로 바꿀 수 있다.

이렇게 기본 테이블명을 바꾸는 것은 해커가 SQL 인젝션 방식으로 사이트에 침입하고자 할 때 테이블명을 알아내기 어렵게 함으로써 침입을 막는 효과가 있다. 또한 하나의 데이터베이스를 이용하여 여러 개의 워드프레스를 운영할 때도 유용하다. 이미 설치된 워드프레스의 테이블 접두어를 바꿀 때는 WP 시큐리티 스캔 플러그인 (http://wordpress.org/extend/plugins/wp-security-scan/)을 사용한다. 물론 이러한 작업을 하기 전에는 꼭 백업을 해두어야 한다.

wp-config 파일에는 **지역화**(localizing) 옵션도 있다. 워드프레스는 기본적으로 다양한 언어를 지원한다. 워드프레스에서 사용할 기본 언어에 해당하는 옵션값을 **WPLANG**에 설정한다. 물론 지정한 언어에 해당하는 MO^{machine object} 파일도 반드시 wp-content/languages 폴더에 설치되어야 한다. MO 파일은 워드프레스의 메시지와 문자열을 특정 언어로 번역한 내용을 담은 PO^{portable object} 파일을 압축한 것이다. MO와 PO 파일은 GNU의 'gettext' 서브시스템의 요소인데, 워드프레스는 이것을 이용하여 다국어 환경을 지원한다. 전체 MO 언어 파일 목록은 다음을 참고한다.

▶ **워드프레스 다국어 지원 페이지** http://codex.wordpress.org/WordPress_in_Your_Language

▶ **워드프레스 언어파일 저장소** http://svn.automattic.com/wordpress-i18n/

wp-config 고급 옵션

wp-config 파일에는 고급 옵션을 추가로 설정할 수 있다. 추가 옵션은 파일에 기본적으로 포함되지 않으며, 사용자가 직접 수동으로 추가해야 한다.

워드프레스 주소와 블로그 주소를 변경하려면 다음 두 개의 옵션을 사용한다.

```
define( 'WP_SITEURL', 'http://example.com/wordpress');
define( 'WP_HOME', 'http://example.com/wordpress');
```

WP_SITEURL 옵션을 이용하면 워드프레스 사이트 URL을 임시로 설정할 수 있다.

즉 siteurl 값이 지정된 데이터베이스값을 직접 변경하지 않고도 임시값을 설정할 수 있다. 이 옵션을 삭제하면 다시 데이터베이스에 지정된 주소를 사용한다. WP_HOME 옵션도 같은 방식으로, 이를 이용해 워드프레스 홈 주소를 임시로 설정할 수 있다. 주소값으로는 http://를 포함하는 전체 URL을 사용해야 한다.

2.6 버전부터는 wp-content 디렉터리도 변경할 수 있다. 이와 관련된 두 개의 옵션은 다음과 같다.

```
define( 'WP_CONTENT_DIR', $_SERVER['DOCUMENT_ROOT'] .
        '/wordpress/blog/wp-content' );
define( 'WP_CONTENT_URL', 'http://domain.com/wordpress/blog/wp-content');
```

WP_CONTENT_DIR 옵션값은 wp-content 디렉터리까지의 전체 경로다. WP_CONTENT_URL은 이 디렉터리에 대한 전체 URI이다. 또한 플러그인 디렉터리는 다음과 같이 변경할 수 있다.

```
define( 'WP_pLUGIN_DIR', $_SERVER['DOCUMENT_ROOT'] . '/blog/wp-content/
  plugins' );
define( 'WP_pLUGIN_URL', 'http://example/blog/wp-content/plugins');
```

WP_pLUGIN_DIR과 WP_pLUGIN_URL은 플러그인 폴더의 위치를 지정하는 옵션으로 플러그인 개발자에게 유용하다. 플러그인 개발자가 이 옵션값을 지정하지 않았고, 사용자가 wp-content 디렉터리를 임의로 변경하면 플러그인 동작에 문제가 발생한다. wp-content 디렉터리를 변경하려면 먼저 테스트 환경에서 검증한 후 상용서버에 적용해야 한다.

워드프레스는 글이 페이지를 편집할 때마다 수정본을 저장한다. 작성중인 글은 워드프레스가 자동으로 저장하며, 사용자가 직접 **저장**(save) 버튼이나 **발행**(publish) 버튼을 눌러 저장할 수도 있다. 만약 한 개의 글을 작성할 때마다 열 개의 수정본이 자동으로 생성된다면, 백 개의 글에 대해서는 무려 천 개의 수정본이 데이터베이스에 저장된다. 이런 과정이 반복되면 금세 데이터베이스 용량을 차지하게 되며, 데이터 검색 속도를 떨어뜨려 결과적으로 웹사이트의 성능을 저하시킨다. 이러한 현상은 WP_pOST_REVISIONS 옵션을 이용해 개선할 수 있다. 옵션값에 저장하고자 하는 수정본의 최대 개수를 지정하거나, 아예 수정본을 저장하지 않게 설정할 수 있다. 다음은 이와 관련된 설정이다.

```
define('WP_pOST_REVISIONS', false );
define('WP_pOST_REVISIONS', 5);
```

또한 AUTOSAVE_INTERVAL 옵션을 이용해서 자동 저장할 시간 간격을 지정한다. 워드프레스는 AJAX 기술을 이용하여 자동 저장을 하는데, 기본으로 설정된 시간 간격은 60초다. 이 옵션은 wp-config 파일에 직접 추가하면 되는데, 다음은 시간 간격을 5분으로 설정한 예다.

```
define('AUTOSAVE_INTERVAL', 300 );
```

워드프레스에서 디버깅할 때는 WP_DEBUG 옵션을 이용하면 쉽다. 워드프레스에서 에러가 발생하면 빈 화면이 나타나는데, WP_DEBUG를 활성화하면 에러가 화면에 출력된다. WP_DEBUG 옵션을 사용하려면 다음처럼 옵션값을 true로 변경한다.

```
define('WP_DEBUG', true);
```

이 옵션의 기본값은 false이므로 이 옵션이 wp-config 파일에 아예 정의되지 않았다면 에러 메시지가 화면에 표시되지 않는다. 화면에 나타나는 에러 메시지를 보고 해커가 웹사이트의 취약점을 알아낼 수 있으므로, 보안을 위해 디버깅이 끝난 후에는 이 옵션값을 삭제하거나 false로 변경한다.

SAVEQUERIES도 디버깅하는 데 도움이 되는 기능이다. 이 옵션을 활성화하면 데이터베이스 쿼리^{query}를 모두 전역변수에 저장해 페이지에 표시할 수 있다. 워드프레스가 웹 페이지를 생성할 때 호출하는 쿼리를 모두 보여줌으로써 원활하게 디버깅을 할 수 있다. 테마나 플러그인 작업을 하는 중에 제대로 동작하지 않는 경우라면 이 옵션을 사용하면 워드프레스가 데이터베이스에 호출한 내역을 정확하게 파악할 수 있다. 이 옵션을 활성화하려면 다음과 같이 변경한다.

```
define('SAVEQUERIES', true);
```

테마에 쿼리 배열을 출력하려면 다음 코드를 테마 템플릿 파일에 추가한다.

```
If ( current_user_can('install_plugins')) {
    global $wpdb;
    print_r($wpdb->queries);
}
```

이 코드는 저장된 쿼리 배열을 아무에게나 보여주지 않고 사용자 중에 플러그인 설치 권한이 있는 사용자, 즉 사이트 관리자가 로그인한 경우에만 출력하도록 하는 코드다. 테마와 템플릿 파일에 대해서는 8장 "테마 개발"에서 다룬다.

또한 로깅^{logging} 기능 활성화도 wp-config 파일에서 설정한다. 로깅 기능을 활성화하려면 먼저 php_error.log 파일을 만들어 워드프레스 디렉터리에 올려두어야 한다. 그다음으로 PHP 설정에서 log_errors 옵션을 활성화하면서 php_error.log의 경로를 지정해야 한다.

```
@ini_set('log_errors','On');
@ini_set('display_errors','Off');
@ini_set('error_log','/public_html/wordpress/php_error.log');
```

이제 모든 에러가 파일에 저장된다. 또한 WP_DEBUG 옵션 활성화로 인해 발생하는 모든 로그도 함께 기록된다. 상용 웹사이트에서는 에러 메시지가 화면에 출력되지 않도록 앞에 예제처럼 display_errors를 Off로 유지하도록 한다. 그러나 현재 디버깅 중이라 실시간으로 에러가 출력되기를 바란다면 display_errros를 On으로 변경한다.

WP_MEMORY_LIMIT 옵션을 이용하면 워드프레스에서 사용하는 메모리 최대값을 지정할 수 있다. 워드프레스를 사용하는 중에 메모리 최대값을 초과하면 '허용 메모리 크기 xxx를 모두 사용하였습니다'라는 에러 메시지가 출력된다. 이 문제는 메모리 최대값을 좀 더 큰 값으로 수정하여 해결할 수 있다. 메모리 최대값 설정은 다음과 같이 메가바이트^{megabyte} 단위로 설정한다.

```
define('WP_MEMORY_LIMIT', '32M');
```

메모리 최대값 변경은 호스팅 업체에서 변경을 허락하는 경우에만 가능하다. 일부 저가 보급형 호스팅 업체는 메모리 최대값을 낮게 설정해 둘 뿐 아니라, 변경도 허용하지 않는다.

이 옵션값은 워드프레스에 필요한 메모리 제한만 설정하는 것으로 서버에서 운영하는 다른 프로그램에는 영향을 끼치지 않는다. 웹사이트 전반에 걸쳐 메모리 최대값을 확대하려면 php.ini 파일에서 php_value_memory_limit 변수값을 변경해야 한다. 예를 들어, 몇 달이나 몇 년 치 블로그 포스트를 가져오는 것처럼 대용량 콘텐츠를 불러오는 경우 이러한 메모리 제한에 걸릴 수가 있다. 이러한 상황에 대해서는 14장

"워드프레스로 마이그레이션"에서 다룬다.

워드프레스가 제공하는 기능 중 매우 편리한 것이 바로 **지역화**(localizer) 기능이다. 워드프레스는 영어를 기본 언어로 사용하지만 간단하게 다른 언어로 변경할 수 있다. WPLANG 옵션을 변경하면 즉시 변경한 언어에 해당하는 파일을 불러들인다.

```
define ('WPLANG', 'en-GB')
```

옵션값은 ISO-639 언어코드와 ISO-3166 국가코드로 구성된다. 예제에 en-GB는 영어English-영국Great Britain이라는 의미다. 언어 변환은 .mo와 .po 파일을 사용한다.

언어변환용 .mo 파일의 경로를 지정하는 LANGDIR 옵션도 있다. 워드프레스에서 .mo 파일의 기본 위치는 wp-content/languages이나, LANGDIR 옵션을 사용하면 폴더 위치를 변경할 수 있다.

```
define('LANGDIR', '/wp-content/bury/my/languages');
```

이제 워드프레스는 변경된 위치에서 .mo 파일을 검색한다.

CUSTOM_USER_TABLE과 CUSTOM_USER_META_TABLE도 중요한 옵션이다. 이 옵션은 동일한 사용자 계정으로 두 개 이상의 워드프레스를 설치할 때 사용한다. 이 옵션은 반드시 워드프레스를 설치하기 전에 설정해야 한다.

```
define('CUSTOM_USER_TABLE', 'joined_users');
define('CUSTOM_USER_META_TABLE', 'joined_usermeta');
```

이 옵션값에는 기본으로 설정할 워드프레스용 **사용자 테이블**(user table)과 **사용자 메타 테이블**(user meta table)을 지정한다. 이렇게 하면 두 개 이상의 워드프레스가 설치되었더라도 기본으로 설정한 사용자 정보(사용자명, 비밀번호, 사용자 정보 등)를 공유한다. 워드프레스를 하나 더 설치하더라도 기존 사용자 정보를 그대로 유지하고자 할 때 가장 유용한 방법이다.

하지만 만약 동일 사용자라도 설치된 워드프레스에서 각기 역할이 다르다면 CUSTOM_USER_META_TABLE 옵션은 설정하지 않도록 한다. 이 옵션을 설정하지 않으면, 사용자 테이블에 저장되는 정보는 공유되지만 특정 블로그에 한정된 정보(예를 들면, 사용자 레벨, 이름 등)는 공유되지 않는다.

한편 다중 쿠키 옵션을 설정하는 COOKIE_DOMAIN과 COOKIEPATH, SITECOOKIEPATH도 이용할 수 있다. 이들은 서브도메인을 사용하는 블로그 제작용 소프트웨어인 워드프레스MU와 함께 사용된다. 즉 주 도메인primary domain에서 생성한 쿠키가 모든 하위 도메인에서도 유효하도록 설정하는 데 이용된다.

```
define('COOKIE_DOMAIN', '.domain.com');
define('COOKIEPATH', '/' );
define('SITECOOKIEPATH', '/');
```

일반적으로 이 옵션값은 전혀 수정할 필요가 없지만, 쿠키와 관련된 문제가 발생한다면 가장 먼저 점검해봐야 하는 항목이다. 플러그인과 테마의 자동 설치 및 업그레이드 기능을 활성하려면 **wp-config** 파일에 FTP 접속정보를 직접 저장할 수 있다. 이것은 자동 설치 기능을 사용하지 않도록 설정한 경우에만 의미가 있다. 만약 플러그인이나 테마를 설치할 때마다 FTP 접속정보를 요청한다면 자동 설치 기능이 비활성화된 것이다.

워드프레스에 FTP 접속정보를 추가하려면 **wp-config** 파일에 다음과 같이 추가한다.

```
define('FTP_USER', 'username');
define('FTP_pASS', 'password');
define('FTP_HOST', 'ftp.example.com:21');
```

FTP 사용자명, 비밀번호, 호스트 및 포트번호만 넣어주면 완료된다. 이제 워드프레스는 사용자에게 FTP 접속정보를 요청하지 않고 플러그인 및 테마를 자동 설치한다.

그 외에도 다양한 FTP/SSH 접속 옵션을 추가할 수 있다.

```
// 파일시스템 방식 설정: 'direct', 'ssh', 'ftpext', 또는 'ftpsockets'
define('FS_METHOD', 'ftpext');
// 루트설치 디렉터리의 절대 경로
define('FTP_BASE', '/public_html/wordpress/');
// wp-content 디렉터리의 절대 경로
define('FTP_CONTENT_DIR', '/public_html/wordpress/wp-content/');
// wp-plugins 디렉터리의 절대 경로
define('FTP_pLUGIN_DIR ', '/ public_html /wordpress/wp-content/plugins/');
// SSH 공유키의 절대 경로
define('FTP_pUBKEY', '/home/username/.ssh/id_rsa.pub');
// SSH 개인키의 절대 경로
define('FTP_pRIVKEY', '/home/username/.ssh/id_rsa');
```

FS_CHMOD_FILE과 FS_CHMOD_DIR 옵션을 이용하면 워드프레스의 퍼미션permission 기본값을 변경할 수 있다.

```
define('FS_CHMOD_FILE',0644);
define('FS_CHMOD_DIR',0755);
```

옵션값이 사용된 숫자는 웹서버에 있는 파일과 폴더에 접근 권한을 설정한 것으로 소유자, 그룹, 전체에 대한 퍼미션을 나타낸다. 워드프레스에서 사용하는 파일 퍼미션에 대해서는 다음 코덱스 자료에서 자세히 설명한다.

http://codex.wordpress.org/Changing_File_Permissions

어떤 호스팅 업체의 경우에는 모든 사용자 파일에 대한 퍼미션 변경을 제한하기도 하는데, 이런 경우에 이 옵션을 이용하면 서버에 설정값을 무시하여 워드프레스 업그레이드와 자동 설치 기능을 사용할 수 있다.

WP_CACHE 옵션은 캐싱을 다루는 일부 플러그인이 동작하는 데 필수 옵션이다. 이 옵션을 활성화하면 wp-content/advanced-cache.php를 불러온다. 이 옵션을 활성화하려면 다음과 같이 설정한다.

```
define('WP_CACHE', true);
```

워드프레스에서는 다양한 상수 옵션을 사용할 수 있다. 게다가 PHP 함수 중에는 설치할 때 설정된 상수를 한 번에 볼 수 있는 기능도 있다.

```
print_r(@get_defined_constants());
```

보안 강화를 위한 고급 옵션 중에 하나는 SSL로만 로그인되도록 하는 기능이다. 이 기능은 웹사이트와 암호화된 데이터 통신만 사용하는 HTTPS로만 로그인하는 기능이다. SSL 로그인 기능을 활성화하려면 다음과 같이 FORCE_SSL_LOGIN 옵션을 설정한다.

```
define('FORCE_SSL_LOGIN', true);
```

또한 관리자 페이지에 대해서도 SSL 로그인을 적용할 수 있다. FORCE_SSL_ADMIN 옵션은 다음과 같이 설정한다.

```
define('FORCE_SSL_ADMIN', true);
```

이 옵션값을 설명하면 관리자 대시보드 페이지(/wp-admin)의 모든 내용이 SSL로 암호화된다. 기억해 두어야 할 것은 모든 데이터가 암호화므로 페이지를 불러오는 데

약간 더 시간이 걸린다는 점이다. 또한 이 기능을 이용하려면 웹사이트도 SSL 설정이 필요하다. https://example.com 주소를 직접 입력해보면 내 사이트에서 https 사용을 할 수 있는지 알 수 있다. 페이지가 나타나면 SSL가 설정된 것이다.

.htaccess

워드프레스에서는 .htaccess 파일을 이용하여 웹사이트용으로 깔끔한 고유주소를 만들거나, 키워드를 이용한 URL를 구성할 수 있다. 기본 워드프레스의 주소 구성 방식은 http://example.com/?p=45처럼 ID가 포함된 쿼리 문자열 형식의 URL이다. 이러한 방식은 동작에는 문제가 없지만 검색 엔진이나 방문자 입장에서 볼 때 그리 편리한 방식은 아니다. 고유주소 기능을 사용하면 포스트와 페이지 제목, 카테고리와 태그명, 날짜를 이용해서 훨씬 깔끔한 형식의 URL을 만들 수 있다.

고유주소 활성화

고유주소를 활성화하려면 그림 3-3처럼 워드프레스 대시보드에서 **설정**(Settings) ➤ **고유주소**(Permalinks)로 들어간다. 기본 외에 여러 가지 고유주소 중 하나를 선택한 후 저장한다. 변경사항을 저장하면서 동시에 .htaccess 파일을 생성한다. 워드프레스를 설치한 루트 디렉터리에 쓰기 권한이 있다면 자동으로 생성된다. 쓰기 권한이 없다면 그림 3-4처럼 수동으로 파일을 만드는 방법에 대한 안내가 나타난다.

month와 year를 사용하여 고유주소 구조를 다음과 같이 만들면,

`/%year%/%monthnum%/%postname%/`

실제로 다음과 같은 고유주소가 생성된다.

http://example.com/2010/10/halloween-party

그림 3-3 워드프레스에서 고유주소 설정 방법

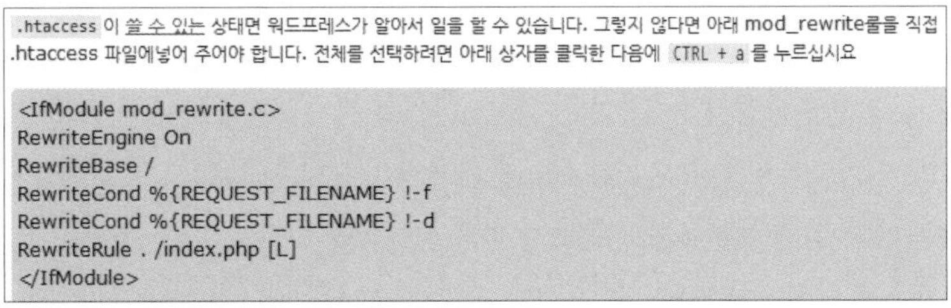

그림 3-4 .htaccess 파일 내용

고유주소를 사용하면 다음과 같은 많은 장점이 있다.

▶ **검색 엔진 최적화**SEO, Search Engine Optimization URL에 포함된 키워드가 SEO에 적합하다. 검색 엔진 알고리즘은 이 키워드를 이용해서 검색 결과를 도출한다.

▶ **상위 호환성**Forward Compatibility 웹사이트에서 어떤 플랫폼(워드프레스, 드루팔, 줌라)을 사용하더라도 고유주소 구조를 사용하면 플랫폼간 쉽게 이전할 수 있다.

▶ **사용성** ID로 URL을 구성하는 방식은 타인과 주소를 공유할 때도 불편하고, ID 와 내용을 구분하기도 어렵게 만든다.

▶ **공유** 요즘같은 소셜 네트워킹 시대에는 주소를 적극적으로 홍보하고 공유한다. 키워드로 URL을 구성하면 공유도 쉽고, 주소만 봐도 내용을 추정할 수 있는 장점이 있다.

.htaccess 다시쓰기 규칙

워드프레스 고유주소가 동작하는 핵심원리는 .htaccess에 포함된 다음 두 개의 다시쓰기 규칙이다.

```
RewriteCond %{REQUEST_FILENAME} !-f
RewriteCond %{REQUEST_FILENAME} !-d
```

아주 단순해 보이는 위 규칙은 일단 사이트에 요청한 URL이 파일시스템 내에 존재하는 파일인지 또는 디렉터리인지를 알아낸다. 규칙에서 !-f와 !-d 개념은 부정을 의미하며, 혹시 파일시스템 내에 존재하지 않는 경로명을 URL이 참조하지는 않는지 확인한다. 예를 들어, URL이 워드프레스 관리자 함수 중 하나인 wp-login.php 같은 유효한 파일을 가리키면 URL은 변경 없이 유지된다. 만약 유효하지 않은 파일이나 디렉터리를 가리키면 URL은 워드프레스 코어 코드로 전달되면 콘텐츠 데이터베이스를 호출하는 쿼리로 변환된다. 5장에서 다룰 예정인 콘텐츠 출력 루프에 대한 맛보기로 URL이 어떻게 MySQL 쿼리로 변환되는지에 대해 좀 더 자세히 살펴본다.

.htaccess 파일은 URL 리다이렉트 기능도 지원한다. 만약 사용자가 **자기소개**(About) 페이지를 기존 http://example.com/about에서 http://example.com/about-me로 변경했는데, 누군가가 기존 페이지로 접속하면 404 에러 페이지가 출력된다. URL 리다이렉트를 쓰면 기존 URL을 새로운 URL로 돌려줘 오류를 없앨 수 있다. 또한 이를 통해 검색 엔진에게도 주소가 변경된 사실을 인지시킬 수 있다. 옮기거나 이전된 콘텐츠에 다시쓰기 규칙을 적용하는 방법에 대해서는 14장에서 살펴본다.

다음은 정적 페이지로 돌려주는 301 영구 리다이렉트의 예다.

```
redirect 301 /about http://example.com/about-me
```

.htaccess를 이용한 설정 조정

.htaccess 파일은 URL 구조 변환 등의 기능 외에도 훨씬 강력한 기능을 제공한다. 예를 들면, PHP 환경설정 옵션도 .htaccess 파일에서 조정할 수 있다. PHP에 할당된 메모리 최대값을 늘리고자 할 때는 다음 명령을 추가한다.

```
php_value memory_limit 64M
```

이 명령은 PHP의 메모리 최대값을 64MB로 증가시킨다. 또한 다음과 같이 설정하면 최대 업로드 파일 크기와 최대 포스트 크기를 설정할 수 있다.

```
php_value upload_max_filesize 20M
php_value post_max_size 20M
```

이 명령은 최대 업로드 및 포스트 크기를 20MB로 증가시킨다. 대다수 호스팅 업체는 이 값을 2MB 가량으로 제한하므로, 이러한 설정으로 통해 대용량 파일 업로드를 가능하게 할 수 있다. 물론 모든 호스팅 업체가 이렇게 .htaccess 파일에서의 설정 변경을 허용하는 것은 아니므로 경우에 따라 에러가 발생할 수도 있다.

.htaccess 파일은 보안 강화 목적으로도 사용한다. 익명의 방문자가 웹사이트에 접속하는 것을 제한하려고 IP 주소를 이용하는 경우에도 .htaccess를 사용한다. IP 주소별로 웹사이트 접속을 제한하려면 다음 코드를 .htaccess 파일에 추가한다.

```
AuthUserFile /dev/null
AuthGroupFile /dev/null
AuthName "Access Control"
AuthType Basic
order deny,allow
deny from all
#IP address to whitelist
allow from xxx.xxx.xxx.xxx
```

웹사이트 접속을 허용할 IP 주소를 xxx.xxx.xxx.xxx 부분에 기입한다. 접속 허용할 IP 주소가 많다면 여러 줄에 걸쳐서 추가한다. 여기에 추가한 IP 주소는 이 웹사이트 접속만 허용된다.

좀 더 널리 이용되는 방법은 wp-admin 디렉터리까지 보호하는 것이다. 즉 허락된 IP 주소만 관리자 대시보드 URL에 접근할 수 있도록 하는 것이다. 이렇게 하면 워드프레스 서버 해킹 시도가 훨씬 더 어렵게 된다. 이를 적용하려면 앞의 코드를 복사하여 또 하나의 .htaccess 파일을 만든 후 wp-admin 디렉터리에 두면 된다.

대부분의 인터넷 서비스 제공자[ISP]들은 IP 주소를 동적으로 할당하므로, 독자의 컴퓨터 IP 주소가 때때로 변경된다는 것을 기억하자. 만약 웹사이트 접속이 차단됐다면 새로운 IP 주소로 .htaccess 파일을 바꾸거나 파일을 삭제해야 한다. 그런데 만약 회원 가입이 가능한 웹사이트의 경우 파일을 삭제하면 회원 누구나 wp-admin 디렉터리에 접근할 수 있으므로 삭제는 좋은 방법이 아니다.

.htaccess 파일에서는 에러 로깅 기능 활성화도 가능하다. 일단 php-errors.log 파일은 워드프레스 루트 디렉터리에 생성한다. 그리고 다음 내용을 .htaccess 파일에 추가하면 로깅이 활성화된다.

```
php_flag display_startup_errors off
php_flag display_errors off
php_flag html_errors off
php_flag log_errors on
php_value error_log /public_html/php-errors.log
```

이렇게 하여 로그가 저장되나 에러 메시지가 화면에 표시되지는 않는다. 이 설정은 에러 메시지가 공개적으로 화면에 나타나지 않아야 하는 상용 서비스 환경에 적합하다.

.maintenance 파일

워드프레스는 내장 유지보수 모드가 있으며 .maintenance 파일을 이용해 활성화한다. 이 기능을 테스트하려면 .maintenance 파일을 새로 만들고 다음 코드를 추가한다.

```
<?php $upgrading = time(); ?>
```

이제 파일을 워드프레스 루트 디렉터리에 추가하게 되면, 웹사이트는 유지보수 모드가 된다. 그러면 웹사이트에 접속하는 모든 사용자에게 유지보수 중이라는 메시지가 출력된다. time() 함수는 유닉스 형식의 타임스탬프로 교체도 가능하다.

유지보수 안내 페이지를 직접 만들고 싶다면 maintenance.php 파일을 만들어 wp-content 디렉터리에 복사한다. 그러면 유지보수 모드 동안 계속 이 파일을 출력하게 된다.

.maintenance 파일은 워드프레스 자동 업데이트가 진행 중일 때도 사용된다. 이 파일은 워드프레스가 새로운 코어 파일을 설치하기 직전에 생성된다. 또한 이 파일은 업그레이드 과정에 발생하는 에러 메시지 등이 방문자에게 나타나지 않도록 하는 역할도 한다.

WP-CONTENT 사용자 놀이터

wp-content 디렉터리에는 워드프레스의 설정을 변경하는 것과 관련된 모든 파일이 있다. 플러그인과 테마, 그 외 워드프레스 확장과 관련된 파일들도 모두 저장된다.

wp-content 디렉터리에는 index.php라는 단 한 개의 PHP 파일만 있다. 내용을 열어보면 달랑 다음 내용만 있다.

```php
<?php
// Silence is golden.
?>
```

이 파일의 용도는 무엇일까? 알고 보면 이 파일은 꽤 중요한 역할을 한다. index. php 파일이 있으므로 아무나 **wp-contents** 폴더의 디렉터리 목록을 들여다 볼 수 없게 된다. 웹서버에서 디렉터리 목록 출력 권한이 풀린 상태에서 index.php 파일이 없다면, 아무나 http://domain.com/wp-contents라고 입력하면 워드프레스의 wp-contents에 있는 파일과 폴더가 고스란히 노출된다. 이를 이용해 해커가 웹사이트 침입에 필요한 권한을 획득할 수 있다.

워드프레스 업그레이드를 수동으로 하는 경우라면 wp-content 디렉터리를 덮어쓰지 않도록 주의를 기울여야 한다.

플러그인

플러그인은 wp-content/plugins 디렉터리에 저장된다. 플러그인은 한 개 파일일 수도 있고, 여러 개의 파일일 수도 있다. 워드프레스는 /plugins 디렉터리에 있는 파일을 모두 검색하여 플러그인 형식에 맞게 작성됐는지를 판단한다. 정상적인 플러그인이라면 관리자 대시보드의 **플러그인**(Plugins) **> 설치된 플러그인**(Installed Plugins)에 표시되며, 즉시 사용할 수 있는 상태가 된다.

플러그인을 /plugins 폴더에서 삭제하면 워드프레스는 자동으로 이 플러그인을 비활성화하여 화면에 출력하지 않는다. 플러그인에 대해서는 7장 "플러그인 개발"에서 자세히 다룬다.

테마

테마는 wp-content/themes 디렉터리에 저장된다. 워드프레스에서 테마를 제대로 사용하려면 규정대로 템플릿 파일을 구성하여 지정된 위치에 저장해야 한다. 관리자 대시보드 **테마 디자인 > 테마** 메뉴에 테마가 제대로 표시되려면 기본 테마 정보와 최소한의 파일인 index.php와 style.css가 있어야 한다.

워드프레스는 서버가 허용하는한 많은 테마를 저장할 수 있다. 테마는 **테마 디자인 > 테마** 메뉴를 통해 쉽게 미리 보거나, 새로운 테마로 활성화하거나 할 수 있다. 테마에 대해서는 8장에서 자세히 다룬다.

업로드와 미디어 디렉터리

업로드된 미디어 파일은 wp-content/uploads 폴더에 저장된다. 하지만 이 디렉터리는 워드프레스가 설치될 때 자동 생성되지는 않는다. 이후 처음으로 미디어 파일을 업로드하면 그때 생성된다. 업로드 폴더 생성 시에는 기본적으로 월(month)과 년(year) 정보를 이용해서 폴더를 만든다. 즉 이미지를 업로드했다면 다음과 같이 저장된다.

```
/wp-content/uploads/2010/06/image.png
```

대시보드에 **설정**(Settings) > **미디어 설정**(Media Settings) 메뉴에서 그림 3-5처럼 /uploads 경로와 경로명을 수정할 수 있다.

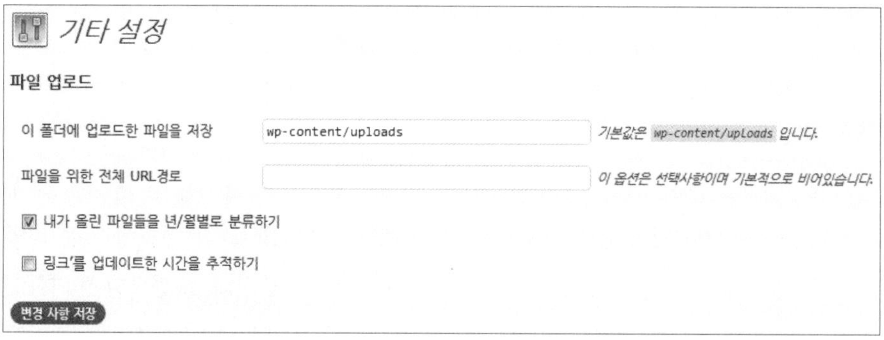

그림 3-5 업로드 디렉터리 변경

그림이나 파일을 업로드하려면 먼저 **/wp-content** 디렉터리를 **쓰기가능**(writable) 모드로 설정해야 한다. 그 이후 처음으로 업로드를 하면 워드프레스는 /uploads 디렉터리 및 저장에 필요한 하위 디렉터리를 자동으로 생성한다. 첫 업로드가 성공했다면 **/wp-content** 디렉터리를 통상 퍼미션 755인 쓰기불가 모드로 돌려놓도록 한다. 현재 미디어 라이브러리에다가 FTP를 이용해서 그림을 추가하는 방법은 없다. 업로드 디렉터리를 쓰기가능 모드로 설정할 수 없는 경우라면 이를 우회하는 기능을 제공하는 플러그인(예, NextGen Gallery)을 사용할 수도 있다.

워드프레스MU에서는 미디어 파일 업로드를 다른 방식으로 저장한다. 한 개의 업로드용 디렉터리를 만드는 대신 **blogs.dir** 디렉터리를 만든다. 이 폴더 안에는 ID명으로 구분된 여러 개의 하위 디렉터리가 있다. 이 ID는 각 블로그 ID와 결합된 폴더다. 예를 들면, 첫 번째 워드프레스MU 블로그의 업로드 디렉터리는 다음처럼 구성된다.

```
/blogs.dir/1/files/
```

이렇게 하면 개별 블로그의 업로드 파일을 분리할 수 있어서 관리하기에 편리하다.

업그레이드 디렉터리

wp-content/upgrade 디렉터리는 워드프레스의 자동 업데이트 기능이 동작할 때 자동으로 생성된다. 워드프레스는 이 폴더에다가 WordPress.org에서 다운로드한 새 버전을 저장한다. 다운로드된 압축 파일을 풀어 저장한 후 업그레이드를 진행한다. 이 폴더는 자동 업그레이드 기능에 사용되므로 가급적 수정하지 않도록 한다. 디렉터리가 삭제됐다면 다음 번 자동 업그레이드 과정 중에 다시 생성될 것이다.

사용자 지정 디렉터리

자체적으로 파일을 생성하는 일부 플러그인은 생성한 파일을 wp-content 폴더에 저장한다. 슈퍼캐시 플러그인(http://wordpress.org/extend/plugins/wp-super-cache/)의 경우 /wp-content/cache 디렉터리를 만든 후 캐시된 페이지를 모두 저장한다. 웹사이트를 정적static HTML 파일로 저장할 때처럼 만들어진 캐시 페이지는 사용자가 링크를 누를 때마다 페이지를 만들어서 보여주는 대신 캐시 플러그인이 미리 만들어둔 HTML 파일을 사용자에게 보여준다. 이렇게 하면 워드프레스가 페이지를 만들 필요가 없으므로 페이지 로딩 시간이 감소되며, 성능이 많이 향상된다.

슈퍼캐시 플러그인은 또한 advanced-cache.php와 wp-cache-config.php라는 두 개의 필수 파일을 wp-content 디렉터리에 추가한다. 즉 슈퍼캐시 기능이 활성화될 때 파일을 생성하며, 생성 중 오류가 발생하면 이를 알리는 경고문구가 나타난다. 이 파일은 슈퍼캐시 플러그인 디렉터리에 생성되며 사용자가 직접 wp-content 디렉터리로 옮기는 것도 가능하다.

유명한 이미지 갤러리 플러그인 중 하나인 넥스트젠 갤러리NextGen Gallery(http://wordpress.org/extend/plugins/nextgen-gallery/)는 사용자의 넥스트젠 갤러리에 올라온 그림을 모두 /wp-content/gallery 디렉터리에 저장한다. 또한 각 갤러리에 해당하는 하위 디렉터리를 만든다. 이렇게 하면 갤러리별로 그림이 잘 분류되므로 가져다 쓰기 편리하다.

WP-DB 백업 플러그인(http://wordpress.org/extend/plugins/wp-db-backup/)은 /wp-content/backup-b158b 형식의 폴더(여기서 b158b는 임의로 생성된 문자열임)를 생성하여 데이터베이스 백업파일을 저장한다. 사용자가 **서버에 저장**(Save to Server)이라는 옵션을

선택하면 모든 데이터베이스를 백업하여 이 디렉터리에 저장한다. 백업된 데이터베이스 파일을 지우고자 할 때는 정말로 필요가 없는지 다시 한번 확인하는 것이 중요하다.

지금까지 워드프레스의 파일시스템에 대해 알아보았는데, 이제는 코어 파일의 코드가 실제로 어떤 동작을 하는지에 대해 좀 더 깊이 알아보자.

워드프레스 코어 해부

- ▶ 워드프레스 코어 파일 검토
- ▶ 코어 파일 레퍼런스 활용 방법
- ▶ 워드프레스 코덱스 사용 방법
- ▶ 인라인 설명서 이해

워드프레스에 대해 더 깊이 이해하려면 반드시 워드프레스 코어 기능이 어떻게 동작하는지를 먼저 알아야 한다. 또한 워드프레스 코어를 이해하는 데 도움이 되는 도구의 사용법도 배워야 한다. 지루한 코드와 논리 문제 같은 것은 워드프레스가 알아서 처리한다.

워드프레스의 동작원리를 이해하는 가장 좋은 방법은 워드프레스 코어를 직접 살펴보는 것이다. 오픈소스 소프트웨어의 가장 큰 장점 중 하나는 소스코드를 직접 볼 수 있다는 것이다. 워드프레스 기능 중에서 이해가 안 되는 부분이 있다면 직접 코드 내용을 들여다 보면 된다. 답은 이미 코드 안에 있으니 찾아서 이해해보자.

코어의 구성

워드프레스 코어는 워드프레스 소프트웨어를 다운로드한 원본에 들어있는 여러 개의 파일로 구성된다. 이것이 바로 워드프레스가 정상적으로 동작할 때 필요한 '코어' 파일이다. 워드프레스를 새 버전으로 업데이트할 때를 제외하고는 절대로 코어 파일을 변경해서는 안 된다.

플러그인과 테마, 데이터베이스 설정과 .htaccess 파일 등의 사용자 지정 파일은 코어에 해당하지 않는다. 또한 사용자가 업로드한 미디어 파일도 코어가 아니다. 정리하면 워드프레스를 설치한 이후에 추가된 파일은 코어에 포함되지 않는다.

워드프레스 코어 파일은 주로 PHP 파일이지만, 그 외에도 CSS와 자바스크립트와 XML, HTML, 그리고 이미지 파일도 있다. 워드프레스는 코어 파일을 사용하여 콘텐츠 페이지를 구성하고, 테마와 플러그인을 부르며, 옵션과 설정 값을 지정하는 등의 모든 작업을 수행한다.

코어가 제공하는 기능을 간략히 분류하면 다음과 같다.

▶ **포스트*와 페이지** 생성과 저장, 가져오기, 콘텐츠와 관련된 대부분의 기능 수행. 5장에서 설명하게 될 콘텐츠 출력과 정렬을 처리하는 루프loop 코드 대부분이 이 기능과 관련된다.

▶ **메타데이터** 콘텐츠를 분류할 목적으로 사용자가 추가하는 모든 태그와 카테고리. 6장에서 이와 관련된 데이터 모델을 다룬다.

▶ **테마** 워드프레스 테마 지원 함수. 이 함수를 이용한 테마 개발에 대해서는 8장에서 다룬다.

▶ **액션과 필터, 플러그인** 워드프레스 기능 확장용 프레임워크이며, 7장에서 자세히 다룬다.

▶ **사용자user와 글쓴이author** 사용자별 접근 권한 생성과 관리. 보안 강화 방안, 기업관련 내용은 11장과 13장에서 다룬다.

▶ **피드와 형식구성formatting과 댓글** 이 항목에 대해서는 필요할 때마다 설명한다.

4장은 워드프레스 코어를 탐색하는 방법을 알려주는 안내서이며, 동시에 워드프레스 코덱스 문서의 휴대용 지침서라고 할 수 있다.

4장은 워드프레스 코어 파일을 직접 탐색하면서 설명한다. 그래서 4장을 워드프레스 코어 탐색 안내서라 할 수 있다. 사용자가 직접 작성하는 워드프레스 코덱스 문서에 비하면 휴대용 안내서에 해당한다. 4장에서는 모든 워드프레스 함수에 대해 일일이 설명하지는 않는다. 이는 한편으로는 워드프레스가 개발 중인 까닭에 함수 목록이 계속 변하고 있다는 이유와 또 한편으로는 4장의 목표가 코덱스를 요약하는 게 아니

---

* '포스트(Post)'는 '글'로 번역해야 하나 포스트가 들어가는 함수명을 설명할 때 이해를 돕고자 '글'로 번역하지 않고 포스트로 표기하였다. – 옮긴이

라 개발자와 사용자에게 사용법만을 알려주려는 이유 때문이다.

워드프레스는 Akismet과 Hello Dolly 두 개의 코어 플러그인을 기본으로 제공하며, wp-content 디렉터리 안에 위치한다. 이 두 개의 플러그인은 워드프레스 코어 파일과 함께 제공되지만, 활성화 과정을 거치지 않으면 사용할 수 없으므로 워드프레스 코어에서는 제외된다.

또한 워드프레스에는 **기본**(default)과 **고전**(classic)이라는 두 개의 테마가 함께 제공된다. 처음 워드프레스를 설치할 때 아무런 설정 변경을 하지 않으면 기본 테마가 설치된다. 이들 테마 파일도 사용자가 아주 쉽게 바꾸거나 없앨 수 있으므로, 기본 제공 플러그인과 마찬가지로 워드프레스 코어에서 제외된다.

코어를 레퍼런스로 활용하는 방법

워드프레스 코어를 레퍼런스로 사용하려면 먼저 코어 파일에 무엇이 들어있는지 알아야 한다. 모든 워드프레스 코어 파일 안에는 코드 주석 형태의 문서가 포함된다. 일반적으로 파일 첫 부분에 포함되어 있으며, 현재 보고 있는 파일의 역할에 대해 전반적으로 작성돼 있다.

이미지를 제외한 모든 코어 파일은 텍스트 에디터 프로그램으로 열어볼 수 있다. 독자의 PC 설정에 따라서는 파일을 직접 열 수도 있고, 텍스트 에디터를 실행한 후 파일을 불러올 수도 있다. 텍스트 에디터에 **문법 강조 기능**(syntax highlight)이 있을 경우 PHP로 선택하면 코드를 읽기가 편해진다.

다음 코덱스 주소에 들어가면 유용한 텍스트 에디터 목록을 확인할 수 있다.

http://codex.wordpress.org/Glossary#Text_editor

인라인 설명서

워드프레스 코어 파일에는 대부분 인라인 설명서가 있다. 즉 모든 함수의 바로 앞에는 블록 주석 형식으로 상세한 설명이 작성돼 있다. 다음은 워드프레스에서 함수를 설명하는 데 사용하는 블록 주석 템플릿이다.

```
/**
 * Short Description
 *
```

```
 * Long Description
 *
 * @package WordPress
 * @since version
 *
 * @param type $varname Description
 * @return type Description
 */
```

이 설명을 참고하면 함수 기능을 이해하는 데 큰 도움이 된다. 주석에는 요약 설명과 상세 설명이 있다. 또한 이 함수가 추가된 버전 정보도 있다. 이를 이용하면 새 버전에서 추가된 함수를 쉽게 구별할 수 있다.

또한 함수에서 사용하는 매개변수^{parameter}도 나열돼 있다. 데이터형은 각 매개변수가 어떤 형식의 데이터 값을 갖는지를 보여준다. 예를 들면 ID라는 매개변수는 `int`라는 데이터형으로 정의할 수 있다. 마지막으로 반환값^{return value}과 반환값의 데이터형이 기록된다.

워드프레스에 추가되는 함수들은 모두 위 템플릿을 사용하여 설명을 기록한다.

함수 찾기

어떤 함수가 워드프레스에서 어떻게 동작하는지를 배우는 빠른 방법 중 하나는 코어에서 함수를 직접 찾아보는 것이다. 이를 통해 함수를 호출할 때 사용할 수 있는 속성^{attribute}은 무엇이고, 함수는 어떻게 동작하며, 반환값은 무엇인지 정확하게 알 수 있다.

자, 그럼 코드 검색을 위해 먼저 최신 버전의 워드프레스를 컴퓨터에 다운로드해두자.

참고가 필요할 때마다 다운로드한 파일을 찾아보자. 코드 검색 기능이 있다면 어떤 텍스트 에디터도 상관없으니 실행해보자(윈도우용으로는 TextPad를, 맥용으로는 Textmate를 추천한다). 함수명으로 검색을 하면 함수를 호출하는 코드가 더 많이 나오므로 이를 제거하고 싶을 것이다. 검색어를 입력할 때 함수명 앞에 `function`을 붙여서 `function wp_head`처럼 해보는 것이다. 워드프레스에 함수만 있는 것은 아니지만 일단 이렇게 시작해보는 것이다. 만약 검색 결과가 하나도 없다면 다시 `function`을 제거하고 찾아본다. 텍스트 에디터의 검색범위가 전체 파일(*.*)로 되어 있는지, 혹시 .txt 파일만 검색하도록 된 것은 아닌지도 확인할 필요가 있다.

자, 그럼 실제로 add_post_meta 함수를 찾아보자. 이 함수는 워드프레스 포스트
에 메타데이터나 사용자 정의 필드 데이터를 추가하는 역할을 한다. 예를 들면, 포스
트를 작성할 때마다 포스트 메타데이터 값에 현재 날씨 정보를 추가한다고 해보자.
이런 경우 함수에게 정확히 어떤 값을 전달해야 하는지 먼저 알아야 한다. 텍스트 에
디터를 열고 워드프레스 전체 파일을 대상으로 function add_post_meta를 찾는
다. 검색 결과로 wp-includes/post.php내에 다음 부분이 나올 것이다.

```
function add_post_meta($post_id, $meta_key,
  $meta_value, $unique = false) {
```

검색 결과를 통해 이 함수에는 $post_id와 $meta_key와 $meta_value,
$unique라는 네 개의 변수가 있다는 것을 즉시 알 수 있다. 이어서 함수명 바로 위에
있는 내부 설명서를 보자. add_post_meta에는 다음과 같은 설명이 있다.

```
/**
 * Add meta data field to a post.
 *
 * Post meta data is called "Custom Fields"
 * on the Administration Panels.
 *
 * @since 1.5.0
 * @uses $wpdb
 * @link http://codex.wordpress.org/Function_Reference/add_post_meta
 *
 * @param int $post_id Post ID.
 * @param string $meta_key Metadata name.
 * @param mixed $meta_value Metadata value.
 * @param bool $unique Optional, default is false.
 *    Whether the same key should not be added.
 * @return bool False for failure. True for success.
 */
```

이 설명만 보아도 함수에 대해 모든 것을 알 수 있다. 첫 머리에는 함수의 요약 설
명 부분이 있다. 이 경우에는 **Add meta data field to a post**(포스트에 메타데이터 필드 추가하
기) 부분이다. 또한 이 함수가 추가된 버전(1.5.0)과 사용 중인 전역변수($wpdb), 상세 설
명이 담긴 코덱스 웹주소도 있다. 전역변수는 변수의 한 종류로 지금 설명하는 add_
post_meta 함수에서뿐만 아니라 워드프레스 안에서라면 어디서든 접근 가능하며,
주요 핵심 정보를 담고 있는 변수다. 예를 들면, $wpdb 전역변수는 워드프레스 데이

터베이스 클래스의 인스턴스로서 데이터베이스 접속정보 및 관련정보를 모두 가지고 있다. 사용자는 워드프레스의 기본 정보와 현재의 상태 정보를 가지고 있는 전역변수를 이용하는데, 일부 사용자의 경우에는 좀 더 정교한 변수설정이나 통제를 위해 이런 객체에 대한 전역변수를 직접 만들기도 한다. 이런 내용에 대해서는 5장에서 살펴본다.

함수의 요약 설명 부분에는 네 개의 매개변수와 관련된 변수타입과 역할을 설명하고 있고, 함수의 반환값도 언급한다. 앞에 예를 보면 작업 성공 시에는 true, 실패하면 false를 반환한다.

이상의 설명만으로도 함수의 동작을 이해하는 데 충분할 테지만, 코드레벨로 좀 더 자세히 살펴보자. 다음은 코드의 처음 두 줄 부분이다.

```
if ( !$meta_key )
  return false;
```

이것의 의미는 $meta_key 값이 없으면 거짓을 반환하고 함수를 벗어나라는 의미다. 메타키 값이 없다면 메타데이터명을 가져올 수 없으니 데이터베이스에 추가할 수도 없기 때문이다. 그다음 줄은 아래와 같다.

```
global $wpdb;
```

이 문장은 데이터베이스 연결 클래스 객체를 사용할 수 있도록 한다. 워드프레스에서는 이 클래스에서 제공하는 함수와 데이터로 데이터베이스를 관리한다. 이에 대해서는 6장에서 자세히 다룬다. 지금까지 내용은 통상적인 부분이다. 다음 줄에서는 외부 함수를 호출한다.*

```
if ( $the_post = wp_is_post_revision($post_id) )
  $post_id = $the_post;
```

우선 wp_is_post_revision 함수의 역할을 알아야 한다. 자, 이제 워드프레스 코어 파일에서 function wp_is_post_revision을 찾아보자. 이 함수의 인라인 설명서는 다음과 같다.

```
/**
 * Determines if the specified post is a revision.
```

---

* 워드프레스 3.x 버전부터는 add_metadata() 함수가 추가돼 메타데이터 처리를 좀 더 쉽게 할 수 있다. – 옮긴이

```
 *
 * @package WordPress
 * @subpackage Post_Revisions
 * @since 2.6.0
 *
 * @param int|object $post Post ID or post object.
 * @return bool|int False if not a revision,
 *    ID of revision's parent otherwise.
 */
```

요약 설명을 보면 이 함수는 특정 포스트가 개정판인지 아닌지 여부를 결정한다는 것을 알 수 있다. 포스트가 개정판이 아니면 거짓을 반환하고, 개정판이라면 부모 포스트의 ID를 반환한다.

이제 다시 원래 코드로 돌아가보자. 함수에 전달한 포스트 ID가 개정판이 아니라 실제 발행된 포스트라면 그에 따라 $post_id 값이 정해진다. 반대로 포스트 ID가 개정판에 해당한다면 $post_id에는 개정판의 부모 포스트에 ID가 할당된 후 계속 진행된다. 이어서 메타키 값이 전달되는 경우를 보자.

```
// expected_slashed ($meta_key)
$meta_key = stripslashes($meta_key);
```

stripslashes는 PHP 함수로써 문자열에서 백슬래시를 제거하는 역할을 한다. 그다음 줄을 보자.

```
if ( $unique && $wpdb->get_var( $wpdb->prepare(
"SELECT meta_key FROM $wpdb->postmeta WHERE meta_key =
%s AND post_id = %d", $meta_key, $post_id ) ) )
  return false;
```

두 개의 값을 비교하는 조건문이다. 첫 번째 변수인 $unique는 기본값이 거짓이다. 함수를 호출할 당시에 $unique 값을 참으로 설정했다면 메타키의 이름도 고유unique해야 한다. 거짓으로 설정했다면 같은 메타키에 복수개의 값이 담긴 배열을 넘겨야 한다. $unique 값이 참이면 워드프레스는 메타키가 데이터베이스에 이미 있는지를 검색한다. 검색 결과 메타키가 있다면 이 함수는 거짓을 반환하고 종료한다. 그다음 부분에서는 메타값의 슬래시가 있다면 제거한 후 이를 직렬화한다.

```
$meta_value = maybe_serialize( stripslashes_deep($meta_value) );
```

직렬 데이터는 PHP에서 값을 저장 가능한 형태로 가공하는 데 사용하는 데이터

인코딩 방식이다. 예를 들면, 배열을 직렬화하면 배열값이 데이터베이스에 저장하기에 적합한 문자열 형식으로 변환된다. 이상의 과정을 거치면 드디어 데이터가 워드프레스 데이터베이스에 추가될 준비가 완료된다.

```
$wpdb->insert( $wpdb->postmeta, compact( 'post_id', 'meta_key',
'meta_value' ) );
```

이 문장은 신규 포스트의 메타데이터를 데이터베이스에 추가한다. 다음 문장은 캐시해두었던 post_meta 데이터를 삭제한다.

```
wp_cache_delete($post_id, 'post_meta');
```

이제 함수의 마지막 문장이다.

```
return true;
```

마지막 문장까지 도달했다면 함수 실행이 성공했다는 걸 의미하고, 함수는 true를 반환한다.

이상의 예제를 살펴보면 워드프레스 코어 코드가 상당히 유용한 기능을 많이 가지고 있다는 것을 알 수 있다. 지금까지 소스코드를 살펴보면서 함수의 동작에 대해 배웠다. 모든 해답은 코어에 있으므로 워드프레스의 기능을 활용하려면 반드시 코어 코드를 숙지해야 한다.

코어 코드 검토

워드프레스 코어에는 워드프레스에서 가장 많이 사용되는 함수들을 가진 파일이 있다. 이들 주요 함수는 워드프레스 API뿐만 아니라 사용자 정의 플러그인과 테마에서도 자주 사용된다. 계속해서 워드프레스 동작에 핵심이 되는 주요 코어 파일에 대해 살펴보자.

Functions.php

functions.php 파일에는 워드프레스 API의 가장 중요한 함수들이 있다. 이 함수들을 이용해서 워드프레스와 표준화된 방식으로 데이터를 주고받는다. 플러그인, 테마, 워드프레스 코어 등 모두가 이 함수들을 활용한다.

▶ current_time 현재 시간 정보를 지정한 타입으로 가져온다.

- ▶ add_option, update_option, get_option 저장된 옵션을 추가, 갱신, 출력한다.
- ▶ force_ssl_login 로그인할 때 SSL(https)를 사용하도록 요청한다.
- ▶ wp_nonce_ays 명령을 실행할 때 "실행할까요?"라는 확인창을 출력한다.

Formatting.php

formtting.php 파일에는 워드프레스 API 중에 서식을 구성하는 데 필요한 함수가 있다. 이 함수들을 이용해서 다양한 형식으로 화면을 구성할 수 있다.

- ▶ wp_specialchars 일부 특수문자를 HTML 엔티티로 변환한다.*
- ▶ esc_attr 일부 특수문자를 HTML 엔티티로 변환한다.
- ▶ is_email 맞는 형식의 이메일 주소인지 확인한다.

Pluggable.php

pluggable 함수들은 모두 워드프레스 코어 함수지만 플러그인에서 오버라이드할 수 있다. 플러그인 로딩 과정 중에 재정의되지 않은 함수들은 pluggable.php의 정의를 따른다. 자주 이용되는 함수는 다음과 같다.

- ▶ wp_mail 워드프레스에서 이메일을 보낸다.
- ▶ get_userdata 지정된 사용자 ID에 해당하는 사용자의 데이터 전체를 반환한다.
- ▶ get_currentuserinfo 현재 로그인된 사용자의 데이터를 반환한다.
- ▶ wp_signon 사용자 인증 기능을 실행한다.
- ▶ wp_logout 현재 사용자를 로그아웃시키고, 사용자 세션을 제거한다.
- ▶ wp_redirect 다른 페이지로 리다이렉트한다.
- ▶ get_avatar 사용자의 아바타(프로필 사진)를 반환한다.

Plugin.php

plugin.php 파일에는 워드프레스 API 중에 플러그인과 관련된 다음과 같은 함수들이 있다.

---

* 워드프레스 3.x 버전부터는 esc_html을 사용한다. – 옮긴이

- ▶ add_filter 콘텐츠를 출력하거나 데이터베이스에 저장할 때 동작되는 필터 훅 hook을 추가한다.

- ▶ add_action 어떤 명령이 실행될 때 동작되는 액션 훅을 추가한다.

- ▶ register_activation_hook 플러그인이 활성화되는 순간 실행될 훅을 등록한다.

- ▶ register_deactivation_hook 플러그인이 비활성화되는 순간 실행될 훅을 등록한다.

Post.php

post.php 파일에는 워드프레스 API 중에 포스트 작성과 관련된 다음과 같은 함수들이 있다.

- ▶ wp_insert_post 신규 포스트를 작성한다.
- ▶ get_posts 검색범위에 해당하는 최근 포스트 목록을 가져온다.
- ▶ get_pages 블로그 내에 존재하는 모든 페이지 목록을 가져온다.
- ▶ add_post_meta 포스트에 추가되는 메타데이터(사용자 필드 데이터)를 생성한다.
- ▶ get_post_meta 포스트에 추가된 메타데이터(사용자 필드 데이터)를 가져온다.

Category.php

category.php 파일에는 워드프레스 API 중에 카테고리와 관련된 다음과 같은 함수들이 있다.

- ▶ get_categories 카테고리 객체의 목록(배열)을 가져온다.
- ▶ get_cat_ID 카테고리 이름에 맞는 ID를 반환한다.

지금까지 일부 중요한 함수에 대해 설명하였으나 워드프레스용 테마와 플러그인을 개발하다보면 훨씬 더 많은 코어 함수를 이용하게 될 것이다. 좀 더 시간을 내서 /wp-includes에 있는 파일을 살펴볼 필요가 있다. 이 디렉터리에는 거의 대부분의 워드프레스 API 코어 함수용 파일이 위치한다.

앞에서 설명한 함수를 더 자세히 알고 싶다면 해당하는 파일을 텍스트 에디터로 열어 확인해보자. 모든 함수에는 상세한 설명을 담은 인라인 설명서가 있다는 점을 기억하자. 7장에서는 플러그인 API 함수를 좀 더 살펴보고, 8장에서는 테마 개발에 사용하는 코어 함수를 살펴본다.

워드프레스 코덱스와 참고자료

워드프레스에는 다양한 종류의 온라인 자료가 상당히 많으므로 처음 배우는 초보자에게나 실무로 사용하는 사람 모두에게 매우 유용하다. 중요한 것들은 북마크에 추가해 급할 때마다 참조하면 큰 도움을 받을 수 있다.

코덱스란

워드프레스 코덱스codex는 WordPress.org에서 운영하는 워드프레스 문서용 온라인 위키wiki 프로그램이다. WordPress.org에서는 코덱스를 '워드프레스 지식의 백과사전'이라고 설명한다. 워드프레스 코덱스 페이지로 이동하려면 WordPress.org에서 **Docs** 메뉴를 선택해도 되고, 직접 http://codex.wordpress.org 주소를 입력해도 된다.

코덱스는 위키로 구성된 웹사이트이므로 누구나 항목을 생성, 편집, 작성할 수 있다. 코덱스는 '워드프레스 처음 시작하기'라는 글부터 난이도가 높은 개발관련 주제까지 워드프레스와 관련된 모든 분야를 다루는 지식의 보물창고라 할 수 있으므로, 워드프레스에 대해 알고 싶은 것이 있다면 가장 먼저 코덱스를 찾아보는 게 좋다.

코덱스는 전 세계 여러 언어로 제공된다. 번역이 제공되는 언어 목록은 코덱스 다국어 페이지인 http://codex.wordpress.org/Multilingual_Codex에서 찾을 수 있다. 코덱스는 위키 방식이므로 원하는 언어가 목록에 없다면 직접 만든 후 내용을 추가할 수도 있다.

코덱스 사용 방법

코덱스는 다양한 방식으로 이용할 수 있다. 가장 많이 이용하는 방식은 코덱스 페이지 머리글header에 위치한 검색기능을 활용하는 것으로, 사용자가 설정한 검색 범위에서 조건에 맞는 문서를 모두 찾는다(그림 4-1).

그림 4-1 WordPress.org의 코덱스 검색

코덱스 검색은 기본적으로 문서만 검색한다. 하지만 그림 4-1에서 볼 수 있듯이 추가로 고객지원 포럼이나 WP.org 블로그, 버그 데이터베이스 등도 검색하도록 할 수 있다. 코덱스 문서에서 원하는 답을 얻지 못했다면 다른 자료로 검색범위를 확장하면 도움받을 가능성이 높아진다.

코덱스 홈페이지의 문서 목록에서 자료를 찾는 방법도 있다. 자료는 주제별, 난이도별로 분류돼 있다. 첫 부분에는 항상 워드프레스 최신 버전에 대한 내용이 있다. 여기에는 새로 추가된 기능, 플러그인과 테마의 호환성 테스트 결과, 새 버전의 설치 및 업그레이드 정보 등이 담겨져 있다.

코덱스에서 사용하는 용어를 설명하는 대용량 용어집도 참고할만 하다. 이는 코덱스에서 자주 사용하는 용어를 정확히 이해하는 데 도움이 된다. 공식 용어집 주소는 http://codex.wordpress.org/Glossary다.

자료를 찾는 또 다른 방법 중 하나는 빠른 색인 기능이다. 이 기능은 문서의 첫 글자로 자료를 찾을 수 있게 한다. 빠른 색인 주소는 http://codex.wordpress.org/Codex:Quick_index다.

워드프레스의 요소들을 구체적으로 배워보는 워드프레스 학습 페이지도 있으며 주소는 http://codex.wordpress.org/WordPress_Lessons다. 학습 페이지는 주제별로 분류돼 있어서, 어느 자료부터 읽어야 할지 잘 모르는 사용자에게 큰 도움이 된다.

함수 레퍼런스

코덱스에서는 워드프레스 API 함수별로 각각 독립된 페이지를 구성하여 이를 함수 레퍼런스로 활용한다. 그림 4-2는 get_userdata 함수를 설명하는 화면인데, 함수 동작에 대해 자세히 설명하는 것을 볼 수 있다. 함수 레퍼런스의 공식 페이지는 http://codex.wordpress.org/Function_Reference다.

다르게 설명하면 함수 레퍼런스는 소스코드에서 제공하는 함수의 인라인 설명서를 모아서 내용을 추가한 후 온라인으로 제공하는 기능이라고 할 수 있다. 즉 함수의 동작 방식뿐만 아니라 사용법과 매개변수 및 데이터형 등에 대해 상세히 설명한다.

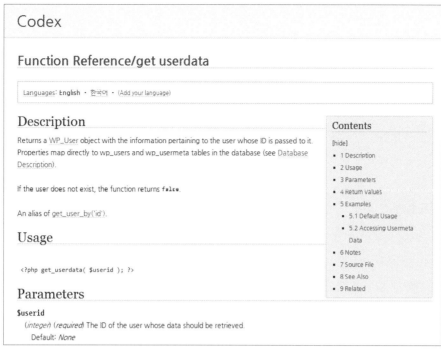

그림 4-2 get_userdata에 대한 함수 레퍼런스

함수 레퍼런스에 가장 유용한 내용은 아래쪽에 나오는 예제 부분이다. 예제를 보면 함수 동작에 대해 쉽고 정확하게 알 수 있다. get_userdata의 예제는 다음과 같다.

```php
<?php $user_info = get_userdata(1);
  echo('Username: ' . $user_info->user_login . "\n");
  echo('User level: ' . $user_info->user_level . "\n");
  echo('User ID: ' . $user_info->ID . "\n");
?>
```

이 예제는 ID가 1인 사용자의 데이터를 불러오는 방법을 설명한다. 예제의 결과는 다음과 같다.

```
Username: admin
User Level: 10
User ID: 1
```

이상은 간단한 예제지만, 이런 방식으로 레퍼런스 자료를 활용하면 낯선 함수를 사용하려고 할 때 그 함수를 어떻게 사용자의 코드에 적용할 수 있는지 쉽게 알 수 있다.

함수 레퍼런스 마지막 부분에는 관련 함수가 있다. 이를 검토하면 현재 사용자가 의도하는 업무와 관련된 함수가 무엇인지를 쉽게 찾을 수 있다. 예를 들어 wp_insert_post 함수를 찾아보면 wp_update_post와 wp_delete_post가 관련 함수로 나타난다.

워드프레스 API 함수 대부분은 문서화가 잘 되어 있으나, 일부 함수는 함수 레퍼 런스에 내용이 없다. 내용이 없는 함수 레퍼런스는 빨간색으로 표기된다. 이것은 코덱 스가 커뮤니티에 의해 작성되는 프로젝트인 까닭으로 혹시 비어있는 내용이라 하더 라도 곧 채워지게 될 것이다.

워드프레스 API

워드프레스의 주요 특징은 다양한 많은 API가 있다는 것이다. 각 API 문서에는 API에 속한 함수와 이에 대한 설명이 들어있다. API는 테마와 플러그인에서 사용하도록 미 리 정의한 함수의 집합이라 할 수 있다. 다음은 현재 제공되는 워드프레스 API 목록 이다.

▶ **플러그인 API** 사용자 정의 플러그인 개발에 사용한다. 코덱스에서는 플러그인 API를 자세히 다룬다. 특히 사용자 정의 플러그인을 워드프레스에 구현하기 위 해 꼭 필요한 방법인 훅과 액션, 필터에 대한 설명이 있다. 플러그인 API 페이지 에서는 각 함수들을 해당 함수 레퍼런스 페이지와 연결해 놓았다. 이 함수들은 /wp-includes/plugins.php에 있다.
http://codex.wordpress.org/Plugin_API

▶ **위젯 API** 플러그인에서 위젯을 만들고 유지하는 데 사용한다. 위젯은 **테마 디자인 > 위젯**의 서브패널 부분에 자동으로 출력되며, 테마의 사이드바에 추가할 수 있다.
http://codex.wordpress.org/Widgets_API

▶ **숏코드 API** 플러그인에 숏코드를 추가하는 데 사용한다. 숏코드는 포스트에 추가하는 일종의 매크로 코드다. 플러그인이 포스트 내에서 숏코드를 발견하면 지정된 명령어를 실행해 그 자리에 화면요소를 출력한다. 숏코드는 매개변수를 이용해 출력내용을 변경하기도 한다.
워드프레스 코어 숏코드의 한 가지 예는 [gallery]다. 포스트에 [gallery] 를 추가하면 해당 포스트에 등록된 모든 그림들을 갤러리 형식으로 출력한다. 포스트 편집화면에서는 [gallery]라는 숏코드만을 보게 되나, 웹사이트를 통해 보면 출력하면 이미지 갤러리가 나타난다.

http://codex.wordpress.org/Shortcode_API

▶ **HTTP API** 워드프레스에서 HTTP 요청을 보내는 데 사용한다. 이 API는 외부 URL에 있는 콘텐츠를 가져오는 데 사용하는 표준 방식이다. 기본적으로 이 API 는 외부 URL에게 요청하는 역할을 하는 여러 PHP 방식을 테스트한다. 호스팅 환경에 따라 다르기는 하지만 워드프레스는 HTTP 요청이 제대로 이뤄지도록 설정된 경우 첫 번째 방식을 사용한다.

현재까지 테스트된 HTTP API PHP 방식은 cUrl과 Streams과 Fopen, FSockopen, HTTP 확장이다. 검증은 앞에 순서대로 이뤄진다. 사용자는 코어 컨트롤 플러그인(http://wordpress.org/extend/plugins/core-control/)을 사용하여 모든 HTTP 요청에 사용할 방식을 정할 수 있다.

HTTP API를 사용하면 쉽게 구글 지도 API가 동적으로 지도와 위치를 나타내도록 할 수 있다. 또한 HTTP API는 트위터 API와 연결하여 워드프레스에서 직접 트윗을 올리거나 읽도록 할 수 있다.

http://codex.wordpress.org/HTTP_API

▶ **세팅 API** 설정 페이지를 만드는 데 사용한다. 이 API는 플러그인과 테마에서 사용자 정의 옵션을 생성하고 관리하는 데 사용한다. 세팅 API를 사용하는 가장 큰 장점은 보안강화에 있다. 이 API는 사용자가 저장한 모든 세팅 데이터를 검증하므로, 저장 시 우려되는 크로스 사이트 스크립팅XSS, cross site scripting 공격이나 데이터 검증, 논스nonce에 대해 우려할 필요가 없게 된다. 이 방식은 플러그인에 세팅 데이터를 저장할 때마다 각 데이터를 일일이 검증하던 예전 방법에 비하면 훨씬 편리하다.

http://codex.wordpress.org/Setting_API

▶ **대시보드 위젯 API** 관리자용 대시보드 위젯을 만드는 데 사용한다. 이 API로 만든 위젯에는 자동으로 제이쿼리jQuery 기능이 추가돼 드래그/드롭과 최소화 기능, 화면옵션 감추기 기능 등을 코어 대시보드 위젯에서 사용할 수 있게 된다.

http://codex.wordpress.org/Dashboard_Widgets_API

▶ **다시쓰기 API** 커스텀 URL 다시쓰기 규칙을 만드는 데 사용한다. 이 API를 이용하면 .htaccess 파일에서 작성했던 것 같은 다시쓰기 규칙을 만들 수 있

다. 또한 커스텀 고유주소 구조 태그(예, %postname%)나 정적 엔드포인트(예, /my-page/) 생성 또는 피드링크도 추가로 생성할 수 있다. 다시쓰기 API는 /wp-includes/rewrite.php에 있다.

http://codex.wordpress.org/Rewrite_API

모든 워드프레스 API는 사용자 정의 플러그인과 테마를 개발하는 데 사용된다. 이 방식이 워드프레스를 확장하여 부가기능을 추가하는 주요 방법이다. 앞에서 설명한 API를 잘 활용한다면 쉽고 표준화된 방법으로 워드프레스를 확장할 수 있다.

코덱스 논쟁

위키의 경우 문서의 작성 및 수정이 자유로운 까닭에 작성된 문서의 정확성에 대한 논쟁이 항상 있었고, 코덱스도 마찬가지다. 코덱스에 늘 따라 다니는 문제 중 하나는 바로 오래된 문서 버전에 대한 것이다. 워드프레스는 꾸준히 개발이 진행되고 있으므로 코덱스 문서도 이에 맞춰 재작성되어야 한다. 하지만 늘 이렇게 진행되지는 않으므로 너무 오래된 문서가 생긴다. 코덱스는 커뮤니티가 운영하는 프로젝트이므로 누구나 즉시 가입해서 이런 문서를 업데이트해 도움을 줄 수 있다. 15장에서는 워드프레스에 기여하는 방법에 대해 알아본다.

코어 해킹 금지!

워드프레스 코어 소스들을 마음껏 살펴보거나 레퍼런스로 이용하는 것은 환영할 만한 일이나 코어 해킹은 좋지 않은 방법이다. 코어 해킹이란 워드프레스 코어 파일을 직접 수정하는 것을 말한다. 한 줄을 고치더라도 코어 파일을 직접 수정하는 것은 심각한 문제를 야기할 수 있다.

해킹을 금하는 이유

일단 워드프레스 코어를 해킹하면 최신 버전으로의 업데이트가 매우 어려워진다. 또한 소스코드의 온전성을 유지하는 것이 웹사이트 보안강화의 기본이다. 혹시 보안 취약성이 있더라도 이를 수정한 패치가 즉시 발행된다. 코어 파일을 수정해 버려서 업그레이드를 즉시 못할 경우가 생기면 웹사이트가 보안 취약성에 그대로 노출되고 외부 침입을 받게 된다.

또한 코어 해킹을 하면 안정적인 웹사이트 운영을 보장할 수 없는데, 이는 워드프레스의 각 부분이 서로 의존성을 가지고 동작하기 때문이다. 만약 한 부분을 임의로 수정하면 그것과는 전혀 관계없다고 생각했던 부분에서 문제가 생길 수 있다.

코어 해킹은 심각한 보안 문제도 야기한다. 워드프레스 코어는 전 세계 보안 전문가가 샅샅이 검토한 코드다. 코어 해킹을 하면 수정 코드에 대한 안정성을 자신이 책임져야 한다. 해킹의 다양한 수법들에 대한 이해가 없는 상태로 코어를 해킹한다는 것은 워드프레스 코어 내에 보안 취약점을 만드는 것이다.

코어 해킹을 금지하는 마지막 이유는 배려심과 관련 있다. 웹사이트 운영을 담당하는 후임 개발자를 배려할 필요가 있다. 대부분의 웹사이트들은 이를 운영하는 개발자가 종종 바뀌기도 하며, 내가 하나의 웹사이트를 5년이나 그 이상 개발한다고 보장할 수 없다. 독자의 후임으로 온 개발자가 웹사이트를 운영하고자 어떤 코어 파일이 해킹된 건지 찾고 있다고 생각해보자. 이는 어느 개발자에게나 최악이 상황 중 하나로, 제대로 업무를 수행할 수도 없고 웹사이트 소유자에게도 힘든 상황이 될 것이다.

코어 해킹의 대안

워드프레스에서 제공하지 않는 기능이나 동작이 있다면 플러그인으로 추가할 수 있다. 코어 해킹으로 간단한 문제를 해결할 수 있겠지만, 길게 보면 두고두고 문제가 된다. 현재까지 경험으로 볼 때 플러그인으로 해결하지 못한 문제는 없었다. 워드프레스의 가장 큰 장점 중 하나가 바로 융통성 있는 구현이 가능하다는 점으로 코어 해킹을 하지 않는 것이 좋다. 코어 해킹은 하지 말자!

만약 워드프레스의 복잡한 코어에 정말 관심이 많다면 워드프레스 개발자 커뮤니티에 가입하여 버그를 고치거나 워드프레스 코어 개발에 기여하는 방법도 있다. 이에 대해서는 15장에서 자세히 다룬다.

루프

5장에서 다루는 내용

▶ 루프의 동작 방식과 적용 위치의 이해

▶ 출력 콘텐츠를 결정하는 루프의 동작 이해

▶ 데이터를 이용한 루프 사용자화

▶ 템플릿 태그 및 동작 방식의 이해

▶ 전역변수 및 루프와의 관계 이해

▶ 루프 외부에서의 작업방법

루프Loop는 사용자가 웹사이트에 접속할 때 워드프레스가 포스트*나 페이지 등의 콘텐츠를 어떻게 출력하는지와 관련이 있다. 루프는 단 한 개의 포스트와 페이지를 출력할 수도 있고, 여러 개의 포스트나 페이지 중 몇몇을 선택한 후 콘텐츠 검색을 반복하면서 선택한 내용을 출력하기도 하는 데, 워드프레스에서는 이러한 과정을 루프라고 한다. 루프는 워드프레스에서 블로그 포스트를 출력하는 기본 방법이다.

루프는 전달된 매개변수를 기준으로 MySQL 데이터베이스에서 포스트를 골라내는데, 이 매개변수는 사용자가 워드프레스 블로그에 접속할 때 사용한 URL에서 얻어온다. 예를 들면, 홈페이지에 접속하면 기본적으로 최신 글이 위에 나오는 역시간순으로 포스트가 출력된다. 만약 http://example.com/category/zombies 같은 URL로 접속하면 zombies라는 카테고리에 속한 블로그 포스트만 나타난다. **보관용**

---

* '포스트(post)'는 '글'로 번역해야 하나 포스트가 들어가는 함수명을 설명할 때 이해를 돕고자 '글'로 번역하지 않고 '포스트'로 표기하였다. – 옮긴이

페이지archive page의 경우에는 특정 날짜보다 이전에 등록된 블로그 포스트만 출력한다. 워드프레스에서는 포스트와 관련된 거의 모든 매개변수를 선택변수로 활용해서 루프의 출력을 매우 다양하게 구성할 수 있다. 이 때문에 워드프레스에서는 사용자가 링크에 접속할 때 루프가 이것을 어떻게 URL로 바꾸는지에 대해 확실하게 알기만 한다면 아주 쉽게 어떤 콘텐츠를, 어디에 출력할지를 마음대로 조정할 수 있다.

5장에서는 루프의 동작 방식과 적용 위치, 그리고 논리 흐름에 대해 다룬다. 또한 워드프레스에서 이용 가능한 함수와 데이터 접근 방식을 이용하여 루프를 수정하는 방법도 다룬다. 현재 상태의 정보를 가지고 있는 전역변수와 루프 밖에서의 동작에 대해서도 알아본다.

루프의 이해

루프를 잘 다루려면 먼저 루프 함수에 대해 알아야 한다. 워드프레스를 이용하여 개발하는 사이트에서 가장 많이 사용되는 분야가 바로 루프를 사용하여 원하는 콘텐츠를 정확히 출력하는 것이다. 루프는 모든 워드프레스 테마의 핵심이므로 콘텐츠 출력을 사용자화할 수 있다는 것은 워드프레스를 자유자재로 다룰 수 있게 된다는 것을 의미한다.

루프를 이해하기 위해서 워드프레스가 어떻게 페이지 콘텐츠를 생성하는지에 대해 순서대로 자세히 살펴보자.

▶ 워드프레스를 설치할 때 만든 파일과 디렉터리가 URL과 맞는지 비교한다. 비교결과 파일이 존재한다면 웹서버가 이 파일을 불러온다. 이 과정에서 워드프레스는 관여하지 않고, 워드프레스를 설치할 때 URL 처리를 위해 생성한 .htaccess 파일과 웹서버가 이 과정을 수행한다. 이에 대해서는 4장에서 다뤘다.

▶ URL이 워드프레스에 전달되면 어떤 콘텐츠를 불러올지 결정한다. 예를 들면 http://example.com/tag/bacon이라는 특정 태그 페이지를 방문하면 워드프레스는 사용자가 태그 페이지를 열었다는 것을 알고, 태그에 해당하는 템플릿을 부르고, bacon이라는 태그가 첨부된 포스트를 선택하여, 태그 페이지를 출력한다.

▶ URL을 해석해 콘텐츠를 선택하는 동작은 `WP_Query` 객체 내의 `parse_query()`에서 수행된다. 우선 워드프레스는 URL을 일련의 쿼리 매개변수로 변환한다. URL에서 추출한 모든 쿼리문은 워드프레스에 전달돼 어떤 콘텐츠를 출력할지 여부를 결정하는 데 사용된다. 만약 독자가 프리티^{pretty} 방식의 고유주소 체계를 사용하고 있다면 고유주소 내에 슬래시 사이의 값은 모두 쿼리문에 사용할 매개변수다. 예를 들면, http://example.com/tag/bacon은 http://example.com?tag=bacon과 동일하며 'bacon 값을 가진 태그'라는 쿼리문을 의미한다.

▶ 그다음으로 워드프레스는 쿼리 매개변수를 MySQL 데이터베이스 쿼리로 변환하여 콘텐츠를 가져온다. 이 과정에서는 이후에 설명할 `WP_Query` 객체 내에 `get_posts()` 메소드를 이용한다. `get_posts()`는 쿼리 매개변수를 모두 SQL 문으로 변환한 후 MySQL 데이터베이스 서버에 쿼리를 직접 요청하여 원하는 콘텐츠를 추출한다. 데이터베이스에서 추출한 콘텐츠는 `WP_Query` 객체에 저장돼 워드프레스 루프에서 사용하기도 하고, 동일 데이터베이스 쿼리가 요청되었을 때 속도를 향상할 목적으로 캐시로 저장된다.

▶ 콘텐츠가 추출된 다음, 워드프레스는 `is_home`과 `is_page`처럼 `is_`로 시작하는 조건부 태그를 설정한다. 이 과정은 URL 파싱을 하여 기본 쿼리를 실행하는 도중에 처리되며, 이들 태그를 재설정하는 부분을 다룰 때 좀 더 자세히 설명한다.

▶ 워드프레스는 쿼리 타입과 반환된 포스트의 개수를 근거로 테마에서 템플릿을 결정하며, 쿼리의 결과는 루프에 전달된다.

루프는 웹사이트의 목적에 따라 다양하게 수정할 수 있다. 예를 들면, 뉴스 기사 사이트가 최신 뉴스 헤드라인을 출력하는 루프를 이용할 수도 있다. 기업체 목록 서비스라면 루프를 사용하여 기업명을 알파벳순으로 출력할 수도 있고, 스폰서 업체에 대한 포스트를 모든 페이지의 상단에 노출시킬 수도 있다. 사진 블로그라면 루프를 이용하여 웹사이트에 최신 사진만 출력할 수도 있다. 워드프레스는 사용자에게 콘텐츠를 선택하여 출력 순서를 결정하는 데 전적인 권한을 주므로 루프를 활용하는 방법은 무궁무진하다.

콘텍스트에 루프 넣기

콘텐츠를 어떻게 표시할지를 결정하는 루프는 테마의 핵심 기능이라고 할 수 있다. 또한 브라우저 화면에 출력되는 HTML과 MySQL 데이터베이스의 데이터를 연결하는 기능 연결자이기도 하다. 워드프레스에서는 포스트나 페이지가 출력되는 곳이라면 어디든 원칙적으로 루프를 이용한다. 즉 루프는 단일 포스트나 페이지에서도, 여러 포스트를 반복할 때도, 각기 다른 출력방식을 사용하는 연속 루프에도 모두 적용된다.

대부분의 워드프레스 테마는 헤더header(머리말)과 푸터footer(꼬리말), 사이드바sidebar 영역을 갖는다. 그림 5-1은 웹사이트의 이들 요소 중간에 있는 콘텐트 부분에 적용된 루프를 나타낸다. 이 콘텐츠 영역은 루프를 이용하여 동적으로 지정된 까닭에 화면 이동이 발생할 때마다 내용이 변경된다.

루프는 기본적으로 워드프레스 테마 템플릿 파일에서 사용된다. 그림 5-2에서 보듯, 사용자 정의 루프는 테마 템플릿 파일 내라면 어디든 추가할 수 있다. 또한 커스텀 루프는 플러그인과 위젯에서도 사용된다. 원칙적으로 루프는 워드프레스 내라면 어디든 추가할 수 있지만, 커스텀 루프는 적용 위치와 부작용을 고려하여 각기 다른 적용 방법을 사용한다.

다중 루프 역시 테마 템플릿 파일 내 전체에서 사용할 수 있다. 커스텀 루프는 웹사이트 내에 헤더와 사이드바, 푸터와 콘텐츠 영역에서도 만들 수 있다. 또한 웹사이트에 출력 가능한 루프 개수의 제한도 없다.

그림 5-1 워드프레스의 루프

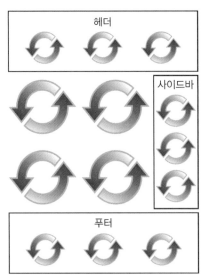

그림 5-2 다중 루프

다음은 루프의 기본 흐름 제어를 살펴보고, 루프 내에서 콘텐츠 출력 방식을 수정할 때 사용하는 워드프레스 템플릿 함수에 대해 알아본다. 루프의 기본 동작에 대해 이해했으니, 이제 나만의 맞춤형 쿼리를 이용해 커스텀 루프를 생성하는 방법을 알아보자.

루프의 흐름

루프는 무엇을 출력하며, 어떻게 출력할지를 결정하는 과정에서 표준 프로그래밍의 조건문을 사용한다. 루프의 첫 번째 문장은 if 문으로 시작하는데 특정 카테고리나 태그에 해당하는 포스트가 없을 수도 있으므로 이를 체크해야 하기 때문이다. 콘텐츠가 있다면, while 문을 사용해 루프를 초기화하고 전체를 반복하면서 출력할 포스트나 페이지를 골라낸다. 마지막으로 the_post() 함수가 호출되어 포스트 데이터를 생성하며, 다른 워드프레스 함수가 이용할 수 있도록 만든다. 일단 포스트 데이터가 생성되면 루프의 콘텐츠는 사용자가 원하는 대로 출력할 수 있다.

다음은 루프가 제대로 동작하는 데 필요한 최소한의 요소로만 구성해본 예제다.

```php
<?php
  if (have_posts()) :
    while (have_posts()) :
      the_post();
      //loop content (template tags, html, etc)
    endwhile;
  endif;
?>
```

예제를 보면 일단 PHP 코드의 시작과 끝을 나타내는 <?php와 ?>가 있다. 코드를 보면서 바로 떠오르는 궁금증은 이 루프에는 아무 변수도 없는데 도대체 어떻게 데이터베이스 쿼리의 결과를 전달할 수 있는가 하는 점이다. 그 해답은 바로 WP_Query의 인스턴스인 $wp_query라는 전역변수에 있다. 즉 실제로는 루프용 '기본 쿼리'라고 할 수 있다. 이 기본 쿼리가 호출될 때, 워드프레스는 이미 기본 쿼리 객체 내에서 get_posts() 메소드를 호출하여 현재 보고 있는 URL용 콘텐츠 목록을 작성한다. 그리고 앞의 예제에서는 루프가 이 포스트 목록을 출력하게 된다.

뒷 부분에서는 포스트 선택을 좀 더 정교하게 하기 위해 직접 쿼리를 만드는 방법에 대해서도 살펴볼 예정이나 일단은 데이터베이스와 관련된 어려운 구현부는 이미 완성되어, 루프가 호출되는 시점에 결과가 $wp_query에 저장된다고 가정하고 진행하자.

워드프레스에서 루프를 동작시키기 위한 최소의 요구사항이 있다. 앞 예제를 좀더 상세히 살펴보자.

```
if (have_ posts()) :
```

이 문장은 현재 화면에 출력할 어떤 포스트나 페이지가 있는지 여부를 결정한다. 만약 포스트나 페이지가 있다면 다음 문장이 실행된다.

```
while (have_ posts()) :
```

while 문은 루프의 시작을 의미한다. 기본적으로 화면에 더 이상 출력할 포스트와 페이지가 없을 때까지 루프가 반복된다. 모든 콘텐츠가 화면에 출력되면 비로소 루프가 종료된다. have_posts() 함수는 포스트가 모두 처리돼 반복할 내용이 있는지 여부만을 체크한다.

```
the_post();
```

다음으로 the_post() 함수가 모든 포스트 데이터를 불러온다. 이 함수는 반드시 루프 안에서 실행돼야 포스트 데이터를 제대로 표시할 수 있다. the_post() 함수를 호출하면 이어서 setup_postdata() 함수가 실행돼 현재 루프에서 출력하는 포스트의 콘텐츠 외에 작성자나 태그 같은 메타데이터도 포스트별로 생성된다. 이 데이터는 루프가 반복될 때마다 전역변수에 저장된다. 특히 the_post()는 추가로 $post 전역변수를 생성한 후 다음 순서의 포스트 목록으로 이동한다. $post 전역변수는 템플릿 태그에서 주로 사용되며 뒷부분에서 다룰 예정이다.

포스트 데이터를 셋업하는 과정은 워드프레스 데이터베이스에서 바로 추출한 로우 콘텐츠raw contents에 대한 필터에도 동일하게 적용된다. 워드프레스는 사용자가 편집한 콘텐츠를 입력한 그대로 저장하는데, 예를 들어 사용자가 포스트 말미에 구글 애드센스를 추가하는 숏코드를 입력하는 경우 데이터베이스에도 그 내용이 그대로 저장된다. 포스트 작성이 완료되면 포스트의 로우 콘텐츠를 수정하는 등록 플러그인과 숏코드를 자바스크립트로 변환하는 플러그인이 호출된다. 플러그인 동작방식에 대해서는 7장에서 살펴볼 예정이니, 지금은 워드프레스 쿼리 객체 내의 포스트의 로우 데이터와 최종적으로 출력될 필터된 콘텐츠의 차이를 구별하는 것이 중요하다.

```
//loop content
```

이곳이 루프 템플릿 태그와 루프 내에 출력된 코드를 입력하는 부분이다. 이에 대해 좀 더 상세히 알아보자.

```
endwhile;
endif;
```

endwhile과 endif는 루프를 종료한다. 이 두 줄보다 뒷부분에 삽입된 코드는 포스트 내용이 모두 출력된 다음 페이지 맨 아래에 출력된다. 루프에서 출력할 내용이 없을 경우를 가정하여 else 문을 추가하는 것도 한 방법이다.

루프 코드는 HTML 태그들과 섞여서 테마 템플릿 파일에 존재한다. 다음 코드는 워드프레스의 기본 테마 중 하나인 큐브릭 내에 어떻게 루프가 삽입됐는지를 보여준다.

```
<div id="content" class="narrowcolumn" role="main">

<?php if (have_posts()) : ?>

<?php while (have_posts()) : the_post(); ?>

<div <?php post_class() ?> id="post-<?php the_ID(); ?>">
<h2><a href="<?php the_permalink() ?>" rel="bookmark"
  title="Permanent Link to
<?php the_title_attribute(); ?>"><?php the_title(); ?></a></h2>
<small><?php the_time('F jS, Y') ?> <!-- by <?php the_author() ?>
  --></small>

<div class="entry">
  <?php the_content('Read the rest of this entry &raquo;'); ?>
</div>

<p class="postmetadata"><?php the_tags('Tags: ', ', ', '<br />'); ?>
  Posted in
<?php the_category(', ') ?> | <?php edit_post_link('Edit', '', ' |
  '); ?>
<?php comments_popup_link('No Comments &#187;', '1 Comment &#187;',
'% Comments &#187;');
?></p>
</div>
```

```
<?php endwhile; ?>

<div class="navigation">
<div class="alignleft"><?php next_posts_link('&laquo;
   Older Entries') ?></div>
<div class="alignright"><?php previous_posts_link('Newer Entries
   &raquo;') ?>
</div>
</div>

<?php else : ?>

<h2 class="center">Not Found</h2>
<p class="center">Sorry, but you are looking for something
   that isn't here.</p>
<?php get_search_form(); ?>

<?php endif; ?>

</div>
```

코드를 보면 HTML 태그 사이에 섞여 있는 몇몇 루프 구성 요소를 발견할 수 있다. 이 예제가 루프를 사용하도록 구성한 테마 템플릿 파일의 전형적인 모양이다. HTML 요소들은 바뀔 수 있겠지만 루프 구성 요소는 바뀌지 않는다. 콘텐츠의 출력 방식을 바꾸고, 페이지를 구성할 때 포함할 포스트 메타데이터를 고르는 작업은 템플릿 태그를 통해 이뤄진다.

템플릿 태그

워드프레스 테마 템플릿에서 루프 콘텐츠를 출력하려고 사용하는 PHP 함수를 일컬어 템플릿 태그^{template tags}라고 한다. 이 태그는 웹사이트와 콘텐츠용 특정 데이터를 출력하는 데 이용된다. 이 태그를 이용하여 웹사이트 어느 위치에 어떻게 콘텐츠를 출력할지를 결정한다.

예를 들면, the_title()이라는 템플릿 태그는 포스트나 페이지의 제목을 루프에 출력한다. 템플릿 태그를 이용하는 가장 중요한 이유는 PHP 코드를 전혀 몰라도 사용하는 데 전혀 지장이 없다는 것이다.

워드프레스에서 이용할 수 있는 템플릿 태그는 많은 종류가 있다. 일부 템플릿 태그는 반드시 루프 내에서만 사용해야 하나 어떤 태그들은 테마 템플릿 파일 내에서는 아무 곳에서나 사용할 수 있다. 여기서 주의할 점은 템플릿 태그는 출력할 포스트 데이터를 추출할 때 워드프레스 함수를 이용한다는 것이다. 템플릿 파일은 특정 타입의 콘텐츠 출력을 제어하는 테마의 구성요소다. 다른 방식으로 설명한다면 템플릿 파일은 템플릿 태그를 가진 루프로 구성된다고 할 수 있다. 최신 버전의 템플릿 태그 목록을 보려면 http://codex.wordpress.org/Template_Tags를 방문한다.

자주 이용하는 템플릿 태그

템플릿 태그는 충분하지만 루프에서 자주 이용하는 템플릿 태그는 정해져 있다. 다음은 루프에서 가장 많이 이용하는 템플릿 태그 목록이다. 이 템플릿 태그들은 포스트 데이터를 반환하거나 출력한다.

- ▶ the_permalink() 포스트 URL을 반환한다.
- ▶ the_title() 포스트 제목을 반환한다.
- ▶ the_ID() 포스트의 고유 ID를 반환한다.
- ▶ the_content() 포스트의 콘텐츠 전체를 반환한다.
- ▶ the_excerpt() 포스트의 요약문excerpt을 반환한다. 포스트 편집 화면에서 요약 필드를 채운 경우 이것을 사용하고, 비어 있을 경우에는 워드프레스가 자동 생성해 사용한다.
- ▶ the_time() 포스트가 발행된 날짜와 시간을 반환한다.
- ▶ the_author() 포스트 작성자를 반환한다.
- ▶ the_tags() 포스트에 첨부된 태그를 반환한다.
- ▶ the_category() 포스트에 첨부된 카테고리를 반환한다.
- ▶ edit_post_link() 사용자가 로그인 상태이며 편집권한이 있다면 '편집' 링크를 출력한다.
- ▶ comments_popup_link() 포스트의 코멘트 양식 링크를 출력한다.

템플릿 태그의 동작이 궁금하다면 루프 안에 템플릿 태그를 아무거나 넣어보고 결과를 보는 것도 좋다. 다음은 몇몇 템플릿 태그의 값을 출력하는 예제다.

```php
<?php
if (have_posts()) :
  while (have_posts()) :
    the_post();
    ?>
    <a href="<?php the_permalink(); ?>"><?php the_title(); ?></a>
    <br>
    <?php
    the_content();
  endwhile;
endif;
?>
```

예제의 결과를 보면 각 포스트마다 포스트 제목이 고유주소 링크로 연결돼 표시된다. 또한 포스트 콘텐츠가 포스트 제목 바로 아래 출력되는 걸 확인할 수 있다.

태그 매개변수

대부분의 템플릿 태그에는 매개변수가 있어서 다양하게 반환값을 구성할 수 있다. 예를 들면, the_content() 템플릿 태그에는 세 개의 매개변수가 있다. 첫 번째 매개변수에서는 다음과 같이 'more' 링크용 문구를 정할 수 있다.

```php
<?php the_content('Read more', False); ?>
```

포스트 콘텐츠는 여느 때와 같이 출력되지만 포스트에서 <!--more--> 태그가 발견되면 워드프레스에서 자동으로 Read more라는 문구를 추가해, **전체보기**라는 링크를 만들어 연결한다. 두 번째 매개변수는 티저 단락^{teaser paragraph}을 전체 포스트 보기에서도 나타낼지 여부를 결정한다. 기본값은 False이므로 티저가 양쪽에 모두에서 출력된다.

✎ **참고** 워드프레스에서는 More 태그를 사용해서 전체 포스트를 출력하지 않고, 일부를 생략하여 보여주는 기능(teaser)을 제공한다. 예를 들면, 홈페이지에 포스트를 출력할 때 첫 번째 문단만 나타낸 후 사용자가 전체보기를 클릭하면 그제서야 전체 블로그 포스트를 보여주는 방식이다. 그러므로 이런 동작을 구현하려면 HTML 콘텐츠 내에 감추길 원하는 위치를 찾아 <!--more-->라고 입력한다. 만약 편집기가 비주얼 에디터 상태라면 More 태그를 넣는 버튼을 이용한다.

다중 매개변수를 지원하는 태그도 있다. 예를 들면, 탬플릿 태그인 the_title() 은 $before, $after, $echo라는 세 개의 매개변수를 받는다. 다음 코드는 the_title() 태그의 앞과 뒤에 HTML의 h1 태그를 덧붙이도록 $before와 $after 매개변수를 추가하는 것을 보여준다.

```php
<?php the_title('<h1>', '</h1>'); ?>
```

워드프레스는 소스코드가 제공되므로 탬플릿 태그 함수의 원형도 직접 찾아볼 수 있다. 예를 들면, 포스트 템플릿 함수는 wp-includes/post-template.php 파일 내에 위치하므로 여기서 function the_title()로 검색해보면 the_title() 태그의 소스코드를 볼 수 있다. 또한 탬플릿 태그의 자세한 설명은 코덱스에도 있으며, the_title의 주소는 http://codex.wordpress.org/Template_Tags/the_title이다.

루프 사용자화

5장 첫 부분에서 루프의 흐름 제어를 설명하면서 데이터를 선택하는 작업에 주로 이용되는 함수가 WP_Query 객체의 get_posts()라고 했다. 대부분의 경우 사용자 정의 루프를 작성하려고 하면 사용자가 직접 WP_Query 객체를 작성해 명시적으로 이를 참조해야 한다. 또 다른 방법으로는 로우 레벨 함수인 query_posts()와 get_posts()를 이용해서 루프에 전달할 기본 쿼리의 출력값을 조작할 수 있다(WP_query 객체에도 같은 이름의 메소드가 있으나 각기 다른 함수임). query_posts와 get_posts는 모두 콘텐츠를 가져오기 위해 WP_Query 클래스를 사용한다. 이제 로우 레벨 접근 방법에 대해 살펴보고 이것을 어떻게, 어디에서 사용해야 하는지 또는 사용하지 말아야 하는지에 대해 알아보도록 할 예정이나, 일단은 커스텀 쿼리 객체를 작성하는 방법부터 알아보자.

WP_Query 객체 사용 방법

워드프레스가 웹서버에서 파싱된 URL을 전달받으면, 즉시 URL을 토큰token으로 쪼갠 후 데이터베이스 쿼리용 매개변수로 변환한다. 이 시점에서 커스텀 WP_Query를 조작할 때 발생하는 상황에 대해 좀 더 자세히 알아보자.

WP_Query는 커스텀 루프를 쉽게 만들 수 있도록 하는 워드프레스의 클래스다. query_posts와 get_posts는 모두 콘텐츠를 가져오기 위해 WP_Query 클래스를 사용한다. 사용자가 query_posts()를 사용할 때 $wp_query 전역변수가 WP_Query의 인스턴스로 사용되며, 여러 가지 작업에 기본 데이터 저장소로 $wp_query를 이용한다. 커스텀 루프는 각기 다른 타입의 콘텐츠를 출력해야 하므로 테마 템플릿 파일 내에서 어디에든 둘 수 있지만 WP_Query 변수의 별도의 인스턴스로 생성해야 한다.

사용자가 WP_Query 객체를 생성하면 기본 함수가 실행돼 쿼리를 작성하고, 쿼리를 실행해 포스트를 가져오고, URL에서 매개변수를 파싱하는 등의 작업이 이뤄진다. 하지만 루프 내에 특정 지점에 삽입할 콘텐츠를 추출하는 커스텀 루프를 만들면, 이들 내장 객체 메소드를 사용자의 매개변수 문을 생성하는 용도로 쓸 수 있다.

다음은 웹사이트에서 가장 최근 포스트 다섯 개를 출력하는 커스텀 루프 예제다.

```php
<?php
$myPosts = new WP_Query();
$myPosts->query('posts_per_page=5');
while ($myPosts->have_posts()) : $myPosts->the_post();
?>
  <!-- do something -->
<?php endwhile; ?>
```

앞의 기본 루프 예제에서는 그냥 have_posts()와 the_posts()를 사용했으나, 이 커스텀 루프에서는 WP_Query 객체의 인스턴스인 myPosts의 메소드를 호출하는 식으로 구성하였다. 이 예제에서 보여주는 명시적 호출invocation과 기본 루프에서 사용한 have_posts() 호출은 기능적으로 완전히 동일한 것으로, 차이가 있다면 $wp_query->have_posts()는 웹서버가 파싱한 후 워드프레스에게 넘긴 URL로부터 구성한 전역 쿼리 변수를 이용한다는 점이다.

기본 루프 내에서는 쿼리 객체의 parse_query() 메소드를 이용해 웹서버가 워드프레스에 전달한 URL을 쿼리문으로 변환하는 과정이 추가로 필요하다. 자신만의 커스텀 루프를 생성할 때는 쿼리를 조정할 매개변수를 명시적으로 설정해야 한다. 다음은 쿼리 함수 내에서 이뤄지는 작업을 자세히 설명한다.

▶ $myPosts->query()를 호출하면 $myPosts->get_posts() 함수를 이용해 매개변수를 SQL 문으로 변환한 후, MySQL 데이터베이스에 쿼리를 실행해 콘텐츠를 추출한다.

▶ 여기서 기억해 두어야 할 사항은 쿼리를 호출하는 경우 is_home()이나 is_single() 같은 페이지 출력 타입이나 해당 페이지의 콘텐츠 분량 등의 정보를

가진 조건부 태그를 설정한다는 것이다.

▶ 쿼리 결과 반환된 포스트 배열은 워드프레스에 의해 캐시돼 향후 동일한 쿼리 요청이 올 경우 데이터베이스의 트래픽을 발생시키지 않도록 활용된다.

쓸만한 커스텀 루프를 생성하는 핵심은 콘텐츠의 선택 범위와 쿼리 매개변수를 잘 일치시키는 것이다.

커스텀 쿼리 생성

루프가 커스텀 루프이거나 기본을 변형한 루프이거나에 관계없이, 루프에서는 매개 변수를 이용하여 어떤 콘텐츠를 불러올 것지를 결정한다. 루프를 생성할 때 반드시 잘 알아야 하는 것이 바로 콘텐츠를 출력할 때 이용할 수 있는 매개변수에는 어떤 게 있는 가하는 것이다. 즉 커스텀 루프를 생성하여 콘텐츠의 출력방식을 바꾸고자 할 때 이용할 수 있는 매개변수가 때로는 혼란스러울 정도로 종류가 많기 때문이다.

매개변수 이름과 값을 앰퍼샌드(&)로 구분하여 쿼리를 작성하면 한 개의 쿼리에 다중 매개변수도 설정할 수 있다. 이용 가능한 매개변수에 대한 상세 목록은 코덱스 문서 http://codex.wordpress.org/Template_Tags/query_ posts#Parameters를 참조한다. 다음에서는 자주 이용하는 매개변수들을 설명한다.

포스트 매개변수

두 말할 필요없이 가장 많이 사용되는 매개변수는 화면에 표시할 포스트의 개수와 타입을 정하는 매개변수다.

▶ p=2 ID에 해당하는 포스트를 로드한다.

▶ name=my-slug 슬러그slug(고유주소에서 %Posttitle%로 표현되는, 포스트의 제목 같은 것)에 해당하는 포스트를 로드한다.

▶ post_status=pending 지정한 상태에 해당하는 포스트를 모두 로드한다. 예를 들면, 임시글draft에 해당하는 포스트를 로드하려면 post_status=draft라고 설정한다.

▶ caller_get_posts=1 스티키 포스트sticky post가 먼저 반환되지 않도록 한다. '스티키 포스트'란 항상 포스트 목록 최상단에 표시하는 포스트로 쿼리 매개변수에 영향을 받지 않는다. 스티키 포스트는 여러 개를 지정할 수도 있어서 공지

사항이나 변경알림 등에 많이 사용되는데, 이 매개변수를 사용하면 스티키 포스트도 그냥 다른 포스트와 같이 취급된다.

▶ post_type=page 지정한 타입에 해당하는 포스트를 모두 로드한다. 포스트가 아니라 페이지만 로드하려면 post_type=page라고 설정한다.

▶ posts_per_page=5 한 페이지에 로드할 포스트의 개수. 기본값은 5다.

▶ offset=1 로드하지 않는 건너뛸 포스트의 개수

페이지 매개변수

페이지 매개변수는 대부분 포스트 매개변수와 유사하다.

▶ page_id=5 ID에 해당하는 페이지를 로드한다. 페이지 ID는 포스트 ID나 사용자 ID를 찾을 때 그러하듯이, 대시보드에서 페이지명 위에 마우스를 올리면 나타나는 URL에서 알아낼 수 있다. 일부 브라우저는 화면 하단에 있는 상태 막대에 URL을 표시하기도 한다.

▶ pagename=Contact 지정한 이름에 해당하는 페이지를 로드한다. 본 예제에서는 Contact 페이지를 로드한다.

▶ pagename=parent/child 슬러그의 자식 페이지를 로드하거나 해당하는 경로의 페이지를 로드한다.

카테고리와 태그와 작성자 매개변수

포스트도 놓이는 위치에 따라 카테고리별, 태그별, 작성자별로 분류할 수 있다.

▶ cat=3,4,5 카테고리 ID에 맞는 포스트를 로드한다.

▶ category_name=About Us 카테고리 이름에 맞는 포스트를 로드한다. 포스트가 한 개 이상의 카테고리에 속한 경우에는 각 카테고리에 모두 나타난다.

▶ tag=writing 태그 이름에 맞는 포스트를 로드한다.

▶ tag_id=34 태그 ID에 맞는 포스트를 로드한다.

▶ author=1 작성자 ID에 맞는 포스트를 로드한다.

▶ author_name=Brad 작성자 이름에 맞는 포스트를 로드한다.

시간과 날짜 및 정렬과 커스텀 매개변수

시간순으로 콘텐츠를 선택할 때 사용하는 매개변수는 포스트 목록을 생성하거나, 블로그 홈페이지의 캘린더로 목록을 보여주고자 할 때 핵심 요소다. 정렬 순서와 매개변수도 바꿀 수 있다. 알파벳순으로 글 목록이 나타나게 정렬한다면 포스트를 가져올 때는 작성자와 작성날짜(월)를 이용하고, 정렬할 때는 글 제목을 이용하도록 매개변수를 설정한다.

- ▶ monthnum=6 6월에 작성한 포스트를 로드한다.
- ▶ day=9 매월 9일에 작성한 포스트를 로드한다.
- ▶ year=2009 2009년에 작성한 포스트를 로드한다.
- ▶ orderby=title 포스트 정렬에 사용할 필드다.
- ▶ order=ASC 정렬 방식을 설정한다. 오름차순ASC이나 내림차순DESC에서 선택한다.
- ▶ meta_key=color 커스텀 필드 이름으로 포스트를 로드한다. 포스트에 커스텀 필드를 추가하는 방법은 6장에서 다루는 커스텀 택소노미와 데이터를 참조한다.
- ▶ meta_value=blue 커스텀 필드 값으로 포스트를 로드한다. 반드시 앞에 meta_key 매개변수와 결합해서 사용해야 한다.

모두 결합

이제 매개변수를 이용한 예제를 살펴보자. 커스텀 루프에서 콘텐츠 출력을 선택하는 예제에서 만들었던 $myPosts 커스텀 쿼리 객체에서 생성한 $myPosts->query() 함수를 이용하자.

포스트 ID를 기준으로 포스트를 출력한다.

```
$myPosts->query('p=1');
```

첫 번째만 제외하고 최근 다섯 개의 포스트를 출력한다.

```
$myPosts->query('posts_ per_ page=5&offset=1');
```

오늘 날짜에 해당하는 포스트를 모두 출력한다.

```
$today = getdate(); // 오늘 날짜를 가져온다.
$myPosts->query('year=' .$today["year"] .'&monthnum=' .$today["mon"] .'&day='
.$today["mday"] ); // 오늘 날짜에 해당하는 포스트를 모두 출력한다.
```

2009년 10월 31일에 해당하는 포스트를 모두 출력한다.

```
$myPosts->query('monthnum=10&day=31&year=2009');
```

bacon 태그가 있고, 카테고리 ID가 5인 포스트를 모두 출력한다.

```
$myPosts->query('cat=5&tag=bacon');
```

bacon 태그가 있지만 카테고리 ID가 5가 아닌 포스트를 모두 출력한다.

```
$myPosts->query('cat=-5&tag=bacon');
```

writing 또는 reading이라는 태그를 가진 포스트를 모두 출력한다.

```
$myPosts->query('tag=writing,reading');
```

writing과 reading, tv라는 태그를 모두 가진 포스트를 모두 출력한다.

```
$myPosts->query('tag=writing+reading+tv');
```

커스텀 필드 이름이 color이고, 커스텀 필드 값이 blue인 포스트를 모두 출력한다.

```
$myPosts->query('meta_key=color&meta_value=blue');
```

루프에 페이지 번호 추가

커스텀 루프에 페이지 번호 기능(내비게이션 링크)을 추가하려면 몇 가지 단계를 더 거쳐야 한다. 현재 페이지 번호 기능은 전역변수인 $wp_query로만 가능하다. 즉 원칙상 기본 루프 내에서만 가능하며 커스텀 루프에서도 이 기능을 사용하려면 트릭이 필요하다. 즉 워드프레스가 커스텀 쿼리를 페이지 번호 기능에 사용하는 $wp_query로 인식하도록 작업해야 한다.

```php
<?php
$temp = $wp_query;
$wp_query= null;
$wp_query = new WP_Query();
$wp_query->query('posts_per_page=5&paged='.$paged);
while ($wp_query->have_posts()) : $wp_query->the_post();
?>
    <h2>
    <a href="<?php the_permalink() ?>"><?php the_title(); ?></a>
    </h2>
    <?php the_excerpt(); ?>
<?php endwhile; ?>
```

우선 원본 $wp_query 변수를 임시 변수인 $temp에 저장해야 한다. 그다음 $wp_query를 비우기 위해 null 값을 설정한다. 이 과정은 워드프레스에서 전역변수 값을 덮어쓰고자 가끔씩 사용되는 방법이다. 그다음으로 새로운 WP_Query 객체를 $wp_query 변수로 할당한 후 객체의 query() 함수를 호출하여 포스트를 선택하는 커스텀 루프를 실행한다. 예제를 보면 쿼리의 끝에 $paged 변수가 추가된 것을 알 수 있다. 이 과정은 현재 페이지를 워드프레스에서 알려줘 제대로 내비게이션 링크를 출력하게 한다. 이제 페이지 번호로 된 내비게이션 링크를 출력해보자.

```
<div class="navigation">
    <div class="alignleft"><?php previous_posts_link('&laquo;
      Previous') ?></div>
    <div class="alignright"><?php next_posts_link('More >>') ?></div>
</div>
```

마지막으로 $wp_query를 리셋한 후 원래 값으로 되돌려 놓는다.

```
<?php
$wp_query = null;
$wp_query = $temp;
?>
```

이제 커스텀 루프에서도 콘텐츠에 맞는 페이지 번호 기능을 사용하게 된다.

query_posts( )

루프에서 매개변수를 조합함으로써 엄청나게 다양한 사용자 정의 기능을 생성할 수 있다. WP_Query 객체를 사용하는 것은 워드프레스 데이터베이스에서 페이지나 포스트를 추출하는 목적으로 사용되는 가장 일반적인 방식이지만, 다르게 접근할 수 있는 로우레벨 방법도 있다. query_posts()는 워드프레스의 기본 루프에서 반환된 콘텐츠를 쉽게 수정할 수 있게 하는 함수다. 좀 더 구체적으로 설명하자면 기본 데이터베이스 쿼리가 실행된 후 쿼리 매개변수를 정교화하고 query_posts()를 사용하여 쿼리를 재실행함으로써 $wp_query에 반환된 콘텐츠를 수정할 수 있다는 의미다.

query_posts()를 호출하는 이런 방식의 단점은 기본 쿼리로 얻게된 캐시 결과가 지워진다는 것으로써 이런 식으로 호출할 때마다 데이터베이스 성능에 영향을 준다. query_posts() 함수는 반드시 루프가 시작되는 위치에 두어야 한다.

```
query_posts('posts_per_page=5&paged='.$paged);
if (have_posts()) :
  while (have_posts()) : the_post();
    //loop content (template tags, html, etc)
  endwhile;
endif;
```

이 예제는 워드프레스가 다섯 개의 포스트를 출력하도록 한다.

query_posts()를 명시적으로 호출함으로써 루프에서 기본으로 추출되는 포스트 콘텐츠를 덮어 쓴다. 즉 만약 query_posts()가 없었다면 기본적으로 출력되었을 콘텐츠는 더 이상 나타나지 않는다는 것이다. 예를 들면, 어떤 카테고리를 출력하는 www.example.com/category/zombie/와 같은 주소를 입력하였다고 하자. query_posts()가 호출된 후에는 'zombie' 카테고리에 해당하는 포스트는 최근 다섯 개의 포스트에 해당하는 경우를 제외하고는 어떤 포스트도 목록에 나타나지 않는다. 즉 쿼리 스트링을 query_posts()에 전달함으로써 개발자는 명시적으로 URL 파싱과 기본 처리를 통해 생성된 쿼리 매개변수를 덮어쓰겠다고 선언하는 것이다.

원래 루프 콘텐츠를 보존하고 싶다면 $query_string 전역변수를 이용해서 파싱된 쿼리 매개변수를 저장할 수 있다.

```
global $query_string; // query_sring 전역변수를 초기화한다.
query_posts($query_string . "&orderby=title&order=ASC");
  // 원래 루프 콘텐츠는 유지하면서 정렬 순서만 변경한다.
```

이 예제가 바로 zombie 카테고리 포스트를 모두 볼 수 있도록 하는 예제다. 포스트는 올림차순과 알파벳순으로 정렬하였다. 이런 기법은 콘텐츠 손실없이 원래 루프 콘텐츠를 수정할 때 사용한다. 관리의 편의를 위해 query_posts() 매개변수를 배열로 구성하는 방법도 있다. 다음은 매개변수 값을 저장한 배열을 사용해서 워드프레스에 설정된 스티키 포스트만 가져오는 예제다.

```
$args = array(
'posts_per_page' => 1,
'post__in' => get_option('sticky_posts')
);
query_posts($args);
```

만약 스티키 포스트가 없으면 그 대신 최신 포스트를 가져온다. query_posts 함수는 메인 페이지 루프만 수정하는 데 사용한다. 즉 추가 커스텀 루프를 생성할 목적은 아니다. 예를 들어 각 출력 페이지마다 특정 카테고리나 태그를 가진 포스트를 추가하는 식으로 기본 쿼리를 조금만 수정하고 싶다면 query_posts() 방식이 가장 쉽다.

하지만 이 함수의 다음과 같은 부작용을 주의해야 한다.

- query_posts()는 전역변수인 $wp_query를 변경하며, 다른 부작용도 있으므로 한 번 이상 호출하면 안 되며, 루프 내에서 호출해도 안 된다. 예제를 보면 포스트 프로세스를 시작하기 전에 query_posts()를 호출하였다. 쿼리문에 매개변수를 추가하는 것도 루프가 시작돼 반환된 포스트 리스트를 처리하기 전에 이뤄진다. query_posts()를 한 번 이상 호출하거나, 루프 내에서 호출하게 되면 메인 루프 내용이 달라져 잘못된 콘텐츠가 반환된다.

- query_posts()는 전역 $wp_query 객체를 해제한다. 그 결과 is_page()나 is_home() 같은 조건 태그가 동작하지 않을 수도 있다. WP_Query 객체 인스턴스를 다시 만들면 모든 조건 태그 값이 제대로 설정된다.

- query_posts()를 호출하면 또 다른 데이터베이스 쿼리를 실행함으로써 처음에 실행된 기본 쿼리의 캐시 결과가 모두 무효화된다. 게다가 데이터베이스 쿼리를 적어도 두 배 이상 수행하기 때문에 MySQL의 성능 저하performance hit를 발생시킨다. 다시 한번 말하면 기본 루프에 진입할 때 이미 기본 쿼리가 실행되므로 메인 루프를 완전히 다시 만들지 않는 한 이런 문제를 우회할 방법은 없다.

get_posts()

query_posts()와 유사하면서 좀 더 간단하게 사용할 수 있는 대안은 get_posts()를 사용해서 포스트 로우 데이터를 가져오는 것이다. get_posts()는 특정 타입의 페이지 목록을 생성하는 관리 페이지에서 볼 수 있다. 또는 여러 개의 포스트 로우 데이터를 가져오는 플러그인 내에서 사용될 수도 있고, 로우 데이터에 공용어나 태그 또는 외부 링크 같은 패턴이 있는지를 알아내고자 할 때 사용된다. 이것은 사용자에게 보여주는 페이지를 위해 만든 것이 아니다. 왜냐하면 이 함수는 일반적인 WP_Query를 사용할 때 수행되는 쿼리 처리나 필터 등을 사용하지 않기 때문이다. 특히 get_posts()는 현재 포스트 데이터의 템플릿 태그를 만드는 데 필요한 전역 데이터를 모두 생성하지는 않는다. 즉 get_posts()로 이용할 수 있는 템플릿 태그가 제한된다는 것이다. 이 문제를 개선하려면 setup_postdata() 함수를 호출하여 루프에서 사용할 템플릿 태그를 가져와야 한다. 다음 예제는 get_posts()를 이용하여 임의의 포스트 한 개를 가져오는 방법이다.

```php
<?php

$randompost = get_posts('numberposts=1&orderby=rand');
foreach($randompost as    $post) :
  setup_postdata($post);
?>
<h1><a href="<?php the_permalink(); ?>"><?php the_title(); ?></a></h1>
<?php the_content(); ?>
<?php endforeach; ?>
```

get_posts()를 사용할 때 주요한 차이점 중 하나는 반환값이 배열이라는 사실이다. 배열 값을 가져오는 데는 foreach를 이용한 루프 코드를 이용한다. 앞의 예제는 포스트 한 개를 반환하도록 했지만 반환값이 한 개 이상이라면 루프를 순환하며 데이터를 모두 가져온다. 이어서 setup_postdata() 함수를 호출하여 템플릿 태그에 필요한 데이터를 가져온다. 또한 배열을 이용하여 get_posts()의 변수를 설정할 수 있다는 것도 잊지 말기 바란다.

```php
<?php
$args = array(
'numberposts' => 1,
'orderby' => rand
);

$randompost = get_posts($args);
```

예전에 작성된 코드 중에는 get_posts()나 query_posts() 생성자를 이용하는 경우도 있지만, WP_Query 방식이 커스텀 루프 문법의 핵심으로 추천되는 방식임을 숙지하는 것이 좋다. 하지만 플러그인이나 루프에서 커스텀 작업을 하다보면 데이터나 콘텍스트를 추가하기 위해 get_posts()를 사용하여 간단하게 처리해야 하는 어쩔 수 없는 경우도 있는 것이 사실이다.

쿼리 리셋

종종 커스텀 루프를 생성한 뒤 페이지-레벨의 조건부 태그에 문제가 생기는 경우가 있다. 조건부 태그는 워드프레스에서 페이지가 달라지면 다른 코드를 실행하도록 해주는 것으로, 예를 들면 조건부 태그의 하나인 `is_home()`을 이용하여 현재 보고 있는 페이지가 블로그의 홈페이지인지 여부를 알 수 있다.

앞의 "query_posts() 사용" 절에서 이미 설명한대로 이런 문제는 잠정적으로 최초 세팅값에 따른 조건 태그가 설정된 이후에 데이터베이스 쿼리의 결과가 바뀌었기 때문이다.

이 문제를 해결하려면 `wp_reset_query()` 함수를 호출하면 된다. 이 함수는 최초 쿼리뿐만 아니라 URL 파싱 과정 중에 설정된 조건 태그도 원래대로 복구시켜 준다.

예를 들면, 다음 코드를 보자.

```php
<?php query_posts('showposts=5'); ?>
<?php if (have_posts()) : while (have_posts()) : the_post(); ?>
<a href="<?php the_permalink() ?>"><?php the_title() ?></a><br />
<?php endwhile; endif; ?>

<?php
if(is_home() && !is_paged()):
  wp_list_bookmarks('title_li=&categorize=0');
endif;
?>
```

이 코드를 실행하면 최근 다섯 개의 포스트와 워드프레스의 링크 매니저에서 저장한 링크를 반환한다. 하지만 여기서 발생하는 문제는 조건 태그인 `is_home()`이 제대로 동작하지 않아 링크가 홈페이지에서만 나오는 게 아니라 페이지마다 모두 나타나게 되는 것이다. 이 문제를 고치려면 다음과 같이 루프 바로 아래에 `wp_reset_query()`를 추가한다.

```php
<?php query_posts('posts_per_page=5'); ?>
<?php if (have_posts()) : while (have_posts()) : the_post(); ?>
<a href="<?php the_permalink() ?>"><?php the_title() ?></a><br />
<?php endwhile; endif; ?>
<?php wp_reset_query(); ?>

<?php
if(is_home() && !is_paged()):
  wp_list_bookmarks('title_li=&categorize=0');
endif;
?>
```

이렇게 하면 WP_Query 객체의 루프 내 인스턴스가 정상적으로 복구되며, 조건 태그인 is_home()이 제대로 동작함에 따라 웹사이트가 홈페이지을 보여줄 때만 링크 정보를 출력하게 된다. 향후 불필요한 문제가 생기지 않도록 query_posts()를 사용한 후에는 무조건 wp_reset_query 함수를 호출하는 방법을 추천한다.

1개 이상 루프 사용

테마와 플러그인을 개발하다면 루프를 여러 번 사용해야 하는 경우가 있다. 특히 워드프레스 웹사이트 내에서 각기 다른 종류의 콘텐츠를 화면 내 여러 군데에 출력할 때는 이런 방식을 사용하면 쉽다. 가장 최근의 블로그 포스트를 웹사이트 내에 각 페이지마다 출력하고 싶을 때도 있을 텐데, 이를 위해서는 좀 더 복잡한 루프를 생성하여 구현할 수 있다. 즉 포스트 목록을 여러 번 호출하는 루프라든지 다중 포스트 배열을 생성한다든지 하는 방법으로 가능하다.

중첩 루프

중첩 루프는 테마 템플릿 내에서 메인 루프와 WP_Query 인스턴스를 조합하여 생성할 수 있다. 예를 들면, 포스트 태그별 연관 포스트를 출력하는 중첩 루프를 만들 수도 있다. 다음은 태그별로 연관 포스트를 출력하는 메인 루프 내에서 중첩 루프를 생성하는 예제다.

```php
<?php
  if (have_posts()) :
  while (have_posts()) :
    the_post();

    //loop content (template tags, html, etc)
    ?>
    <h1><a href="<?php the_permalink(); ?>" title="<?php the_
      title_attribute();
    ?>"><?php the_title(); ?></a></h1>
    <?php
    the_content();

    //현재 포스트의 태그를 불러온다.
    $tags = wp_get_post_terms(get_the_ID());
    if ($tags) {
      echo 'Related Posts';
      $first_tag = $tags[0]->term_id;
```

```
$args=array(
    'tag__in' => array($first_tag),
    'post__not_in' => array($post->ID),
    'posts_per_page'=>5,
    'caller_get_posts'=>1
);
$relatedPosts = new WP_Query($args);
if( $relatedPosts->have_posts() ) {
    // 태그에 맞는 포스트를 루프 처리한다.
    while ($relatedPosts->have_posts()) : $relatedPosts->the_
        post(); ?>
        <p><a href="<?php the_permalink() ?>" title="<?php the_
            title_attribute(); ?>"><?php the_title(); ?></a></p>
        <?php
    endwhile;
}
}
endwhile;
endif;
?>
```

이 코드는 일반적으로는 포스트 전체를 출력한다. 추가로 메인 루프 내에서 메인 포스트와 일치하는 태그를 포함한 다른 포스트가 있는지 검토한다. 만약 일치하는 것을 찾으면 최근 다섯 개의 연관 포스트를 출력하며, 없을 경우에는 연관 포스트 영역이 출력되지 않는다.

다중패스 루프

rewind_posts() 함수는 포스트 쿼리와 루프 카운터를 초기화함으로써 또 다른 루프를 생성할 수 있도록 해준다. 이 함수는 첫 번째 루프가 끝난 뒷부분에 두어 바로 호출될 수 있도록 해야 한다. 다음은 메인 루프 콘텐츠를 두 번 처리하는 예제다.

```
<?php while (have_posts()) : the_post(); ?>
  <!-- content. -->
<?php endwhile; ?>

<?php rewind_posts(); ?>

<?php while (have_posts()) : the_post(); ?>
  <!-- content -->
<?php endwhile; ?>
```

전역변수

전역변수는 워드프레스가 실행되는 환경에서라면 어느 위치에서도 값을 가져다 쓸 수 있도록 정의된 변수다. 이들 변수에는 모든 종류의 정보가 저장되는데, 예를 들면 루프 콘텐츠나 작성자 및 사용자 정보, 워드프레스 설치에 사용된 MySQL 데이터베이스로의 접속정보 등의 환경변수 값도 포함된다. 전역변수는 정보를 가져오는 목적으로만 사용해야 하며 절대로 이 변수에 값을 직접 저장하면 안 된다. 워드프레스의 코어나 확장 기능이 이 값을 쿼리와 페이지 로딩, 포스트 처리 등의 모든 과정에서 사용하므로 전역변수의 값을 덮어 쓰면 예측하기 힘든 오작동이 반드시 발생한다. 블로그 이용자나 글쓴이 모두 이러한 오작동 상황을 원하지는 않을 것이다. 아무튼 전역변수를 이용해서 포스트 데이터를 변경하는 방법과 루프 밖에서 후처리용 함수를 활용하는 코드 예제를 알아보자.

포스트 데이터

앞에서 루프처리 과정의 가장 중요한 단계인 the_post() 함수의 호출 방법을 알아보았다. 일단 이 함수를 호출한 후에는 출력된 포스트와 관련된 모든 워드프레스 데이터에 접근할 수 있게 된다. 이 데이터는 $post 전역변수에 저장되며, $post 변수에는 페이지에 출력된 최근 포스트의 데이터가 저장된다. 즉 루프에서 열 개의 포스트를 출력했다고 하면 $post 변수에는 열 번째로 출력된 포스트의 데이터가 저장된다. 다음은 $post 전역변수를 이용하여 포스트 제목과 콘텐츠를 출력하는 예제다. PHP 함수인 print_r을 사용하여 배열값을 출력할 수도 있다.

```php
<?php
global $post;
echo $post->post_title; // 포스트 제목을 출력한다.
echo $post->post_content; // 포스트 내용을 출력한다.
print_r($post); // $post 배열에 저장된 데이터를 모두 출력한다.
?>
```

$post 전역변수에 저장된 콘텐츠는 아무 가공도 하지 않은 콘텐츠다. 즉 콘텐츠의 출력내용을 변경하는 플러그인이 아무리 많이 있더라도 전역변수에 저장된 원래의 콘텐츠에는 아무런 영향을 미치지 않는다는 것이다. 예를 들면, 포스트에 첨부된 이미지를 모두 출력하는 [galley]라는 숏코드가 포스트 콘텐츠에 있다고 하자. $post

전역변수의 콘텐츠를 요청하면 실제 이미지가 아니라 [gallery]라는 숏코드만 반환된다는 것이다. 워드프레스에는 어디서든 호출할 수 있는 템플릿 태그를 이용하면 이들 값을 얻을 수 있으며, 대부분의 경우 템플릿 태그를 이용하도록 추천한다는 것을 잊지 말자. 예를 들면, 포스트의 고유주소를 알아내고 싶다면 다음과 같은 방법을 이용한다.

```php
<?php
global $post;
echo get_permalink($post->ID); // 현재 포스트의 고유주소를 출력한다.
?>
```

이에 대해서는 '루프 밖에서의 작업' 부분에서 좀 더 자세히 다룬다.

작성자 데이터

$authordata는 화면에 출력된 포스트 작성자의 정보를 가지고 있는 전역변수다. 독자는 이 전역변수를 이용해서 작성자 이름을 화면에 출력할 수 있다.

```php
<?php
global $authordata;
echo 'Author: ' .$authordata->display_name;
?>
```

$authordata 변수는 루프 내에서 the_post() 함수 내에 setup_postdata() 함수가 호출되는 과정에서 생성된다. 즉 $authordata 전역변수는 루프가 최소 한 번이라도 실행되어야만 생성된다는 문제가 있다. 또 다른 문제는 전역변수가 필터 훅에 전달되지 않기 때문에 이 기능을 사용하는 플러그인은 정상적으로 실행되지 않을 수가 있다는 것이다.

포스트 데이터를 가져오는 경우와 같이 작성자의 메타데이터에 접근하는 추천 방법은 워드프레스의 템플릿 태그를 사용하는 것이다. 예를 들면, 작성자의 화면표시용 이름을 출력할 경우에는 다음 방법을 이용한다.

```php
<?php
echo 'Author: ' .get_the_author_meta('display_name');
?>
```

get_the_author_meta()와 the_author_meta() 함수는 모두 콘텐츠 작성자와 관련된 메타데이터를 가져올 때 사용한다. 게다가 이 템플릿 태그가 루프 내에서 사용되었다면 사용자의 ID 값을 전달할 필요도 없다. 만약 이 템플릿 태그가 루프 밖에서 실행되었다면 작성자가 누군인지 알아내야 하므로 사용자 ID가 필요하다.

사용자 데이터

$current_user 전역변수는 현재 로그인 상태인 사용자의 정보를 가지고 있다. 다음 예제는 로그인한 사용자의 화면표시용 이름을 출력하는 방법을 보여준다.

```php
<?php
global $current_user;
echo $current_user->display_name;
?>
```

이 예제는 다음과 같이 사용자에게 로그인을 환영한다는 메시지를 보여줄 때 특히 유용하다. 한편 워드프레스에서는 화면표시 이름이 사용자 이름을 표시하는 기본값이라는 점을 잊지 않도록 한다.

```php
<?php
global $current_user;
If ($current_user->display_name) {
  echo 'Welcome ' .$current_user->display_name; }
?>
```

환경 데이터

워드프레스에는 브라우저 탐지용 전역변수도 있다. 다음 예제는 워드프레스에서 전역변수를 이용하여 사용자의 브라우저 버전을 알아내는 방법을 보여준다.

```php
<?php
global $is_lynx, $is_gecko, $is_IE, $is_opera, $is_NS4,
$is_safari, $is_chrome, $is_iphone;
If ($is_lynx) {
  echo "You are using Lynx";
}Elseif ($is_gecko) {
  echo "You are using Firefox";
}Elseif ($is_IE) {
  echo "You are using Internet Explorer";
```

```
}Elseif ($is_opera) {
  echo "You are using Opera";
}Elseif ($is_NS4) {
  echo "You are using Netscape";
}Elseif ($is_safari) {
  echo "You are using Safari";
}Elseif ($is_chrome) {
  echo "You are using Chrome";
}Elseif ($is_iphone) {
  echo "You are using an iPhone";
}
?>
```

이 예제는 특정 브라우저용 기능을 구현해야 하는 웹사이트를 만들어야 할 때 매우 유용하다. 언제나 그렇듯이 가능하면 웹 표준에 맞게 사이트를 구축하는 것이 최선이고, 기능이나 버전이 낮은 브라우저에 대해서는 일부 기능을 제외하는 방식이 최선이다. 대부분의 상황에서는 이런 방식을 사용하는 것이 매우 유익한데, 예를 들면 $is_iphone 변수를 이용해서 아이폰 사용자용 스타일시트를 별도로 제공하는 식이다.

워드프레스에서는 또한 웹사이트가 운영되는 서버의 종류도 $is_IIS와 $is_apache 전역변수를 이용해서 저장한다. 예를 들면 다음과 같다.

```
<?php
global $is_apache, $is_IIS;
If ($is_apache) {
  echo 'web server is running Apache';
}Elseif ($is_IIS) {
  echo 'web server is running IIS';
}
?>
```

웹사이트를 운영하는 웹서버에 따라 각기 다른 코드를 생성하도록 할 수 있다. 개발자라면 플러그인과 테마가 자신이 개발했던 환경과 다른 웹서버에서도 실행될 수 있다는 것을 고려해야 하며, 사용자가 그 기능을 어떻게 사용하게 될지에 대해서도 체크해 볼 필요가 있다.

전역변수와 템플릿 태그의 용도

일반적으로 템플릿 태그를 쓸 수 있는 곳에서는 템플릿 태그를 이용한다. 하지만 템플릿 태그를 이용하기 힘든 상황이 있다. 이럴 때는 전역변수를 대신 이용하여 필요한 정보를 얻도록 한다. 또한 전역변수를 이용하면 플러그인의 콘텐츠의 내용을 목적대로 변경해 버리기 이전에 미가공unfiltered 원본 콘텐츠로 작업할 수 있다. 즉 독자의 소스코드가 원본 콘텐츠를 가져오게 되면 다음 코드처럼 플러그인 필터를 적용할 수 있다.

```
<?php apply_filters('the_content', $post->post_content);?>
```

"루프 밖에서의 작업" 절에서 좀 더 자세하게 논의하겠지만, 전역변수는 루프 내에서도 이용할 수 있다. 하지만 다시 한번 강조하고 싶은 주의사항은 전역변수는 읽기 전용으로만 사용해야 하고 혹시라도 값을 변경하면 부작용이 생길 수 있다는 점이다.

루프 밖에서의 작업

때때로 현재 출력된 포스트에 대한 정보를 얻거나, 변경하는 작업을 루프 밖에서 해야 할 때가 있다. 워드프레스는 정교하게 포스트를 처리할 수 있는 다양한 함수를 제공한다. 전역변수를 이용하는 방법외에도 현재 보고 있는 포스트나 지정한 포스트에 대한 원본 정보를 가져오는 다양한 함수가 있다. 다음은 루프 밖에서의 작업에서 자주 이용되는 함수 목록이다.

- ▶ wp_list_pages() 페이지 목록을 링크로 출력한다.
- ▶ wp_list_categories() 카테고리 목록을 링크로 출력한다.
- ▶ wp_list_bookmarks() 링크 서브패널에 저장된 링크를 출력한다.
- ▶ wp_tag_cloud() 태그를 이용하여 태그 클라우드를 출력한다.
- ▶ get_permalink() 포스트의 고유주소를 반환한다.
- ▶ next_posts_link() 이전 포스트로 이동하는 링크를 출력한다.
- ▶ previous_posts_link() 다음 포스트로 이동하는 링크를 출력한다.

앞에 커스텀 루프 예제에서 next_post_link()와 previous_posts_link()를 이용하여 내비게이션 링크를 만드는 방법에 대해서는 이미 알아보았다. 이제는 실제 상황에서 사용되는 예제를 통해 함수의 동작을 알아본다. 워드프레스 테마의 대부분의 메뉴는 wp_list_pages() 함수를 사용하여 생성된다. 이 함수는 페이지를 목록 형식으로 반환하므로 함수를 호출할 때 다음과 같이 <ul> 태그로 감싸주는 게 중요하다.

```
<ul>
  <?php wp_list_pages('title_li='); ?>
</ul>
```

앞의 코드는 링크가 있는 페이지 목록을 생성하는 예제다. 함수의 매개변수인 title_li에게 아무런 값을 주지 않으면 페이지에 기본으로 출력되는 제목이 생략된다. 이 함수는 다음과 같은 메뉴를 생성한다.

```
<ul>
  <li class="page_item page-item-1">
    <a href="http://example.com/about/" title="About">About</a>
  </li>
  <li class="page_item page-item-2">
    <a href="http://example.com/order/" title="Order">Order</a>
  </li>
  <li class="page_item page-item-3">
    <a href="http://example.com/contact/" title="Contact">Contact</a>
  </li>
</ul>
```

또한 새로운 함수인 wp_page_menu() 함수를 이용하여 페이지 메뉴를 생성할 수도 있다. 이 함수를 이용하면 몇 가지 장점이 있다. 첫째는 페이지 목록에 자동으로 홈 링크를 붙일 수 있는 show_home 매개변수를 이용할 수 있다. 또한 앞에서처럼 제목을 없애려고 title_li 변수를 이용할 필요도 없다. 게다가 이 함수는 메뉴 앞뒤를 사용자가 정의할 수 있는 커스텀 <div>로 둘러싸도록 한다. 이 함수를 사용하는 다음 예를 보자.

```
<?php wp_ page_menu('show_home=1&menu_class=my-menu&sort_
column=menu_order'); ?>
```

메뉴를 생성하는 또 다른 공통 함수는 wp_list_categories()다. 이 함수는 카테고리와 서브카테고리를 목록으로 보여준다. 다음 예제를 보자.

```
<ul>
  <?php wp_list_categories('title_li=&depth=4&orderby=name&exclud
e=8,16,34'); ?>
</ul>
```

앞의 코드는 링크가 있는 카테고리 목록을 만드는 예제다. 앞에서 기본 '카테고리' 제목을 제거할 목적으로 title 매개변수에 빈 값을 설정했듯이, depth 매개변수 값은 4로 설정하였다. depth 매개변수는 목록에 포함되는 카테고리 계층의 레벨을 결정한다. 그리고 카테고리는 이름 순서대로 정렬된다. 또한 카테고리 ID가 8, 16, 34인 세 개의 카테고리는 제외된다. 보통 next_posts_link()와 previous_posts_link()는 루프가 끝난 바로 다음에서 사용된다.

이 두 개의 함수는 웹사이트에서 더 많은 포스트를 보는데 필요한 이전 링크와 다음 링크를 만든다. next_posts_link() 함수는 실제로는 과거 포스트를 부르는데, 그 이유는 워드프레스에서는 역 시간순으로 포스트를 나열하므로 다음 링크의 포스트는 시간순으로 볼 때 더 과거에 해당하기 때문이다. 이제 루프 밖에서 포스트 한 개를 불러온다고 해보자. 이 작업을 하려면 get_post() 함수를 사용해서 포스트 데이터를 불러와야 한다. 다음은 ID가 178번인 포스트의 데이터를 불러오는 예제다.

```php
<?php
$my_id = 178;
$myPost = get_post($my_id);
echo 'Post Title: ' .$myPost->post_title .'<br>';
echo 'Post Content: ' .$myPost->post_content .'<br>';
?>
```

get_post() 함수에는 포스트 ID 값만 매개변수로 넣어주면 된다. 이 값은 정수형 변수를 이용해서 넣어야 하며, 혹시라도 숫자를 직접 입력하면 에러가 발생한다. 선택적으로 두 번째 매개변수를 사용할 수 있는데 이를 이용해서 반환값의 타입을 객체나 연관배열associative array 또는 숫자배열numeric array 중에서 고를 수 있다. 기본 반환값은 객체 타입이다. 다음 코드는 연관배열로 반환받는 예제다.

```php
<?php
$my_id = 178;
$myPost = get_post($my_id, ARRAY_A);
echo 'Post Title: ' .$myPost['post_title'] .'<br>';
echo 'Post Content: ' .$myPost['post_content'] .'<br>';
print_r($myPost);
?>
```

어떤 타입의 반환값을 고르더라도 get_post() 함수의 반환값은 데이터베이스에서 직접 가져온 로우 콘텐츠가 된다.

루프 안에서라면 적용되었을 필터나 변환작업은 반환값에는 적용되지 않는다. 이를 해결하는 방법은 get_post() 함수를 사용할 때 setup_postdata() 함수도 사용하여 전역 포스트 데이터와 템플릿 태그를 셋업하는 것이다.

```php
<?php
$my_id = 178;
$myPost=get_post($my_id);
setup_postdata($myPost);
the_title();
the_content();
?>
```

get_post() 함수는 워드프레스 내부의 객체 캐시를 사용한다. 즉 불러올 포스트가 이미 캐시에 저장돼 있다면 데이터베이스 쿼리를 하지 않는다는 뜻이다. 이러한 이유로 이 함수는 루프의 밖에서도 포스트를 매우 빠르고 효과적으로 불러올 수 있다.

함수 중에는 루프의 안과 밖에서도 모두 사용 가능한 것도 있다. 예를 들면, 특정 작성자의 메타정보를 불러올 때는 the_author_meta() 함수를 사용할 수 있는데, ID가 1인 사용자의 이메일 주소는 `<?php the_author_meta('user_email',1); ?>`라고 할 수 있다. the_authro_meta() 함수를 루프 밖에서 사용할 때는 매개변수에 작성자 ID를 넣어야 한다는 것을 상기하자. 반대로 루프 안에서 이 함수를 호출할 때는 작성자 ID를 넣을 필요가 없으며 현재 포스트를 기준으로 작성자 정보를 불러온다.

워드프레스에는 루프의 밖에서 포스트의 개별 데이터를 불러오는 함수도 있다. 예를 들면, get_the_title() 함수를 이용하여 다음과 같이 포스트 ID에 해당하는 제목을 불러올 수 있다.

```php
<?php
echo 'Title: ' .get_the_title(178);
?>
```

또한 개별 포스트에서 메타 데이터(커스텀 필드)를 가져오는 함수도 있다. 이 경우에는 다음 예제처럼 get_post_meta() 함수를 사용한다.

```php
<?php
echo 'Color: ' .
get_post_meta(178, 'color', true);
?>
```

get_post_meta() 함수는 post ID와 key와 single이라는 세 개의 매개변수를 받는다. post ID는 메타데이터를 불러올 포스트 ID를 말한다. key는 불러올 메타값의 이름이다. 세 번째 옵션값은 반환값을 배열로 할지 또는 단일값으로 할지를 결정한다. 기본값은 false이며 배열이 반환된다. 예제에서는 이 값을 true로 설정하였으므로 단일 색깔에 해당하는 값이 반환된다.

이상으로 워드프레스에서 콘텐츠를 선택하고 출력하는 기본 원리를 알아보았고, 이 함수들을 구현하는 데 필요한 코드를 배치할 때 도움이 되는 워드프레스 코어에 대해 살펴보았다. 사실 워드프레스의 진짜 강력한 기능은 플러그인과 테마를 활용한 확장 능력에 있다고 할 수 있다. 드디어 6장에서는 워드프레스의 데이터 모델에 대해 알아보고자 한다. 워드프레스의 콘텐츠나 사용자, 메타데이터 등에 사용되는 다양한 데이터 아이템의 저장방식과 관련성을 알아본 후, 이를 기초로 하여 플러그인 제작의 모든 것을 7장에서 알아보기로 하자. 또한 테마 기능도 플러그인과 마찬가지로 워드프레스의 기능을 확장하고 개인화할 수 있는 주요한 기능이다. 8장에서는 템플릿과 콘텐츠 출력에 있어서 루프의 역할에 대해 좀 더 심도있게 알아본다.

데이터 관리

6장에서 다루는 내용

▶ 워드프레스 데이터베이스의 이해

▶ 데이터베이스 테이블간 관계의 이해

▶ 워드프레스 데이터베이스 클래스 다루기

▶ 커스텀 쿼리 디버깅

▶ 커스텀 택소노미 생성

현재 인터넷에 있는 대부분 웹사이트는 데이터베이스를 이용하여 정보를 저장한다. 워드프레스도 마찬가지로써 MySQL을 데이터베이스 백엔드로 이용한다. 데이터베이스에는 웹사이트에 모든 정보가 저장되는데, 예를 들면 콘텐츠와 사용자, 링크와 메타데이터, 설정정보 등이다. 6장에서는 데이터가 어떻게 저장되며, 어떤 데이터가 저장되는지, 그리고 워드프레스가 그 데이터를 이용하여 어떻게 멋진 웹사이트를 구성하는지를 알아본다.

데이터베이스 스키마

워드프레스를 설치하면 데이터베이스에 11개의 테이블이 기본적으로 생성된다. 워드프레스의 가장 큰 장점 중 하나가 바로 경량화 설계인데 이를 대표하는 게 바로 워드프레스 데이터베이스다. 데이터베이스 설계 방식은 구조는 최소화하되, 개발과 디자인에 필요한 융통성은 최대화하는 게 목표다. 데이터베이스 스키마를 이해하기 위해 다음 다이어그램의 도움을 받아보자.

그림 6-1은 워드프레스를 설치할 때 생성된 데이터베이스 테이블의 구조와 관계를 한눈에 보여준다. 플러그인과 테마도 사용자 정의 테이블을 만드는 기능이 있어서 워드프레스를 이미 설치하여 사용 중이라면 기본 테이블 외에 테이블이 존재할 수 있다.

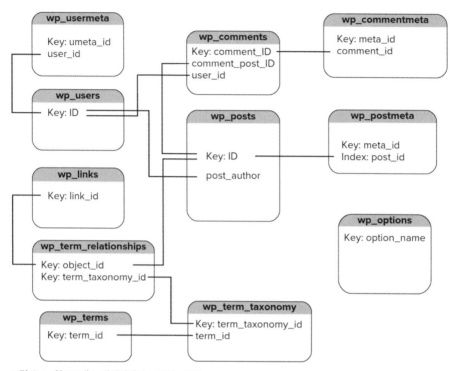

그림 6-1 워드프레스 데이터베이스 다이어그램

워드프레스의 메이저 릴리스가 나오는 경우라면 데이터베이스와 관련된 변경이 있기도 하다. 하지만 대부분은 사소한 변화로써, 예를 들면 테이블 필드의 데이터형 변경이나 더 이상 사용하지 않는 필드 삭제와 같은 것이다. 기존 릴리스와의 하위 호환성backward compatibility 유지 여부는 워드프레스 커뮤니티 내에서 가장 관심을 가지고 있는 사안으로 데이터베이스와 관련된 변경사항을 세세히 살펴보고 있으므로 데이터베이스 변경으로 인해 현재 사용하는 플러그인이나 테마에 영향을 주는 경우는 거의 없다. 다음 코덱스 주소에는 언제라도 찾아볼 수 있는 매우 꼼꼼하게 정리된 데이터베이스 변경기록changelog이 워드프레스 버전별로 정리돼 있다.

http://codex.wordpress.org/Database_Description#Changelog

테이블 구조

워드프레스는 매우 일관된 테이블 구조를 갖는다. 데이터베이스의 각 테이블에는 기본키primary key로 사용하는 고유 ID 필드가 있다. 또한 5장에서 살펴보았듯이, 테마에서 루프를 한 바퀴 돌 때마다 포스트*와 페이지, 그리고 이와 관련된 메타데이터와 댓글을 가져오기 위한 쿼리가 수차례 실행되므로 각 테이블에는 데이터 쿼리 수행 시 검색 속도를 향상시키는 데 사용하는 인덱스 필드가 하나 이상 있다.

테이블 전체를 통틀어 가장 중요한 필드가 바로 고유 ID 필드다. 필드명이 모두 ID라고 이름붙여진 것은 아니나, 테이블 내에 모든 레코드에 고유식별자를 부여하는 자동증분auto-incrementing 필드다. 예를 들면, 처음으로 워드프레스를 설치하면 'Hello world!'라는 제목의 포스트가 생성되는데, 이것이 wp_posts 테이블에 처음으로 생성된 포스트이므로, 1이라는 ID 값을 갖는다. 모든 포스트에는 고유 ID가 있으며, 이를 이용하여 포스트와 관련된 정보를 가져오거나 데이터베이스 내에 다른 테이블의 정보와 결합하는 데 사용된다.

한 가지 주의할 점은 포스트의 수정본과 첨부attachment에 대한 것이다. 각 포스트의 수정본과 첨부는 wp_posts 테이블 내에서 개별 레코드로 저장된다. 즉 포스트의 수정본과 첨부도 각각 고유 ID를 갖게 되므로, 포스트 ID가 순차적이지 않게 된다. 예를 들면, 첫 번째 포스트 ID가 4인데, 두 번째 포스트 ID는 15일 수도 있다. 이는 전적으로 포스트마다 덧붙여 생성된 수정본과 첨부 개수에 따른다고 할 수 있다.

테이블 상세 정보

워드프레스를 기본 설치하면 11개의 데이터베이스 테이블이 생성된다. 다음은 테이블의 목록과 저장된 정보에 대한 상세 설명이다.

- ▶ **wp_comments** 워드프레스의 모든 댓글을 저장한다. 각 댓글은 post ID를 통해 포스트와 연결돼 있다.
- ▶ **wp_commentsmeta** 댓글의 모든 메타데이터를 저장한다.
- ▶ **wp_links** 링크 관리자 기능에서 추가한 모든 링크를 저장한다.

---

* '포스트(post)'는 '글'로 번역해야 하나 포스트가 들어가는 함수명을 설명할 때 이해를 돕고자 '글'로 번역하지 않고 '포스트'로 표기하였다. ─ 옮긴이

▶ **wp_options** 설정(Setting) 메뉴에서 저장한 모든 웹사이트 옵션값을 저장한다. 또한 플러그인 옵션과 지금 쓰고 있는 테마와 플러그인, 기타 정보를 저장한다.

▶ **wp_postmeta** 포스트의 모든 메타데이터(사용자 정의 필드)를 저장한다.

▶ **wp_posts** 모든 포스트와 페이지, 미디어 레코드와 수정본을 저장한다. 대부분의 경우 워드프레스 테이블 중에서 가장 크기가 크다.

▶ **wp_terms** 웹사이트에서 정의된 모든 택소노미 용어^{taxonomy term}를 저장한다.

▶ **wp_term_relationships** 포스트와 링크 등의 콘텐츠와 택소노미 용어를 결합한다.

▶ **wp_term_taxonomy** 각 용어에 할당된 택소노미를 정의한다.

▶ **wp_users** 웹사이트에 생성된 모든 사용자 정보(계정, 비밀번호, 이메일)를 저장한다.

▶ **wp_usermeta** 사용자의 메타데이터(이름, 별명, 등급 등)를 저장한다.

이처럼 각 테이블은 워드프레스 내에서 담당하는 고유 역할이 있다. 이제는 그 중에서도 가장 자주 사용되는 테이블을 이용하는 방법을 예제와 함께 살펴본다.

웹사이트 내에 콘텐츠를 가져오려면 wp_posts 테이블을 이용한다. 이 테이블에는 모든 포스트와 페이지, 첨부와 수정본이 저장돼 있다. 첨부의 경우, 첨부 기록만 테이블에 포함되며 첨부 내용은 포함되지 않고 호스팅 서버에 파일 형식으로 저장된다. 다음은 데이터베이스에서 포스트를 모두 가져오는 SQL 쿼리 예제로, 워드프레스 루프에서 일어나는 동작을 간단히 설명한다.

```
SELECT * FROM wp_posts
WHERE post_type = 'post'
ORDER BY post_date DESC
```

이 쿼리는 wp_posts에서 post_type이 'post'인 모든 레코드를 선택한다. post_type 필드에는 콘텐츠가 형식인지에 대한 정보가 있다. 만약 모든 페이지를 가져오려면 값을 'page'로 변경한다. 또한 post_date 필드를 내림차순 정렬하여 포스트가 시간의 역순으로 정렬되어 출력되도록 할 수 있다. 계속해서 데이터를 쿼리하는 방법과 이러한 작업에 도움이 되는 도구에 대해 알아본다.

먼저 wp_posts 테이블 중에서 가장 많이 사용하는 필드에 대해 알아보자. ID 필드가 포스트의 고유 ID라는 사실은 이미 알고 있다. post_author 필드는 포스트 작성자의 고유 ID다. 이 필드를 이용하면 wp_users 테이블에서 작성자별로 데이터를 가져올 수 있다. post_date 필드는 포스트가 생성된 날짜다. post_content 필드는 포스트나 페이지의 콘텐츠를 저장하며, post_title은 콘텐츠의 제목이다.

가장 중요한 필드 중 하나가 post_status다. 워드프레스에는 다음처럼 일곱 개의 각기 다른 포스트 상태가 있다.

- **발행**publish 발행된 포스트나 페이지
- **상속**inherit 포스트 수정본
- **보류**pending 관리자나 편집자의 검토를 기다리는 포스트
- **비밀**private 비밀 포스트
- **예정**future 예정된 날짜와 시간이 되면 발행되도록 설정된 포스트
- **임시**draft 작성 중이며, 초안 상태인 포스트
- **삭제**trash 현재 휴지통에 담긴 복구 가능한 상태의 포스트

포스트 상태는 기여자contributor가 자신의 권한을 넘어서는 행위를 할 때 이를 막는 역할도 한다. 11장에서 각 역할의 사용법에 대해 알아보고, 이러한 역할이 콘텐츠 관리 흐름에 미치는 영향에 대해서는 12장에서 알아본다.

post_type도 이 테이블에 저장된다. 이 값은 각기 다른 워드프레스 콘텐츠 타입인 포스트와 페이지, 수정본과 첨부를 구별하는 데 사용한다. 워드프레스 버전 2.9부터는 커스텀 포스트 타입 생성 기능이 들어갔는데, 이로 인해서 커스텀 포스트 타입은 제한없이 늘어날 수 있게 되었다.

wp_users 테이블에는 사이트에 등록된 사용자 계정 정보가 저장된다. 이 테이블도 ID 필드를 사용자 레코드용 고유 식별자로 사용한다. user_login 필드는 워드프레스 로그인할 때 반드시 사용하게 되는 사용자명이다. user_pass 필드에는 phpass 방식으로 암호화된 사용자 비밀번호가 저장된다. user_email 필드에는 등록된 사용자의 이메일 주소가 저장된다. user_url 필드에는 사용자의 웹사이트가 저장되며, user_registerd 필드에는 등록날짜가 저장된다.

다음으로 wp_comments 테이블에 대해 알아보자. 이 테이블에는 웹사이트내 모든 댓글과 핑백pingback, 트랙백trackback이 저장된다.

댓글 레코드를 살펴보면 이 테이블에서는 ID에 해당하는 필드명이 comment_ID임을 알 수 있다. ID라고 이름 짓지는 않았지만 테이블 내에서 고유 식별자로써 역할을 하는 것은 맞다. comment_post_ID는 댓글이 달린 포스트의 고유 ID다. 여기서 기억해 두어야 할 것은 워드프레스에서는 로그인하지 않아도 댓글을 달 수 있도록 기본 설정돼 있다는 것이다. 이런 이유로 사용자 테이블에도 이와 비슷한 필드가 존재한다.

comment_author 필드에는 댓글 작성자의 이름을 저장한다. 댓글이 핑백이나 트랙백이라면 여기에는 핑을 보낸 포스트명이 저장된다. comment_author_email 필드에는 댓글 작성자의 이메일 주소가 들어가며, comment_author_url에는 웹사이트 주소가 들어간다. 댓글이 생성된 날짜를 저장하는 comment_date는 중요한 필드 중하나다. 이 필드를 사용해야만 화면에 제대로 된 순서로 댓글을 출력할 수 있다.

워드프레스 데이터베이스 클래스

워드프레스에는 데이터베이스를 직접 다룰 수 있는 메소드 함수method function를 가진 객체 클래스object class가 있다. 이 데이터베이스 클래스를 wpdb라고 부르며, wp-includs/wp-db.php 내에 있다. PHP 코드에서 워드프레스 데이터베이스를 쿼리한다는 것은 바로 wpdb 클래스를 사용한다는 의미다. 워드프레스에서 이 클래스를 사용하는 이유는 최대한 안전한 방식으로 쿼리 작업을 수행하기 위해서다.

단순 데이터베이스 쿼리

wpdb 클래스를 이용하려면 반드시 $wpdb를 전역변수로 정의해 둔 다음, 호출해야 한다. 즉 $wpdb 함수를 호출하기 직전에 다음 한 줄만 추가하면 된다.

```
global $wpdb;
```

wpdb 클래스의 함수 중 가장 중요한 것이 prepare 함수다. 이 함수의 역할은 SQL 쿼리로 사용할 변수에 이스케이프 문자열을 추가하는 것이다. 이는 웹사이트에 대한 SQL 인젝션 공격을 예방하는 데 꼭 필요한 절차다. 모든 쿼리는 실행되기 전에 prepare 함수를 거쳐야 한다. 다음 예제를 보자.

```php
<?php
$field_key = "address";
$field_value ="123 Elm St";
$wpdb->query( $wpdb->prepare("INSERT INTO $wpdb->my_custom_table
  ( id, field_key, field_value ) VALUES ( %d, %s, %s )",1,
  $field_key, $field_value) );
?>
```

이 예제는 기본 테이블이 아닌 사용자가 직접 생성한 my_custom_table에 데이터를 추가하는 과정을 보여준다. prepare를 사용할 때는 쿼리에 사용되는 변수를 모두 %s(문자열)과 %d(정수)로 대체해야 하며, 이어서 prepare 함수의 매개변수에 해당하는 변수를 정확히 순서대로 나열한다. 앞의 예제를 보면 %d에는 1이, 첫 번째 %s에는 $field_key가, 두 번째 %s에는 $field_value가 들어간다. prepare 함수는 쿼리가 사용되는 곳이면 앞으로 계속해서 들어간다.

앞의 예제에는 워드프레스 내에 테이블을 참조하기 위해 $wpdb->my_custom_table을 이용한다. 만약 테이블명 접두어 규칙이 wp_라고 하면, 이 테이블명은 wp_my_custom_table이라고 변경된다. 이처럼 워드프레스 데이터베이스에서 테이블을 이용한 작업을 할 때는 올바른 테이블 접두어를 결정해야 원활한 작업이 된다.

wpdb 쿼리 메소드는 단순 쿼리에만 사용한다. 이 함수는 주로 INSERT와 UPDATE, DELETE 문에 사용된다. 즉, 단순 쿼리에만 사용한다는 것이 SQL SELECT만 사용하냐는 의미는 아니며, 데이터베이스에 사용되는 다양한 SQL 문을 사용할 수 있다. 다음은 기본 쿼리 함수의 예다.

```php
<?php
$wpdb->query( $wpdb->prepare(" DELETE FROM $wpdb->my_custom_table
  WHERE id = '1' AND field_key = 'address' " ) );
?>
```

이처럼 wpdb 클래스 쿼리 함수를 이용해서 ID 값이 1이면서 field_key가 'address'인 레코드를 삭제할 수도 있다. 물론 쿼리 함수를 이용하면 워드프레스 데이터베이스의 어떤 SQL 쿼리도 실행할 수 있으나, 다른 데이터베이스 객체 클래스 함수들은 SELECT 쿼리에 잘 맞는다. 예를 들면, get_var 함수는 데이터베이스에서 단일 변수값을 가져오는 데 주로 사용된다.

```php
<?php
$comment_count = $wpdb->get_var($wpdb->prepare("SELECT COUNT(*)
  FROM $wpdb->comments;"));
echo '<p>Total comments: ' . $comment_count . '</p>';
?>
```

이 예제는 워드프레스 내에 모든 댓글 개수를 가져와서 총 개수를 화면에 표시한다. 결과적으로 한 개의 숫자 값만 반환되지만, 쿼리의 전체 결과를 담은 세트가 캐시된다. 쿼리를 할 때는 실제로 필요한 데이터만 검색되도록 WHERE 절을 이용해서 쿼리를 결과로 받을 데이터의 세트를 제한하는 것이 가장 좋다. 앞의 예제를 보면 필요한 것은 댓글의 총 개수뿐이지만 쿼리 결과는 모든 댓글 레코드 열이 반환된다. 즉 대형 웹사이트의 경우라면 최대 메모리 이용량이 상당히 높아진다.

복합 데이터베이스 작업

전체 테이블 열을 검색하려면 get_row 함수를 이용해야 한다. get_row 함수는 데이터를 반환할 때 객체나 연관배열associative array, 수치색인배열numerically indexed array 등이 가능하다. 각각의 열은 객체 형식으로 반환되며, 이 경우 객체는 포스트별 데이터의 인스턴스다. 다음 예제를 보자.

```php
<?php
$thepost = $wpdb->get_row( $wpdb->prepare( "SELECT *
  FROM $wpdb->posts WHERE ID = 1" ) );
echo $thepost->post_title;
?>
```

이 예제는 ID가 1인 열의 데이터를 가져온 후 포스트 제목을 화면에 표시한다. $thepost 객체의 속성은 방금 쿼리한 테이블에서 가져온 칼럼명이며, 이 예제에서 사용한 테이블은 wp_posts다. 결과를 배열로 받고 싶다면 get_row 함수를 사용할 때 매개변수를 추가한다.

```php
<?php
$thepost = $wpdb->get_row( $wpdb->prepare( "SELECT *
  FROM $wpdb->posts WHERE ID = 1" ), ARRAY_A );
print_r ($thepost);
?>
```

get_row 함수에서 ARRAY_A 매개변수를 사용함으로써 포스트 데이터가 연관배열로 반환된다. 그 외에도 ARRAY_N 매개변수를 사용하면 포스트 데이터가 수치색인배열로 반환된다.

표준 SELECT 쿼리에서는 데이터베이스에서 다중열multiple row 데이터를 가져올 때 get_results 함수를 사용해야 한다. 다음 함수를 이용하면 SQL 결과 데이터가 배열로 반환된다.

```php
<?php
$liveposts = $wpdb->get_results( $wpdb->prepare("SELECT ID, post_title
  FROM $wpdb->posts WHERE post_status = 'publish'") );

foreach ($liveposts as $livepost) {
  echo '<p>' .$livepost->post_title. '</p>';
}
?>
```

앞의 예에서는 발행된 모든 포스트를 쿼리한 후 포스트 제목만 화면에 출력한다. 쿼리 결과는 $liveposts 배열에 저장되어 반환되며 쿼리값을 출력하기 위해 루프를 돌린다.

워드프레스 데이터베이스 클래스에는 UPDATE와 INSERT 문에 사용하는 전용함수 specific function 기능이 있다. 이 두 함수는 커스텀 SQL 쿼리를 만들 필요가 없는데, 이는 워드프레스가 이 함수에 전달되는 값에 근거해 저절로 만들기 때문이다. insert 함수가 어떻게 구성되는지 살펴보자.

```
$wpdb->insert( $table, $data );
```

$table 변수는 값을 추가하고 싶은 테이블명이다. $data 변수는 이 테이블에 추가할 필드명과 데이터로 구성된 배열이다. 예를 들면, 데이터를 사용자 정의 테이블에 추가하려면 다음과 같이 실행한다.

```
<?php
$newvalueone = 'Hello World!';
$newvaluetwo = 'This is my data';
$wpdb->insert( $wpdb->my_custom_table, array( 'field_one' => $newvalueone,
  'field_two' => $newvaluetwo ) );
?>
```

우선 두 개의 변수를 준비하여 추가할 데이터를 저장한다. 다음으로 변수를 배열로 구성한 후 insert 함수를 실행한다. 추가할 두 개의 필드를 field_one과 field_two로 설정한 것에 주목하자. 해당 필드에 데이터를 추가하는 거라면 테이블 내에 어떤 필드도 이용할 수 있다.

update 함수는 insert 함수와 거의 동일하게 동작하며, 어떤 레코드를 업데이트할 것인지를 워드프레스에게 알려주기 위해 WHERE 절을 지정해야 한다는 것만 다르다.

```
$wpdb->update( $table, $data, $where );
```

$where 변수는 SQL WHERE 절에 사용할 필드명과 데이터의 배열이다. 여기에는 업데이트할 필드의 고유 ID를 지정하는 게 일반적이지만, 테이블 내에 다른 필드명을 사용할 수도 있다.

```php
<?php
$newtitle = 'My updated post title';
$newcontent = 'My new content';
$my_id = 1;
$wpdb->update( $wpdb->posts, array( 'post_title' => $newtitle,
  'post_content' => $newcontent ), array( 'ID' => $my_id ) );
?>
```

우선 업데이트에 사용할 제목과 콘텐츠 변수를 저장한다. 또한 업데이트할 포스트 ID 값을 $my_id 변수에 저장하고, update 함수를 실행한다. 여기서 함수의 세 번째 매개변수가 WHERE 절의 값을 갖는 배열인 포스트 ID라는 사실에 주목하자. 앞의 쿼리는 ID가 1인 포스트의 제목과 내용을 업데이트한다. 한편 테이블 레코드를 업데이트할 때는 WEHRE 매개변수의 다중값을 보낼 수도 있음을 잊지말자.

지금까지 설명한 insert와 update 함수는 prepare 함수를 사용할 필요가 없다. 그 이유는 이 두 함수는 쿼리가 완성돼 실행되기 전에 사실상 prepare 함수를 호출하기 때문이다. 이러한 까닭에 워드프레스에서 직접 insert와 update 쿼리를 구성하는 것보다는 메소드를 사용하는 것이 훨씬 쉽다.

에러 처리

쿼리 작업을 할 때 에러 메시지를 보게 되면 사실은 반가워해야 한다. 커스텀 쿼리의 문제로 아무런 반환값이 없다면 쿼리에 어떤 문제가 있는지 알아내는 게 쉽지 않기 때문이다. wpdb 클래스는 MySQL 에러를 페이지에 출력하는 함수를 제공한다. 다음에서는 이 함수 사용법을 살펴본다.

```php
<?php
$wpdb->show_errors();
$liveposts = $wpdb->get_results( $wpdb->prepare("SELECT ID, post_title
  FROM $wpdb->posts_FAKE WHERE post_status = 'publish'") );
$wpdb->print_error();
?>
```

show_errors 함수는 쿼리를 실행하기 직전에 호출하며, 반대로 print_error 함수는 쿼리를 실행한 직후 호출한다. 만약 SQL 문에 에러가 있다면 즉시 에러 메시지가 출력된다. MySQL의 에러 메시지를 감추려면 $wpdb->hide_errors() 함수를 호출하며, 캐시된 쿼리 결과를 삭제할 때는 $wpdb->flush() 함수를 실행한다.

데이터베이스 클래스에는 워드프레스 쿼리의 정보를 저장하는 추가 변수가 있다. 다음 목록은 이러한 공통 변수들이다.

```
print_r($wpdb->num_queries); // 총 쿼리 실행 횟수
print_r($wpdb->num_rows ); // 최종 쿼리에서 반환된 행의 총 개수
print_r($wpdb->last_result ); // 가장 최근의 쿼리 결과
print_r($wpdb->last_query ); // 가장 최근의 실행한 쿼리
print_r($wpdb->col_info ); // 가장 최근의 쿼리의 열 정보
```

또다른 강력한 데이터베이스 변수 중 하나는 $queries 변수다. 이 변수에는 워드 프레스에서 실행되는 모든 쿼리가 저장된다. 이 변수를 사용하려면 wp-config.php 파일에서 SAVEQUERIES 값을 true로 먼저 설정한다. 이 값이 설정되면 워드프레스는 매 페이지가 로드될 때마다 실행된 쿼리를 모두 $queries 변수에 저장한다. 우선 wp-config.php 파일에 다음 코드를 추가해보자.

```
define('SAVEQUERIES', true);
```

이렇게 정의함으로써 모든 쿼리 결과가 $queries 변수에 저장된다. 쿼리 정보를 모두 출력하려면 다음과 같이 한다.

```
print_r($wpdb->queries); // 페이지 로딩 중 발생하는 모든 쿼리를 저장한다.
```

플러그인에서 발생시키는 쿼리가 꽤 많다면 워드프레스의 전반적인 로딩 속도가 떨어지는데 앞의 방법으로 이 문제를 해결할 수 있다. 하지만 쿼리를 모두 저장하도록 설정하는 것도 로딩 속도를 떨어뜨리므로 문제가 해결된 후에는 SAVEQUERIES 옵션을 false로 설정하는 것을 잊지 않아야 한다.

데이터베이스 쿼리 클래스는 워드프레스 데이터베이스를 직접 다뤄 플러그인을 개발하거나 복잡한 루프를 만들고자 할 때 사용되는 주요 기능이다. 앞에서 다룬 데이디베이스 클래스 함수에는 쿼리가 최대한 안전하게 사용될 수 있도록 이스케이프 문자 추가 기능도 있다. 웹사이트 관리자라면 어느 누구라도 악의를 가진 사용자가 교묘하게 입력창에 SQL 인젝션 기법의 코드를 삽입하여 워드프레스 데이터베이스 테이블 다 삭제해 버리는 상황을 원하지 않을 것이다. 해커가 아무리 입력창에 SQL 문을 교묘하게 삽입할지라도 쿼리 prepare와 이스케이프 추가 기능을 사용하면 이를 확실히 막아준다. 즉 데이터를 불러올 때 이러한 검증된 방법을 사용함으로써 웹사이트의 보안과 효율성을 높일 수 있다.

데이터베이스 직접 조작 방법

사용자가 직접 워드프레스 데이터베이스 데이터를 조작해야 할 경우가 생기기도 한다. 또는 플러그인이나 테마에서 직접 생성한 커스텀 데이터베이스 테이블을 이용해야 할 경우도 있다. 이런 작업을 하려면 MySQL 데이터베이스에서 데이터를 검색하기 위해 SQL문을 사용해야 한다. 워드프레스 API는 워드프레스 내의 모든 테이블에 접근할 수 있는 기능을 제공하므로 사용자가 테이블에 직접 접근해야 할 경우는 매우 드물다는 걸 기억하자. 6장에서 사용한 모든 예제 쿼리는 테이블 선택시 wp_라는 접두어가 붙었는데, 독자의 데이터베이스 테이블의 경우, 워드프레스를 처음 설치할 때 wp-config.php에서 데이터베이스용 접두어로 다른 것을 사용했을 경우도 있다.

워드프레스 데이터베이스를 직접 조작하는 방법 중 대표적인 것은 phpMyAdmin 이다. 그림 6-2에서 보듯, phpMyAdmin은 웹 기반의 무료 소프트웨어 툴이며 대부분의 호스팅 업체가 사용한다. 6장에서 설명한 대부분의 예제는 MySQL에 직접 명령하는 방법이 포함되어 있는데, 이 명령을 실행하려면 SQL 명령어 사용법을 익혀야 한다. 그림 6-2는 phpMyAdmin의 기본 데이터베이스 출력 화면이다.

그림 6-2 phpMyAdmin에서 워드프레스 데이터베이스를 출력한 모습

phpMyAdmin에서 SQL 문을 실행하려면 화면 상단에서 **SQL** 탭을 선택한다. 이 입력창에 워드프레스 데이터베이스에 대해 아무 쿼리나 실행할 수 있다. PHP용 쿼리를 생성할 때는 먼저 phpMyAdmin에서 직접 실행해본 후 옮기는 방식을 추천한다. 그렇게 하는 이유는 아무래도 워드프레스 내에 PHP 코드를 이용하는 것보다는 phpMyAdmin에서 직접 명령어를 실행해 버그를 찾는 방법이 훨씬 빠르기 때문이다. phpMyAdmin에서 쿼리가 완벽히 성공한 후, 그 쿼리를 PHP 코드에 복사하면 결과

도 동일하다는 것을 확신할 수 있다. 다음의 예제에서 SQL 쿼리문을 직접 사용해보자. 한 가지 기억해 둘 것은 테마나 플러그인에서 쿼리를 실행할 경우에는 워드프레스 데이터베이스 클래스의 쿼리도 감싸야 한다는 것이다.

가장 많이 사용되는 테이블 중 하나가 wp_posts다. 이 테이블에는 모든 포스트와 페이지, 수정본과 첨부기록이 저장된다는 사실을 기억하자. 콘텐츠 타입 정보는 post_type 필드에 저장된다. 이 필드에는 포스트와 페이지, 첨부와 수정본이라는 네 가지 값이 기본값으로 설정될 수 있다. 워드프레스 버전 2.9부터는 개발자가 사용자 정의 포스트 타입을 직접 정의할 수 있도록 했다. 즉 post_type에 앞의 네 개 타입 외의 값도 저장될 수 있다는 것을 말한다. 데이터베이스 내 포스트의 모든 수정본을 찾아보려면 다음 쿼리를 실행한다.

```
SELECT * FROM wp_posts
WHERE post_type = 'revision'
```

이 값은 post_type이 수정본인 wp_posts 테이블 내에 모든 레코드를 반환한다. 앞의 예제를 조금 고쳐서 워드프레스에 업로드한 포스트에 달린 모든 첨부기록을 보고 싶다면 다음 쿼리를 실행한다.

```
SELECT guid, wp_posts.* FROM wp_posts
WHERE post_type = 'attachment'
```

이 예제를 보면 쿼리에서 반환된 값의 첫 번째 필드로 guid를 이용한다. guid 필드에는 서버에 업로드된 파일의 전체 URL 정보가 저장된다.

wp_options 테이블에는 워드프레스 설치시에 설정했던 모든 설정 정보가 저장된다. 이 테이블의 옵션은 option_name과 option_value 형태로 저장된다. 즉 실제로 호출할 때 사용하는 필드명은 옵션값을 저장할 때 사용한 특정 필드명이 아니라, option_name과 option_value라는 두 개의 필드명을 사용한다. 다음은 이 테이블에서 가장 중요하다고 여겨지는 레코드가 포함된 예제다.

```
SELECT * FROM wp_options
WHERE option_name IN ('siteurl','home')
```

이 쿼리는 두 개의 레코드를 반환하는데, 하나는 option_name이 home인 것과 다른 하나는 option_name이 siteurl인 것이다. 이 두 개의 설정을 통해 워드프레스가 사용하는 웹사이트의 도메인명이 무엇인지 알 수 있다. 웹사이트의 도메인을 변경할 필요가 있을 경우에는 이 두 개의 값을 업데이트하는 다음 쿼리를 사용한다.

```
UPDATE wp_options
SET option_value = 'http://yournewdomain.com'
WHERE option_name IN ('siteurl','home')
```

일단 이 쿼리를 실행하면 즉시 새 도메인으로 웹사이트 주소가 변경된다. 잊지 말아야 할 것은 이 작업은 워드프레스 내에 웹사이트 도메인 주소만 변경했다는 것이다. 포스트와 페이지 내의 첨부 URL도 새 도메인 주소에 맞춰 변경해야 한다. 또한 상용 웹사이트에서 이러한 주소 변경 작업을 할 때는 플러그인도 도메인 주소 정보를 저장할 수 있으니 확인해봐야 한다. 혹시라도 예전 주소로 접속했다면 새 주소로 리다이렉트된다. 이미 로그인된 상태라면 현재의 쿠기와 세션이 만료되므로 다시 로그인해야 한다. 이 방식은 서브도메인(예, new.domain.com)으로 새 웹사이트를 구축해서 기존 URL로의 접속을 모두 새 웹사이트로 돌리고자 할 때 이용하면 꽤 유용하다.

wp_options 테이블에는 다른 중요한 필드도 포함된다. 웹사이트내에 활성화된 플러그인을 모두 보려면 다음과 같이 option_name을 사용하여 쿼리한다.

```
SELECT *
FROM wp_options
WHERE option_name = 'active_plugins'
```

옵션 테이블은 플러그인이 정의한 모든 옵션을 저장한다. 워드프레스 내에 활성화 플러그인은 대부분은 자체 설정 페이지를 제공한다. 이 설정들은 wp_options에 저장되며, 플러그인에서 가져다 쓸 수 있다. 예를 들면, Akismet 플러그인은 akismet_spam_count라는 옵션명으로 스팸성 댓글의 총 수를 저장한다. 이 옵션값을 보려면 다음 쿼리를 실행한다.

```
SELECT * FROM wp_options
WHERE   option_name  = 'akismet_spam_count'
```

wp_users 테이블에는 현재 워드프레스에 등록된 모든 사용자 정보를 저장한다. 웹사이트에 누구나 가입할 수 있도록 등록절차를 셋업했다면 신규 사용자 정보가 wp_users 테이블에 생성된다. 이 테이블에는 사용자명과 비밀번호, 이메일과 웹사이트 주소, 그리고 등록날짜 등이 저장된다. 만약 모든 등록 사용자의 이메일 주소를 출력하고 싶다면 다음 쿼리를 실행한다.

```
SELECT  DISTINCT   user_email
FROM  wp_users
```

이같은 방법으로 간단히 워드프레스 내에 저장된 이메일 주소를 출력할 수 있다. wp_users 테이블을 활용하는 방법 중 중요한 것은 바로 사용자 비밀번호를 초기화하는 기능이다. 초기화하는 방법은 여러 가지 있지만, 만약 워드프레스에 로그인할 수조차 없는 상황이라면 최후의 방법은 데이터베이스에서 직접 초기화하는 것이다. 다음은 MySQL 명령창에서 user_pass 필드를 직접 업데이트하는 방법이다.

```
UPDATE wp_users
SET user_pass = MD5('Hall0w33n')
WHERE user_login ='admin'
LIMIT 1;
```

이 쿼리를 실행하면 관리자 비밀번호가 Hall0w33n으로 변경된다. 새로운 비밀번호를 MD5() 함수로 처리한 것을 주목하자. 워드프레스 버전 2.5부터는 비밀번호가 MD5 함수로 암호화되는 게 아니라, phpass 암호화 라이브러리를 이용하도록 변경되었다. 하지만 워드프레스가 MD5 비밀번호를 인식하여 phpass 암호화로 처리되도록 변경하니 걱정할 필요는 없다. 즉 앞의 쿼리를 실행하면 특별한 문제없이 관리자 비밀번호를 초기화할 수 있다.

wp_comments 테이블에는 웹사이트에 달린 모든 댓글이 저장된다. 구체적으로는 댓글 내용과 작성자, 이메일과 웹사이트 주소, IP 주소 등이 저장된다. 다음은 댓글을 출력하는 쿼리 예제다.

```
SELECT wc.* FROM wp_posts wp
INNER JOIN wp_comments wc ON wp.ID = wc.comment_post_ID
WHERE wp.ID = '1554'
```

이 쿼리는 포스트 ID가 1554인 댓글을 모두 출력한다. wp_comments 테이블에서 주의깊게 봐야 할 것이 바로 user_id 필드다. 웹사이트에 로그인한 사용자가 댓글을 달면, 이 필드에는 그 사용자의 사용자 ID가 저장된다. 다음은 admin이 작성한 댓글 전체를 출력하는 쿼리 예제다.

```
SELECT wc.* FROM wp_comments wc
INNER JOIN wp_users wu ON wc.user_id = wu.ID
WHERE wu.user_login = 'admin'
```

그림 6-1의 데이터베이스 다이어그램에서 화살표는 각 테이블 간의 관계를 나타
낸다. 이 다이어그램은 데이터베이스에서 데이터를 가져오기 위해 사용자가 직접 쿼
리문을 작성하고자 할 때 아주 유용하다. 예를 들면, 어떤 포스트에 달린 모든 댓글을
가져오려면 다음 쿼리를 실행한다.

```
SELECT * FROM wp_comments
INNER JOIN wp_posts ON wp_comments.comment_post_id = wp_posts.ID
WHERE wp_posts.ID = '1'
```

이 쿼리는 포스트 ID가 1인 모든 댓글을 출력한다. 앞에서 wp_comments.comment_
post_ID 필드와 wp_posts.ID 필드를 어떻게 결합했지는 그 방법을 살펴보자. SQL
JOIN이 필요한 이유는 댓글과 포스트간에는 다대일(N:1) 관계가 있기 때문이다. 즉
각 포스트에는 여러 개의 댓글이 달릴 수 있지만 댓글은 오로지 한 개의 포스트와 연
결된다. 이들 두 필드는 다이어그램에서 보듯이 각 테이블상에서 결합된 것으로 나타
난다. wp_users와 wp_usermeta 테이블을 겹합한 또 다른 예제를 보자.

```
SELECT * FROM wp_users
INNER JOIN wp_usermeta ON wp_users.ID = wp_usermeta.user_id
WHERE wp_users.ID = '1'
```

데이터베이스 다이어그램에서 보듯 wp_users.ID 필드는 wp_usermeta.user_
id 필드와 결합된다. 앞의 쿼리는 기본 관리자 계정의 ID 값인 1번 사용자의 모든 정
보와 메타데이터를 불러온다. 다시 한번 강조하면 데이터베이스 다이어그램은 워드프
레스 데이터베이스의 테이블이 인덱스값으로 어떻게 결합되는지와 INNER JOIN 동
작의 논리적 결과가 어떻게 나타날지를 매우 명확히 알려주는 방법이다.

SQL에 관해 더 자세히 알고 싶다면 다음 사이트에 있는 튜토리얼(http://www.
w3schools.com/sql/default.asp)을 추천한다.

워드프레스 택소노미

택소노미taxonomy(분류학)는 유사한 항목을 모아 그룹화하는 방법이다. 이 기능은 웹사이트 콘텐츠에 관계 정보를 더한 것이다. 워드프레스에서는 포스트를 그룹화하는 데 카테고리와 태그를 사용하는데, 이렇게 포스트를 그룹화하는 것이 바로 택소노미다. 카테고리의 경우 서브카테고리를 만드는 방식으로 택소노미를 계층화할 수 있으나, 태그의 경우에는 계층화할 수 없다.

기본 택소노미

워드프레스에는 기본적으로 카테고리와 태그, 링크 카테고리라는 세 개의 기본 택소노미가 있다.

- ▶ **카테고리**category 유사한 포스트를 한꺼번에 그룹화하는 단위
- ▶ **태그**tag 포스트에 붙인 표시
- ▶ **링크**link **카테고리** 유사한 링크를 한꺼번에 그룹화하는 단위

카테고리는 포스트를 작성할 때 정하며, 계층적 구조를 가진다. 태그도 포스트를 작성할 때 정하지만, 계층적 구조는 아니다. 링크 카테고리는 워드프레스의 링크 매니저를 이용해서 유사한 링크를 한꺼번에 그룹화할 때 사용한다. 이 세 가지는 워드프레스가 설치될 때 기본적으로 제공되는 택소노미다.

사용자가 만든 카테고리와 태그는 모두 택소노미를 구성하는 용어term다. 예를 들면, '음악'이라고 이름붙인 카테고리가 있다면 이것이 바로 카테고리 택소노미의 용어 중 하나라고 할 수 있다. 케첩이라는 이름의 태그는 태그 택소노미의 용어 중 하나다. 택소노미와 용어를 명확히 이해해야 워드프레스에서 사용자 정의 택소노미를 만들 때 유리하다.

잘 정의된 택소노미 구조를 이용해서 사용자의 콘텐츠를 분류하는 방법을 이해하는 것이 워드프레스 내에 콘텐츠를 구조화하는 시도의 첫 걸음이다. 잘 정의된 택소노미 프레임워크를 개발하면 웹사이트 내의 정보를 쉽게 정확하게 이용할 수 있다.

택소노미 테이블 구조

워드프레스에는 택소노미 정보 전체를 기록하는 용도의 테이블이 세 개 있으며, 각 테이블의 이름은 `wp_terms`, `wp_term_relationships`, `wp_term_taxonomy`다. 택소노미 스키마는 워드프레스 버전 2.3에서 추가되었는데, 이를 통해 워드프레스의 택소노미 기능을 매우 융통성있게 이용할 수 있다. 즉 누구라도 커스텀 택소노미를 정의하고, 생성할 수 있다.

`wp_terms` 테이블에는 택소노미 용어 전체가 저장된다. 여기에는 카테고리나 태그, 링크 카테고리나 커스텀 택소노미 용어 등이 들어갈 수 있다. `wp_term_taxonomy` 테이블에는 각 용어가 속한 택소노미가 저장된다. 예를 들면, 태그 ID 전체가 post_tag의 택소노미 값과 함께 이 테이블에 저장된다. 커스텀 택소노미를 만들었다면, 택소노미 값으로 커스텀 택소노미 이름을 사용한다. `wp_term_relationships` 테이블은 택소노미 용어와 콘텐츠를 결합시키는 교차참조cross reference 테이블이다. 즉 포스트에 태그를 붙일 경우 포스트 ID와 용어 ID를 결합한 새 레코드가 생성돼 이 테이블에 저장된다.

택소노미 관계 이해

택소노미 테이블간의 관계를 이해하는 가장 좋은 방법은 택소노미 테이블 구조를 그린 다이어그램(그림 6-3)을 살펴보는 것이다.

그림을 보면 세 개의 택소노미 테이블이 고유 ID로 상호 결합돼 있다. 다음 쿼리는 포스트에 연결된 택소노미 용어 전체와 이들이 포함된 모든 포스트를 출력하는 예제다.

```
SELECT wt.name, wp.post_title, wp.post_date FROM wp_terms wt
INNER JOIN wp_term_taxonomy wtt ON wt.term_id = wtt.term_id
INNER JOIN wp_term_relationships wtr ON wtt.
  term_taxonomy_id = wtr.term_taxonomy_id
INNER JOIN wp_posts wp ON wtr.object_id = wp.ID
WHERE wp.post_type = 'post'
```

어떻게 테이블 필드를 그림 6-3에 그려진 방식대로 결합했는지 잘 살펴보자. 앞의 예제에서는 세 개의 필드인 택소노미 용어와 포스트 제목, 포스트 날짜만 반환된다. 이 예제 쿼리는 워드프레스 데이터베이스에 있는 포스트 전체를 출력할 뿐만 아니라 이들 포스트에 연결된 택소노미 용어 전체도 함께 출력한다.

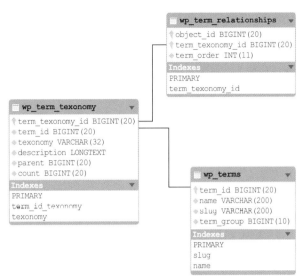

wp_term_relationships
- ↑ object_id BIGINT(20)
- ↑ term_texonomy_id BIGINT(20)
- ◆ term_order INT(11)

Indexes
- PRIMARY
- term_texonomy_id

wp_term_texonomy
- ↑ term_texonomy_id BIGINT(20)
- ↑ term_id BIGINT(20)
- ◆ texonomy VARCHAR(32)
- ◆ description LONGTEXT
- ◆ parent BIGINT(20)
- ◆ count BIGINT(20)

Indexes
- PRIMARY
- term_id_texonomy
- texonomy

wp_terms
- ↑ term_id BIGINT(20)
- ◆ name VARCHAR(200)
- ◆ slug VARCHAR(200)
- ◆ term_group BIGINT(10)

Indexes
- PRIMARY
- slug
- name

그림 6-3 워드프레스 택소노미 테이블 구조

커스텀 택소노미 만들기

커스텀 택소노미를 만드는 데는 많은 장점이 있다. 음식 블로깅 웹사이트를 만든다고 가정해보자. 새 글을 작성하면서 조리법을 추가하려고 하면 어느 지역의 요리인지와 식재료, 불의 세기, 준비시간 등의 정보가 필요하다. 이런 것으로 커스텀 택소노미를 만든다는 것은 콘텐츠의 분류를 다양하게, 자유자재로 할 수 있다는 의미다. 이는 곧 워드프레스를 단순히 블로그 기능으로만 사용하기보다는 진정한 의미의 CMS로 사용할 수 있게 된다는 것을 의미한다.

커스텀 택소노미 개요

워드프레스 버전 2.3부터 택소노미 스키마가 수정된 덕택에 사용자가 직접 택소노미를 정의할 수 있게 되었다. 또한 커스텀 택소노미를 이전보다 훨씬 쉽게 만들고, 워드프레스의 기존 자료에 연결할 수 있게 되었다.

워드프레스 버전 2.8부터는 포스트 편집 화면에 자동으로 메타박스를 보여주어 포스트에 직접 택소노미 용어를 추가할 수 있는 기능도 추가되었다. 또한 택소노미 관리자 메뉴로 바로 이동하는 메뉴 아이템도 제공할 예정이다. 현재 이 아이템은 포스트에 대해서만 동작하지만, 곧 페이지와 링크에도 적용될 것이다. 하지만 커스텀 택소노미에서의 계층구조 지원은 2.9 버전까지도 이뤄지지 않고 있다.

커스텀 택소노미 구축

이제 직접 택소노미를 구축해보자. 다음은 식재료를 정의하는 간단한 택소노미를 구축하는 예제다. 이제 독자가 음식 블로거라고 가정하고 요리 레시피를 작성하여 온라인 블로그에 올린다고 해보자. 그리고 새 포스트를 작성할 때 레시피의 각 식재료별로 택소노미를 정의하려고 한다.

첫 번째 작업은 register_taxonomy라는 워드프레스 함수를 이용해서 신규 택소노미를 정의하는 것이다. 이 함수를 이용하면 새로 만든 택소노미의 동작과 모양을 정할 수 있다. 다음 코드는 사용자가 정의한 플러그인에서도 동작하지만, 본 예제에서는 테마 폴더의 functions.php를 사용하자. 테마 폴더에서 functions.php 파일을 열고, 다음 코드를 추가한다.

```php
<?php
add_action( 'init', 'define_ingredient_taxonomy', 0 );
function define_ingredient_taxonomy() {
  register_taxonomy( 'ingredients', 'post', array( 'hierarchical' => false,
    'label' => 'Ingredients', 'query_var' => true, 'rewrite' => true ) );
}
?>
```

코드를 보면 첫 부분에 init 훅을 호출하여 워드프레스가 초기화될 때 define_ingredient_taxonomy 함수를 실행하도록 한다. 이어서 워드프레스 함수인 register_taxonomy를 호출하며, 이 함수는 사용자가 보낸 값을 가지고 커스텀 택소노미를 생성한다.

register_taxonomy 함수에 전달되는 매개변수에 대해 자세히 알아보자. 첫 번째 매개변수는 택소노미 이름으로써, 앞 예제에서는 'ingredients'에 해당한다. 이 이름이 데이터베이스 내에 택소노미 이름이 된다. 두 번째 매개변수는 객체타입이다. 앞 예제에서는 'post'를 사용했지만 페이지나 링크로 만드는 것도 가능하다. 세 번째와 네 번째 매개변수는 인수arguments에 해당하며 실제로 사용할 다양한 값을 전달하는 데 사용한다.

마지막 매개변수에는 네 개의 인수가 전달된다. 첫 번째는 hiearchical로써 커스텀 택소노미가 계층적인지 여부를 결정한다. 앞 예제에서는 이 값이 false이므로 태그로 동작한다는 것을 알 수 있다. 두 번째 인수는 label로써 워드프레스 관리자 페이지에서 사용될 택소노미 이름을 정한다. 세 번째 인수는 query_var로써 사용자 정의 쿼리 포스트도 이 택소노미를 사용할 수 있는지 여부를 결정한다. 이 항목에 대해서는 뒷부분에서 예제로 다룰 예정이다.

마지막 인수는 rewrite로써 true로 설정하였다. 이 값은 커스텀 택소노미를 볼때 간략한 고유주소체계를 사용할지 여부를 결정한다. 이 값을 true로 하면 커스텀택소노미 포스트에 접근할 때 example.com/?ingredients=bacon라는 주소가 아니라 example.com/ingredients/bacon이라는 주소를 사용한다.

지금까지 식재료에 해당하는 택소노미를 직접 만들어 보았는데, 새로 추가한 택소노미가 워드프레스에 어떻게 적용됐는지 살펴보자. 우선은 관리자 대시보드에 가보면 그림 6-4처럼 포스트 메뉴 내에 Ingredients라고 이름붙인 항목이 추가된 것을 볼 수 있다.

새로 생긴 이 메뉴를 클릭하면 그림 6-5처럼 ingredients용 택소노미 관리 메뉴가 나타난다. 이 관리 메뉴는 포스트 태그 관리 메뉴와 똑같이 동작한다. 이 관리 메뉴를 이용하여 새로운 택소노미 용어를 추가하거나 수정, 삭제할 수 있다. 또한 각 용어별로 적용된 포스트 개수 파악 및 용어 검색도 가능하다.

그림 6-4 커스텀 택소노미 메뉴 옵션

그림 6-5 커스텀 택소노미 관리 메뉴

커스텀 택소노미에 최근 추가된 기능 중 하나는 그림 6-6처럼 포스트 편집 화면에 메타박스를 보여주는 것이다. 이 기능을 보려면 일단 **새 글 쓰기**를 선택한다. 그러면 화면 오른쪽 부분에 포스트 태그 메타박스와 아주 비슷한 모양의 메타박스가 나타난다. 이 박스에서 포스트에 적용할 식재료 태그를 추가, 삭제할 수 있다.

그림 6-6 커스텀 택소노미 메타박스

기억해 두어야 할 것은 커스텀 택소노미에서 계층구조를 사용하면 지금까지 설명한 기능이 나타나지 않는다는 것이다. 또한 계층구조는 현재 포스트에만 적용되고 페이지와 링크에는 나중에 적용될 예정이다.

워드프레스 버전 2.9를 이용하면 메타박스 기능을 사용할 수 있다. 즉 포스트용 메타박스를 페이지에도 적용할 수 있다는 의미다. 다음 예제는 커스텀 택소노미 용어 메타박스를 페이지에도 적용하는 방법을 보여준다.

```php
<?php
register_taxonomy( 'ingredients', 'page', array ( 'hierarchical' => false,
    'label' => 'Ingredients', 'query_var' => true, 'rewrite' => true ) );

add_action( 'admin_menu', 'tax_page_meta_box' );

function tax_page_meta_box() {
    foreach ( get_object_taxonomies( 'page' ) as $taxes ) {
```

```
    $mytax = get_taxonomy( $taxes );
    add_meta_box( "tag-ings", $mytax->label, 'post_tags_meta_box',
    'page', 'side', 'core' );
  }
}

?>
```

코드를 보면 우선 ingredients라는 택소노미 이름을 정한 다음, 택소노미 타입을 page로 설정한다. 버전 2.9에서는 페이지 택소노미의 계층구조가 허용되지 않으므로 hierarchical 인수는 false로 설정한다. 다음으로 tax_page_meta_box 함수를 호출하는 admin_menu 훅을 등록한다. 마지막으로 add_meta_box 함수를 호출하여 페이지 화면에 메타박스를 보여준다. 이 예제는 약간 어려울 수도 있지만 커스텀 택소노미 기능을 사용하면 포스트에 다양한 태그를 추가하여 훨씬 강력한 기능을 추가할 수 있다는 것을 나타낸다.

커스텀 택소노미

이제 직접 만든 택소노미를 어떻게 웹사이트에서 사용하는지에 대해 알아보자. 늘 그렇듯이 워드프레스에는 매우 쉽게 이용할 수 있는 함수들이 있으며 사용자 정의 택소노미에도 그런 게 있다. 다음 예제는 커스텀 택소노미 용어를 보여주는 태그 클라우드tag cloud를 표시하는 방법이다.

```
<?php wp_tag_cloud( array( 'taxonomy' => 'ingredients',
  'number' => 5 ) ); ?>
```

wp_tag_cloud 함수는 다양한 인수를 받을 수 있지만 이 예제에서는 taxonomy와 number라는 두 개의 인수만 사용한다. 우선 taxonomy에 ingredients를 설정한다. 이것은 커스텀 택소노미인 ingredients에서 만든 택소노미 용어만 사용하겠다는 것을 의미한다. 그다음으로 몇 개를 출력할지 용어의 개수를 정한다. 앞 예제에서는 5라고 설정했다. 테마 사이드바에서 이 함수를 호출하면 다섯 개의 택소노미 용어를 가진 태그 클라우드가 출력된다.

또한 query_posts를 이용해서 특정 택소노미 용어가 붙은 포스트만 출력할 수도 있다. 레시피에 nutmeg가 있는 포스트만 출력하려면 다음과 같이 한다.

```
<?php query_posts( array( 'ingredients' => 'nutmeg',
  'showposts' => 15 ) ); ?>
```

작성완료! 예제에서는 query_posts에 두 개의 인자를 전달하는데, ingredients로 지정된 택소노미 이름과 출력할 포스트의 개수다. 참고로 query_posts에는 어떤 포스트를 출력할지와 어떤 순서로 출력할지 같은 더 많은 인자를 전달할 수 있다.

또한 각 포스트에 적용된 커스텀 택소노미 용어들도 쉽게 출력할 수 있으며, 워드프레스의 get_the_term_list 함수를 이용한다. 이 함수는 get_the_tag_list와 거의 동일하게 동작하며 태그 대신 택소노미 용어를 출력하는 것만 다르다.

```php
<?php echo get_the_term_list( $post->ID, 'ingredients',
  'Ingredients Used: ', ', ', '' ); ?>
```

앞에 예제는 현재 보고 있는 포스트에 할당된 모든 커스텀 택소노미 용어를 출력한다. 이 코드는 테마 템플릿 파일의 루프 안에 있지 않아도 무리없이 동작한다. 함수를 실행하려면 포스트 ID와 커스텀 택소노미 이름, 출력할 제목을 인자로 전달한다. 이 함수나 이 함수에서 사용 가능한 매개변수를 더 자세히 알려면 다음 링크의 함수 레퍼런스를 참조한다.

http://codex.wordpress.org/Function_Reference/get_the_term_list.

get_terms 함수도 커스텀 택소노미 값을 배열로 가져온다. 다음은 ingredients 택소노미에 사용한 용어를 모두 가져와서 이를 반복 출력하는 예제다.

```php
<?php
$terms = get_terms('ingredients');
foreach ($terms as $term) {
  echo '<p>' .$term->name. '</p>';
}
?>
```

택소노미를 사용하고자 할 때 주의해야 할 것은 커스텀 택소노미 값을 사용하기 전에 택소노미를 정의해야 한다는 것이다. 앞의 예제를 실행했는데 아무것도 나타나지 않는다는 것은 커스텀 택소노미를 정의하려고 호출하는 register_taxonomy 함수가 호출되기 전에 예제가 실행됐다는 의미다.

워드프레스에서 커스텀 택소노미를 사용한다는 것은 웹사이트 콘텐츠를 구조화하는 매우 강력한 도구를 쓴다는 것을 의미한다. 앞의 예제들을 잘 활용하여 독자의 워드프레스 사이트를 단순 블로그에서 강력한 CMS로 변신시키기를 기대한다.

7장

플러그인 개발

7장에서 다루는 내용

- ▶ 플러그인 파일 생성
- ▶ 필터훅과 액션훅
- ▶ 세팅 API 사용 방법
- ▶ 위젯과 대시보드 위젯 생성
- ▶ 커스텀 숏코드 생성
- ▶ 데이터 검증과 플러그인 보안
- ▶ 국가별 번역 지원
- ▶ 플러그인 공식 디렉터리 등록

워드프레스가 콘텐츠 관리 플랫폼으로써 가장 널리 사용되는 이유 중 하나는 바로 확장이 쉽기 때문이다. 플러그인을 사용하면 거의 아무런 제한없이 워드프레스의 기능을 확장할 수 있다. 7장에서는 플러그인의 모든 것을 알아본다.

7장에서는 플러그인의 기능적 측면과 구조적 측면을 모두 살펴본다. 우선 플러그인 파일을 구성하는 패키지에 대해 알아본 후, 이어서 커스텀 플러그인의 코드를 워드프레스 코어와 연결해 주는 API 훅에 대해 자세히 알아본다. 또한 플러그인을 워드프레스 내의 편집 기능, 관리 기능, 출력 기능 등과 통합시키는 방법에 대해서도 설명한다. 마지막으로 플러그인을 다른 사람이 이용할 수 있도록 발행하는 방법을 알아본다. 이러한 과정을 거쳐 7장이 끝날 때 쯤이면 플러그인 기능을 완벽히 마스터하게 된다. 즉 7장에서 다루는 수많은 기능을 활용할 수 있을 뿐만 아니라 플러그인을 통해 워드프레스의 기능을 확장하는 방법도 알게 된다.

플러그인 패키징

워드프레스용 플러그인을 개발할 때는 플러그인 패키징 표준 템플릿standard template을 이용하는 것이 가장 좋은 방법이다. 템플릿에는 플러그인 작성에 필요한 기능과 설명이 모두 포함돼 있다. 계속해서 플러그인 제작에 필요한 요소인 라이선스와 국제화에 대해서도 알아보자. 플러그인에 대해 이것저것 배우기보다는 당장 플러그인 소스코드를 짜고 싶겠지만 새로운 언어를 배울 때 최소한 기초 문법 정도는 알아야 하듯 플러그인을 제작할 때는 패키징 방법부터 이해하는 것이 중요하다.

플러그인 파일 생성

워드프레스에서 플러그인을 만드는 첫 번째 단계는 PHP로 된 새 파일을 만드는 것이다. 플러그인 파일명은 이해하기 쉽게 만들어야 플러그인 디렉터리에 등록되었을 때 누구나 쉽게 알아볼 수 있다. 또한 플러그인은 모두 한 폴더에 저장되므로 다른 플러그인과 겹치지 않는 고유한 이름을 사용해야 한다. 파일명이 너무 일반적이라면 현 시점에는 고유하더라도 나중에 다른 사람이 만든 플러그인 파일명과 겹칠 수 있으므로 주의해야 한다.

플러그인은 파일이 아니라 폴더에 넣어 둘 수도 있다. 플러그인에 필요한 파일이 한 개 이상이면 반드시 폴더에 넣어두어야 체계적으로 관리할 수 있다. 사용자가 만든 그림 파일이 있다면 플러그인 폴더 안에 /images 폴더를 만들어 그림파일이나 아이콘 등을 넣어두는 것도 좋은 방법이다.

플러그인 헤더 작성

워드프레스 플러그인 제작할 때의 필수조건 중 하나는 플러그인 헤더에 오류가 없어야 한다는 것이다. 플러그인 헤더는 반드시 메인 PHP 파일의 첫 부분에 위치해야 하고 PHP 코멘트 형식으로 작성해야 한다. 플러그인 헤더를 모든 플러그인 파일마다 넣을 필요는 없으며, 메인 파일에만 있으면 충분하다. 워드프레스는 이 PHP 파일 안의 헤더를 보고 제대로된 플러그인인지 여부를 판단한다. 다음은 표준 플러그인 헤더 예제다.

```php
<?php
/*
Plugin Name: My Awesome Plugin
```

```
Plugin URI:    http://example.com/wordpress-plugins/my-plugin Description:
This is  a  brief  description of my plugin Version: 1.0
Author: Brad    Williams
Author URI:    http://example.com
*/
?>
```

플러그인 헤더 항목 중에서 필수항목은 플러그인 이름이다. 그 외에 부가 정보는
입력하지 않아도 지장은 없으나 꼭 채워넣는 것을 추천한다. 워드프레스의 플러그인
관리 메뉴는 이들 플러그인 헤더에 포함된 정보를 이용해서 화면을 구성하기 때문이
다. 예를 들어 그림 7-1을 보면 워드프레스의 헤더가 어떻게 보이는지 볼 수 있다.

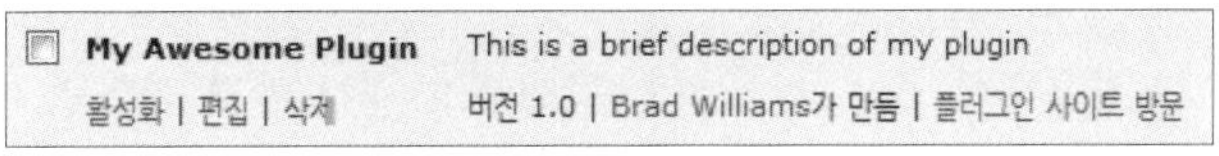

그림 7-1 예제 플러그인 목록

위 예제에서 플러그인 헤더 정보와 부가 입력 정보가 모두 화면에 출력되는 것을
알 수 있다. 즉 정보 입력은 정확하게, 플러그인에 대해 자세히 알고 문의할 수 있도록
관리자 웹사이트와 플러그인 정보 페이지 주소도 제대로 입력하는 것이 중요하다.

플러그인 라이선스

향후에 공개할 목적으로 플러그인을 개발한다면 플러그인에 적용할 소프트웨어 라
이선스를 헤더의 바로 아래 명시하는 게 일반적이다. 이것이 플러그인이 동작하는 데
영향을 주는 것은 아니지만 플러그인에 적용된 라이선스가 무엇인지 명시적으로 알
려주는 것이 좋다. 또한 라이선스 코멘트 부분에다가 플러그인이 사용자의 사이트에
끼치는 유무형의 피해에 대해 아무런 책임을 지지 않는다는 내용도 포함시킬 수 있
다. 다음은 대부분의 워드프레스 플리그인이 채택한 GPL 표준 라이선스다.

```
<?php
/* Copyright YEAR PLUGIN_AUTHOR_NAME (email : PLUGIN AUTHOR EMAIL)

This program is free software; you can redistribute it and/or modify
it under the terms of the GNU General Public License as published by
the Free Software Foundation; either version 2 of the License, or
(at your option) any later version.
```

```
This program is distributed in the hope that it will be useful,
but WITHOUT ANY WARRANTY; without even the implied warranty of
MERCHANTABILITY or FITNESS FOR A PARTICULAR PURPOSE. See the
GNU General Public License for more details.

You should have received a copy of the GNU General Public License
along with this program; if not, write to the Free Software
Foundation, Inc., 51 Franklin St, Fifth Floor, Boston, MA 02110-1301 USA
*/
?>
```

이 라이선스를 사용하려면 연도(YEAR)와 플러그인 제작자명(PLUGIN_AUTHOR_NAME), 플러그인 제작자 이메일 주소(PLUGIN AUTHOR EMAIL) 부분을 변경한다. 이렇게 하면 플러그인에 GPL이 적용된다. GPL 라이선스에 대해 자세히 알고 싶다면 다음 사이트를 참고한다.

http://www.gnu.org/licenses/licenses.html

기능 활성화/비활성화

플러그인을 생성할 때 몇몇 중요한 함수를 이용할 필요가 있는데, 이를 위해서 register_activation_hook 함수를 사용한다. 이 함수는 사용자가 워드프레스의 플러그인 메뉴에서 플러그인을 활성화할 때 실행된다. 이 함수는 두 개의 매개변수를 입력받는데 첫 번째 매개변수에는 메인 플러그인 파일 경로가 들어가고, 두 번째 매개변수에는 플러그인이 활성화될 때 실행된 함수명이 들어간다.

7장에서 다루는 예제 코드에는 대부분 'gmp'라는 접두어를 함수명과 변수명과 플러그인 이름에서 사용한다. 예제를 목적으로 짧게 만든 이름이지만 코드 대부분에서 사용된다. 다음 예제는 플러그인이 활성화될 때 gmp_install이라는 함수가 실행되는 것을 보여준다.

```php
<?php
register_activation_hook(__FILE__,'gmp_install');

function gmp_install() {
  // 작업 코드
}
?>
```

이 함수는 플러그인이 활성화될 때 특정 명령을 실행하는 데 사용되므로 매우 중요한 함수다. 예를 들면, 현재 사용하는 워드프레스가 플러그인 실행이 가능한 버전인지를 알고자 한다던가, 플러그인 데이터를 저장하기 위해서 사용자 정의 데이터베이스를 생성해야 한다든가, 또는 옵션 설정을 만든다든가 하는 경우에 이 함수를 사용할 수 있다. 플러그인을 활성화할 때 반드시 확인해야 하는 것 중 하나가 바로 현재 워드프레스 버전이 플러그인을 실행할 수 있는 버전인지 확인하는 것이다. 이를 통해 플러그인에서 사용되는 함수와 훅이 제대로 동작할지 여부를 알아낼 수 있다.

```
register_activation_hook(__FILE__,'gmp_install');

function gmp_install() {
  global $wp_version;
  If (version_compare($wp_version, "2.9", "<")) {
    deactivate_plugins(basename(__FILE__)); // 플러그인을 비활성화한다
    wp_die("This plugin requires WordPress version 2.9 or higher.");
  }
}
```

앞의 예제에서는 gmp_install 함수가 현재 사용한 워드프레스의 버전을 알아내기 위해 $wp_version이라는 전역변수를 사용하여 버전 2.9 이하라면 플러그인을 실행하지 않는다는 걸 알 수 있다. 버전 비교는 PHP가 제공하는 version_compare 함수를 사용할 수도 있다. 워드프레스 버전이 2.9 이하라면 플러그인은 자동으로 비활성화^{deactivate}되고 업그레이드가 필요하다는 메시지가 출력된다.

한편 플러그인이 비활성화될 때 실행되는 함수는 register_deactivation_hook 함수가 실행된다. 이 함수는 사용자가 워드프레스의 플러그인 메뉴에서 플러그인을 비활성화할 때 실행된다. 또한 이 함수는 register_activation_hook 함수와 똑같이 두 개의 매개변수를 취한다. 다음은 비활성화 함수를 사용하는 예제다.

```
<?php
register_deactivation_hook(__FILE__,'gmp_uninstall');

function gmp_uninstall() {
  // 작업 코드
}
?>
```

국제화

워드프레스 코덱스 문서에서는 'i18n'이라고 지칭하는 국제화internationalization는 플러그인이나 테마를 다국어 번역이 가능한 형태로 만드는 과정을 말한다. 워드프레스에서 국제화는 다국어로 번역할 수 있게 문자열을 표기하는 것을 말한다. 지역화localization란 플러그인이나 테마가 출력하는 문자열을 다른 언어로 번역하는 과정을 말한다. 플러그인을 공개적으로 배포할 경우 지역화는 필수가 아니지만 국제화는 반드시 적용해야 한다. 국제화를 적용하면 더 많은 사람이 플러그인을 활용할 수 있다.

워드프레스는 문자열 번역을 위해 두 개의 함수를 제공한다. 첫 번째 함수는 __() 함수다. 얼핏보면 함수명에 오류가 있는듯 하지만 이 함수는 다음 예제에서 보듯 두 개의 밑줄로 시작하는 것이 정상이다.

```php
<?php $howdy = __('Howdy Neighbor!','gmp-plugin'); ?>
```

이 함수에 첫 번째 매개변수는 번역할 문자열이다. 이 문자열은 다른 언어로 번역되지 않았을 경우 브라우저에 출력된 문자열을 말한다. 두 번째 매개변수는 텍스트 도메인text domain이다. 플러그인이나 테마에서 도메인은 반드시 고유 식별자여야 하는데 번역될 언어가 여러 개일 경우 이를 구분하는 데 사용된다.

번역문을 브라우저에 출력하고 싶다면 _e() 함수를 이용한다.

```php
<?php _e('Howdy Neighbor!','gmp-plugin'); ?>
```

_e() 함수는 __() 함수와 동일한데 번역문을 브라우저에 출력한다는 점에서 차이가 있다. 이들 번역 함수는 7장의 예제에서 종종 사용된다.

플러그인이나 테마 내에서 플레이스홀더placeholder(자리표시자)를 국제화할 경우에는 특히 주의해야 한다. 다음과 같은 에러메시지를 번역한다고 해보자.

```
Error Code  6980:  Email is a  required field
```

정확하지는 않겠지만 가장 쉽게 시도해 볼 수 있는 방법은 다음과 같이 문장을 에러 필드명과 에러 번호, 에러 설명으로 분리하는 방법일 것이다.

```php
<?php
$error_number =  6980;
$error_field =  "Email";
$error = __('Error Code  ','gmp-plugin')  .$error_number. ': '
```

```
.$error_field .__(' is a required field','gmp-plugin');
echo $error;
?>
```

위 예제를 보면 번역될 문장이 두 개의 함수로 분리되었고, 게다가 그 중간에 동적으로 변경될 수 있는 변수값을 넣었는데 이는 잘못된 방법이다. 일부 다른 언어에서는 해당 문장이 이렇게 두 부분으로 쪼개지지 않을 수도 있기 때문이다. 이렇게 분리된 문자열을 다른 언어로 변환하는 번역자는 의미를 알 수 없는 암호같은 문장으로 인해 난감할 수가 있다.

이 경우 다음과 같이 사용하는 것이 적절한 방법이다.

```
<?php
$error_number =  6980;
$error_field =  "Email";
printf(__('Error Code %1$d: 2$s is a required field','gmp-plugin'),
$error_number, $error_field);
?>
```

앞의 예제는 PHP의 printf 함수를 이용해 형식 문자열을 출력한다. 하나의 완결된 문장 내에 지정된 위치에 두 개의 변수를 전달한다. 이 플러그인 에러 메시지를 번역하는 개발자는 'Error Code %1$d: %2$s is a required field'라는 문장을 이해한 후 번역할 언어에 맞춰 두 개의 변수가 놓일 위치를 결정할 수 있다. 문장을 쪼개면 번역문도 쪼개지므로 의도와는 관계없이 매우 어색한 문장으로 번역될 가능성이 있다는 점을 주의해야 한다. 또 다른 방법 중 하나는 PHP의 sprinft 함수를 이용해서 에러 메시지를 일단 변수에 저장한 이후에 출력하는 방법도 있다.

번역 문구를 정의할 때는 복수형 표현에 대해서도 주의깊게 고려해야 한다. 예를 들어 다음 문장을 번역한다고 해보자.

```
<?php
$count =  1;
printf(__('You have %d  new  message','gmp-plugin'), $count);
?>
```

이 문장은 신규 메시지가 한 개라면 아무 문제가 없다. 하지만 메시지가 여러 개라면 어떻게 될까? 다행스럽게도 워드프레스는 이런 상황에 대처할 수 있는 __ngettext 함수를 제공한다. 실제로 적용한 예를 보자.

```php
<?php
$count =  34;
printf(__ngettext('You have %d new message', 'You have %d new messages',
$count,'gmp-plugin'), $count);
?>
```

이 함수가 입력받는 네 개의 매개변수는 단수형 버전과 복수형 버전, 실제 숫자와 플러그인용 도메인 텍스트다. _ngettext 함수는 단수형과 복수형 중 어떤 것을 사용할지 결정할 때 숫자 매개변수(예제에서는 $count로 표현)를 이용한다.

또한 워드프레스에는 번역문에 코멘트를 추가할 수 있는 함수도 제공한다. 이 함수는 번역문이 다중적 의미를 갖는 경우에 특히 유용하다. 이 기능은 다음 예제와 같이 _c 함수를 통해 이용할 수 있다.

```php
<?php
echo _c('Editor|user role','gmp-plugin');
echo _c('Editor|rich-text  editor','gmp-plugin');
?>
```

앞의 예제를 보면 _c 함수도 __ 함수와 이용법이 같으며, 차이점은 번역문 바로 뒤에 파이프 기호와 코멘트를 붙였다는 것을 알 수 있다. 이 문장이 번역되면 파이프와 그 이후에 붙은 코멘트는 화면에 전혀 출력되지 않는다. 번역 코멘트의 역할은 번역자가 문자열을 번역할 때 의미를 명확히 알 수 있도록 추가 설명을 제공하는 데 있다.

이상의 과정을 통해 번역될 수 있는 형태로 플러그인을 만들었다면 그다음 과정은 번역할 지역화(localization) 파일을 로드하는 것이다. 이 기능은 다음 예제와 같이 load_plugin_textdomain 함수를 이용하여 호출한다.

```php
<?php
add_action('init',  'gmp_init');

function  gmp_init()  {
  load_plugin_textdomain('gmp-plugin', false,
  plugin_basename(dirname(__FILE__).'/localization'));
}
?>
```

첫 번째로 넘겨줄 매개변수는 모든 번역문을 구분하는 데 사용하는 도메인 텍스트명이다. 두 번째 매개변수는 ABSPATH 변수에 대한 상대 경로다. 하지만 이 두 번째 매개변수는 더 이상 사용되지 않으며 대신 세 번째 매개변수를 사용한다. 세 번째 매개변수는 /plugins 디렉터리를 기준으로 번역 파일이 위치한 상대 경로다. 번역 파일을 저장하려면 플러그인 디렉터리 안에 /localization이라는 폴더를 생성해 저장한다. 그리고 지역화 폴더의 경로를 알아내는 데는 `plugin_basename`과 `dirname` 함수를 사용한다.

워드프레스에서 번역 파일을 작성하는 상세 과정에 대해서는 다음 주소의 코덱스 문서를 참조한다.

http://codex.wordpress.org/I18n_for_WordPress_Developers

디렉터리 상수

플러그인을 만들다보면 종종 워드프레스 내의 여러 폴더와 파일에 접근할 필요가 있다. 워드프레스 2.6 버전 이후부터는 이용자가 원하는 위치로 디렉터리를 배치하는 기능이 추가되었다. 이 기능 덕분에 플러그인 작성 시 특정 경로를 하드코딩하지 않아도 된다. 워드프레스는 `wp-content`와 `plugins` 디렉터리 경로를 저장하는 여러 PHP 상수를 제공한다. 플러그인 제작 시 이 상수를 이용하면 실제 디렉터리가 서버의 어느 위치에 존재하는지 여부에 관계없이 원하는 경로에 접근할 수 있다.

- ▶ `WP_CONTENT_URL` wp-content 디렉터리까지의 전체 주소
- ▶ `WP_CONTENT_DIR` wp-content 디렉터리까지의 서버 경로
- ▶ `WP_PLUGIN_URL` plugins 디렉터리까지의 전체 주소
- ▶ `WP_PLUGIN_DIR` plugins 디렉터리까지의 서버 경로
- ▶ `WP_LANG_DIR` language 디렉터리까지의 서버 경로

이들 상수는 워드프레스 2.6 버전에서 추가됐으므로 그 이전 버전에서는 사용할 수 없다. 하지만 하위호환성 유지를 위해서 이들 상수를 다음과 같이 직접 추가할 수 있다.

```php
<?php
// 2.6 이전 버전과 호환성 유지
if  ( !defined( 'WP_CONTENT_URL'  ) )
  define( 'WP_CONTENT_URL', get_option( 'siteurl' ) . '/wp-content' );
if  ( !defined( 'WP_CONTENT_DIR'  ) )
  define( 'WP_CONTENT_DIR', ABSPATH  . 'wp-content' );
if  ( !defined( 'WP_pLUGIN_URL'  ) )
  define( 'WP_pLUGIN_URL', WP_CONTENT_URL. '/plugins' );
```

```
if  ( !defined( 'WP_pLUGIN_DIR'  ) )
  define( 'WP_pLUGIN_DIR', WP_CONTENT_DIR . '/plugins' );
if  ( !defined( 'WP_LANG_DIR') )
  define( 'WP_LANG_DIR', WP_CONTENT_DIR . '/languages' );
?>
```

예제를 보면 상수를 설정하기 전에 상수 정의 여부를 검증한다는 것을 알 수 있다. 즉 값이 이미 정의돼 있다면 다시 정의할 필요가 없기 때문이다. 위 코드를 플러그인 코드에 추가하면 현재 사용하는 워드프레스 버전과 관계없이 잘 동작하게 될 것이다.

훅에 대해 알아보자: 액션훅과 필터훅

워드프레스의 기능을 확장하는 데 최고로 중요한 기능 중 하나가 바로 훅hook이다. 훅은 워드프레스에서 사용하는 용어로 일반적으로 후킹*이라고 부른다. 훅을 이용하면 워드프레스가 실행되는 도중에 임의의 함수를 실행해, 워드프레스의 함수나 출력을 변경할 수 있다. 훅은 워드프레스의 콘텐츠와 플러그인이 정보를 교환하는 가장 중요한 방법이다. 지금까지는 플러그인의 구조와 형식에 집중했는데 이제는 플러그인으로 할 수 있는 일에 대해 살펴본다.

훅을 한마디로 정의하면 '전달할 수 있는 매개변수를 가진 PHP 함수 호출'이라 한다. 다음 예제는 액션훅을 호출하는 방법이다.

```
<?php add_action( $tag, $function_to_add, $priority, $accepted_args ); ?>
```

액션과 필터

훅에는 액션훅과 필터훅 두 종류가 있다. 액션훅은 워드프레스 내의 이벤트가 발생할 때 실행된다. 예를 들면, 새로운 포스트가 등록되었을 때 호출할 수 있는 것은 액션훅이다. 필터훅은 콘텐츠를 데이터베이스에 저장하거나 화면에 출력하기 전에 콘텐츠 내용을 변경할 때 사용한다. 예를 들면, 필터훅은 포스트나 페이지의 내용을 다룰 때 사용한다. 다시 말하면 데이터베이스에서 콘텐츠를 가져온 다음에도 내용을 바꿀 수 있고, 브라우저 화면에 출력하기 전에도 바꿀 수 있다는 의미다.

---

* 후킹(hooking): 소프트웨어 공학 용어로, 운영체제나 애플리케이션 등의 각종 컴퓨터 프로그램에서 소프트웨어 구성 요소간에 발생하는 함수 호출, 메시지, 이벤트 등을 중간에서 바꾸거나 가로채는 명령, 방법, 기술이나 행위 – 옮긴이

필터훅의 동작 예제를 살펴보자. 먼저 필터훅은 콘텐츠 내용을 바꾼다는 것을 먼저 숙지하자. 다음 예제에서는 포스트 콘텐츠의 내용을 변경한다.

```php
<?php add_filter('the_content', 'my_function'); ?>
```

add_filter는 필터훅을 등록하는 함수다. 또한 포스트 콘텐츠용 필터인 the_content를 사용한다. 그렇다면 위 예제의 의미는 콘텐츠가 출력될 때마다 일단 커스텀 함수인 my_function을 먼저 실행해야 한다는 것이다. add_filter 함수는 다음 네 개의 매개변수를 입력받는다.

- ▶ filter_action(문자열) 사용할 필터명
- ▶ custom_filter_function(문자열) 필터가 통과할 커스텀 함수
- ▶ priority(정수) 필터의 실행 우선순위
- ▶ accepted args(정수) 함수가 입력받을 인자 개수

다음은 the_content 필터의 실제 사용 예제다.

```php
<?php
function profanity_filter($content)  {
  $profanities =  array("sissy","dummy");
  $content=str_ireplace($profanities,'[censored]',$content);
  return $content;
}

add_filter('the_content', 'profanity_filter');
?>
```

profanity_filter 함수는 웹사이트에 등록되는 모든 포스트와 페이지에서 sissy와 dummy라는 단어를 [censored]라는 단어로 대치한다. 단어 대치에는 str_ireplacc라는 PHP 함수를 이용한다. 이 함수는 문자열 내에 특정 난어를 다른 단어로 대치하는 데 사용된다. str_ireplace 함수는 대소문자를 구별한다. 또한 필터훅은 데이터베이스 내에 저장된 콘텐츠를 변경하지는 않는다. 필터는 콘텐츠가 화면에 출력되기 전 과정인 the_post() 함수를 처리하는 중에 호출된다.

데이터베이스 내에 저장된 콘텐츠는 변경되지 않으므로 sissy와 dummy는 여전히 콘텐츠 내에 존재하므로, 만약 플러그인의 동작을 멈추거나 내용을 변경한다면 이들 단어가 출력될 수도 있다. 필터훅은 항상 데이터를 받아서 처리하는데 위 예제의 경우

에는 $content 변수를 필터훅 함수의 입출력 모두를 담당하도록 코딩하였다. 예제의 마지막 줄을 보면 $content 변수를 반환하는 걸 알 수 있다. 여기서 중요한 것은 수정한 콘텐츠를 반드시 반환해야 한다는 것으로 그렇지 않을 경우 화면에 아무것도 출력되지 않을 것이다.

지금까지 필터훅이 실제 동작하는 예제를 살펴보았는데, 이어서 액션훅의 동작에 대해 알아보자. 액션훅은 워드프레스의 이벤트를 통해 실행된다. 액션훅이 실행될 때는 반환값이 없어도 된다. 워드프레스 코어는 어떤 특정한 이벤트가 발생하면 코드를 통해 알려주며, 액션훅의 구조는 필터훅과 완전히 동일하다. 다음 예제를 보자.

```php
<?php add_action('hook_name', 'your_function_name'
[,priority] [,accepted_args] ); ?>
```

add_action 함수는 add_filter 함수처럼 네 개의 매개변수를 입력받는다. 첫 번째는 훅의 이름이며, 두 번째는 이벤트가 발생될 때 실행할 커스텀 함수명이고, 세 번째와 네 번째는 각각 실행 우선순위와 입력받을 인자의 개수다. 다음은 액션훅을 사용한 실제 예제다.

```php
<?php
function email_new_comment() {
  wp_mail('me@example.com', __('New blog comment', 'gmp-plugin') ,
__('There is a new comment on your website: http://example.com',
'gmp-plugin'));
}

add_action('comment_post', 'email_new_comment');
?>
```

예제를 보면 comment_post라는 액션훅을 사용한다는 것을 알 수 있다. 이 액션훅은 워드프레스 포스트에 새로운 댓글이 달릴 때마다 실행된다. email_new_comment 함수는 이메일을 보내는 역할을 하므로, 새로운 댓글이 달릴 때마다 이메일이 전송된다는 것을 알 수 있다. 여기서 주목해야 할 것은 위 함수는 아무런 인자도 전달받지 않고 있다는 것과 반환값도 없다는 것이다. 이렇듯 액션훅은 인자나 반환값이 필수가 아니지만 원한다면 함수에 인자를 전달하는 것도 가능하다.

자주 이용되는 필터훅

워드프레스에서 이용할 수 있는 훅의 개수는 1,000개를 훌쩍 넘기 때문에 처음에는 어떤 것을 이용해야 할지 당황할 수가 있다. 다행히도 자주 이용되는 훅은 정해져 있기 마련이다. 다음은 워드프레스에서 가장 많이 이용되는 훅에 대해 알아본다.

다음은 자주 이용되는 필터훅 목록이다.

- ▶ the_content 포스트나 페이지의 콘텐츠가 출력될 때 적용한다.
- ▶ the_content_rss 포스트나 페이지의 콘텐츠가 RSS 형식으로 발행될 때 적용한다.
- ▶ the_title 포스트나 페이지의 제목이 출력될 때 적용한다.
- ▶ comment_text 댓글이 출력될 때 적용한다.
- ▶ wp_title 페이지 제목이 출력될 때 적용한다.
- ▶ get_categories get_categories 함수가 카테고리 목록을 생성할 때 적용한다.
- ▶ the_permalink 고유주소 URL에 대해 적용한다.

앞의 예제에서는 the_content 필터훅으로 sissy와 dummy라는 비속어를 제거하는 것을 살펴보았는데, 지금은 자주 이용되는 필터훅을 이용한 좀 더 유용한 예제를 알아본다. 이미 언급했듯이 훅을 이용하면 포스트나 페이지의 콘텐츠가 브라우저 화면에 출력되기 전에 내용을 변경할 수 있다. 게다가 원래 콘텐츠의 내용도 바꿀 수 있고, 원래 콘텐츠의 앞부분이나 뒷부분에 새로운 내용을 추가할 수도 있다.

```php
<?php
function SubscribeFooter($content) {
  if(is_single()) {
    $content.= '<h3>' .__('Enjoyed this article?', 'gmp-plugin')
      . '</h3>';
    $content.= '<p>' .__('Subscribe to our
<a href="http://example.com/feed">RSS feed</a>!', 'gmp-plugin'). '</p>';
  }
  return $content;
}

add_filter ('the_content', 'SubscribeFooter');
?>
```

이 예제에서는 구독 안내문^{subscribe text}을 콘텐츠 끝에 추가하고 있다. 예제에서는 is_single이라는 조건부 태그를 이용해서 안내문이 단일 포스트일 경우에만 적용되도록 하고 있다. $content 변수는 모든 포스트나 페이지의 내용을 저장하고 있으므로, 이렇게 하여 각각 포스트나 페이지가 출력될 때마다 구독 안내문을 콘텐츠 마지막에 추가할 수 있다. 각 콘텐츠의 내용을 바꾸지 않고도 모든 항목에 대해 일부 내용을 추가하고자 할 때는 이런 방법을 사용하는 것이 가장 좋은 방법이다. 나중에 구독 안내문의 내용을 바꾸고자 할 때에도 한 군데서만 바꾸면 하나하나 모든 포스트의 내용을 바꾸지 않고도 쉽게 변경할 수 있다.

많이 사용되는 필터훅 중 하나가 바로 the_title이다. 이것은 포스트나 페이지의 제목을 출력할 때 사용한다. 다음 예제를 보자.

```php
<?php
function custom_title($title)  {
  $title  .= ' - ' . __('By Example.com', 'gmp-plugin');
  return $title;
}

add_filter('the_title',  'custom_title');
?>
```

이 예제는 'By Example.com'이라는 문자열을 모든 포스트와 페이지 제목에 추가한다. 다시 한번 말하지만 훅은 데이터베이스 내에 저장된 내용을 결코 변경하지 않으며, 최종 사용자에게 출력되는 내용만 변경한다.

default_content 필터훅을 이용하면 포스트와 페이지에 추가할 기본 콘텐츠를 설정할 수 있다. 모든 포스트가 출력될 때마다 자동으로 추가하고 싶은 내용이 있을 때 이용하면 일일이 작성하는 시간을 절약할 수 있다.

```php
<?php
function my_default_content($content)  {
  $content = __('For more great content please subscribe to my RSS feed',
    'gmp-plugin');
  return $content;
}

add_filter('default_content', 'my_default_content');
?>
```

필터훅은 루프에서 각 포스트를 처리할 때 다양한 지점에서 사용자가 원하는 기능을 추가하고자 할 때 강력한 효과를 거둘 수 있다. 하지만 워드프레스의 플러그인 시스템이 제공하는 기능을 진짜로 최대한 활용한다는 것은 워드프레스 내의 이벤트가 생길 때 사용자가 생성한 코드를 실행하도록 하는 액션훅을 사용하는 것을 말한다.

자주 이용되는 액션훅

다음은 자주 이용되는 액션훅 목록이다.

- ▶ publish_post 새로운 포스트가 발행될 때 실행된다.
- ▶ create_category 새로운 카테고리가 생성될 때 실행된다.
- ▶ switch_theme 테마를 변경할 때 실행된다.
- ▶ admin_head 관리자 대시보드의 `<head>` 부분에서 실행된다.
- ▶ wp_head 테마의 `<head>` 부분에서 실행된다.
- ▶ wp_footer 테마의 `<footer>` 부분에서 실행되며, 통상 `</body>` 태그의 바로 앞에서 실행된다.
- ▶ init 워드프레스가 로딩을 끝내고 헤더를 전송하기 전에 실행된다. $_GET과 $_POST HTML 요청을 조작하는 곳이다.
- ▶ admin_init init과 동일하나 관리자 대시보드 페이지에서만 실행된다.
- ▶ user_register 새로운 사용자가 추가될 때 실행된다.
- ▶ comment_post 새로운 댓글이 작성될 때 실행된다.

가장 자주 이용되는 액션훅 중 하나는 wp_head 훅이다. wp_head 훅을 이용하면 워드프레스 테마에 `<head>` 부분에 사용자가 정의한 커스텀 코드를 추가할 수 있다. 다음 예제를 보자.

```php
<?php
function custom_css() {
?>
  <style type="text/css">
  a {
    font-size: 14px;
    color: #000000;
    text-decoration: none;
  }
  a:hover {
```

```
        font-size: 14px
        color: #FF0000;
        text-decoration: underline;
    }
    </style>
<?php
}

add_action('wp_head', 'custom_css');
?>
```

이 코드는 custom_css 함수의 내용을 워드프레스 테마의 헤더 부분에 추가하며, 위 예제에서는 커스텀 CSS 스크립트를 추가한다.

wp_footer 훅도 매우 자주 이용되는 액션훅이다. 이 훅을 이용하면 워드프레스 테마의 푸터 부분에 커스텀 코드를 삽입할 수 있다. 만약 웹사이트 분석용 추적코드 같은 것을 추가하고 싶다면 이 훅을 이용하는 것이 가장 좋다.

```
function site_analytics()   {
?>
    <script type="text/javascript">
    var gaJsHost = (("https:" == document.location.protocol) ?
      "https://ssl." : "http://www.");
    document.write(unescape("%3Cscript src='"  + gaJsHost +
      'google-analytics.com/ga.js' type='text/javascript'%3E%3C/
        script%3E"));
    </script>

    <script  type="text/javascript">
    var pageTracker = _gat._getTracker("UA-XXXXXX-XX");
    pageTracker._trackPageview();
    </script>
<?php
}

add_action('wp_footer', 'site_analytics');
```

앞의 예제를 보면 구글 분석기Google Analytics의 추적 코드를 어떻게 웹사이트의 푸터 영역에 삽입하는지 알 수 있으며, 이에 대해서는 11장에서 자세히 다룬다.

admin_head 액션훅은 wp_head 훅과 거의 비슷하다. 다만 wp_head 훅은 테마의 헤더 부분을, admin_head 훅은 관리자 대시보드의 헤더를 후킹한다는 차이가 있다. 사용자가 정의한 다른 CSS를 사용한다든가, 또는 다른 헤더 코드를 필요로 한다든가 하는 경우에 이용한다.

　　user_register 액션훅은 워드프레스에서 새로운 사용자가 추가될 때 실행된다. 사용자는 관리자나 다른 사용자가 생성할 수 있다. 이 기능은 새로 생성되는 사용자에게 기본 설정을 지정하고 싶거나, 신규 가입 축하 메일을 보낸다거나 할 때 이용하면 좋다.

　　훅은 아마도 워드프레스에서 가장 문서화가 덜된 기능 중 하나인 듯 하다. 어떤 기능을 만들 때 필요한 적절한 훅을 찾는 건 정말 어렵다. 그나마 가장 도움이 되는 것이 코덱스의 문서다. 코덱스에서 훅을 찾고자 한다면 필터 레퍼런스는 http://codex.wordpress.org/Plugin_API/Filter_Reference에서, 액션 레퍼런스는 http://codex.wordpress.org/Plugin_API/Action_Reference에서 찾을 수 있다.

　　그외에 추천하고 싶은 자료는 WordPress.org의 플러그인 디렉터리(http://wordpress.org/extend/plugins/)다. 문제를 해결하는 좋은 방법 중 하나는 다른 사람이 만들어 놓은 유사한 결과물을 살펴보는 것이기 때문이다. 일단 플러그인 디렉터리에서 독자가 만들려고 하는 것과 비슷한 기능의 플러그인을 먼저 찾아본다. 그 플러그인 제작자가 이미 워드프레스에서 필요한 훅을 찾아놓았을 것이다. 이미 개발된 플러그인은 가장 훌륭한 예제라고 할 수 있다.

플러그인 설정

플러그인에는 대부분 설정 페이지가 있다. 설정 페이지의 옵션에 따라 기능을 변경할 수 있도록 하면 기능이 바뀔 때마다 소스코드를 수정하지 않아도 된다. 설정 페이지를 만드는 첫 번째 순서는 워드프레스에 옵션을 저장하고 불러오는 기능을 구현하는 것이다.

플러그인 옵션 저장

플러그인을 만들 때 옵션 저장 기능을 구현하는 것이 향후 필요할 때를 대비하는 좋은 방법이다. 워드프레스에서는 옵션의 저장과 편집, 삭제를 쉽게 할 수 있는 함수를 제공한다. 옵션 생성에는 add_option과 update_option이라는 두 개의 함수가 있다. 둘 다 옵션을 만드는 기능을 제공하는데 update_option은 이미 옵션이 있을 경우 생성하지 않고 갱신하는 방식으로 동작한다. 다음은 새로운 옵션을 추가하는 예제다.

```php
<?php   add_option('gmp_ display_mode', 'Christmas Tree');   ?>
```

add_option 함수에 전달하는 첫 번째 매개변수는 옵션 이름이다. 옵션 이름은 필수 항목이며 워드프레스에서 사용하는 옵션과 구분되는 고유의 이름이어야 하고, 심지어는 다른 플러그인에서 사용하는 옵션 이름과도 겹치면 안 된다.

두 번째 매개변수는 옵션값이다. 이 역시 필수 항목이나 형식은 문자열이나 배열, 객체나 직렬화값 등이 가능하다. 또한 update_option 함수를 이용해서 새로운 옵션을 만들 수도 있다. 이 함수는 만들려는 옵션 이름이 이미 있는지를 먼저 확인한 후 없다면 옵션을 생성한다. 옵션이 이미 생성돼 있다면 새로운 옵션값으로 기존 값을 변경한다. update_option 함수는 add_option과 똑같은 방식으로 사용할 수 있다.

```php
<?php   update_option('gmp_ display_mode', 'Christmas Tree');   ?>
```

플러그인에서는 update_option 함수를 이용해서 추가와 갱신 작업을 하는 것이 일반적이다. 이는 플러그인 옵션을 추가할 때와 갱신할 때 각기 다른 함수를 사용하기보다는 하나의 함수로 두 가지 작업을 하는 것이 훨씬 편리하고 일관성 있기 때문이다.

옵션값을 불러오는 방법은 훨씬 쉽다. 옵션값을 불러올 때는 다음과 같이 get_option 함수를 이용한다.

```php
<?php   echo get_option('gmp_ display_mode');   ?>
```

get_option에 필요한 단 하나의 매개변수는 옵션 이름이다. 옵션이 존재한다면 변수에 저장하거나 화면에 바로 출력할 수 있다. 하지만 옵션이 없다면 false가 반환된다.

옵션을 삭제하는 방법은 만들 때처럼 쉽다. 옵션 삭제에는 delete_option 함수를 사용한다. 함수에 필요한 매개변수는 단 한 개로 삭제를 원하는 옵션 이름이다.

```php
<?php   delete_option('gmp_ display_mode');   ?>
```

그간의 경험으로 비춰볼 때 옵션 이름을 짓는 가장 좋은 방법은 gmp_처럼 똑같은 접두어를 붙이는 것이다. 이 방식을 이용하면 옵션 이름의 고유성 유지와 가독성 향상에 큰 도움이 된다. 즉 옵션 이름에 접두어를 붙이면 다른 옵션 이름과 겹칠 확률이 낮아진다. 그리고 만약 저장할 옵션의 개수가 많다면 배열을 이용해서 저장하는 게 좋다. 또한 변수와 함수 등에 일관된 명명체계를 적용하면 소스코드를 읽어낼 때 크게 도움이 된다.

워드프레스의 옵션은 플러그인에서만 사용되는 것이 아니다. 테마에서도 사용하는 데이터를 저장할 때 옵션을 사용한다. 최근에 만들어진 테마에는 설정 페이지가 있어서 코드를 직접 수정하지 않고도 테마의 많은 부분을 개인화할 수 있도록 하고 있다.

옵션 배열

워드프레스에서 만드는 옵션은 모두 wp_options 데이터베이스 테이블에 레코드를 추가한다. 이러한 동작 방식으로 인해 옵션을 배열로 저장하면 테이블에 생성되는 레코드 개수도 줄일 수 있고, update_option 함수의 호출 횟수도 줄일 수 있는 등의 장점이 있다.

```php
<?php
$gmp_options_arr=array(
  "gmp_display_mode"=>'Christmas Tree',
  "gmp_default_browser"=>'Chrome',
  "gmp_favorite_book"=>'Professional  WordPress',
  );

update_option('gmp_plugin_options',  $gmp_options_arr);
?>
```

앞의 예제에서는 배열을 통해 세 개의 플러그인 옵션값을 저장하였다. 이렇게 하면 update_option를 세 번 호출하거나, 데이터베이스에 세 개의 레코드를 만들 필요가 없이, 단 한 번의 호출로 배열을 gmp_plugin_options라는 이름으로 저장할 수 있다. 지금은 간단한 상황을 가정했지만 만약 50개의 옵션을 데이터베이스에 저장하는 플러그인이 여러 개 있다고 가정해보자. 플러그인이 동작할 때마다 옵션을 가져오는 데이터베이스 쿼리가 수행될 것이고 결과적으로 웹사이트를 불러오는 속도가 매우 느려질 것이다.

옵션 배열을 가져올 때는 앞에서 설명한 것처럼 get_option 함수를 사용한다.

```php
<?php
$gmp_options_arr =  get_option('gmp_plugin_options');
```

```
$gmp_display_mode = $gmp_options_arr["gmp_display_mode"];
$gmp_default_browser = $gmp_options_arr["gmp_default_browser"];
$gmp_favorite_book = $gmp_options_arr["gmp_favorite_book"];
?>
```

다음은 플러그인 설정 페이지를 만드는 방법을 알아보자.

메뉴와 서브메뉴 생성

워드프레스의 플러그인에서 커스텀 메뉴를 만드는 방법은 두 가지가 있다. 먼저 결정
해야 할 것은 옵션 페이지를 어디에 출력할 것인가이다. 옵션 페이지용 링크 이름을
My Plugin Setting이라고 하면, 이는 **탑 레벨 메뉴**에 둘 수도 있고, 기존 메뉴의 서브메뉴
로 **설정 > My Plugin Settings**에 둘 수도 있다. 이 두가지 방법에 대해 상세히 알아보자.

탑 레벨 메뉴 생성

첫 번째 방법은 새로운 탑 레벨 메뉴를 만드는 것이다. 플러그인의 설정 페이지가 여
러 개라서 분리가 필요한 경우 탑 레벨 메뉴 방식으로 구성하는 것을 추천한다. 탑 레
벨 메뉴를 만들 때는 다음과 같이 add_menu_page 함수를 이용한다.

```
<?php add_menu_page(page_title, menu_title, capability,
handle, function, icon_url); ?>
```

이 함수에서 사용되는 매개변수에 대해 알아보자.

▶ page_title (<title> 태그 중간에 들어가는) HTML 제목용 문자열

▶ menu_title 대시보드의 메뉴 이름을 사용할 문자열

▶ capability 메뉴 진입에 필요한 이용자 등급(이용자 레벨)

▶ handle/file 화면출력을 처리할 PHP 파일(플러그인 파일의 경로인 __FILE__의 사
용을 추천)

▶ function 메뉴 설정 페이지용 페이지 콘텐츠 출력

▶ icon_url 메뉴에 사용할 사용자 정의 아이콘까지의 경로(기본은 images/
generic.png)

물론 새로운 메뉴의 서브메뉴 항목도 만들 수 있다. 서브메뉴 항목을 추가하려면
add_submenu_page 함수를 사용한다.

```php
add_submenu_page(parent, page_title, menu_title, capability required,
file/handle, [function]);
```

그림 7-2에서처럼 여러 개의 서브메뉴가 있는 플러그인 커스텀 메뉴를 생성한다.

```php
<?php
// 커스텀 플러그인 설정 메뉴를 생성한다.
add_action('admin_menu', 'gmp_create_menu');

function gmp_create_menu()  {

    // 탑 레벨 메뉴를 생성한다.
    add_menu_page('GMP Plugin Settings', 'GMP Settings',
      'administrator', __FILE__, 'gmp_settings_page',
      plugins_url('/images/wordpress.png', __FILE__));

    // 세 개의 서브메뉴를 생성한다: 이메일, 템플릿, 일반 메뉴
    add_submenu_page( __FILE__, 'Email Settings Page', 'Email',
      'administrator', __FILE__.'_email_settings', 'gmp_settings_email');
    add_submenu_page( __FILE__, 'Template Settings Page', 'Template',
      'administrator', __FILE__.'_template_settings',
      'gmp_settings_template');
    add_submenu_page( __FILE__, 'General Settings Page', 'General',
      'administrator', __FILE__.'_general_settings',
      'gmp_settings_general');
}
?>
```

그림 7-2 커스텀 탑 레벨 메뉴

우선 admin_menu 액션훅을 호출한다. 이 훅은 기본 관리자 패널 메뉴가 모두 제자리에 위치한 후에 실행된다. 훅이 실행되면서 사용자 정의 함수 gmp_create_menu가 호출되며 이 함수가 메뉴를 구성한다.

메뉴를 생성하려면 add_menu_page 함수를 호출한다(이어서 add_menu_page를 통해 메뉴를 생성한다). 처음 두 개의 매개변수를 이용해서 페이지 제목과 메뉴 제목을 지정한다. 이어서 접근레벨을 administrator로 지정하여 관리자 레벨의 사용자만 이 메뉴를 이용할 수 있게 한다. 그다음으로는 handle/file 항목을 플러그인 파일에 대한 고유 경로를 의미하는 __FILE__로 지정한다. 그다음으로는 사용자 메뉴 함수 이름을 지정하며, 앞의 경우에는 gmp_settings_page에 해당한다. 지금 설명한 이 함수들은 아직 생성하지 않은 상태이므로 설정 페이지를 열면 PHP 경고문이 나타날 것이다. 마지

막으로 워드프레스 로고를 출력하는 커스텀 아이콘 위치를 설정한다.

이상으로 탑 레벨 메뉴를 생성하였으니, 이어서 서브메뉴 항목을 생성해야 한다. 이번 예제에서는 세 개의 서브메뉴 항목으로 **이메일**과 **템플릿**(Template)과 **일반**(General)을 만들어보자. 이 작업에는 add_submenu_page 함수를 이용한다.

첫 번째 매개변수는 연결하고자 하는 탑 레벨 메뉴의 handle/file이다. 앞에서 언급하였듯이 이 값은 플러그인 파일에의 고유 경로를 의미하는 __FILE__로 지정한다. 이어서 페이지 제목과 메뉴 제목을 지정한다. 그다음에는 메뉴에 접근 가능한 레벨을 관리자(administrator)로 지정한다. 그리고 서브메뉴 항목에 해당하는 고유 핸들을 생성한다. 앞에 예제에서는 두 개의 문자열(__FILE__과 _email_settings)을 결합하여 만들었다. 마지막 값은 각 서브메뉴용 설정 페이지를 생성하는 데 사용할 커스텀 함수명이다.

현재 메뉴에 추가

지금부터는 워드프레스의 메뉴에다가 서브메뉴를 덧붙이는 방법을 알아보자. 대부분의 플러그인은 오로지 한 개의 옵션 페이지만 있어서 탑 레벨 메뉴를 추가할 필요가 없다. 단지 이미 워드프레스에 있는 메뉴 중 하나에 플러그인 옵션 페이지를 추가하면 된다. 설정 메뉴에 덧붙이는 방법을 살펴보자.

```php
<?php
add_options_page('GMP Settings Page', 'GMP Settings',
'administrator', __FILE__, 'gmp_settings_page');
?>
```

워드프레스에는 서브메뉴를 아주 쉽게 추가할 수 있도록 여러 개의 함수를 제공한다. GMP 설정 서브메뉴를 추가할 때는 add_options_page 함수를 이용한다. 함수에 전달할 매개변수는 우선 페이지 제목과 서브메뉴 이름이다. 그리고 앞에서처럼 메뉴의 접근 레벨을 관리자로 지정한다. 그다음으로 고유 메뉴 핸들을 __FILE__로 지정한다. 마지막으로는 옵션 페이지를 구성하기 위해 호출할 커스텀 함수인 gmp_settings_page를 지정한다. 앞의 예제에서는 **GMP Settings**라는 커스텀 서브메뉴 항목을 설정 메뉴의 뒷부분에 추가한다.

다음은 워드프레스에서 이용할 수 있는 서브메뉴 함수의 목록이다. 각 함수는 앞의 예제와 똑같이 사용할 수 있다. 아래 나열된 함수에서 이름만 복사해서 예제의 일부를 바꾸고 그 결과를 확인해보자.

- ▶ add_dashboard_page   메뉴 아이템을 대시보드 메뉴에 추가한다.

- ▶ add_posts_page   메뉴 아이템을 포스트 메뉴에 추가한다.

- ▶ add_media_page   메뉴 아이템을 미디어 메뉴에 추가한다.

- ▶ add_links_page   메뉴 아이템을 링크 메뉴에 추가한다.

- ▶ add_pages_page   메뉴 아이템을 페이지 메뉴에 추가한다.

- ▶ add_comments_page   메뉴 아이템을 댓글 메뉴에 추가한다.

- ▶ add_theme_page   메뉴 아이템을 테마 메뉴에 추가한다.

- ▶ add_users_page   메뉴 아이템을 사용자 메뉴에 추가한다.

- ▶ add_management_page   메뉴 아이템을 도구 메뉴에 추가한다.

- ▶ add_options_page   메뉴 아이템을 설정 메뉴에 추가한다.

지금까지 옵션 페이지를 띄우는 메뉴와 서브메뉴 생성에 대해 알아보았다. 이제 옵션페이지 생성에 대해 알아보자.

옵션 페이지 생성

워드프레스 2.7부터는 새롭게 세팅Settings API가 추가되었으므로 지금 설명된 모든 옵션 기능을 사용할 수 있다. 세팅 API는 워드프레스의 옵션 저장을 쉽고, 안전하게 할 수 있는 다양한 함수를 제공한다. 세팅 API의 가장 유용한 기능 중 하나는 보안 점검 security check 기능이며, 이 기능 덕택에 사용자가 폼 입력을 할 때 논스nonce를 포함할 필요가 없다.

옵션 페이지를 만드는 첫 번째 방법으로 탑 레벨 메뉴 옵션 페이지 생성에 대해 알아보자. add_menu_page와 add_submenu_page 함수에서 옵션 페이지를 출력하기 위해 메뉴 항목용 함수 이름을 정의했던 것을 기억해보자. 옵션 페이지를 만들려면 먼저 옵션을 출력하는 함수를 만들어야 한나. 다음과 같이 플러그인 메뉴부터 생성한다.

```php
<?php
// 커스텀 플러그인 세팅 메뉴
add_action('admin_menu', 'gmp_create_menu');

function gmp_create_menu()  {

// 탑 레벨 메뉴 생성
```

```
add_menu_page('GMP Plugin Settings', 'GMP Settings', 'administrator',
__FILE__, 'gmp_settings_page',
plugins_url('/images/wordpress.png', __FILE__));

// 레지스터 설정 함수 호출
add_action( 'admin_init',  'gmp_register_settings' );
}
?>
```

앞 예제를 보면 admin_init 부분에 gmp_register_settings를 새로운 액션훅
으로 정의한다. gmp_register_settings는 다음과 같다.

```
<?php
function gmp_register_settings()  {
  // 설정 등록
  register_setting( 'gmp-settings-group', 'gmp_option_name' );
  register_setting( 'gmp-settings-group', 'gmp_option_email' );
  register_setting( 'gmp-settings-group', 'gmp_option_url' );
}
?>
```

세팅 API의 register_setting 함수를 통해 플러그인 옵션 페이지에 추가할 세
개의 옵션을 정의하였다. 첫 번째 매개변수는 옵션 그룹 이름이다. 이 항목은 필수항
목으로서 옵션 세트 내에 옵션을 구분하는 데 사용된다. 두 번째 매개변수는 실제 옵
션 이름이며, 고유해야 한다. 이제 옵션 페이지 구성에 필요한 옵션을 모두 등록하였
다. 이제 메뉴 내에서 호출될 gmp_setting_page 함수를 생성해보자.

```
<?php
function gmp_settings_page() {
?>
<div class="wrap">
<h2><?php _e('GMP Plugin Options', 'gmp-plugin') ?></h2>

<form method="post" action="options.php">
  <?php settings_fields( 'gmp-settings-group' ); ?>
  <table class="form-table">
    <tr valign="top">
    <th  scope="row"><?php _e('Name', 'gmp-plugin') ?></th>
    <td><input type="text" name="gmp_option_name"
    value="<?php echo get_option('gmp_option_name'); ?>" /></td>
    </tr>
```

```
<tr valign="top">
<th scope="row"><?php _e('Email', 'gmp-plugin') ?></th>
<td><input type="text" name="gmp_option_email"
value="<?php echo get_option('gmp_option_email'); ?>" /></td>
</tr>

<tr valign="top">
<th scope="row"><?php _e('URL', 'gmp-plugin') ?></th>
<td><input type="text" name="gmp_option_url"
value="<?php echo get_option('gmp_option_url'); ?>" /></td>
</tr>
</table>

<p class="submit">
  <input type="submit" class="button-primary"
  value="<?php _e('Save Changes', 'gmp-plugin') ?>" />
</p>

</form>
</div>
<?php } ?>
```

앞의 예제를 보면 대부분은 일반적인 입력 폼과 동일하고, 몇몇 다른 부분도 있다. <form> 태그는 반드시 method는 post, action은 options.php로 설정해야 한다. 폼 안에서는 세팅 그룹을 설정해야 하는데, 앞에서는 설정을 등록할 때 gmp-settings-group으로 했다. 이는 옵션과 옵션값을 링크로 연결하는데, 다음과 같은 코드다.

```
<?php settings_fields( 'gmp-settings-group' ); ?>
```

이어서 폼 옵션을 출력할 표를 구성한다. 폼필드 이름은 반드시 이전에 등록한 옵션 이름과 동일해야 한다는 것을 명심하자. 또한 플러그인 옵션값을 가져올 때는 get_option 함수를 사용할 수 있다. 세팅 API는 모든 옵션값을 wp_options에 저장하므로 이전과 동일하게 워드프레스 내에서는 어디서든 get_option을 이용해서 옵션값을 얻을 수 있다.

```
<input type="text" name="gmp_option_email"
value="<?php echo get_option('gmp_option_email'); ?>" />
```

폼필드 양식이 화면에 모두 출력되면 마지막으로 폼을 제출하고 옵션을 저장하는 **제출**(submit) 버튼을 추가한다. 이게 끝이다. 이렇게 해서 워드프레스의 세팅 API를 이용해서 아주 기본적인 플러그인 옵션 페이지를 만드는 방법을 알아보았다. 옵션 페이지를 만드는 전체 과정을 리스트 7-1에 정리하였다.

리스트 7-1 옵션 페이지 생성

```php
<?php
// 세팅 섹션의 함수를 실행

// 커스텀 플러그인 세팅 메뉴를 생성
add_action('admin_menu', 'gmp_create_menu');

function gmp_create_menu() {

    // 새로운 최상위 메뉴를 생성
    add_menu_page('GMP Plugin Settings', 'GMP Settings', 'administrator',
    __FILE__, 'gmp_settings_page',
    plugins_url('/images/wordpress.png', __FILE__));

    // 세팅을 등록하는 함수를 호출
    add_action( 'admin_init', 'gmp_register_settings' );
}

function gmp_register_settings()  {
    // 세팅을 등록
    register_setting( 'gmp-settings-group', 'gmp_option_name' );
    register_setting( 'gmp-settings-group', 'gmp_option_email' );
    register_setting( 'gmp-settings-group', 'gmp_option_url' );
}

function gmp_settings_page() {
?>
<div class="wrap">
<h2><?php _e('GMP Plugin Options', 'gmp-plugin') ?></h2>

<form   method="post" action="options.php">
  <?php settings_fields( 'gmp-settings-group' ); ?>
  <table class="form-table">
    <tr valign="top">
    <th  scope="row"><?php _e('Name', 'gmp-plugin') ?></th>
    <td><input type="text" name="gmp_option_name"
    value="<?php echo get_option('gmp_option_name'); ?>" /></td>
    </tr>
```

```
<tr valign="top">
<th  scope="row"><?php _e('Email',  'gmp-plugin') ?></th>
<td><input type="text"  name="gmp_option_email"
value="<?php echo get_option('gmp_option_email'); ?>" /></td>
</tr>

<tr valign="top">
<th  scope="row"><?php _e('URL', 'gmp-plugin') ?></th>
<td><input type="text"  name="gmp_option_url"
value="<?php echo get_option('gmp_option_url'); ?>" /></td>
</tr>
</table>

<p class="submit">
<input type="submit" class="button-primary"
value="<?php _e('Save Changes', 'gmp-plugin') ?>" />
</p>

</form>
</div>
<?php } ?>
```

이제 두 번째 옵션 페이지 방식(method)을 알아보자. 이 방식은 그림 7-3처럼 플러그인 설정을 이미 워드프레스가 제공하는 기본 세팅 페이지에 덧붙이는 방법이다. 이번에도 세팅 API 함수를 이용하여 이들 페이지를 후킹해 플러그인 페이지를 덧붙이게 된다. 다시 한번 말하면 세팅 API 기능은 2.7 버전에서부터 추가됐으므로 이전 버전을 쓰고 있다면 이들 함수가 없을 수도 있다. 우선 add_settings_section 함수를 사용해서 새로운 세팅 섹션을 생성해야 한다.

커스텀 세팅 섹션을 생성하는 소스코드를 먼저 살펴보자. 아래 예제는 새로운 세팅 섹션을 기존의 Setting ≻ Reading Setting 페이지에 덧붙이는 것을 보여준다. 이 섹션에는 사용자가 만든 플러그인 옵션이 들어있다.

```
<?php
// 세팅 섹션의 함수를 실행
add_action('admin_init', 'gmp_settings_init');

function gmp_settings_init()  {
  // Setting ≻ Reading 페이지에 새로운 세팅 섹션을 생성
  add_settings_section('gmp_setting_section', 'GMP Plugin Settings',
  'gmp_setting_section', 'reading');
```

```
// 각각의 설정 옵션을 등록
add_settings_field('gmp_setting_enable_id',
  'Enable GMP  Plugin?',
  'gmp_setting_enabled', 'reading', 'gmp_setting_section');
add_settings_field('gmp_saved_setting_name_id',
  'Your  Name',
  'gmp_setting_name', 'reading', 'gmp_setting_section');

// 배열값을 저장하도록 세팅 등록
register_setting('reading','gmp_setting_values');
}
?>
```

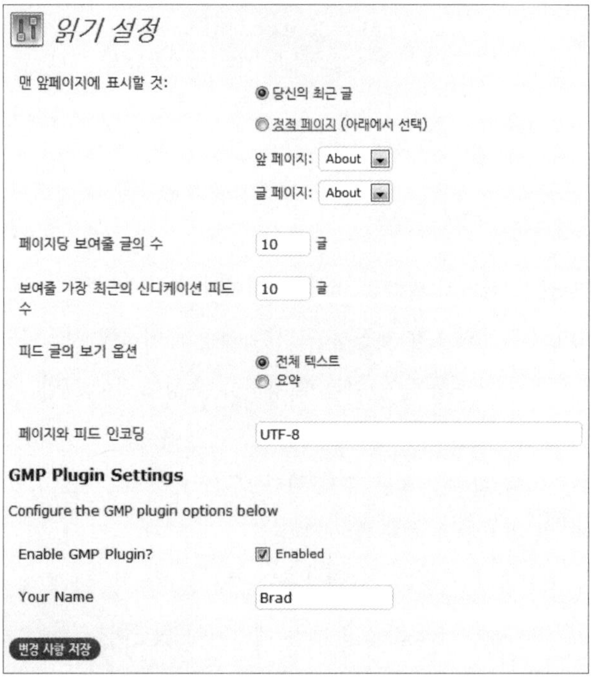

그림 7-3 커스텀 세팅 섹션

첫째로 admin_init 액션훅을 사용해서 관리자 페이지가 그려지기 전에 gmp_settings_init이라는 커스텀 함수를 로드한다. 이어서 add_settings_section 함수를 실행해 새로운 섹션을 생성한다.

```
<?php add_settings_section('gmp_setting_section', 'GMP Plugin Settings',
'gmp_setting_section', 'reading'); ?>
```

첫 번째 매개변수는 섹션의 고유 ID다. 두 번째 매개변수는 페이지에 나타날 출력 이름이다. 세 번째 변수는 실제 섹션에 대한 콜백 함수 이름이다. 그리고 마지막 매개 변수는 커스텀 섹션을 추가할 세팅 페이지다. 입력 가능한 값은 general, writing, reading, discussion, media, privacy, permalink, and misc 등이다.

```php
<?php
add_settings_field('gmp_setting_enable_id', 'Enable GMP  Plugin?',
'gmp_setting_enabled', 'reading', 'gmp_setting_section');
add_settings_field('gmp_saved_setting_name_id', 'Your Name',
'gmp_setting_name', 'reading',  'gmp_setting_section');
?>
```

이제 커스텀 세팅 섹션을 등록하였으니 각 세팅 옵션을 등록할 순서다. 이 작업을 위해서는 add_settings_field 함수를 이용한다. 첫 번째 매개변수는 필드의 고유 ID다. 두 번째는 옵션 왼쪽에 출력될 필드의 제목이다. 세 번째 매개변수는 옵션 필드를 출력할 콜백 함수다. 네 번째는 필드가 출력될 세팅 페이지다. 그리고 마지막 매개 변수는 필드를 붙일 섹션 이름이며, 앞 예제에서는 add_setting_section 함수 호출로 생성한 gmp_setting_section에 해당한다.

```php
<?php
register_setting('reading','gmp_setting_values');
?>
```

다음으로는 세팅 필드를 등록해야 한다. 이번 예제에서는 활성/비활성 체크박스 한 개와 사용자 이름 한 개 이렇게 두 개의 설정을 등록해보자. 세팅 필드는 두 개지만 배열을 이용하여 한꺼번에 저장하면 gmp_setting_values 함수를 한 번만 호출하여 저장할 수 있다. 첫 번째 매개변수는 옵션그룹이다. 이번 예제에서는 옵션을 reading 그룹과 함께 저장한다. 두 번째 매개변수는 옵션이름이다. 옵션이름은 옵션 값을 불러올 때 사용하며, 고유한 값이어야 한다. 세 번째는 선택적으로 사용할 수 있는데 옵션값을 검증하는 데 사용할 커스텀 함수 이름을 지정한다.

이제 세팅 섹션을 등록하였으니 이것을 화면에 출력할 커스텀 함수를 생성하자. 첫 번째로 만들 함수는 gmp_setting_section으로 이 함수를 호출하여 세팅 섹션을 출력한다.

```php
<?php
function gmp_setting_section() {
  echo '<p>Configure the GMP Plugin options below</p>';
}
?>
```

이 함수를 이용하여 세팅 섹션의 부제목^{subheading}에 해당하는 내용을 출력한다. 이 함수는 플러그인에 대한 안내와 설정 정보 등을 보여주는 용도로 사용하면 유용하다. 그다음으로는 첫 번째 세팅 필드의 활성화(Enabled) 항목을 출력하는 함수를 생성해야 한다.

```php
<?php
function gmp_setting_enabled() {
  // 옵션 배열을 로드한다.
  $gmp_options = get_option('gmp_setting_values');

  // 옵션값이 존재하면 체크박스를 체크상태로 설정한다.
  If ($gmp_options['enabled']) {
    $checked = ' checked="checked" ';
  }

  // 체크박스 폼필드를 출력한다.
  echo '<input '.$checked.' name="gmp_setting_values[enabled]"
type="checkbox" /> Enabled';

}?>
```

이 함수는 콜백 함수로 앞에서 add_settings_field 함수를 사용할 때 정의해 두었다. 첫 번째 단계는 옵션값이 있을 경우 이를 로드하는 것이다. 이 옵션은 체크박스 형식이므로, 만약 이 값이 설정된 거라면 체크된 상태로 화면에 출력해야 하기 때문이다. 그다음으로는 세팅 섹션에서 사용할 세팅 필드를 출력한다. 이 단계에서는 전에 등록할 세팅 이름으로 사용했던 것과 동일한 필드 input 이름을 지정해야 한다. 이는 옵션을 배열로 저장할 때 배열이름과 배열값을 사용했기 때문이다. 앞의 예제에서는 gmp_setting_values[enabled]이다. 이렇게 해야 세팅 API가 어떤 옵션이, 어디에 저장됐는지를 알 수 있다. 이렇게 하면 'Enabled' 체크박스 필드가 **설정 > 읽기** 페이지 하단에 출력된다. 이어서 두 번째 세팅 필드를 출력하는 함수를 생성한다.

```php
<?php
function gmp_setting_name() {
  // 옵션 배열을 로드한다.
  $gmp_options = get_option('gmp_setting_values');
  // 알맞는 배열 옵션값을 로드한다.
  $name = $gmp_options['name'];
  // 텍스트 폼 필드를 출력한다.
  echo '<input type="text" name="gmp_setting_values[name]"
    value="'.esc_attr($name).'" />';
}?>
```

체크박스 옵션과 마찬가지로 첫 번째로 할 일은 현재 옵션값을 로드하는 것이다. 다음으로는 register_setting 함수에서 정의한 것과 동일한 이름을 가진 입력 텍스트 필드를 출력한다. 이걸로 끝이다! 이로써 커스텀 세팅 섹션을 만들어서 **설정 > 읽기** 서브패널에 덧붙인 것이다. 리스트 7-2에 전체 코드가 나와있다.

리스트 7-2 커스텀 세팅 섹션

```php
<?php
// 세팅 섹션의 함수를 실행
add_action('admin_init', 'gmp_settings_init');

function gmp_settings_init() {
  // 설정 > 읽기 페이지에 새로운 세팅 섹션을 생성
  add_settings_section('gmp_setting_section', 'GMP Plugin Settings',
  'gmp_setting_section', 'reading');

  // 각각의 세팅 옵션을 등록
  add_settings_field('gmp_setting_enable_id',
  'Enable GMP Plugin?',
  'gmp_setting_enabled', 'reading', 'gmp_setting_section');
  add_settings_field('gmp_saved_setting_name_id', 'Your Name',
  'gmp_setting_name', 'reading', 'gmp_setting_section');

  // 배열값을 저장하도록 세팅 등록
  register_setting('reading','gmp_setting_values');
}

// 세팅 섹션
function gmp_setting_section() {
  echo '<p>Configure the GMP plugin options below</p>';
}
```

```
// 체크박스 옵션을 생성
function gmp_setting_enabled() {
  // if the option exists the checkbox needs to be checked
  $gmp_options = get_option('gmp_setting_values');
  If ($gmp_options['enabled']) {
    $checked = ' checked="checked" ';
  }
  // 체크박스를 표시
  echo '<input '.$checked.' name="gmp_setting_values[enabled]"
    type="checkbox" /> Enabled';

}

// 이름을 입력할 텍스트 입력 폼을 생성
gmp_setting_name() {
  // load the option value
  $gmp_options = get_option('gmp_setting_values');
  $name = $gmp_options['name'];

  // 텍스트 입력 폼을 표시
  echo '<input type="text" name="gmp_setting_values[name]"
  value="'.esc_attr($name).'"
  />';
}
?>
```

워드프레스와의 통합

플러그인이 관리자 대시보드에 나타나지 않으면 사용자가 이용할 수 없기 때문에 플러그인을 워드프레스에 통합시키는 것은 아주 중요하다. 워드프레스에서는 플러그인이 메타박스나 사이드바, 대시보드 위젯과 커스텀 숏코드 등과 결합하여 다양한 화면 영역에 위치할 수 있는 기능을 제공한다.

메타박스 생성

워드프레스에는 새로운 포스트나 페이지, 링크를 등록할 때 추가할 수 있는 메타박스 기능을 제공한다. 이러한 메타박스를 이용하면 포스트나 페이지에 추가 정보를 덧붙일 수 있다.

메타박스는 add_meta_box 함수를 이용하면 플러그인에서도 생성할 수 있다. 이 함수는 여섯 개의 매개변수를 입력받는다.

```php
<?php add_meta_box( $id, $title, $callback, $page, $context, $priority ); ?>
```

각 매개변수는 메타박스의 출력 위치와 방법에 대한 것이다.

- ▶ $id   메타박스의 CSS ID 속성
- ▶ $title   메타박스 헤더에 출력될 제목
- ▶ $callback   메타박스 정보를 출력할 커스텀 함수 이름
- ▶ $page   메타박스를 덧붙일 페이지 종류(post나 page나 link 중 하나 선택)
- ▶ $context   메타박스가 출력돼야 하는 페이지 영역('normal', 'advanced', 'side')
- ▶ $priority   메타박스의 출력 우선순위('high', 'core', 'default', or 'low')

지금까지 설명한 add_meta_box 함수를 잘 이해하였다면 이제 첫 번째로 커스텀 메타박스를 만들어보자.

```php
<?php
add_action('admin_init','gmp_meta_box_init');

// 메타박스를 추가하고 그 데이터를 저장하는 함수
function gmp_meta_box_init() {
  // 커스텀 메타박스를 생성
  add_meta_box('gmp-meta',__('Product Information',
  'gmp-plugin'), 'gmp_meta_box','post','side','default');

  // 글이 저장될 때 메타박스의 데이터를 저장하기 위한 훅
  add_action('save_post','gmp_save_meta_box');
}
?>
```

메타박스를 추가하는 첫 번째 단계는 admin_init 액션훅을 이용하여 커스텀 함수인 gmp_meta_box_init를 실행하는 것이다. 이 함수는 Product Information 커스텀 메타박스를 생성하는 add_meta_box 함수를 호출한다. 또한 save_post 액션훅을 이용하여 메타박스 데이터를 저장하는 커스텀 함수를 실행한다. 이 함수에 대해서는 조금 뒤에서 다루기로 한다.

이제 메타박스용 gmp-meta에 CSS ID 속성을 설정한다. 두 번째 매개변수는 Product Information에 설정할 제목이다. 그다음 매개변수는 커스텀 함수인 gmp_meta_box로써 메타박스용 HTML을 출력한다. 계속해서 사이드바 내에 포스트 페이지를 출력하는 메타박스를 정의한다. 마지막으로 기본 우선순위를 설정한다. 이상의 과정을 통해 메타박스 필드를 출력하는 커스텀 gmp_meta_box 함수를 생성하였다.

```
function gmp_meta_box($post,$box) {
    // 커스텀 메타박스의 값을 설정
    $featured = get_post_meta($post->ID,'_gmp_type',true);
    $gmp_price = get_post_meta($post->ID,'_gmp_price',true);

    // 커스텀 메타박스 입력 폼 출력
    echo '<p>' .__('Price','gmp-plugin'). ': <input type="text"
    name="gmp_price" value="'.esc_attr($gmp_price).'" size="5" /></p>
    <p>' .__('Type','gmp-plugin'). ': <select name="gmp_product_type"
    id="gmp_product_type">

        <option value="0" '.(is_null($featured) || $featured == '0' ?
        'selected="selected" ' : '').'>Normal</option>
        <option value="1" '.($featured == '1' ? 'selected="selected" ' : '').'>
        Special</option>
        <option value="2" '.($featured == '2' ? 'selected="selected" ' : '').'>
        Featured</option>
        <option value="3" '.($featured == '3' ? 'selected="selected" ' : '').'>
        Clearance</option>
    </select></p>';
}
```

커스텀 함수에서 첫 번째 단계는 메타박스용으로 저장된 값을 불러오는 것이다. 포스트를 새로 만드는 경우라면 저장된 값이 없는 것이 정상이다. 그다음으로 메타박스용 폼 요소를 출력한다. 여기서 주목할 것인 <form> 태그나 제출 버튼을 만들 필요가 없다는 것이다. 이미 포스트가 저장될 때 메타박스 폼 데이터를 저장하는 훅을 추가했기 때문이다. 이제 방금 생성한 커스텀 함수가 어떻게 그려지는지를 그림 7-4에서 확인해보자.

그림 7-4 커스텀 메타박스

지금까지 메타박스와 폼 요소를 만들었으니, 이제 포스트가 저장될 때 데이터를 저장해보자. 이를 위해서 save_post 액션훅을 통해 실행되는 커스텀 함수 gmp_save_meta_box를 만들어본다.

```php
<?php
function gmp_save_meta_box($post_id,$post) {
    // 글을 수정하는 경우에는 메타박스 값을 저장하지 않음
    if($post->post_type == 'revision') { return; }

    // $_pOST가 값이 있으면 입력 폼의 값을 처리
    if(isset($_pOST['gmp_product_type'])) {
        // 글의 ID를 고유접두어로 하여, 메타박스의 값은 포스트의 메타정보로 저장
        update_post_meta($post_id,'_gmp_type',
        esc_attr($_pOST['gmp_product_type']));

        update_post_meta($post_id,'_gmp_price',
        esc_attr($_pOST['gmp_price']));
    }
}
?>
```

save_post 액션훅은 작성 중인 포스트와 수정본 모든 경우에 실행되지만 본 예제에서는 작성 중인 포스트에만 데이터를 저장한다고 가정한다. 이를 위해 포스트 타입을 확인하여 만일 포스트가 수정본에 해당하면 그냥 함수를 빠져나가도록 한다. 만약 포스트를 작성 중이고, 폼 요소가 설정되었다면 폼 데이터를 저장한다. 이때는 포스트 커스텀 필드에 메타박스 데이터를 저장할 때는 update_post_meta 함수를 이용한다.

예제에서 보면 post ID를 update_post_meta 함수의 첫 번째 매개변수로 사용했음을 알 수 있다. 이는 어떤 포스트에다가 메타 데이터를 추가할 것인지를 워드프레스에게 알려주는 기능을 한다. 이어서 업데이트하고자 하는 메타 키의 이름을 전달한다. 메타 키 이름은 밑줄로 시작하는 것에 주목하자. 이것은 포스트 편집 화면상의 커스텀 필드 메타박스 내에 나타나지 않게 한다. 그 이유는 이 값을 수정하는 UI를 제공하는 화면 내에 이 값을 다시 출력할 필요가 없기 때문이다. 마지막으로 전달될 매개변수는 메타 키에 저장할 새로운 값이다.

이상으로 각 포스트에 데이터를 저장하는 기능을 완벽히 수행하는 커스텀 메타박스를 생성하였다. 리스트 7-3에 지금까지 작성한 코드를 보여준다.

리스트 7-3 커스텀 메타박스

```php
<?php
add_action('admin_init','gmp_meta_box_init');

// 메타박스를 추가하고 그 데이터를 저장하는 함수
function gmp_meta_box_init() {
  // 커스텀 메타박스를 생성
  add_meta_box('gmp-meta',__('Product Information',
  'gmp-plugin'), 'gmp_meta_box','post','side','default');

  // 포스트가 저장될 때, 메타박스의 데이터를 저장하기 위한 훅
  add_action('save_post','gmp_save_meta_box');
}

function gmp_meta_box($post,$box) {
  // 커스텀 메타박스의 값을 설정
  $featured = get_post_meta($post->ID,'_gmp_type',true);
  $gmp_price = get_post_meta($post->ID,'_gmp_price',true);

  // 커스텀 메타박스 입력 폼 출력
  echo '<p>' .__('Price','gmp-plugin'). ': <input type=
      "text" name="gmp_price"
```

```
    value="'.esc_attr($gmp_price).'" size="5"></p>
    <p>' .__('Type','gmp-plugin'). ': <select name="gmp_product_type"
    id="gmp_product_type">
        <option value="0" '.(is_null($featured) || $featured == '0' ?
        'selected="selected" ' : '').'>Normal</option>
        <option value="1" '.($featured == '1' ? 'selected="selected" ' : '').'>
        Special</option>
        <option value="2" '.($featured == '2' ? 'selected="selected" ' : '').'>
        Featured</option>
        <option value="3" '.($featured == '3' ? 'selected="selected" ' : '').'>
        Clearance</option>
    </select></p>';
}

function gmp_save_meta_box($post_id,$post) {
    // 글을 수정하는 경우에는 메타박스 값을 저장하지 않음
    if($post->post_type == 'revision') { return; }
    // $_pOST가 값이 있으면 입력 폼의 값을 처리
    if(isset($_pOST['gmp_product_type'])) {
        // 포스트 ID를 고유접두어로 하여, 메타박스의 값을 포스트 메타정보로 저장
        update_post_meta($post_id,'_gmp_type',
        esc_attr($_pOST['gmp_product_type']));
        update_post_meta($post_id,'_gmp_price',
        esc_attr($_pOST['gmp_price']));
    }
}
?>
```

자, 지금까지는 메타박스 데이터를 저장하는 과정이었는데 이렇게 저장된 값을 어딘가에 출력해보는 코드도 작성해보자. 테마 내의 루프에서 get_post_meta 함수를 이용하면 메타박스에 저장한 값을 아주 쉽게 출력할 수 있다.

```
<?php
$gmp_type = get_post_meta($post->ID,'_gmp_type',true);
$gmp_price = get_post_meta($post->ID,'_gmp_price',true);
echo '<p>PRICE: '.esc_html($gmp_price).'</p>';
echo '<p>TYPE:  '.esc_html($gmp_type).'</p>';
?>
```

포스트나 페이지의 추가 정보를 기록하고자 할 때는 커스텀 메타박스를 이용하자. 이 방법이 가장 구현하기도 쉽고 이용자에게도 직관적이라 할 수 있다.

숏코드

워드프레스에는 플러그인에서 숏코드^{Shortcodes} 기능을 쉽게 만들 수 있는 숏코드 API
가 있다. 원래 숏코드는 포스트나 페이지 내에 삽입되는 텍스트 매크로 코드이며, 화
면에 출력되는 과정에서 특정 콘텐츠 형태로 대체돼 나타난다. 숏코드 API를 사용하
는 다음 예제를 보자.

```php
<?php
function siteURL() {
  return 'http://example.com';
}

add_shortcode('mysite', 'siteURL');
?>
```

이제 독자가 콘텐츠를 입력할 때 [mysite]라는 숏코드를 쓰면 화면에 출력될 때
마다 http://example.com이라고 바뀌어 출력된다. 언뜻 생각해도 잘만 쓰면 매우 강
력한 기능이 될 수 있으므로 상당수의 플러그인들이 버튼을 추가하는 자바스크립트
코드를 추가하거나, 포스트에 특정 위치에 광고를 추가하는 등의 다양한 숏코드를 활
용하고 있다.

또한 숏코드가 추가 속성을 받도록 설정할 수도 있다. 독자가 만든 커스텀 함수에
추가 속성 인자를 전달하여 인자에 따라 함수의 결과가 달라지도록 설정할 수도 있
다. 방금 전에 만든 숏코드에서 인자를 받게 고쳐보자.

```php
<?php
function siteURL($atts, $content = null) {
  extract(shortcode_atts(array(
    "site" => 'http://example.com' // 기본 속성을 설정
  ), $atts));
  If ($site == "blog1") {
    return 'http://blog1.example.com/';
  }Elseif ($site == "blog2") {
    return 'http://blog2.example.com/';
  }
}

add_shortcode('mysite', 'siteURL');
?>
```

이 코드는 전과 동일한 숏코드를 생성하는 데에 덧붙여 사이트에 대한 추가 속성도 정의할 수 있다. 즉 어떤 사이트 주소를 출력할지를 지정할 수 있게 되었다. blog1 주소를 보여주는 숏코드는 [mysite site=blog1]이라고 쓰는 식이다. 만약 blog2 주소를 보여주는 경우라면 [mysite site=blog2]라고 쓰면 된다.

숏코드 함수에 배열을 지정하면 다중 속성도 인자로 받을 수 있다.

위젯 생성

위젯은 워드프레스의 여러 플러그인에서 공통적으로 제공하는 기능이다. 플러그인에서 위젯을 만들면 이용자가 쉽게 플러그인 정보를 사이드바나 위젯 영역에 배치할 수 있다.

위젯의 동작을 이해하려면 워드프레스가 제공하는 위젯 클래스를 개괄적으로 알아보는 게 도움이 된다. 위젯 클래스에는 위젯을 생성하는 데 필요한 내장 함수가 있으며, 다음 코드에서 볼 수 있듯이 이 함수들은 각 역할이 있다.

```php
<?php
class My_Widget extends WP_Widget {
  function My_Widget() {
    // 위젯 처리
  }

  function form($instance) {
    // 어드민 대시보드의 위젯 폼
  }

  function update($new_instance, $old_instance) {
    // 위젯 옵션 저장
  }

  function widget($args, $instance) {
    // 위젯 출력
  }
}
?>
```

위젯을 만드는 첫 번째 단계는 위젯을 초기화할 훅을 고르는 것이다. 위젯 초기화 훅은 widgets_init이며 기본 워드프레스 위젯이 등록되는 순간 실행된다.

widgets_init 액션훅을 호출하면 앞에 예제처럼 gmp_register_widgets 함수가 실행된다. 이 위치에서 gmp_widget 함수를 등록한다. 필요에 따라 이 함수 내에서 여러 개의 위젯을 등록하기도 한다.

워드프레스 2.8 버전부터는 위젯 API가 개선돼 위젯 생성 방법이 훨씬 수월해졌다. 이렇게 하려면 먼저 아래처럼 고유 이름의 클래스를 생성하는 과정으로 통해 현재의 WP_Widget 클래스를 확장해야 한다.

```
class gmp_widget extends WP_Widget {
```

다음으로는 함수를 추가해야 하는데, 함수명은 고유 클래스 이름과 동일하게 하도록 한다. 보통 이것을 생성자constructor라고 부른다.

```
function gmp_widget() {
  $widget_ops = array('classname' => 'gmp_widget',
  'description' => __('Example widget that displays a user\'s bio.',
  'gmp-plugin') );
  $this->WP_Widget('gmp_widget_bio',
   __('Bio Widget','gmp-plugin'), $widget_ops);
}
```

gmp_widget 함수 안에서 classname을 위젯으로 정의한다. classname은 위젯이 출력될 때 li 태그에 덧붙여질 CSS 클래스다. 또한 위젯에 대한 설명도 설정하는데, 이것은 위젯 대시보드 부분에 위젯 이름 바로 아래 출력되게 된다. 이렇게 설정한 옵션이 WP_Widget에 전달된다. 또한 CSS ID 이름(gmp_widget_bio)과 위젯 이름(Bio Widget)도 함께 전달된다.

다음으로 위젯 세팅 폼을 구성하는 함수를 생성하게 된다. 이 위젯 세팅 폼은 위젯 설정 페이지의 사이드 바에 표시된다. 위젯 클래스는 이러한 과정을 쉽게 만들어 준다. 다음 코드를 보자.

```
function form($instance) {
  $defaults = array( 'title' => __('My Bio','gmp-plugin'), 'name' => '',
  'bio' => '' );
  $instance = wp_parse_args( (array) $instance, $defaults );
  $title = strip_tags($instance['title']);
  $name = strip_tags($instance['name']);
  $bio = strip_tags($instance['bio']);
?>
  <p><?php _e('Title','gmp-plugin') ?>: <input class="widefat"
  name="<?php echo $this->get_field_name('title'); ?>" type="text"
  value="<?php echo esc_attr($title); ?>" /></p>
  <p><?php _e('Name','gmp-plugin') ?>: <input class="widefat"
```

```
name="<?php echo $this->get_field_name('name'); ?>" type="text"
value="<?php echo esc_attr($name); ?>" /></p>

<p><?php _e('Bio','gmp-plugin') ?>: <textarea class="widefat"
name="<?php echo $this->get_field_name('bio'); ?>"
<?php echo esc_attr($bio); ?></textarea></p>
<?php
}
```

첫 번째로 할 일은 기본 위젯값을 정하는 것이다. 만약 이용자가 아무런 설정도 하지 않았을 경우를 대비하여 기본값을 설정해 두는 것이다. 앞의 예제에서는 기본 제목을 My Bio라고 하였다. 그다음으로는 위젯 설정에 해당하는 인스턴스 값을 가져온다. 만약 위젯이 사이드바에 추가만 된 상태라면 저장될 설정값이 없으므로 이 값도 빈 상태로 유지된다. 마지막으로 위젯 설정용으로 세 개의 폼필드인 title과 name과 bio를 출력한다. 처음부터 두 개의 값은 텍스트 입력 박스 형식이고 bio는 텍스트영역textarea 형식이다. 여기서 주목할 것은 <form> 태그나 제출 버튼을 따로 추가할 필요가 없다는 것이다. 이것들은 위젯 클래스에서 모두 알아서 처리한다. 또한 사용자의 데이터를 출력할 때는 필드 값에 esc_attr 같은 적당한 이스케이프 함수를 적용해야 한다는 것이다. 그다음으로는 다음과 같이 위젯 클래스 내의 update() 함수를 이용하여 위젯 설정을 저장한다.

```
function update($new_instance, $old_instance) {
  $instance = $old_instance;
  $instance['title'] = strip_tags($new_instance['title']);
  $instance['name'] = strip_tags($new_instance['name']);
  $instance['bio'] = strip_tags($new_instance['bio']);

  return $instance;
}
```

이 함수는 아주 단순하다. 위젯 클래스에서 설정 저장 기능을 처리해주기 때문에 따로 코드를 작성할 필요가 없다. 각 세팅 필드마다 $new_instance 값을 저장하기만 하면 된다. 다만 입력값에 HTML 코드가 들어갈 수 있으므로 이를 제거하는 strip_tags를 사용한다. 만약 입력값에 HTML 코드를 허용할 생각이라면 esc_html 함수를 대신 사용하면 된다.

gmp_widget 클래스의 마지막 함수는 위젯의 출력을 담당한다.

```
function widget($args, $instance) {
  extract($args);

  echo $before_widget;

  $title = apply_filters('widget_title', $instance['title'] );
  $name = empty($instance['name']) ? ' ' :
  apply_filters('widget_name', $instance['name']);
  $bio = empty($instance['bio']) ? ' ' :
  apply_filters('widget_bio', $instance['bio']);

  if ( !empty( $title ) ) { echo $before_title . $title . $after_title; };
  echo '<p>' .__('Name','gmp-plugin') .': ' . $name . '</p>';
  echo '<p>' .__('Bio','gmp-plugin') .': ' . $bio . '</p>';
  echo $after_widget;
}
```

첫 번째로 할 일은 $args 매개변수에서 값을 가져오는 것이다. 이 변수에는
$before_widget이나 $after_widget과 같은 전역 테마값이 저장된다. 이들 변수는
테마를 개발할 때 주로 사용되는데, 예를 들면 <div> 태그같은 사용자가 정의한 코드
로 위젯의 앞뒤부분을 둘러싸야 하는 경우에 사용된다. $args 매개변수에서 값을 가
져온 다음 $before_widget 변수부분을 출력한다. 또한 $before_title과 $after_
title도 이 변수에 포함돼 있다. 이 변수들은 위젯 제목의 앞뒤부분에 사용자가 정의
한 HTML 태그를 추가할 때 유용하다. 또한 이 세 개의 설정값에 필터를 적용하면 플
러그인과 테마 개발자가 이를 필터훅을 이용해서 위젯 출력 방식을 수정하도록 할 수
있다.

다음으로는 위젯값을 출력한다. 먼저 제목이 $before_title과 $after_title로
둘러싸여 출력된다. 이어서 name과 bio 값을 출력한다. 마지막으로 $after_widget
값을 출력한다.

이제 끝났다! 이상의 과정을 통해 워드프레스의 위젯 클래스를 이용하여 플러그
인에 덧붙일 커스텀 위젯을 만들어 보았다. 기억해 둘 것은 새로운 위젯 클래스를 이
용하면 여러 개의 동일한 위젯도 사이드바에 덧붙일 수 있다. 리스트 7-4는 지금까지
작업한 전체 위젯 코드를 보여준다.

```php
<?php
// widgets_init 액션 훅으로 커스텀 함수를 실행한다.
add_action( 'widgets_init', 'gmp_register_widgets' );

// 위젯을 등록한다.
function gmp_register_widgets() {
  register_widget( 'gmp_widget' );
}
// gmp_widget 클래스
class gmp_widget extends WP_Widget {

  // 위젯 생성 작업을 진행한다.
  function gmp_widget() {
    $widget_ops = array('classname' => 'gmp_widget',
    'description' => __('Example widget that displays a user\'s bio.',
    'gmp-plugin') );
    $this->WP_Widget('gmp_widget_bio',
    __('Bio Widget','gmp-plugin'), $widget_ops);
  }

  // 위젯 설정 폼을 구현한다.
  function form($instance) {
    $defaults = array( 'title' => __('My Bio','gmp-plugin'),
    'name' => '', 'bio' => '' );
    $instance = wp_parse_args( (array) $instance, $defaults );
    $title = strip_tags($instance['title']);
    $name = strip_tags($instance['name']);
    $bio = strip_tags($instance['bio']);
?>
    <p><?php _e('Title','gmp-plugin') ?>:
    <input class="widefat" name="<?php echo $this->get_field_name('title'); ?>"
type="text" value="<?php echo esc_attr($title); ?>" /></p>
    <p><?php _e('Name','gmp-plugin') ?>:
    <input class="widefat" name="<?php echo $this->get_field_name('name'); ?>"
type="text" value="<?php echo esc_attr($name); ?>" /></p>
    <p><?php _e('Bio','gmp-plugin') ?>:
    <textarea class="widefat" name="<?php echo $this->get_field_name('bio'); ?>" >
  <?php echo esc_attr($bio); ?></textarea></p>

  <?php
  }
```

```php
  // 위젯 설정을 저장한다.
  function update($new_instance, $old_instance) {
    $instance = $old_instance;
    $instance['title'] = strip_tags($new_instance['title']);
    $instance['name'] = strip_tags($new_instance['name']);
    $instance['bio'] = strip_tags($new_instance['bio']);

    return $instance;
  }

  // 위젯을 출력한다.
  function widget($args, $instance) {
    extract($args);

    echo $before_widget;

    $title = apply_filters('widget_title', $instance['title'] );
    $name = empty($instance['name']) ? ' ' : apply_filters('widget_name',
    $instance['name']);
    $bio = empty($instance['bio']) ? ' ' :
    apply_filters('widget_bio', $instance['bio']);

    if ( !empty( $title ) ) { echo $before_title . $title . $after_title; };
    echo '<p>' .__('Name','gmp-plugin') .': ' . $name . '</p>';
    echo '<p>' .__('Bio','gmp-plugin') .': ' . $bio . '</p>';
    echo $after_widget;
  }
}
?>
```

대시보드 위젯 생성

워드프레스 2.7부터는 대시보드 위젯을 지원한다. 대시보드 위젯은 워드프레스를 설치할 때 메인 대시보드에 나타나는 위젯을 말한다. 이 기능을 위해 대시보드 위젯 Dashboard Widget API가 제공되며, 이를 이용하면 커스텀 대시보드 위젯을 만들 수 있다.

커스텀 대시보드 위젯을 만들려면 다음 예제와 같이 wp_add_dashboard_widget 함수를 이용한다.

```php
<?php
add_action('wp_dashboard_setup', 'gmp_add_dashboard_widget' );
```

```
// 대시보드 위젯 함수를 생성하는 함수를 호출한다.
function gmp_add_dashboard_widget() {
  wp_add_dashboard_widget('gmp_dashboard_widget',
    __('GMP Dashboard Widget','gmp-plugin'), 'gmp_create_dashboard_widget');
}

// 대시보드 위젯 콘텐츠 함수를 출력하는 함수
function gmp_create_dashboard_widget() {
  _e('Hello World! This is my Dashboard Widget','gmp-plugin');
}
?>
```

일단은 커스텀 대시보드 위젯을 생성할 함수를 실행하기 위해 wp_dashboard_setup 액션훅을 호출한다. 이 훅은 기본 대시보드 위젯이 모두 로딩된 후에 실행된다. 그다음으로는 대시보드 위젯을 생성하기 위해 wp_add_dashboard_widget 함수를 실행한다. 첫 번째 매개변수는 위젯 ID 슬러그다. 이 값은 CSS classname과 위젯 배열의 key로 사용된다. 그다음 매개변수는 위젯의 출력 이름이다. 마지막 매개변수는 위젯 콘텐츠를 출력할 커스텀 함수 이름이다. 네 번째 매개변수는 사용하지 않아도 되는 옵션으로 제어용 콜백 함수다. 이 함수는 대시보드 위젯에 폼 요소가 있을 경우에 이를 처리하기 위해 사용된다.

wp_add_dashboard_widget 함수가 실행되면, 커스텀 함수가 호출되어 위젯 콘텐츠가 출력된다. 본 예제에서는 간단한 문자열을 출력하며 동시에 국제화 처리도 함께 한다. 그 결과 그림 7-5 같은 커스텀 대시보드 위젯이 나타난다.

그림 7-5 대시보드 위젯 예제

커스텀 테이블 생성

워드프레스에는 플러그인 데이터를 저장할 때 이용할 수 있는 여러 개의 데이터베이스 테이블이 있다. 그러나 플러그인 데이터를 저장할 목적으로 한두 개의 커스텀 테이블을 사용해야 하는 경우도 있다. 특히 전자상거래e-commerce 플러그인처럼 상당히 복잡한 플러그인의 경우에는 주문기록이나 제품과 재고목록 등을 저장해야 하고, 이 자료를 검색할 때도 단순 키/밸류 방식이 아니라 복잡한 SQL 쿼리문을 사용하는데 이런 경우에는 커스텀 테이블을 사용하는 것이 유용하다.

커스텀 데이터베이스 테이블을 생성하는 첫 번째 단계는 설치 함수를 만드는 것이다. 이 함수는 플러그인이 활성화될 때 신규 테이블을 생성하는 데 사용된다.

```php
<?php
register_activation_hook(__FILE__,'gmp_install');

function gmp_install() {

}
?>
```

이제 커스텀 테이블 이름을 정의하는 설치 함수를 만들어보자. 참고로 테이블 접두어는 wp-config.php에서 임의로 지정할 수 있다는 사실을 떠올려보자. 커스텀 테이블을 만들 때도 이 접두어와 일치되도록 해야 하는데, 테이블 접두어의 정보는 전역변수인 $wpdb->prefix에 저장돼 있으므로 다음과 같이 사용하면 된다.

```php
global $wpdb;
$table_name = $wpdb->prefix . "gmp_data";
```

위 코드가 실행되면 $table_name 변수에는 wp_gmp_data가 테이블 이름으로 저장된다.

이제 새로운 테이블을 생성하는 SQL 쿼리문을 작성할 단계다. 쿼리문은 직접 실행하지 않고 일단 $sql이라는 변수에 저장한다. 또한 아래 코드에서처럼 쿼리를 실행하기 전에 upgrade.php 파일을 먼저 삽입해야 한다.

```php
$sql = "CREATE TABLE " . $table_name . " (
    id mediumint(9) NOT NULL AUTO_INCREMENT, time bigint(11)
    DEFAULT '0' NOT NULL, name tinytext NOT NULL,
    text text NOT NULL,
    url VARCHAR(55)  NOT NULL, UNIQUE
```

```
  KEY id (id)
 );";

require_once(ABSPATH . 'wp-admin/includes/upgrade.php');
dbDelta($sql);
```

이 코드가 실행되면 데이터베이스에 새로운 테이블이 생성된다. dbDelta() 함수
는 생성하려는 테이블이 존재하는지 여부를 먼저 검증한 후 진행하므로 테이블이 이
미 존재하는지에 대해 신경쓸 필요가 없다. 한편 데이터베이스 테이블 구조에 플러그
인의 버전을 저장해두는 방법을 추천한다. 이 방법은 플러그인을 업그레이드하면서
동시에 테이블 구조를 바꾸는 경우 아주 유용하다. 즉 이용자가 설치한 플러그인 버
전을 알아낼 수 있으므로 이를 통해 업그레이드 진행 여부를 결정할 수 있다.

```
add_option("gmp_db_version", "1.0");
```

이제 동작하는 전체 코드를 살펴보자.

```
register_activation_hook(__FILE__,'gmp_install');

function gmp_install() {
  global $wpdb;
  // 커스텀 테이블 이름을 정의한다.
  $table_name = $wpdb->prefix . "gmp_data";

  // 테이블 구조 버전을 정한다.
  $gmp_db_version = "1.0";

  // 테이블이 이미 있는지 여부를 확인한다.
  if($wpdb->get_var("SHOW TABLES LIKE '$table_name'") != $table_name) {

    // 새 테이블을 만드는 쿼리를 작성한다.
    $sql = "CREATE TABLE " . $table_name . " (
      id  mediumint(9) NOT NULL AUTO_INCREMENT, time bigint(11)
      DEFAULT '0' NOT NULL, name  tinytext NOT  NULL,
      text text NOT  NULL,
      url VARCHAR(55)   NOT NULL, UNIQUE
      KEY  id (id)
   );";

    require_once(ABSPATH . 'wp-admin/includes/upgrade.php');
    // 테이블을 만드는 쿼리를 실행한다.
    dbDelta($sql);
```

```
    // 테이블 구조 버전 넘버를 저장한다.
    add_option("gmp_db_version", $gmp_db_version);

  }
}
```

만약 새로운 플러그인 버전에 맞게 테이블 구조를 업그레이드하고 싶다면 먼저 테이블 버전 넘버를 비교한다.

```
$installed_ver =  get_option( "gmp_db_version" );

if( $installed_ver !=  $gmp_db_version ) {

  // 여기에서 데이터베이스 테이블을 업데이트

  // 테이블 버전을 업데이트
  update_option( "gmp_db_version", $gmp_db_version );
}
```

플러그인에 사용한 커스텀 테이블을 생성하기 전에는 항상 이 방법이 최선인가에 대해 고려할 필요가 있다. 즉 다른 대안이 있다면 커스텀 테이블을 생성하지 않는 것이 좋다. 옵션 API를 이용하면 워드프레스에서 사용할 각종 옵션을 쉽게 저장할 수 있다는 것을 잊지 말자. 또한 wp_*meta 테이블을 활용하면 포스트나 페이지, 코멘트와 관련된 확장 데이터도 저장할 수 있다. 아무튼 일단 커스텀 테이블을 생성하기로 했다면 6장에서 설명한 워드프레스의 데이터베이스 클래스를 사용해야 한다.

플러그인 삭제

플러그인에 꼭 포함시켜야 할 기능 중 하나가 바로 언인스톨uninstall 기능이다. 워드프레스에서 플러그인을 제거하는 방법은 두 가지가 있다. 하나는 uninstall.php를 사용하는 방법이고, 다른 하나는 언인스톨훅을 사용하는 방법이다. 두 방법 모두 비활성화된 플러그인이 제거될 때 실행된다.

첫 번째로 살펴볼 방법은 uninstall.php를 이용하는 제거 방식이다. 플러그인을 제거할 때는 통상 이 방식을 사용한다. 이 방식대로 하려면 우선 uninstall.php 파일을 생성한다. 이 파일에는 삭제하려는 플러그인의 루트 디렉터리 정보가 있어야 하며, 문제가 없다면 언인스톨 훅보다 먼저 실행된다.

```php
<?php
// 워드프레스 외부에서 언인스톨/삭제 명령이 왔다면 종료한다.
if( ! defined( 'ABSPATH' ) && ! defined( 'WP_UNINSTALL_pLUGIN' ) )
  exit ();

// 옵션 테이블에서 옵션을 제거한다.
delete_option( 'gmp_options_arr' );

// 추가 옵션과 커스텀 테이블을 제거한다.
global $wpdb;

$table_name = $wpdb->prefix . "gmp_data";

// 커스텀 테이블을 제거하는 쿼리를 만든다.

$sql = "DROP TABLE " . $table_name . ";";
// 테이블을 삭제하는 쿼리를 실행한다.
$wpdb->query($sql);

require_once(ABSPATH .'wp-admin/includes/upgrade.php');
dbDelta($sql);
?>
```

uninstall.php 파일에서 일어나는 첫 번째 과정은 ABSPATH와 WP_UNINSTALL_ pLUGIN 상수 정의 여부를 확인해 이 호출이 진짜로 워드프레스 내에서 발생한 것인지를 확인하는 것이다. 이는 이 파일이 정말로 플러그인 제거 과정 중에서 호출됐는지를 확인한 후 실행하려는 보안 점검 과정이라고 할 수 있다. 다음 과정은 플러그인을 설치할 때 생성됐던 테이블과 옵션값을 삭제하는 과정이다. 언인스톨 과정이 완벽하게 진행된다면 데이터베이스를 통틀어 어디에도 플러그인의 흔적이 남아있지 않을 것이다. 다음 예제에서는 옵션 배열을 삭제할 때 delete_option을 사용한다. 또한 플러그인이 만든 커스텀 테이블을 제거하는 DROP SQL 쿼리를 실행한다. 일단 이 함수가 실행되면 모든 커스텀 플러그인 데이터가 삭제된다는 것을 명심하자.

플러그인을 제거하는 두 번째 방법은 언인스톨 훅을 사용하는 것이다. 플러그인이 삭제될 때 uninstall.php 파일은 없고, 언인스톨 훅이 있다면 이 함수를 실행하려고 마지막으로 한 번 더 플러그인이 실행된다. 훅이 호출된 후에는 플러그인이 삭제된다. 실제 동작하는 언인스톨 훅의 예제를 살펴보자.

```php
<?php
if ( function_exists('register_uninstall_hook') )
  register_uninstall_hook(__FILE__, 'gmp_uninstall_hook');

function  gmp_uninstall_hook()
{
    delete_option('gmp_options_arr');

    // 추가 옵션과 커스텀 테이블을 제거한다.
    global $wpdb;

    $table_name =  $wpdb->prefix . "gmp_data";

    // 커스텀 테이블을 제거하는 쿼리를 만든다.
    $sql =  "DROP TABLE " . $table_name . ";";

    // 테이블을 삭제하는 쿼리를 실행한다.
    $wpdb->query($sql);

    require_once(ABSPATH .'wp-admin/includes/upgrade.php');
    dbDelta($sql);

}
?>
```

우선은 이미 register_uninstall_hook 함수가 등록됐는지 여부를 확인해야 한다. 언인스톨 훅 함수는 워드프레스 2.7 이후에 추가된 함수이므로 그 이전에 설치된 워드프레스에서는 지원하지 않는다. 이어서 플러그인 옵션을 제거하는 커스텀 언인스톨 함수를 호출한다. 만약 이 함수에서 커스텀 테이블과 옵션을 제거하는 등의 삭제 과정을 추가할 예정이라면, 먼저 이용자에게 플러그인을 삭제할 때 플러그인 데이터도 삭제할 것이라는 경고나 안내를 하는 것이 좋다.

이 방식과 register_deactivation_hook 방식의 차이점은 register_uninstall_hook은 비활성화된 훅이 삭제될 때 실행된다는 점이다. 반면 register_deactivation_hook은 플러그인이 비활성화될 때 실행되며, 이는 이용자가 어느 순간에 다시 이 플러그인을 활성화할 수도 있다는 의미다. 만약 이용자가 플러그인을 언제가 다시 사용할 계획이라면 비활성화 시에는 플러그인 설정 값을 삭제하면 안 될 것이다.

플러그인 보안

플러그인 제작에 가장 중요한 단계 중 하나는 바로 해킹이나 익스플로잇^{exploit}에서 보안을 지키는 것이다. 플러그인의 보안 헛점이 악의적인 해커에게 노출되면 워드프레스로 구성된 웹사이트 전체가 엉망이 될 수도 있다. 이를 위해 워드프레스에는 플러그인의 안전성을 높일 수 있는 보안툴이 내장돼 있다.

논스

논스^{Nonces}는 한 번 사용한 숫자^{Number used once}라는 뜻이다. 워드프레스에서는 다양한 작업 요청(옵션 저장, 폼양식 제출, Ajax 요청 등)이 불법적인 것인지 여부를 판단하고자 비밀키를 생성하는 데 이때 논스를 사용한다. 비밀키는 작업요청(즉, 폼양식 제출)이 시작되기 전에 생성된다. 이때 생성된 비밀키는 작업요청에 포함돼 전달되며 스크립트가 실행되기 전에 이 키의 동일성 여부를 점검한다. 지금까지는 폼 데이터를 저장할 때 논스의 생성과 점검을 자동으로 처리하는 API를 하였다. 이제부터는 어떻게 수동으로 논스를 생성하고 점검하는지에 대해 알아보려고 한다. 폼에서 논스를 사용하는 다음 예제를 살펴보자.

```
<form method="post">
  <?php
  if ( function_exists('wp_nonce_field') ) wp_nonce_field('gmp_nonce_check');
  ?>

  Enter your name: <input type="text"  name="text">

  <input  type="submit"  name="submit" value="Save Options">
</form>
```

폼 논스를 생성할 때는 반드시 <form> 태그 내에서 wp_nonce_field 함수를 호출해야 한다. 이 함수는 단 한 개의 매개변수만 받는데 그것은 논스에 사용할 고유 이름이며, 위 예제에서는 gmp_nonce_check다. 또한 하위호환성을 위해서 wp_nonce_field 함수가 제공되는지 여부를 미리 점검해 둘 필요가 있다. 이 함수가 호출되면 고유 비밀키가 생성돼 폼 데이터에 삽입된다. 폼이 제출된 이후에 첫 번째로 할 일은 다음과 같이 check_admi_referer 함수를 이용해서 논스 비밀키를 점검하는 것이다.

```
function gmp_update_options()
{
  if ( isset($_pOST['submit']) ) {
    check_admin_referer('gmp_nonce_check');
    // 작업 코드
  }
}
```

논스의 유효성을 검증하는 과정도 매우 단순한데 check_admin_referer 함수에다가 고유 논스 이름을 매개변수로 전달하면 된다. 만약 논스 비밀키가 워드프레스에 전달된 폼에서 생성된 비밀키와 일치하지 않으면 페이지 생성 과정이 중단되고 에러 메시지가 출력된다. 이것은 XSS라 불리는 크로스 사이트 스크립팅 공격을 막는 데 효과가 있다.

논스는 액션을 실행하는 링크에서도 사용할 수 있다. URL 논스를 생성할 때는 wp_nonce_url 함수를 사용한다. 이것은 다음 예제와 같이 다중 쿼리문과 결합하여 사용할 수도 있다.

```
<?php
$link = 'my-url.php?action=delete&ID=15';
?>
<a href="<?php echo wp_nonce_url($link, 'gmp_nonce_url_check'); ?>">
```

wp_nonce_url 함수는 두 개의 매개변수를 받는데, 하나는 논스를 덧붙일 URL이고, 다른 하나는 만들려고 하는 고유 논스 이름이다. 그 결과 위 예제는 다음과 같은 링크를 생성한다.

http://example.com/wp-admin/my-url.php?action=delete&ID=15&_wpnonce=e9d6673015

_wpnonce 쿼리문이 어떻게 링크에 추가됐는지를 살펴보자. URL 논스용으로 생성된 비밀키가 덧붙여진 것을 알 수 있다. URL에 쿼리문이 없다면 wp_nonce_url 함수가 쿼리문에 논스값을 추가하지만 URL에 쿼리문이 있다면 URL 마지막 부분에 논스값이 추가된다. check_admin_referer 함수를 써서 폼을 검증했던 것처럼 논스값이 정상인지 아닌지를 검증할 수 있다.

```
function gmp_update_options()
{
```

```
    if ( isset($_GET['action']) ) {
      check_admin_referer('gmp_nonce_url_check');
      //작업 코드
    }
  }
```

　이 함수는 논스값을 검토하기에 앞서 액션 쿼리문이 설정됐는지를 검토한다. 논스 검토 결과에 이상이 없다면 스크립트가 계속 실행된다. 논스 검토 결과에 이상이 있다면 해킹 시도를 막기 위해 페이지 실행이 중단된다는 것을 기억해 두자.

데이터 검증

유저 인풋input 등과 같이 외부로부터 코드 안으로 유입되는 데이터의 경우 혹시라도 그 안에 불법적인 문자가 포함된 경우 삭제하는 과정이 필요하다. 데이터 검증validation 은 플러그인 보안의 핵심 기능 중 하나다. 데이터 검증에 실패할 경우 SQL 인젝션 방식의 해킹이나 익스플로잇, 에러 등 여러 보안문제를 일으킨다. 워드프레스는 다양한 이스케이프 함수를 구비하고 있어서 입력된 데이터가 화면에 출력되거나 데이터베이스에 삽입되기 전에 삭제할 수 있다. 이들 이스케이프 함수는 실행 동작을 명확히 알 수 있도록 표준적인 함수명명법을 취한다. 그림 7-6은 이스케이프 함수 이름을 짓는 템플릿을 보여준다.

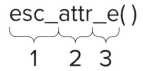

그림 7-6 이스케이프 API 분해

▶ esc_　이스케이프 함수를 의미하는 접두어

▶ attr　이스케이프 콘텍스트(attr, html, js, sql, url, and url_raw)

▶ _e 선택할 수 있는 번역용 접두어로써 __ 나 _e 중에 하나를 쓸 수 있다.

　esc_html 함수는 데이터에 포함된 HTML 코드를 제거하는 데 사용한다. 이 함수는 특수 문자를 HTML 엔티티로 변환한다. 이러한 문자에는 &, <, >, ", ' 등이 있다.

```
  <?php  esc_html($text); ?>
```

esc_attr 함수는 HTML 속성을 제거하는 데 사용한다. 이 함수는 HTML 요소 내에서 데이터를 출력하려는 경우에 사용해야 한다.

```
<input type="text" name="first_name" value="<?php echo esc_attr($text); ?>">
```

워드프레스에는 또한 URL을 검증하는 데 사용되는 esc_url 함수가 있다. 이 함수는 URL에서 문제가 있는 문자를 제거하는 데 사용한다. 기술적으로 볼 때 href는 HTML의 속성이나, esc_url 함수를 다음과 같이 이용해야 한다.

```
<a href="<?php echo esc_url($url); ?>">
```

esc_js 함수는 자바스크립 내의 텍스트 문자열을 이스케이프 처리한다.

```
<script>
  var bwar='<?php echo esc_js($text); ?>';
</script>
```

esc_sql 함수는 MySQL 쿼리 내의 데이터를 이스케이프 처리한다. 이 함수는 $wpdb->escape() 함수의 단축키라 할 수 있다.

```
<?php  esc_sql($sql); ?>
```

번역 접미어(__ 또는 _e)는 이스케이프 처리된 데이터를 번역할 때 사용한다. __는 이스케이프처리된 번역문을 반환하는데 비해 _e 접미어는 이스케이프처리된 번역문을 출력한다.

```
<?php
// 이프케이프 처리와 번역을 한 후 텍스트를 출력한다.
esc_html_e($text);

// 이스케이프 처리와 번역을 하나 아무런 출력을 하지 않는다.
$text = esc_html__($text);
?>
```

이스케이프 API 함수는 워드프레스 2.8부터 지원한다. 이 함수를 사용하고자 할 때는 이용자가 설치한 워드프레스 버전을 먼저 알아내 플러그인과 호환되는지 먼저 확인해야 한다. 만약 이용자가 구버전의 워드프레스를 이용할 경우에는 이들 함수가 존재하지 않는다.

또한 만약 검증하려는 데이터가 정수값이라면 intval이라는 PHP 함수를 이용한다.

intval 함수는 변수의 정수값을 반환한다. 만약 변수가 문자열이라면 정수값이 아니므로 0을 반환한다.

```
$variable = 12345;
$variable = intval($variable);
```

플러그인을 통해 외부에서 입력된 데이터는 유효성이 검증될 때까지는 의심하는 것이 기본이다. 데이터를 화면에 출력하거나 데이터베이스에 추가하기 전에는 항상 모든 데이터를 검증해야만 해킹이나 익스플로잇으로부터 플러그인을 안전하게 지킬 수 있음을 명심하자.

플러그인 예제 생성

지금까지 워드프레스에서 제공하는 다양한 플러그인 제작용 옵션에 대해 알아보았으니, 이제는 그것들을 하나로 모아보자. 다음은 7장에서 다룬 여러 기능들을 활용한 예제다.

이번에 만들어볼 예제 플러그인의 이름은 포스트 프로덕트Post Products다. 이 플러그인은 제품(product) 데이터를 포스트에 쉽게 추가하는 방법을 제공하는 것이 목표다. 이 플러그인에는 다음과 같은 특징이 있다.

▶ 세팅 API를 이용한 세팅 페이지
▶ 위젯 클래스를 이용하여 최신 제품을 보여주는 위젯
▶ 제품 데이터를 포스트에 추가해주는 포스트 메타박스
▶ 포스트 내의 제품 데이터를 쉽게 출력하는 숏코드 지원

플러그인 생성의 첫 번째 단계는 관련된 파일을 생성하는 것이다. 본 플러그인에서는 post-products.php와 uninstall.php라는 두 개의 파일을 생성한다. 플러그인이 단일 파일로 구성된 것이 아니라면 디렉터리를 만들어서 편리하게 관리해야 하는데 본 플러그인에서는 post-products라는 디렉터리를 만들어서 저장하기로 한다. 이어서 플러그인 헤더와 라이선스 부분을 설정해보자.

이 작업은 post-products.php 파일에서 해야 한다. 일단 다음과 예제와 같이 플러그인 헤더를 정의한다.

```php
<?php
/*
Plugin Name: Post Products
Plugin URI: http://webdevstudios.com/support/wordpress-plugins/
Description: Easily add product data to posts.
Version: 1.0
Author: Brad Williams
Author URI: http://webdevstudios.com
*/

/* Copyright 2010 Brad Williams (email : brad@webdevstudios.com)

    This program is free software; you can redistribute it and/or modify
    it under the terms of the GNU General Public License as published by
    the Free Software Foundation; either version 2 of the License, or
    (at your option) any later version.

    This program is distributed in the hope that it will be useful,
    but WITHOUT ANY WARRANTY; without even the implied warranty of
    MERCHANTABILITY or FITNESS FOR A PARTICULAR PURPOSE. See the
    GNU General Public License for more details.

    You should have received a copy of the GNU General Public License
    along with this program; if not, write to the Free Software
    Foundation, Inc., 51 Franklin St, Fifth Floor, Boston, MA 02110-1301 USA
*/
```

플러그인을 배포할 예정이라면 라이선스를 제대로 표기하는 것이 중요한데, 위 예제에서는 GPL 라이선스를 적용하였다.

다음으로는 플러그인 동작에 필요한 액션훅을 모두 등록해야 한다. 특히 훅 호출 함수들은 한군데 모아서 나열하는 방법을 추천한다. 이렇게 논리적으로 구성하면 다른 개발자들이 코드를 읽을 때 큰 도움이 된다.

```php
// 플러그인이 활성화되면 함수를 호출한다.
register_activation_hook(__FILE__,'pp_install');

// 플러그인을 초기화하는 액션훅
add_action('admin_init', 'pp_init');

// 옵션 설정을 등록하는 액션훅
add_action( 'admin_init', 'pp_register_settings' );
```

```
// post product 메뉴 아이템을 추가하는 액션훅
add_action('admin_menu', 'pp_menu');

// 포스트가 저장될 때 메타박스를 저장하는 액션훅
add_action('save_post','pp_save_meta_box');

// post product 숏코드를 생성하는 액션훅
add_shortcode('pp', 'pp_shortcode');

// 플러그인 위젯을 생성하는 액션훅
add_action( 'widgets_init', 'pp_register_widgets' );
```

앞의 예제를 보면 우선 기본 플러그인 설정을 위해 register_activation_hook 함수를 호출한다. 이어서 admin_init 훅을 호출하여 플러그인을 초기화하고, 설정을 등록한 후 플러그인 서브메뉴 항목을 생성한다. 이어서 각 액션훅 함수를 생성해보자.

첫 번째로 만들어볼 액션훅은 pp_install 함수로, 이 함수는 플러그인이 활성화될 때 실행된다.

```
function pp_install() {
  // 기본 옵션값을 설정한다.
  $pp_options_arr=array(
    "currency_sign"=>'$'
    );

  // 기본 옵션값을 저장한다.
  update_option('pp_options', $pp_options_arr);
}
```

앞의 pp_install 함수는 기본 옵션값을 생성한다. 이번 예제에서는 기본 화폐단위를 미국달러인 '$'로 설정하도록 하였다. 옵션을 생성한 다음에는 update_option 함수를 이용하여 값을 저장한다. 그다음으로 만들 함수는 pp_menu로써 아래 코드를 보자.

```
// post product 서브메뉴를 생성한다.
function pp_menu() {
  add_options_page(__('Post Products Settings Page','pp-plugin'),
  __('Post Products Settings','pp-plugin'), 'administrator',
  __FILE__, 'pp_settings_page');
}
```

이 함수는 서브메뉴 항목을 생성한다. add_options_page 함수를 사용하여 'Post Products Settings' 서브메뉴를 대시보드의 설정 메뉴 내에 추가한다. 또한 이 메뉴 항목은 관리자에게만 보이도록 권한 설정도 한다. 그다음으로 만들 함수는 pp_init이다.

```
// 포스트 메타박스를 생성한다.
function pp_init() {
  // 커스텀 메타박스를 생성한다.
  add_meta_box('pp-meta',__('Post Product Information','pp-plugin'),
  'pp_meta_box','post','side','default');
}
```

이 함수는 포스트 메타박스를 생성한다. 예제에서는 메타박스 제목을 Post Product Information이라고 정했다. 또한 메타박스의 출력 위치는 워드프레스의 기본 설정 위치인 측면에 두었다. 다음으로 플러그인 숏코드를 설정해보자.

```
// 숏코드를 생성한다.
function pp_shortcode($atts, $content = null) {
  global $post;
  extract(shortcode_atts(array(
    "show" => ''
  ), $atts));

  // 옵션 배열을 로드한다.
  $pp_options = get_option('pp_options');

  If ($show == 'sku') {
    $pp_show = get_post_meta($post->ID,'pp_sku',true);
  }elseif ($show == 'price') {
    $pp_show = $pp_options['currency_sign'].
    get_post_meta($post->ID,'pp_price',true);
  }elseif ($show == 'weight') {
    $pp_show = get_post_meta($post->ID,'pp_weight',true);
  }elseif ($show == 'color') {
    $pp_show = get_post_meta($post->ID,'pp_color',true);
  }elseif ($show == 'inventory') {
    $pp_show = get_post_meta($post->ID,'pp_inventory',true);
  }

  return $pp_show;
}
```

첫 번째로 할 일은 $post 전역변수를 초기화하는 것이다. 이 과정을 통해 숏코드에 사용할 $post->ID 값을 얻는다. 이어서 show라고 정의한 숏코드 속성을 불러온다. 그리고 계속해서 옵션 배열값을 불러온다. 참고로 플러그인 설정에 대해서는 뒷부분에서 다룰 예정이다. 마지막으로 숏코드에 전달된 값을 확인하여 어떤 값을 출력할지를 결정한다. 만약 [pp show=price]라는 숏코드를 사용한다면 제품 가격이 출력되어야 할 것이다. 다음으로 다룰 함수는 포스트 메타박스다.

```
// post product 메타박스를 만든다.
function pp_meta_box($post,$box) {
    // 커스텀 메타박스 값을 가져온다.
    $pp_sku = get_post_meta($post->ID,'pp_sku',true);
    $pp_price = get_post_meta($post->ID,'pp_price',true);
    $pp_weight = get_post_meta($post->ID,'pp_weight',true);
    $pp_color = get_post_meta($post->ID,'pp_color',true);
    $pp_inventory = get_post_meta($post->ID,'pp_inventory',true);

    // 테마 박스 폼을 출력한다.
    echo '<table>';
    echo '<tr>';
    echo '<td>' .__('Sku', 'pp-plugin'). ':</td><td><input type="text"
name="pp_sku" value="'.esc_attr($pp_sku).'" size="10" /></td>';
    echo '</tr><tr>';
    echo '<td>' .__('Price', 'pp-plugin'). ':</td><td><input type="text"
name="pp_price" value="'.esc_attr($pp_price).'" size="5" /></td>';
    echo '</tr><tr>';
    echo '<td>' .__('Weight', 'pp-plugin'). ':</td><td><input type="text"
name="pp_weight" value="'.esc_attr($pp_weight).'" size="5" /></td>';
    echo '</tr><tr>';
    echo '<td>' .__('Color', 'pp-plugin'). ':</td><td><input type="text"
name="pp_color" value="'.esc_attr($pp_color).'" size="5" /></td>';
    echo '</tr><tr>';
    echo '<td>Inventory:</td><td><select name="pp_inventory" id="pp_inventory">
        <option value="' .__('In Stock', 'pp-plugin'). '"
'.(is_null($pp_inventory) || $pp_inventory == __('In Stock', 'pp-plugin') ?
'selected="selected" ' : '').'>' .__('In Stock', 'pp-plugin'). '</option>
        <option value="' .__('Backordered', 'pp-plugin'). '"
'.($pp_inventory == __('Backordered', 'pp-plugin') ? 'selected="selected" '
: '').'>' .__('Backordered', 'pp-plugin'). '</option>
        <option value="' .__('Out of Stock', 'pp-plugin'). '"
'.($pp_inventory == __('Out of Stock', 'pp-plugin') ?
'selected="selected" ' : '').'>' .__('Out of Stock', 'pp-plugin'). '</option>
        <option value="' .__('Discontinued', 'pp-plugin'). '"
```

```php
'.($pp_inventory == __('Discontinued', 'pp-plugin') ?
'selected="selected" ' : '').'>' .__('Discontinued', 'pp-plugin'). '</option>
        </select></td>';
    echo '</tr>';

    // 메타박스 숏코드 범례 영역을 출력한다.
    echo '<tr><td colspan="2"><hr></td></tr>';
    echo '<tr><td colspan="2"><strong>'
.__('Shortcode Legend', 'pp-plugin') .'</strong></td></tr>';
    echo '<tr><td>' .__('Sku', 'pp-plugin') .':</td><td>[pp
show=sku]</td></tr>';
    echo '<tr><td>' .__('Price', 'pp-plugin')
.':</td><td>[pp show=price]</td></tr>';
    echo '<tr><td>' .__('Weight', 'pp-plugin')
.':</td><td>[pp show=weight]</td></tr>';
    echo '<tr><td>' .__('Color', 'pp-plugin')
.':</td><td>[pp show=color]</td></tr>';
    echo '<tr><td>' .__('Inventory', 'pp-plugin')
.':</td><td>[pp show=inventory]</td></tr>';
    echo '</table>';
}
```

Post Product 플러그인은 제품마다 sku, price, weight, color, inventory 등 다섯 개의 부가정보를 저장한다. 함수에서 다룰 첫 번째 과정은 이들 다섯 개의 커스텀 필드 값을 불러오는 것이다. 다음으로는 메타박스 폼을 출력한 다음, 만약 미리 불러온 값이 있다면 이 값으로 폼을 채운다. 그림 7-7은 완료된 커스텀 메타박스를 보여주고 있다. 또한 이용자가 숏코드를 보면서 선택할 수 있도록 범례legend를 추가하였음을 알 수 있다.

그림 7-7 Post Product 메타박스

이상의 과정으로 커스텀 메타박스를 생성했다면, 이제는 메타박스 폼에 입력된 데이터를 저장하는 과정이 필요하다. 다음 코드를 보자.

```
// 메타박스 데이터를 저장한다.
function pp_save_meta_box($post_id,$post) {
   // 포스트가 수정본이면 메타박스 데이터를 저장하지 않는다.
   if($post->post_type == 'revision') { return; }

   // $_pOST가 설정되었다면 폼 데이터를 처리한다.
   if(isset($_pOST['pp_sku']) &&  $_pOST['pp_sku'] !=  '') {

      // 포스트 ID를 고유접두어로 삼아 메타박스 데이터를 포스트 메타로 저장한다.
      update_post_meta($post_id,'pp_sku', esc_attr($_pOST['pp_sku']));
      update_post_meta($post_id,'pp_price', esc_attr($_pOST['pp_price']));
      update_post_meta($post_id,'pp_weight', esc_attr($_pOST['pp_weight']));
      update_post_meta($post_id,'pp_color', esc_attr($_pOST['pp_color']));
      update_post_meta($post_id,'pp_inventory',esc_attr($_pOST['pp_inventory']));

   }
}
```

먼저 이번에 저장하는 포스트의 수정본 여부를 확인하여 수정본이 아닐 경우에만 다음으로 진행한다. 다음으로는 포스트 필드 pp_sku가 존재하고 입력이 됐는지를 확인한다. product sku 필드는 본 예제에서 필수항목이므로 만약 이 칸이 입력되지 않은 경우라면 프로덕트 데이터는 저장되지 않는다. sku 필드가 존재하는지 확인되면 현재 작성 중인 포스트용 메타정보로 커스텀 프로덕트 필드를 저장한다.

다음은 최신 제품을 보여주는 위젯을 만들어보자.

```
// 위젯을 등록한다.
function pp_register_widgets() {
   register_widget( 'pp_widget' );
}

// pp_widget 클래스
class pp_widget extends WP_Widget {
```

우선 위젯을 만들려면 pp_widget라는 위젯을 등록해야 한다. 이어서 위젯 클래스를 pp_widget에 상속한다. 그런 다음 위젯을 구성하는 데 필요한 네 개의 위젯 함수를 생성해야 한다.

```
    // 새 위젯을 구성한다.
function pp_widget() {
    $widget_ops = array('classname' => 'pp_widget',
    'description' => __('Display Post Products','pp-plugin') );
    $this->WP_Widget('pp_widget', __('Post Products Widget','pp-plugin'),
    $widget_ops);
}
```

첫 번째로 만들 함수는 생성자라 불리는 pp_widget 함수다. 여기서 커스텀 위젯의 제목과 설명, 클래스 이름을 설정한다.

```
    // 위젯 설정 폼 함수를 만든다.
function form($instance) {
    $defaults = array( 'title' => __('Products','pp-plugin'),
    'number_products' => '' );
    $instance = wp_parse_args( (array) $instance, $defaults );
    $title = strip_tags($instance['title']);
    $number_products = strip_tags($instance['number_products']);
    ?>
<p>
    <?php _e('Title', 'pp-plugin') ?>:
    <input class="wi defat"name="<? php echo $this- >get_field _name('titl e'); ?>"
    type="text "value="<? php echo esc_attr ($title); ?>" />
</p>
<p>
    <?php _e('Number of Products', 'pp-plugin') ?>:
    <input name="<?php echo $this->get_field_name('number_products'); ?>"
    type="text" value="<?php echo esc_attr($number_products); ?>"
size="2" maxlength="2" />
</p>
        <?php
    }
```

두 번째로 정의할 함수는 폼 함수다. 이 함수는 위젯 설정을 저장하는 폼을 출력한다. 여기에는 두 가지 설정을 저장하게 되는데 하나는 위젯 제목이고, 하나는 출력할 제품의 개수다. 우선은 기본 설정값을 정의해 저장값이 없을 경우를 대비한다. 이어서 저장해 놓은 두 개의 설정값을 불러온다. 마지막으로는 설정값이 반영된 폼을 화면에 출력한다.

```
// 위젯 설정을 저장한다.
function update($new_instance, $old_instance) {
  $instance = $old_instance;
```

```
$instance['title'] = strip_tags(esc_attr($new_instance['title']));
$instance['number_products'] = intval($new_instance['number_products']);

 return $instance;
}
```

다음으로 작성할 함수는 update 함수다. 이 함수는 위젯 설정값을 저장하는 데 사용한다. 이 함수에서는 특히 위젯 제목의 오류를 제거하는 데 사용한 strip_tags와 esc_attr 함수에 관심을 둘 필요가 있다. 또한 제품 개수에 입력된 정수값을 검사하는 용도로 PHP 함수인 intval을 사용했다는 것도 알아두자.

```
// 위젯을 출력한다.
function widget($args, $instance) {
  global $post;
  extract($args);

  echo $before_widget;
  $title = apply_filters('widget_title', $instance['title'] );
  $number_products = empty($instance['number_products']) ?
    ' ' : apply_filters('widget_number_products',
    $instance['number_products']);


  if ( !empty( $title ) ) { echo $before_title . $title . $after_title; };

  $dispProducts = new WP_Query();
  $dispProducts->query('meta_key=pp_sku&showposts='.$number_products);
  while ($dispProducts->have_posts()) : $dispProducts->the_post();

    // 옵션 배열을 로드한다.
    $pp_options = get_option('pp_options');

    // 커스텀 메타값을 로드한다.
    $pp_price = get_post_meta($post->ID,'pp_price',true);
    $pp_inventory = get_post_meta($post->ID,'pp_inventory',true);
    ?><p><a  href="<?php the_permalink() ?>"  rel="bookmark"
title="<?php the_title_attribute(); ?> Product Information">
<?php  the_title(); ?></a></p><?php
    echo '<p>' .__('Price', 'pp-plugin'). ': '
.$pp_options['currency_sign'].$pp_price .'</p>';
```

```
    // Show Inventory 옵션이 활성화됐는지를 확인한다.
    If ($pp_options['show_inventory']) {
      echo '<p>' .__('Stock', 'pp-plugin'). ': ' .$pp_inventory .'</p>';
    }
    echo '<hr />';

  endwhile;

  echo $after_widget;
  }
}
```

마지막으로 작성할 함수는 widget 함수다. 이 함수는 위젯을 웹사이트에서 볼 수 있게 출력한다. 첫 번째로 $post 전역변수를 초기화하고 위젯에 사용할 $args 값을 불러온다. 이어서 $before_widget 변수를 출력한다. 이 변수는 테마나 플러그인 개발자들이 주로 이용하는데 플러그인 앞이나 뒤에 특정 콘텐츠를 출력하는 역할을 한다. 그다음으로 설정값 두 개를 불러온다. 만약 $title 값이 설정되지 않았다면 이전에 정의해둔 기본값을 이용한다.

위젯에 프로덕트를 출력하려면 5장에서 설명한 WP_Query를 이용해서 커스텀 루프를 생성해야 한다. 기억해 두어야 할 것은 현재 코드는 메인 루프에 있지 않으므로 query_posts를 사용하는 대신 WP_Query를 이용해서 커스텀 루프를 생성해야 한다는 것이다. 커스텀 루프를 생성하기 위해 두 개의 매개변수를 전달해야 하는데 하나는 포스트 메타값이고, 다른 하나는 출력할 프로덕트의 개수다. 첫 번째 값인 meta_key=pp_sku는 커스텀 메타값이 설정된 포스트만 반환하라는 의미다. 두 번째 값인 showposts는 몇 개의 포스트 프로덕트를 출력할 것인지를 의미한다. 이 숫자는 유저가 설정한 위젯 옵션값에 따른다.

다음으로는 위젯에서 출력할 옵션값과 커스텀 메타값을 불러온다. 마지막으로는 위젯에 포스트 프로덕트값을 출력한다. 만약 Show Inventory 옵션이 활성화되었다면 인벤토리값도 출력된다. Post Products 위젯 생성이 성공하면 그림 7-8처럼 나타난다.

커스텀 플러그인의 마지막 부분은 플러그인 설정 페이지를 생성하는 것이다.

그림 7-8 Post Products 위젯

```php
function pp_register_settings() {
  // 설정 배열을 등록한다.
  register_setting( 'pp-settings-group', 'pp_options' );
}

function pp_settings_page() {
  // 옵션 배열을 로드한다.
  $pp_options = get_option('pp_options');

  // show inventory 옵션이 있다면 체크박스에 체크를 한다.
  If ($pp_options['show_inventory']) {
    $checked = ' checked="checked" ';
  }

  $pp_currency = $pp_options['currency_sign'];
  ?>
  <div class="wrap">
  <h2><?php _e('Post Products Options', 'pp-plugin') ?></h2>

  <form method="post" action="options.php">
    <?php settings_fields( 'pp-settings-group' ); ?>
    <table class="form-table">
      <tr valign="top">
      <th scope="row"><?php _e('Show Product Inventory',
        'pp-plugin') ?></th>
      <td><input type="checkbox" name="pp_options[show_inventory]"
      <?php echo $checked; ?> /></td>
      </tr>

      <tr valign="top">
      <th scope="row"><?php _e('Currency Sign', 'pp-plugin') ?></th>
      <td><input type="text" name="pp_options[currency_sign]"
        value="<?php echo $pp_currency; ?>"
        size="1" maxlength="1" /></td>
      </tr>
    </table>

    <p class="submit">
    <input type="submit" class="button-primary"
      value="<?php _e('Save Changes', 'pp-plugin') ?>"  />
    </p>

  </form>
  </div>
<?php
}
?>
```

첫 번째 함수는 플러그인 설정을 등록하는 데 이용된다. 본 예제에서는 모든 설정 값을 배열에 저장하므로 pp_options라는 딱 한 개의 설정만 저장하면 된다. 이어서 pp_settings_page라는 설정 페이지를 출력하는 함수를 만들어보자.

우선은 플러그인 옵션 배열값을 불러온다. 이어서 **show inventory** 옵션이 'CHECKED' 로 되어야 하는지 확인한다. 또한 출력용으로 변수에 저장할 현재 환율값을 불러온다. 다음으로 옵션 폼 필드를 나열한 설정 페이지 폼을 출력한다. 여기서 세팅 폼과 이용자가 입력한 등록값을 연결하는 데 settings_fields 함수를 이용한다는 사실에 주의한다. 또한 입력 폼의 이름을 옵션 배열의 이름으로 설정한다. 이때 pp_options['show_inventory']처럼 대괄호를 이용한다. 세팅 API를 이용해서 배열에 설정 옵션을 저장할 때는 이런 방식을 사용해야 한다. 폼이 제출되면 워드프레스에서는 세팅 API를 이용해서 폼 입력값을 검증하여 문제가 없다면 이 값을 데이터베이스에 저장하게 된다.

Post Products 플러그인을 생성하는 마지막 단계는 uninstall.php 파일을 만드는 것이다.

```php
<?php
// 워드프레스 외부에서 언인스톨/삭제 명령이 실행되면 종료한다.
if( ! defined( 'ABSPATH' ) && ! defined( 'WP_UNINSTALL_pLUGIN' ) )
   exit ();

// 옵션 테이블에서 옵션 배열을 제거한다.
delete_option( 'pp_options' );
?>
```

첫 번째로 점검해야 하는 것은 ABSPATH와 WP_UNINSTALL_pLUGIN 상수가 존재하는지 여부다. 즉 워드프레스는 이 상수값을 불러서 언인스톨러의 보안 레이어를 추가한다. 요청이 유효하다고 판단되면 단일 옵션값을 데이터베이스에서 삭제한다. 또한 이 함수에다가 그동안 데이터베이스에 저장해 두었던 모든 프로덕트 포스트 메타값을 삭제하거나 하는 등의 언인스톨 함수에서 처리할 만한 기능을 정의하는 것도 가능하다.

이제 모든 것이 완료되었다! 이상으로 7장에서 언급한 대부분의 기능을 반영한 완전한 형태의 플러그인이 생성되었다. 이 플러그인은 아주 단순한 형태이지만 이것을 기초로 확장할 수 있는 충분한 예제가 될 수 있다. 리스트 7-5에는 지금까지 작성한 전체 소스코드가 들어있다.

```php
<?php
/*
Plugin Name: Post Products
Plugin URI: http://webdevstudios.com/support/wordpress-plugins/
Description: Easily add product data to posts.
Version: 1.0
Author: Brad Williams
Author URI: http://webdevstudios.com
*/

/* Copyright 2010 Brad Williams  (email : brad@webdevstudios.com)
   This program is free software; you can redistribute it and/or modify
   it under the terms of the GNU General Public License as published by
   the Free Software Foundation; either version 2 of the License, or
   (at your option) any later version.
   This program is distributed in the hope that it will be useful,
   but WITHOUT ANY WARRANTY; without even the implied warranty of
   MERCHANTABILITY or FITNESS FOR A PARTICULAR PURPOSE. See the
   GNU General Public License for more details.
   You should have received a copy of the GNU General Public License
   along with this program; if not, write to the Free Software
   Foundation, Inc., 51 Franklin St, Fifth Floor, Boston, MA 02110-1301 USA
*/

// 플러그인이 활성화될 때 함수를 호출
register_activation_hook(__FILE__,'pp_install');

// 플러그인을 초기화하는 액션훅
add_action('admin_init', 'pp_init');

// 옵션 세팅을 등록하는 액션훅
add_action( 'admin_init', 'pp_register_settings' );

// 포스트 프로덕트 메뉴 아이템을 추가하는 액션훅
add_action('admin_menu', 'pp_menu');

// 포스트가 저장될 때, 메타박스 데이터를 저장하는 액션훅
add_action('save_post','pp_save_meta_box');

// 포스트 프로덕트 숏코드를 생성하는 액션훅
add_shortcode('pp', 'pp_shortcode');
```

```php
// 플러그인 위젯을 생성하는 액션훅
add_action( 'widgets_init', 'pp_register_widgets' );

function pp_install() {
  // 기본 옵션값을 설정
  $pp_options_arr=array(
    "currency_sign"=>'$'
    );
  // 기본 옵션값을 저장
  update_option('pp_options', $pp_options_arr);
}

// 포스트 프로덕트 하위 메뉴를 생성
function pp_menu() {
  add_options_page(__('Post Products Settings Page','pp-plugin'),
  __('Post Products Settings','pp-plugin'), 'administrator', __FILE__,
 'pp_settings_page');
}

// 포스트 메타박스를 생성
function pp_init() {
  // create our custom meta box
  add_meta_box('pp-meta',__('Post Product Information','pp-plugin'),
  'pp_meta_box','post','side','default');
}

// 숏코드를 생성
function pp_shortcode($atts, $content = null) {
  global $post;
  extract(shortcode_atts(array(
    "show" => ''
    ), $atts));
  // 옵션 배열을 로드
  $pp_options = get_option('pp_options');
  If ($show == 'sku') {
    $pp_show = get_post_meta($post->ID,'pp_sku',true);
  }elseif ($show == 'price') {
    $pp_show = $pp_options['currency_sign'].
    get_post_meta($post->ID,'pp_price',true);
  }elseif ($show == 'weight') {
    $pp_show = get_post_meta($post->ID,'pp_weight',true);
  }elseif ($show == 'color') {
```

```php
    $pp_show = get_post_meta($post->ID,'pp_color',true);
}elseif ($show == 'inventory') {
    $pp_show = get_post_meta($post->ID,'pp_inventory',true);
}

return $pp_show;
}

// 포스트 프로덕트 메타박스 생성
function pp_meta_box($post,$box) {
    // 커스텀 메타박스값을 가져온다.
    $pp_sku = get_post_meta($post->ID,'pp_sku',true);
    $pp_price = get_post_meta($post->ID,'pp_price',true);
    $pp_weight = get_post_meta($post->ID,'pp_weight',true);
    $pp_color = get_post_meta($post->ID,'pp_color',true);
    $pp_inventory = get_post_meta($post->ID,'pp_inventory',true);

    // 메타박스 폼을 출력
    echo '<table>';
    echo '<tr>';
    echo '<td>' .__('Sku', 'pp-plugin').
':</td><td><input type="text" name="pp_sku" value="'.esc_attr($pp_sku).
'" size="10"></td>';
    echo '</tr><tr>';
    echo '<td>' .__('Price', 'pp-plugin').
':</td><td><input type="text" name="pp_price" value="'.esc_attr($pp_price).
'" size="5"></td>';
    echo '</tr><tr>';
    echo '<td>' .__('Weight', 'pp-plugin').
':</td><td><input type="text" name="pp_weight" value="'.esc_attr($pp_weight).'"
size="5"></td>';
    echo '</tr><tr>';
    echo '<td>' .__('Color', 'pp-plugin').
':</td><td><input type="text" name="pp_color" value="'.esc_attr($pp_color).
'" size="5"></td>';
    echo '</tr><tr>';
    echo '<td>Inventory:</td><td><select name="pp_inventory" id="pp_inventory">
<option value="' .__('In Stock', 'pp-plugin').
'" '.(is_null($pp_inventory) || $pp_inventory == __('In Stock', 'pp-plugin') ?
'selected="selected" ' : '').'>' .__('In Stock', 'pp-plugin'). '</option>
<option value="' .__('Backordered', 'pp-plugin'). '"
'.($pp_inventory == __('Backordered', 'pp-plugin') ?
```

```php
'selected="selected" ' : '').'>' .__('Backordered', 'pp-plugin'). '</option>
<option value="' .__('Out of Stock', 'pp-plugin').
'" '.($pp_inventory == __('Out of Stock', 'pp-plugin') ?
'selected="selected" ' : '').'>' .__('Out of Stock', 'pp-plugin'). '</option>
<option value="' .__('Discontinued', 'pp-plugin').
'" '.($pp_inventory == __('Discontinued', 'pp-plugin') ?
'selected="selected" ' : '').'>' .__('Discontinued', 'pp-plugin'). '</option>
</select></td>';
    echo '</tr>';
 // 숏코드 범례(legend) 섹션을 표시
    echo '<tr><td colspan="2"><hr></td></tr>';
    echo '<tr><td colspan="2"><strong>' .__('Shortcode Legend', 'pp-plugin')
.'</strong></td></tr>';
    echo '<tr><td>' .__('Sku', 'pp-plugin') .':</td><td>[pp show=sku]</td></tr>';
    echo '<tr><td>' .__('Price', 'pp-plugin')
.':</td><td>[pp show=price]</td></tr>';
    echo '<tr><td>' .__('Weight', 'pp-plugin')
.':</td><td>[pp show=weight]</td></tr>';
    echo '<tr><td>' .__('Color', 'pp-plugin')
.':</td><td>[pp show=color]</td></tr>';
    echo '<tr><td>' .__('Inventory', 'pp-plugin')
.':</td><td>[pp show=inventory]</td></tr>';
    echo '</table>';
 }

 // 메타박스 데이터를 저장
 function pp_save_meta_box($post_id,$post) {
    // 포스트가 수정본 메타박스 데이터를 저장하지 않는다.
    if($post->post_type == 'revision') { return; }
    // $_pOST가 설정되었다면 폼데이터를 처리
    if(isset($_pOST['pp_sku']) && $_pOST['pp_sku'] != '') {
      // 포스트 ID를 고유접두어로 삼아 메타박스 데이터를 포스트 메타로 저장
      update_post_meta($post_id,'pp_sku', esc_attr($_pOST['pp_sku']));
      update_post_meta($post_id,'pp_price', esc_attr($_pOST['pp_price']));
      update_post_meta($post_id,'pp_weight', esc_attr($_pOST['pp_weight']));
      update_post_meta($post_id,'pp_color', esc_attr($_pOST['pp_color']));
      update_post_meta($post_id,'pp_inventory',esc_attr($_pOST['pp_inventory']));
    }
 }

 // 위젯을 등록
 function pp_register_widgets() {
```

```
    register_widget( 'pp_widget' );
  }


  // pp_widget 클래스
  class pp_widget extends WP_Widget {

    // 새 위젯을 구성
    function pp_widget() {
      $widget_ops = array('classname' => 'pp_widget', 'description' =>
__('Display Post Products','pp-plugin') );
      $this->WP_Widget('pp_widget', __('Post Products Widget','pp-plugin'),
$widget_ops);
    }

    // 위젯 세팅 폼 함수를 생성
    function form($instance) {
      $defaults = array( 'title' => __('Products','pp-plugin'), 'number_products'
=> '' );
      $instance = wp_parse_args( (array) $instance, $defaults );
      $title = strip_tags($instance['title']);
      $number_products = strip_tags($instance['number_products']);
      ?>
        <p><?php _e('Title', 'pp-plugin') ?>: <input class="widefat"
name="<?php echo $this->get_field_name('title'); ?>" type="text"
value="<?php echo
esc_attr($title); ?>" /></p>
        <p><?php _e('Number of Products', 'pp-plugin') ?>: <input
name="<?php echo $this->get_field_name('number_products'); ?>"
type="text" value="<?php echo esc_attr($number_products); ?>"
size="2" maxlength="2" /></p>
      <?php
    }

    // 위젯 세팅을 저장
    function update($new_instance, $old_instance) {
      $instance = $old_instance;
      $instance['title'] = strip_tags(esc_attr($new_instance['title']));
      $instance['number_products'] = intval($new_instance['number_products']);
      return $instance;
    }

    // 위젯을 출력
```

```php
  function widget($args, $instance) {
    global $post;
    extract($args);

    echo $before_widget;
    $title = apply_filters('widget_title', $instance['title'] );
    $number_products = empty($instance['number_products']) ?
' ' : apply_filters('widget_number_products', $instance['number_products']);

    if ( !empty( $title ) ) { echo $before_title . $title . $after_title; };

    $dispProducts = new WP_Query();
    $dispProducts->query('meta_key=pp_sku&showposts='.$number_products);
    while ($dispProducts->have_posts()) : $dispProducts->the_post();

        // 옵션 배열을 로드
        $pp_options = get_option('pp_options');

        // 커스텀 메타값을 로드
        $pp_price = get_post_meta($post->ID,'pp_price',true);
        $pp_inventory = get_post_meta($post->ID,'pp_inventory',true);

        ?><p><a href="<?php the_permalink() ?>" rel="bookmark"
title="<?php the_title_attribute(); ?> Product Information"><?php the_
title(); ?></a></p><?php
        echo '<p>' .__('Price', 'pp-plugin'). ': '
.$pp_options['currency_sign'].$pp_price .'</p>';

        // Show Inventory 옵션이 활성화됐는지를 확인
        If ($pp_options['show_inventory']) {
          echo '<p>' .__('Stock', 'pp-plugin'). ': ' .$pp_inventory .'</p>';
        }
        echo '<hr>';

    endwhile;

    echo $after_widget;
  }
}

function pp_register_settings() {
  // 세팅 배열을 등록
```

```php
    register_setting( 'pp-settings-group', 'pp_options' );
}

function pp_settings_page() {
    // 옵션 배열을 로드
    $pp_options = get_option('pp_options');

    // if the show inventory option exists the checkbox needs to be checked
    If ($pp_options['show_inventory']) {
        $checked = ' checked="checked" ';
    }

    $pp_currency = $pp_options['currency_sign'];
    ?>
    <div class="wrap">
    <h2><?php _e('Post Products Options', 'pp-plugin') ?></h2>
    <form method="post" action="options.php">
        <?php settings_fields( 'pp-settings-group' ); ?>
        <table class="form-table">
            <tr valign="top">
            <th scope="row"><?php _e('Show Product Inventory', 'pp-plugin') ?></th>
            <td><input type="checkbox" name="pp_options[show_inventory]"<?php
echo $checked; ?> /></td>
            </tr>

            <tr valign="top">
            <th scope="row"><?php _e('Currency Sign', 'pp-plugin') ?></th>
            <td><input type="text" name="pp_options[currency_sign]"
value="<?php echo $pp_currency; ?>" size="1" maxlength="1" /></td>
            </tr>
        </table>

        <p class="submit">
        <input type="submit" class="button-primary" value="<?php _e('Save
Changes', 'pp-plugin') ?>" />
        </p>

    </form>
    </div>
    <?php
}
?>
```

플러그인 디렉터리에 발행

자~ 이제 플러그인을 세상에 공개할 때가 되었다. 플러그인을 꼭 플러그인 디렉터리에 공개해야 하는 것은 아니지만, 사실상 이 방법이 다른 워드프레스 사용자들이 내가 만든 플러그인을 다운로드하여 설치하게 하는 가장 좋은 방법이라고 할 수 있다. 세상에 설치된 모든 워드프레스는 플러그인 디렉터리와 직접 연결되기 때문에 여기에 플러그인을 등록해주면 누구라도 쉽게 찾고, 다운로드하고, 설치할 수 있다는 것을 잊지 말자.

제한

이용자가 만든 플러그인을 플러그인 디렉터리에 제출할 때는 몇 가지 제한점이 있다.

▶ 플러그인의 라이선스는 반드시 GPLv2와 호환되어야 한다.

▶ 플러그인은 절대로 불법적이거나 비도덕적이면 안 된다.

▶ 플러그인을 호스팅하는 SVN 리파지토리를 사용해야 한다.

▶ 플러그인은 절대로 이용자의 허락없이 개발자의 사이트(예를 들면 'powered by' 링크)로 연결되는 외부링크를 포함하면 안 된다.

이들 지시사항을 지키지 않을 경우에는 플러그인이 플러그인 디렉터리에서 삭제될 수도 있다.

플러그인 제출

가장 먼저 할 일은 WordPress.org의 계정을 갖는 것이다. 만약 계정이 없다면 가입 페이지인 http://wordpress.org/extend/plugins/register.php에 접속해서 계정을 생성한다. WordPress.org 계정은 플러그인 디렉터리뿐만 아니라 지원게시판support forums에서도 똑같이 사용할 수 있다.

계정을 생성하고 로그인하였다면 WordPress.org에서 운영되는 플러그인 디렉터리에 내가 만든 플러그인을 업로드해보자. 플러그인은 Add Your Plugin 페이지에서 업로드할 수 있으며 웹주소는 다음과 같다.

http://wordpress.org/extend/plugins/add/

페이지에 접속해서 입력할 첫 번째 필수 항목은 플러그인 이름이다. 이 곳에는 업로드하려는 플러그인과 관련되는 이름을 입력해야 하며, 이렇게 입력한 플러그인 이름은 디렉터리 내에서 URL로 사용된다. 예를 들면, 만약 플러그인 이름을 WP Brad라고 했다면 이 플러그인이 플러그인 디렉터리에 등록된 후 사용될 주소는 http://wordpress.org/extend/plugins/wp-brad/가 된다. 그러므로 플러그인 이름은 아주 중요하며, 향후 변경도 불가능하다.

두 번째 필수 입력 항목은 플러그인 설명이다. 이 곳에는 플러그인에 대한 상세 설명을 입력한다. 여기에서 제공하는 정보를 통해 이용자는 플러그인 사용여부를 결정하며, 또한 이 정보가 플러그인에 대한 유일한 정보 제공 항목이라는 것을 명심하자. 즉 설명은 기능 위주로 명확하게 적고, 플러그인의 목적과 설치 시 주의사항 등을 빠뜨리지 않도록 한다.

마지막 입력 항목은 플러그인 URL이다. 이 항목은 필수항목은 아니지만 플러그인으로 연결되는 다운로드 링크를 입력하면 좋다. 이렇게 하면 이용자가 원할 때 플러그인을 다운로드하고 확인해 볼 수 있다. 필수항목은 아니지만 가능하면 채워넣는 것이 좋은 항목이다.

세 가지 입력항목을 모두 채워 넣었다면 이제 Send Post 버튼을 눌러서 플러그인을 제출한다. 그러면 플러그인 디렉터리에 다음과 같은 안내문이 나타난다. "Within some vaguely defined amount of time, someone will approve your request(당분간 기다리세요. 담당자가 검토후 승인할 예정입니다)".

문장으로 봐서는 정확한 승인 소요 시간을 알 수 없지만, 통상 하루에서 며칠 내로 결정이 된다. 승인됐다고 끝난 것은 아니다. 승인되면 다음 과정으로 플러그인을 서브 버전 리파지토리에 업로드해야 한다.

readme.txt 파일 생성

플러그인을 플러그인 디렉터리에 제출할 때 첨부해야 할 또 하나의 필수 파일이 바로 readme.txt 파일이다. 이 파일은 플러그인 디렉터리 상세 페이지에 올라가는 정보를 채워 넣는 데 사용된다. 플러그인 개발자들이 이 파일을 정확하게 잘 만들 수 있도록 워드프레스에서는 아예 readme 파일 표준을 만들었다. 다음 readme.txt 파일 예제를 보자.

```
=== Plugin Name ===
Contributors: williamsba1, messenlehner, wds-scott
Donate link: http://example.com/donate
Tags: admin, post, images, page, widget Requires at
least: 2.8
Tested up to: 2.9
Stable tag: 1.1.0.0

Short description of the plugin with 150 chars max. No markup  here.

== Description ==

This is the long description. No limit, and you can use Markdown

Additional plugin features

* Feature  1
* Feature  2
* Feature  3

For support visit the  [Support Forum](http://example.com/forum/ "
Support Forum")

== Installation ==

1. Upload `plugin-directory` to the `/wp-content/plugins/` directory
2. Activate the plugin through the 'Plugins' SubPanel in  WordPress
3. Place `<?php gmp_custom_function(); ?>` in  your theme templates

== Frequently Asked  Questions ==

= A  question that someone might  have  =

An answer to that question.

= Does  this  plugin work  with  WordPress MU?  =

Absolutely!  This plugin has been tested  and
verified to work  on  the most   current version of WordPress MU

== Screenshots ==

1. Screenshot of plugin settings  page
2. Screenshot of plugin in action
```

```
==  Changelog ==

=  1.1 =
*  New feature details
*  Bug  fix details

=  1.0 =
*  First official release
```

WordPress.org 사이트에서는 readme.txt 검사기[validator] 기능이 있어서 readme.txt를 서브버전 디렉터리에 제출하기 전에 제대로 구성됐는지 확인해볼 수 있다. 검사기 주소는 http://wordpress.org/extend/plugins/about/validator/다. 이제 readme.txt의 각 부분에 대해 알아보자.

```
===  Plugin Name ===
Contributors:  williamsba1, messenlehner, wds-scott
Donate link:  http://example.com/donate
Tags: admin, post,  images, page, widget Requires at
least:  2.8
Tested up  to: 2.9
Stable tag: 1.1.0.0
```

```
Short description of the plugin with 150 chars max. No markup here.
```

플러그인 이름(Plugin Name) 부분은 readme.txt 파일에서 가장 중요하다. 첫 번째 줄은 플러그인에 기여한 사람들 목록을 적는다. 기여자 목록에는 WordPress.org에서 사용하는 사용자명(username)을 콤마로 분리하여 입력한다. 후원링크(donate link)는 플러그인 개발자의 후원요청 페이지나 다른 후원링크로 연결되는 URL을 적는다. 보통 페이팔 후원 링크를 많이 사용한다. 태그(tags) 항목에는 플러그인과 관련된 태그를 콤마로 분리하여 적는다.

Requires at least 필드는 플러그인을 실행할 수 있는 워드프레스 최하 버전을 적는다. 만약 작성한 플러그인인 2.7 이전 버전에서는 실행되지 않는다면, Requires at least 값에는 2.7이라고 적으면 된다. 이와 반대로 Tested up to 필드에는 테스트가 된 최고 버전을 적는다. 통상 이 값이 해당 플러그인이 안정적으로 동작하는 최고버전으로 간주한다. Stable tag는 아주 중요한 필드로써 현재 플러그인 버전을 적는다. 이 값과 플러그인 헤더 부분의 버전 값은 반드시 일치해야 한다. 마지막 필드인 플러그 요약설명(short description) 부분에는 마크업같은 것을 포함시키지 않는 150자 이내의 설명을 기록하도록 한다.

```
==  Description ==

This is thelong description. No limit, and you can use Markdown

Additional plugin features

* Feature  1
* Feature  2
* Feature  3

For   support visit the  [Support Forum](http://example.com/forum/ "
Support Forum")
```

설명(Description) 부분에는 플러그인의 상세 설명을 적는다. 여기에 기록된 정보가 플러그인 디렉터리의 상세설명 페이지의 내용으로 출력된다. 설명부의 길이는 제한이 없다. 또한 바로 앞의 예에서처럼 글머리 목록을 사용할 수도 있고, 번호 목록을 사용할 수도 있으며, 링크도 추가할 수 있다.

```
==  Installation ==

1. Upload `plugin-directory` to the `/wp-content/plugins/` directory
2. Activate the plugin through the 'Plugins' SubPanel in  WordPress
3. Place `<?php gmp_custom_function(); ?>` in your theme templates
```

설치(Installation) 부분에서는 플러그인 설치 단계를 설명한다. 플러그인이 일반적이지 않은 특별한 설치환경을 요구한다면 이 부분에 자세히 기록하면 된다. 특히 플러그인에서 제공하는 함수 이름이나 숏코드가 있다면 이 부분에 기록하는 것이 좋다.

```
==  Frequently Asked  Questions ==

=  A  question that someone might  have  =

An answer to that question.

=  Does  this  plugin work  with  WordPress MU?  =

Absolutely!  This plugin has been tested  and
verified to work  on  the most   current version of WordPress MU
```

FAQ 부분에서는 자주 물어보는 질문에 대해 기록한다. 이것을 잘 기록해두어야 질문과 지원요청 개수를 줄일 수 있다. 앞의 예와 같이 질문과 그에 대한 답변을 나열해서 적으면 된다.

```
==  Screenshots ==

1. Screenshot of plugin settings  page
2. Screenshot of plugin in action
```

스크린샷(Screenshots) 부분은 플러그인 스크린샷을 상세 페이지에 추가하는 데 사용된다. 이것은 두 단계의 절차로 이뤄진다. 첫 번째 단계는 각 스크린샷 설명을 순서 목록에 나열하는 것이다. 두 번째 단계는 이미지 파일을 트렁크 디렉터리(나중에 자세하게 다시 설명될 예정)에 저장하는 것이다. 이들 이미지 파일 이름은 반드시 목록별 숫자에 맞춰야 한다. 예를 들면, 설정 페이지의 스크린샷 파일 이름을 screenshot-1.png라고 해야 하고, 플러그인 동작에 대한 스크린샷은 screenshot-2.png라고 해야 한다. 허용되는 파일 타입은 png와 jpg, jpeg와 gif다.

```
==  Changelog ==

=  1.1 =
*  New feature details
*  Bug  fix details

=  1.0 =
*  First official release
```

마지막으로 입력할 부분은 변경이력(Changelog)이다. 이 부분은 플러그인의 각 버전별로 추가되거나 수정된 기능의 목록을 작성한 것으로 최신 버전으로 업그레이드하고자 하는 이용자에게 큰 도움을 줄 수 있는 항목이므로 중요하다. 또한 어떤 기능이 추가됐는지, 수정됐는지를 자세히 알아야 새 버전으로 플러그인을 업데이트할 것인지 여부를 정확히 결정할 수 있다. 아무리 사소한 업데이트라도 변경이 발생하였다면 플러그인 디렉터리에 제출하기 전에 해당 내용을 여기에 추가해야 한다.

readme.txt 파일에는 이상의 내용 외에도 필요하다고 판단되는 임의의 내용을 추가할 수 있으며, 다른 내용들과 입력 형식만 맞추면 된다. 추가 정보를 많이 제공해야만 하는 복잡한 플러그인들이 여기에 해당된다. 임의로 추가된 부분은 앞에서 언급한 설명 영역의 아래 부분에 나타난다.

SVN 설정

플러그인 디렉터리는 서브버전^{SVN, Subversion}을 이용하여 플러그인을 관리한다. 플러그인을 디렉터리에 제출하려면 SVN 클라이언트를 설치한 후 환경설정을 해야 한다. 여기에서는 윈도우용 TortoiseSVN을 사용한 예제를 다뤄보자. TortoiseSVN은 무료 SVN 클라이언트이며, 윈도우용 외에 다른 운영체제용 SVN 클라이언트를 다운로드 하려면 http://subversion.tigris.org/를 방문한다.

우선 http://tortoisesvn.net/downloads를 방문하여 알맞는 인스톨러를 다운로드한다. TortoiseSVN을 설치한 후에는 컴퓨터를 리부팅한다. 다음으로 플러그인 파일을 저장해둘 새로운 디렉터리를 컴퓨터 내에 생성한다. 디렉터리를 만들 때는 c:\projects\wordpress-plugins 같은 형태로 만드는 것을 추천한다. 이렇게 만들면 여러 개의 플러그인을 WordPress.org에 만들어서 올릴 때 관리하기가 훨씬 쉽다.

이제 새로 만든 워드프레스 플러그인 디렉터리로 가서 플러그인용 디렉터리를 생성한다. 새로 만든 디렉터리에서 마우스 오른쪽 버튼을 클릭하면 컨텍스트 메뉴가 나타난다. TortoiseSVN이 제대로 설치되었다면 **SVN Checkout**이나 **TortoiseSVN**과 같은 관련 메뉴가 나타날 것이다. 여기서 **SVN Checkout**을 선택하면 그림 7-9와 같은 대화상자가 나타난다.

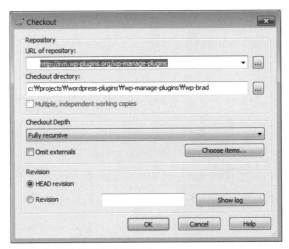

그림 7-9 SVN 체크아웃 대화상자

플러그인이 승인되면 등록된 이메일 주소로 리파지토리의 URL이 전송된다. 이 URL은 플러그인 URL과 동일해야 하므로, 본 예제를 기준으로 하면 http://svn.wp-plugins.org/wp-brad가 된다. Checkout directory는 플러그인을 저장하는 로컬 위치를 말하므로 c:\projects\wordpress-plugin\wp-brad에 디렉터리를 만든다.

Checkout Depth는 Fully Recursive로 설정한다. 또한 Revision은 HEAD Revision으로 설정한다. 끝으로 OK 버튼을 클릭한다. TortoiseSVN은 지정된 플러그인에 해당하는 SVN 리파지토리에 연결을 시도하고 접속이 성공하면 로컬 디렉터리 내에 branches, tag, trunk라는 새로운 세 개의 디렉터리를 생성한다. 이 세 개의 디렉터리는 SVN에서 각자 역할이 있다.

▶ 브랜치Branches 매번 메이저 버전이 릴리스될 때마다 브랜치가 생성된다. 이는 트렁크에서 새로운 기능을 릴리스하지 않고도 디버깅할 수 있게 한다.

▶ 태그Tag 매번 새 버전이 릴리스될 때마다 이에 맞는 새 태그를 생성한다.

▶ 트렁크Trunk 핵심 개발 영역. 차기 버전의 코드 릴리스 부분에 해당한다.

이상의 과정으로 플러그인용 SVN 리파지토리에 접속됐으니 플러그인 파일을 트렁크 디렉터리로 이동해야 한다. 트렁크 디렉터리에는 플러그인용으로 생성한 readme.txt 파일과 스크린샷, 그외 파일들도 잊지 않고 복사한다. 이제 플러그인을 플러그인 디렉터리에 올릴 준비가 되었다.

다시 한번 트렁크 디렉터리에 모든 플러그인 파일이 위치하고 있는지 확인했다면 이 파일들을 플러그인 디렉터리에 발행하는 방법에 대해 알아보자.

플러그인 디렉터리에 발행

플러그인을 플러그인 디렉터리에 발행하는 것은 두 단계로 이뤄진다. 첫 번째 단계는 트렁크 디렉터리 전체를 SVN 리파지토리로 커밋Commit하는 것이다. 두 번째 단계는 여기에 태깅을 하는 것이다. 이상의 두 단계가 완료되면 약 15분쯤 지나 플러그인 디렉터리에 새로 등록한 플러그인이 표시된다.

플러그인 트렁크 디렉터리를 커밋하는 방법은 단순하다. 트렁크 디렉터리에서 마우스 오른쪽 버튼을 눌러 나타나는 SVN Commit을 선택하면 된다. 그러면 화면에 로그를 입력하고, 트렁크에 커밋에 파일을 선택하는 대화상자가 나타난다. 로그 메시지는 Adding WP-Brad 1.1과 같은 방식으로 간단하게 입력하고, 이어서 커밋할 파일을 모두 선택한다. TortoiseSVN은 변경된 파일을 자동으로 인식해서 선택한 상태로 보여주므로 변경할 내용이 없다면 그냥 OK를 클릭한다. 그러면 사용자 이름과 비밀번호를 입력하는 창이 나오는데 여기에 WordPress.org에서 생성한 사용자 이름과 비밀번호를 입력하면 된다.

다음으로는 플러그인에 버전 표시용 태깅을 한다. 플러그인에 버전을 태그하려면 일단 트렁크 디렉터리에서 마우스 오른쪽 버튼을 클릭하면 나타나는 콘텍스트 메뉴에서 TortoiseSVN > Branch/tag를 선택한다. 그러면 태그 디렉터리의 경로가 표시된 대화상자가 나타난다. 본 예제의 경우에는 http://svn.wp-plugins.org/wp-brad/tags/1.1.0.0이라는 URL이 표시된다. 여기에 표시된 버전과 플러그인 readme.txt 파일에 기록된 안정 버전은 반드시 1.1.0.0으로 동일해야 한다. 또한 대화상자에는 tagging version 1.1.0.0과 같은 로그 메시지도 입력하며, HEAD revision in the repository 부분도 선택되어 있는지 확인한다.

이제 끝! 이상의 과정이 잘 진행되었다면 15분 정도가 지나면 제출된 플러그인이 플러그인 디렉터리에 나타난다. 일단 플러그인이 등록된 것을 보았다면 이제 웹사이트에 등록한 정보가 오류없이 제대로 입력됐는지 다시 한번 확인해보자. 플러그인이 제대로 등록됐는지를 먼저 확인하는 방법 중 하나는 서브버전 URL에 방문해 보는 것으로, 본 예제에서는 http://svn.wp-plugins.org/wp-brad/이다. 여기에 트렁크와 태그 디렉터리가 제대로 업로드됐는지 확인한다. 그리고 15분 후에는 정식으로 등록된 플러그인 디렉터리 http://www.wordpress.org/extend/plugins/wp-brad에 접속하여 확인한다.

만약 이후에라도 readme.txt 파일을 수정하고자 한다면, 먼저 로컬 트렁크 디렉터리에서 파일을 열어 수정한 후 마우스 오른쪽 버튼을 클릭하여 나타나는 컨텍스트 메뉴에서 SVN Commit을 누르면 즉시 반영된다.

신규 버전 릴리스

워드프레스 플러그인이 갖는 가장 큰 특징 중 하나는 플러그인 디렉터리에 릴리스하는 것이 간단하다는 것이다. 새로운 업데이트 버전이 릴리스되면 그 플러그인을 사용하는 모든 사이트에는 그 플러그인의 활성화 상태와 관계없이 알림표시가 나타난다. 이용자는 자동 업그레이드 기능을 이용해서 최신 버전으로 변경할 수 있다. 플러그인의 보안 문제로 인한 업그레이드라면 워드프레스 전체의 안전을 위해서도 이러한 쉬운 자동 업그레이드 기능이 매우 중요하다고 할 수 있다.

새로운 플러그인 버전을 릴리스하려면 먼저 업데이트된 플러그인 파일을 이전에 지정한 /trunk 디렉터리에 복사해야 한다. 이 폴더에는 업데이트할 플러그인 버전에 사용되는 파일 모두가 올라가 있어야 한다.

일단 업데이트할 플러그인 파일이 제대로 된 것을 확인한 후에는 trunk 디렉터리에서 마우스 오른쪽 버튼을 클릭하여 SVN Commit을 선택한다. 커밋할 때는 **버전 1.2 커밋함**과 같은 간단한 로깅용 메시지도 남기자. TortoiseSVN에서는 변경 내역이 있는 파일이 이미 선택돼 있을 텐데 만약 그렇게 동작하지 않았을 경우라면 발행할 파일을 직접 선택한 후에 OK 버튼을 클릭한다.

마지막 단계는 새로운 버전에 태그를 다는 것이다. 태그를 달려면 일단 trunk 디렉터리에서 마우스 오른쪽 버튼을 클릭한 후 TortoiseSVN > Branch/tag 메뉴를 선택한다. 본 예제에서는 URL이 http://svn.wp-plugins.org/wp-brad/tags/1.2.0.0다. 이번에도 **버전 1.2 태깅함**과 같은 로깅용 메시지를 남긴 후 OK 버튼을 클릭한다. 이제 끝났다! 약 15분 내에 새로운 플러그인 버전 플러그인 디렉터리에 발행된 것을 확인할 수 있을 것이다. 새로운 버전이 성공적으로 릴리스됐다면 WordPress.org 사이트의 **최근 변경된 플러그인**(Recently Updated Plugins) 목록에서도 보일 것이다.

워드프레스의 플러그인 디렉터리는 커스텀 플러그인을 만들고자 할 때 참조할 수도 있고, 아이디어도 제공하는 중요한 원천이다. 여기에 등록된 다른 플러그인의 소스 코드를 보며 배우는 데 주저하지 말자.

독자가 만들고 싶은 플러그인과 비슷한 기능을 제공하는 플러그인 찾아서 그 플러그인 개발자는 어떻게 코드를 작성했는데, 어떻게 후킹을 워드프레스 코어에 적용했는지를 알아보자.

사실 독자가 만들려고 하는 사이트에 커스텀 함수나 이벤트 기반의 처리 기능을 제공하는 플러그인 기능은 워드프레스의 막강한 확장 기능의 반쪽일 뿐이다. 독자가 사이트의 룩앤필look and feel을 바꾸고 싶거나, 포스트를 출력하는 방식을 바꾸거나, 직접 만들 위젯의 위치를 바꾸거나 할 때에는 테마 기능을 통해서 확장할 수가 있다.

테마 개발

8장에서 다루는 내용

▶ 테마를 구성하는 파일과 템플릿의 이해

▶ 테마를 내 스타일로 바꾸기

▶ 샌드박스 테마 프레임워크로 테마 만들기

블로그에서는 콘텐츠가 최고로 중요하다. 내 사이트에 방문자를 불러 모으고 이들을 지속적으로 유지할 수 있는 원동력은 결국 콘텐츠다. 하지만 인터넷 최고의 콘텐츠를 가지고 있는 것만이 능사는 아니다. 콘텐츠를 독자나 브라우저, 그리고 검색 엔진 등에 노출시켜야 콘텐츠가 제대로 활용될 수 있다.

테마가 목적하는 것이 바로 이것이다. 테마는 블로그의 출력 부분을 담당한다. 즉 테마는 사용자 경험도 개선할 수 있을 뿐만 아니라 방문자에게 어떻게 보일지도 결정할 수 있으며, 어떤 종류의 페이지를 선택할지, 또 어떤 종류의 루프를 쓸지도 결정할 수 있다.

8장에서는 웹사이트에 테마를 설치하는 방법을 알아본다. 또한 테마의 기능을 디자인에 적용하는 방법도 알아본다. 또한 샌드박스라는 훌륭한 프레임워크의 사용법도 자세히 알아본다. 8장의 마지막까지 읽으면 테마의 기능을 잘 알게 될 것이다. 또한 나만의 테마를 만들 수 있는 탄탄한 지식을 가질 수 있다.

테마를 사용하는 이유

테마는 웹사이트의 얼굴이다. 어떤 테마를 쓰느냐에 따라 사이트 방문자에게 주는 첫 인상이 달라진다. 도서의 경우 사람들이 표지만 보고 그 도서를 평가하는 경우는 드물지만, 웹사이트의 경우는 다르다. 아무리 훌륭한 콘텐츠를 보유하고 있더라도 콘텐츠를 제공하는 테마가 가독성이 떨어지거나, 검색이 힘들거나, 접근성이 떨어지거나, 로딩 속도가 느리다면 방문자가 떠날 가망성이 크다. 첫인상에 따라서 다시는 그 방문자를 보지 못할 수도 있다.

테마는 웹사이트의 많은 것을 결정한다. 일반적으로 사람들은 테마를 사이트의 겉모습이라고 생각한다. 물론 테마는 그 모양과 느낌을 통해서 웹사이트가 어떤 스타일이나 장점이 있는지를 나타낸다. 또한 테마는 사이트의 특징을 보여주며, 수많은 사이트 중에 드러나도록 하는 중요한 요소다. 테마는 위의 모든 특징을 지닌다. 마치 한 장의 사진이 긴 글 여러 개보다 많은 것을 보여주듯 말이다.

하지만 테마는 단지 사이트의 그래픽 요소인 것만은 아니다. 테마는 마케팅과 브랜딩으로서 더 많은 의미를 지닌다. 게다가 테마는 사용자 경험과 그 이상을 제공한다. 테마는 어떤 콘텐츠를 보여줄 것인지도 결정한다. 또한 테마는 콘텐츠를 HTML로 변환시켜 다양한 템플릿을 통해 모양과 느낌을 주는 역할을 한다.

8장에서는 테마를 사용해서 콘텐츠의 구조를 결정하고 사이트의 전체적인 느낌과 성격을 만들 수 있도록 하는 내용을 다룬다. 그 외에 테마의 사용자 경험 기능과 검색 엔진 최적화 기능에 대해서는 책의 후반부에서 다룬다.

테마 설치

독자의 웹사이트가 이미 설치돼 운영되는 데 첫 페이지에 접속해보니 지루하기 짝이 없는 예전 큐브릭Kubrik이라는 이름의 기본 테마를 사용하고 있다고 해보자(미안한 말이지만, 이 기본 테마는 아주 진부하다. 아마 그것이 개발자가 워드프레스를 단순 블로그 엔진이라고 생각하게 되는 이유 중 하나일 것이다). 어떻게 해야 워드프레스에게 새로운 테마를 입힐 수 있을까? 우선 맘에 드는 테마를 찾아내거나 아니면 직접 만들어야 할 것이다. 세상에는 셀 수 없이 많은 워드프레스 테마가 있는데 완성도가 제각각이다. 최선의 방법은 테마를 여러 개 테스트하여 콘텐츠와 잘 어울리는지 보고 테마가 독자가 원하는 사이트의 이미지와 브랜딩에 잘 맞는지를 판단하는 것이다.

사이트에서 테마를 활성화하는 데에는 두 가지 간단한 방법이 있다. 먼저 전통적인 방법으로서 FTP 설치법이 있고, 다른 방법으로는 워드프레스 2.8부터 제공하는 테마 브라우저와 테마 설치기능이다. 테마 브라우저는 WordPress.org에 있는 워드프레스 테마 디렉터리에 등록된 것만 설치할 수 있다. 이런 제한이 나쁘다고만 할 필요는 없다. 보기 좋고 완성도 높은 수많은 테마가 디렉터리에 제출되어 무료로 사용할 수 있는 GPL 라이선스로 공개되고 있기 때문이다(위 두 가지는 테마 디렉터리에 올라가기 위한 필수조건이다). 하지만 테마 디렉터리는 시장 크기가 작다. 수많은 사이트가 더 좋은 워드프레스 테마를 제공한다. 물론 완성도가 제각각이지만 무료 테마뿐 아니라 유료인 것들도 있다. 그런 테마 디렉터리에 등록되지 않은 테마를 설치하려면 FTP로 설치한다.

FTP 설치

FTP는 파일 전송 프로토콜File Transfer Protocol을 간단하게 부르는 것으로 역사가 오래된 파일 전송 방법이며 로컬 컴퓨터의 파일을 서버로 전송하는 표준이다. 서버가 지원하면 FTP에 암호화된 전송기능이 추가된 SFTP나 SCP도 이용할 수 있다.

설치할 테마를 컴퓨터에 내려받고 압축을 푼다. 서버에 쉘 접속(터미널 접속)을 할 수 있다면 파일 전송시간을 줄이기 위해 서버에서 압축을 풀 수도 있다. 워드프레스의 테마 디렉터리에 FTP로 테마를 올리거나 복사한다. 테마 폴더의 위치는 /example.com/wp-content/이다.

테마를 서버에 올렸다면 다음은 워드프레스 관리자 페이지에 로그인해야 한다. **테마 디자인** 메뉴에 들어가서 미리 보기할 테마를 선택하고 테마를 활성화한다. 이제 사이트에 테마가 설치된 것을 볼 수 있을 것이다.

테마 인스톨러

워드프레스 2.8에는 테마 인스톨러가 포함되어서 발표되었다. 이에 따라 워드프레스 관리자 화면의 **테마 디자인** 메뉴에 **새 테마 추가**라는 새로운 메뉴를 볼 수 있다.

사이트 관리자나 관리자 권한을 가진 사람이라면 이 메뉴를 이용하여 '워드프레스 테마 디렉터리'를 검색하고 조건에 맞는 테마를 볼 수 있다. 테마 디렉터리의 모든 테마는 등록에 필요한 조건을 충족한 것들이다. 예를 들어, 테마는 반드시 GPL 라이선스와 호환되어야 한다는 조건이 한 예다.

테마 인스톨러는 꽤 훌륭한 기능이다. 간단히 조건을 입력하고 **검색** 버튼을 누르면 목록이 나타나며 맘에 드는 테마를 직접 고를 수 있다. **설치** 버튼을 누르면 테마를 미리볼 수 있고, 한 번 더 **설치** 버튼을 누르면 실제로 설치된다.

윈도우 비스타와 WAMP 같은 개발을 위한 환경에서는 테마 인스톨러가 문제없이 잘 동작한다. 너무 잘 동작하므로 오히려 약간 걱정되기도 한다. 웹루트^{webroot}의 권한이 문제가 될 수 있기 때문이다. 느슨한 권한으로 인해 웹루트에 다른 것이 설치될지 모른다는 걱정이 있기는 하지만, 이 경우에는 개발 서버이므로 보안 위험성보다는 테마 설치 편리성이라는 장점이 더 크다.

우분투^{Ubuntu} 리눅스에서 서비스하는 경우라면 테마 인스톨러를 사용할 때 문제가 될 수 있다. 테마를 선택하면 테마 인스톨러가 테마를 서버에 올리기 위해 FTP 인증을 요구할 수 있다. 이것은 보안 설정이 실제 서비스용으로 설정된 까닭에 테마 설치 기능을 허용하지 않기 때문이다. 테마를 설치하기 위해서 FTP 인증을 하는 것이 보안상 어떤 영향을 끼칠지 걱정되는 부분이기도 하다. 참고로, 11장에서 워드프레스 설치시 디렉터리 권한에 대해 자세히 다룬다.

정리하면 테마 인스톨러는 테마를 개발하고 설치해보는 데 매우 뛰어난 기능이다. 하지만 보안 문제로 인해 실제 서비스를 운용하는 서버에서는 조심스레 사용해야 한다. 편리성과 보안 중에서 하나를 고르는 것은 역시 어려운 일이다.

테마란

테마는 어떤 것들로 이뤄져 있을까? 아마도 테마가 어떤 일을 하는지는 알고 있겠지만, 어떻게 동작하고 어떤 것들과 연관돼 있을까? 위에 말했듯이 테마는 콘텐츠의 구조를 잡거나 사이트의 분위기를 정하는 등 몇 가지 일을 한다. 이것들은 파일과 파일 종류에 따라서 동작한다. 테마 디렉터리를 보면 PHP와 CSS 파일이 있다. 좋은 워드프레스 테마라면 로직은 PHP로 구성하고, 스타일은 로직과는 독립적으로 동작하는 CSS로 제공해야 한다. 위 규칙이 언제나 꼭 적용되는 것은 아니지만 PHP와 CSS를 별도로 관리해야 테마를 유지보수하기 편하고 더 나은 성능의 테마를 만들 수 있다. 각 테마에는 여러 가지 파일이 있고, 테마마다 들어있는 파일은 다르다.

템플릿 파일

템플릿 파일은 테마에서 제일 중요한 부분이다. 템플릿 파일은 PHP로 되어 있으며, 어떤 콘텐츠가 방문자에게 보여질지를 결정한다. 또한 HTML을 브라우저에 뿌려주어서 콘텐츠가 어떻게 보여줄지도 결정한다. 워드프레스는 어떤 콘텐츠가 요청되냐에 따라서 어떤 템플릿 파일을 사용할지 결정한다. 좀 특별한 작업을 위한 특이한 템플릿 파일도 있다. 처음에 보면 테마 안에 있는 템플릿의 개수가 너무 많아서 놀랄 수도 있다. 하지만 테마마다 각기 차이가 있어서 어떤 테마는 두세 개의 파일만으로 되어 있고, 어떤 테마는 매우 복잡할 수도 있다. 이제 테마와 관련된 여러 파일에 대해 알아본 후 워드프레스가 어떤 상황에서 어떤 템플릿을 사용하는지에 대한 내용인 템플릿 계층구조에 대해 알아본다.

8장 후반부에서 설명할 템플릿 계층구조에서는 수많은 템플릿 파일 타입을 다루기 때문에 테마를 처음 배울 때는 복잡하다고 느낄 수 있지만 강력한 애플리케이션을 만들 수 있는 핵심 구조라 할 수 있다. 이 구조가 제공하는 유연성 덕분에 이용자는 브라우저로 출력될 콘텐츠를 거의 무한대의 자유를 가지고 제어할 수 있으며, 그 점이 워드프레스의 장점이자 가장 큰 특징 중 하나다.

CSS

워드프레스 테마는 콘텐츠와 스타일을 분리해서 처리하려는 노력을 많이 한다. 그런 노력을 무시하고 콘텐츠와 스타일이 같이 뒤섞여 있는 테마를 만드는 개발자도 있겠지만, 훌륭한 테마 개발자라면 이 두 가지를 잘 분리할 것이다.

테마는 최소 한 개 이상의 CSS 파일로 구성된다. 테마에서 가장 중요한 CSS는 style.css 파일이다. 이 스타일시트의 처음 몇 줄은 규칙을 따라야 한다. 이 규칙은 8장 후반부의 스타일시트 부분에서 다룬다. 워드프레스는 스타일시트의 정보를 가지고 워드프레스에서 이용할 수 있는 테마를 알아내고 그 결과를 관리자 페이지의 **[테마 디자인]** 메뉴에서 보여준다.

스타일시트는 이름에서 알 수 있듯이 CSS 스타일을 정의한다. 스타일시트의 구조를 어떻게 잡을지와 CSS로 어떤 일을 할지는 테마 개발자에게 달렸다. CSS 개발은 예술이기도 하고 동시에 과학이기도 하다. 이 책에서 CSS에 대해 자세히 다루지는 않지만, Wrox 출판사에서 나온 좋은 CSS 관련 서적을 참고하면 도움이 된다.

이미지와 플래시 파일

테마는 보통 이미지 파일과 그 외 어도비 플래시 파일 등을 포함한다. 이런 것들은 테마에서 웹사이트를 멋지게 보이도록 해준다. 이런 파일을 테마의 어느 곳에 넣을지는 테마 개발자에게 달렸다. 보통 테마의 메인 디렉터리 안에 img/, images/, assets/ 같은 서브디렉터리를 만들어서 넣는다. 이미지를 한 곳에 모아놓거나 패키징해 놓으면 CSS 파일에서 상대경로로 접근할 수 있다는 장점이 있다.

또한 이런 파일들은 워드프레스의 `bloginfo('stylesheet_directory')` 내장 함수를 사용해서 접근할 수 있다. 이 방법 잘 사용한다면 테마를 매우 독립적으로 만들 수 있다.

플러그인

7장에서 다뤘듯이 플러그인으로 사이트에 기능을 추가할 수 있다. 어떤 테마는 특정한 플러그인의 기능을 사용하므로 플러그인이 반드시 필요하고, 아예 테마 안에 플러그인을 포함시키기도 한다. 이런 플러그인은 테마 안에 패키지 형태로 존재해야 하며 따로 다운로드해야 할 수도 있다. 모든 플러그인은 플러그인 폴더 안에 있어야 하기 때문이다.

나만의 테마 만들기

지금까지 테마를 어떻게 설치하고 활성화하는지를 알아보았으며, 테마의 여러 가지 측면에 대해서도 알아보았다. 이제는 다음 단계로 넘어가서 나만의 테마를 만들어보자. 테마는 아예 바닥부터 시작해서 만들 수도 있다. 하지만 이미 잘 만든 테마가 넘쳐나고 내가 만들고자 하는 테마와 비슷한 모양도 많이 있다면 이것을 활용하여 시작하는 게 훨씬 쉽다. 비슷한 모양이 없더라도 바닥부터 시작하기보다는 복잡한 부분을 이미 잘 만들어 제공하는 테마 프레임워크에서 시작하는 것도 좋다. 바퀴를 다시 발명할 필요는 없다. 특히 오픈소스 소프트웨어를 사용할 수 있고, 이미 잘 동작하는 코드에서 시작할 수 있을 때는 말이다.

기존 테마로 시작하기

때로는 마음에 드는 테마를 가지고 수정하는 것이 가장 쉬운 방법일 수 있다. 일단 그 테마에 자신의 로고를 넣을 수 있을 것이다. 물론 수정하려는 테마의 저작권에 대해 잘 알고 있어야 한다. 편리하게도 WordPress.org에 있는 테마들은 모두 GPL이기 때문에 원하는 대로 수정할 수 있다.

기존 테마에서 시작하기 전에 고려해야 할 점은 다음과 같다.

▶ 원본 테마의 저작권

▶ 코드의 품질

▶ 얼마만큼의 수정이 필요한지 여부

▶ 이미지나 플래시 등의 수정이 얼마나 필요한지 여부

테마를 수정하기에 앞서 그 테마의 소스를 고쳐서 사용해도 불법은 아닌지 궁금할 것이다. 앞으로 그 코드를 가지고 수정해야 하므로 코드의 품질도 확인해보고 싶을 것이다. 그 테마의 템플릿 구성이 만들려고 하는 사이트의 디자인에 적합한가? 그 테마가 보여주는 데이터들이 사이트가 보여주려고 하는 데이터인가? 완전히 재작업해야 하는 테마를 가지고 시작하는 것은 의미가 없는 일이다. 테마가 수정하기 쉬운 CSS 구조로 되어 있나? 테마를 만들면서 SEO는 고려했는가? 요구사항을 만족시키려면 얼마나 많이 수정해야 하고, 수정했을 때 결과에 만족할 수 있을 것인가? 마지막으로 테마에 포함된 이미지를 수정하기 쉽게 원본 포토샵 파일(psd)이 포함돼 있는가? 아니면 수정해야 하거나 직접 수정할 수 있는가?

자신을 위한 것이든 고객을 위한 것이든 새로운 테마를 제작하거나 수정할 때는 고려할 사항이 많다. 이미 만들어진 테마를 수정할 때의 장점은 사이트를 빨리 만들 수 있고 바로 동작하게 만들 수 있다는 점이다. 실제로 많은 사이트가 이런 방법으로 만들어진다. 고객이 템플릿 중에서 하나를 고르면 그것을 약간 수정하여 새로운 사이트를 빨리 만들어 낼 수 있는 것이다. 문제는 이렇게 간단하게 수정한 후 사이트를 관리하는 중에 알고 봤더니 테마가 대충 만들어져서 수정하기 힘든 상황이 발생하는 경우다. 이런 이유로 고객이 어떤 테마의 미리 보기를 보고 마음에 들어 똑같이 만들어 달라고 했을지라도 그 테마를 수정하는 것보다는 샌드박스Sandbox 테마를 활용해서 바닥부터 다시 개발하는 것이 장기적으로 더 좋은 방법이다.

샌드박스 테마로 시작하기

테마 프레임워크를 사용해서 개발하는 방법에는 장점이 많다. 특히 팀으로 개발할 때는 더욱 그렇다. 팀이 만든 테마가 모두 공통 프레임워크를 이용했기 때문에 테마의 동작을 구석구석 잘 알게 된다. 게다가 이런 테마에는 CSS 어휘사전voabulary이 있어서 각 테마의 CSS를 하나하나 읽지 않아도 어떤 스타일이 적용 가능한지 미리 알 수 있다. 마지막으로 테마 프레임워크는 테마 제작에서 가장 어려운 부분인 브라우저간 비호환성incompatibility 문제를 미리 해결해 놓았기 때문에 제작 기간을 단축할 수 있다.

예를 들면, 샌드박스 테마 프레임워크에는 이미 여러 웹사이트 스타일 예제가 내장돼 있다. 1단이나 2단(사이드바가 왼쪽 또는 오른쪽 있는 디자인), 3단 구성 디자인 등도 제공된다. 이런 다양한 변형 테마variant는 현존하는 대부분의 브라우저에서 검증 및 테스트됐고, 실제로 많이 사용된다. 사이트 제작을 빨리해야 하는 경우라면 더욱 편리한 도구다. CSS에서 사이드바의 폭을 조금만 바꾼다고 해도 모든 브라우저(특히 인터넷 익스플로러에서는 더 힘들다)에서 잘 보이게 하려면 CSS 전체를 수정해야 하지만, 프레임워크를 이용할 때는 간단한 계산식만으로도 어렵지 않게 수정할 수 있다.

샌드박스 프레임워크는 body HTML 요소와 각 포스트, 그리고 각 댓글 부분에 CSS를 잘 반영할 수 있도록 구성되었다. 예를 들면, 샌드박스 기본 템플릿을 사용하면 각 HTML 문서의 body 태그에 매우 세부적으로 쪼개진 다중 클래스multi-class가 적용된다. http://getfirebug.com에 접속하면 파이어폭스Firefox용 확장프로그램인 파이어버그Firebug를 다운로드할 수 있는데, 이것을 이용하면 그림 8-1처럼 단일 포스트 페이지의 상세 구성을 관찰할 수 있다.

> ✎ **참고** 웹사이트의 프론트엔드 개발에 파이어버그를 사용하지 않는다면, 아주 불편하게 개발하고 있는 것이다. 파이어버그는 많은 웹개발자에게 검증된 훌륭한 웹개발 도구다.

body 태그에는 포스트가 작성된 연/월/일/시 클래스와 카테고리 및 태그, 그리고 작성자 클래스가 적용돼 있다. 포스트가 다중 키워드나 다중 카테고리로 태깅되었다면 각기 리스트에 나타난다. 이런 기능이 워드프레스 코어에 최근 추가돼 잘 동작하고 있다. 이런 기능이 프런트엔드 개발자에게 많이 필요한 기능이다보니 프레임워크 방식의 테마로도 편리하게 구현되어 있다.

그림 8-1 샌드박스 테마 CSS 클래스를 파이어버그로 들여다 본 결과

이런 다중 클래스 CSS는 포스트나 댓글에도 똑같이 적용된다. 이렇듯 다양한 종류의 CSS훅 배열은 CSS 스타일 제작을 쉽게 하고 수많은 것을 만들 수 있는 가능성을 열어준다. 포스트가 작성된 시각을 기준으로 스타일을 지정할 수도 있고, 월 단위로 포스트 색깔을 바꿀 수도 있다. 또한 샌드박스는 다양한 마이크로포맷^{microformat}을 지원한다. 마이크로포맷은 시맨틱웹 기술의 한 종류로써 특정 키워드를 통해 마크업의 의미를 확장하는 규약이다. 검색 엔진과 주요 브라우저는 이 규약을 지원함으로써 사용자 경험을 증대시킨다. 샌드박스 테마에서는 작성자 정보와 몇 군데에서 마이크로포맷을 사용한다.

> 참고 샌드박스 테마에서는 포스트마다 hentry라는 CSS 클래스가 적용되어 있는데, hentry는 아톰 마이크로포맷 스펙의 일부다.

샌드박스 테마를 설치하면 테마 크기가 아주 작고 평범하다는 점에 약간 놀랄 수도 있다. 사실 바로 그 점이 이 테마의 콘셉트다. 샌드박스는 최소한의 요소로만 구성된 작은 테마지만 필요한 기능은 모두 다 들어있다. 어떤 사람은 이런 테마를 매우 선호한다. 사람마다 취향이 각각 다르니 말이다. 이런 프레임워크는 군더더기 코드없이 깔끔한 상태에서 개발할 수 있어서 매우 유용하다. 샌드박스로 시작하는 것은 마치 탄탄한 CSS 기초 위에 건물을 올리는 것과 같다고 할 수 있다.

샌드박스 테마는 동적 사이드바를 지원한다. 동적이라고 하지만 전통적인 위치인 양 옆의 두 군데만 지원하는 데 반해 최근의 테마 프레임워크는 다양한 영역에 위젯을 배치할 수 있는 기능을 제공한다(다양한 위치에 배치할 수 있게 되었다는 측면에서 보면 사이드바라는 용어는 적절하지 않다고 할 수 있다).

샌드박스 테마에도 문제점은 있다. 최소한의 CSS만을 가지고 있다는 점은 장점이기도 하지만 단점이기도 하다. 기본 모양이 너무 기초적이고 완성되지 않은 느낌을 준다. 아무튼 어느 정도는 사용자가 스타일을 추가해야 한다는 가정하에 만들어진 것이기는 하다. 하지만 다른 테마 프레임워크와 마찬가지로 기본 스타일만 가지고도 사용하는 데 지장은 없다.

샌드박스 테마에는 CSS 리셋 스타일시트가 없다. 따라서 스타일을 명시적으로 적용하지 않는 곳에서는 브라우저의 기본 스타일이 적용되는데, 이것이 때로는 사이트의 모양을 어긋나게 할 수도 있다. 이 문제를 고치는 간단한 방법은 스타일시트의 첫 부분에 직접 리셋 스타일시트를 넣거나 에릭 마이어Eric Meyer의 것을 참조하는 방법이 있다. 온라인 주소는 http://meyerweb.com/eric/tools/css/reset이다.

고객이 많고 여러 개의 테마를 개발하는 경우라면 수정한 샌드박스 테마를 잘 보관하는 것을 추천한다. 이렇게 수정한 샌드박스 테마를 새로운 프로젝트의 출발점으로 삼는다. '개선된 샌드박스' 테마는 어떤 폰트를 사용할 것인지에 대한 내용이나 브라우저 문제를 해결하기 위해 기본 CSS를 리셋하는 코드 같은 것들이 들어있다. 또한 기본 샌드박스에는 없지만 여러 사이트에서 공통으로 사용하려고 추가한 스타일이 많이 있다. 추가 스타일에는 메시지 출력에 필요한 success나 error 클래스도 있고, 개발팀이 공통으로 사용하는 어휘집을 넣기도 한다.

여러 새로운 테마 프레임워크가 샌드박스의 아이디어를 기반으로 만들어졌다. 이는 8장 후반부에서 더 자세하게 설명한다. 다른 프레임워크도 직접 사용해보고 직접 결론을 내는 것이 좋다. 우리 저자의 생각은 샌드박스는 시작점으로 사용하기에 매우 훌륭한 기초 테마이며 앞으로 계속 사용하려고 한다. 물론 워드프레스에서만 동작하는 테마 프레임워크를 배우는 것과 범용적인 PHP를 이용해서 직접 만드는 것 사이에서 균형을 찾아야 할텐데 이것은 필요에 따라 조절해야 할 것이다.

나만의 테마 제작: 시작하기

나만의 테마를 제작하는 일은 무엇을 원하냐에 따라 간단할 수도 복잡할 수도 있다. 로고나 색을 바꾸는 정도라면 간단한 작업일 것이다. 하지만 어떤 요구사항이나 조건을 맞춰야 하거나 특별한 디자인이나 느낌을 주려면 테마를 처음부터 만들어야 할 수도 있다. 어떤 경우건 8장에서는 샌드박스를 기본으로 사용해서 테마 디자인을 빠르게 만드는 기초 방법에 대해 알아본다.

필수 파일: Style.css

style.css 파일은 워드프레스가 테마의 정보를 얻고자 사용하는 파일이고, 이 파일은 테마가 동작하는 데에 필수다. 실제로 새 테마는 한 개의 스타일시트 파일과 index.php 템플릿 파일만으로도 만들수 있으며, 심지어 둘 중에 index.php 파일은 비어있어도 상관이 없다. 워드프레스의 테마 계층구조 설계 덕분에 워드프레스는 테마가 제공하지 않는 템플릿이 있다면 규칙에 따라 적당한 템플릿으로 대체하기 때문이다. 이에 대해서는 후반부에서 자세히 설명하겠지만 이러한 테마 계층구조를 이해하는 것이 새로운 테마를 만드는 데 도움이 될 것이다.

> ✎ **참고** 실제로는 style.css 파일만 있으면 새 테마를 만들 수 있다. 자세한 내용은 8장 후반부의 자식 테마 기능을 참조한다.

새로운 테마를 만들고자 나만의 style.css를 작성하는 경우 처음 나오는 앞의 몇 줄 부분이 가장 중요하다. 이 부분은 테마의 제어판 사용법과 이용법을 워드프레스에게 알려주는 역할을 한다. 이 부분은 반드시 다음과 같이 작성해야 한다(물론 내용은 변경할 수 있다).

```
/*
THEME NAME: MyTheme
THEME URI: http://www.mirmillo.com/mytheme/
DESCRIPTION: Theme for my new site. Based on Sandbox.
VERSION: 1.0
AUTHOR: David Damstra (and friends)
AUTHOR URI: http://mirmillo.com/author/ddamstra
TAGS: sandbox, microformats, hcard, hatom, xoxo, widgets, blank slate,
starter theme, minimalist, developer
*/
```

이상 예제의 정보는 보기만 해도 이해할 수 있는 매우 직관적인 내용이다. 테마 계층구조용 추가 항목을 선택적으로 추가할 수 있는데 그 내용은 후반부에서 다룬다. 설치할 때는 테마 이름이 고유한지 여부를 확인해야 한다. 특히 테마를 개발한 후 무료건 유료건 공개적으로 발행하고자 할 때는 다른 테마와 겹치지 않는 유일한 이름을 사용해야 한다. 또한 기존 테마를 수정해서 2차 테마를 개발했다면 물론 이용허락을 받았어야 하고, 원 테마의 라이선스와 저작권 정보를 지켜야 한다. 이처럼 첫 부분에 워드프레스용 필수 항목을 채웠다면 그 뒷 부분에는 우리에게 익숙한 기존 CSS 코드로 채워진다.

8장의 후반부에서 설명한 자식 테마 기능은 일부 테마에서만 사용한다. 모든 테마 개발자가 자식 테마 기능을 사용하는 것은 아니다(자식 테마에 대해서는 8장의 후반부에서 다룬다). 어떤 경우에는 기존 테마를 복사해서 새로운 이름으로 바꾼 다음 그 테마 내의 style.css를 목적에 맞게 수정하는 방식으로 새 것을 만드는 게 더 낫다. 이런 방식은 물론 장점과 단점이 모두 있지만 일부 팀은 원본이 되는 테마가 고급 기능을 충분히 지원하지 않아서 이 방식을 사용하기도 한다. 게다가 테마를 만들어 놓았는데 나중에 부모 테마가 바뀌어버려 잘 동작하는 사이트의 모양이 망가지는 것을 원치 않을 것이다. 새로운 디렉터리에 테마의 복사본을 만드는 방식으로 하면 브라우저 렌더링 테스트를 안 해도 된다. 브라우저 렌더링 테스트는 아직 자동으로 처리하는 방법이 없어 직접 손으로 해야 하는 귀찮고 시간이 걸리는 작업인데 복사본 방식은 이 시간을 절약시켜 준다. 반면 부모-자식 방식의 테마는 부모 테마의 주요 기능을 수정하면 그 영향이 그 부모 테마를 기반으로 하는 모든 테마에 영향을 끼치므로 각기 테스트가 필요하다. 게다가 복사본 방식은 기존 CSS를 오버라이딩할 필요없이 손으로 CSS를 직접 수정할 수 있어서 불필요한 용량을 줄일 수 있는 장점도 있다.

CSS 파일에서 처리할 다음 단계는 사이트의 레이아웃을 정하는 것이다. 샌드박스는 일반적인 웹사이트용 레이아웃 예제를 여러 개 제공하는데, 다음과 같이 CSS를 수정하여 레이아웃을 결정할 수 있다.

```
/* Two-column with sidebar on left from the /examples/ folder */
@import url('examples/2c-l.css');
```

이 코드는 샌드박스가 제공하는 레이아웃 중에서 사이드바가 왼쪽에 위치한 2단 레이아웃을 가져온다. 샌드박스 테마 전체를 복사한 상태에서 작업하는 것이라 이 테마가 제공하는 레이아웃 예제를 마음대로 수정할 수 있다. 참고로 코드에서는 2c-l.css 파일을 로드할 때 상대 경로를 사용한다. 예제 레이아웃을 참조해서 독자가 원하는 레이아웃 개략을 구성한 다음 구체적인 디자인 요구사항을 수정하여 반영하는 방식이 좋은 방법이다. 물론 예제를 사용하지 않고 직접 처음부터 레이아웃을 만들 수도 있다. 하지만 만약 이미 잘 만들어진 CSS 그리드 레이아웃을 사용하고자 한다면 이런 방식이 제일 좋다. 게다가 여러 가지 CSS 프레임워크를 같이 사용할 수도 있다.

예를 들면, 앞에 언급한 것처럼 샌드박스 테마는 매우 최소한의 코드로 이뤄져 있어서 글꼴이나 일반적인 용도의 클래스를 제공하지는 않는다. 하지만 어떤 CSS 프레임워크는 빠르게 개발을 시작할 수 있도록 다양한 글꼴 스타일을 지원한다. 예를 들면 다음과 같다.

```
/* blue trip typography */
@import url('bluetrip/screen.css');
```

본 테마 예제는 bluetrip.org에서 가져온 블루 트립 글꼴Blue Trip Typography CSS를 사용했다. 하지만 출동을 막기 위해 그 외의 모든 글꼴 관련 스타일은 제거했다. 이렇게 외부에서 스타일시트를 가져오거나 내장 클래스를 이용하는 방식의 단점은 원하지 않는 스타일도 많이 있어서 불필요한 코드가 많아지고 게다가 로딩 시간도 늦어진다는 것이다. 이미 만들어진 CSS를 사용하는 것과 직접 하나하나 만드는 것에는 각각 장단점이 있다. 결국 선택은 개발자의 몫이다.

정리하면 워드프레스 테마에 사용할 CSS는 style.css 파일을 수정하는 것이 기본이며, 이를 잘 활용하여 밋밋한 레이아웃을 전문가의 손길이 느껴지는 페이지로 바꿀 수 있다. CSS에 대해 자세히 설명하는 것은 이 책의 범위를 벗어나므로 다루지 않지만 CSS를 잘 만든다는 것은 예술적인 감각과 기술을 모두 구비해야 하는 일이다. 다시 말하지만 Wrox 출판사는 CSS에 대한 좋은 책들을 많이 출판해 놓았으니 참고하길 바란다.

콘텐츠 출력: index.php

테마를 만들다보면 종종 닭과 달걀의 문제에 봉착한다. 운이 좋다면 어떤 콘텐츠를 워드프레스 사이트에 보여줄 것인지, 또 어떻게 보여져야 하는지 정확하게 알 수도 있다. 어쩌면 테마의 모양이 어떻게 생겨야 하는지 정확하게 알 수도 있고, 전문적인 디자이너가 목업을 만들어주는 상황일지도 모른다. 하지만 그렇지 않은 상황에서는 사이트가 유기적으로 자라나면서 디자인이 어떻게 보일지 알게 되고 스타일시트도 그에따라 만들어 나가게 된다. 그러고나서 보여줄 콘텐츠가 준비가 된다.

특정한 콘텐츠들을 사이트에 불러들이기import 작업을 통해서 사이트를 제작하는 동안에도 스타일이 의도하는 대로 잘 적용되는지 테스트해볼 수도 있다.

index.php 파일은 사이트의 기본 템플릿 파일이다. 워드프레스는 방문자가 어떤 정보를 요청하는지에 따라서 어떤 템플릿 파일을 보여주어야 할지를 결정한다. 이 계층구조에 대해서는 뒷 부분에서 자세히 다루지만, index.php는 기본 템플릿이며 가장 중요하다. 워드프레스가 어떤 템플릿을 사용해야 할지 결정하기 힘든 상황이 될 때 사용하는 것이 index.php 파일이다.

일반적으로, index.php 파일은 표준 루프를 포함하고 있다. 보통 최신글 순으로 글을 보여주는 가장 전형적인 형식을 보여준다. 예를 들어 다음 코드는 샌드박스의 루프 부분이다.

```php
<?php while ( have_posts() ) : the_post() ?>
  <div id="post-<?php the_ID() ?>" class="<?php sandbox_post_class() ?>">
    <h2 class="entry-title">
      <a href="<?php the_permalink() ?>"
        title="<?php printf( __('Permalink to %s','sandbox'),
        the_title_attribute('echo=0') ) ?>" rel="bookmark">
          <?php the_title() ?>
      </a>
    </h2>
  <div class="entry-date">
    <abbr class="published" title="<?php the_time('Y-m-d\TH:i:sO') ?>">
      <?php unset($previousday); printf( __( '%1$s &#8211; %2$s',
        'sandbox' ), the_date( '', '', '', false ), get_the_time() ) ?>
    </abbr>
  </div>
  <div class="entry-content">
    <?php the_content( __( 'Read More <span class="meta-nav">&raquo;</span>',
      'sandbox' ) ) ?>
    <?php wp_link_pages('before=<div class="page-link">'
      . __( 'Pages:', 'sandbox' ) . '&after=</div>') ?>
  </div>
  <div class="entry-meta">
    <span class="author vcard">
      <?php printf( __( 'By %s', 'sandbox' ), '<a class="url fn n" href="' .
        get_author_link( false, $authordata->ID, $authordata->user_nicename ).
        '" title="' . sprintf( __( 'View all posts by %s', 'sandbox' ),
        $authordata->display_name ) . '">' . get_the_author() . '</a>' ) ?>
    </span>
    <span class="meta-sep">|</span>
    <span class="cat-links">
      <?php printf( __( 'Posted in %s', 'sandbox' ),
```

```
            get_the_category_list(', ') ) ?>
        </span>
        <span class="meta-sep">|</span>
        <?php the_tags( __( '<span class="tag-links">Tagged ', 'sandbox' ), ", ",
            "</span>\n\t\t\t\t\t<span class=\"meta-sep\">|</span>\n" ) ?>
        <?php edit_post_link( __( 'Edit', 'sandbox' ),
            "\t\t\t\t\t<span class=\"edit-link\">",
            "</span>\n\t\t\t\t\t<span class=\"meta-sep\">|</span>\n" ) ?>
        <span class="comments-link">
            <?php comments_popup_link( __( 'Comments (0)', 'sandbox' ), __(
                'Comments (1)', 'sandbox' ), __( 'Comments (%)', 'sandbox' ) ) ?>
        </span>
    </div>
</div><!-- .post -->
<?php comments_template() ?>
<?php endwhile; ?>
```

5장에서 다뤘듯이 루프는 워드프레스의 가장 중요한 부분 중 하나다. 루프는 콘텐츠가 어떻게 읽히고 보여줄지를 처리하는 가장 중요한 개념이다. 이 샌드박스의 메인 루프는 전형적인 루프이지만 그 안에 시멘틱 HTML, 마이크로포맷 등 샌드박스가 기본 테마로 사용되기 위해 중요한 CSS 연결점 등 중요한 부분을 모두 담고있다.

위 코드는 많은 부분을 처리하지만, 부분 부분으로 쪼개서 보고 렌더링된 HTML과 같이 본다면 금세 이해할 수 있을 것이다. 이 루프는 조금 복잡해 보일 수도 있지만, 코드를 간단하게 만들기 위해 샌드박스만의 함수를 사용했다. 테마 함수는 8장의 후반부에서 다룬다.

콘텐츠를 다른 방법으로 보여주기: index.php

index.php 파일은 테마에서 가장 중요한 파일이다. style.css 파일이 없으면 워드프레스가 테마의 존재를 알 수가 없으므로, style.css 없이는 테마를 동작하게 할 수는 없지만, index.php는 가장 중요하고 어려분 부분을 처리한다.

예전에는 인덱스index 템플릿이 유일한 템플릿이었다. 모든 테마가 이 하나의 파일 안에서 정의됐고, 정말 모든 것이 루프로만 이뤄져 있었다. 이 구조는 워드프레스가 블로그로서만 사용될 때에는 문제가 없었고, 이 모양이 블로그 스타일 모양이라는 점이 사람들이 워드프레스를 블로그 엔진이라고 여기는 이유이기도 하다.

아마도 이 책을 읽는 이유는 워드프레스가 그 훨씬 이상의 것이라는 것을 당신이 알기 때문일 것이다. 만약 몰랐다면, 이제 알았을 것이다. 인덱스 템플릿은 매우 중요하다. 이 템플릿은 워드프레스가 어떤 템플릿을 사용해야 할지 모를 때 사용하는 템플릿이다(뒤에 나오는 "템플릿 계층구조"를 참고하라).

어떻든 인덱스 파일은 꼭 최신글을 보여주는 하나의 루프일 필요는 없다. 그 방식은 매우 전통적인 방식이고 사이트의 목적에 부합할 수는 있지만, 다른 방법을 시도할 수도 있다. 인덱스 파일은 거의 무제한의 다른 여러 가지 구조를 가질 수 있다. 태그나 카테고리를 위한 여러 루프를 가질 수도 있고, 루프를 전혀 가지지 않을 수도 있다. 다른 여러 가지 콘텐츠를 위해서 여러 가지 템플릿을 연결해 놓았다면 인덱스 템플릿이 에러 페이지로 동작하게 할 수도 있다.

커스텀 테마 만들기: DRY

위에서 보았듯이, 앞에서 언급한 것들이 기본이다. 워드프레스는 규칙에 맞게 만들어진 style.css 파일을 필요로 하고 index.php 템플릿이 필요하다. 이제 테마를 워드프레스의 탄탄한 템플릿 엔진을 사용해 확장성 있게 만들어보자.

좋은 개발자는 같은 코드를 이곳 저곳에 반복해서 사용하는 것이 좋은 방법이 아니라는 것을 알고 있다. 그것은 디자인적으로도 좋지 않고 코드를 보기 싫게 만든다. 이것을 반복하지 않기^{DRY, Don't Repeat Yourself}라고 하고 보기 싫은 코드가 되지 않기 위해 가장 중요한 법칙이다.

이 템플릿에서 저 템플릿으로 코드를 잘라내서 붙여넣기를 하는 자신을 발견한다면 무언가 문제가 시작되고 있다고 볼 수 있다. 이제 템플릿을 부분별로 잘라서 재사용 가능한 부품으로 만드는 방법에 대해 알아보자. 일관된 디자인과 느낌을 주려고 거의 모든 사이트에서 공통으로 사용되는 코드를 넣는 곳이 3군데가 있다. 헤더, 푸터, 사이드바는 거의 모든 페이지에서 보인다. 또한 이런 다른 페이지에서 불리는 파일을 변경해서 디자인 예외상황을 처리할 수 있는지도 알아볼 것이다.

Header.php

개인적으로 이 파일이 이름이 잘못 지어졌다고 생각하지만, 이 파일은 워드프레스가 기본적으로 정한 이름이다. header.php는 페이지의 콘텐츠 상단에 보여주려고 하는 모든 것을 위한 페이지다. 이 파일이 잘못 이름지어졌고 헷갈린 이유는 제대로된

HTML 문서에는 당연히 <head> 정보가 있기 때문이다. header.php 템플릿 파일은 HTML head뿐만이 아니라 사이트 로고와 (상단 내비게이션을 사용하는 경우) 내비게이션 영역 등 HTML 문서의 첫부분을 모두 포함하고 있다. 또한 페이지 상단에 있는 다른 요소들 (다른 내비게이션이나 검색 영역) 까지도 포함할 수 있다.

이 파일이 HTML 헤더뿐만이 아닌 다른 많은 것들을 포함하고 있기 때문에, 이것을 이름영역nameplate라고 부르기도 한다. 마치 신문이나 잡지의 이름 부분처럼 말이다. 하지만 그래도 우리는 워드프레스의 기능과 호환성을 위해서 전통적인 파일 이름인 header.php라는 이름을 사용하기로 한다.

헤더 템플릿을 만들 때 반드시 넣어야 하는 아주 중요한 워드프레스 함수가 있다. wp_head()가 바로 그것이다. 이 부분은 워드프레스가 특정 기능 등 플러그인을 위해 사용되는 연결고리이다. 어떤 이유인지 이 함수는 초기 샌드박스 템플릿에 들어가있지 않으므로 사용하기 전에 다음과 같이 되어 있는지 확인해 보길 바란다.

```
<!DOCTYPE html PUBLIC "-//W3C//DTD XHTML 1.0 Strict//EN"
"http://www.w3.org/TR/xhtml1/DTD/xhtml1-strict.dtd">
<html xmlns="http://www.w3.org/1999/xhtml" <?php language_attributes() ?>>
<head profile="http://gmpg.org/xfn/11">
  <title>
    <?php wp_title( '-', true, 'right' );
      echo wp_specialchars( get_bloginfo('name'), 1 ) ?>
  </title>
  <meta http-equiv="content-type" content="<?php bloginfo('html_type') ?>;
  charset=<?php bloginfo('charset') ?>" />
  <link rel="stylesheet" type="text/css" href="<?php bloginfo('stylesheet_url')
   ?>" />
  <?php wp_head(); ?>
```

wp_head() 함수는 테마의 안정성과 정상적인 동작을 위해서 HTML <head> 안에 있어야 한다.

페이지 상단을 header.php로 분리했으니 index.php를 수정해서 header.php를 인클루드해야 할 것이다. PHP의 include나 require를 사용할 수도 있지만, 워드프레스는 테마 경로를 자동으로 가져올 수 있는 편리한 함수를 제공한다. index.php의 (그리고 앞으로 설명할 다른 템플릿 파일의) 상단에 다음과 같이 입력한다.

```
  <?php
    get_header()
  ?>
```

이 함수는 현재 테마의 디렉터리에서 함수를 호출하는 파일로 header.php를 자동으로 인클루드한다. 이 함수는 자동으로 경로를 찾아주는 역할과 파일을 include 해주는 일 외에 다른 일은 하지 않지만, 이 함수를 사용하면 코드를 읽기 편하게 만들어준다.

원한다면 header.php를 더 작은 파일들로 쪼개서 PHP include할 수도 있다. 때로는 사이트에 아주 길고 복잡한 내비게이션 메뉴가 있기도 하지만, 그런 경우에는 파일을 따로 나눠서 인클루드하는 것이 좋다. 개발할 때에도 작은 파일로 나눠야 함수가 적어지기도 하고 복잡도를 줄여줘서 프로그램을 수정하기도 쉽다.

> **◈ 참고** 이전에 한 테마 제작자가 전체 애플리케이션이 하나의 파일로 되어 있고 모든 기능이 특정한 함수를 호출하는 구조로 되어 있는 프로그램을 가지고 일해야 하는 상황이 있었다. 함수들이 잘 쪼개져 있었지만 애플리케이션을 디버깅해야 할 때 에러 메시지는 거의 무의미한 것들이었다. 라인 번호는 바뀌겠지만 모든 에러가 index.php에서 발생하고 어떤 일이 벌어졌는지 찾기 위해서 애플리케이션 전체를 뒤져야 했다.
>
> 10,000줄짜리 애플리케이션에서 에러가 발생한 것보다는 내비게이션을 처리하는 100줄짜리 파일에서 에러가 났을 때 문제를 해결하기가 얼마나 쉬울지 생각해보라.
>
> 누구나 언젠가는 나쁜 코드를 작성한 적이 있고 우리도 예외는 아니지만, 이정도로 잔혹하게 개발하지는 않았다. 가능하면 코드를 작고 관리 가능한 단위로 쪼개는 것이 좋다.

Footer.php

header.php와 같이 모든 페이지에서 콘텐츠의 아랫 부분은 푸터 파일로 떨어져 있어야 한다. 최근에 푸터 파일에 대해 바뀐점이 있다. 과거에는 저작권과 연락처등만을 넣는 곳이었지만 최근에는 이 영역이 추가 내비게이션 옵션이나 사이트의 정보에 대해서도 사용하도록 용도가 확장되었다. 푸터에 어떤 것을 넣을지는 개발자에게 달렸지만 푸터는 모든 페이지에서 똑같이 보이므로 별도의 파일로 분리하는 것이 좋다.

헤더와 같이, wp_foot() 함수를 푸터 템플릿에 넣어야 한다. 이 함수는 워드프레스에서 플러그인이 어떤 필요한 정보를 넣을 수 있도록 해줄 것이다. 그리고 반드시 </body></html> 태그를 넣어 주어야 한다.

헤더 파일이 인클루드된 것과 비슷하게, 워드프레스는 푸터를 위해서 비슷한 기능을 제공한다. 템플릿 파일의 마지막에 다음 코드를 삽입한다.

```php
<?php
  get_footer()
?>
```

Sidebar.php

또 다른 쪼개야 할 파일은 콘텐츠의 오른쪽이나 왼쪽에 있는 모든 것이 있는 사이드바 파일이다. 횡 내비게이션을 선택했다면 사이트의 내비게이션일 수도 있고, 또는 사이트에 대한 정보가 들어갈 수도 있다.

샌드박스 테마는 sidebar.php 하나의 파일로 오른쪽과 왼쪽 내비게이션을 모두 지원하고 사용하지 않는 사이드바는 CSS로 숨겨준다. 최종 결과물을 위해서 최적화된 방법은 아니지만, 일단 사이트를 빨리 만들고 보여주는 데에는 좋은 방법이다. 한번 동작하도록 만들면 최적화하기보다는 그대로 사용하게 되는 경우가 많기는 하지만 말이다.

사이트바를 위해서 몇 가지 결정해야 할 사항이 있다. 몇 개의 사이드바를 사용할지가 가장 먼저 결정해야 할 사항이다. 둘째로, 고정된 사이드바를 가질지, 위젯으로 구성된 사이드바를 사용할지, 위의 것을 섞은 사이드바를 사용할지를 결정해야 한다. 마지막으로, HTML이 어떻게 구성될지를 결정해야 사이드바를 원하는 곳에 넣을 수 있다. 이제 타겟 브라우저에서 테스트를 하고 문제가 있으면 다시 위 사이클을 실행해야 한다. 이런 작업은 웹개발자의 일상이긴 하지만 말이다.

위에서 말했듯이 샌드박스 테마의 사이드바는 모두 같은 파일에 저장되고, 위젯기능과 잘 연동된다. 그렇기 때문에 편하게 사이트를 디자인하고 나서 워드프레스 제어판에서 필요한 위젯을 사용할 수 있다.

템플릿 파일에서 sidebar.php 파일을 인클루드하려면 다음 코드를 넣는다.

```php
<?php get_sidebar(); ?>
```

때로는 같은 파일 안에 있는 두 사이드바를 사용했을 때 디자인이나 CSS와 잘 어울리지 않을 때도 있다. 또는 각 공간을 위해 사이드바를 각 파일로 나눴을 수도 있다. 어떤 이유건 두 개의 사이드바를 자주 사용하는 왼쪽과 오른쪽 사이드바로 나눌 수 있다. 예를 들어보자.

```php
<?php
  get_sidebar('right');
?>
```

이 코드는 sidebar-right.php 파일을 불러온다. 함수의 파라메터를 읽어서 적당한 파일을 인클루드한다.

몇몇 더욱 진보된 프레임워크는 사이드바가 왼쪽에 있는 위아래로 긴 공간이라든지, 콘텐츠 오른쪽에 있다든지 하는 일반적인 상식을 깨는 것들도 있다. 어떤 프레임워크는 사이드바를 콘텐츠의 포스트 루프의 위나 아래, 심지어는 중간에 배치하기도 한다. 이렇게 위젯을 배치할 수 있는 영역을 여러 개 사용할 수 있다는 것은 워드프레스 위젯을 페이지의 아무곳에나 배치할 수 있게 한다.

사이드바를 작업할 때 중요하게 고려할 사항은 어떤 부분이 위젯화돼야 하는지, 또는 어떤 부분이 템플릿 파일에 PHP로 하드코딩돼 있어야 하는지에 대한 것이다. 위젯은 제어판에서 콘텐츠 생성자에 의해서 제어될 수 있는 부분이다. 위젯은 특정한 한 플러그인이 있을 때만 동작할 때도 있다. 템플릿 파일 안에 있는 PHP 코드가 필요한 작업을 해줄 수도 있고 어떤 부분은 관리자에 의해서 업데이트될 필요가 없는 부분도 있는 반면, 어떤 코드는 워드프레스의 기본 기능을 사용해서 자동으로 업데이트될 수도 있다. 이런 균형을 적절하게 찾는 것이 테마 개발자의 역할이다.

특이한 것 시도: 조건별 태그

테마를 개발하면서 반복되는 코드를 모두 분리시켜서 테마와 include 파일을 만들었다고 하자. 사이트는 거의 완성됐는데 갑자기 마케팅 담당자가 전화해서 자신이 승인한 디자인에서 까먹은 것이 있다는 것이다. '당나귀' 카테고리에 있는 모든 페이지와 포스트의 상단에는 로고 옆에 무지개가 있어야 한다고 요구하는 것이다.

개인적인 취향은 접어두고서라도 모든 포스트가 같은 header.php를 인클루드하고 있는데도 일부 페이지만 특별한 사항을 가지고 있어야 하는 것이다.

샌드박스 등 모든 코드를 직접 보고 수정할 수 있으므로, 이 문제를 해결하는 방법은 여러 가지일 수 있다. 먼저 이런 간단한 경우에는 잘 만든 CSS와 샌드박스 테마로 해결할 수 있다. 또 다른 방법으로는, 그 카테고리만을 위해서 새로운 카테고리 템플릿 파일(이 방법은 뒤에 설명한다)을 만드는 방법도 있다. 하지만 이 경우에는 작은 부분만이 바뀌는 것이므로 완전히 새로운 템플릿 파일을 만드는 것은 좀 과한 것 같다.

워드프레스 개발자들은 마케팅 담당자들과 많이 일해 봤고, 이런 상황이 언젠가는 발생할 줄 알기 때문에 조건별 태그Conditional Tags라는 기능을 만들어 놓았다. 모든 태그를 설명하는 것은 이 책의 범위를 벗어나지만 워드프레스가 조건별 태그가 많이 내장돼 있다는 것을 알기만 해도 많은 도움이 된다. 어떤 종류의 페이지가 보여지는지, 콘텐츠의 어떤 메타데이터가 보여지는지 등 모든 종류의 조건별 태그가 있으니 안심해도 된다.

마케팅 담당자의 요구를 들어주려면 다음과 같은 코드를 header.php에 추가하면 된다.

```
<div id="nameplate">
  <h1 id="blog-title">
    <span>
      <a href="<?php bloginfo('home') ?>/" title="<?php echo
        wp_specialchars( get_bloginfo('name'), 1 ) ?>" rel="home">
        <img id="logo" src="<?php bloginfo('template_directory');
        ?>/img/logo_black.png" alt="My Stables Website " />
        <?php bloginfo('name') ?>
      </a>
    </span>
  </h1>
  <?php
  if (is_category('Ponies')) { ?>
    // overlay a pretty rainbow on the logo for the ponies category
    <img id="raibow" src="<?php bloginfo('template_directory');?>
    /img/rainbow.png" alt="OMG! Ponies! " />
  <?php } ?>
  <span id="blog-description"><?php bloginfo('description') ?></span>
</div>
```

이제 '당나귀' 카테고리에 있는 콘텐츠를 가리키는 카테고리를 볼 때면 사이트의 헤더는 rainbot.png를 보여줄 것이다. PNG의 알파 투명 기능을 사용하면 사이트에서 자연스럽게 보여준다. 이 예제는 카테고리 페이지에만 적용되고 '당나귀' 카테고리 안에 있는 포스트에는 적용되지 않는다.

커스텀 테마 만들기: 콘텐츠 보여주기

좋은 테마는 사이트의 콘텐츠를 돋보이게 한다. 보기에 좋고 사이트의 성격이나 브랜드와도 잘 어울려야 할 뿐만 아니라 콘텐츠를 구조적으로 잘 보여주어야 한다. 워드프레스는 거의 모든 사이트 종류를 커버할 수 있는 다양한 템플릿과 기능을 가지고 있다. 최적의 템플릿 파일의 조합을 찾아내서 필요한 콘텐츠를 최적의 구조로 만들어내는 것은 쉬운 일은 아니다. 모든 테마가 모든 종류의 템플릿 파일을 가지고 있을 필요는 없고 또 가지고 있지도 않다. 필요에 맞는 적절한 템플릿을 잘 조합하는 것이 가장 좋은 방법이다.

홈페이지를 마음대로 꾸미기: Home.php

홈페이지, 누가 그런 단어를 사용하는가? 90년대에나 사용하던 단어같이 들리지만, 다르게 부를 방법이 없다. 이 섹션에서는 방문자가 사이트의 맨 상단 URL을 방문했을 때 보이는 첫 번째 페이지에 대해 다룬다. 아파치 사용자는 사이트의 첫 번째 페이지(홈페이지라고 불리우기도 하는)를 '인덱스'라고 부르는 것을 알고 있을 것이다. 같은 것이 마이크로소프트의 IIS 서버에서는 '디폴트default'라고 불린다. 워드프레스 제어판은 이 페이지를 첫페이지라고 부르며 다음에서도 이와 같이 부르겠다.

테마는 적절한 것을 찾지 못할 때 index.php를 호출해야 하므로 언제나 index.php 파일을 가지고 있어야 한다. 예를 들어 만약 첫페이지가 제품의 기능 같은 것을 보여주기 위해 특별한 구조로 보여지기를 원한다면 어떻게 해야 할까? 특별한 한 페이지를 처리하려고 index.php 화면 구조를 수정해 테마 전체를 바꾸고 싶지는 않을 것이다.

플러그인이나 다른 방법으로 이 상황을 처리할 수 있다. 아니면 워드프레스의 제어판에서 특정한 페이지를 첫페이지로 설정할 수도 있다. 하지만 내장된 템플릿 계층 구조를 사용해서 특별한 첫페이지를 구현하는 방법은 home.php 템플릿을 사용하는 것이다.

템플릿 파일을 사용해서 특별한 첫페이지 화면 구조를 만들면 첫페이지를 특별하게 디자인할 수 있다. 특별하게 보이는 첫페이지를 사용하는 것은 마케팅 측면에서도 중요하다. 특별한 첫페이지를 생성해야 하는 이유는 다음과 같다.

- ▸ 제품이나 서비스를 특별히 잘 노출시켜야 할 때
- ▸ 특정한 사이트의 부분을 노출시키기 위해
- ▸ 사이트의 특정한 부분에 트래픽을 집중시키기 위해
- ▸ 제품을 위해서 단계를 밟아가며 설명해야 할 때
- ▸ 몇 개의 계층으로 이뤄져 있는 서비스를 설명할 때

그림 8-2에 있는 기본적인 예제를 한번 보자. 첫페이지에서 사이트가 홍보하고자 하는 제품이나 서비스를 보여준다. 이 제품들은 사이트 안에 각각 제품마다의 페이지나 포스트를 가지고 있을 것이다. 첫페이지는 먼저 이쁜 그림으로 만들어진 쇼케이스가 나오고 중간 부분에는 개발 페이지 링크가 있을 것이다. 쇼케이스를 더 낫게 보이게 하고 이미지를 돌아가며 보이게 하려고 jQuery를 사용할 것이다. 또는 다른 자바 스크립트 툴킷이나 아도비 플래시를 사용할 수도 있지만 jQuery가 워드프레스에 이미 포함돼 있고 제일 좋은 툴이므로 jQuery를 사용하는 것을 권장한다. 첫페이지의 마지막 부분에는 최근 뉴스를 보여줄 것이다.

이런 구조를 만들려면 여러 개의 루프를 사용해야 된다. 첫 번째 루프를 쇼케이스를 만드는 데 사용할 것이다. 이 루프는 특정 카테고리에서 포스트를 불러올 것이다. 그렇게 해서 사이트 관리자는 코드를 수정하지 않고, 필요에 따라서 쇼케이스 콘텐츠를 추가하거나 삭제할 수 있다. 물론 이미지 크기나 포맷 등 그 포스트에 맞추려면 몇몇 제한은 있겠지만, 워드프레스 제어판에서 정보를 수정할 수 있다는 점은 매우 커다란 장점이다.

이 쇼케이스 루프는 다음과 같이 생겼을 것이다.

```
<div id="showcase">
  <?php
  $my_query = new WP_Query("category_name=Showcase&showposts=
    3&orderby=rand");
  while ($my_query->have_posts()) : $my_query->the_post();
    echo '<div id="showcase-'.$post->ID.'" class="slide" title="' .
      $post->post_title .'">';
    echo '<div class="showcase-post-content">'. $post->post_content .'</div>';
    echo '</div>';
  endwhile;
  ?>
</div>
```

이 코드는 다음 그림 8-2와 같은 화면을 생성한다.

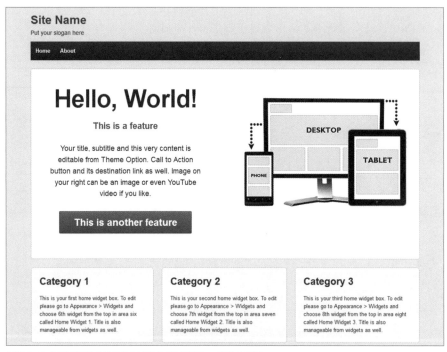

그림 8-2 첫페이지를 특별하게 보이게 만들어주는 템플릿 파일

이 코드에서 어떤 일이 벌어지고 있는지 관찰해보자. 쇼케이스 루프는 showcase 라는 아이디를 가지고 <div> 태그로 감싸져 있다. 이 구조는 나중에 jQuery가 이 부분을 수정할 수 있게 해준다. PHP 코드에서는 루프를 위한 별도의 쿼리를 만든다. 이 쿼리는 워드프레스에서 미리 설정해 놓은 Showcase 카테고리 안에서 포스트를 불러온다. 루프에서는 카테고리에서 3개의 포스트를 불러와서 무작위 순으로 돌려준다. 이 루프는 3개의 <div> 요소를 만들고 각각은 jQuery나 CSS를 수정하는 고유한 ID를 부여한다. 이 포스트의 콘텐츠는 쇼페이스에 적당한 크기의 이미지여야 한다. 마지막으로, 이런 이미지 블록을 아름다운 슬라이드쇼로 바꿔주는 수많은 jQuery 플러그인이 존재하고 있으니 사용하면 된다.

다음은 index.php의 템플릿 루프와 비슷한 전형적인 루프다. 하지만 이곳에 쇼케이스에서 보여주었던 콘텐츠가 또 나온다면 사이트 완성도가 떨어져 보일 것이다. 그래서 두 번째 루프에서는 다음과 같이 Showcase 루프를 빼고 보여주어야 한다.

```
<?php
  query_posts("cat=-3&paged=$paged&showposts=3");
?>
<div id="recentNews">
  <?php while (have_posts() ) : the_post() ?>
  // 포스트 출력 부분
```

여기에서는 query_posts() 함수를 사용해서 새로운 쿼리를 만들어내고 있다. 이
예제에서는 Showcase 카테고리의 아이디인 3번 카테고리를 제외하고 (cat=-3) 페
이지 포맷을 위한 3개의 포스트를 불러내고 있다. 위와 같은 화면을 불러오려면 (효율
적인 방법은 아니지만) 각 카테고리 콘텐츠 박스를 위해서 쿼리를 3번 실행하는 것이 좋
을 것이다.

카테고리 아이디를 알아내는 가장 쉬운 방법은 제어판의 **편집**(Edit Category)에서 카테
고리 위에 마우스를 위치시키고 그림 8-3처럼 브라우저의 상태바를 확인하는 것이다.

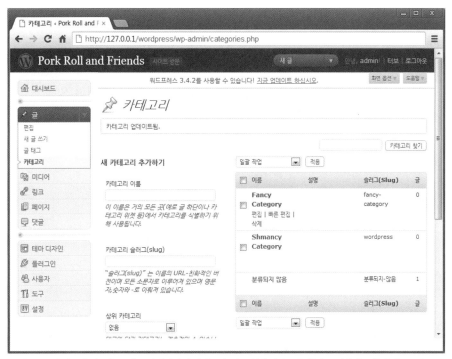

그림 8-3 카테고리 이름을 보려고 제어판에서 카테고리 이름 위에 마우스를 올리고 상태바를 확인하는 모습

이 템플릿을 사용한다는 것은 이미 자신만의 템플릿을 만들 수 있다는 의미이므
로, 샌드박스에는 이 템플릿이 없다. 또한, 위 방법이 이 기능을 만들어내는 유일한 방

법도 아니다. 워드프레스 2.1부터는 어떤 것을 첫 페이지에 보여줄지를 결정하고 자신이 직접 만든 정적인 페이지로 설정한 다음, 이 방법을 사용하는 특별한 템플릿을 만들 수도 있다. 어떤 방법을 사용하건 고객의 요구사항과 개발자가 관리하기 편리한 지를 고려해서 가장 좋은 방법을 선택하면 된다.

오래된 포스트를 날짜별로 보여주기: Archive.php

부지런히 사이트를 관리한다면 언젠가는 오래된 콘텐츠가 쌓이게 될 것이다. 정말 부지런한다면 "일년 전에 내 사이트에 ○○○에 대한 글을 썼는데 말이야.."라고 말할 수 있게 될 것이다. 언젠가는 수많은 콘텐츠를 보유하게 될 것이고 하나의 첫화면에 보여줄 수 없을 정도가 될 것이다. 즉 콘텐츠가 정기적으로 계속 생산된다면 언젠가 는 첫페이지나 최근 글에 보여주기 힘든 자료를 참조할 일이 있을 것이다. 그때가 지난 콘텐츠들을 뒤져볼 때이다.

이런 상황을 위해 archive.php 템플릿을 사용할 수 있다. 오래된 콘텐츠를 보여 주는 방법은 여러 가지다. 예전의 워드프레스 등을 떠올려보면, 먼저 계속 **이전 포스트** 링크를 누르며 시간의 역순으로 돌아가는 방법이 있다.

아카이브 템플릿이 없다면 워드프레스는 인덱스 템플릿을 사용해서 오래된 글을 보여준다. 샌드박스 테마는 archive.php에 대해 재미있는 방법을 취하고 있으므로 날 짜 기반의 포맷에 매우 유연하게 대응한다. 다음 샌드박스의 archive.php 템플릿을 보자.

```php
<?php if ( is_day() ) : ?>
  <h2 class="page-title">
    <?php printf( __( 'Daily Archives: <span>%s</span>', 'sandbox' ),
    get_the_time(get_option('date_format')) ) ?>
  </h2>
<?php elseif ( is_month() ) : ?>
  <h2 class="page-title">
    <?php printf( __( 'Monthly Archives: <span>%s</span>', 'sandbox' ),
    get_the_time('F Y') ) ?>
  </h2>
<?php elseif ( is_year() ) : ?>
  <h2 class="page-title">
    <?php printf( __( 'Yearly Archives: <span>%s</span>', 'sandbox' ),
    get_the_time('Y') ) ?>
  </h2>
```

```
<?php elseif ( isset($_GET['paged']) && !empty($_GET['paged']) ) : ?>
  <h2 class="page-title"><?php _e( 'Blog Archives', 'sandbox' ) ?></h2>
<?php endif; ?>
```

이 코드는 샌드박스 테마가 연/월/일 분류별로 또는 일반적인 페이지를 따라가고 싶어하는냐에 따라서 어떻게 독특한 헤더를 만들어내는지를 보여준다.

워드프레스가 날짜별 시스템에 기반하기는 하지만, 아카이브 템플릿은 그렇게 중요한 것은 아니다. 날짜 정보를 가지고 있는 것은 그 정보가 얼마나 최신 정보인지 등을 판단하는 데에 중요하다. 하지만 실제로는 누가 2007년 5월에 쓰여진 글을 읽으려고 하겠는가? 그것보다는 특정 카테고리나 특정 주제에 대한 것을 읽을 일이 많을 것이다.

특정 카테고리만 보여주기: Category.php

카테고리 템플릿에 대해 알아보자. category.php 템플릿은 특정 카테고리의 포스트 루프를 가지고 있다. 카테고리 템플릿은 방문자가 카테고리 이름으로 http://example.com/category/ponies과 같은 특정한 URL을 방문하면 보인다. category.php 템플릿에서는 워드프레스는 방문자가 이미 어떤 것을 찾고 있는지 파악하고, 기본 루프가 자동으로 쿼리를 만들어 주므로 특별한 것이 필요가 없다.

이 템플릿을 사용할 때에는 일반적으로 카테고리의 포스트와 정보를 보여주며, 샌드박스도 그렇게 돼 있다. 예를 들어, 샌드박스 테마는 헤더와 카테고리 설명이 존재한다면 그것을 같이 보여준다.

```
<h2 class="page-title">
  <?php _e( 'Category Archives:', 'sandbox' ) ?> <span><?php
    single_cat_title() ?>
  </span>
</h2>
<?php

$categorydesc = category_description();
  if ( !empty($categorydesc) ) {
  echo apply_filters( 'archive_meta', '<div class="archive-meta">' .
  $categorydesc . '</div>' );
  }
?>
```

이 코드는 기본 카테고리의 예다. 이정도면 인덱스 대신에 사용하기에 적절하다. 만약에 카테고리별로 다른 색이나 아이콘을 보여주는 등 특별한 디자인을 하고 싶다면 어떻게 해야 할까?

마케팅 담당자와 Ponies 카테고리 이야기로 돌아가보자. 조건별 태그를 사용하는 대신에, 특별한 카테고리 템플릿을 만들 수 있다. 템플릿 계층구조에 따르면 워드프레스는 URL을 보고 방문자가 요청한 특별한 카테고리 템플릿이 있는지 확인할 것이다. 이미 눈치챘는지 모르겠지만 워드프레스는 가장 상세한 레벨의 템플릿에서 가장 덜 상세한 레벨의(범용적인) 템플릿 순으로 사용할 템플릿을 찾아나간다. 워드프레스는 요청된 정보에 따르는 가장 상세한 레벨의 템플릿을 선택하고 못찾으면 가장 일반적인 템플릿인 index.php까지 찾아나간다.

그리고 마케팅 담당자에게는 Ponies 카테고리의 ID가 3이므로 category-3.php 파일을 만들어주면 된다.

특정한 카테고리를 위해서 카테고리 템플릿을 만들 때에는 닭과 달걀 문제가 발생한다. 템플릿 파일의 이름을 정하려면 먼저 카테고리를 생성하고 카테고리 ID를 알아내야 한다.

특정한 카테고리 템플릿은 일반적인 카테고리를 위한 카테고리 템플릿과 완전히 똑같이 동작하고 그 카테고리의 콘텐츠를 자동으로 불러온다. 기술적으로는 약간 다르게 동작한다. 워드프레스는 이미 어떤 포스트를 보여줄지 알고 있는데 다만 어떻게 보여줄 것인가의 문제이다. 특정한 카테고리 템플릿을 통해서 얻을 수 있는 것은 각 카테고리별로 자유롭게 디자인할 수 있다는 점이다.

지금쯤이면 워드프레스는 같은 일을 하는데 한 가지 이상의 방법을 제공한다는 것을 알아챘을 것이다. 조금 전 마케팅 디렉터의 경우에도 간단한 경우에는 조건별 태그를 사용해서 문제를 해결할 수 있었고, 카테고리별 템플릿으로 해결할 수도 있으며 샌드박스 테마를 사용하고 있다면, 샌드박스의 CSS 구조를 사용해서 CSS만으로도 해결할 수 있을 것이다.

이 기능에서 확장성은 가장 중요한 부분이다. 워드프레스가 이런 기능을 내장하고 있다는 것을 알고만 있어도 나중에 언젠가는 도움이 될 것이다.

특정한 태그에 대한 포스트 보여주기: Tag.php

tag.php 템플릿은 category.php와 거의 똑같이 동작한다. 이 템플릿은 특정한 태그 페이지가 호출될 때 사용된다. 이 템플릿은 사이트에서 태그 기능을 사용할 때에만 유용하다. 때로는 기본적인 사람들의 행동에 더 가까운 개념인 카테고리를 콘텐츠에 부여하고나서 태그는 부가적인 것이라고 생각하는 사람들도 많다.

그렇더라도 부지런하게 콘텐츠에 태깅을 했다면 태그 템플릿은 꽤 괜찮은 부가적인 기능이고 콘텐츠에 관련된 콘텐츠를 연관시키는 데 도움이 될 수 있다. 이 템플릿이 호출되면 특정한 태그를 사용하는 포스트들로 화면이 채워진다. 루프가 어떻게 동작하는지에 대한 더 자세한 내용은 5장을 참고하길 바란다.

카테고리와 비슷하게 특정한 태그를 위한 템플릿을 만들 수도 있다. 차이점은 태그 ID 대신에 태그 슬러그를 사용한다는 점이다. Phonies 태그만을 위한 템플릿을 만든다면 태그 슬러그를 사용해 tag-ponies.php와 같은 이름을 사용하게 될 것이다. 태그 슬러그는 워드프레스 제어판의 **태그** 메뉴에서 확인할 수 있다.

카테고리 템플릿이나 태그 템플릿을 사용하는 것은 워드프레스를 CMS로 사용하려고 할 때에는 별로 중요한 것이 아닐 수도 있다. 하지만 이와 같이 템플릿을 사용하는 것은 워드프레스가 기본적으로 제공하는 무료 기능이다. 이런 템플릿은 사이트 방문자들에게 새롭고 재미있는 콘텐츠를 보는 방법을 제공함으로써 콘텐츠를 새로운 방법으로 탐색하고 좀 더 사이트에 오래 머무르게 할 수도 있다. 카테고리와 태그 그룹은 콘텐츠와 깊게 연관돼 있는 것들이고 이런 템플릿을 사용하는 것은 사이트를 편안하게 사용하는 데에 도움을 준다.

아카이브 페이지처럼 최신 글 순으로 보여주는 페이지만 사용하고 이런 템플릿들을 사용 안 하는 것은 좋은 생각이 아니다. 사이트의 일부 콘텐츠에만 관심있는 방문자들에게도 데이터를 보여주는 새로운 방법을 제시하고 관련 콘텐츠를 보여주는 것이 좋다.

하나의 포스트 보여주기: single.php

재미있고 유용한 좋은 제목을 사용해서 사용자를 불러들일 준비를 마쳤다고 하자. 포스트의 일부분을 발췌한 글을 사용하는 등의 방법을 통해서 방문자가 포스트를 읽게 만들었다. 방문자가 나머지 글을 읽으려고 클릭했다.

single.php는 방문자가 검색 엔진을 통해서 사이트를 방문하게 되는 경우에는 그가 보는 사이트의 첫페이지가 된다. 좋은 콘텐츠를 가지고 있다면 검색 엔진은 당신 사이트의 첫페이지나 요약본을 정리해 놓은 페이지보다는 콘텐츠가 있는 페이지를 더 상위에 랭크시킬 것이다. 이 페이지가 가장 많이 보이는 템플릿이므로 이 템플릿에 좀 더 많은 시간을 투자하는 것이 좋다. 이 템플릿에 연관 글을 넣고 다른 콘텐츠에 대한 맛보기 요약본을 넣는다면 방문자가 사이트를 더 좋아하게 되고 북마크하거나 RSS를 등록하거나 자신의 사이트에 링크할 가능성이 높아진다. 방문자의 이런 행동이 결국은 검색 엔진에 당신의 사이트를 더 잘 노출시킬 수 있게 해준다.

하나의 포스트에 대한 모든 콘텐츠를 single.php에서 보여주게 된다. 워드프레스는 방문자가 해당 포스트 글 전체를 읽기를 원한다는 것을 알고 있기 때문에 템플릿은 루프를 가지지 않고 the_post() 함수를 통해서 데이터베이스에서 내용을 가져오기만 한다.

매우 긴 글을 작성했다면 워드프레스의 내장 기능이나 플러그인을 사용해서 몇 개의 페이지로 나눌 수 있다. 인터넷 사용자들은 이것을 여러 가지 의미로 받아들인다. 일반적으로 알려지기는 어느정도 적당한 줄 수와 콘텐츠의 길이가 가독성을 높여준다고 하지만, 어떤 사용자들은 페이지를 넘기는 로딩 시간을 매우 싫어하기도 한다. 어떻게 할지는 사이트의 디자인을 고려한 결정에 달렸다.

포스트에 관련된 링크를 추가하는 일은 방문자가 사이트를 더 둘러보게 유인하는 좋은 방법이다. 하나의 글을 보여주는 페이지 아래에 관련 글을 보여주는 플러그인도 있고, 키워드와 링크를 추가하기 위해 콘텐츠를 검색해주기도 한다. 여러 가지 플러그인을 실제로 적용해보고 사이트에 얼마나 어울리는지 확인해보는 것이 좋다.

간단한 대안으로서는 관련된 카테고리나 태그로 찾은 글들을 페이지 아래에 보여주는 방법도 있다. 다음과 같은 코드르 간단하게 해결할 수 있다.

```php
<h2>Other posts in this category</h2>
<ul id="related">
  <?php
  $category = get_the_category();
  $my_query = new WP_Query("category_name=".$category[0]->name."
    &showposts=5&orderby=rand");
  while ($my_query->have_posts()) : $my_query->the_post();
    echo '<li><a href="'. $post->permalink.'">"' .
      $post->post_title .'"</a>
          </li>';
  endwhile;
  ?>
</ul>
```

위에서는 현재 포스트가 속한 카테고리에서 다섯 개의 무작위 포스트를 보여준다. 복잡한 연산이 들어간 방법은 아니지만 글의 아래에 관련된 글을 보여주는 쉬운 방법 중 하나다. 다른 방법으로는 같은 사람이 쓴 글을 보여주는 방법도 있다.

```
<h2>Other posts by this author</h2>
<ul id="related">
  <?php
  $author = get_the_author_meta('id');
  $my_query = new WP_Query("author=".$author&showposts=5&orderby=rand");
  while ($my_query->have_posts()) : $my_query->the_post();
    echo '<li><a href="'. $post->permalink.'">"' .
    $post->post_title .'"</a>
          </li>';
  endwhile;
  ?>
</ul>
```

페이지 보여주기: Page.php

워드프레스를 CMS로 사용할 때에는 페이지 기능을 사용할 것인지 포스트 기능을 사용할 것인지 결정해야 한다. 개를 기를 것이냐 고양이를 기를 것이냐의 결정처럼 사람마다 각자 취향이 있다.

고객과 일을 할 때 보통 페이지와 포스트 기능을 혼합해서 사용한다. 포스트는 뉴스나 이벤트처럼 시기와 관련된 콘텐츠에 사용하고, 페이지는 제품이나 서비스 등 잘 변하지 않는 콘텐츠에 사용한다. 제품 페이지는 관련된 포스트들과 연관되었을 때 더 힘이 실리기도 한다. 많은 사람이 포스트를 통해서 얻은 웹사이트의 트래픽을 제품 페이지로 연결시켜 제품 소개를 강조하기도 한다.

페이지와 포스트를 혼합해서 사용하는 구조에서 가장 어려운 부분은 효과적인 내비게이션을 사용하는 일이다. 방문자가 사이트에 오래 머물게 하려면 내비게이션이 매우 중요한 부분이다. 방문자가 사이트를 유기적으로 관련 글 링크 등을 통해서 돌아다닐 수 있어야 하지만, 또한 콘텐츠를 구조적으로 잘 구성하는 것도 중요한 일이고, 이는 사이트의 내비게이션의 역할이다. 새로운 페이지를 위한 내비게이션과 포스트를 위한 내비게이션을 각각 만들어도 어울리는 사이트 구조일 수 있다. 하지만 대부분은 그렇지 않으므로 두 가지 콘텐츠가 잘 어울려 있어야 하고 내비게이션은 직접 코딩해야 할 수도 있다.

이것이 워드프레스 기능으로 원하는 콘텐츠를 찾을 수 없다는 것은 아니다. 이런 상황에서는 부모 페이지 기능을 사용해서 콘텐츠를 잘 정리하는 것으로 해결될 수 도 있다. 다음과 같은 header 템플릿을 보자.

```
<div id="menu1">
  <ul>
    <li class="first"><a href="/">Home</a></li>
    <?php wp_list_pages('&exclude_tree=56&sort_column=menu_order&title_
      li=&depth=0'); ?>
    <li class="page_item last"><a href="/related-sites/">Related Sites</a>
    </li>
  </ul>
</div>
<div id="header">
  <h1 id="blog-title">
    <span>
      <a href="<?php bloginfo('home') ?>/" title="
        <?php echo wp_specialchars( get_bloginfo('name'), 1 ) ?>"
          rel="home">
          <img id="logo" src="<?php bloginfo('template_directory');?>
          /img/logo_black.png" alt="David's Rocking WordPress Site" />
          <?php bloginfo('name') ?>
      </a>
    </span>
  </h1>
</div><!-- #header -->
<div id="menu2">
  <ul>
    <?php //sandbox_globalnav();
      wp_list_pages('&child_of=56&sort_column=menu_order&title_li=');
    ?>
  </ul>
</div><!-- #menu -->
```

이렇게 로고 위에 슈퍼메뉴가 있고 그다음에 사이트 로고가 나오고 그 후에 보통 내비게이션이 나오게 할 수 있다. 이 경우에는 샌드위치 사이에 긴 고기같이 로고가 중간에 껴 있다.

#menu1에는 처음과 마지막, 추가로 코딩한 두 개의 아이템이 있다. 하지만 메뉴 대부분 영역에서는 워드프레스 기능을 사용해 페이지를 보여준다. 여기서 이 함수는 페이지 ID 56을 제외한 사이트의 모든 페이지를 가져온다.

참고 페이지 ID를 알 수 있는 가장 쉬운 방법은 Edit 제어판에서 메뉴 상단에 마우스를 올린 후에 브라우저의 상태바에서 찾아내는 것이다.

정렬되지 않은 페이지는 menu_order 순으로 리스트를 리턴한다. 그렇게 하면 제어판에서 순서를 정할 수 있다. Page Mash는 드래그앤드롭 방식으로 페이지순서를 관리할 때 사용할 만한 추천 플러그인이다. 이 플러그인은 훌륭한 AJAX 방식을 사용해서 어떤 부모에 붙을지와 순서를 어떻게 할지를 시각적으로 이동할 수 있게 해준다. 이 플러그인은 페이시를 관리하기 위해서 만들어졌으며 개발자가 아닌 사이트 관리자가 사이트의 콘텐츠를 관리하는 것을 아주 잘 도와준다. sort_column=menu_order 파라메터를 유지하고 워드프레스의 내장 기능을 사용하는 한은, 이 플러그인이 사이트의 콘텐츠 관리를 쉽고 강력하게 하고 최종 사용자가 사이트를 직접 관리할 수 있게 해준다.

마지막으로, 이 순서없는 리스트는 자식 페이지를 포함하지는 않는다. 그렇게 하면 메뉴를 1줄로 만들어서 드롭다운 메뉴를 사용할 필요가 없다.

#menu2에서는 사이트의 모든 페이지 리스트를 보여주는 샌드박스의 기본 내비게이션을 주석처리한다. 내비게이션을 삭제하는 것은 우리가 원하는 것은 아니기 때문에 그 주석 부분을 wp_list_pages()를 사용한 부분으로 교체한다. 하지만 이번에는 menu order로 정렬된 ID 56인 페이지의 자식 페이지만을 가져올 것이다. 그리고 이번에는 손자 페이지까지 가져와서 드롭다운 메뉴 같은 계층적인 내비게이션을 보여줄 수 있게 한다.

ID 56인 페이지에 무슨 일이 벌어지고 있는지 궁금할 것이다. 상위 메뉴에서는 제외되고, 두 번째 메뉴에서는 빠졌다. 페이지 56번은 두 번째 메뉴의 컨테이너로 사용된 것이다. 사이트의 콘텐츠를 구조적으로 관리하기 위한 것이다. 하지만 페이지가 내비게이션에 바로 보이지 않는다고 해서 방문자가 우연히 그 페이지를 방문하는 것을 막을 수는 없다.

이 경우를 처리하는 몇 가지 방법이 있다. 이 페이지를 위한 일반적인 콘텐츠를 만들 수 있다. 또다른 대안으로는, 이런 페이지 ID를 위해서 특별한 페이지 템플릿을 만들 수도 있다. 페이지 템플릿에 대해서는 8장의 후반부에서 더 자세히 설명하겠지만 페이지 템플릿을 사용하는 두 가지 방법은 다음과 같다.

▶ 자식 페이지와 손자 페이지를 보여주는 루프를 만들어서 그 페이지 아래 부분만의 사이트맵을 만든다.

▶ PHP를 사용해서 사이트의 적당한 페이지로 보낸다.

특별한 내비게이션을 위한 경우를 제외하고는 page.php는 싱글 포스트를 위한 템플릿과 기본적으로 똑같이 동작한다. 특별한 페이지 템플릿을 생성하는 경우 외에는 루프가 없고 the_post() 호출하는 일만 한다. 즉 single.php와 같은 기능을 한다. 워드프레스는 기본적으로 포스트와 페이지를 같은 콘텐츠로 생각하고 the_post()를 사용해 데이터베이스에서 콘텐츠를 읽어온다.

갤러리에서 이미지 보여주기: Image.php

솔직히 말해서 우리가 테마를 만들면서 이 템플릿을 사용한 적은 한 번도 없다. 워드프레스 2.5에서 처음 소개되었기 때문에 이 템플릿은 꽤 최신 템플릿이다. 이 템플릿을 가지고 있는 테마가 많지 않다. 기본적으로 이 템플릿은 single.php와 매우 유사하게 동작하기 때문에 이 템플릿이 없으면 single.php가 다음 기본 템플릿으로 사용된다.

image.php의 목적은 미디어 갤러리를 보여주는 특별한 템플릿을 제공하려는 데 있다. 갤러리는 이미지뿐만 아니라 다양한 미디어를 보여줄 수 있다. 이 템플릿은 특별히 매칭되는 것이 있지 않는한 모든 미디어가 보일 때 사용될 것이고 보통 미디어의 설명을 포함하고 있으며 코멘트 기능이 있다. 이 템플릿을 잘 사용하는 경우는 사진 스튜디오나 예술 작품을 위한 포트폴리오 사이트의 경우일 것이다. 다시 강조하지만, 이 템플릿은 글을 보여주는 대신에 이미지를 보여준다는 것을 제외하고는 싱글 포스트를 위한 템플릿과 거의 똑같이 동작한다.

이미지 외에도 다른 미디어 타입을 위해서 여러 템플릿 타입을 사용할 수 있다. 비디오, 오디오 또는 애플리케이션을 위한 템플릿을 만들 수도 있다. 하지만 특별한 목적을 가진 사이트를 만드는 경우를 제외하고는 이런 기능을 사용할 일은 거의 없을 것이다.

템플릿 계층구조

저 수많은 템플릿 파일 중에서 워드프레스는 어떤 것을 사용할지 어떻게 결정할까? 이 문제를 워드프레스는 꽤 똑똑하게 처리한다. URL에 따라서, 워드프레스는 어떤 콘텐츠 종류가 요청됐는지 결정하고 어떤 것을 사용할지 선택한다. 워드프레스는 템플릿이 얼마나 특별한 것인지 결정한 다음, 조건에 맞는 템플릿을 사용하고 없으면 적당한 것을 찾을 때까지 더 일반적인 템플릿순으로 찾아나간다. 이 시스템은 꽤 잘 동작하며 적당한 것을 찾지 못할 때에는 index.php를 사용한다. 또한 이 시스템은 매우 강력해서 개발자가 어떤 특수한 상황이건 그 상황 만을 위한 템플릿을 만들 수 있는 구조로 돼 있다.

그림 8-4는 워드프레스 코덱스에 있는 테마 계층구조다.

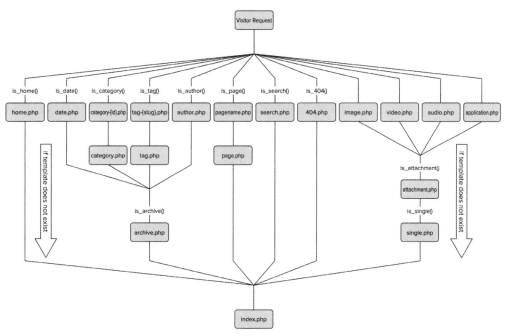

그림 8-4 워드프레스 테마 계층구조

보다시피 어떤 것을 사용할지를 결정하는 잘 정리된 트리 구조가 있고, 이 구조는 매우 유동적이고 강력하다. 모든 테마가 모든 템플릿을 가지고 있는 것은 아니다. 하지만 특정한 용도를 위한 템플릿이나 상황에 맞게 만들어진 템플릿은 워드프레스를 사용해서 매우 특별한 애플리케이션을 만들 수 있도록 해준다.

어떤 사이트는 카테고리, 태그, 페이지와 심지어는 저자까지 비슷하게 분류된 경우가 있다. 예를 들어서 어떤 회사의 뉴스 사이트에는 어떤 부서에 대한 페이지가 있고, 그 부서를 위한 카테고리가 있고, 또 어떤 정보는 그 부서의 이름으로 태깅돼 있을 수도 있다. 이런 경우에는 워드프레스가 어떤 템플릿을 사용해야 할지 결정하기 매우 혼란스러울 수 있다. 이런 문제를 몇 가지 방법으로 해결할 수 있다. 분류를 세밀하게 지정하거나 각 키워드가 겹치지 않도록 하거나 .htaccess를 사용해서 원하는 결과가 나오도록 하는 것이다. 이 문제의 가장 힘든 부분은 워드프레스가 슬러그 메타데이터를 사용한 패턴 매칭을 통해서 어떻게 permalink를 다루냐에 대한 부분이다.

자신만의 테마 만들기: 추가 파일

어떤 템플릿이 꼭 필요하고 또 만드는 것이 나은지 결정하는 것은 힘든 일이다. 각 테마가 가진 템플릿 파일이 각각 다르고 만든이의 콘텐츠 관리 목적이나 디자인 목표에 따라 다르다고 할 수 있다. 꼭 필요한 템플릿 파일은 이미 위에서 다뤘다. 다음에 설명하는 템플릿이 대부분 앞에서 설명한 템플릿으로 대신할 수 있지만, 결정은 자신이 내릴 부분이다. 지금부터 다루는 템플릿들이 덜 중요하다고 생각하지는 말기를 바란다. 다음 각 템플릿은 도구이고, 이 도구들을 어떻게 사용하는지가 중요하다.

404 에러 처리: 404.php

404페이지는 운영하면서 어쩔 수 없이 꼭 발생한다. 언젠가는 방문자가 오래된 콘텐츠를 방문하려고 할 수도 있다. 일반적인 웹사이트와는 다르게 워드프레스는 실제로 존재하는 콘텐츠에 맞는 메뉴 내비게이션이 동적으로 생성되기 때문에 이런 경우에도 보통 문제가 없다. 하지만 그렇더라도 방문자가 더이상 존재하지 않는 링크를 방문할 가능성은 있다. 그리고 존재하지 않는 페이지를 방문하면 404 페이지가 나온다.

샌드박스 템플릿에는 검색 창이 있는 훌륭한 404페이지가 있다. 검색창을 통해서 이 페이지에 도달한 방문자가 자기가 찾고자 하는 것을 쉽게 찾을 수 있다.

다른 좋은 방법으로는 관련 있을 만한 글들을 보여주는 것이다. "당신이 요청한 것을 찾지 못했지만 아래 포스트 중에 관심 있어 하는 것이 있을지 모르겠습니다."와 같은 형식으로 말이다. 404페이지에서 모든 것이 끝나기를 원치는 않을 것이다. 언제나 무언가 볼 만한 새로운 것을 제공하거나 빠져나갈 길을 만들어야 한다.

보통 쇼핑몰에서는 개발자에게 메일을 보내거나 트위터로 알림을 보내서 누군가가 문제에 봉착했음을 알려준다. 특히 HTTP 레퍼러^{referer}가 있다면 어떤 페이지에 깨진 링크가 있는지 알 수 있다. 이를 통해 최소한 무언가 잘못되었고 무엇이 잘못됐는지 찾아볼 기회가 생긴다.

또한 404페이지는 재미있어야 한다. 유머는 찾는 콘텐츠를 찾는 데 실패해서 화가 났을지도 모르는 방문자의 화를 풀어주는 좋은 방법이다. 개발자들에게는 에러를 보여주는 것도 좋은 일이지만 방문자에게 무언가 의미있고 유용한 것을 보여줘야 한다. 트위터를 로드할 수 없을 때 고래를 보여주는 것을 생각해보라. 트위터가 트래픽을 감당하지 못해서 제대로 콘텐츠를 보여주지 못하는 때가 많았다. 하지만 에러 메시지를 명랑하고 밝게 만듦으로서 트위터의 고래는 인터넷에서 상징적인 의미를 가지게 되고 그들만의 문화가 되었다.

별도의 템플릿 파일이 있다고 할 수는 없지만, 방문자에게 노출하고 싶지 않은 에러로는 데이터베이스 연결 에러가 있다. 기본 데이터베이스 연결 에러는 보기에 좋지 않고 방문자에게 너무 많은 내부 정도를 쏟아내기 때문에 그 정보를 사이트를 공격하는 데 사용할지도 모르는 일이다.

워드프레스는 데이터베이스 연결 에러를 방문자에게 보여주지 않기 위한 새로운 함수를 버전 2.5에서부터 발표했고, 이전 버전에서도 사용할 수 있게 했다. 데이터베이스 에러가 생기면 워드프레스는 `wp-content` 디렉터리 안에 있는 db-error.php 파일을 확인한다.

> ✎ **참고** 이 파일은 테마 디렉터리 밖에 있다. 그 이유는 데이터베이스 연결이 되지 않으면 어떤 테마를 사용할지 워드프레스가 알 수가 없기 때문이다.

어떤 코드든 CSS든 db-error.php에 넣을 수 있지만 DB에서 불러오는 데이터나 워드프레스 함수는 db-error.php에서 사용할 수 없다. 그렇기 때문에 우리가 만든 모든 워드프레스 사이트에 db-error.php를 넣어 놓고 일반적이지만 친근한 에러 메시지를 보여준 후에 개발팀에 에러가 발생했다고 알려주는 것이다.

다음은 db-error.php 예제 파일이다.

```php
<?php
//error_reporting('E_ERROR');
mail('developers@mysite.com','WP SQL Connection Issue on
    '.$_SERVER['HTTP_HOST'],
'This is an automated message from the wordpress custom db
    error message file.');
?>
<html>
<head>
<title>Temporarily Unavailable</title>
<style>
body { background-color: #000; }
#wrapper
{
    width: 600px;
    height: 300px;
    margin: 2em auto 0;
    border: 4px solid #666;
    background-color: #fff;
    padding: 0 2em;
}
p { font-size: larger; }
</style>
</head>
<body>
<div id="wrapper">
    <center>
    <!-- /* This is the generic database error page that will be
        shown when a fatal db connection issue arises */ -->
    <h1><?php echo $_SERVER['HTTP_HOST']; ?> is Temporarily
        Unavailable</h1>
    <p>The webmaster has been alerted. Please try again later.</p>
    </center>
</div>
</body>
</html>
```

위의 코드는 워드프레스가 MySQL 데이터베이스에 접속할 수 없는 경우가 발생하면 보기 싫은 데이터베이스 에러를 보여주는 것이 아니라 방문자에게 친근한 에러 메시지를 보여주고 개발자에게 이메일을 보낸다. 이렇게 함으로써 방문자에게 방문자쪽이 아닌 서버쪽 에러이므로 방문자는 더이상의 행동이 필요가 없다라고 알려주면서 나중에 확인해 달라고 알려준다. 이 방법의 문제점은 사이트가 잠시 문제가 생긴 것이 아니고 정말 큰 문제가 생긴 것이라면, 개발자가 엄청난 양의 이메일을 받게 된다는 점이다.

Attachment.php

Attachement.php는 웹사이트상에 올려 놓은 특별한 미디어 파일과 관련이 있다. 템플릿 계층구조를 다시 보면 이미지, 비디오, 또는 애플리케이션을 위한 특별한 템플릿을 볼 수 있을 것이다. 그런 템플릿 파일은 파일의 마임MIME 타입을 기반으로 어떤 것을 사용할지 결정하는 데, 특정한 그 파일만의 마임 타입을 가지고 있기만 하다면 그 타입만의 템플릿을 만들 수 있다. 하지만 특정 템플릿 파일이 없다면 워드프레스는 attachement.php를 사용하게 될 것이다.

특정 미디어를 위한 템플릿처럼 이 템플릿은 싱글 포스트를 위한 템플릿처럼 동작하지만 실제로는 그렇게 자주 사용되지는 않는다. 이 템플릿이 자주 사용되게 하려면 미디어 중심의 사이트여야 하고 테마가 그런 방향으로 많이 수정되어야 한다. 개인적인 생각으로는 이 템플릿은 미디어 파일을 위한 템플릿이 필요할 때 등 특수한 경우를 제외하고는 매우 중요한 템플릿은 아니다.

Author.php

때로는 사이트에 여러 명의 저자가 있다. 마치 개발자 팀이 같이 작업하는 것처럼 말이다. 이런 경우에는 방문자가 같은 사람이 쓴 글을 더 읽고 싶어 할 수도 있다. author.php 템플릿은 특정한 사람이 쓴 포스트만을 보여준다.

이 저자용 템플릿은 카테고리용 템플릿이나 태그용 템플릿 루프와 비슷하게 동작한다. 샌드박스 템플릿의 훌륭한 기능 중 하나는 글쓴이가 워드프레스 제어판에 입력한 저자 정보를 같이 보여준다는 것이다.

```
<h2 class="page-title author">
  <?php printf( __( 'Author Archives: <span class="vcard">%s</span>',
    'sandbox' ),
  "<a class='url fn n' href='$authordata->user_url'
  title='$authordata->display_name'
  rel='me'>$authordata->display_name</a>" ) ?>
</h2>
<?php
  $authordesc = $authordata->user_description;
```

```
    if ( !empty($authordesc) ) {
      echo apply_filters( 'archive_meta', '<div class="archive-meta">' .
      $authordesc . '</div>' );
    }
?>
```

여기에서는 저자의 이름이 제어판에서 입력한 정보를 볼 수 있는 URL로 링크된 채로 <h2> 안에 있는 것을 볼 수 있다. 또한 저자가 개인 정보를 입력했다면 그 정보도 여기에 보인다. 프로필 페이지가 리치 텍스트 에디터 등을 지원하고 추가 필드를 가지고 있으면 더 유용하게 활용될 것이다. 이런 기능은 플러그인을 사용해 지원할 수 있다.

실제 사례에서는 이런 필드를 사용해서 여러 회사들이 같이 사용하는 파트너 사이트에서 각 저자가 회사인 사이트를 만들기도 한다. 이런 방법을 사용해서 롤로덱스^{Rolodex} 타입의 사이트를 만들 수도 있다.

Comments.php

코멘트 템플릿은 콘텐츠를 디자인에서 분리한다는 법칙을 어느 정도 깨는 조금 복잡한 템플릿이다. 이 템플릿에는 코멘트 루프와 트랙백과 핑이 있고, 방문자가 로그인한 상태와 로그아웃된 상태에서 코멘트를 입력하는 입력 폼을 보여주는 역할도 한다. 이 기능이 모두 서로 연관돼 있지만, 이 템플릿을 읽어 내려가는 일은 수많은 if.. else 조건문을 읽어내려야 하기 때문에 어려운 템플릿이다. 샌드박스 코멘트 템플릿은 매우 복잡하지만 최근 워드프레스는 이런 복잡함을 간단하게 바꾸었기 때문에 자신의 템플릿에서는 수정해서 간단하게 바꾸는 것이 좋다.

워드프레스를 CMS로 사용하는 경우 등에는 테마에 코멘트가 없을 수도 있지만 코멘트가 있다면 다음 코드를 템플릿에 추가함으로써 코멘트 기능을 추가할 수 있다.

```
<?php comments_template(); ?>
```

이 코멘트 테마에는 수많은 변화를 줄 수 있다. 종류가 너무 많아서 특정한 코멘트 테마의 장점을 이야기하기 힘들다. 이 템플릿을 가지고 작업할 때 고려할 점 중 하나는 워드프레스 2.7에서 소개된 코멘트 스레드 기능이다. 이에 기능에 대한 더 많은 정보는 워드프레스 코덱스에서 wp_list_comments()를 찾아보길 바란다.

워드프레스 2.7에 포함된 코멘트 루프는 일반적인 포스트 루프와 비슷하게 보일만큼 간단해졌다. 샌드박스 템플릿은 `wp_list_comments()`, `have_comments()` 기능이나 코멘트 페이징 등의 새로운 기능을 사용하도록 업데이트되지 않았다.

위에서 말했듯이 코멘트 템플릿은 수많은 것을 고려해야 하므로 매우 복잡하다. 최근에는 코멘트 테마만 파는 http://commentbits.com/과 같은 사이트도 생겼다. 전체 사이트의 테마를 파는 것이 아니라 코멘트 테마의 여러 가지 변형만을 다룬다. 이것을 사용하는 것도 잘 디자인된 코멘트 템플릿 시스템을 빨리 만들고 바로 사용하는 좋은 방법일 수도 있다. 아직은 워드프레스 테마의 일부만 사용하는 것이 일시적인 유행일지, 바로 정착될지는 알 수 없다.

템플릿에 기능 더하기: Functions.php

functions.php 템플릿은 어떤 것을 보여주기 위한 템플릿은 아니므로 앞에서 다룬 템플릿과는 다르고, 콘텐츠를 보여주는 것과는 큰 상관은 없지만 매우 중요한 파일이다. 주로 functions.php 파일은 테마를 위한 특별한 기능을 넣는 곳이다. 보통 '라이브러리 코드'라고 불리는 것을 넣어두는 곳이다. 템플릿에서 반복되는 코드가 있거나 특별한 기능이 필요하다면, 그 코드를 이 파일에 넣으면 된다. 워드프레스는 실행될 때 이 파일을 자동으로 인클루드하기 때문에 이 안에 있는 함수는 모든 템플릿 파일에서 사용할 수 있다.

지금까지의 예제에서 수많은 `sandbox_post_class()`와 머리를 긁게 만드는 수많은 샌드박스 레퍼런스들을 보았을 것이다. 그 의문을 모두 풀어주는 곳이 여기이다. 샌드박스 테마는 CSS 연결고리와 마이크로포맷 코드, 그리고 샌드박스를 훌륭한 템플릿으로 만들어주는 수많은 기능을 위한 함수를 가지고 있다.

functions.php는 주석이 매우 잘 달려있다. 각 함수와 논리 블럭마다 어떤 일을 하는지 한 줄씩 코멘트가 달렸다. 이 주석들이 functions.php를 고치거나 확장하기 쉽게 한다. 하지만 이 함수의 대부분은 특별한 요구사항이 있는 경우가 아니라면 실제로는 고칠 필요가 없을 것이다. 대부분은 CSS 등으로 수정하기 좋은 HTML을 생성하는 함수들이다.

예를 들어서 `sandbox_post_class()` 함수는 포스트를 보여주는 각 템플릿에서 각 포스트에 CSS 클래스를 생성해준다. 실제로는 그런 포스트들은 너무 세밀하게 CSS 클래스가 잘 붙어있어서 그 클래스들을 다 사용하는 것이 불가능할 정도다. 즉 그 템플릿들은 사용하지 않는 HTML들을 너무 많이 보내기 때문에 트래픽이 많은 사이트에는 어울리지 않는다. 하지만 현실적으로는 아마도 당신의 사이트처럼 템플릿이 엄청나지는 않을 것이니 수많은 CSS 연결고리가 주는 편리함을 사용하는 것이 시간을 투자해서 그 함수들을 최적화하는 것보다는 나을 것이다.

우리가 이 함수를 정말 좋아하는 이유는 이 함수가 포스트에 대한 거의 모든 메타데이터를 제공한다는 점이다. 이 HTML 코드를 보자.

```
<div class="hentry p1 post publish author-david category-generic
category-othercategory tag-awesome tag-verycool y2009 m06 d22 h21"
   id="post-3">
```

이 코드는 루프에 있는 포스트든 single.php에 있는 포스트든지 포스트를 div로 감싸고 있다. 이 포스트는 수많은 정보를 지닌 클래스가 먹여져 있다. hentry 클래스는 아톰^{Atom} 표준을 지키기 위해서 포함돼 있다.

루프 안에서는 각 포스트들은 증가하는 숫자가 먹여져 있다. 예를 들어서 이 포스트는 p1이라는 클래스가 적용돼 있는데, 이는 루프 안에서 첫 번째 포스트라는 의미다. 이 숫자는 워드프레스의 포스트 ID와는 상관없는 숫자이지만 화면에 보이는 순서를 알려준다. 이 클래스를 숫자가 변해감에 따라서 점점 색이 변해가는 효과를 적용하는 데 사용할 수도 있다.

post 클래스는 모든 포스트에 붙어있는 클래스다. 이것은 모든 포스트에 적용하는 효과를 위해서 적용돼 있다. 다음 클래스는 포스트의 상태를 나타낸다. 위의 예제에서는 published라고 된 부분이다.

각 포스트는 포스트의 저자를 나타내는 클래스도 가지고 있다. 이 클래스는 다른 클래스와의 충돌을 방지하기 위해서 author-라고 시작한다. 이 클래스를 저자가 많은 블로그에서 저자의 사진을 포스트 별로 보여주기 위해서 사용할 수 있다.

다음 클래스는 어떤 카테고리에 그 포스트가 속해 있는지를 알려준다. 앞의 경우와 같이 이 클래스는 다른 클래스와 겹치는 것을 방지하기 위해서 category-라고 시작된다. 이 클래스는 슬래시닷^{Slashdot} 서비스가 카테고리별로 아이콘을 보여주듯이 카테고리별로 바로 알아챌 수 있는 아이콘을 적용하거나 색을 입히기 위해서 사용된다.

비슷하지만, 다음 클래스는 각 포스트에 할당된 태그를 나타내는 클래스다. 위의 경우와 같이 이 클래스도 앞에 충돌을 피하는 부분이 붙어있다. 카테고리나 태그는 슬러그를 사용한다. 태그는 또한 워드프레스가 정렬된 상태로 보여주기 때문에 여러 개의 카테고리나 태그에 디자인을 적용할 때 CSS를 계층적으로 구성하는 것은 매우 중요하다. 즉 HTML에서 나타나는 순서를 잘 보고 순서와 상속관계를 style.css 안에서 잘 적용해야 한다.

다음 클래스는 정말 멋진 것이지만, 아직까지는 그 잠재적인 기능을 모두 사용 한 적은 없다. 이 클래스는 포스트가 작성된 년, 월, 일, 시를 나타낸다. 이 예제에서는 2009년 6월 2일에 작성되고 오후 9시 몇 분인가에 작성된 것이다. 이 클래스를 월별 또는 연별로 다양한 효과를 적용하는 데 사용해서 잡지같은 디자인을 만드는 데 사용할 수 있다. 우리는 포스트가 작성된 시간에 따라서 다른 스타일을 적용해보고 싶었지만 아직까지는 아무도 적용하기를 원치 않았다.

위의 예에서 아직 보지 못한 클래스로서 프라이빗 포스트나 패스워드가 걸린 포스트를 나타내는 클래스가 있는데, 거기에는 protected라는 클래스가 적용돼 있다. 그리고 이 경우에는 모든 다른 포스트에는 alt라는 클래스가 적용돼 있는데, 이는 얼룩말 같은 어둡고 밝은 효과나 필요하다면 다른 배경을 적용하기 위한 것이다.

마지막으로, 위의 클래스들로 원하는 스타일을 적용하지 못했다면, 각 포스트는 ID를 가지고 있다. 이 포스트 ID는 제어판에서 확인할 수 있는 실제 포스트 ID이다. 하지만 정말 위의 CSS 연결고리로는 충분하지 않은가? 아마도 포스트를 작성할 당시의 날씨 같은 것들이 필요할 경우에는 약간의 작업을 통해서 CSS를 적용할 수도 있을 것이다. 이것은 독자들을 위해서 연습문제로 남겨두기로 하겠다.

샌드박스 테마는 각 페이지의 body 태그에 클래스를 적용하는 비슷한 함수도 가지고 있다. 또한 다른 도움을 주는 함수들이 사용자 경험을 더 좋게 하거나 기본 워드프레스 동작을 수정할 수 있도록 도와준다.

샌드박스 함수를 수정할 때에는 결정해야 한다. 때때로 파일에 작은 수정을 가할 때에는 파일을 바로 수정할 수 있지만, 이런 경우에는 테마를 업데이트할 때 수정사항을 덮어쓸 수 있다. 대신에 자신의 수정사항을 위해서 functions.php 파일에서 custom_functions.php 파일을 인클루드하고 그 파일을 수정하는 방법도 있다. 이 방법의 문제점은 테마를 업데이트하거나 사용자 실수로 functions.php를 덮어쓸 경우에 인클루드 문을 다시 원래 위치에 추가해야 한다는 점이다. 그렇지 않으면 수정사항이 왜 동작하지 않는지 너무 고민해서 머리카락이 다 빠져버리는 지경에 이를지도 모른다. 실제로는 우리는 두 가지 방법을 커다란 문제점이 없이 모두 사용해 보았다.

아마도 그나마 샌드박스 테마에서 다시 작성하거나 덮어쓸 만한 함수를 찾는다면 sandbox_globalnav() 함수일 것이다. 샌드박스 기본 테마에서는 이 함수는 공백

없이 menu ID를 가진, div로 둘러싸긴 순서없는 페이지 리스트를 생성하는 데 사용된다. 이것은 메뉴를 생성하기에 좋은 시작점이지만 많은 경우에 고객의 요구사항을 충족하기에는 부족할 수 있어서 대부분 다시 쓰여져야 한다. 수정사항의 범위에 따라서 몇 가지 방법이 있다.

첫 번째는 수정사항이 많지 않은 경우에 함수를 직접 수정하는 것이다. 두 번째는 이 함수를 주석처리하고 사이트에 요구사항에 맞게 다시 작성하는 것이다. 세 번째는 header.php 안에서 이 함수 전체를 주석처리하고 내비게이션을 헤더 템플릿에서 다시 작성하는 것이다. 샌드박스 코드의 주석과 문서를 읽어보면 샌드박스는 자신만의 테마를 만들기에 매우 좋은 시작점이자 놀이터이므로 그 함수가 어떤 것을 하기 위한 최선의 것이라고 여기지는 말기 바란다. 이 함수는 최종 결과물이라고 하기는 힘들다.

좀 더 발전된 테마나 유료 프리미엄 테마 프레임워크에는 테마 설정을 수정하는 그들만의 제어판이 있다. 테마 프레임워크에 대해서는 8장의 후반부에서 다룬다. 이런 테마 제어판 코드는 functions.php 안에 있다.

예를 들어 Thematic 테마 프레임워크의 functions.php 파일은 다른 함수 파일들을 인클루드하는 코드로 이뤄져 있다. 이렇게 해서 테마 프레임워크의 여러 가지 기능을 논리적으로 분리해서 파일을 관리하기 편하게 해준다. 이 테마는 테마 설정을 관리할 수 있는 기본적인 제어판을 제공한다.

자신만의 테마 제어판을 만들려면 워드프레스에 테마 제어판을 등록해야 한다. 또한 functions.php 안에 테마 제어판을 위한 HTML 폼을 만들어야 한다. 이것이 Thematic 같이 파일을 나눠서 저장하는 방식을 좋아하는 이유다. PHP와 HTML 코드가 섞여 있으면 코드의 가독성이 매우 떨어지기 때문이다. 이런 것들은 관리가 가능할 정도의 파일 크기를 유지하면서 정보를 따로 관리하는 것이 좋다.

자신만의 테마 제어판을 만드는 일은 이 책의 범위를 벗어나지만 이 기능은 매우 좋은 기능이고 대부분의 프리미엄 테마 프레임워크에 있는 기능이다. 테마 제어판이 있으면 워드프레스가 블로깅 엔진에서 보통 사람들이 사용할 수 있는 모든 기능을 갖춘 콘텐츠 관리 엔진으로 사용할 수 있다. 프로그래머의 입장에서 워드프레스는 확장성이 뛰어나고 매우 많은 기능을 가지고 있지만 (아마 여러분의 고객일지도 모르는) 일반적인 사용자에게는 코드를 분석하고 수정하는 것은 불가능하다.

Search.php

검색 템플릿은 정말 이름이 잘못 지은 것같다. 이 템플릿은 실제로는 검색 결과 페이지다. 검색 폼은 다음 섹션에서 다룰 searchform.php에 있다. 검색 결과 페이지의 개념은 이름이 잘 말해준다. 사이트의 방문자가 찾는 결과물을 최근 글 순서대로 보여준다. 10장에서 워드프레스 내장 검색 엔진이 부족한 점에 대해 다루면서 사용자 경험을 개선하는 대안을 다룬다.

위에서 언급한 것이 기본적인 샌드박스 검색 템플릿이 하는 일이다. 검색 결과가 있으면 좋지만 검색 결과가 없다면 검색 폼을 보여준다. 이 검색 폼은 직접 추가해야 할 수도 있다.

검색 결과 표시를 개선하기 위해서 할 수 있는 몇 가지 일들이 있다. 먼저, 검색 결과가 없을 때 그 페이지에서 방문자가 클릭할 곳이 없는 불편한 상황을 만들고 싶지는 않을 것이다. 입력된 값을 가지고 연관된 글을 보여주거나 맞춤법을 교정한 검색 결과물을 보여주는 플러그인이 있다. 이런 플러그인이 검색 결과를 보통 검색 엔진처럼 만들어 줄 것이다.

그래도 아직까지 어떤 것도 보여줄 것이 없다면, 방문자가 관심있을 만한 콘텐츠를 보여주어야 한다. 이런 상황에서 태그 클라우드나 인기있는 글을 보여주는 것은 좋은 아이디어다. 가장 인기있는 글을 보여주거나 조건을 설정해서 직접 쿼리한 결과물을 보여줄 수 있는 플러그인도 있다.

어떤 사이트에서는 가장 인기있는 글이 이미 잘 알려진 글인 경우도 있었다. 이런 경우에는 특별한 카테고리를 만들고 검색 결과 페이지에서는 이 카테고리에서만 글을 보여주는 루프를 만들 수도 있다.

검색 결과가 있다면 어떤 사람은 검색어가 강조돼서 표시되기를 원하는 경우도 있다. 샌드박스 테마는 the_excerpt() 함수를 사용해서 검색 결과의 발췌 부분을 보여줄 수 있다. 이 부분에서 검색어를 강조하면 된다.

```
<?php the_excerpt( __( 'Read More <span class="meta-nav">&raquo;</span>',
'sandbox' ) ) ?>
```

위 내용을 다음 코드로 변경한다.

```
<?php
$excerpt = get_the_excerpt( __( 'Read More <span class="meta-nav">&raquo;
  </span>', 'sandbox' ) );
```

```
$keys = explode(" ",$s);
$excerpt = preg_replace('/('.implode('|', $keys) .')/iu',
  '<span class="searchTerm">\0 </span>',$excerpt);
echo $excerpt;
?>
```

the_excerpt() 함수가 바로 결과물을 화면에 보여주기 때문에 함수의 결과물을 리턴하는 get_the_excerpt() 플러그인 API 함수를 사용해야 한다. 하지만 이 함수는 검색어를 강조하는 샌드박스 함수가 동작하지 않는다. 따라서 정규표현식인 replace를 사용해서 검색어 주위를 span 태그로 감싸고 그 결과물을 보여주어야 한다. CSS를 사용해서 테마와 어울리도록 이 span 요소를 강조하는 규칙을 추가할 수 있다.

마지막으로, 방문자가 검색 결과를 보고나서도 자신이 찾고자 하는 것을 찾지 못했다면, 상단에 있는 검색 폼까지 되돌아가도록 하지 않기 위해서 맨 아래에 두 번째 검색 폼을 추가하는 것이 좋다. 검색 결과 루프 다음에 아래와 같은 것을 추가한다.

```
<h2>Not seeing what you're looking for? Try again</h2>
<?php get_search_form(); ?>
```

10장에서 검색이 어떻게 동작하는지에 대해 다루고 검색과 관련된 플러그인 등의 대안에 대해서도 다룬다.

SearchForm.php

워드프레스가 기본적으로 제공하는 검색 폼은 아주 기본적인 디자인을 하고 있다. 샌드박스에 이 템플릿이 없어서 테마에 자신만의 검색 입력 필드를 만들려면 searchform.php를 추가해야 한다. 이 폼은 테마의 다른 템플릿과 잘 맞게 디자인을 수정할 수 있다. 검색 위젯은 아래 코드를 사용해서 템플릿에 이 폼을 자동으로 추가한다.

```
<?php get_search_form(); ?>
```

기본 검색 폼은 다음과 같은 모양을 하고 있다.

```
<div id="search">
  <label for="s">Search:</label>
  <form id="searchform" method="get" action="/index.php">
```

```
      <div>
         <input type="text" name="s" id="s" size="15" /><br />
         <input type="submit" value="Search" />
      </div>
   </form>
</div>
```

같은 폼이 사이드바 혹은 어디에서나 사용될 수 있기 때문에 HTML 마크업이 상황에 맞게 조절되어야 한다. 보통은 `<div>`를 상황에 따라서 `<li>`로 바꾸는 등의 작업이다.

다른 방법은 페이지의 이름 옆에 있는 검색 양식 등의 상황에서 일반적으로 사용하는 PHP 인클루드를 사용해서 검색 양식을 보여주는 것이다. 파일 이름이 다른 템플릿을 위해서 예약된 것과 겹치지 않는다는 것을 확인하고 템플릿을 적당한 곳에 놓고 인클루드한다.

```
<?php include($bloginfo['template_directory'].'includeThis.php'); ?>
```

테마 이름을 변경할 수 있게 `bloginfo[]` 배열을 사용하였다. 이 방법을 header와 footer 템플릿 밖에서 여러 페이지에 걸친 고정적인 요소들을 보여주어야 할 때 '같은 코드를 반복하지 않기DRY, Don't Repeat Yourself' 법칙을 고수하기 위해서 사용했었다. 워드프레스 자체는 다양한 페이지 템플릿에서 DRY 법칙을 잘 고수한다. 하지만 전통적인 PHP를 사용하는 것도 좋은 방법이다. 때로는 이런 방법을 사용해서 템플릿 크기를 작게 유지할 수 있다.

그 밖의 파일

테마를 마무리하는 파일에 대해 알아보자. 테마 관리자를 위해서, 테마를 잘 알아볼 수 있는 스크린샷을 넣고 싶을 것이다. 테마를 잘 표현할 수 있는 이미지를 너비 300, 높이 225픽셀의 PNG 이미지로 만들어라. GIF와 JPG도 사용이 가능하기는 하다. 일반적으로 이 이미지는 보통 사이트에 실제로 테마를 적용한 스크린샷을 사용한다. 테마 관리자 페이지에서 사용하는 나머지 정보는 style.css의 상단에 있는 정보를 사용한다.

샌드박스 테마는 몇몇 언어 파일을 가지고 있어서 그 상태로 다국어 지원이 가능하다. 이 다국어 지원 파일의 일부는 8장의 앞부분에서 이미 다뤘다. 사이트가 다국어를 지원하기 바란다면 특별한 작업이 필요하다. 지역 설정과 다국어 작업은 이 책의 범위를 벗어난다. 일단은 필요할 때 샌드박스 테마가 이 기능을 지원한다는 것을 아는 정도면 충분하다.

커스텀 페이지 템플릿

때로는 여느 페이지와는 다른 화면구성이 특별한 페이지를 만들어야 하는 경우도 있다. 이 페이지는 연락처 페이지일 수도 있고 브로셔의 각 제품마다 제품별 페이지일 수도 있다. 각 페이지가 각자 독특해서 일반적인 page.php를 사용하는 것은 사이트의 요구사항을 충족시키지 못할 수도 있다. 또는 Widget Logic 같은 플러그인으로 해결할 수 있는 문제이기는 하지만, 다른 페이지와는 달리 특정 페이지에서만 어떤 위젯을 보여주고 싶을 수도 있다. 어쩌면 워드프레스에서 어떤 웹 애플리케이션과 연동하고 싶을 수도 있다. 이때가 커스텀 페이지 템플릿이 필요한 경우다.

관리자의 **쓰기**(Write) 메뉴에서 페이지에 특정한 페이지 템플릿을 사용하도록 설정할 수 있다. 워드프레스는 정해진 패턴에 따라서 어떤 템플릿을 콘텐츠에 적용할 것인지 결정한다. 이 경우에는 페이지에 설정된 페이지 템플릿이 있으면, 이것이 가장 상세한 옵션이므로 설정돼 있는 템플릿이 설정될 것이다. 기본 페이지 템플릿으로 돼 있다면 page.php 템플릿이 사용될 것이다. 마지막으로 둘다 존재하지 않는다면 index.php 템플릿이 사용된다.

그림 8-5에서는 기본 페이지 템플릿과 링크를 위한 페이지 템플릿, 그리고 나중에 언급하게 될 Boaring과 Fancy라는 템플릿 등 몇 가지 선택할 수 있는 페이지 템플릿을 볼 수가 있다.

그림 8-5 페이지 템플릿 선택

언제 커스텀 페이지 템플릿을 사용할 것인가

사이트에서 커스텀 페이지 템플릿을 사용하는 이유는 많이 있다. 커스텀 페이지 템플릿은 사이트에 더 많은 에너지를 불어넣을 수 있는 강력한 무기며 좋은 도구다. 커스텀 페이지 템플릿을 사용하는 간단한 예로는 각 제품 페이지의 사이드바에 제품별 고유 링크와 자료를 추가한 특별한 제품 페이지를 들 수 있다. 워드프레스 안에서 다른 모든 것과 같이 이 기능을 제공하는 방법은 여러 가지가 있지만 때로는 커스텀 페이지 템플릿을 만드는 것이 요구사항을 구현하는 가장 간단하고 직관적인 방법이다. 때로는 간단한 것이 가장 좋은 방법이다.

다른 간단한 사례로는 서드파티 웹 애플리케이션을 포함하기 위한 iFrame을 사용하는 페이지 템플릿을 사용하는 경우다. 예산과는 상관없이 사이트의 목적과 필요에 따라서 두 개의 사이트를 합쳐주는 지저분하지만 빠른 해결책이 될 수 있다. 이 방법의 문제점은 일반적인 iFrame을 사용할 때의 문제점과 같다. 즉 즐겨찾기를 할 경우와 이질적인 디자인 문제다. 하지만 이런 방법을 몇 번 사용해본 결과 조금 지저분하지만 빠른 해결책이 필요한 경우도 있다.

다른 조금 복잡한 예로는 다른 웹 애플리케이션을 사이트에 연동하는 경우가 있다. 예를 들어 페이지 템플릿이 쇼핑몰로 바로 사용자를 리다이렉션 해주는 용도로 사용할 수 있다. 워드프레스 안에서 이런 것을 설정하고 관리하는 것은 어려운 일이지만, 워드프레스의 페이지 템플릿 코드를 이용하여 커스텀 페이지 템플릿을 사용하면 쉽게 해결할 수 있다.

실제로 우리는 이벤트 캘린더나 등록 양식 등을 위해서 커스텀 페이지 템플릿을 사용했다. 수업을 검색하거나 보여줄 수도 있으며, 웹에서 직접 수업 등록 등을 할 수 있는 커다란 수업 관리 웹 애플리케이션을 제작한 적도 있다. 이 시스템은 수년간 잘 작동했고 매우 많은 사람이 사용했다. 수업 등록 시스템과 워드프레스 사이트를 연동하는 가장 쉬운 방법은 커스텀 페이지 템플릿을 사용하는 것이다.

우리는 이미 만들어진 등록 시스템을 REST 웹 서비스 명령을 사용해서 확장한 경우였다. 그리고 우리는 그 웹서비스와 통신하는 커스텀 페이지 템플릿을 만들었고 콘텐츠는 워드프레스 안에서 보여주었다. 처음에 페이지 템플릿을 만드는 일은 쉬운 일은 아니었지만 결과는 매우 만족스러웠다. 이 경우에서 우리가 얻은 이익은 몇 가지가 있다. 먼저, 직원들이 이미 익숙해 했던 기존 시스템을 계속 사용할 수 있었다는 점. 등록 옵션을 더 많은 사이트로 확장해서 수업을 들을 수 있는 사람이 더 많아졌다는 점. 등록이 많은 사이트에서 이뤄졌음에도 하나의 시스템에서 관리되었다는 점. 마지막으로, 교육 시스템이 워드프레스에서 가지고 있는 테마를 사용했기 때문에 디자인이 거부감 없이 잘 어울렸다는 점 등이다.

어떻게 커스텀 페이지 템플릿을 사용할 것인가

커스텀 페이지 템플릿을 만드는 일은 매우 쉽다. 템플릿의 목적을 정하고 템플릿이 그 목적을 이루게 하는 것이 힘든 일이다.

페이지 템플릿 생성은 이미 존재하는 템플릿 중에서 새로 만들 템플릿과 비슷한 템플릿을 복사하는 것으로 시작한다. 보통 page.php 템플릿을 사용하는 경우가 많다. 이 새로운 템플릿 파일은 원하는 대로 이름을 붙이고 테마 디렉터리 안에 둔다. 일단 우리가 개발하는 동안에는 t_templatename.php라는 이름 규칙을 따르도록 하겠다. 그 이유는 t_라고 앞에 붙임에 따라서 일반적인 템플릿 파일과 커스텀 템플릿 파일을 구분하기 쉽게 하기 위함이다. 실제로는 이미 예약된 템플릿 파일이름과 겹치지 않는 한 파일 이름은 문제가 되지는 않는다.

새 템플릿 페이지 템플릿을 만들려면 파일의 맨 상단에 특별한 주석을 추가해야 한다.

```php
<?php
/*
Template Name: Fancy Page Template
*/
?>
```

이것이 파일의 맨 처음 부분에 있어야 워드프레스가 읽고서 이 파일을 페이지 템플릿으로 등록한다. 이 문장 앞에 있는 것은 소스코드 주석임을 나타내는 부분뿐이다.

템플릿의 이름은 아무것이나 해도 상관이 없다. 의미가 있어야 하고 너무 길지 않은 것이 좋다. 워드프레스가 PHP 주석 부분을 제어판에서 드롭다운 메뉴를 만드는 데 사용할 것이기 때문이다. 이제 페이지 템플릿이 워드프레스에 잘 등록되었다.

이제 페이지 템플릿을 제작하는 데 남은 일은 페이지 템플릿으로 무엇을 하고 싶은지에 달렸다. 아마도 get_header()나 get_footer()와 같은 워드프레스 내장 함수를 사용하거나 콘텐츠 수집기를 사용하게 될 것이다. 기본적으로 원하는 것은 아무것이나 할 수 있지만 나중에 직접 만든 코드를 계속 관리해야 하니 깔끔한 코딩을 해야 한다는 것만 기억하라.

예를 들어서 동적인 워드프레스 사이드바를 제거하고 정적인 HTML로 교체한다면, 제어판에서 페이지 템플릿에 있는 위젯을 제어할 수 있는 기능을 사용할 수 없게 될 것이다. 새로운 위젯 영역을 만들고 제어판에서 콘텐츠를 관리하는 것이 더 나은 방법일 것이다.

페이지 템플릿은 페이지 정보만을 보여줄 수 있는 것은 아니라는 점을 기억해라. 일반적인 포스트 루프를 포함한 페이지 템플릿을 만들 수도 있고, 워드프레스와 전혀 상관없는 것을 할 수도 있다. 이런 경우에는 어떻게 사용하는지 잘 적어두는 것이 좋다.

샌드박스 페이지 템플릿

샌드박스 테마는 두 개의 페이지 템플릿이 포함돼 있다. 이 템플릿들이 워드프레스에 있는 템플릿이나 기능과 연관되어 있기 때문에 템플릿의 이름이 조금 헛갈릴 수 있다.

샌드박스에 포함된 첫페이지 템플릿은 archives.php이다(파일 이름이 복수형이다). 아카이브에 있는 포스트를 보여주는 대신에, 이 페이지는 카테고리별 또는 월별 아카이브를 내용의 모든 내용과 링크를 함께 보여주는 페이지이다.

이 페이지 템플릿은 저자별 아카이브를 포함하게 확장할 수 있다.

```
<li id="author-archives">
  <h3><?php _e( 'Archives by Author', 'sandbox' ) ?></h3>
  <ul>
    <?php wp_list_authors() ?>
  </ul>
</li>
```

태그 클라우드를 추가할 수도 있다. 워드프레스 태그 클라우드는 워드프레스 2.3부터 포함되었다. 태그 클라우드는 태그를 태그가 적용된 글의 숫자가 클수록 크게 보여준다. 이 기능은 최신 워드프레스를 사용하면서 태그 기능을 사용할 때에만 유용하다. 기본적으로 wp_tag_cloud() 함수는 구조적으로 정리되지 않은 링크 태그들을 보여주기 때문에 함수에 포맷을 위한 파라메터를 넘김으로써 이 페이지 템플릿의 다른 부분처럼 보이게 할 수 있다.

```
<li id="tag-archives">
  <h3><?php _e( 'Archives by Tag', 'sandbox' ) ?></h3>
  <p><?php wp_tag_cloud('format=list); ?></p>
</li>
```

Links.php는 샌드박스가 제공하는 두 번째 템플릿이다. 보통 제어판에서 추가한 링크는 사이드바의 스페셜 링크 위젯에서 사용된다. Links 페이지 템플릿은 이 기능을 페이지로 확장해서 링크가 옆에서 작게 보이기보다는 별도의 페이지에서 페이지의 링크들을 보여줄 수 있게 한다.

이 기능은 워드프레스를 CMS로 사용할 때나 한 페이지에 링크가 많이 있을 때 매우 유용하다. 실제로 사이트 관리자를 위한 링크 카테고리를 만들어서 각 카테고리별 커스텀 페이지 템플릿을 만들 수 있다. 예를 들어 사이트가 워드프레스에 대한 좋은 웹사이트의 링크 페이지를 가진 경우가 있을 것이다. 테마용으로 하나 플러그인용으로 하나 정도 말이다. 커스텀 페이지 템플릿을 사용해서 사이트 관리자가 제어판에서 페이지를 만들고 관리할 수 있다. 그리고 각 링크 카테고리를 위한 워드프레스 페이지를 만들고 적당한 페이지 템플릿을 적용한다. 각 페이지 템플릿은 특정한 카테고리 안에 있는 링크만을 가져온다.

```php
<?php wp_list_bookmarks('category=6' ); ?>
```

> ✎ **참고** 카테고리 ID 번호를 알아내는 가장 쉬운 방법은 Edit 메뉴에서 카테고리 이름 위에 마우스를 가져다 댄 상태에서 브라우저 하단의 윈도우 상태바를 확인하는 것이다. 링크 카테고리는 포스트나 페이지 카테고리와는 다르다는 것을 알기 바란다.

커스텀 페이지 템플릿은 매우 강력한 도구다. 미리 정의된 템플릿 타입에서 콘텐츠를 위한 적당한 템플릿을 찾을 수 없다면, 언제나 소매를 걷어붙이고 커스텀 템플릿을 만들어서 새로운 것을 만들어내면 된다. 이 방법을 통해 워드프레스에서 벗어난 기능을 사이트에서 사용할 수 있다.

테마 계층구조와 자식 테마

지금까지 8장에서는 샌드박스를 수정해서 새로운 이름을 주고 자신만의 테마를 만드는 것에 대해 이야기했다. 이 방법은 테마를 만드는 좋은 방법이고 개발팀이 일하는 방식이다. 우리는 어디에 템플릿 파일과 CSS 파일이 있고 수정되어야 하는지 알기 때문에 이 방법은 우리에게는 좋은 방법이었다. 테마 자체는 그 자체로 잘 동작하므로 우리의 일하는 흐름과 개발 노력을 최소화할 수 있었으며, 샌드박스 테마 자체는 자주 업데이트되는 것도 아니다. 완벽해서가 아니라 구조가 매우 탄탄하기 때문이다.

하지만 워드프레스 테마 기능도 빠르게 변화하고 있다. 워드프레스 2.7 릴리스와 함께 자식 테마 기능을 사용할 수 있게 되었다. 워드프레스 2.7 이전에도 자식 테마를 구현할 수는 있었지만, 템플릿 파일 상속이 포함되고 나서야 정말 사용할 만한 기능이 되었다. 자식 테마는 이미 존재하는 테마나 테마 프레임워크를 가져다가 훌륭한 부분을 사용하고, 확장하고 수정하고 권한을 부여하며 부모 테마가 업데이트될 때까지 테마의 요청사항을 만족시킬 수 있게 해준다. 테마 개발에 대한 기본을 익힌 후에는 편안함을 느낄 만한 개발 프레임워크를 선택해서 자식 테마를 개발하는 것을 추천한다(몇몇 개발 프레임워크를 아래에 소개했다). 자식 테마는 워드프레스 테마 개발의 나아갈 방향이다.

이 개념은 몇 가지 이유에서 매우 혁신적이다. 먼저, 이 방법은 테마 프레임워크의 길을 활짝 열어주었다. 샌드박스 같은 단단한 기초를 기반으로 상속을 통해서 수많은 변종을 만들 수 있다. 샌드박스 테마는 매우 평범한 모양으로 설계되고 기획되었지만, 자식 테마를 사용해서 모든 CSS 연결고리를 상속하고 마이크로포맷 기능을 사용하면서 자신만의 색을 입힐 수 있다. 기본적으로 좋은 부분을 취하고 새로운 것을 만든다고 할 수 있다.

둘째, 부모 테마의 업데이트로 인해서 자식 테마를 커스터마이징한 것이 덮어써지지 않는다. 이전에는 자신의 테마를 만들려고 수정을 하면, 부모 테마가 업그레이드되었을 때에는 수정사항을 하나하나 적용해야 했다. 코드 관리 시스템으로 할 수 있는 작업이기는 하지만 이는 매우 힘든 작업이다. 또한 일부 수정된 내용을 적용하는 것을 잊어버리는 경우도 발생할 수 있다.

세 번째, 이 방법은 테마 관리자에서 자동으로 업데이트되는 방법을 사용할 수 있게 해준다. 때로는 테마 템프릿이 크로스-사이트 스크립팅 문제 등과 같은 보안문제를 안고있을 수도 있다. 제대로 상속된 자식 테마를 사용하면 부모 테마가 자동 업데이트되면서 자식 테마에 영향을 미치지 않으면서 보안문제를 해결할 수 있다. 이 방법은 사이트를 더 안전하게 만들어준다.

하지만 문제점도 몇 가지 있다. 이 자식 테마에 영향을 미치지 않는다는 기능은 장점뿐 아니라 단점도 있다. 특정한 템플릿 파일을 자신만의 수정을 통해 오버라이드했다면, 부모 테마의 개선사항이 반영되지 않을 것이다. 실제로 그렇기 때문에 보안문제가 생길 수 있다. 보안문제가 있는 템플릿을 복사해서 사용하다가 부모 테마를 수정했는데 파일에는 적용되지 않아서 문제가 있는 상태가 계속 보존될 수도 있다. 이런 문제는 보안문제뿐만 아니라 모든 추가 개선사항에 적용된다. 따라서 자식 테마를 사용한다고 코드 관리 프로세스가 필요없는 것은 아니다.

또한, 이 방법은 CSS 부하를 증가시킨다. 일반적으로 자식 테마는 부모 테마 위에 만들어진다. 그리고 실제로 CSS가 그렇게 앞의 것을 덮어쓸 수 있게 만들어져 있다. CSS의 C가 cascading계층적인을 의미하듯이 말이다. 이런 계층적인 동작방식은 편리하지만 전체 CSS가 커지게 된다. 자식 테마는 부모 테마의 전체 CSS와 자신이 덮어쓸 부분을 포함하게 되기 때문이다. 즉 어쩔 수 없이 그 모든 CSS를 브라우저가 받아 처리해야 한다.

지금까지 자식 테마의 장점에 대해 이야기했고 우리도 이 멋진 방법을 많이 사용할 예정이다. 원래의 테마 프레임워크를 그대로 유지하고 개별 사이트를 위해서 확장하면서 계속적으로 테마의 CSS와 함수의 기능을 사용하고 위에 언급한 장점을 이용할 수 있기 때문이다. 다시 말하지만, 자식 테마기능을 사용하는 것이야 말로 테마 개발의 미래이며 가장 추천하는 방식이다.

자식 테마가 실제로 어떻게 동작하는지 살펴보고 자식 테마를 만들려면 무엇이 필요한지를 살펴보길 바란다. 처음으로 할 일은 부모로 쓸 테마를 결정하는 일이다. 부모 테마는 꼭 테마 프레임워크일 필요는 없다. 어떤 테마든지 아래 조건을 만족시킨다면 부모 테마로 사용할 수 있다.

▶ 테마의 저작권이 확장하는 것을 허용하는 경우
▶ 부모로 쓸 테마가 자식 테마가 아닌 경우

이제 샌드박스 테마 위에 자식 테마를 만들어보자. 8장의 위에서 말했다시피 다른 테마를 기반으로 자신만의 테마를 만들려면 style.css에 한 줄을 추가해야 한다. 이 줄에 부모로 사용할 테마의 위치를 워드프레스에게 알려주어야 한다. 주석 안에 있는 변수가 테마의 폴더 이름이 되어야 한다. 이때 주로 서버에 올라가게 될 것이므로 대소문자를 구별해주는 것이 좋다. 이 경우에는 다음과 같은 줄을 추가한다.

```
Template: sandbox
```

더 잘 이해하기 위해서 예시 자식 테마의 헤더는 다음과 같을 것이다.

```
/*
Theme Name: A Sandbox Child Theme
Theme URI: mirmillo.com
Description: A sample sandbox child theme
Author: David Damstra
Author URI: mirmillo.com
Template: sandbox
Version: 1.0
*/
```

앞에서 이야기했던대로 style.css에 제대로 형식을 갖춘 헤더를 넣고 다른 것과 겹치지 않는 폴더 이름에 넣으면 워드프레스가 테마를 인식한다.

다음 단계는 CSS를 부모 테마로부터 가져와서 자식 테마의 기초가 되도록 하는 일이다. 추가로 예제 폴더에서 레이아웃을 가져온다.

```
/* 샌드박스의 기본 스타일 로드 */
@import url('../sandbox/style.css');

/* /examples/ 폴더에서 좌측에 사이드바가 있는 2단 레이아웃을 로드 */
@import url('../sandbox/examples/2c-r.css');
```

샌드박스의 style.css는 원래 칼럼이 두 개면서 사이드바가 왼쪽에 있는 레이아웃을 기본으로 읽어들인다. 뒤에 있는 것이 이전에 있는 CSS를 덮어쓰기는 하겠지만, CSS 오버헤드를 줄이기 위해서 샌드박스에 있는 기본 레이아웃 읽어들이는 부분을 주석처리하고 싶을 수도 있다. 그렇게 되면 나중에 샌드박스가 업데이트될 때 같은 작업을 다시 해야하므로 이 수정을 할지 말지는 선택에 달렸다. 만약 자식 테마가 cs-l을 사용하고 있다면 위 예제의 import 라인은 무시해도 좋다.

> ✏️ **참고** 이 취지는 추가로 인클루드하고 싶은 CSS 프레임워크가 있다면 가져오기 쉽게 하는 것이다. Yahoo YUI나 BluePrint나 자신만의 프레임워크를 사용하고 싶다면 말이다.

이제 워드프레스 제어판의 **테마 디자인** 항목에서 테마를 활성화할 수 있다. 이제 완전히 동작하는 자식 테마를 일단 완성한 것이다. 부모 테마를 복사한 것에 지나지 않아서 별 특별한 것은 없겠지만 말이다. 나머지 스타일시트는 뒤의 것으로 앞의 것을 덮어쓸 수 있고 때로는 상세한 것이 덜 상세한 속성을 덮어쓰는, 일반적인 CSS 법칙과 같은 방식으로 동작한다. 자식 템플릿이 순서상으로 뒤에 오기 때문에 기본적으로 앞의 것을 덮어쓴다.

　CSS에 대해 자세히 설명하는 것은 이 책의 범위를 벗어나지만, 예제를 조금 만들어보자. 하얀 바탕에 검정색 명조체 글씨는 정말 이쁜 디자인은 아니다. 완성된 것처럼 보이지도 않는다. 자식 테마를 핑크색 배경에 글자체도 바꾸고 링크를 핫핑크로 만들어보자. 그렇게 수정한 다음 style.css를 보자.

```
/*
Theme Name: A Sandbox Child Theme
Theme URI: mirmillo.com
Description: A sample sandbox child theme
Author: David Damstra
Author URI: mirmillo.com
Template: sandbox
Version: 1.0
*/

/* 샌드박스의 기본 스타일 로드 */
@import url('../sandbox/styles.css');

/* /examples/ 폴더에서 좌측에 사이드바가 있는 2단 레이아웃을 로드 */

@import url('../sandbox/examples/2c-l.css');

body {
    background: #E0A3BD;
    color: #333;
    font: 100%/1.5 calibri, arial, verdana, sans-serif;
}

a, a:link ,a:link ,a:link, a:hover {
    background:transparent;
    text-decoration:underline;
    cursor:pointer
}
a:link {color:#D74C4C}
a:visited {color:#F91DFC}
a:hover,a:active {color:#FFF688}
```

이제부터 Firebug(또는 자신의 브라우저에 딸린 인스펙터)를 잘 사용할 때다. 인스펙터를 사용해서 현재 CSS가 다양한 엘리먼트에 어떻게 적용됐는지 확인하고 자식 테마의 CSS 파일에서 수정하면 된다. 다시 강조하지만, 순서가 뒤에 오거나 자세할수록 CSS가 적용되는 우선순위가 높아진다는 것을 잊지 않길 바란다.

이제 자식 테마를 어느정도 수정했는지에 따라 간단할 수도 있고 좀 복잡할 수도 있다. CSS를 고치는 것만으로도 완전히 특별한 테마를 만들 수도 있다. 또는 자식 테마가 완전히 새로운 템플릿을 가진 새로운 템플릿으로 재탄생할 수도 있다. 보통은 그렇게까지 수정하는 것은 자식 테마 기능을 사용하는 목적에 부합하지 않아서 그렇게까지 하지는 않긴 하지만 말이다.

이제 어떻게 동작하는지 알아보자. 워드프레스가 어떤 템플릿 파일을 사용해야 할지 결정할 때, 그 파일을 찾기 위해 자식 테마를 먼저 뒤진다. 파일이 없으면 그다음에 부모 테마의 디렉터리를 찾는다. 워드프레스는 부모 테마의 템플릿 파일보다 자식 테마의 템플릿에 더 우선순위를 두므로 부모 테마의 중요 기능을 그대로 잘 유지한다면 특정한 템플릿을 덮어쓸 수 있다. 또는 자식 테마가 커스텀 페이지 템플릿을 추가해 사용하면서 기본 템플릿을 부모로부터 가져올 수도 있다. 여러 가지 가능성과 방법이 있지만 앞에서 말한대로 몇몇 제약사항이 있다.

가장 쉽게 구현하는 방법은 수정하려는 템플릿 파일을 부모로부터 복사해서 수정한 후에 자식 테마 디렉터리에 복사한 후 수정을 하는 것이다.

예를 들어, 샌드박스 테마의 글쓴이 템플릿은 완벽하게 동작하지만, 템플릿에 글쓴이의 이미지를 추가하고 싶다고 하자. 이런 수정은 저자가 그라바타를 가지고 있다면, 오토매틱 사의 그라바타 서비스를 사용해서 쉽게 만들 수 있다.

먼저, 샌드박스로부터 author.php 템플릿을 복사해서 자식 테마 디렉터리에 넣는다. 둘째, 자식 테마를 수정해서 그라바타를 보여주도록 한다. 다음과 같이 수정될 것이다.

```php
<?php get_header() ?>
<div id="container">
  <div id="content">
    <?php the_post() ?>
    <h2 class="page-title author">
      <?php printf( __( 'Author Archives: <span class="vcard">%s</span>',
      'sandbox' ), "<a class='url fn n' href='$authordata->user_url'
        title='$authordata->display_name' rel='me'>
```

```
        $authordata->display_name</a>" ) ?>
    </h2>
        <span style="float:right; padding: 5px; background: #fff;
            border: 1px solid #333;">
            <img alt="<?php echo $authordata->display_name; ?>"
            src="http://www.gravatar.com/avatar/
            <?php echo md5( strtolower(get_the_author_email()) );
            ?>.jpg?s=256" />
        </span>
        <?php
        $authordesc = $authordata->user_description;
        if ( !empty($authordesc) ) {
            echo apply_filters( 'archive_meta',
            '<div class="archive-meta">' .
            $authordesc . '</div>' );
        }
        ?>
```

글쓴이 설명 바로 앞에 <span> 태그가 새로 생긴 것에 주목하라. CSS와 같이 동작하면 다음 그림 8-6처럼 나타난다.

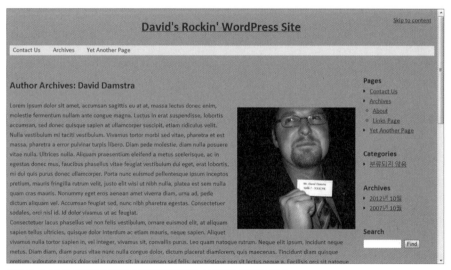

그림 8-6 자식 테마를 이용하면 특정 페이지에 스타일을 바꾸기 쉽다.

자식 테마를 자식 테마만의 functions.php로 확장할 수 있다. 워드프레스는 자동으로 부모 테마의 함수를 읽어들이지만, 추가로 자식 테마 함수도 읽어들인다. 함수이름을 지을 때 잘 지어야 한다. 자신의 테마 함수가 부모 테마의 함수 이름이랑 겹치지 않게 해야 한다. 기능을 덮어써야 할 일이 생기면 새로운 함수를 만든 후에 자신의 함수를 부르도록 템플릿 파일을 수정하는 방법을 추천한다.

앞에서 했던 것과 비슷하게, 샌드박스 테마의 `sandbox_globalnav()`라는 함수를 오버라이딩한다고 하자. 새로운 함수를 겹치지 않는 이름으로 만들고 자식 테마에 만들면 된다. 그리고 `header.php` 템플릿을 샌드박스 테마로부터 복사해서 자신의 테마에 복사하고 자신이 만든 새로운 함수를 실행하도록 수정한다.

예를 들어서, 저자의 사진 예제를 가지고 그라바타 이미지를 생성하는 코드를 여러곳에서 사용할 수 있는 함수로 만들어보자. 자식 테마 디렉터리에 functions.php를 생성하고 다음과 같은 코드를 넣는다.

```php
<?php
/* 자식 테마 함수 부분 */

function ddamstra_showGravatar($authordata, $size=100) {
  if ($size < 80 ) { $size = 80; }
  if ($size > 512) { $size = 512; }
  echo '<img alt="'.$authordata->display_name.'
    " src="http://www.gravatar.com/avatar/'.
    md5( strtolower($authordata->user_email)).'.jpg?s='.$size.'" />';
}
```

이 함수는 두 개의 매개변수를 받는데, 하나는 `$authordata`이고, 다른 하나는 너비가 100px인 `$size`이다. 그라바타 API의 추가 매개변수를 사용할 수도 있지만 일단 기본값만으로도 충분하다. 두세 가지 정도의 값을 사용해서 이미지의 최소/최대 크기를 설정할 수 있다. 마지막으로, 이 함수는 HTML 결과물을 템플릿에 리턴한다.

다음 단계는 author.php를 수정해서 그라바타를 직접 호출하는 대신에 이 함수를 호출하게 하는 것이다.

```php
<span style="float:right; padding: 5px; background: #fff; border: 1px
  solid #333;">
  <?php ddamstra_showGravatar($authordata, 200); ?>
</span>
```

지금까지 보아왔듯이, 자식 테마는 워드프레스 테마 개발 세계의 강력한 무기다. 기존 테마를 사용해서 새로운 테마를 빠르게 만들어서 바로 사용할 수 있고, 자신만의 테마를 위해서 필요한 부분만을 수정하거나 확장하면서 기반이 되는 테마의 업그레이드 가능성을 보장할 수 있다.

이 기능이 워드프레스 업그레이드에 포함된 지는 오래됐지만, 버전 2.7이 되어서야 자식 테마가 완전하게 구현되었다. 이 기능은 테마 기능의 기반을 흔드는 일이고, 아직 이 기능을 사용한 주요 테마는 별로 없다. 이 글을 쓰는 지금까지는 이 기능에 대한 튜토리얼도 많지 않지만, 이 글을 읽을 때쯤이면 자식 테마는 테마를 개발하는 매우 기본적인 기능이 되어 있을 것이다. 테마를 개발하는 디자인 팀이 각 테마를 처음부터 직접 코딩을 하더라도 기반을 가지고 시작을 하면 기본적인 기능이 이미 구현돼 있다는 장점으로 인해 효율성을 높여주고 연속성을 가지는 개발이 될 수 있도록 도와준다. 또한 팀이 익숙한 CSS 마크업을 사용할 수 있다는 장점도 가진다. 유명한 부모 테마를 사용하건, 직접 개발한 부모 테마를 사용하건 장점은 같다.

프리미엄 테마와 그 밖의 테마 프레임워크

8장에서 지금까지 샌드박스 테마의 좋은 점을 주로 이야기했고, 대부분의 예제에서 샌드박스 테마를 사용했다. 하지만 샌드박스만이 유일한 테마는 아니며 모든 개발팀에게 최고의 테마 프레임워크는 아닐 수도 있다.

위에 설명했듯이, 샌드박스는 경험이 많은 PHP 개발자에게 어울린다. 뒤에 알아볼 테마 중 어떤 것은 추상화 단계가 다른 것도 있고, functions.php 파일에 다양한 함수가 있는 것도 있다. 보통 이 추상화 기능을 통해서 테마를 워드프레스 제어판에서 수정할 수 있도록 하는 기능을 제공한다. 이런 기능은 PHP에 익숙하지 않으며, 개발자에게 의뢰하기보다는 사이트 관리자가 직접 수정하는 것을 선호하는 고객에게 좋은 기능이다.

프레임워크를 선택하는 가장 좋은 방법은 한번 써보고 결정하는 것이다. 코딩 스타일과 필요에 맞는 테마 프레임워크나 테마를 찾아서 써보는 것이 좋다. 어느 테마든 (저작권이 허용하는 한에서) 자식 테마를 만들 수도 있고 직접 수정할 수 있다. 하지만 워드프레스 2.7부터 제공하는 새로운 자식 테마 기능은 테마 프레임워크 기능을 아주 잘 쓸 수 있게 해준다. 이 글을 쓰는 시점에서 유명한 테마 프레임워크 몇 가지를 간단하게 소개한다. 아주 많은 프레임워크가 있으므로 더 찾아보길 바란다.

테마에 관한 용어는 다양하게 사용된다. 잡지형 테마라든지 프리미엄 테마 등의 용어는 여러 사람에게 각각 다른 의미로 쓰인다. 프리미엄이라는 단어는 때로는 유료라는 뜻으로 쓰이고 때로는 관리자 화면을 제공한다는 의미로 쓰이기도 한다. 심지어 어떤 테마는 무료이면서도 상업적인 테마라고 불리우기도 한다. 테마 프레임워크는 그 위에 한번 더 테마를 개발하는 용도로 만들어졌다는 의미다. 그 자체만으로도 동작하기는 하지만, 기본적으로는 확장해서 사용하려고 만들어졌다.

Revolution 테마

Revolution 테마는 워드프레스 테마의 개척자이자 테마 개발의 표준을 만들어나가는 테마다. Revolution 테마는 잡지 스타일을 처음으로 소개한 테마이고 워드프레스가 블로그 엔진에서 머무르지 않고 CMS 솔루션으로 발전하는 데 기여했다. 잡지 스타일의 테마가 소개됨으로써 워드프레스는 블로그의 모양에서 일반적인 웹사이트 모양도 만들 수 있게 되었다. 또 Revolution 테마는 가장 처음 소개된 유료 테마들 중 하나이기도 하다.

    Revolution 테마는 현재 더 이상 업데이트되지 않고 공식적으로 은퇴한 상태다. 현재 이 테마를 개발한 브라이언 가드너^{Brian Gardner}는 새로운 테마를 만들고 자신의 회사 StudioPress의 http://studiopress.com을 통해 잡지형 테마라는 새로운 테마를 제공하고 있다.

Hybrid 테마

저스틴 태들록^{Justin Tadlock}이 만든 Hybrid 테마 프레임워크는 무료지만 테마 문서와 튜토리얼, 그리고 지원 게시판의 접근에 대해서는 돈을 받고 있다. 이 테마는 수많은 기능을 관리하고 CSS 연결고리들을 켰다 껐다 할 수 있는 훌륭한 관리자 화면을 제공한다. Hybrid 테마는 자신을 기반으로 만들어진 몇 가지 자식 테마를 제공한다.

    이 테마는 샌드박스 테마의 장점을 잘 받아들여서 body 태그와 포스트를 위한 다양한 CSS 연결고리를 제공한다. 또한 기본 설치에서 9개의 위젯을 사용할 수 있는 영역과 무려 18개의 페이지 템플릿을 제공한다. 이 커스텀 페이지 템플릿은 사용법만 배우면 여러 가지 용도의 페이지를 구현할 수 있어서 테마 개발에 많은 도움이 된다.

    마지막으로, Hybrid 테마는 포스트와 페이지 쓰기 화면을 위한 자신만의 메뉴를 제공해서 추가 사항을 입력할 수 있게 해주고, 검색 엔진 최적화를 할 수 있도록 도와준다.

    이 테마에 대한 추가 정보는 http://themehybrid.com/에서 찾을 수 있다.

Thematic 테마

Thematic은 이안 스튜어트[Ian Stewart]가 개발한 테마 프레임워크다. Thematic 테마는 무료고, 이미 이 테마를 기반으로 많은 자식 테마가 개발되었다. 자식 테마는 무료도 있고 유료인 것도 있다. 이 테마에는 몇몇 값을 수정하는 간단한 관리자 화면이 있다.

이 테마의 기능 중 두 가지는 매우 매력적이다. 먼저, 이 테마는 샌드박스 테마를 조상으로 하는 테마다. 샌드박스에서 볼 수 있는 훌륭하고 풍부한 CSS 연결고리들이 Thematic 테마에 녹아들어 있고, 또 기능이 확장되었다. 두 번째 훌륭한 기능은 이 테마가 13개의 위젯을 넣을 수 있는 영역을 제공한다는 점이다. Thesis 테마의 OpenHook 테마처럼 Thematic 테마는 사이트 관리자가 페이지의 다양한 공간에 콘텐츠를 넣을 수 있게 해주는데, 이 기능을 Thesis보다 나은 방식인 위젯 방식으로 제공한다.

Thematic 테마에 대한 더 많은 정보는 http://themeshaper.com/thematic/에서 찾을 수 있다.

Thesis 테마

Thesis 테마 프레임워크는 크리스 피어슨[Chris Pearson]이 만들었고 한번 구매하면 평생 업데이트를 제공하는 개인 저작권과 개발자 저작권 방식을 제공하는 매우 강력한 유료 테마이다. 이 테마는 많은 글자체 디자인과 자유로운 화면 배치 기능을 제공한다. Thesis 테마의 특별한 장점은 관리자 화면이다. 관리자 화면에서 사이트 관리자나 디자이너가 코드를 수정하지 않고 화면 배치를 수정할 수 있다. Thesis의 디자인 관리자 화면에서 템플릿 파일을 수정하지 않고 화면 배치를 수정하고 CSS를 설정할 수 있다.이 테마는 PHP와 HTML, CSS를 모르는 사이트 관리자나 디자이너가 사용하기 쉽다. 물론 관리자가 위의 것을 알고 있다면 이 테마를 사용해서 더 많은 것을 할 수 있다.

Thesis 테마는 페이지의 다양한 위치에 자신만의 코드를 넣을 수 있는 연결고리들을 가지고 있다. 이 기능은 HTML에 대해서는 조금 알지만 템플릿 파일을 수정하고 싶지 않거나 수정할 줄 모르는 사람에게 매우 강력한 기능이다. Thesis의 템플릿 파일을 일반적으로 수정하지는 않지만 말이다. 모든 수정사항은 데이터베이스에 저장된다.

Thesis 테마에 대한 추가 정보는 http://diythemes.com에서 찾을 수 있다.

샌드박스 테마

샌드박스 테마는 앤디 스켈턴Andy Skelton과 스콧 앨런 웰라이크Scott Allan Wallick가 만들었고, 워드프레스 테마 프레임워크의 조상으로서 많은 프레임워크가 이 프레임워크의 특징을 차용하고 있다. 샌드박스 테마가 모든 기능을 가지고 있지는 않고 많은 페이지 템플릿 기능을 가지고 있거나 위젯을 추가할 수 있는 영역을 가지고 있지는 않지만, 이런 점들은 샌드박스가 의도한 특징이다. 샌드박스 테마는 CSS 연결고리에 특화되어 있어서 CSS 젠 가든Zen Garden 같은 방식의 개발을 지향한다. 샌드박스의 가장 훌륭한 기능은 샌드박스가 제공하는 마크업이다.

샌드박스 테마에 대한 더 많은 정보는 http://www.plaintxt.org/themes/sandbox/와 http://code.google.com/p/sandbox-theme/에서 찾을 수 있다.

부분적인 테마

최근에는 테마의 일부분을 파는 경우도 있다. 부분 테마는 실제로는 잘 만들어진 템플릿 파일에 지나지 않는다. 예를 들어, 전체 테마를 파는 것이 아니라, 코멘트 부분의 테마만을 파는 사이트도 있다. 매우 재미있는 아이디어이고, 제공하는 예제도 꽤 멋있어 보인다.

하지만 나머지 테마와 잘 어울리고 멋지게 보이기 위해서는 다른 테마 코드들과 잘 합쳐져야 한다. 그렇지 않으면 헝겊 조각을 기워서 만든 조각보 같아 보이는 테마가 되어버릴 것이다.

8장에서는 어떻게 테마를 관리하고 구조적으로 만들어서 콘텐츠를 잘 보여줄 수 있는지에 대해 다뤘다. 테마는 사이트의 얼굴이고 콘텐츠가 얼마나 훌륭하건 어떻게 보이느냐에 따라서 사용자 경험은 매우 달라질 수 있다. 아마추어같아 보이는 테마는 사이트의 신뢰도를 해칠 수 있고 멋지고 훌륭해 보이는 테마는 전체적인 사용자 경험을 개선할 수 있다. 9장에서는 외부의 콘텐츠를 어떻게 가져오는지와 외부 콘텐츠들을 워드프레스에서 어떻게 잘 활용해서 사용자 경험을 더 좋게 할 수 있는지에 대해 다룬다.

콘텐츠 수집

9장에서 다루는 내용

▶ 자신의 콘텐츠가 돋보이게 하는 방법

▶ 워드프레스 사이트로 다양한 소스를 가져오는 방법

▶ 워드프레스에서 다른 사이트로 내보내기 하는 방법

▶ 수익을 창출하기 위해서 광고를 하는 방법 이해

소셜 웹사이트가 늘어남에 따라 자신의 홈페이지뿐만 아니라 여러 곳에서 자신을 홍보할 수 있게 되었다. 아마 여러분도 친구, 가족, 사업적 관계 또는 공통 관심사를 가진 사람들과 여러 소셜 네트워킹 사이트를 사용하고 있을 것이다. 하지만 자신의 모든 온라인 활동을 한 곳에서 볼 수는 없을 것이다. 아마도 구글을 제외하고서는 말이다. 만약 자신의 그 모든 것들을 한 곳에 모을 수 있다면 어떨까? 그것을 라이프스트림이라고 부른다.

9장은 외부에서 콘텐츠를 자기 자신의 홈페이지로 가져오는 것에 대해 설명한다(대부분 소셜 네트워킹 사이트에서 가져오는 것을 다루지만 그것이 전부는 아니다). 그리고 자신의 콘텐츠를 다른 소셜 사이트나 피드에 내보낼 수도 있다. 우리는 가장 널리 사용되는 소셜 네트워킹 사이트인 페이스북, 트위터, RSS 등에 대해 다룰 것이다. 또 우리는 구글 맵 같은 콘텐츠 사이트를 API를 통해 사용할 수 있는지, 그리고 다른 사이트와 연결하려면 워드프레스 API를 어떻게 사용해야 하는지도 알아보겠다.

라이프스트림이란

간단하게 말해서 라이프스트림이란 각종 소셜 네트워크와 여러 장소에 있는 자신의 활동의 결과물들을 한 곳에 모은 것이다. 어쩌면 각 소셜 네트워크의 목표와 대상이 매우 다르므로, 자신의 콘텐츠를 한 곳에 모으지 않고 여러 곳에서 퍼질 수 있도록 하는 것이 정답일 수도 있다.

이제는 선택이 필요할 때다. 콘텐츠를 여러 곳으로 내보낼 것인가? 계속적으로 소셜 네트워크를 대상별로 각각 운영할 것인가? 콘텐츠가 각 사이트에서 사이트로 모두 보내져서 복제되어야 할까? 쉽지는 않겠지만 모든 콘텐츠를 한 곳으로 모을 것인가? 이 책의 목적은 콘텐츠가 모두 모이는 그 한 곳으로서 워드프레스를 이용할 수 있도록 돕는 일이다.

먼저 어디에서 자신의 블로그로 콘텐츠를 가져올지 결정해야 한다. 아마 너무 많은 곳에서 활동하고 있어서 힘든 결정일 수도 있다. 또 고려할 점 하나는 블로그를 보는 사람이 누구인가 하는 점이다. 인터넷은 누구나 볼 수 있다는 특성을 지녔기 때문에 무엇이든 인터넷에 올리면, 그 곳에서 누군가 그 정보를 보게 될 것이다.

또 하나 고려해야 할 사항은 어떤 웹사이트가 콘텐츠를 워드프레스로 가져올 수 있는 방법을 제공하는가 하는 점이다. 많은 웹서비스가 정보가 퍼져나가는 것을 장려하지만, 어떤 서비스들은 (페이스북이 대표적이다) 자료를 꼭꼭 잠궈놓고 정보가 들어오는 것만을 허용한다. 한편 페이스북도 페이스북 커넥트^{Facebook Connect} 등과 같은 방법을 통해 조금씩 자신을 개방하고 있다. 9장에서는 외부, 즉 API를 통해 푸시받은 콘텐츠와 워드프레스의 플러그인이나 코드를 통해서 콘텐츠를 합치는 방법을 배운다.

어떤 서비스와 콘텐츠를 블로그로 가져오고 싶은가? 예를 들어 딜리셔스와 Digg 같은 서비스는 재미있는 링크나 참고자료를 다른 이들과 공유할 수 있게 한다. 플리커는 최근에 올린 사진을 사이트에서 보여줄 수 있게 하고, 유튜브를 통해서는 최신 비디오를 보여줄 수 있다. Last.fm을 사용한다면 현재 듣고 있는 음악을 보여줄 수도 있고 최근 많이 사용하는 서비스인 트위터를 통해 현재 무엇을 하고 있는지도 보여줄 수 있다. 워드프레스를 운영하는 주체가 회사라면 링크드인과 다른 직업 정보 사이트들을 연동할 수도 있고, 또 인터넷 여기저기 흩어진 정보를 한 곳에 모을 수도 있다.

얼마나 많은 정보를 모을지도 정해야 한다. 정보를 전체를 가지고 와서 그대로를 보여줄 것인가? 아니면 일부만 보여주고 흥미를 끌은 후 다른 곳으로 트래픽을 넘길 것인가? 얼마나 자주 할 것인가? 일간 요약본을 보여줄 것인가? 아니면 거의 실시간으로 보여줄 것인가?

자신의 워드프레스를 노출하는 방법

자신의 인터넷상에서의 활동을 한 곳으로 모으고 싶어하는 이유는 여러 가지가 있을 수 있다. 가장 큰 이유는 자신을 홍보하는 등의 퍼스널 브랜딩일 것이다. 의도적이든 아니든 보통 이것이 블로그를 운영하는 가장 큰 목적이다. 퍼스널 브랜딩은 자신의 전문적인 이미지를 만들어가기 위해서 많은 곳에서 가져온 정보를 통해 자신의 이미지를 온라인상에서 구축하는 것이다.

자신의 온라인상의 이미지를 향상시키려고 사람들은 자신의 온라인상의 활동을 한 곳으로 모은다. 이렇게 한곳에 모음으로 인해 자신이 커뮤니티나 전문적인 모임에서의 활동을 일목요연하게 보여줄 수 있다. 이렇게 함으로써 자신의 전문성을 보여줄 뿐 아니라 블로그의 독자 폭도 넓힐 수 있다. 또한 여러 사람들과의 사업상 네트워킹 공간으로서도 활용할 수 있다.

블로그를 비지니스 목적으로 사용하지 않더라도 자신의 취미나 또는 열정을 가진 모든 분야에서도 같은 효과를 얻을 수 있다. 집에서 맥주 만드는 모임에서 활동한다고 하면, 그 활동을 한 곳으로 모을 수 있을 것이다. 재치있는 통찰력과 정확하고 풍부한 정보로 사람들에게 주목받는다면, 자신이 속한 분야나 모임에서 전문가로 통하게 될 것이다. 덤으로 콘텐츠에 포함된 링크로 인해 검색 엔진이 여러분을 쉽게 찾을 수 있다. 이것에 대해서는 10장에서 다룬다.

여러 곳에 흩어져 있는 콘텐츠를 한 곳으로 모아야 하는 또 다른 이유는 사람들에게 그 정보를 찾기 쉽게 하기 위해서이다. 예를 들어, 여러분의 사이트가 가족들의 정보 저장소로 사용되거나 회사 뉴스를 알려주는 역할을 할 수 있다. 가족이나 잠재적인 고객이 당신이 하고 있는 활동에 대해 알아보고 싶을 때 이곳저곳 돌아다니려면 힘들다. 아기가 처음으로 걸었다고 트윗을 올렸을 때 어머니가 그 트윗을 볼 수 있을까? 어머니가 트위터가 무엇인지는 알까? 오프라 윈프리가 트위터를 한다는 것을 들어봤을지는 모르지만 어느 채널을 통해 소식을 전할지 모르는데 그 많은 소셜 서비스들을 계속 보고 있을 수 있을까? 고객이 유튜브 홍보 동영상이 있는지도 알 수 없다면 그 동영상을 어떻게 볼 수 있을까? 이렇게 정보를 한 곳으로 모으는 것은 독자가 정보를 한눈에 볼 수 있게 하는 방법이다. 또 결과적으로 이런 콘텐츠 집합소는 정보 집합소이므로 사이트에 많은 트래픽을 가져다 줄 것이다.

또 고전적인 이야기이지만 콘텐츠의 '롱테일'에 대해 이야기해보겠다. 나의 웹사이트는 인터넷상의 콘텐츠를 가진 수억 개의 사이트 중 하나일 뿐이다. 하지만 내가 자주 만나거나 연락하는 사람이나 친구, 친척과 같은 사람은 내 사이트의 독자다. 자신의 콘텐츠를 모아서 보여주는 것은 상황에 맞는 적절한 콘텐츠를 적당히 업데이트함으로써 독자를 모으려는 것이다. 최근에는 블로그 글을 트위터에 올리거나 블로그 글의 요약본을 페이스북에 올리는 등 쉬운 방법을 통해서 콘텐츠를 더 잘 퍼지게 할 수 있다. 전문 단체나 모임과 콘텐츠를 주고받는 것도 자신의 전문적인 분야에서의 위상을 높이는 데 도움이 된다.

소셜 미디어 버튼

자신의 콘텐츠를 남에게 알리고 더 많은 사람이 오게 하는 가장 좋은 방법은 소셜 네트워크 사이트를 활용하는 것이다. 먼저, 사이트에 양질의 흥미로운 콘텐츠가 있어야 한다. 하지만 그런 콘텐츠가 사람들이 알아서 찾아오지는 않는다. 광고를 해야 한다. 적극적이고, 여러분의 사이트에 애정을 가진 방문자라면 링크를 가지고 인터넷에 올릴 것이다. 하지만 기왕이면 이런 일들을 더 쉽도록 해주는 게 어떨까?

워드프레스에 **소셜 미디어** 버튼을 추가하면 블로그의 방문자가 콘텐츠를 그들의 랭킹 시스템이나 콘텐츠 수집 시스템 또는 테크노라티Technorati나 디그 같은 곳에서 사용할 수 있다. 콘텐츠 소비자들이 자신이 좋아하는 콘텐츠를 남들과 공유하게 하고, 여러분의 콘텐츠로 링크되게 하는 것은 '롱테일'의 가장 중요한 개념이다. 취향이 비슷한 사람들이 추천하지 않는다면 당신의 콘텐츠를 발견하는 사람은 거의 없을 것이다. 음악이나 영화 블로그 모두 적용되는 이야기다.

요스트 더 팔크Joost de Valk가 관리하는 Sociable(http://wordpress.org/extend/plugins/sociable/ 또는 http://yoast.com/wordpress/sociable/) 플러그인은 이런 기능을 위한 플러그인이다. Sociable 플러그인은 블로그의 방문자가 콘텐츠를 공유할 수 있게 100여 개의 각종 소셜 네트워킹 사이트를 지원한다. 이 플러그인은 수많은 설정을 지원하며 관리자 도구가 아주 잘 만들어져 있다. 공유를 위해서 어떤 소셜 사이트를 지원할 것인지, 콘텐츠의 일부를 발췌해서 공유할 수 있도록 할지 아니면 자신만을 위해 스크랩하는 것만 지원할지 등을 정할 수 있다. 또 소셜 네트워킹 사이트의 아이콘 위치를 지정하거나 모양 설정하는 기능도 지원한다.

기본 옵션으로 사용하면 그림 9-1과 같은 Share and Enjoy 스니핏을 보여준다.

이 플러그인의 가장 훌륭한 점은 단순함이다. 그냥 사용해도 잘 동작하고 설명대로 모두 훌륭히 동작한다. 블로그 방문자들은 콘텐츠를 읽고서 디그 같은 곳에 공유할 수 있다. 공유하려면 Digg 아이콘을 한 번 클릭해 디그에 로그인하기만 하면 된다.

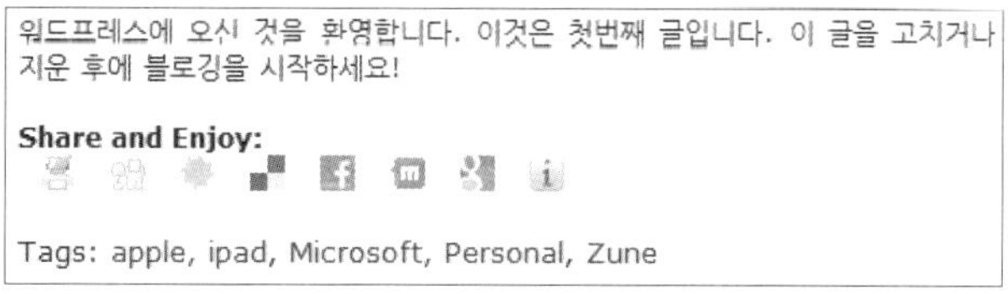

그림 9-1 워드프레스 포스트에 추가된 Sociable의 버튼 모음

이런 방법 외에도 9장에서 다루는 소셜 연동은 또 하나가 있다. 하나는 Sociable 플러그인이 해주는 것과 같이 Slashdot이나 Digg, Reddit과 같이 콘텐츠를 외부의 소셜 네트워크에 퍼지게 하는 것이고, 또 하나는 사이트에서 그 소셜 사이트의 개인 프로필로 링크를 거는 것이다.

자신의 사이트에 소셜 네트워킹 프로필을 링크하면 당신의 사이트를 허브로 만들 수 있다. 이를 통해 당신의 정보가 진짜 당신임을 인증해주기도 하고 당신의 온라인 버전임을 인증해주기도 한다. 프로필을 연결하는 것은 양날의 검과 같다. 왜냐하면 그것이 당신의 온라인에서의 이미지를 인증할 뿐만 아니라 여러 곳에서 각각 다른 이미지를 하나로 연결하기 때문이다. 이렇게 할지는 직접 결정해야 하는데, 문제점에 대해서는 9장 전체에서 충분히 다룬다.

자신이 활동하는 커뮤니티의 프로필을 인증하는 것은 전문가로서 자신의 이미지를 관리하는 면에 있어서는 도움이 되는 일이다. 자신이 어떤 일을 하고 있고, 어떤 것을 할 수 있는지에 대해 남들에게 알릴 수 있다. 자신의 존재를 사이트를 통해 알리는 일은 자신의 인터넷 이미지를 더욱 신뢰감이 있게 한다. 사이트를 방문하는 사람들의 의심을 덜어주고 트위터의 Verified Accounts(인증된 계정)이 되려고 애쓰거나 트위터 아이디를 @theRealDavidDamstraHonest와 같이 바꿀 필요도 없다.

소셜 프로필 링크를 거는 방법으로는 템플릿을 고치거나 HTML 위젯을 사용하는 방법 등이 있다. 일반적으로 소셜 프로필 링크는 거의 바뀌지 않는다. 바뀌더라도 그런 귀찮은 작업들은 플러그인이 알아서 해준다.

예를 들어, 필립 노턴^{Philip Norton}이 관리하는 Social Media Page 플러그인(http://wordpress.org/extend/plugins/socialmedia-page/ 또는 http://www.norton42.org.uk/294-social-media-page-plugin-for-wordpress.html)은 100개 이상의 소셜 미디어 사이트를 지원한다. 설치하고 유저 아이디만 알려주면 링크를 자동으로 걸어준다. 플러그인의 스마트 태그 기능을 사용해서 포스트나 페이지 또는 위젯에 링크를 보여줄 수 있다. 그림 9-2는 그 중 위젯의 예다.

소셜 미디어 페이지를 만드는 것은 아주 쉽다. 새로운 페이지를 만들어 제목을 지정한다. 콘텐츠 작성 페이지를 꼭 HTML 뷰로 바꾸고, 내용에는 다음과 같이 적는다.

```
<!-- social-media-page -->
```

이 스마트 태그가 소셜 미디어 링크로 교체될 것이다. 이것은 모든 온라인 활동을 관리하기 쉽도록 한 곳에서 모으는 좋은 방법이다.

비슷한 역할을 하는 플러그인이 많이 있으니 확인해보고 또 직접 평가해보기 바란다.

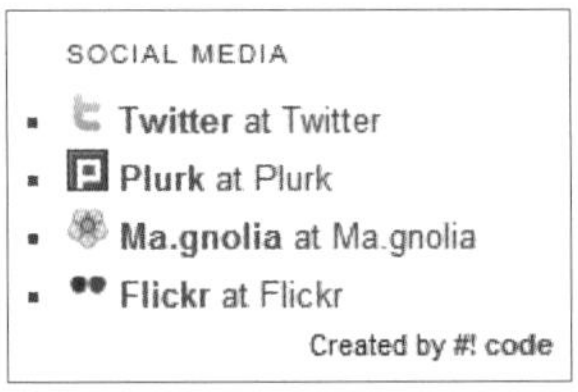

그림 9-2 사이드바 위젯에 배치한 소셜 미디어 페이지

간단한 소셜 네트워킹 배지

소셜 네트워킹 사이트를 자신의 사이트에 링크시키는 방법은 크게 두 가지가 있고, 어느 방법을 사이트에 적용하느냐에 따라서 결과가 많이 달라진다. 그 두 가지의 차이점을 이해하고 어떤 것이 자신에게 맞는지 선택하자.

첫 번째 것은 '간단한 소셜 네트워킹 배지'라고 부르는 것이다. 특정 시간대의 외부 사이트의 활동을 보여주는 것이다. 보통 그 정보는 그 사이트에서 활발하게 활동할수록 빨리 바뀐다. 예를 들어 최근의 트윗이나 페이스북 상태를 보여주는 위젯을 생각해 볼 수 있다.

간단한 소셜 네트워킹 배지는 그 소셜 사이트에 가입했다는 것을 보여주기는 하지만 그것만으로 사이트의 콘텐츠가 풍부해지지는 않는다. 그 소셜 사이트에서 열심히 활동하더라도 소셜 네트워킹 배지는 사이트의 장식으로서의 역할만할 뿐 실질적인 도움을 주지는 못한다.

두 번째 방법은 실제로 콘텐츠를 가져다가, 또는 일부를 가져다가 외부 사이트에서 워드프레스로 옮겨서 재발행하는 것이다. 이렇게 하면 콘텐츠가 원하는 만큼 더 오래 보존된다. 특히 콘텐츠를 보존하기 위해서 제3자에게 의존할 필요 없이 자신의 데이터베이스에 자신의 책임하에 관리할 수 있다.

위 두 가지, 정보를 보여주는 방법과 워드프레스에 재발행하는 방법은 서로 장단점을 가지고 있다. 이제 종속성과 지속성 등 차이점을 알 수 있을 것이다. 9장에서 두 가지 방법의 실례에 대해 다룬다.

소셜 네트워킹 배지를 사용하는 것은 워드프레스에 긍정적인 효과를 가져온다. 운이 좋은 경우에는 트위터나 페이스북에 새로 생긴 팔로워가 제대로 된 글을 읽으려고 웹사이트를 방문할 것이다. 블로그 글을 읽는 사람은 관련된 짧은 각종 업데이트를 보기 위해서 다시 팔로우할 것이다. 어떤 경우건 여러분은 '친구의 친구' 방식을 통해 웹사이트에 사람들을 끌어들일 수 있다.

외부 콘텐츠 모으기

지금까지 워드프레스로 온라인 활동들을 모았을 때의 장단점에 대해 이야기했다. 다음 질문은 어떻게 모을 수 있는가와 어떤 사이트에서 정보를 가져올 것인가에 대한 것이다.

기본적으로, 데이터를 가져올 수 있도록 해주는 API가 있는 곳의 자료만 가지고 올 수 있다. 하지만 꼭 그런 것만은 아니다. 정보를 가져오려는 사이트의 콘텐츠를 가져오는 프로그램을 만들어서 정보를 자져올 수 있다. 하지만 그런 방법은 불안하고 또 지속적으로 관리하기가 쉽지 않다. 이 책에서는 API가 노출된 점에 초점을 맞추려고 한다.

외부 서비스의 정보를 가져오는 첫 번째 방법은 API 문서를 읽고 워드프레스에서 사용할 수 있는 포스트와 같은 형식으로 변환하는 플러그인이나 함수를 만드는 것이다. 워드프레스는 PHP 언어 기반으로 되어 있어서 PHP로 할 수 있는 어떤 트릭이나 어떤 좋은 솔루션도 사용할 수 있다. 플러그인 개발에 대한 더 많은 것을 알기 위해서는 7장을 참고한다. 실제로는 PHP를 사용할 필요도 없이 변환기 같은 것을 사용해 워드프레스에 콘텐츠를 넣을 수 있다.

일반적인 XML 피드

XML 데이터를 워드프레스로 가져오는 간단한 예를 살펴보자. XML 형식의 피드를 PHP 코드로 읽어서 워드프레스에 맞는 형식으로 변환하려고 한다. 이번 예제에서는 각 XML의 노드를 각 포스트로 만들려고 한다. 마지막으로 워드프레스 API를 사용해서 읽어들인 자료를 워드프레스 포스트로 만든다. 결과적으로는 워드프레스 대시보드에 직접 입력한 것과 같은 결과를 만들어 보려고 한다. 이 예제는 어떤 XML에도 적용될 수 있지만 잘 정리된 API를 가진 트위터의 예제를 우선 살펴본다. 여기서 다루고자 하는 콘텐츠를 가져 와서 워드프레스에 올리는 방법은 위에서 다룬 트위터의 최신 업데이트를 보여주는 배지와는 다르다. 배지는 콘텐츠라고 하기보다는 장식에 가까우며 사이트에 계속 유지되는 것이 아니다. 이 예제는 트윗을 포스트로 변환해준다. 특정 사용자의 최신 트윗을 XML 포맷으로 가져오는 것은 간단하다(여기서는 테스트 환경에서 PHP5와 SimpleXML을 사용한다고 가정한다).

```
$twitterUser = "mirmillo";
$url = "http://twitter.com/statuses/user_timeline/$twitterUser.xml";
$xml = new SimpleXMLElement(file_get_contents($url));
header("Content-type: text/xml");
echo $xml->asXML();
```

위 코드로 새로운 PHP 파일을 생성하고 (위 트위터 아이디를 자신의 것으로 교체해야 한다), 웹서버에 그 파일을 올린다. 만약에 웹브라우저로 그 파일을 읽으면 아마 최근 20개 정도의 트윗이 XML 형식으로 저장된 것을 볼 수 있을 것이다. 이렇게 작업을 위한 자료를 직접 볼 수 있다. 다시 강조하면, 예제에서는 트위터 XML을 예로 들었지만 어떤 XML이나 가능하다.

이 XML을 파싱해서 새로운 포스트를 생성하려면 워드프레스의 XML-RPC를 사용할 것이다. 안타깝게도 XML-RPC는 문서화가 그렇게 잘 돼 있지는 않다. 또, 새로운 포스트를 생성하는 워드프레스 API는 없기 때문에 metaWebBlog API를 사용하는 수밖에 없다. 구글링을 통해서 관련 자료를 쉽게 찾을 수 있다.

다음은 워드프레스 내장 XML-RPC를 사용하는 예제다. 먼저, XML 피드를 지역변수로 읽어들인다. 그다음에는 워드프레스에 포함된 XML-RPC 클라이언트를 인클루드한다. 그렇게 하면 새로운 포스트를 생성할 수 있다.

```
$twitterUser = "mirmillo";
$url = "http://twitter.com/statuses/user_timeline/$twitterUser.xml";
$xml = new SimpleXMLElement(file_get_contents($url));
include('../../../wp-includes/class-IXR.php');
$client = new IXR_Client('http://localhost/wordpress/xmlrpc.php');
```

필요에 따라서 날짜별로 트윗을 정렬하고 싶을 수도 있고 마지막으로 포스팅한 것들을 기억하고 싶을 수도 있다. 이 예제를 복잡하게 만들지 않기 위해서 그런 부분은 일단 넘어가기로 한다. 다음 단계는 XML node를 루프를 돌면서 적당한 정보를 끄집어내 워드프레스 포스트로 만드는 일이다. 새 포스트를 위한 XML-RPC 포맷은 제목과 설명으로 이루어진 key/value 연관배열이다. 필요하다면 다른 워드프레스 항목을 위해서 사용할 수 있는 키들도 있다. 추가 내용을 적지 않으면 설정을 보고 워드프레스가 빈 곳을 기본값으로 채우게 된다.

```
foreach ($xml->status as $status)
{
  /* 글에 대한 설정(설정할 수 있는 항목(key)은 매우 많이 있음) */
  $content['title'] = "Tweet from $status->created_at";
  $content['description'] = "<p>".$status->text."</p>";
```

다음에 그 연관배열을 가지고 새로운 워드프레스 포스트를 만들기 위해 XML-RPC를 이용한다. 다시 말하지만 워드프레스는 별도의 내장된 방법을 제공하지는 않으므로 metaWeblog.newPost 메소드를 사용해야 한다.

```
/* 트윗을 게시 */
$client->query('metaWeblog.newPost', '', 'admin', 'password', $content, true);
if ($client->message->faultString)
{
  echo "Failure - ".$client->message->faultString."<br />";
} else {
  echo "Success - ".$status->text."<br />";
}
```

이제 위의 코드들을 다 모으면 XML 피드를 읽은 후 내장된 XML-RPC 클라이언트를 사용하고, 데이터를 워드프레스 형식에 맞게 만든 후 포스트를 생성하는 전체 코드가 완성된다.

```
$twitterUser = "mirmillo";
$url = "http://twitter.com/statuses/user_timeline/$twitterUser.xml";
$xml = new SimpleXMLElement(file_get_contents($url));
include('../../../wp-includes/class-IXR.php');
$client = new IXR_Client('http://localhost/wordpress/xmlrpc.php');
foreach ($xml->status as $status)
{
  /* 글에 대한 설정(설정할 수 있는 항목(key)은 매우 많이 있음) */
  $content['title'] = "Tweet from $status->created_at";
  $content['description'] = "<p>".$status->text."</p>";
  /* 트윗을 게시 */
  $client->query('metaWeblog.newPost', '', 'admin', 'password',
    $content, true);
  if ($client->message->faultString)
  {
    echo "Failure - ".$client->message->faultString."<br />";
  } else {
    echo "Success - ".$status->text."<br />";
  }
}
```

이제 이 파일을 사용하는 테마 폴더에 올려 놓는다. 그 곳에 놓으면 코어 파일들의 동작을 방해하거나 업그레이드 등에 지장을 주지 않고 사용할 수 있다. 얼마나 자주 정보를 가져오기를 원하느냐에 따라 자동으로 콘텐츠를 가져오는 크론잡cron job을 설정해 놓을 수도 있다. 이 방법은 워드프레스의 대시보드에서 벗어난 콘텐츠 생성의 첫걸음이다. 새로운 포스트를 워드프레스에 직접 사용하지 않고 생성해 보았다. 실행하려면 방금 생성한 파일을 브라우저로 호출해야 한다. 한번 동작을 해보고 나서는 cron과 같이 사용하는 운영체제에 맞는 예약 실행 방법으로 정기적으로 실행할 수 있다.

XML-RPC 방법의 장점은 워드프레스에 부하가 가지 않는다는 점이다. 워드프레스 프레임워크 밖에서 동작하지만 콘텐츠는 잘 연동된다. 이 방법은 PHP와 크론잡 등을 사용하고 워드프레스는 XML-RPC 클라이언트로서만 사용한다. 이 방법은 XML-RPC API를 통해 외부 에디터를 사용해서 워드프레스에 글을 등록하는 것과 비슷하다.

또 다른 방법으로는 잘 만들어진 플러그인과 내장 워드프레스 API를 통해서 같은 작업을 할 수도 있다. 예를 들어, 플러그인을 통해 문서화가 잘 되어 있고 조금 더 유연함을 제공하는 wp_insert_post() 함수를 사용할 수도 있다. 하지만 플러그인 방법을 사용하려면 데이터베이스 연결과 API 기능에 대해 모두 파악하고 있어야 한다.

플러그인 개발에 대해서는 7장을 참고하기 바란다. 다음 절에서는 같은 동작을 하는 트위터 전용 플러그인을 알아본다.

XML을 사용해서 콘텐츠를 모으고 이를 워드프레스 포스트로 전환하는 일은 꽤 간단하다. 콘텐츠를 가져오기 위해서 적당한 플러그인을 찾을 수 없다면 직접 만드는 것도 그렇게 힘들지 않다. 워드프레스로 콘텐츠를 가져오기 위해 각 XML 인터페이스에 대해 XML-RPC를 통해 콘텐츠를 가져오는 코드를 만들 수도 있다. 만약 이 코드를 잘 만들었다면 일부 코드를 재사용하고 또 코드를 가볍게 계속 수정해 나갈 수 있을 것이다. 이런 유연함은 거의 모든 XML 피드를 가지고 워드프레스 콘텐츠를 생성할 수 있게 해준다.

트위터 연동

방금 우리가 XML 피드 연동의 예제에서 트위터를 사용해봤지만 어떻게 트위터만을 위한 연동을 만들 수 있는지 알아보자. 트위터는 오픈 웹서비스 API의 표본이다. 트위터 API는 문서화가 잘 되어 있고 사용하기 쉬울 뿐만 아니라 기능이 많이 있다. 이런 모든 특성이 워드프레스와 트위터의 연동을 쉽게 해준다. 또 트위터와 연동해서 할 수 있는 것이 많이 있다. 예를 들어, 자신의 최신 트윗을 사이드바 위젯에 보여줄 수 있다. 각 트윗을 하나의 워드프레스 포스트로 저장할 수도 있고 하루마다 트윗을 묶어서 발행하거나 일주일의 트윗을 모아서 보여줄 수도 있다. 또는 특정한 트윗을 하나를 워드프레스 상단에 배치해서 역동적인 첫인상을 연출할 수도 있다. 마지막으로, 위와 반대 방향의 연동으로서 새로운 블로그 글을 쓸 때마다 자동으로 트윗이 되게 설정할 수도 있다.

알렉스 킹Alex King의 The Twitter Tools 플러그인(http://wordpress.org/extend/plugins/twitter-tools/)은 위에 말한 거의 모든 것을 가능하게 해준다. 하나의 플러그인에 위의 모든 기능이 들어 있어서 설정 화면에서 어떤 기능을 어떻게 쓰고 싶은지 설정해 주기만 하면 된다.

예를 들어, 최근 트윗을 소셜 네트워킹 사이드바 위젯에 보여주는 것은 이 플러그인의 가장 기본적인 기능이다. 먼저 이 플러그인을 워드프레스에 설치하고 활성화 시킨다. Twitter Tools 대시보드를 사용해서 트위터의 사용자 아이디와 패스워드를 설정한다. 그리고 설정을 저장한 후에 위젯 관리화면으로 간다. Twitter Tools라는 새로운 위젯을 찾을 수 있을 것이다. 기본 설정상으로, 이 위젯은 최근 트윗 3개를 보여준다. 이 위젯을 활성화하려면 사용 중인 테마의 적당한 사이트바에 위치시킨다. 이 방법의 장점은 매우 쉽다는 점이다. 활성화시키기만 하면 잘 동작한다. 반면 단점은 이런 방법은 필연적으로 제약이 있다는 점이다. 트위터상에서 관심을 끌어 팔로우하게 할 수는 있지만, 사이트를 위해 오래 남는 콘텐츠가 되지는 못한다.

Twitter Tools는 각 트윗을 글로 변환할 수도 있다. 트위터를 어떻게 사용하는지에 따라서 이는 자신의 트윗을 백업하거나 모을 수 있는 좋은 방법이 될 수도 있다. 예를 들어, 워드프레스로 트윗을 글로 포스팅해 메모 용도로 트위터를 사용한다면 트위터의 단순함과 워드프레스의 구조적인 콘텐츠의 강력함을 동시에 얻을 수 있다.

이 방법의 대안으로는 일반적인 블로그 포스트 근처에 트윗을 적절히 섞어서 보여주는 것이다. 트윗 내용을 글의 메인 주제와는 상관없는 댓글과 같은 것으로 생각할 수도 있다. 이 경우에는 그 내용들이 트윗이므로 물론 각각이 한 줄일 것이고 따라서 사이드에 배치하기에 아주 적절하다. 트위터에서 트윗을 가져다가 새로운 글을 별도의 카테고리에 추가하고 테마를 사용해서 트윗을 사이드에 적절히 배치한다. 사이드바에 두거나 강조하거나 블로그의 주제와는 다르게 표시될 수 있도록 한다. 트윗으로 만든 새로운 글이 있다면, 이런 일은 8장에서 논한 샌드박스 테마를 사용하고 약간의 CSS를 더한 정도로 간단히 할 수 있는 일이다.

```
category-twitter h2, .category-twitter .entry-date,
.category-twitter .entry-meta {
    display:none;
}
.category-twitter .entry-content p {
    background: #22739E url('images/twitter.png') 5px 5px no-repeat;
    color: #fff;
    padding: 2px 5px 2px 25px;
}
```

만약 각 트윗을 하나의 글로 발행한다면 Twitter Tools를 사용해서 트윗을 매일 포스팅하거나 주간 트윗을 모아서 발행할 수도 있다. 이런 방법은 트위터로 하루하루의 시간들을 잘 저장하고 싶을 때 유용하다. 트위터와 연결하는 것은 매우 쉽지만 트위터는 마이크로 블로깅 콘셉트를 가지고 있기 때문에 글을 매우 짧게 써야 한다는 단점이 있다. 이 경우에는 작은 트윗들을 모아서 자신의 삶에 대한 매일의 이야기들을 만들어 낼 수 있다. 워드프레스에서 트윗으로 비슷한 내용을 다른 형식으로 만드는 것이다. 이것은 트위터의 마이크로 블로깅 형식에서 자동으로 조립돼 나오는 것이라는 점을 제외하고는 새로운 글을 쓰는 것과 크게 다르지 않다.

Twitter Tools의 또 다른 기능은 반대방향의 연동이다. 새로운 글이 등록되면 트윗하는 기능이다. 이 기능을 사용하려면 Twitter Tools의 설정화면에서 해당 기능을 활성화시켜야 한다. 켜놓으면 새 포스트가 등록되면 Twitter Tools가 새 포스트의 링크와 함께 트윗을 자동으로 날릴 것이다. 어떤 사람들은 이 방법을 RSS 피드의 대안이라고 생각하기도 한다. 관련된 내용에서는 9장의 후반부에서 다룬다.

알렉스 킹의 Twitter Tools 플러그인은 매우 강력하고 다양한 트위터 연동을 지원한다. 하지만 때로는 자신만의 것을 원하거나 플러그인이 만들어지지 않은 새로운 기능을 원할 수도 있다. 플러그인 개발자들이 느끼지 못한 나만의 새로운 니즈가 있을 수도 있으니까 말이다. 플러그인을 사용하지 않고 최근 트윗을 워드프레스 상단에 어떻게 넣을 수 있는지 알아보자. 이런 기능은 자신의 사이트 상단에 "내가 지금 무엇을 하고있는지"에 대한 페이스북 상태를 추가하는 것과 비슷한 역할을 할 것이다. 이렇게 하려면 트위터의 타임라인에서 최근의 트윗을 가져오는 특별한 함수를 만들 것이다. 트위터는 한 시간 내에 호출가능한 트위터 API 횟수를 제한하므로 캐시를 적용하거나 제한 호출 횟수 범위 내에서 사용해야 한다.

첫 번째 단계는 최신 트윗을 가져오는 함수를 만드는 일이다. 이 기능은 functions.php 파일 안에 둘 것이다. 앞에서 만든 XML 피드를 가져오는 예제와 비슷하다고 생각하는 사람이 있을지도 모르겠다. 기본적으로 여기서는 같은 API를 사용해서 어떤 것을 받아 올지를 잘 선택하여 새로운 함수로 만든다. 함수는 다음과 같다.

```
function ddamstra_getLatestTweet($twitterUser = "mirmillo") {
  $url = "http://twitter.com/statuses/user_timeline/$twitterUser.xml?count=1";
  $xml = new SimpleXMLElement(file_get_contents($url));
  $status = $xml->status->text;
  return $status;
}
```

이 함수는 트위터에서 최신 트윗을 가져온다. URL의 쿼리 스트링에서 볼 수 있듯이 하나의 트윗만을 가져온다. 이 상태 문자열은 함수 호출자가 된다. 이 함수를 호출하면 정보를 읽을 수 있다. header.php 템플릿 파일에서 최신 트윗을 위해서 다음과 같은 코드를 추가한다.

```
<div id="header">
  <h1 id="blog-title"><?php bloginfo('name') ?></h1>
  <div id="blog-description"><?php bloginfo('description') ?></div>
  <div id="twitter-current"><?php echo ddamstra_getLatestTweet(); ?></div>
</div><!-- #header  -->
```

위 예제는 트위터 계정에 대한 간단한 링크를 제공하고 자신을 나타낼 수 있는 간단한 것을 추가한 것이다. 물론 블로그 방문자가 여러분이 책임감 있는 트위터 유저라고 믿고 있다는 전제하에 말이다.

트위터 API는 매우 강력하고 열려 있다. 하고 싶은 대부분의 것을 할 수가 있다. 문서를 읽기만 하면 트위터 API를 사용하는 일은 아주 재미있는 경험이 될 것이다. 그래서인지 트위터와 연동하는 수많은 플러그인이 존재하는데, 워드프레스 관리 페이지에서 직접 트윗을 하는 플러그인과 블로그 글에 "이 글을 트윗해 주세요."라고 방문자들에게 트윗을 추천하는 플러그인도 있다. 트위터 정보를 답글을 달 때 정보로 사용하는 플러그인이나 트위터 사진을 그라바타 대신 사용할 수 있는 플러그인도 있다.

구글 맵

구글 맵 같은 지도 서비스는 블로깅에서 자주 사용하는 기능이다. 만약 고객이 자신의 회사를 방문하게 하고 싶다거나 특정한 행사에 참가하라고 하고 싶다면 오는 방법을 알려주어야 한다. 구글 맵과 같은 온라인 지도 서비스는 이런 곳에 많이 쓰인다. 길을 찾는 일은 언제나 힘이 들지만, 이제 소셜 위치 기반 서비스를 활용할 수 있다.

이제 사이트에 지도를 추가해보자. 구글은 지도를 사이트에서 쉽게 사용할 수 있도록 좋은 도구들을 제공한다. 구글 맵 페이지 우측 상단에서 관련된 정보를 찾을 수 있다. 코드를 복사해서 워드프레스 포스트나 페이지에 붙여 넣으면 끝이다. 아주 간단하다.

만약 사이트에서 지도가 여러 개 필요하면 어떻게 해야 할까? 예를 들어서 당신의 웹사이트가 지역 이벤트를 보여주는 웹사이트라고 하자. 하나하나 손으로 하는 것도 괜찮겠지만 오랜 시간이 걸리고 비효율적인 일일 것이다. 브래드 윌리엄스(이 책의 저자 중 한 명이다)가 Post Google Map라는 플러그인을 만들었다(http://webdevstudios.com/support/wordpress-plugins/post-google-map-plugin-for-wordpress/ 또는 http://wordpress.org/extend/plugins/post-google-map/).

이 플러그인을 활성화하고 구글 API 키를 입력하면, 글쓰기 창 오른쪽에 새로운 필드가 생긴다. 이 필드에 주소를 입력하면 그 주소의 구글 맵을 자동으로 보여준다. 지도는 사이드바 위젯에 보여줄 수도 있고 글 속에 워드프레스 숏코드를 사용해 넣을 수도 있다. 그림 9-3은 지도가 포함된 글의 예제다.

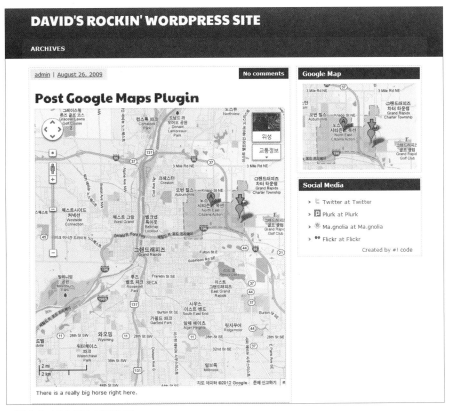

그림 9-3 구글 맵을 통합한 예

이 플러그인은 지역 뉴스나 레스토랑 리뷰 또는 어떤 위치 기반 정보에도 잘 어울린다. 또한 마커를 여러 가지 모양으로 변경할 수도 있고 자신의 이미지로 바꾸는 있는 기능도 있다. 하나의 글에 여러 개의 주소를 넣을 수도 있다. 예를 들어 레스토랑 리뷰를 썼는데 그 식당이 여러 지점을 가지고 있으면 하나의 지도에 여러 위치를 표시할 수 있다.

RSS나 ATOM 피드와 연동

RSS는 수많은 사이트를 엮어주는 본드와 같은 역할을 한다. 초반에 표준이 자주 업데이트되고 표준끼리의 경쟁이 있었지만 RSS는 여러 사이트간에 자료를 주고받는 좋은 수단이다.

다른 사이트의 RSS 피드를 읽어오는 경우는 'Planet'(http://planet.wordpress.org/)이나 구글 리더 같은 RSS를 수집하는 사이트를 만들기 위함이다. RSS는 탭을 열지 않고 여러 개의 사이트를 간단하게 한 곳에서 보는 아주 쉬운 방법이다. 이런 서비스를 만드려면 콘텐츠를 재배포 권한이 있는지를 확인해야 하며 혹 문제가 있으면 변호사와 반드시 상의해야 한다. 또 그 사이트에 부하를 주지 않도록 조심하고 가능하면 피드를 캐시해야 한다. 자신의 사이트가 다른 사이트의 성능에 영향을 주어서는 안 된다.

콘텐츠를 직접 소유하고 있거나 재배포할 수 있는 권한이 있다면, 피드 수집기를 만드는 데에 문제가 없을 것이다. 일반적으로 회사에서 직원들의 블로그가 어디에서 호스팅을 받건 한곳에서 볼 수 있는 'planet'(한곳에 볼 수 있는 장소)을 만들려고 이런 작업을 한다. 또한 유명해지려고 콘텐츠를 공유하려는 사람들끼리 커뮤니티 같은 것을 만들 수도 있다. 마지막으로 블로그가 여러 개 있는 사람이 다른 사이트에서는 무슨 새로운 일이 있는지 계속해서 알려주기 위해서도 사용된다. 예를 들어서 음식 사이트와 스포츠 사이트를 동시에 운영한다고 하자. 주제가 달라서 서로 블로그끼리 링크될 일은 없겠지만 혹시 모르는 관계를 위해 종종 서로의 요약된 버전을 보여줄 수는 있을 것이다.

다른 사이트의 RSS나 ATOM을 통해 자신의 사이트에서 콘텐츠를 사용하는 가장 쉬운 방법은 플러그인을 사용하는 것이다. 찰스 존슨Charles Johnson이 만든 FeedWordPress 플러그인(http://wordpress.org/extend/plugins/feedwordpress/)은 다른 사이트의 피드를 읽어오는 간단하면서도 강력한 플러그인이다.

이 플러그인을 설치하고 활성화시키면 연동할 사이트를 설정할 수 있는 새로운 관리자 페이지를 사용할 수 있다. 유효한 피드 URL을 입력하면, 얼마나 자주 피드를 가져올 지 설정할 수 있고 어떤 저자, 글, 태그를 가져올 지도 설정할 수 있다. 이 플러그인은 한 사이트에서 RSS나 ATOM을 가져와서 다른사이트에서 재발행하는 작업을 정말 쉽게 해준다.

마지막으로 SimplePie Core WordPress 플러그인은 피드와 필터링으로 더 많은 것을 할 수 있는 PHP 라이브러리다. 하지만 관리자 화면을 제공하지는 않는다.

RSS 피드에서 콘텐츠를 가지고 와서 필요없는 자료를 삭제하고 싶다면, 예를 들어서 이미지를 삭제하거나 일부분 자료를 새로 정렬하고 싶으면 SimplePie 라이브러리를 사용할 수 있다.

워드프레스에서 다른 사이트로 콘텐츠 보내기

앞에서는 다른 곳에서 워드프레스로 콘텐츠를 가지고 오는 방법에 대해 다뤘다. 이제는 콘텐츠를 다른 사이트로 보내는 방법에 대해 이야기하려고 한다. 이렇게 하면 자신의 사이트를 노출시킬 수 있고 또 워드프레스를 콘텐츠 생산의 허브로 사용할 수도 있다. 워드프레스는 콘텐츠를 생산하고 외부에 알리는 플랫폼으로서 매우 훌륭하므로 워드프레스를 사용해서 콘텐츠를 생산하면 많은 장점을 지닌다.

다른 사이트에 피드 노출

위에서 이야기했듯이 워드프레스는 RSS를 쉽게 읽고 자신의 글로 만들 수 있다. 하지만 워드프레스 자신의 RSS도 가지고 있다. 워드프레스의 가장 중요한 기능 중 하나는 RSS 피드를 자동으로 만들어주는 것이다.

일반적인 '최근 글' RSS 피드 외에도 워드프레스는 각 카테고리별 RSS 피드, 태그별 또는 글쓴이를 위한 RSS나 댓글을 위한 RSS도 제공한다. 이런 RSS를 보려면 카테고리나 태그 또는 작성자별 글을 볼 수 있는 화면으로 가서 /feed를 URL 마지막에 추가한다. 그러면 특정 분류의 RSS 피드를 볼 수 있다.

이렇게 해서 RSS를 통해 그 사이트에서 보고 싶은 정보만 볼 수 있다. 정말로 자신이 선택한 RSS 리더에서 자신만의 방법으로 RSS를 볼 수 있게 해준다. 또 이 방법은 FeedWordPress 플러그인과 혼합해서 사용할 수도 있다.

이 방법을 통해서 업데이트는 워드프레스의 한 곳에 하고 그것을 여러 곳으로 보낼 수 있다. 예를 들어 뉴스를 여러 곳으로 보내는 방법을 살펴보자. 같은 콘텐츠를 여러 번 발행하지 않으려면 위에서 언급한 특별한 RSS를 활용하는 것이 좋다. 이 경우에는 워드프레스에 콘텐츠를 발행할 때, 발행은 한 번만 하고 포스트가 발행될 특별한 카테고리를 선택한다. 이 카테고리는 각자 별도의 부속 사이트로 연결돼 있다. 부속 사이트는 특정 카테고리의 뉴스만 재발행하는데 이를 위해 FeedWordPress를 사용한다. 이렇게 해서 한곳에 콘텐츠를 발행하고서 여러 곳으로 콘텐츠를 발행할 수 있다.

워드프레스에서 페이스북으로 내용 보내기

트위터가 매우 개방적이고 사용하기 쉬운 반면 페이스북은 또 다른 면을 가지고 있다. 페이스북이 아주 많이 사용되고 있지만 페이스북은 아직 많이 닫혀 있는 공간이다. 페이스북으로 데이터를 가지고 오기는 쉽지만 데이터 노출은 잘 하지 않는다. 그래서 워드프레스와 페이스북을 연동하는 것은 좀 힘든 일이다.* 페이스북의 개인 staus를 워드프레스에 보여줄 수 있는 플러그인은 없다(트위터로 페이스북과 워드프레스를 동시에 업데이트하는 우회적인 방법이 있긴 하지만 말이다). 페이스북 플랫폼에 여러 가지 요청에도 불구하고 페이스북에서 자신의 프로필에 데이터를 집어넣는 것 말고는 할 수 있는 것이 제한된다.

페이스북에서 자신의 사이트 글(또는 RSS 피드)을 페이스북 노트 스트림으로 가져올 수는 있다. 이는 아주 쉬운데, 이 기능은 페이스북의 내장 기능이고 워드프레스에서 할 것이 거의 없기 때문이다. 다음은 그 방법이다.

1. 페이스북에 로그인한다.
2. 오른쪽 상단에 **Setting**을 클릭한다(페이스북이 아직 페이지 구조를 바꾸지 않았다면 말이다).
3. Application **Settings**를 클릭한다.
4. **Notes**를 클릭한다.
5. 오른쪽 상단에 **Import a Blog**를 클릭한다.
6. 경고와 약관을 읽는다.
7. RSS 피드 URL을 넣는다. 일반적인 브라우저용 URL을 넣어도 워드프레스가 알아서 RSS URL을 읽어낼 것이다.
8. 가져온 글을 확인하고 **Accept** 버튼을 누른다.
9. 이제 워드프레스 글들을 페이스북에서 볼 수 있다.

이렇게 가져온 페이스북 노트도 일반적인 페이스북 노트와 똑같이 동작한다. 사람들이 '좋아요'를 누를 수도 있고 댓글을 쓸 수도 있다. 일반적인 페이스북에 적용할 수도 있고 페이스북 페이지에 적용할 수도 있다. 만약에 블로그를 여러 개 가지고 있거나 개인적인 블로그와 사업적인 내용을 나누고 싶다면, 블로그를 위한 페이스북 페

---

* 최근에 페이스북이 워드프레스용 공식 플러그인을 출시해 연동하기 쉬워졌다. 다음 링크를 참조한다. https://developers.facebook.com/wordpress/ – 옮긴이

이지를 만들고 워드프레스를 페이스북 페이지로 가져온 후에 페이스북 페이지를 관리하는 것도 좋은 방법이다.

블로그를 페이스북으로 보내기하면 다음과 같은 단점이 있다.

- ▶ 워드프레스 사이트 방문자수에 영향을 미친다. 페이스북 페이지를 방문하는 사람은 워드프레스 사이트를 방문하지 않기 때문이다.
- ▶ 페이스북 방문자 댓글은 블로그와 연동되지 않는다. 하나의 글에 대한 댓글이 두 군데에 달린다.
- ▶ 노트를 페이스북으로 가지고 오면 수정할 수 없다. 페이스북은 한 번 쓰기만 가능하다.

두 가지 방법을 혼합한 중간 방법으로는 페이스북 페이지를 블로그의 요약 본을 관리하는 곳으로 쓰면서 새로운 글이 올라왔거나 중요한 부분을 보여주는 용도로 사용하는 방법이 있다. 이렇게 해서 페이스북에 있는 사용자들을 콘텐츠가 있는 블로그로 연결할 수 있다.

두 번째 옵션은 페이스북 커넥트와 연동하는 것이다. 페이스북 커넥트는 주로 인증을 제공한다. 궁극적인 목표는 좀 더 많은 기능을 제공하는 것이지만 일단은 디그나 워드프레스 등에 페이스북 커넥트로 로그인할 수 있게 한다.

하비에르 레예스^{Javier Reyes}의 페이스북 커넥트 플러그인(http://www.sociable.es/facebook-connect/)을 사용하면 방문자들은 페이스북 아이디로 워드프레스에 로그인할 수 있다. 워드프레스 블로그에서는 페이스북의 프로필 ID로 페이스북의 사용자명을 사용한다. 워드프레스 댓글에 입력하는 이름에는 사용자의 이름이 들어가고 웹사이트 URL에는 페이스북 프로필 페이지가 들어간다. 페이스북 개발자 프로그램에 (아직 가입하지 않았다면) 가입하고 이 플러그인을 설치하는 데에는 몇 분 정도면 된다.

일단 플러그인을 설치하고 설정을 마치면 몇몇 유용한 기능을 사용할 수 있다. 최근 방문자를 볼 수 있다거나 워드프레스 사이트에 남긴 댓글이 그들의 프로필 페이지에 나온다든지 하는 기능들이다. 이 플러그인은 페이스북 커넥트의 제한된 기능을 사용할 수 있는 강력한 플러그인이다.

페이스북이 아주 많이 사용되고, 계속 사용자가 증가하는 추세지만, 페이스북을 사용하면 그쪽으로 트래픽을 빼앗기게 된다는 것을 알고 있어야 한다. 페이스북에 콘텐츠를 보낼 때 어떤 이익이 있는지 알고 있어야 하고 자신의 목표에 부합하는지 확인하는 것이 좋다. 중요한 점은 워드프레스 사이트를 사용하여 콘텐츠와 관심사를 관리하고 있고 많은 트래픽을 유발시키려고 하는데 페이스북과 연동한다면 어느 정도 (어쩌면 많은 정도) 방문자를 잃게 될 것이다. 당신이 블로그 안에서 광고를 하고 있다면 광고 사이트의 클릭수와 광고 뷰 숫자에 영향을 미치게 될 것이다.

광고

웹사이트를 제품이나 서비스를 파는 용도로 운영하거나 고객을 끌어들이는 용도로 사용한다면 워드프레스 운영은 사업상 자체에 집중하는 것보다는 하찮고 신경 쓰이는 일이라고 느껴질 것이다. 하지만 방문자가 많은 제대로된 블로그는 지역 신문이나 일반 신문에 온라인으로 광고하는 것과 같은 꽤 괜찮은 광고 효과를 지닌다. 이 주제에서는 광고 위치를 조정하는 것부터 커다란 제휴 쇼핑몰 사이트를 운영하는 것 등 돈과 관련된 이야기를 다룬다.

워드프레스 사이트로 수익 창출 방법

워드프레스로 돈을 버는 방법은 몇 가지가 있다. 구글이나 야후 같은 온라인 광고 회사에 광고를 노출시키는 방법, 아마존 같은 곳에서 클릭을 통해서 제품이 팔리면 커미션을 주는 시스템을 이용하는 방법, 자신의 블로그에 관심있는 사람과 특정한 제휴를 맺거나 그에게 배너 광고 자리를 파는 방법 등이다. 하지만 블로그로 돈을 벌려고 결심했다면 그것은 광고주를 위해 사이트의 디자인과 가치를 어느 정도 희생해야 한다는 의미다.

돈에 눈이 멀지 않은 적절한 광고는 나쁘지 않다. 유명한 블로그는 작은 회사를 돌릴 수 있을 정도의 수익을 가져다 주지만 대부분의 블로그들에게 광고는 가끔 일어나는 클릭을 잡는 것이다. 얼마나 많은 광고 수익을 낼지 기대 수익을 정하는 것은 중요하다. 조금이기는 하지만 제품 정보과 이미지로 블로그의 디자인과 공간을 광고를 위해 희생하는 것이기 때문이다.

광고는 방문자가 광고를 클릭할 때마다 돈을 받는 PPC^{Pay-per-click} 모델과 광고의 노출 숫자나 광고 노출 날짜에 따라 돈을 받는 PPV^{pay-per-view} 또는 PPD^{pay-per-day} 모델이 있다. 구글 애드센스는 키워드와 콘텐츠에 따라서 광고의 가격을 매기며 구글의 광고 시장 가격 규칙과 광고 예산에 따라서 적당한 광고주와 광고 자리를 연결시켜주는 첫 번째 모델이다. 프로젝트 원더풀Project Wonderful이라는 광고 서비스는 PPD 모델로, 잠재적인 광고주에게 광고 자리를 제안하면 Project Wonderful이 그 자리의 매일 매일 가격을 광고주에게 경매로 판다. 다른 사람이 그 광고를 클릭하건 안 하건 같은 돈을 받는다.

어떤 모델을 사용하건 광고 자리의 가치는 워드프레스 사이트의 인기와 노출 숫자 또는 클릭률에 비례한다. 풍부한 콘텐츠로 사이트를 정기적으로 업데이트하지 않으면, 사이트 안의 광고는 심야시간대의 지역 광고처럼 쓰레기 취급을 당할 것이다. 재즈기타 블로그에서 언급한 재즈 기타리스트의 'fat tone'이라는 단어로 인해 페이지 아래에 비만 제서 수술 광고가 노출돼 블로그의 품격이 떨어는 것을 원치 않는다면 아마존의 제휴Amazon Associate 프로그램 등을 사용해서 클릭을 통해 구매가 일어나면 돈을 받는 프로그램을 사용하는 것도 좋은 방법이다.

위와 같은 문제는 결국 방문자들이 콘텐츠를 어떻게 읽게 될 것인가로 귀결된다. 광고는 워드프레스 사이트에 들어있지만 페이스북으로 재발행된 콘텐츠나 다른사이트에서 수집해간 콘텐츠에는 들어있지 않다. 사이트가 RSS 피드를 통해서 노출된다면 블로그에서 생성된 HTML이나 RSS 안에도 광고가 노출되는지를 잘 확인하고 광고 관리자 프로그램을 선택해야 할 것이다.

광고 설정

사이트에 광고를 설치하는 일은 신문이나 잡지에 사설이나 광고를 배치하는 것과 크게 다르지 않다. 얼마나 광고를 넣을지, 어디에 넣을지, 콘텐츠와의 충돌을 방지하려면 어떻게 할지를 결정하는 일이다. 광고를 넣으면서 광고로 인해서 페이지가 망가지는 일이나 콘텐츠의 어조가 바뀌는 일이 없어야 하므로 광고를 넣는 일에는 디자인적인 센스와 기술적인 능력이 모두 요구된다.

광고 플러그인

광고를 사이트에 넣으려면 많은 사람이 사용하는 광고 서비스 중 하나에 계정을 만들어야 한다. 보통 계정을 만들려면 로그인 정보를 넣고, 블로그를 설명하고, 어느 정도 운영이 잘 되고 있다는 것을 증명하고, 결제 정보를 입력해야 한다. 계정이 잘 만들어졌으면 광고 클라이언트 식별자와 광고 식별자를 받게 된다. 예를 들어, 구글 애드센스Google AdSence를 사용한다면 광고를 운영하기 위해서 여러 개의 채널을 생성해서 광고의 카테고리마다 채널을 다르게 한다든지 또는 블로그마다 개별 채널을 사용한다든지 할 수 있다. 클라이언트 식별자는 하나의 광고 수입 입금계좌를 뜻하고 하나의 채널은 광고가 콘텐츠, 크기, 모양, 클릭률 등 각기 다른 종류라는 뜻이다.

Advertising Manager(http://wordpress.org/extend/plugins/advertising-manager)는 워드프레스 안에서 광고의 위치 설정이나 관리 등을 제공하는 가장 많이 사용되는 플러그인이다. Advertising Manager는 야후, 구글과 요즘 뜨는 OpenX를 지원하고 구글 애드센스가 한 페이지에 세 개의 광고만 보여주도록 제한하는 것 등을 잘 지원한다. 그림 9-4는 플러그인이 지원하는 구글 애드센스 설정 페이지 옵션이다.

플러그인을 설치하면 설정은 광고 서비스를 선택하는 것만큼이나 쉽다. 계정 정보를 입력하고 설정 화면에 광고할 자리를 입력하고 광고영역의 크기와 모양에 맞게 광고 상세 정보를 선택한다. 플러그인이 활성화되면 Insert Ad…라는 드롭다운 메뉴를 워드프레스 글쓰기 화면에서 보게 될 것이다. 이 드롭다운을 사용해서 포스트 안에 선택적으로 광고를 넣을 수도 있다. 드롭다운 메뉴를 클릭하면 글 안에 [ad#Google Adsense]라는 코드가 들어가는데 가능하면 이 코드를 글의 맨 마지막에 넣는 것이 글의 가독성과 방문자의 거부감을 줄이는 방법이다.

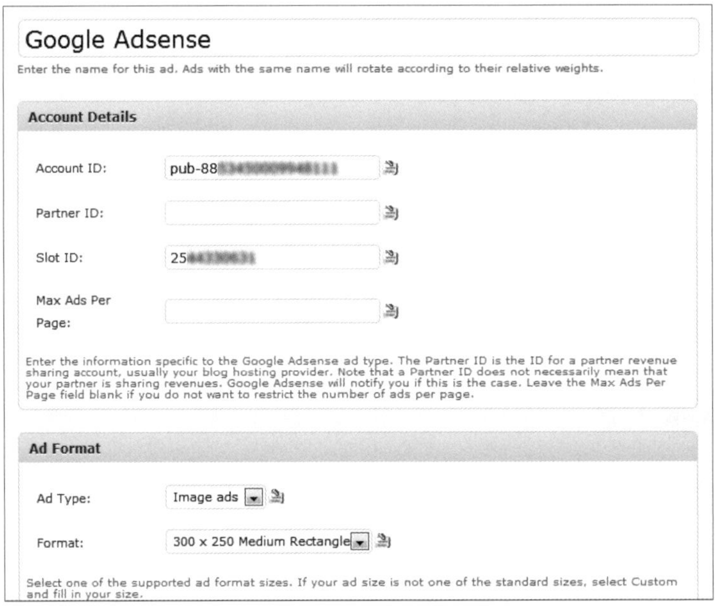

그림 9-4 Advertising Manager의 구글 애드센스 화면

자신의 사이트에서 어떤 광고가 보여질지 세심하게 관리하고 싶다면, 광고 서비스를 끌 필요 없이 Author Advertising 플러그인으로 광고 관리를 할 수 있다. 이 플러그인은 워드프레스 MySQL 안에 데이터베이스를 만들고 각 워드프레스 글쓴이가 개별적인 글마다 광고를 붙일 수 있게 해준다. 워드프레스 관리자가 광고 이미지, 콘텐츠, 위치 등을 설정할 수 있다. 만약에 사이트의 헤더나 푸터 또는 사이드바에 사이트 스폰서 광고를 하고 싶거나 자신만의 광고 요율표나 수입 관리를 통해 간단한 광고를 하고 싶다면 이 플러그인이 사이트에 그런 광고를 넣을 수 있게 도와줄 것이다.

수동으로 광고 넣기

광고를 각 글이나 모든 페이지의 헤더나 푸터, 사이드바에 넣고 싶다면 광고 플러그인으로 충분하다. 7장에서 설명한 플러그인 구조상 플러그인은 포스트의 코드를 처리해서 스마트 코드를 광고 서비스를 호출하는 자바스크립트로 바꾸거나 테마의 내용을 바꿔서 적절한 스크립트를 삽입해준다. 테마와 하나돼 보이게 하는 등 광고 위치를 더 세밀하게 조정하고 싶다면 광고 스크립트 코드를 직접 수정해야 한다.

7장에서 테마 제작을 다뤘고 그것을 응용할 수 있으므로, 테마 파일을 수정하고 광고를 삽입하는 방법을 하나하나 다루지는 않는다. 일반적으로, 헤더나 푸터에 광고를 삽입하려고 한다면 아마 마지막 파일의 <div> 아래에 삽입하게 될 것이다. 그래야 다른 테마 구성 요소와 간섭이 일어나지 않을 테니 말이다. 사이드바에서 광고상자는 <li>와 </li>로 쌓여있는 별도의 list 엘리먼트가 되어야 한다.

광고를 위한 코드는 광고 관리 사이트에서 자동으로 만들어주므로, 수동으로 광고 코드를 넣는 일은 페이스북 배지를 추가하는 일이나 트위터 관련 코드를 넣는 것과 크게 다르지 않다. 예를 들어서 구글 애드센스를 사용한다면 애드센스 관리 및 설정 페이지에서 광고의 모양을 선택할 수 있고 (정사각형인지 직사각형인지), 노출되는 광고 영역의 크기를 선택할 수 있고, 색도 선택할 수 있다. 광고 설정의 마지막 단계에서 워드프레스에 붙여넣기 위한 자바스크립트 코드를 보여준다. 예제에서는 구글 광고 클라이언트 식별자와 슬롯 식별자를 가리기는 했지만 광고를 삽입하는 것이 얼마나 쉬운 일인지 볼 수 있을 것이다. 이 스크립트가 우리가 광고 설정에서 설정한 대로 각 채널에 맞는 광고를 보여주기 위해서 광고 클라이언트의 정보, 크기, 슬롯 식별자를 가지고 구글의 광고 엔진을 호출한다.

```
<script type="text/javascript"><!--
google_ad_client = "pub-1486xxxxxxxx";
google_ad_slot = "0789yyyyy";
google_ad_width = 300;
google_ad_height = 250;
//-->
</script>
<script type="text/javascript"
src="http://pagead2.googlesyndication.com/pagead/show_ads.js">
</script>
```

자바스크립트에서 바뀌는 부분은 애드센스 플러그인에 입력해야 하는 정보와 똑같다. 또 신경 써야 할 부분은 구글 광고를 보여줄 때마다 어떤 광고를 보여줄지 결정하기 위해 구글의 광고 서버를 호출하고 이미지와 텍스트가 오기까지 기다려야 한다는 점이다. 구글이 아주 느릴 때는, 거의 느끼기 힘든 정도의 차이기는 하지만 광고로 인해 어느 정도 사이트가 느려질 수 있다.

다른 광고 서비스의 광고를 삽입하는 것도 비슷하게 간단하다. 프로젝트 원더풀의 자바스크립트 코드는 위의 것보다 더 짧다(아래 코드에도 광고 식별자는 수정돼 있다).

```
<!-- Beginning of Project Wonderful ad code: -->
<!-- Ad box ID: 45xxx -->
<script type="text/javascript">
<!--
var pw_d=document;
pw_d.projectwonderful_adbox_id = "45xxx";
pw_d.projectwonderful_adbox_type = "6";
pw_d.projectwonderful_foreground_color = "";
pw_d.projectwonderful_background_color = "";
//-->
</script>
<script type="text/javascript"
src="http://www.projectwonderful.com/ad_display.js"></script>
<!-- End of Project Wonderful ad code. -->
```

프로젝트 원더풀은 광고 영역의 파라메터를 통해서 자신의 광고 매니저를 호출하는 방식의 자바스크립트 없는 방식도 제공한다. 자바스크립트를 끄고 브라우징을 하는 사람들도 있기 때문에 이런 서비스를 선호하는 사람들도 있다. 사이트의 방문자가 자바스크립트를 꺼놓았다면 이런 특별한 방식을 채택한 광고만 보일 것이다. 광고영역의 맨 아래에서 광고자리에 대한 현재 경매 가격을 확인할 수 있다.

프로젝트 원더풀을 위한 전용 플러그인으로 PluginWonderful(http://wordpress. org/extend/plugins/plugin-wonderful)도 있다. 이 플러그인을 사용하면 위젯 기능을 통해 사이드바에 프로젝트 원더풀 광고를 삽입할 수 있다. 프로젝트 원더풀은 5장과 8장 에서 언급한 템플릿 구조와 테마를 사용해서 광고를 삽입한다.

광고를 어디에 삽입할지와 광고의 모양은 서로 관련이 있다. 사이드바에 여러 개 의 광고를 삽입하고 싶다면 일렬로 여러 줄의 광고를 배치하는 것이 제일 좋다. 이때 광고의 너비가 자신이 사용하는 테마의 사이드바 너비와 같게 해야 한다. 헤더나 푸 터에 한 줄로 여러 개의 광고를 배열하든, 짧은 여러 줄의 광고를 배치하든 자리에 맞 는 것이 제일 중요하다. 광고 영역의 크기에 따라 어떤 종류의 광고가 맞을지도 결정 된다. 가로로 길다란 리더보드 광고는 사이드바에는 어울리지 않고 광고 영역에 하나 만 표시되면 아주 이상하게 보인다. 프로젝트 원더풀은 한 사이트에 여러 개의 광고 를 허용하므로 여러 곳에 광고를 넣고 싶다면 헤더나 푸터에는 높이가 낮고 좌우로 긴 광고를 배치하고 사이드바에 스카이스크래퍼나 위아래로 긴 영역에 여러 개의 버 튼을 넣는 광고를 배치하면 된다.

충돌 해결

아마도 광고와 콘텐츠 사이의 충돌 역사는 광고를 실은 첫 번째 신문으로 거슬러올라 갈 것이다. 이 책에서는 두 가지 정도 잠재적인 충돌을 다룬다. 그 두 가지는 '자신이 신고 싶지 않아 할 광고'란 무엇인지와 '다른 사람들이 싫어하는 광고 플랫폼'이란 무 엇인가이다.

원치 않는 광고는 글과 관련없는 제품 광고부터 공격적인 내용을 담은 광고까지 다양하다. 이 문제는 광고 매니저가 광고 자리에 어떤 광고를 넣을지를 어떻게 결정 하는지와 관련이 있다. 키워드와 콘텐츠의 문맥이 광고 키워드와 맞아야 광고가 보 이게 되는 것이다. 만약에 음식과 식사 습관과 체중을 늘리는 것에 대한 블로그를 운 영하고 있다면 다이어트 광고가 블로그에 나타날 수도 있다. 이런 경우에 대부분 최 선의 해결책은 공격은 최선의 수비라는 마음을 가지는 것이다. 정기적으로 글을 쓰고 블로그를 지속적으로 업데이트하며 관리해주고 10장에서 언급할 태그나 검색 엔진 최적화를 잘하면 검색 관리자가 가장 적절한 광고를 보여주게 될 것이다.

모든 광고를 포함해 미디어에는 자신만의 규칙이 있다. 예를 들면, 한 페이지에 경 쟁자의 광고를 같이 싣지 않는다는 것 등이다. 온라인 광고는 약관 등을 통해서 한 페이지에 표시될 수 있는 광고의 수나 어떤 페이지에 광고를 보여줄 수 있는지 (이메일은 안 된다든지, 클릭을 유도하는 장치가 되어 있으면 안 된다든지) 등을 제한한다. 구글 애드센스를 사용한다면 구글 광고와 색이나 디자인 등의 차이점을 두기만 하면 다른 광고를 보여주는 것도 문제가 되지 않는다. 구글 설정 페이지에서 광고 색을 고를 때 블로그의 테마와 구분되는 색으로 골라야 하고 또 추가될지 모를 광고와도 색이나 테두리가 달라야 한다. 사용하는 테마에 광고를 위한 공간이 따로 있다면 별도의 광고나 스폰서 광고, 또는 번갈아서 보이는 광고 배너용으로 사용하고 구글 애드센스는 페이지별 또는 포스트별로 사용해서 다른 광고 플랫폼과 헷갈려 보일 수 있는 영역에 두지 않도록 해야 한다.

광고는 TV 광고와 고속도로 광고처럼 공공매체의 일부분이 되었다. 사이트 관리자나 개발자 또는 콘텐츠 생성자로서 사이트의 미적인 부분이나 배치 등의 노력을 통해서 잠재적인 경제적 이익이 의미가 있는 것인지, 또 어느 부분을 어떻게 상업화할 것인지 결정해야 한다.

프라이버시와 역사

사업적인 목적으로 사이트를 만들건 개인적인 목적으로 만들건, 온라인 활동을 워드프레스로 모으는 것은 온라인 활동을 한곳에서 볼 수 있게 만드는 것이다. 이것은 고객이나 잠재적인 고객, 어떤 방문자가 나의 웹사이트, 나의 사업과 관련하여 어떤 활동을 하는지 추적하기 쉽게 해준다.

라이프스트림을 개설하고 싶지 않은 이유도 있다. 일반적으로 라이프스트림을 만들고 싶은 이유와 정반대로 대치된다. 프라이버시 때문이다. 라이프스트림을 만드는 가장 큰 이유는 검색 엔진 등에 노출되고 또 사람들에게 알리기 위해서다. 사람들이 찾기 쉽게 만드는 것은 모든 것을 공개하는 것이다. 하지만 개인정보 등에 관한 내용은 아마 누구도 알려지기 원치 않을 것이다.

프라이버시는 인터넷에 글을 쓰는 사람이라면 누구나 걱정해야 할 부분이다. 구글이나 인터넷 아카이브 서비스 등은 찾을 수 있는 모든 정보를 캐시한다. 캐시된다고 당장 큰 일이 일어나는 것은 아니지만, 검색 엔진 한번 등에 노출되면 그 정보는 언제나 노출될 가능성이 있다. 글을 쓸때마다 매번 "정말 확실하세요?"라는 버튼이 있는 것도 아니다. 유즈넷Usenet 경고문을 인용하면 아래와 같다.

이 프로그램은 뉴스를 전 세계의 수천 개의 컴퓨터로 전송합니다. 당신이 무엇을 하고 있는지 알고 있는지 다시 한번 확신하시기 바랍니다. 정말 확실하십니까?

실질적으로 경제적인 타격을 입히지는 않겠지만(예전에는 그런 일도 있었다), '다시 돌리기 불가능'하다는 것을 걱정해야 한다는 것은 인터넷을 사용하면서 알 수 있을 것이다. 인터넷에 새로운 글을 올리기전에 심호흡을 한번 하는 것이 좋다. 인생은 길고 나중에 어떤 일이 생길지 모르기 때문이다. 한번 인터넷에 올린 글은 평생 유지된다. 만약 아이들이 자신이 태어났을 때부터 지금까지의 일생이 트위터와 페이스북, 그리고 개인 웹사이트에 계속 올려졌다는 것을 알게 된다면 어떤 반응을 보이게 될지는 아무도 모른다. 길게 보면 나중에 목욕을 하는 벌거벗은 한 장의 아기사진보다 훨씬 당황스러운 일일 수도 있다.

정리하자면, 글을 올릴 때에는 조심하는 것이 좋다. 병가를 내고서 하키를 즐기고 직장상사를 놀렸던 일을 페이스북에 올려서 직장에서 해고된 사례에 대해 들어보았을 것이다. 부적절한 사진을 플리커에 올리는 일은 자신의 평판을 망칠 수 있다. 새로운 직원을 5분 동안 인터뷰하고 그들의 이력서를 읽은 다음에는 많은 인사팀이 검색엔진으로 달려가서 지원자의 정보를 검색한다. 때로는 보통 인터뷰에서 질문할 수 없는 그런 질문에 대한 답이 인터넷에 있을지도 모른다. 이런 것은 최근에는 그 사람의 기본적인 배경조사 정도로 여겨진다.

여기서 말하는 교훈은 라이프스트림은 모두를 위한 것이 아니라는 것이다. 어떤 부분을 라이프스트림에 포함할지 고려해야 한다. 좋건 나쁘건 모든 온라인 활동을 워드프레스에 모으는 것은 자신을 홍보하는 데에는 좋고 다른 사람들에게 쉽게 노출할 수 있지만, 잘 관리해야만 사업이나 개인의 평판을 증대시킬 수 있다. 마지막으로, 자신의 모든 온라인 정보를 한 곳에 잘 모아두는 것은 당신을 처음보는 사람들에게 좋은 첫인상을 주고 신뢰를 주는 데 일조할 수 있다.

사용자 경험 강화

10장에서 다루는 내용

- ▶ 사용자 경험의 원칙
- ▶ 사용성 확인 및 테스트
- ▶ 검색 엔진 최적화
- ▶ 워드프레스의 내장 검색 기능

8장과 9장에서는 콘텐츠를 방문자에게 보여주는 것에 대해 이야기했다. 사실 이 두 장은 여러분의 목적과는 거리가 있다. 여러분은 웹사이트를 어떻게 꾸미고 기능을 추가하고 콘텐츠를 적절히 표시하는 것에 관심이 있을 것이다. 이 두 장은 여러분보다는 사이트 방문자를 위한 것이다. 방문자에게는 사용자 경험User Experience이 중요하다.

지금까지는 사이트를 만들고 콘텐츠를 관리하는 데에 집중했다. 이제는 방문자 수를 늘리고 방문자들이 오래 남아있게 하려면 어떻게 해야 하는지 알아보자. 이 문제는 사람들의 생각에 대한 것이므로 정답은 없다.

사용자 경험은 웹브라우저로 여러분의 웹사이트를 보는 방문자가 무엇을 생각하는지에 대한 것이다. 웹 스파이더(웹사이트를 방문해 웹 페이지와 기타 여러 가지 정보를 읽어오는 프로그램), 검색 엔진, RSS 리더 같은 프로그램도 여러분의 사이트 방문자에 포함된다. 다양한 사람이 여러분의 웹사이트를 편리하게 이용할 수 있도록 웹사이트를 디자인하고 구조화해보자.

사용자 경험의 원칙

사용자 경험User Experience이란 무엇인가? 사람들은 모두 각자의 관점이 있기 때문에 사용자 경험도 각 개인의 해석에 따라 다를 수 있다. 하지만 보편적 가이드라인이나 상식이 존재하기 마련이다. 이것의 판단 기준은 주로 심미적 요소와 사용 편의성 사이의 균형이 얼마나 잘 이뤄져 있는가에 달렸다고 할 수 있다. 물론 이러한 기준을 반드시 따라야 하는 것은 아니며 각 사람의 요구에 맞춰 바꿀 필요는 있다.

사용자 경험을 파악하는 기본 질문은 다음과 같다.

▶ 사이트가 일관된 형태인가?

▶ 디자인이 도움이 되는가 아니면 해가 되는가?

▶ 콘텐츠는 찾기 쉽고 접근하기 쉬운가?

▶ 콘텐츠의 구조는 튼튼한가?

▶ 웹사이트는 사용자에게 빠르게 반응하는가?

이런 질문은 사용자 경험의 중심을 잡아주는 기둥과도 같다. 10장은 웹사이트를 어떻게 사용하고 조합할지에 대해 알아본다. 다음 절에서는 이 주제를 좀 더 자세히 알아본다.

일관된 내비게이션

요즘은 테마가 잘 만들어져 있어서 워드프레스 웹사이트를 일관된 모습으로 만들지 않을 수가 없다. 여러분은 모든 방문자에게 웹사이트가 꾸준히 이용되고 있다는 것을 알리고 싶을 것이다. 이를 위해 일관된 웹사이트의 모습을 보여주는 것이 중요하다. 그 방법 중 하나로 사이트의 마스트헤드masthead에 신뢰할 만한 글로벌 내비게이션 global navigation을 넣는 것이 좋다.

그렇다고 웹사이트의 각 부분의 모양을 서로 다르게 할 수는 없다. 일관성이 있어야 한다. 방문자가 한 페이지를 읽고 다음 페이지로 갔는데 모양이 완전히 다르면 방문자는 혼란스러워 할 것이다. 방문자는 다른 사이트로 이동했다고 생각할 것이고, 여러분이 만든 콘텐츠를 칭찬하지 않을 것이다.

마찬가지로 웹사이트 페이지마다 믿을 수 있는 글로벌 내비게이션을 이용해야 한다. 믿을 수 있다는 것은 레이아웃이 바뀌거나 위치가 옮겨지지 않는다는 것이다. 방문자는 어려움 없이 쉽게 콘텐츠를 탐색할 수 있어야 한다. 웹사이트 개발자는 이 부분이 우스울 수 있지만, 일반적인 사용자는 기술적인 부분을 중요하게 생각하지 않으므로 탐색에 어려움이 있다면 웹사이트를 이용하지 않을 수 있다. 글로벌 내비게이션은 방문자가 웹사이트를 쉽게 탐색하고 돌아갈 수 있도록 중요한 역할을 한다.

좋은 글로벌 내비게이션은 웹사이트 안에서 방문자의 위치를 알려준다. 현재 보고 있는 메뉴와 다른 메뉴가 구분되도록 경계선을 두드러지게 하거나 색을 다르게 하는 것이 좋다. 이렇게 하면 방문자가 탐색 메뉴를 보고 웹사이트 내에 어디에 있는지 알 수 있다. 샌드박스 테마는 이런 일을 자동으로 처리한다. 내장 sandbox_globalnav() 함수를 사용할 경우 메뉴에서 자동으로 current_page_item이 적용된다(그 결과는 다음 HTML처럼 표시된다).

```
<li  class="page_item page-item-27 current_page_item">
  <a  title="Register Me" href="/register-me/"> Register Me
  </a>
</li>
```

샌드박스 대신 워드프레스 내장 함수 is_page()를 이용해 탐색 메뉴를 만들어도 같은 결과를 얻을 수 있다(이것은 템플릿 파일에 있는 PHP 코드다).

```
<li class="benefits
<?php  if(is_page('benefits')) { echo "current_page_item"; }  ?>">
  <a title="benefits" href="/benefits/">
    Benefits
  </a>
</li>
```

두 경우 모두 CSS의 current_page_item 속성을 이용하여 메뉴를 구분한다. 링크에 특별한 효과를 넣으면 사용자가 좀 더 편리하게 웹사이트를 이용할 수 있다. 그 방법으로, 첫째 마우스를 링크 위로 옮겼을 때 마우스 포인터가 손으로 표시되는 것 말고도 다른 피드백이 있어야 한다. 보통은 글자색, 배경 화면, 외곽선을 밝게 또는 어둡게 한다. 둘째, 지금 활성화된 메뉴를 상세하게 표현하되 다른 메뉴와 구분이 잘 되어야 한다. 이 두 가지가 함께 사용되었을 때 방문자는 웹사이트 전체를 쉽게 탐색할 수 있고, 웹사이트에 있는 정보를 쉽게 확인할 수 있다. 또 방문자가 콘텐츠를 읽기 쉬워진다. 다음은 이런 용도로 사용할 수 있는 CSS 코드 예시다.

```
div#menu li a  {
    background: #333;
    color: #efefef;
    display: block;
    padding: 5px 10px;
    text-align: center;
    text-decoration:  none;
}

div#menu li a:hover  {
    background: #EE5900;
}

div#menu li.current_page_item a  {
    background:  #841BD5;
}

div#menu li.current_page_item  a:hover {
    background:  #A80499;
}
```

이 코드들은 파이어폭스, 인터넷 익스플로러 6에서 8까지 작동한다. 그림 10-1에서는 위 코드가 웹브라우저에서 어떻게 보이는지 확인할 수 있다. 실제로 이 사이트를 둘러보았을 때 글로벌 내비게이션 메뉴는 테스트 웹사이트의 모든 페이지에서 화면 상단에 있다. 또한, 이 화면은 **A Page** 메뉴를 클릭했을 때의 화면이다. 여기서 활성화된 메뉴는 현재 보고 있는 페이지가 무엇인지 알려주며, 활성화된 메뉴는 다른 메뉴 항목과 구분돼 표시된다.

글로벌 내비게이션 메뉴와 관련하여, 모든 사이트 내의 페이지가 메인 메뉴에 있어야 하는 것은 아니다. 모든 페이지가 메뉴에 보이게 할 수도 있지만, 꼭 필요한 것은 아니다. 메인 메뉴의 각 섹션에서 로컬 탐색 메뉴를 표시할 수는 있다. 하지만 메인 섹션은 메인 메뉴를 통해 이용할 수 있어야 한다. 메인 섹션의 메뉴를 쉽게 이용할 수 있어야 방문자가 웹사이트를 탐색하기 편하다. 방문자가 기대하는 것이 무엇인지를 고민하고 쉽게 탐색할 수 있도록 내비게이션을 보강하길 바란다.

그림 10-1 활성화된 탐색 메뉴

　　요약하면 일관된 스타일과 믿을 수 있는 내비게이션은 방문자에게 편안함을 주고 콘텐츠의 타당성을 강화한다.

시각적 디자인 요소

웹사이트에 있는 디자인 요소가 사용자를 편리하게 하는가 아니면 불편하게 하는가? 보여주려는 테마가 콘텐츠에 도움이 되는가 아니면 주의를 다른 곳으로 돌리는가? 이러한 주제는 개인이 해석하기 나름이다. 사진이나 색깔은 선호도에 따라 선택할 수 있지만, 전체적인 느낌은 사이트의 콘텐츠와 일치되어야 한다.

　　예를 들어, 진지한 분위기의 비즈니스 웹사이트에는 핑크색 풍선껌 테마는 사용하면 안 된다. 하지만 이 웹사이트에서 장난감이나 풍선껌을 판다면 이야기는 달라진다. 웹사이트나 콘텐츠에 핑크색을 사용하는 경우가 있는데, 핑크색은 여성을 상징하고 여성의 건강 문제를 다룬다는 편견이 있으므로 신중하게 선택해야 한다. 잘 어울리지 않는 디자인 요소를 남용한다면 사이트를 영향력 있게 보여주지 못할 것이다. 올바른 비주얼 디자인은 웹사이트를 통해서 브랜드와 브랜드 가치를 나타낼 수는 것이어야 한다.

색깔은 각기 다른 느낌을 준다. 파랑색은 믿음을 준다. 그렇기 때문에 비즈니스 로고에 일반적으로 많이 쓰인다. 오렌지색은 새로운 테크놀로지를 생각하게 한다. 따라서 통신 사업에서 주로 쓰인다. 은행에 핑크색 말을 사용하거나 아동용 가구 웹사이트에서 해골 모양을 사용하는 실수를 하지 않길 바란다.

색깔과 브랜드는 측정하기가 어렵다. 이 주제는 아주 감성적이고, 보통 상식보다는 마케팅과 관련이 많다. 예를 들어, 사람들은 새로운 아이템을 인덱스 페이지에 넣을 때 새로운 아이템이 그 페이지에서 가장 중요한 것으로 생각한다. 그래서 인덱스 페이지가 많은 아이템으로 가득 차 어지러워 보이고, 디자인 요소는 중요하지 않은 것처럼 된다. 세탁용 세제를 비슷한 예로 들 수 있다. 만약 모든 브랜드가 울트라-뉴-슈퍼 향상된 세제라고 광고한다면, 모든 세제가 특성이 없지 않겠는가?

디자인 원칙을 따르자면, 새로운 웹사이트를 만들 때 구성에 많은 시간을 투자하는 것이 좋다. 그 방법은 다음과 같다. 우선, 여러 개의 요소를 잘 모아 최종 웹사이트를 만든다. 다 만들고 나면 불필요한 요소를 빼는 것이다. 그리고 한 발짝 뒤로 물러서서 웹사이트를 사용해보자. 이것은 "적으면 더 좋다less-is-more"는 이론을 바탕으로 변화시켜본 하나의 방법이다.

예를 들어, 그림 10-2에 있는 어도비 포토샵을 이용하여 만들고 있는 목업mockup 사이트를 보자. 오른쪽에 구성품에 있는 팔레트 레이어는 각 층으로 나눠져 있다. 이 목업 사이트를 만들 때 하나하나의 그래픽 요소도 같은 방법으로 만들어졌다. 이 방법은 다른 층에 영향을 주지 않고도 마음대로 바꿀 수 있다. 또한 몇몇 레이어는 꺼져 있다. 작은 눈 아이콘이 레이어 옆에 없는데, 이것을 통해 레이어가 꺼져 있다는 것을 알 수 있다. 목업 사이트를 만들 때 모든 그래픽 요소를 레이어마다 적용시켜 봤지만 너무 과하다는 결과를 얻었다. 이렇게, 레이어를 숨김으로써 더 실용적이고 보기 좋은 레이아웃을 만들어내는 것이다.

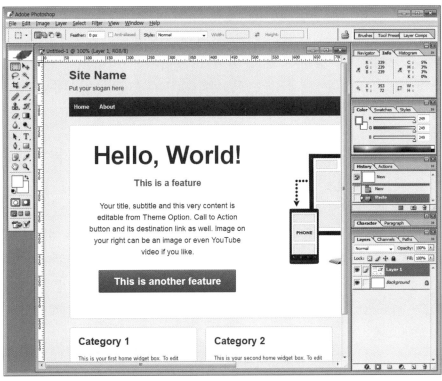

그림 10-2 포토샵을 이용해 만든 목업 웹사이트

콘텐츠 쉽게 찾기

성공적인 웹사이트에는 상당한 양의 콘텐츠가 있다. 방문자들은 여러분처럼 콘텐츠를 분류하거나 정리하지 않는다. 그러므로 방문자를 위해 웹사이트 내에는 많은 경로가 있어야 한다. 많은 경로가 있으면, 방문자들이 웹사이트 내에 찾고자 하는 것을 좀 더 쉽게 찾게 될 것이다. 카테고리, 태그, 월별 아카이브 템플릿의 사용 이유가 이런 것이다. 이러한 템플릿을 사용하면 좋은 점 세 가지가 있다. 방문자는 "어디에 무엇이 있는지"를 기억할 수 있다. 또한 템플릿은 콘텐츠를 통해 방문자들을 많이 끌어 모을 수 있고, 방문자간의 상호작용을 일으킬 수 있다. 콘텐츠 카테고리를 통해 만든이의 생각도 드러낼 수 있다.

워드프레스는 이러한 계획을 실행에 옮길 수 있도록 도와준다. 우선, 이미 이야기 했듯이 여러분의 웹사이트에는 신뢰할 만한 글로벌 내비게이션이 있어야 한다. 워드 프레스는 글로벌 내비게이션을 기본 구조에 포함할 것을 권장하는데, 구체적으로 어떻게 정리하고 표현할지는 여러분의 몫이다.

다음으로, 워드프레스에는 검색 기능이 내장돼 있다. 하지만 이 기능은 개선이 좀 필요하다. 검색 기능이 없는 것보다는 낫지만 말이다. 이 부분은 나중 장에서 좀 더 알아보자. 콘텐츠에 태그를 추가하면 찾기가 훨씬 쉬워진다.

또, 워드프레스는 콘텐츠를 볼 수 있는 방법을 다양하게 제공한다. 특별한 템플릿을 이용하거나 기본으로 제공되는 인덱스 템플릿을 사용함으로써, 워드프레스는 날짜, 카테고리, 제목, 글쓴이, 그리고 그 외의 모양으로 콘텐츠를 제공한다. 템플릿을 잘 이용하고, 마음에 들게 바꾸며 콘텐츠를 다양한 방법으로 표현할 수 있다. 단, 문제가 하나 있는데 콘텐츠가 중복된다는 것이다. 검색 엔진은 이런 것을 싫어한다. 이 부분은 10장의 뒷부분에서 좀 더 알아보자.

그리고 '관련된 글'에 관해서 많은 플러그인이 있다. 사이트 하단에 관련된 글 목록을 추가하면 콘텐츠를 찾을 수 있는 방법이 늘어난다. 독자가 콘텐츠의 한 부분만 관심을 가진다면 사이트에 글 리스트를 추가하는 것이 효과적이다. 이 방법을 통해 비슷한 콘텐츠를 권할 수도 있고, 방문자에게 도움이 되는 정보를 정리해서 올릴 수도 있다.

사이트 로딩 타임

전화 모뎀이 일반적이었을 때, 개발자들은 페이지의 용량과 로딩하는 시간을 중요하게 여겼다. 하지만 고속 인터넷 사용이 늘면서 개발자들의 용량과 로딩 시간에 대한 걱정은 줄어들었다. CSS 파일 사용이 늘어나고, 기존에 있던 스타일을 통합하여 줄이기보다는 새로운 셀렉터나 스타일을 추가하게 되었다. AJAX와 자바스크립트 라이브러리도 추가되었는데, 화려한 효과를 내기 위해 가끔은 하나 이상의 자바스크립트 라이브러리를 쓰기도 한다. 아이프레임이나 서드파티 컴포넌트 등을 추가하면 HTML 문서의 크기는 늘어난다. 정보 수집을 위해 다양한 데이터베이스 쿼리를 이용하면 서버의 반응이 느려진다.

로딩에 걸리는 시간을 여전히 걱정해야 하는가? 그래야 한다. 접속 속도가 빠르다고 해서 코드 최적화를 고려하지 않아도 되는 것은 아니다. 하지만 개발 초반에 코드를 최적화시켜서는 안 된다. 이른 시점에서 코드를 최적화시키면 사이트의 개발과 배치 부분이 늦어질 수 있다. 잘 끝내는 것과 코드 최소화를 통해 사이트를 잘 시작할 수 있도록 균형을 잘 잡아야 한다.

사이트를 개발할 때 페이지 로딩 시간을 잘 고민해야 한다. 최적화된 사이트는 그렇지 않은 사이트보다 로딩이 빠르다.

이것은 복잡한 문제가 될 수 있다. 웹사이트 로딩시간에 영향을 미치는 모든 면을 생각해봐야 한다. 우리가 분명히 알고 있는 부분들이 이미 있다. 예를 들어, 이미지의 개수와 크기, 사용되는 자바스크립트 라이브러리의 수, 그리고 그로 의한 영향이다. 서드파티 사이트와 통합하는 것도 생각해봐야 한다. 페이스북에 있는 배지badge나 팬 업데이트 기능을 너무 많이 이용하거나, 이미지 호스팅 사이트로부터 다양한 이미지를 링크해온다면 사이트 로딩 시간에 영향을 미칠 수 있다. 이런 외부 사이트들이 응답이 늦거나, 아니면 응답이 아예 없다면 어떻게 될까? 사이트가 느린 이유가 컨트롤할 수 없는 부분인가? 외부 웹사이트와 연결을 많이 할수록 성능 문제를 겪을 가능성이 높다. 그렇다고 아예 사용하지 말라는 것은 아니다. 하지만 이런 부분이 사이트의 퍼포먼스에 어떤 영향을 미치는지는 알아야 한다.

파이어버그Firebug는 사이트를 최소화하거나 네트워크의 대역폭을 조절할 수 있는 아주 좋은 도구다. 야후나 구글은 각각 애드-온add-on으로 페이지 스피드를 개선시키고 있다. 야후는 YSlow(http://developer.yahoo.com/yslow/)를, 그리고 구글은 Page Speed(http://code.google.com/speed/page-speed/)를 이용한다.

대형 서비스를 제공하는 회사의 YSlow와 Page Speed에도 문제점은 있다. 여러분이 일 년 동안 살펴봐야 할 트래픽 로그를 사이트에서는 한 시간에 간단히 볼 수 있다. 여기서의 문제점과 속도와 관련된 주제는 여러분이 겪는 문제점과는 다르다. YSlow는 CDNContent Delivery Network을 항상 추천한다. CDN은 신뢰를 높이고, 서비스의 질을 높이기 위해 다양한 위치의 서버에 정보를 분배한다. 하지만 여러분의 사이트에 CDN이 필요한가? 비용을 지출하면서 이것을 사용해야 하는가? 여러분의 웹사이트는 야후의 웹사이트에 비해 규모가 작을 것이다.

사이트 로딩 시간을 선택해야 한다. 선택하기 이전에 알아야 할 사항에 대해 제일 쉬운 것부터 체크리스트에서 알아보자.

▶ 그래픽을 최소화하고 DPI, 색상 수, 포맷을 잘 선택해야 한다.
▶ 자바스크립트 라이브러리를 하나만 사용하고 표준화해야 한다. 자바스크립트와 CSS를 사용하는 이점과 축소할 부분을 적절히 선택해야 한다. 이러한 노력이 페이지 로딩 시간에 영향을 주지 않을 수도 있다.
▶ 외부 웹사이트와 너무 많이 연결하지 않는다. 이미지를 링크해 놓았거나 페이스북 배지를 이용하는 것도 평가해야 할 부분 중 하나다.

▶ 호스팅 사이트에 있는 MySQL 데이터베이스 성능에 관심을 가져야 한다. 페이지나 포스트 요청을 처리하는 것은 데이터베이스 쿼리를 포함하며, 데이터베이스의 성능이 좋으면 페이지나 포스트 로딩 시간이 짧아진다. 데이터베이스에 콘텐츠를 저장하는 플러그인은 유연성을 주지만, 너무 많은 데이터베이스 쿼리는 성능에 부담을 주기도 한다.

▶ 결과를 캐시하는 것이 좋은 방법일 수도 있다. 확장성, 통계, 보안, 스팸에 관한 부분은 11장에서 더 알아보자. 서비스에 사용되는 서버의 규모와 성능에 대해서도 면밀히 검토해봐야 한다.

자바스크립트 사용

자바스크립트를 이용해 웹디자인을 할 때 주의할 점: 사이트 전체의 탐색 기능(또는 또 다른 디자인 요소)에 jQuery 플러그인을 사용하고 싶을 때가 있다. 자바스크립트가 주는 효과는 대단할 수 있지만, 자바스크립트가 디자인의 중심이 되어서는 안 된다. jQueary 효과는 디자인을 다 마치고 마지막 효과로 사용해야 한다. 자바스크립트를 이용한 효과가 실패하더라도 사이트의 토대는 좀 더 굳건하게 만들어서 사이트가 잘 돌아가도록, 또 예쁘게 보여야 한다. 사이트를 만들 때에는 기초부터 튼튼하게 하고 기능 부분에서만 자바스크립트 효과를 이용하는 것이 좋다. 새로운 자바스크립트 라이브러리와 그에 따른 효과 로딩타임을 늘릴 수 있다는 것을 잊지 않도록 한다. 과연 효과가 사이트에 도움이 되는지, 아니면 예쁘게 보여서인지를 잘 생각해봐야 한다.

더욱이, 자바스크립트를 사용하지 않는다 하더라도 사이트 사용이 편리해야 한다. 자바스크립트 효과 없이도 사이트는 사용하기 편하고 잘 돌아가야 한다. 만약 어떠한 기능을 위해 자바스크립트를 사용했고, 그것이 유일한 방법이라면, 그 기능은 접근이 불편할 수 있다. 사이트에 들어가는 방문자 중에는 자바스크립트에 오류가 발생할 수 있으며, 아예 자바스크립트 기능을 꺼 놓았을 수도 있다. 다양한 경우를 고려해 모두 접근할 수 있는 방법으로 사이트를 제공하는 것이 좋다.

어떤 경우에도, 페이지 로딩 시간을 줄이기 위해 시각적인 화려함을 제한하는 것을 감수해야 한다. 그리고 여러 가지 시도와 사용자 경험의 향상에 대해 어떤 부분이 더 중요한지 평가해야 한다.

사용성 검사

여러분이 고객에게 의뢰받아 웹사이트를 제작할 때, 여러분이 고려해야 할 사람은 고객이 아니라 웹사이트를 방문하는 최종 사용자다. 더욱이, 고객은 그들의 사용자가 뭘 원하는지 모른다. 고객과 마찬가지로 개발자나 글쓴이는 피드백이 없다면 사용자가 무엇을 원하는지 모른다. 사람들은 웹디자인 분야에서 뭐가 제일 좋은지 자신이 잘 알고 있다고 생각한다. 마케팅 담당자가 페이지 내의 모든 요소를 중요하게 생각한다고 가정해보자. 결국에는 페이지 전체가 반짝이는 배지로 가득하게 될 것이다.

고객은 일반적인 사용자가 무엇을 원하는지 자신이 알고 있다고 생각한다. 사이트를 만들려는 이유와 사람들을 방문하게 만드는 이유가 같다고 생각하기 때문이다. 가끔은 그 이유가 맞기도 하지만, 반드시 맞는 것은 아니다. 방문자가 웹사이트를 방문하는 이유는 무한히 다양하기 때문이다.

만약 사용자 경험 부분을 잘 만들고 싶다면 검증을 미리 그리고 자주 해야 한다. 어떤 부분을 검증할지 결정해야 하고 사이트를 만드는 목적을 고려해야 한다. 예를 들어, 전자상거래 사이트는 물건을 팔려는 것이다. 사이트를 만드는 당신의 목적은 무엇인가?

> **참고** 버튼 하나로 3억 달러를 번 이야기가 있다. 다음 주소를 확인해보길 바란다.
> http://www.uie.com/articles/three_hund_million_button

이런 아이디어를 여러분의 사이트에도 적용시킬 수는 없을까? Carsonified.com의 설립자 라이언 카슨은 워드프레스에서 A/B 옵션을 테스트하는 것에 대해 가르치고 있다(http://carsonified.com/blog/business/how-to-do-ab-testing-in-wordress/). A/B 시험은 실제 사이트에 적용해 볼 수 있는 테스트다. 여러분이 실제로 사용하는 두 가지 버전의 사이트가 있다고 하자. 임의로 하나의 버전을 방문자에게 보여준다. 사용성 검사를 위해 코드를 바꿀 수 있어야 하므로 웹사이트는 살아있어야 한다. 카슨의 방법은 구글의 웹사이트 옵티마이저와 특별한 플러그인을 활용해 사이트를 테스트한다. 테스트 결과를 이용해 어떤 버전에 사용된 항목이 사이트에서 동작을 잘 하는지 알 수 있다. 어떤 측면에서 보면 구글도 이런 사용성 검사를 이용한다. 구글은 사용성 검사의 결과를 바탕으로 즉시 서비스를 수정하고 실제 트래픽에 어떻게 영향을 끼쳤는지 확인한다.

다른 옵션은 트위터에 도움을 받거나, 식구, 친구들에게 도움을 받는 것이다. 이것을 크라우드 소싱Crowd Sourcing이라고 한다.

테스트를 안 하는 것보다 한 번이라도 하는 게 낫다. 도움을 줄 수 있는 사람을 찾는 것도 좋은 아이디어다. 항상 타인의 제안이나 결과를 받아들여야 하는 건 아니다. 타인의 생각을 들어보고 고민해보는 것만으로도 도움이 될 것이다. 사이트에 관해 잘 모르기 때문에 오히려 새로운 관점을 제시할 수 있는 사람에게 도움을 받는 것도 좋다.

만약 예산이 없다면 가족이나 친구에게 부탁해 사이트를 사용하는 모습을 보면 된다. 예상하지 못했던 디자인 부분을 향상시킬 수 있고, 그들의 조언을 듣고 어떤 부분이 좋은지 안 좋은지 알 수 있다. 가족과 친구들은 평균적인 컴퓨터 사용자를 대표하므로 좋은 테스트 대상이 될 수 있다.

같은 방법으로 소셜 네트워크를 이용해 모르는 사람에게 요청할 수도 있다. 하지만 결과는 각기 다를 것이다. 대부분의 사람들은 좋은 부분이든 안 좋은 부분이든 몇 가지 의견을 줄 것이다. 하지만 드물게 매우 꼼꼼한 테스트 결과를 받을 수 있다.

만약 예산이 있다면, 유저 테스트를 대신해주는 에이전트를 이용하자. 대부분의 서비스는 신청서를 제출하거나 사이트를 보여줘야 한다. 그리고 사용자에 대하여 목표를 세워야 한다. 또한 사용자가 컴퓨터에 대해 어느 정도 이해하는지도 선택할 수 있다. 그러면 서비스 업체는 자신들의 에이전트에게 과제를 할당한다. 에이전트는 보통 집 컴퓨터를 이용하는 사용자로서 여러분의 목표를 이루기 위해 특별한 소프트웨어를 사용하고 기록한다.

작년에 이중 하나의 서비스를 웹 애플리케이션(워드프레스와 연관된 건 아님)의 인터페이스를 검사하기 위해서 사용해봤다. 결과는 비디오로 사용자가 사이트를 어떻게 사용하는지 볼 수 있었고, 사용자로부터 직접 평가를 들을 수 있었다. 평가 중 명시적인 답변도 있었고 다양한 답변도 있었다. 마지막에는 유저 테스트를 통해 향상시켜야 하는 부분을 즉각 알 수 있었고, 경험 있는 포커스 그룹의 피드백을 통해 기능을 변경하기도 했다.

워드프레스 팀은 최근 버전들의 대시보드에 대해 유저 테스트를 실시하였다. 상당한 기간 동안 대시보드는 점검을 받아야 했지만 최근 버전은 유저 테스트를 통해 확실히 자리를 잡았다. 워드프레스의 장점은 개발 부분과 편리함 부분에서 공동체 중심이고 크라우드 소싱을 하고 있다는 점이다. 유저 테스트는 워드프레스의 기능 중 사용자가 가장 많이 사용하는 것에 중점을 두었고 퀵프레스QuickPress와 다른 기능의 개발을 가능하게 하였다.

이와 같이, 유저 테스트는 레이아웃이나 사이트 디자인을 향상시키는 데 많은 도움이 된다. 보통은 이 부분을 중요하게 생각하지 않고 넘어가는데, 개발자가 그 내용을 다 안다고 생각하기 때문이다. 개발자가 사이트를 제일 잘 알고 있는 것은 맞지만, 다른 사람으로부터의 조언은 사이트를 향상시키는 데 많은 도움이 된다.

정보 구조화

사이트가 어떻게 조직화돼 있는지는 검색 엔진과 방문자에게 아주 중요한 부분이다. 대부분 워드프레스 내에서 콘텐츠를 조직화한다. 결국에는 콘텐츠를 잘 조직화하는 것이 CMS의 중심 기능이다. 하지만 정보를 구조화하기 위해서는 잘 생각해봐야 한다.

저자는 고객이 사이트를 다시 디자인하고 싶거나 새로운 사이트를 만들 때 먼저 콘텐츠나 페이지의 아웃라인을 만들라고 부탁한다. 이때 고객은 구조나 조직을 크게 생각해야 한다. 아웃라인 하나하나에 어떤 콘텐츠가 들어갈지 생각하면 전체적인 사이트 구조에 대해서도 생각할 수 있다. 고객이 말한 아웃라인을 이용해, 개발자들은 포스트 카테고리, 페이지, 부모 페이지 등을 만든다. 이는 사이트 구축을 좀 더 원활하게 할 수 있는 방법이다. 또한 고객은 더미 텍스트^{dummy text}로 채워진 아웃라인을 미리 볼 수 있고, 사이트 작업 프로세스 초기에 원하는 대로 구조를 바꿀 수 있다.

예전에 황금률에 따르면 웹사이트 내에서 마우스 클릭이 세 번 이상은 일어날 수 없다는 것이 있다. 이 규칙은 예전에 전화연결을 통해 인터넷을 사용할 때의 기준이다. 이 방법이 요즘에도 적용되는지는 미지수다. 방문자의 집중력은 나날이 감소하고 있고, 요즘에는 브로드밴드가 널리 퍼져 있어서 페이지 로딩타임도 중요한 요소는 아니다.

답은 하나다. 검색기능이 상하 내비게이션을 대신하고 있다. 사람들은 웹사이트 인덱스 페이지로 가서 특정한 주제, 글 또는 찾고자 하는 제품을 글로벌 내비게이션을 통해 찾지 않는다. 그들은 검색 엔진으로 바로 간다. 검색 엔진은 정확한 페이지로 가기 위해 링크를 제공하거나, 사이트 깊이와는 상관없이 결과를 찾을 수 있게 도와준다.

저자는 사이트 내에서 세 번 이상 클릭하지 않는다는 규칙을 좋아한다. 이유는 K.I.S.S^{Keep It Simple and Short}(단순, 명쾌하게 기술하라는 원칙) 방법은 이 규칙과 잘 맞고 사이트를 쉽게 쓸 수 있다. 하지만 이 규칙을 반드시 지켜야 한다고 생각해서는 안 된다. 이 규칙을 적용할 때쯤 사이트는 더 복잡해지고 콘텐츠가 많아지기 때문이다. 검색 엔진을 통해 콘텐츠를 찾기 쉽게 하고 콘텐츠 구조를 만들 때 세 번 이상 클릭하지 않는다는 규칙을 지키게 한다면 사용자 경험을 한층 더 향상시킬 것이다.

또한 각 페이지나 섹션의 제목이 어떤지 평가하는 것도 중요하다. 웹디자인에 관한 불편한 진실 중 하나는 바로 아무도 당신의 콘텐츠를 제대로 읽지 않는다는 것이다. 2006년 제이콥 닐슨Jakob Nielson 조사에 따르면(http://www.useit.com/alertbox/reading_pattern.html) 방문자들은 웹 페이지 내의 콘텐츠를 F 모양 패턴F-shaped pattern으로 빠르게 본다는 조사 결과가 나왔다. 즉 사람들은 시선을 위에서 아래로, 그리고 왼쪽부터 스쳐 지나면서 보고 싶은 콘텐츠를 찾는다는 것이다.

또 한 번 얘기하지만 이것은 일반적으로 알려진 사실은 아니다. 명백히, 사람들이 웹사이트 글이나 콘텐츠를 읽지 않는다면 글이 필요하지 않을 것이다. 하지만 방문자들을 끌어들이거나 사이트 내에 머물러 있게 하고 싶다면 이 조사를 보고 어떤 행동을 취해야 하는가?

헤더headers가 중요하다. 헤더는 간결해야 하고 묘사가 잘 돼 있어야 한다. 여러분의 콘텐츠는 가장 중요하고 좋은 생각을 떠올리게 하는 정보여야 한다. 그러고 나서 세부적인 내용으로 들어가는 것이 좋다. 여러 단계의 HTML 헤더 포맷도 적절히 있어야 한다(이 부분은 나중에 좀 더 알아보자). 헤더에는 동사를 사용해야 한다. 이때의 단어들은 흥미로워야 하고 방문자로 하여금 콘텐츠를 읽고 싶게 만들어야 한다. 방문자가 사이트를 훑어본다면 헤더에 있는 동사나 묘사가 사이트의 요지를 알게 해주고, 그들이 찾고자 하는 것을 도와주고, 나머지 글을 읽도록 유인한다.

예를 들어, 다음 두 개의 개요 중 어느 것이 좀 더 흥미롭게 느껴지는가?

▶ 워드프레스 사용법
  - 개관
  - 기술
    ≫ 소프트웨어
    ≫ 하드웨어
  - 시작하기

▶ 워드프레스를 이용해 콘텐츠를 인터넷에 출판하기
  - 어떤 절차로 할 수 있는가?
  - 무엇이 필요한가?

≫ 애플리케이션 설치

　　≫ 서버 설정

　– 블로깅 시작하기

위 두 개의 개요 중 위에 것이 더 보기 좋고, 웹사이트의 주제가 무엇인지 쉽게 알 수 있다. 아래 것은 여러분이 무엇을 해야 하는지를 더 명확히 표현한다. 아래 것은 웹사이트의 구조를 볼 수 있으며 이야기의 흐름도 볼 수 있다.

학교에서 글쓰기 연습을 하며 개요를 작성하던 때를 기억해보자. 웹사이트의 주제도 같은 것이다. 여러분의 콘텐츠도 구조와 제목과 본문이 있어야 한다. 방문자가 콘텐츠의 제목과 소제목에 관심을 갖게 된다면 다음엔 본문을 읽게 될 것이다. 그렇지 않으면 다음 제목으로 눈길을 돌릴 것이다. 그 동안 배운 글쓰기 실력을 발휘해 보기 바란다.

검색 엔진에 웹사이트 노출시키기

검색 엔진 최적화SEO, search engine optimization는 웹사이트를 검색 엔진에 노출시키는 방법이다. SEO에서 가장 중요한 것은 고유주소를 이용하는 것이다. 검색 엔진에 최적화된 고유주소는 검색 결과 페이지에 실제로 보여지므로 매우 중요하다. 의미 있고 웹사이트의 내용을 설명할 수 있는 고유주소를 사용하는 것은 필수사항이다.

불행히도 워드프레스의 기본 URL 구조는 포스트의 ID를 이용하는 방식이다(http://example.com/?p=100). 이렇게 하는 이유는 여러 플랫폼과 서버에서 호환성을 제공하기 위해서다.

검색 엔진의 검색 결과에 다음과 같은 두 개의 URL이 표시된다면 사용자들은 어떤 것을 선택할까?

http://example.com/?p=42

또는

http://example.com/this-is-the-information-you-want

분명히 두 번째 URL을 선호할 것이다.

검색 결과를 보는 사람은 두 번째 URL을 보고 그 페이지에서 어떤 내용을 보게 될지 예상할 수 있다. 웹을 많이 이용하는 사용자들은 링크 위에 마우스를 올려 놓았을 때 웹브라우저의 상태표시줄에 URL이 표시되는 것을 확인한다. URL을 보면 문서의 내용을 추측하는 데 도움이 되기 때문이다. 사용자들은 두 번째 URL을 클릭할 가능성이 더 높다. 그러므로 그림 10-3과 같이 고유주소의 구조를 잘 설정하기 바란다. 고유주소를 사용하려면 웹서버가 지원해주어야 한다. 이와 관련된 내용은 2장에서 이미 살펴봤다.

그림 10-3 대시보드의 고유주소 구조 설정 화면

짧은 URL은 입력하기 쉬워서 좋다. 그래서 고유주소 구조로 /%postname%/을 많이 사용한다. 이 구조는 포스트의 제목으로 SEO된 URL을 만들어준다.

추가로, 이 설정 메뉴에는 **카테고리 기반**과 **태그 기반**이라는 두 개의 선택 필드가 있다. 워드프레스의 카테고리 페이지로 이동하면 URL이 http://mysite.com/category/cool-stuff처럼 표시된다. **카테고리 기반** 설정을 이용하면 URL의 category라고 된 부분을 원하는 구문으로 바꿀 수 있다. URL을 가능한 짧게 하기 위해 category 대신 'c'를 쓰거나 tag 대신 't'를 쓰는 경우도 많다. 의미 있는 URL 구조를 만들기 위해 이 옵션을 잘 활용해보자.

> **📎 참고** 크리스 쉬플릿(Chris Shiflett)은 자신이 운영하는 PHP 보안 블로그(http://shiflett.org/
> blog/2008/mar/urls-can-be-beautiful)에 어떻게 하면 URL을 보기 좋게 만들 수 있을지에
> 대해 글을 썼다. 크리스는 옴니TI(OmniTI)에서 근무하고 있었는데, 새로 만든 웹사이트 주소만
> 으로 무슨 사이트를 만들었는지 알 수 있었다. 그 주소는 다음과 같다.
> http://omniti.com/is/hiring과 http://omniti.com/helps/national-geographic

중복 콘텐츠

검색 엔진 스파이더가 웹사이트 정보를 수집할 때 중복 콘텐츠가 있으면(다시 말해 같은 콘텐츠에 여러 개의 경로가 있으면) 검색 엔진은 그 콘텐츠의 순위를 페이지의 개수로 나눈다. 이 절은 하나의 콘텐츠를 여러 개의 경로로 다른 문서처럼 보이게 하는 방법에 대해 다룬다.

워드프레스는 실제로 중복 콘텐츠를 권장한다. 하나의 포스트는 인덱스 페이지에 보일 수도 있고, 카테고리 페이지에 보일 수도 있고, 태그 페이지에도 보일 수 있다. 연단위 아카이브나 월단위 아카이브에 보일 수도 있다. 즉 워드프레스는 콘텐츠에 여러 개의 경로를 제공하는데, 이 점은 좋은 점이기도 하지만 중복 콘텐츠 문제를 일으킬 수 있어 안 좋은 점이기도 하다.

워드프레스 템플릿으로 인해 콘텐츠에 여러 개의 경로가 생기는 것은 검색에 있어서는 문제가 되지만, 콘텐츠를 여러 가지로 노출하는 것이므로 좋은 부분도 있다.

샌드박스 테마는 이것을 자동으로 처리해준다. 카테고리와 태그, 아카이브 템플릿은 중복 콘텐츠를 만들어낸다. 이런 템플릿은 포스트의 요약을 표시하고 포스트 원문으로 이동할 수 있는 링크를 보여준다. 코드는 다음과 같다.

```
<div class="entry-content">
 <?php
    the_excerpt( __( 'Read  More
    <span class="meta-nav">&raquo;</span>', 'sandbox' ) )
 ?>
</div>
```

이 방법은 검색 엔진에게 하나의 콘텐츠에 여러 개의 경로를 주는 것이 되지만, 포스트 원문을 보여주는 `single.php`로 갈 수 있는 여러 개의 경로를 주는 것이기도 하다. 워드프레스의 테마는 완전한 세트의 템플릿이 필요하다. 부족한 템플릿이 있다면 문제가 발생할 수 있다.

어떤 플러그인은 'no-follow' 헤더 태그를 HTML에 추가한다. 이렇게 하면 중복 콘텐츠의 문제가 해결될 수도 있다. 하지만 검색 스파이더에 따라 해결이 안 될 수도 있다. Duplicate Content Cure 플러그인(http://www.seologs.com/?p=300)을 이용하면 다음과 같은 헤드 태그가 카테고리 페이지에 추가된다.

```
<meta name="robots" content="noindex,follow">
```

> ✎ 참고 역설적이게도 SEOLogs.com은 비효율적인 포스트 ID 기반의 URL 구조를 사용한다.

구글은 웹마스터 툴Webmaster Tools 웹사이트에서 구글 스파이더가 어떻게 웹사이트의 정보를 수집하는지 알려준다. 아르네 브라흐홀드Arne Brachhold가 만든 Google XML Sitemaps 플러그인(http://wordpress.org/extend/plugins/google-sitemap-generator)은 구글 스파이더가 웹사이트를 잘 탐색할 수 있도록 XML 사이트맵을 만들어준다. 웹마스터 툴은 매우 흥미롭고 다양한 기능을 가지고 있다. 예를 들어, **최적화**(Optimization) > **HTML 개선**(HTML improvements)에 가면 그림 10-4와 같은 화면이 보이는데, 이 화면은 스파이더가 찾아낸 중복 콘텐츠를 보여준다.

그림 10-4 구글 Webmaster Tools

중복 메타 설명(Duplicate meta descriptions)을 클릭하면 어떤 페이지가 문제를 일으키는지 확인할 수 있다. 마이크로소프트의 빙Bing도 비슷한 도구를 제공한다.

검색을 잘 이용하려면 robots.txt 파일을 수정해야 한다. robots.txt 파일은 검색 엔진 스파이더에게 웹사이트의 어느 페이지를 인덱스로 만들어야 하는지 알려준다. 스파이더는 기본적으로 모든 정보를 인덱스로 만들려고 한다. robots.txt 파일은 스파이더가 어떤 정보를 인덱스로 만들지 말아야 하는지도 알려줄 수 있다. 다음은 워드프레스의 적당한 robots.txt 파일 예시다.

```
User-agent: *
Disallow: /wp-
Disallow: /search
Disallow: /feed
Disallow: /comments/feed
Disallow: /feed/$
Disallow: /*/feed/$
Disallow: /*/feed/rss/$
Disallow: /*/trackback/$
Disallow: /*/*/feed/$
Disallow: /*/*/feed/rss/$
Disallow: /*/*/trackback/$
Disallow: /*/*/*/feed/$
Disallow: /*/*/*/feed/rss/$
Disallow: /*/*/*/trackback/$
```

트랙백과 핑

구글은 A라는 웹사이트로 이동하는 링크를 다른 사이트들이 많이 갖고 있을 때 A 웹사이트의 순위를 높은 것으로 한다. 트랙백은 한 블로그가 관련된 다른 블로그에 알림을 주는 방법이다. 이렇게 하면 방문자가 관련 블로그를 쉽게 찾을 수 있기 때문이다. 트랙백은 다른 웹사이트에 작성된 댓글이라고 볼 수도 있다.

기본적으로 워드프레스는 댓글과 트랙백을 함께 그룹으로 관리한다. 하지만 댓글과 트랙백이 함께 보이면 방문자들은 오히려 불편할 수 있다. 댓글과 트랙백을 분리해 보여줄 수 있다. 샌드박스 테마의 다음과 같은 코드가 그런 역할을 한다.

```php
<?php   if ( get_comment_type() == "comment" ) {
    // 댓글 출력코드 부분
}   ?>
<?php   if ( get_comment_type() != "comment" ) {
    // 핑 출력코드 부분
}   ?>
```

댓글은 두 개의 foreach 반복문으로 처리된다. 하나는 실제 댓글을 처리하고 다른 하나는 트랙백을 처리한다. 더 자세한 정보는 샌드박스 테마의 comments.php 템플릿을 참고하기 바란다. 이 템플릿을 잘 이용하면 댓글과 트랙백을 분리하여 방문자들이 토론하기 편리하게 하고, 포스트에 남겨진 다른 블로그의 링크도 방문자에게 잘 보여줄 수 있다. 댓글과 트랙백은 논리적/시각적으로 잘 분리되며, 방문자에게 더 쉽게 보여질 수 있다.

댓글을 표시하는 워드프레스의 기본 함수를 이용해도 같은 효과를 얻을 수 있다. 다음 코드를 참고하기 바란다.

```
wp_list_comments(array('type' => 'comment'));
wp_list_comments(array('type' => 'pings'));
```

트랙백은 대시보드의 토론 설정에서 활성화될 수 있다.

반면에 핑은 새로운 정보가 발생했을 때 다른 웹사이트에게 알려주는 기능을 한다. 워드프레스는 Ping-O-Matic이라는 서비스로 새로운 콘텐츠를 다른 웹사이트에 알려준다. 핑은 여러분의 웹사이트가 다른 웹사이트에 보낼 수도 있고, 다른 웹사이트가 여러분의 웹사이트에 보낼 수도 있다. 이런 점에서 핑은 트랙백과 비슷하다.

핑 업데이트 서비스는 여러분의 웹사이트에 트래픽을 증가시키는 좋은 방법이다. 어떤 웹사이트는 핑을 받으면 그 내용을 모아 하나의 소개 페이지로 제공하기도 한다. 웹 서핑을 하는 사람들 중에는 특정 주제를 검색하다가 이런 소개 페이지를 찾게 돼 여러분의 웹사이트를 방문하게 될 수도 있다. 이런 점에서 핑은 RSS나 트위터와 비슷하다.

Ping-O-Matic의 업데이트 서비스를 이용하려면 회원가입을 해야 한다. http://pingomatic.com에 가서 한번 이용해보길 바란다. 이용하는 방법은 전혀 어렵지 않다.

태그와 콘텐츠 공유 사이트

technorati.com은 이런 업데이트 서비스를 이용하여 블로그를 모아주는 웹사이트다. 테크노라티Technorati 태그는 여러분의 웹사이트가 테크노라티 웹사이트에 분류되어 등록되게 한다. 포스트에 테크노라티를 가리키는 태그를 삽입하면 태그를 바탕으로 다른 웹사이트와 함께 분류된다. 테크노라티는 새로운 알림 서비스로 인해 점점 인기를 잃고 있다. 지금의 테크노라티는 예전처럼 대단한 서비스는 아니다. 다만 적은 노력으로 콘텐츠를 더 많이 노출시킬 수 있다는 장점이 있을 뿐이다. 요즘은 디그, 레딧, 트위터 등 여러분의 웹사이트를 알릴 방법이 더 많이 있다. 9장에서 소셜 네트워킹 버튼을 추가하는 방법에 대해 이야기한 것도 이에 포함된다. 방문자들이 여러분의 콘텐츠를 추천하고, 태그를 이용해 다른 웹사이트에 알리고, 콘텐츠의 변경사항을 널리 알릴 수 있도록 독려하자.

실제로는 핑을 그렇게 많이 사용하지는 않는다. 오히려 RSS 피드를 이용하거나 트위터를 이용하는 경우가 많다. 어떤 경우에는 RSS 피드나 트위터가 더 효율적이기 때문이다.

웹 표준과 검색 최적화

HTML은 텍스트에 표식markup을 다는 것이다. HTML은 일관되고 의미 있는 표식을 통해 콘텐츠를 표현하려는 의도로 만들어졌다. 이런 목적에 따라 많은 수의 HTML 태그가 만들어졌다.

업계에서는 HTML로 복잡한 레이아웃의 예쁜 문서를 만드는 데에 치중하고 있으며 테이블을 지나치게 많이 사용한다. 다시 말해, 원래 의도와는 다르게 불필요하고 의미 없는 태그들이 문서를 어지럽게 만든다. 문서를 예쁘면서도 구조적이고 의미 있게 유지하려고 HTML과 CSS를 함께 쓰게 되었다. 이런 변화를 시맨틱 HTML이라고 한다.

시맨틱 HTML

POSH는 Plain Old Semantic HTML의 준말이다. 이 준말은 HTML을 의미 있고 구조적인 방법으로 쓰자는 생각에서 나왔다. 웹 문서를 예쁘고 보기 좋게 하려고 CSS를 사용한다. 예를 들면, CSS 젠 가든이 있다.

POSH를 이용하는 이유는 여러 가지가 있다. 첫 번째 이유로, POSH는 미래 웹의 기초다. POSH를 이용하는 웹사이트가 늘어나면 웹브라우저도 그에 따라가게 된다.

두 번째 이유로, POSH를 이용하면 개발자들은 콘텐츠를 관리하기 쉬워진다. 구식의 HTML 코드와 POSH의 HTML 코드를 비교해보자.

```
<div style="
  background: #F0CCFA;
  border: 1px solid # D894EB;
  color: #f00;
  font-size: 2em;
  margin: .25em 0;
    padding: .5em;">
      This is my subheading
</div>
```

또는,

```
<h2>This is my subheading</h2>
```

실제로 위에 나온 구식은 그렇게 오래된 구식은 아니다. 여러 개의 중첩된 `<font>` 태그를 사용하는 대신 style을 사용했기 때문이다. 유효하고 간결한 HTML일수록 유지보수를 쉽게 할 수 있다.

간결하다는 것은 HTML 코드에서 불필요한 부분을 제거해 웹 문서가 더 빨리 웹 브라우저에 로드된다는 뜻이다.

세 번째 이유로, 접근성이 있다. 예를 들면, 의미 있고 구조적인 HTML로 된 웹 문서는 시각장애인을 위해 문서를 읽어주는 프로그램(스크린리더)이 더 잘 동작하게 한다.

마지막 이유로, POSH를 이용한 HTML은 웹 검색에도 최적화된다. 검색 스파이더는 그렇게 똑똑하지 않으며, 웹사이트가 얼마나 예쁘고 화려한지는 보지 않는다. 검색 스파이더는 문서의 구조만 본다.

시맨틱 HTML은 텍스트 중에 마크업된 부분의 의미를 강조한다. 그래서 시맨틱semantic이라고 한다. 적절한 HTML 태그를 이용하는 것이 첫 단계다. 예를 들면, HTML에서는 6단계의 헤더를 사용할 수 있다. 헤더를 올바른 순서대로 이용하면 자연히 검색 엔진에 최적화된다. 검색 스파이더는 이런 헤더의 순서로 콘텐츠의 순서를 알 수 있다.

다음과 같이 CSS 스타일을 이용하더라도 검색 스파이더는 문서의 의미를 잘 알지 못할 수 있다.

```
<div class="pagetitle">My  Site Is About Something Important</div>
```

반면에 아래와 같이 `<h1>` 태그를 이용하면 검색 스파이더는 이 부분이 문서 전체의 헤더라는 것을 알 수 있고, 이 헤더를 중요한 것으로 처리한다.

```
<h1 class="pagetitle">My Site Is About Something Important</h1>
```

콘텐츠에 적절한 단계의 헤더를 이용해야 한다. 한 페이지에는 하나의 <h1> 태그를 이용하는 것이 일반적이다. <h1>은 보통 웹사이트의 이름을 표시하는데 사용하며, 그 아래 단계의 헤더를 여러 개 사용하는 것이 일반적이다. 하지만 웹사이트의 이름은 변경되는 부분이 아니며, <h1> 태그를 이용할 부분은 아니라는 의견도 있다. 이렇게 <h1> 태그를 이용하는 것은 <h1>의 목적과 별로 상관이 없으며, <h2> 태그가 페이지 제목을 표시하는 데 사용되도록 한다. 두 가지 의견 모두 일리가 있는데 선택은 여러분의 몫이다.

이미지는 항상 alt 속성을 가지고 있어야 한다. alt 속성은 이미지가 무엇에 관한 것인지를 검색 스파이더에게 알려준다. 검색 스파이더는 이미지 자체로는 그것이 무엇에 관한 것인지 알 수가 없다. alt 속성은 스크린리더 프로그램도 이용한다.

<div> 태그는 블록을 표시하는 데 쓰이며, <p> 태그는 문단을 표시하는 데 쓰인다. 의미 있는 중요한 단어는 <em> 태그나 <strong> 태그를 이용해 강조할 수 있다.

번호 있는 목록은 <ol> 태그, 번호 없는 목록은 <ul> 태그를 이용한다. 이런 태그를 이용해 만든 목록은
 태그를 이용해 만든 목록보다 훨씬 더 의미 있다. 정의 목록은 <dl> 태그를 이용하는데, FAQ를 작성할 때에 주로 쓰인다. 사실 HTML 속성에 대해 모두 설명하자면 끝이 없을 것이다.

간단히 말하면, 시맨틱 HTML은 HTML 태그를 원래 의도대로 적절히 사용하는 것이다. W3C의 명세서를 읽거나 다른 문서를 보며 공부하는 것은 매우 값진 일이 될 것이다. HTML에 대해 올바르게 알면 웹 문서를 더 간결하고 의미 있고 읽기 쉽고 프로그램이 접근하기 좋게 만들 수 있다. 더 나아가 방문자와 검색 엔진에게도 좋은 효과를 낼 것이다.

유효한 HTML

여러분이 개발자라면 유효한Valid HTML과 유효한 CSS를 익히는 것은 그리 어려운 일이 아니다. HTML 코드를 구조적으로 잘 작성하면, 코드 추가와 삭제를 쉽고 빠르게 할 수 있다. table을 이용하여 레이아웃을 구성하는 것보다 유효한 HTML을 이용하는 것이 훨씬 효율적이다.

유효한 HTML을 이용하는 것은 크로스 브라우저cross browser 렌더링 문제를 해결하는 데에도 도움이 된다. 예전에는 유효한 HTML을 이용하지 않는 경우가 많았기 때문에, 표준을 지키지 않는 모든 웹브라우저에서 웹사이트가 동일하게 보이는지 일일이 테스트해야만 했다. 이런 테스트는 매우 소모적인 일이어서 수많은 개발자들의 노력을 필요로 했다. 이런 브라우저 테스트를 위해 제일 처음 해야 할 일은 유효한 HTML을 사용하는 것이다. 그리고 코드를 정리하고 브라우저에서 어떻게 보이는지 확인했다. 현재는 이런 문제가 많이 줄어들었다.

SEO와 관련해 검색 스파이더는 그렇게 똑똑하지 않다는 말을 다시 한번 기억하자. 유효한 HTML을 이용하면 검색 스파이더가 문서를 이해하고 순위를 만들기에 좋다. 유효한 HTML을 이용하지 않으면 검색 스파이더가 태그의 끝이나 속성을 정확히 찾을 수 없어 중요한 정보를 놓치게 된다. 웹브라우저는 이상한 HTML도 그냥 넘어가며, 가능한 한 보여줄 수 있는 대로 보여준다. 하지만 검색 스파이더는 많은 양의 콘텐츠를 정리해야 하며 빨리 처리해야 하므로 이상한 HTML이 있으면 무시한다.

유효한 HTML이 맞는지 검증하는 것에 대해 많은 자료가 있다. W3C는 Markup Validation Service(http://validator.w3.org)를 제공한다. 모질라 파이어폭스Mozilla Firefox의 익스텐션extension 중에도 이런 기능을 하는 것이 있으며 마이크로소프트의 IE8용 개발자 툴에도 그런 기능을 하는 도구가 있다.

마이크로포맷

마이크로포맷microformat은 HTML 내용에 문맥 정보를 표시하는 태그를 추가하는 것이다. 마이크로포맷은 HTML 내에 XML을 표현하는 것과 유사하게 콘텐츠를 다루는 방식 중 하나다. 마이크로포맷은 HTML 코드 내의 정보를 표현하는 포맷을 정해놓았으며, 마이크로포맷을 지원하는 프로그램은 그 포맷을 바탕으로 정보를 해석한다. 마이크로포맷에 맞춰 연락처나 주소록을 표현한 웹 문서를 흔히 찾아볼 수 있다. 이미 여러분은 마이크로포맷을 쓰고 있지만, 잘 모를 수도 있다.

테크노라티 태그도 마이크로포맷 중 하나다. 다음 예처럼 <a> 태그에 rel 속성을 사용하여 링크가 태그를 통해 이동함을 표현할 수 있다. 여기에서 rel 속성이 일종의 마이크로포맷이다.

```
<a href="http://technorati.com/tag/wordpress" rel="tag">WordPress</a>
```

워드프레스에서 흔히 사용되는 마이크로포맷에는 XFNXHTML Friends Network이 있다. 이 마이크로포맷은 링크에 쓰이는 속성인데, 여러분과 그 링크의 인물간의 관계를 표시하는 데 사용된다. 이 관계는 대시보드의 링크 설정판에서 설정할 수 있으며, 블로 그롤^{blogroll}이라고 표현된다.

링크 설정 메뉴에서 링크에 어디서 어떻게 그들을 알게 됐는지에 대한 마이크로포 맷 속성을 추가할 수 있다. 그림 10-5의 설정 내용은 다음 같이 HTML로 표현된다.

```
<a title="WordPress.org" rel="friend colleague muse"
 href="http://WordPress.org">WordPress.org</a>
```

마이크로포맷은 링크에 대해 의미 있는 정보를 추가하는 단순하면서 효율적인 방 법이다. 여기에서 단순하다는 표현이 중요한데, 웹브라우저에서 마이크로포맷은 화면 에 표시되지 않는다. 게다가 CSS의 셀렉터로 rel 속성을 쓸 수 있게 된 것도 근래의 일이다.

하지만 검색 엔진 스파이더 같은 도구는 마이크로포맷의 정보를 이용해 소셜 그래 프^{social graph} 같은 유용한 정보를 만들어 낼 수 있다. XFN에 대해서는 http://gmpg. org/xfn에서 더 많은 정보를 확인할 수 있다.

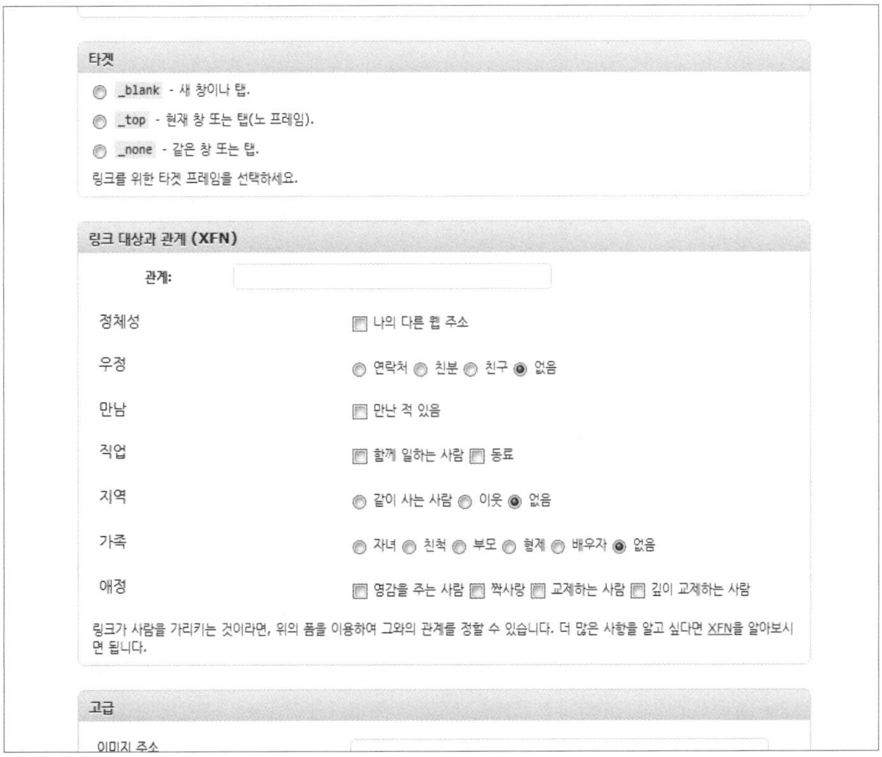

그림 10-5 링크의 XFN 편집

많이 쓰이는 마이크로포맷에는 hCard가 있다. hCard 마이크로포맷은 연락처 정보를 표시하는 데 사용된다. 마이크로소프트 아웃룩 같은 프로그램은 이메일이나 이메일 주소록을 다루는 데에 vCard 포맷을 이용한다. vCard 포맷을 HTML로 표시하는 게 hCard 마이크로포맷이다.

다음 예를 보자.

```
<div class="vcard">
  <a class="url fn" href="http://mirmillo.com">David Damstra</a>
  <div class="adr">
    <div class="street-address">123 Main Street</div>
    <span class="locality">Grand Rapids</span>,
    <span class="region">MI</span>
    <span class="postal-code">49525</span>
  </div>
  <div class="tel">1-616-555-1234</div>
</div>
```

hCard는 매우 흔히 쓰이는 마이크로포맷이며, vCard의 포맷과 매우 유사하다.

위 hCard 코드를 웹사이트에서 보면 일반적인 주소록 항목처럼 보인다. 하지만 마이크로포맷을 지원하는 프로그램이나 검색 엔진 스파이더는 훨씬 더 많은 정보를 해석해낼 수 있다. 마이크로포맷은 검색 엔진 스파이더 같은 외부 도구가 블로그 글을 더 잘 분석할 수 있도록 해주며, 그에 따라 검색 엔진을 통해 더 많은 방문자가 방문하게 한다. 또, 마이크로포맷 태그가 추가된 글을 이용해 다른 서비스를 만들어 낼 수도 있다. 그 예로, GeoMark 플러그인은 블로그 글에 포함된 위치 정보를 GEO 마이크로포맷 태그로 변환하여 글의 메타데이터로 저장한다.

아직까지, 검색 엔진 스파이더는 마이크로포맷 정보를 다른 콘텐츠보다 더 중요하게 정리하지는 않는다. 하지만 마이크로포맷은 점점 더 알려지고 인기를 끌고 있으며, 검색 엔진 스파이더는 마이크로포맷을 통해 앞으로 더 많은 시맨틱 데이터semantic data를 수집하게 될 것이다. 마이크로포맷은 사실상 시맨틱 데이터 표현 방식의 표준이다. 그러므로, 현재는 검색 엔진 스파이더가 마이크로포맷 정보를 다른 콘텐츠와 같이 취급하더라도 지금 마이크로포맷 정보를 잘 입력해 두면 앞으로 큰 효과가 있을 것이다.

마이크로포맷은 미래를 위한 투자라고 생각할 수 있다. 마이크로포맷은 특정 콘텐츠를 구조화하는 단순한 방법으로, 이를 기반으로 차후에 매우 유익한 정보가 만들어질 것이다. 예를 들면, 사람의 이름을 입력하면 그 사람의 소셜 그래프가 함께 검색되고, 회사 이름을 입력하면 내 휴대폰의 주소록에서 그 회사와 관련된 사람이 검색되고, 위치와 시간을 입력하면 관련된 행사가 검색되는 서비스가 나올 수도 있다. 데이터가 잘 정리된다면 그것을 다루는 도구는 금세 나오게 될 것이다.

웹사이트 내에서 검색

지금까지는 여러분의 웹사이트를 구조화하고 코드를 정리하여 검색 엔진에서 잘 보이게 만드는 것에 대해 이야기했다. 방문자가 워드프레스의 검색 기능을 이용하는 경우가 있는데, 이 경우는 검색 엔진과는 상황이 좀 다르다.

SEO와 워드프레스의 검색 기능은 유사한 점도 있고 다른 점도 있다. 이전에 살펴본 SEO의 방법은 경험을 통해 검증된 것들이다. 물론 검색 엔진 회사에서 검색 엔진의 규칙을 바꿀 수도 있지만 말이다.

기본 검색 기능의 약점

워드프레스의 검색 기능은 작은 웹사이트에는 충분할 수 있을지 모른다. 하지만 웹사이트의 규모가 커지면 워드프레스의 검색 기능으로는 부족할 수 있다. 부족한 점 두 가지를 보면 다음과 같다.

부족한 점 하나는 검색 결과가 날짜순으로만 정렬되며 정확도순으로는 정렬되지 않는다. 워드프레스는 최신순으로만 콘텐츠를 보여준다. 블로그에서는 최신 글이 가장 중요하기 때문이다.

한 주제에 대해 길고 정성들여 쓴 오래된 글과 같은 주제에 대해 간략하게 쓴 새로운 글이 있을 때, 검색 결과에는 내용과는 상관없이 새로운 글이 최상위로 노출된다. 검색어의 정확도와는 상관이 없다. 검색어가 글에 몇 번 나오는지를 세어 검색 결과의 정확도를 높이는 기능이 없다는 뜻이다. 워드프레스의 검색 기능은 글에 검색어가 포함되는지만 확인하고, 그 결과를 시간 순서대로만 출력한다.

이런 특성은 다음과 같은 문제점도 있다. 워드프레스의 검색 기능은 웹사이트의 일부 콘텐츠만 검색한다. 기본 검색은 포스트와 페이지만 검색하며 헤드라인이나 댓글, 링크, 카테고리, 태그는 검색하지 않는다. 헤드라인은 매우 중요하고, 방문자들은 헤드라인을 먼저 보는 경향이 있다. 방문자들이 헤드라인을 기억했다가 웹사이트를 다시 방문했을 때 헤드라인으로는 검색되지 않기 때문에 불편함을 느낄 수 있다.

눈길을 끄는 헤드라인이 포함된 포스트는 검색 결과로 노출될 가능성이 높다. 그리고 댓글, 링크, 카테고리, 태그 등이 모두 검색된다면 더 효율적으로 포스트를 노출시킬 수 있을 것이다.

부족한 점 또 하나는 검색의 로직이 없다. 다시 말하면, 검색 구문에 검색 조건을 표현하는 문법을 사용할 수 없다. 기본 검색 기능은 특정 단어를 포스트에서 찾아내는 방식으로만 검색한다. 그러다보니 검색 결과가 이상하게 나올 때가 있다.

예를 들면, 일반적으로 검색 엔진에 '검색어1 AND 검색어2'와 같은 문구를 입력해 검색을 하면 검색어1과 검색어2가 모두 들어간 문서를 찾아준다. 하지만 워드프레스의 검색란에 위와 같은 문구를 입력하여 검색하면 AND를 포함하여 3개의 단어가 검색어로 처리되고, 검색 결과가 나오지 않을 것이다.

워드프레스의 검색 기능은 OR도 검색어로 인식한다. 검색어에 '검색어1' OR '검색어2'를 입력하는 것과 '검색어1 OR 검색어2'를 입력하는 것은 검색 결과가 다르다. 검색 결과를 비교해보면 이런 불린boolean 표현을 워드프레스의 검색이 처리하지 못한다는 것을 알 수 있다.

몇몇 사람은 워드프레스의 검색 결과에 검색 구문을 강조해주지 않는다고 불평한다. 검색 구문을 강조해주는 것은 보기에는 좋지만, 검색 결과에는 영향을 미치지 않는다. 강조 기능은 개인적인 선호일 뿐이다. 또, 강조 기능은 PHP나 CSS를 이용하면 쉽게 구현할 수 있다. 강조 기능이 꼭 중요한 것은 아니다.

워드프레스의 검색 기능도 쓸만하지만, MySQL의 풀텍스트 검색 기능을 이용하거나 루씬Lucene이나 스핑크스Sphinx 같은 서드파티 검색 엔진을 활용하지도 않는 것은 좀 아쉽다. 물론 워드프레스가 설치 과정을 간단히 하고 외부 소프트웨어에 의존성을 적게 가져가려고 하는 것은 이해가 된다. 별도의 검색 기능이나 엔진을 이용하면 설치가 복잡해지기 때문이다. 아무튼 이런 검색 기능이 꼭 필요한 개발자가 있다면 적극 참여해주기 바란다.

개발자가 직접 참여하는 것은 대단한 일이다. 하지만 검색 기능에 대한 요구는 개인차가 크다. 개발자마다 검색 기능에 대해 원하는 게 다른 만큼 워드프레스의 장점인 플러그인 시스템을 이용하여 나름대로 검색 기능을 구현해 사용하길 바란다.

검색 기능에 도움이 되는 플러그인

기본 검색 기능에 대해 많은 사람들이 부족함을 느낄 것이다. 기본 검색 기능을 대체하거나 개선하기 위해 많은 능력 있는 개발자들이 플러그인을 만들었다. 실제로 정말 많은 플러그인이 있다. 어떤 플러그인은 특정한 문제점만 개선하고, 어떤 플러그인은 검색 프로세스 전체를 대체한다. 많이 쓰이는 검색 플러그인에 대해 알아보자.

존 고들리John Godley가 만든 Search Unleashed 플러그인(http://wordpress.org/extend/plugins/search-unleashed)은 기본 검색 기능의 부족한 점을 모두 덮어준다. 앞에서 이야기한 기본 검색 기능이 검색하지 않는 콘텐츠를 이 플러그인은 모두 검색한다. 게다가 다른 플러그인이 삽입한 콘텐츠도 검색한다. Search Unleashed 플러그인은 검색 엔진으로 MySQL의 풀텍스트 검색과 루씬 검색 중에 하나를 선택할 수 있다. 이 플러그인은 검색 결과에서 검색 구문을 강조하는 기능도 있다. 또, 메뉴도 잘 되어 있어서 관리하기에 좋다.

스프라웃 벤처Sprout Venture의 댄 카메론Dan Cameron이 만든 Search Everything 플러그인(http://wordpress.org/extend/plugins/search-everything)도 유명하다. Search Everything 플러그인은 워드프레스의 검색 기능이 다양한 콘텐츠를 검색할 수 있도록 해준다. 검색 결과에서 검색 구문을 강조하는 기능이 있으며 메뉴도 잘 돼 있다.

구글의 2009 서머 오브 코드2009 Google Summer of Code에서 오토매틱 사의 앤디 스켈톤Andy Skelton은 저스틴 슈리브를 학생으로 받아 워드프레스 내장 검색 기능을 개선하는 작업을 했다. 그 결과 검색과 관련된 API를 제공하는 여러 가지 플러그인을 만들어 냈다. 그 중 하나는 Search API(http://wordpress.org/extend/plugins/search)인데, API 훅hook을 플러그인에 제공하여 플러그인에서 검색 기능을 구현할 수 있게 한다. 이 플러그인을 이용하는 두 개의 검색 플러그인이 함께 만들어졌는데, 하나는 MySQL 풀텍스트 엔진을 이용하고 다른 하나는 구글 검색 엔진을 이용한다. 슈리브는 Search API 플러그인을 이용해 스핑크스 검색 엔진 플러그인을 만들었다.

모바일에서 이용

이 주제는 매우 중요한 주제인데, 스마트폰 이용이 폭발적으로 증가하고 있기 때문이다. 스마트폰에서 워드프레스를 이용과 관련해서 두 가지 진영이 있다. 한쪽 진영은 스마트폰용 웹브라우저가 기존의 PC용 웹사이트를 그대로 볼 수 있다고 한다. 아이폰, 안드로

이드, 팜프리Palm Pre가 여기에 해당한다. 여기에 해당하는 사용자들은 웹브라우저의 화면 크기가 제한되며 화려한 화면을 보는 것이 부담된다는 생각을 갖고 있다.

반대쪽 진영에서는 모바일 기기를 위해 아주 가볍게 만들어진 테마를 사용해야 한다고 생각한다. 스마트폰에 적합하게 기존 웹사이트의 디자인을 수정하고 방문자가 원하는 정보만 찾을 수 있도록 단순화해야 한다고 생각한다.

WPTouch iPhone 테마는 워드프레스 웹사이트를 아이폰 애플리케이션처럼 보이게 한다. 이 글을 쓰는 현재 아이폰이 가장 많이 쓰이는 스마트폰이다. 이 테마의 저자는 데일 머그포드Dale Mugford와 듀앤 스토리Duane Storey이며 더 자세한 정보는 http://wordpress.org/extend/plugins/wptouch에서 찾을 수 있다.

이 플러그인을 설치하면 모바일 웹브라우저가 웹사이트에 접속했을 때 자동으로 브라우저를 확인하고 웹사이트의 모든 화면을 모바일에 맞게 보여준다. 이 테마는 AJAX를 이용하며 네이티브 애플리케이션처럼 여러 가지 화면 효과도 보여준다. WPTouch는 메뉴도 잘 준비돼 있다.

WPTouch는 모바일 웹브라우저에 맞게 커스텀 인덱스 페이지를 설정할 수도 있다. 이 플러그인을 이용하면 개발자는 데스크톱용 첫 페이지와 모바일용 첫 페이지를 따로 만들 수 있다. 이 플러그인은 기존 테마에 있는 CSS 파일을 모바일에 맞게 수정해준다. 이 플러그인을 이용하면 모바일 방문자는 기존 테마와 수정된 테마 중에 선택할 수 있다.

캐싱 기능을 제공하는 플러그인을 사용하고 있다면 모바일 웹브라우저에는 캐싱을 이용하지 않도록 설정하는 것이 좋다. 그렇지 않으면 모바일 웹브라우저를 탐지하는 부분이 동작하지 않아 기존 테마만 보일 것이다.

모바일 테마는 점점 인기를 끄는 영역이다. 스마트폰 이용이 증가함에 따라 모바일 테마를 웹사이트에 적용하는 것도 흔해질 것이다. 알렉스 킹의 Carrington 테마도 모바일 버전을 출시했다(http://carringtontheme.com/themes).

지금까지 사용자 경험에 대해 알아보았다. 11장에서는 관리자의 관점에서 성능과 보안이라는 주제에 대해 알아보자.

11장

확장성과 통계 및 보안과 스팸

▶ 트래픽 카운터 설치

▶ 콘텐츠 캐시

▶ 워드프레스 사이트의 보안

▶ 사용자 권한 위임

10장까지는 콘텐츠를 방문자가 보기 좋게 표시하고, 방문자가 쉽게 찾을 수 있고, 콘텐츠를 모으는 방법에 대해 이야기 했다. 11장에서는 성공적인 웹사이트를 측정하는 방법에 대해 알아본다.

통계 카운터

트래픽 통계는 웹사이트의 어떤 콘텐츠가 방문자를 끌어오는지 보여준다. 트래픽 통계는 방문자와 방문자의 컴퓨터, 소프트웨어에 대한 정보를 보여준다. 이 정보를 이용하면 웹사이트의 좋은 정보를 부각시킬 수 있고, 방문자의 웹브라우저 지원을 추가할 수 있다.

통계 패키지를 설치하는 방법에는 여러 가지가 있는데, 각각 장단점이 있다. 호스팅 업체의 서비스를 이용한다면, 호스팅 업체에서 제공하는 트패픽 통계를 이용하는 것도 좋다.

트래픽 통계를 모으는 데에는 여러 가지 방법이 있다. 한 방법은, 고전적인 방법으로 로그log 파일을 분석하는 것이다. 웹서버에 각 요청이나 에러에 대해 로그 파일을 생성하도록 설정할 수 있다. 이 로그 파일을 분석하여 사람이 볼 수 있는 정보를 만들어주는 통계 패키지가 있다. 통계 패키지 중에는 로그 파일을 서버에서 다운로드하여 로컬 컴퓨터에서 처리하는 것도 있다.

다른 방법은, 방문자 정보를 모으는 짧은 코드를 웹사이트의 모든 페이지에 삽입하는 것이다. 이 코드는 정보를 수집하여 통계 서버로 보내고, 서버는 누적된 정보를 의미 있게 바꿔준다. 요즘은 이 방법이 많이 쓰인다.

이런 패키지들이 워드프레스 플러그인으로 나와 있다. 이런 패키지들은 각각 특색이 있으며 어떤 정보를 제공하는지 확인하고 설치해야 한다. 일반적으로 제공하는 정보에는 방문자와 순방문자unique visitors, 접속수와 페이지뷰page view, 순페이지뷰unique page view 등이 있다. 독자들의 의도에 따라 통계에서 어떤 정보를 끄집어낼지가 달라진다. 독자의 의도가 웹사이트 방문자수를 늘리고, 검색 사이트의 순위를 올리고, SNS에서 더 많이 공유되는 것이라면, 단 한 페이지만 보고 1분 이내에 떠나는 방문자라 할지라도 방문자수는 늘어난다. 독자의 의도가 토론이나 커뮤니티의 확대라면 재방문자를 늘리는 것, 사용자가 웹사이트에 머무르는 시간을 늘리는 것, 한 방문자가 여러 페이지를 보게 하는 것이 도움이 될 것이다.

AWStats

AWStats는 웹 트래픽 통계의 원조격이다. AWStats보다 더 오래된 패키지가 있긴 했지만 보안문제가 있었고 별로 인기를 끌지 못했다.

AWStats는 원래 로그 분석툴 중에 하나다. AWStats는 서버에서 실행할 수도 있고, 로그파일을 다운로드하여 다른 컴퓨터에서 실행할 수도 있다. AWStats는 펄Perl이 필요하며, 아파치나 마이크로소프트의 인터넷 정보 서비스IIS 서버의 로그를 분석할 수 있다. 단, 마이크로소프트의 IIS 서버에서 실행하려면 로그 파일 포맷을 설정해야 한다. AWStats를 설치하려면 서버 관리 업무를 좀 알아야한다. AWStats는 유닉스 시스템의 크론cron을 통해 백그라운드로 실행되도록 디자인 되었다.

AWStats는 서버에서 실행되는 로그 분석 패키지이므로 웹사이트의 요청 정보를 쉽게 다룰 수 있다. 자바스크립트 태그를 조금 더 추가하면 더 많은 정보를 수집할 수 있다. 예를 들면, 화면의 크기와 브라우저에 설치된 플러그인처럼 방문자의 컴퓨터에 관한 정보도 알아낼 수 있다.

AWStats의 장점은 오픈소스라는 것이다. AWStats는 믿을 수 있고 무료인데다 상대적으로 쉽기 때문에 지금까지 사용되고 있다. 많은 사람이 코드를 기여하고 웹에서 질문과 답변을 활발하게 주고받는다. 많은 수의 웹사이트가 AWStats를 이용하고 있으며, 활발한 커뮤니티가 사용자들을 지원해주고 있다.

AWStats의 단점은 AWStats가 꼬였을 때다. AWStats는 가끔 날짜 정보를 빠뜨린다. 히스토리 정보를 만들고 로그를 빨리 처리하려고 AWStats는 캐시 파일을 만드는데, 로그의 날짜 순서가 이상하거나 하면 캐시 파일이 이상해져 분석해야 할 새로운 로그가 엉뚱하게 바뀌어 처리된다. 그러면 캐시 파일을 지우고 다시 생성해야 한다. 다행히도 이런 문제가 발생했을 때 도움이 되는 스크립트가 나와있다.

AWStats를 위한 몇 가지 워드프레스 플러그인이 있다. AWStats가 반드시 워드프레스 웹서버에 있어야만 이 플러그인을 쓸 수 있는 것은 아니다. 플러그인 중 하나는 로그 분석 결과를 보기 좋은 보고서로 만들어 웹사이트에서 보여준다. 다른 플러그인은 추가 정보를 수집하는 자바스크립트 코드를 워드프레스의 모든 페이지에 넣어준다. 그림 11-1은 AWStats의 기본 보고서 화면이다.

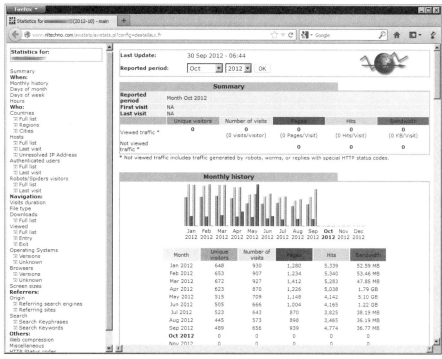

그림 11-1 AWStats의 기본 보고서 화면

http://awstats.sourceforge.net에서 추가 정보를 확인할 수 있다.

Statcounter

웹이 유행하기 시작한 초기에는 몇 명이 방문했는지 숫자를 세주는 방문자 카운터를 이용했다. Statcounter는 방문자 카운터에서 시작했지만 완전한 기능을 갖춘 트래픽 통계 패키지로 발전했다. 물론 여전히 방문자 카운터 기능을 제공한다.

Statcounter는 트래픽 양과 최근 방문자 정보의 상세한 정도에 따라 유료 버전과 무료 버전이 있다. 무료 버전은 최근 500 방문자 정보만 제공한다. 보여주는 정보는 다르지만, 정보를 수집하는 것은 두 버전 모두 제공한다.

Statcounter는 웹사이트의 모든 페이지에 정해진 자바스크립트 코드를 삽입해야 한다. 이것을 자동으로 해주는 플러그인이 있다. 수집하는 정보가 독자의 웹사이트에 해당한다는 것을 구분하기 위해 고유 프로젝트 코드unique project code가 필요하며, 코드를 받으려면 계정을 등록해야 한다. AWStats는 호스팅 서버에서 모든 것을 처리하지만 Statcounter는 그래프와 리포트를 Statcounter 사이트에서 보여준다. 방문자가 웹브라우저를 자바스크립트가 동작하지 않도록 설정하면 통계에 포함되지 않는다. 따라서 Statcounter가 보여주는 트래픽과 방문자 통계는 실제보다 조금 적다.

Statcounter의 장점은 사용자 확대해서 보기Magnify User 기능이다. 이 기능을 이용하면 특정 방문자만 집중해서 정보를 볼 수 있다. 그 정보에는 브라우저 정보, 컴퓨터 설정, 사이트 내에서 이동한 경로 등이 있다. 이 기능은 대단히 좋은 기능인데, 사용할 때에 개인정보보호를 침해하지 않는지 주의가 필요하다.

http://www.statcounter.com에서 추가 정보를 확인할 수 있다.

민트

민트Mint는 AWStats와 Statcounter의 중간쯤이다. 민트는 자바스크립트를 이용해 정보를 수집하여 중앙 서버로 보내고 중앙 서버에서 정보를 분석한다. 중간쯤이라고 한 이유는 중앙 서버가 독자들의 서버이기 때문이다.

독자가 관리할 수 있는 중앙 서버를 이용하면 독자의 웹사이트 통계를 다른 사람이 볼 수 없어 보안을 유지하기 좋다(다음 절의 구글 애널리틱스는 그렇지 않다). 특히 은행처럼 보안이 중요한 환경에서 유용하다. 민트는 PHP로 작성되었고, LAMP 서버에서 잘 동작한다. 민트에 확장된 기능을 추가하려면 Pepper 스크립트라는 특별한 언어를 이용해야 한다. 그리고 민트는 무료 솔루션이 아니다.

민트를 위한 플러그인을 설치하면 정보를 수집하는 자바스크립트 코드를 모든 페이지에 자동으로 넣어주고 대시보드에 민트 통계를 추가하여 보여준다.

http://haveamint.com에서 추가 정보를 찾을 수 있다.

구글 애널리틱스

트래픽 통계 서비스의 거물이다. 구글 애널리틱스^{Google Analytics}는 사용자가 통계 보고서를 쉽게 볼 수 있도록 깔끔하고 직관적인 인터페이스를 제공한다. Statcounter처럼 트래픽과 브라우저 정보를 구글에 전송하는 자바스크립트 코드를 모든 페이지에 삽입해야 한다.

구글 애널리틱스에는 제약이 있다. 트래픽에 대한 정보를 구글에게 제공해야 한다. 요즘 우리는 이메일, 달력, 웹 트래픽 통계 등 많은 일에 구글을 이용한다. 그렇지만 구글이 우리의 정보를 어디에 어떻게 이용하는지, 구글의 태도가 나중에 어떻게 바뀔지는 알 수 없다. 하지만 우리는 대체로 구글을 신뢰하는데, 실제로 어떤 목적을 가지고 정보를 수집하는지 알기 때문이다. 구글은 방문자의 브라우저와 운영체제 정보를 애드센스^{AdSense}와 키워드에 연관지을 수 있을 것이다. 구글은 애드워즈^{AdWords}와 애드센스를 상호 참조하여 캠페인이나 웹사이트 방문 통계를 만들 수 있도록 허용한다. 웹사이트 사용과 마케팅 트렌드와 관련된 데이터가 많아지고 있다. 데이터를 구글에 주는 것의 이익과 위험에 대해 잘 따져보기 바란다.

구글 애널리틱스는 마케팅을 위한 것이다. 구글 애널리틱스에는 유용한 기능이 있으며, 이 기능들을 익혀두면 리포트를 더욱 가치있게 만들 수 있다. 예를 들면, 트래픽을 세밀하게 분할하여 볼 수 있고, 사용자 정의 리포트를 만들 수도 있다. 도서관 웹사이트라면 PDF 파일 중 어떤 게 가장 많은 트래픽을 만드는지, 이메일로 마케팅을 한다면 어떤 이메일을 고객이 많이 열어보는지를 알 수도 있다.

아래 jQuery 코드를 보면 외부 문서로 이동하는 링크를 구글 애널리틱스에서 추적하는 것을 볼 수 있다. 이 코드는 http://css.dzone.com/news/update-tracking-outbound-click 주소에서 가져왔다.

```
/* 웹사이트 외부로의 이동이나 파일 링크를 추적하기 위해 jquery를 이용한다.
 * http://css.dzone.com/news/update-tracking-outbound-click
 */
$("a").click(function() {
  var $a  =  $(this);
  var href =  $a.attr("href");
```

```
  // 링크가 내부인지 외부인지 비교
  if ( (href.match(/ ^ http/)) && (! href.match(document.domain)) ) {
    // 외부이면 이벤트를 등록
    var category = "outgoing";  // 카테고리 설정
    var event = "click";  // 이벤트 설정
    var label = href;  // 레이블 설정
    pageTracker._trackEvent(category, event,  href);
  }
});
var fileTypes = ["doc","docx","xls","pdf","ppt","pptx", "rtf", "txt"];
$("a").click(function() {
  var $a  =  $(this);
  var href =  $a.attr("href");
  var hrefArray =  href.split(".");
  var extension =  hrefArray[hrefArray.length - 1];
  if ($.inArray(extension,fileTypes) !=  -1) {
    pageTracker._trackEvent("download", extension, href);
  }
});
```

외부로 이동하는 트래픽을 추적하는 것은 웹사이트를 참조점^{reference point}으로 이용하거나 전문지식을 모아두는 용도로 이용할 때 유용하다. 또 방문자가 어떤 정보를 찾고 있는지도 알 수 있다. 방문자가 어떤 형식의 문서에 관심이 있는지 알면 방문자의 취향에 대해 더 많은 식견을 갖게 될 것이다. 링크가 가리키는 문서가 워드프로세서 문서인지 그림인지 알 수 있도록 문서 형식을 방문자에게 보여주는 것도 좋다.

구글 애널리틱스와 관련된 플러그인도 이미 많이 나와있다. 플러그인 수로도 구글 애널리틱스가 얼마나 인기있는지 가늠할 수 있다. 플러그인은 약간씩은 차이가 있지만 모든 페이지에 구글 애널리틱스와 관련된 자바스크립트를 넣어주는 기능이 있다. 어떤 플러그인은 추적할 정보를 설정할 수 있는 기능이 있다. 그림 11-2는 구글 애널리틱스 대시보드의 화면이다.

구글 애널리틱스에 대한 더 많은 정보는 http://google.com/analytics에서 찾을 수 있다.

방문자수가 증가하고 토론이 활발해지고 검색 엔진을 통한 방문자가 많아지면, 웹사이트의 확장성에 관심을 가져야 한다. 워드프레스 시스템의 전반적인 성능을 향상시킬 수 있는 방법을 찾아보자.

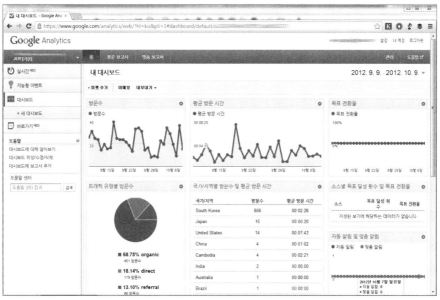

그림 11-2 구글 애널리틱스의 리포트 화면

캐시 관리

워드프레스는 CMS인데, 이 말은 워드프레스로 만든 웹사이트는 내용이 동적으로 생성된다는 뜻이다. 요즘 나오는 CMS는 콘텐츠와 메타 데이터를 모두 데이터베이스에 저장한다. 페이지 요청이 발생했을 때 콘텐츠를 표시할지 단순히 파일시스템의 HTML 파일을 읽어다 표시할지 결정하기 위해 데이터베이스를 조회한다. 콘텐츠 관리에 데이터베이스를 이용할 경우 다양하고 편리한 기능을 쓸 수 있는 반면에 페이지 접근 속도가 느려지는 것을 감수해야 한다. 이 부분에서 컴퓨터 과학이 좀 필요하다. 새로운 추상화 레이어를 만들면, 그 밑에 있는 레이어를 직접 쓰는 것보다 느려진다. 이런 문제를 해결할 때는 평균 액세스 타임average access time이 향상되도록 캐싱 기법을 사용한다.

캐싱은 사용자가 직접 다루는 브라우저에서부터 데이터가 최종적으로 저장되는 MySQL 데이터베이스까지 각 단계에서 처리될 수 있다.

워드프레스의 캐싱 계층구조는 다음과 같다.

- **브라우저** CSS, 그래픽 요소, 자바스크립트 라이브러리가 얼마나 최적화되어 있느냐에 따라 방문자의 웹브라우저 성능이 좌우된다. 10장의 사용자 경험 부분에서 이야기한 것처럼 CSS, 그래픽 요소, 자바스크립트가 각 페이지의 로딩 시간에 영향을 주기 때문이다. 2장에서 언급한 바 있는 구글 기어스^{Google Gears}를 사용하면, 코드도 로컬에 캐시로 저장할 수 있다.

- **웹서버** 워드프레스와 플러그인들은 PHP로 작성되었다. PHP는 웹서버와 통합되어 실행되는 인터프리트 언어다. 웹서버의 PHP 캐싱을 향상시키면 사용자에서 데이터베이스까지의 구간 속도가 빨라진다.

- **워드프레스 코어** 워드프레스는 모든 객체에 대해 캐시를 만든다. 페이스북처럼 MySQL을 이용하는 대형 사이트들도 캐시를 이용한다. 동적으로 생성되는 페이지를 정적 HTML로 바꾸면 전반적인 속도가 빨라진다.

- **MySQL** 데이터베이스 레이어에서 객체에 대해 캐시를 만들면, 데이터베이스 조회 시 메모리에 있는 정보를 먼저 찾기 때문에 디스크 접근이 줄어든다. 이 옵션은 워드프레스 코어의 캐싱 플러그인과 별개다.

지금 이야기한 방법은 여러 가지 요인과 함께 작용하기 때문에 다양한 효과를 낼 수 있다. 데이터베이스 설정, 웹서버 설정, 데이터베이스 쿼리의 복잡도, 데이터베이스 쿼리 빈도 등 워드프레스가 실행되는 데 영향을 미치는 모든 요인들이 관련돼 있다.

워드프레스 시스템의 복잡성

솔직히 말하면, 워드프레스는 복잡한 시스템이다. 워드프레스는 콘텐츠 관리 프로세스를 간단히 하여 코어에 가지고 있고, 확장된 기능은 플러그인으로 가지고 있다. 하지만, 이렇게 나뉘어져 있기 때문에 데이터베이스 접근, PHP 처리, 플러그인 기능 처리, 테마를 위해 필요한 준비사항 등의 부담이 가중된다. 플러그인은 페이지 렌더링에 부담을 가중시키며, 플러그인 코드의 질은 작성자마다 다르다. WinCacheGrind나 KCacheGrind 같은 실행 경로 분석기^{execution path analyzer}는 병목현상을 일으키는 코드를 찾아주며, 웹 애플리케이션의 복잡한 정도를 그림으로 표시해준다. 워드프레스를 있는 그대로 기본값으로 설치하고 이런 분석기로 단순한 페이지 분석해보면 그림 11-3과 같은 그래프를 보게 된다.

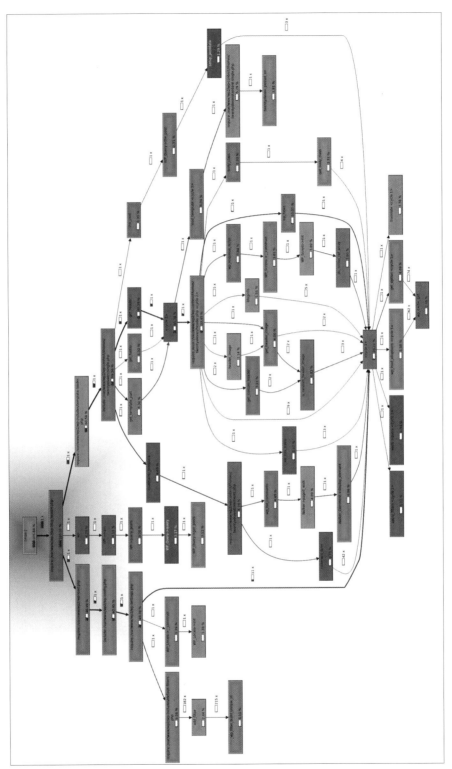

그림 11-3 CacheGrind를 통해 본 워드프레스의 복잡성

그림을 대충 보아도 워드프레스가 얼마나 복잡한지 눈에 들어올 것이다. 박스는 기능과 워드프레스 코어의 작동을 의미한다. 워드프레스 코어의 작동은 플러그인과 테마 기능을 위한 액션훅action hooks을 포함한다.

독자들은 웹사이트의 모양을 꾸밀 수 있는 테마 제어판을 추가로 설치할 수 있으며, 유사한 콘텐츠를 찾아주는 플러그인을 설치할 수도 있다. 이런 것들은 명령 실행 그래프execution graph에 박스로 표시되며 웹사이트에 더 많은 부담을 준다.

그렇다고 해서 플러그인을 모두 제거하고 단순한 테마를 사용할 필요는 없다. 이런 문제는 워드프레스만 해당하는 것이 아니다. 워드프레스는 실행 중에 설정을 바꿀 수 있는 높은 유연성을 제공하는데, 유연성은 워드프레스를 강력하게 해주면서도 시스템에 부담을 준다. 이에 대한 대안은 기능이나 특성을 플러그인으로 넣지 말고 소스코드에 정적으로 넣는 것이다. 플러그인과 테마는 워드프레스에 기능이나 특징을 더해주기 때문에 사용하지 않을 수 없다. 기능과 성능을 고려해 어떤 플러그인과 테마를 쓸지 적절히 선택하는 지혜가 필요하다.

실제로 독자들의 웹사이트가 자주 바뀌지는 않을 것이다. 워드프레스로 만든 웹사이트가 트위터 같은 대형 서비스이거나, 콘텐츠가 30초마다 바뀌지는 않을 것이다(워드프레스에 p2 테마를 적용하면 그런 사이트를 만들 수는 있다).

웹서버 캐시와 최적화

웹서버 레이어를 통해 워드프레스 확장성을 향상시키는 것은 PHP 실행 최적화PHP execution optimization와 웹서버 설정 변경과 관련이 있다. 두 경우 모두 웹서버 설정 파일에 접근할 수 있어야 하므로 관리자 수준의 권한이 필요하다.

워드프레스는 HTML을 생성하고 페이지를 표시하는 데에 PHP를 이용하기 때문에 MySQL 쿼리와 객체 캐시를 아무리 잘 해도 한계가 있다. PHP는 인터프리트 언어이다. 인터프리트 언어라는 것은 인터프리터가 PHP 코드를 읽어 들이는 동시에 해석하고 컴퓨터가 실행할 수 있는 코드로 컴파일한다는 뜻이다. 오피코드opcode(PHP 엔진이 실행할 수 있는 중간 단계의 변환된 코드) 캐시를 이용하면 PHP 실행 수준에서 캐시를 이용할 수 있다.

PHP 오피코드 캐시PHP opcode cache는 런타임 실행과 컴파일된 코드 사이를 이어주는 역할을 한다. APCAlternative PHP Cache는 이런 캐시의 역할을 구현한 것인데, 중간 단계의 PHP 코드를 캐시하고 최적화한다. APC의 구체적인 내용은 제외하고 실제 사용하는 방법만 이야기하겠다.

APC를 설치하려면 서버의 관리자 권한이 필요하다. APC를 설치하면 APC가 워드프레스 코어의 PHP 파일을 컴파일하고 캐시로 저장한다. PHP 파일을 수정하면 웹서버를 재시동해야 하는 단점이 있다. http://us3.php.net/manual/en/book.apc.php에서 APC에 대한 더 많은 정보를 볼 수 있다. 다시 한번 강조하지만, APC를 설치하고 웹서버를 재시동하려면 관리자 권한이 있어야 한다.

캐싱은 Memcache와 Memcached를 이용하면 더욱 효율적이다. 이렇게 하려면 관리자 권한이 필요하다. Memcache는 자주 사용하는 객체를 캐시하여 램에 저장한다. 램에 저장하는 것이 파일로 저장하는 것보다 월등히 빠르다. Memcached는 서버 상에 데몬으로 실행되며, 웹서버와는 별개다. Memcache에 대한 정보는 http://us3.php.net/manual/en/book.memcache.php와 http://memcached.org에서 찾을 수 있다.

지금까지는 워드프레스 스택의 PHP 레벨에 대해 알아보았다. 최적화와 보안 강화를 위해 php.ini 설정 파일을 수정하는 것에 대해서도 알아보았다. PHP는 확장 기능이 매우 많은데, php.ini 파일을 수정하여 불필요한 확장 기능을 비활성화 할 수 있다. 나중에 다시 활성화할 수 있으니 시도해보기 바란다.

다음 팁을 이용하면 PHP의 보안을 강화하고 속도도 빠르게 할 수 있다. 이 팁 말고도 더 많은 팁이 있으니 나중에 천천히 찾아보기 바란다.

```
;Hide PHP for security
expose_php = Off
;Turn off  for  performance
register_globals = Off
register_long_arrays = Off
register_argc_argv = Off
magic_quotes_gpc = Off
magic_quotes_runtime = Off
magic_quotes_sybase = Off
```

마지막으로, 시스템 관리자 레벨에서 웹서버를 최적화할 수 있다. 웹서버의 기본 설정은 일반적이고 기본적인 상황에 맞게 만들어졌다. 기본 설정은 분명히 독자에게 필요한 사양으로 맞춰져 있지 않다. 예를 들면, 아파치의 기본 설정은 일반적인 상황을 대비해 엄청나게 많은 모듈을 사용하도록 돼 있다. 사용하지 않는 모듈이 있다면 비활성화해 놓는 것이 좋다. 그러면 아파치가 사용하는 메모리가 많이 줄어들게 될 것이다.

실제로, 아파치의 prefork 설정을 조정하여 제한된 자원(적은 메모리와 낮은 CPU의 서버)에서 아파치가 원활히 구동되도록 하는 것이 가능하다. 기본 설정은 모든 값이 넉넉히 잡혀 있기 때문에 설정값을 조금씩 줄여보는 것이 좋다. 예를 들면, 메모리가 적은 서버에서 운영되고 트래픽이 많지 않은 사이트는 다음과 같이 아파치 설정을 수정해도 좋다. 이 설정은 아파치2에만 적용된다.

```
<IfModule mpm_prefork_module>
    StartServers          3
    MinSpareServers       3
    MaxSpareServers       3
    ServerLimit           50
    MaxClients            50
    MaxRequestsPerChild   1000
</IfModule>
```

설정을 위와 같이 바꾸었을 때 결과는 상황에 따라 다를 수 있다. 저자의 경우는 웹서버의 반응 시간이 매우 짧아졌다. 독자들의 서버 상황에 맞게 설정값을 조정하기 바란다.

LAMP 스택의 각 구성물을 튜닝하는 것에 대해서는 책이 많이 나와 있으니 참고하기 바란다. 워드프레스와 마찬가지로, LAMP 개발 스택도 유연하고 다양한 용도에 적합하다. LAMP 구성물을 관리하려면 LAMP의 모든 스택에 대해 잘 알아야 한다. LAMP를 효율적으로 관리하는 방법을 배우는 데 시간을 투자해보는 것도 좋다.

워드프레스 객체 캐시

웹서버 캐시의 목적은 웹서버가 자주 접근하는 파일과 많이 쓰이는 코드 부분을 메모리에 두고 요청을 받았을 때에 빨리 처리하는 것이다. 워드프레스에서 캐시의 목적은 요청을 받았을 때 코드 실행이나 데이터베이스 접근 없이 바로 페이지를 제공하려는 것이다. 다시 말해, 요청받은 페이지가 정적으로 표현된 상태일 때 워드프레스 코어의 PHP 코드 일부분만 작동하여 처리를 완료하는 것이다.

'워드프레스 캐시'라는 검색어로 검색하면 내장 객체 캐시라는 내용으로 매우 많은 결과가 나올 것이다. 객체 캐시는 자주 사용되는 데이터를 반복적으로 제공하는 상황에서 워드프레스가 사용하는 해결책이다. 객체 캐시를 켜려면 설정 파일에

ENABLE_CACHE 변수를 수정해야 하는데, 이런 내용도 검색 결과에 포함될 것이다. 불행히도 이 내용은 좀 오래된 이야기다. 객체 캐시는 워드프레스 예전 버전에서만 이용 가능하고, 요즘은 이런 기능을 플러그인으로 더욱 효율적으로 처리한다. 워드프레스는 내부 캐시를 완전히 없애고, 현재 처리하는 요청에 대해서만 캐시를 사용한다.

앞에서 이야기했듯이, 객체 캐시는 자주 사용되는 데이터를 메모리에 보관한다. 일부 정보가 변경되었을 때 전체 캐시에 영향을 미치지 않고 실제로 변경된 객체에 해당하는 캐시의 일부만 변경되는데, 이것을 객체 캐시의 유연성이라고 한다. 그러나 객체 캐시는 캐시의 어느 부분이 유효한지 확인하기 위해, 페이지의 내용을 가져오기 위해 여전히 플러그인이 필요하다. PHP 설정을 변경하여 최적화하는 것과 워드프레스 수준에서 객체 캐시를 사용하는 것은 어느 정도 독립적이다.

콘텐츠가 정적이거나 지나치게 자주 요청된다면(예를 들면, 독자들의 페이지가 디그나 레딧, 슬래시닷의 첫페이지에 보여졌을 때처럼) PHP 코드와 객체 캐시를 줄여야 한다. 그 방법은 페이지를 정적인 HTML로 만들고 웹서버에서 직접 요청에 대해 응답하게 하는 것이다. 웹서버는 원래 이런 방식으로 쓰도록 디자인되었다.

이때에 쓸 수 있는 적당한 플러그인은 돈차 오 카오임Donncha O Caoimh이 만든 WP-Super Cache이다. WP-Super Cache는 WP-Cache 플러그인을 발전시켜 만들었다. 차이점은 이름에 Super가 들어가고, 정적인 HTML 파일을 만들어내는 기능이 추가되었다는 것이다. 이 플러그인은 정적인 HTML 파일을 위해 웹서버에 mod_rewrite 모듈이 필요하며, 그래서 아파치에서만 실행 가능하다.

WP-Super Cache는 관리자가 세밀하게 설정할 수 있는 제어판을 제공한다. 그 설정 중에는 심각한 트래픽 증가를 대비해 웹사이트 전체 고정 모드full lockdown mode도 있다.

WP-Super Cache의 단점은 자기 역할을 너무 충실히 할 때가 있다는 것이다. 어떤 때에는 캐시 기능 때문에 새로운 콘텐츠를 등록할 수 없게 되기도 한다. 또, 새로운 모바일 테마를 설치했을 때 일부의 방문자에게는 새로운 테마가 보이고 나머지 방문자에게는 새로운 테마가 보이지 않는 경우가 발생하기도 한다. 나중에 확인해보니 이것도 캐시가 원인이었다. 이런 문제는 WP-Super Cache 제어판을 보면 쉽게 해결할 수 있다.

HyperCache 같은 플러그인은 기본 테마를 적용하여 HTML을 생성하고, 이렇게 생성된 페이지는 URL을 키로 하여 캐시에 저장한다. 테마를 변경하는 경우, 새로운 플러그인을 추가하는 경우, 데이터베이스에서 데이터를 가져와 웹브라우저에 표시하는 과정에 변경을 가하는 경우에 워드프레스의 캐시를 비활성화하고, 변경이 완료되면 캐시를 활성화하길 바란다. 아니면, 변경을 가하는 중간에 캐시를 자주 비워야 변경 사항이 정확히 반영됐는지 확인할 수 있다.

MySQL 쿼리 캐시

기본 워드프레스 설치(out-of-the-box 설치, 기본 테마를 이용하고 추가 플러그인 없이 설치하는 것)를 하여 확인해보니, 첫 화면을 표시하는 데 14번의 MySQL 쿼리가 발생했다. 여러분의 사이트에서는 어떠한지 확인해봐라. 데이터베이스와 연결을 계속 유지해야하는 콘텐츠는 화면을 보여주기 전에 데이터베이스 조회를 모두 마쳐야 하기 때문에 빨리 표시될 수 없다. URL을 MySQL 쿼리로 변환하는 것에 대해 5장에서 논의했고, 워드프레스 내부의 데이터 모델에 대해 6장에서 논의했는데, 그 내용을 바탕으로 첫 화면에서 얼마나 많은 데이터베이스 트래픽이 발생할지 가늠해보라.

워드프레스 캐시는 MySQL에 저장된 콘텐츠에 접근하는 속도를 빠르게 해준다. MySQL의 성능을 더 향상시켜 워드프레스 코어가 MySQL로부터 더 빠른 응답을 받게 하고 싶으면, MySQL 쿼리 캐시를 살펴볼 필요가 있다. MySQL 쿼리 캐시는 select 구문의 결과를 캐시에 저장해두고 동일한 구문의 쿼리가 요청되었을 때 캐시에서 바로 데이터를 가져오는 것이다. MySQL에서 데이터를 가져오는 것은 하드디스크의 작업이 필요하지만 캐시는 램에 있기 때문에 램에서 데이터를 가져오는 것이 훨씬 빠르다. 단, 데이터가 자주 바뀌지 않을 때에만 캐시의 효과를 볼 수 있다. 데이터가 자주 바뀌는 데 캐시를 사용한다면, 변경된 내용이 즉시 반영되지 않을 수 있다.

> **참고** 워드프레스의 주된 쿼리는 글과 현재 시각을 가져오는 것이다. 따라서 가져오는 내용은 매번 바뀔 수밖에 없고 MySQL 쿼리 캐시의 효과를 볼 수 없다. MySQL 쿼리 캐시가 가능하도록 최적화해보자.

MySQL 쿼리 캐시를 이용하려면 MySQL 설정 파일을 수정해야 한다. 물론 설정 파일을 수정하려면 관리자 권한이 있어야 한다. 설정 파일의 다음 구문을 수정하면 메모리 한계를 좀 더 높일 수 있다.

```
#  enable 16 MB
cache query_cache_size    = 16M
```

너무 높은 값을 넣지 않도록 주의하자. MySQL 캐시에 너무 많은 램을 할당하면 서버의 다른 부분에 영향을 미칠 수 있다. 언제나 그렇듯이 균형을 맞추는 게 중요하다. MySQL 쿼리 캐시를 이용하면 MySQL 관리 소요가 커진다. MySQL 쿼리 캐시를 쓸지는 상황에 맞게 신중히 선택하길 바란다.

워드프레스 사이트 부하분산

시간이 지나면, 하나의 물리적인 서버에서 낼 수 있는 최대의 성능을 쓰는 시점이 오게 될 것이다. 그러면 서버를 증설하여 여러 개의 워드프레스 사이트를 운영하고 그 사이트 간에 부하를 분산시켜야 한다. 이렇게 하면, 더 많은 요청을 처리할 수 있게 확장성을 갖게 되고 장애를 사전에 예방함으로써 사이트의 가용성이 높아지는 결과를 얻을 수 있다. 아무튼 부하를 분산하면 웹사이트에 도움이 된다. 하지만 부하분산은 좀 복잡한 문제다. 부하분산을 설정하는 과정에 대해 알아보자.

우선 부하분산의 의미를 알아야 한다. 단순하게는 라운드 로빈round-robin DNS와 여러 개의 서버를 이용할 수 있다. 하지만 이렇게 하면 문제가 있는데, 특히 세션 쿠키에 문제가 있다. 이런 문제를 피하기 위해 부하분산 장비가 필요하다. 로드 밸런서는 소프트웨어도 있고, 하드웨어도 있다. 소프트웨어로는 Pound(http://www.apsis.ch/pound/), 하드웨어로는 F5 BIG-IP(http://www.f5.com/products/big-ip/)라는 제품이 있다. 두 가지 모두 세션 정보를 다뤄 부하를 분산시킨다.

다음으로, 동적인 데이터를 웹서버 간에 동일하게 유지해야 한다. 관리자가 두 개의 웹서버에 각각 다른 새 글을 작성하고, 데이터가 동기화되지 않은 상태에서 방문자가 웹사이트에 방문했다고 하자. 이때 로드 밸런서가 방문자를 어느 서버로 보내느냐에 따라 보이는 글이 다를 수 있다.

업로드 디렉터리를 살펴보자. 워드프레스 대시보드에서 콘텐츠를 업로드하면, 콘텐츠는 워드프레스 디렉터리 아래 업로드 디렉터리에 저장된다. 업로드된 콘텐츠가 기본으로 저장되는 곳은 /wp-content/uploads/ 디렉터리다. 대시보드의 **설정 > 기타**에 가면 업로드 디렉터리를 변경할 수 있다. 업로드 디렉터리를 변경하면 업로드된 자원에 대한 좀 더 짧은 URL을 만들 수 있다.

여기에 두 가지 옵션이 있는데, 그 중 한 가지는 웹서버 디렉터리 아래에 공유 디렉터리를 만드는 것이다. 그 방법은 웹서버가 아닌 다른 서버를 하나 더 만들어 NFS나 삼바Samba로 공유된 공간을 만든 다음 웹서버의 디렉터리 아래에 연결하는 것이다. 다른 한 가지는 rsync 같은 도구를 이용해서 두 서버 간에 업로드 디렉터리를 동일하게 유지하는 것이다.

두 번째 문제는 데이터베이스에 저장된 동적인 데이터다. 두 개의 웹서버와 한 개의 데이터베이스 서버가 있다고 할 때, 데이터베이스에 병목현상이 없고 부하분산을 할 필요가 없다고 가정해보자. 두 개의 웹서버는 하나의 데이터베이스에서 데이터를 읽고 쓸 수 있다. 그리고 데이터베이스 서버가 웹서버의 뒤에 있으면서 인터넷에 직접 공개되지 않도록 한다. 이렇게 하면 보안상 좋은 구조이긴 하지만, 데이터베이스에 문제가 생기면 바로 시스템 장애로 이어진다. 다시 말해, 두 개의 웹서버에 발생하는 부하만 나눠줄 뿐 데이터베이스에 발생하는 부하는 그대로 남는 것이다.

데이터베이스 서버를 추가하는 것은 리던던시redundancy를 높이지만 두 MySQL 데이터베이스간에 동기화 문제를 만든다. 두 개의 MySQL 서버가 있다면 마스터-슬레이브로 복제를 구성할 수 있다. 하지만 복제를 구성하는 것도 리던던시를 높이는 것뿐이다. 웹서버는 둘 중 하나의 서버에만 접근하기 때문이다. 마스터 데이터베이스의 변경사항은 저널링 로그journaling log를 통해 거의 실시간으로 슬레이브 데이터베이스에 복제된다. 그리고 마스터 데이터베이스에 장애가 발생했을 때 웹서버가 슬레이브 데이터베이스에 접근하게 된다. 따라서 복제를 구성하는 것도 부하를 분산시키는 방법은 아니다.

여러 개의 데이터베이스 서버가 있을 때 워드프레스에만 해당되는 해결책이 있다. 오토매틱 사는 wordpress.com의 높은 트래픽을 감당하기 위해 HyperDB(http://codex.wordpress.org/HyperDB)를 만들었다. HyperDB는 워드프레스의 데이터베이스 접근 레이어를 완전히 교체하고, 여러 개의 데이터베이스 서버를 지원하는 기능이 있다. HyperDB는 데이터베이스의 정보를 여러 개의 데이터베이스 서버에 샤드shard나 파티션으로 나누는 기능이 있고, 복제나 장애와 관련된 기능도 있다.

성능과 고가용성을 위해 로드 밸런싱을 사용하는 것은 매우 복잡한 일이다. 시스템에 따라 요구와 조건을 모두 만족시키기엔 변수가 너무 많다.

워드프레스를 고가용성의 환경에 맞게 적용시키는 것을 짧은 말로 이해하는 것은 무리다. 클라우드 컴퓨팅이나 콘텐츠 전송 네트워크CDN, content delivery networks가 이럴 때 필요한 것이다. 클라우드 컴퓨팅이나 콘텐츠 전송 네트워크를 이용해 워드프레스가 대규모 서비스에도 적용될 수 있게 되길 바란다.

스팸 다루기

워드프레스 블로그가 유명해지고 트래픽이 늘어나면 스패머spammer의 타겟이 되기 마련이다. 원치 않는 댓글이 사이트에 보이거나, 여러분이 생성하지 않은 사용자가 대시보드에서 보이면 여러분은 또 다른 보안 문제를 고민할 때가 온 것이다. 웹사이트가 유명해지는 대신 스팸 댓글이 독자의 글에 덕지덕지 붙는 상황이 온 것이다.

이상한 사이트로 이동하는 링크가 들어있거나 내용 없이 공간만 차지하는 댓글은 대체로 스팸이다. 스팸의 목적은 스팸을 등록한 사람의 사이트로 방문자들이 오게 하는 것이다.

스팸을 처리하는 데 다음과 같은 세 가지 방법이 있다. 아무도 댓글을 쓰지 못하게 하는 것, 스패머가 글을 쓰는 것을 어렵게 하는 것, 패턴을 이용하여 자동으로 스팸을 분류하는 것이다. 댓글을 못 쓰게 하는 것은 대시보드에서 설정할 수 있는데, 이것은 좀 심한 방법인데다 방문자들이 웹사이트에서 대화하게 하려는 우리의 목적과는 상반되는 것이다. 이 방법은 앞으로 작성되는 글에만 해당된다. 이미 작성된 댓글은 자동으로 사라지지 않으므로 대시보드에서 일일이 처리를 해주어야 한다. 조금 더 강력한 방법은 워드프레스 코어의 wp-comments.php 파일을 지우는 것이다. 이 파일을 지우면 댓글을 쓸 방법이 근본적으로 없어진다.

다음은 좀 더 영리한 방법이다.

캡차를 이용한 댓글 중재 기능

스패머의 활동을 늦추는 것도 스팸 댓글에 대한 방지책 중 하나다. 댓글을 작성하려는 방문자에게 모두 회원가입을 하도록 하는 것이다. 하지만 이 방법은 정상적인 댓글을 작성하는 방문자도 느리게 만든다. 지나가는 방문자들이 댓글을 작성하지 못하게 된다. 게다가 관리자는 사용자 등록 현황을 계속 봐야 하며, 스팸을 등록하려는 사람도 회원가입을 하게 되는 현상이 발생한다.

댓글 중재 기능은 댓글을 차단하지 않으며 늦추기만 하는 기능이다. 댓글이 작성되면 중재 과정을 거친 후에 노출되도록 하거나 사전에 승인을 받은 사용자만 댓글을 작성하도록 하는 것이다. 중재 옵션에 대해서는 2장에서 살펴봤다. 관리자는 댓글을 눈으로 읽어보고 스팸인지 판단하는 일을 직접 해야 하는 부담이 있다. 게다가 스패머가 정상적인 댓글로 승인을 받은 후 스팸을 산더미처럼 쌓아놓고 갈 수 있다. 많은 보안 기제가 있지만 악의적인 사용자는 점점 더 똑똑하고 자동화된 방법으로 웹사이트에 잠입하려고 한다.

스팸을 많이 등록하는 컴퓨터의 IP 주소를 블랙리스트로 만들어 관리하는 방법이 있다. 4장에서 설명한 .htaccess에 이 주소들이 접근하지 못하도록 설정할 수 있다. 이 방법은 참새를 잡는데 대포를 쏘는 것처럼, 스패머뿐 아니라 선량한 방문자들도 차단할 수 있다.

캡차CAPTCHA 방법을 쓰면 댓글 입력 시 확인 정보를 추가로 입력하도록 하여 스패머가 스팸을 쓰는 것을 지연시킬 수 있다. 캡차를 생성하는 플러그인이 이미 여러 개 나와있다. 이 플러그인을 이용하면 댓글 입력란에 단어 문제나 산수 문제가 추가되며 사용자가 올바른 답을 입력해야 댓글 입력이 완료된다. 가장 단순한 것은 Math Test 플러그인인데, 사용자에게 두 개의 숫자를 더한 결과를 입력하도록 하는 화면을 보여준다. 자동화된 스팸 등록 소프트웨어는 캡차가 만들어내는 덧셈을 인식하지 못하므로 스팸을 등록할 수 없게 된다. 캡차에 대해 부정적인 의견이 있는데, 캡차의 답을 틀리는 확률이 20%나 되고 사용자들이 번거러워 하기 때문이다. 캡차는 뭉게진 영문자를 문제로 내기도 하는데, 영어에 익숙하지 않은 방문자가 많은 사이트라면 정상적인 댓글이 줄어들 수 있다.

WP-Spamfree 플러그인은 캡차와 반대인데, 이 플러그인은 댓글이 자동화된 스팸 등록 소프트웨어가 아니라 웹브라우저를 통해 작성되었다는 것을 확인하는 방식을 이용한다. 이 플러그인은 스팸 등록을 지연시키는 방법 중 하나이며, 그 효과는 다른 플러그인과 마찬가지로 웹사이트마다 다르다.

스팸 탐지 자동화

스팸 탐지 자동화의 첫 단계는 특정 단어나 댓글의 블랙리스트를 만드는 것이다. 대시보드의 **설정 > 토론**의 댓글 검토 부분을 보면 **○개가 넘는 링크가 있는 댓글은 댓글 검토 목록에 넣습니다.**(스팸 댓글은 보통 링크를 여러 개 갖습니다.)라는 항목이 있다. 하나의 댓글에 이 항목에서 설정한 숫자 이상의 링크가 있으면 이 댓글은 검토 목록에 들어가게 된다. 이 항목의 숫자를 0으로 하면 URL이 포함된 모든 댓글이 걸러지게 되며, 스팸의 숫자가 확실히 줄어든다. 하지만 단순히 방문자의 블로그 URL을 넣어도 걸러지게 되므로, 0으로 입력하지 않도록 한다.

다행히도 워드프레스에는 공개된 블랙리스트를 바탕으로 스팸을 처리해주는 Akistmet 플러그인이 기본으로 내장돼 있다. http://akismet.com/personal에 방문하여 사용자 등록 후 API 키를 발급 받아라. 대시보드에서 Akismet 플러그인 설정에서 API 키를 입력해야 한다. Akismet 플러그인은 댓글이 작성되면 그 내용을 오토매틱 사가 운영하는 스팸 댓글 블랙리스트와 비교하여 스팸 여부를 결정한다. akismet.com 웹사이트에 의하면 전체 댓글 중 80%가 스팸이라고 하며, 140억 이상의 댓글을 스팸으로 분류했다고 한다.

내장 플러그인 외에도 Akismet 서비스를 이용한 플러그인이 더 있다. Akismet은 다른 CMS에서도 잘 동작한다. Akistmet의 서비스 이용 조건을 보면, 500달러 이상의 수익이 발생하는 블로그는 유료 라이센스 키를 구매하도록 돼 있다. 유료 라이센스 키의 가격은 한 달에 5달러에서 50달러 수준이다.

워드프레스 사이트 보안

불행히도 웹사이트가 유명해지고 흥할수록 공격의 타겟이 되기 쉽다. 워드프레스가 인기를 끌면서 해커들과 악의를 가진 사람들에게도 관심을 받게 된다. 악의적인 사람들은 자신의 손아귀에 많은 사이트를 갖고 싶어하고 그러기 위해 워드프레스처럼 많이 쓰이는 플랫폼의 보안 취약점을 찾으려고 한다. 워드프레스가 보안에 취약할 수 있는 가능성 중 가장 큰 부분은 사용자다. 워드프레스는 쉬워서 초보자들도 많이 사용하는데, 초보자들은 보안에 대한 지식이 많지 않기 때문이다.

이 절은 워드프레스를 설치하여 사용하는 사람들이 지켜야 할 기본적인 보안 원칙에 대해 다룬다. 그 내용에는 상식적인 것도 있지만 보통 많은 사이트에서 지켜지지 않고 있다. 보안은 문제가 발생하기 전에 예방하는 것이 중요하다. 벤자민 프랭클린은 "예방이 치료보다 중요하다."고 말했다. 웹사이트를 보호하기 위해 드는 시간은 공격을 받은 후 웹사이트를 복구하는 데 드는 시간보다 짧다.

최신 버전으로 유지

보안을 위한 첫 번째 규칙은 항상 최신 버전으로 업데이트하는 것이다. 워드프레스 개발자들은 워드프레스를 안정되고 보안이 유지되도록, 더 좋게 만들기 위해 끊임없이 노력한다. 이 점은 워드프레스가 오픈소스로서 갖는 이점이기도 하다. 다양한 능력을 가진 많은 개발자들이 매일 같이 워드프레스 코드를 꼼꼼히 보고, 개선하려고 코드 점검과 업데이트를 한다.

보안을 위협하는 도구가 유행하기 전에 그 방어책을 업데이트 형태로 제공하기도 한다. 실제로 최근 나오는 공격도구는 워드프레스 예전 버전의 취약점을 공격대상으로 한다. 업데이트만 잘 해도 공격을 막을 수 있다.

워드프레스는 새로운 버전이 나왔을 때 대시보드에서 알림을 통해 확인할 수 있게 돼 있다. 대시보드에서 새로운 버전으로 업그레이드할 수 있는 기능도 있다. 이 기능을 이용하면 관리자는 웹을 이용해 워드프레스 코어를 최신으로 유지할 수 있으므로 편리하다. 워드프레스는 가능한 편리한 업그레이드 방법을 제공하려고 노력한다.

웹서버가 워드프레스 디렉터리에 파일을 쓸 수 있어야 자동 업그레이드 기능이 정상적으로 동작한다. 그렇지 않다면 워드프레스는 업데이트를 받을 수 있는 FTP 접속 정보를 입력하라고 한다. 두 경우 모두 잘 알아둘 필요가 있다. 일반적으로 웹 사용자들은 웹 문서 디렉터리에 파일을 쓸 수 있는 권한이 없기 때문이다. 여러 사용자가 하나의 웹서버를 함께 사용하는 경우에 이것과 관련해서 자주 문의가 발생한다. 해결책은 웹 사용자의 업로드 디렉터리에 웹서버가 파일을 쓸 수 있어야 하는 것이다.

FTP 접속정보가 어떻게 쓰이는지 잘 알려져 있지 않다. 사용자들에게 이런 FTP 접속정보를 입력하게 하고 싶지 않다. 꼭 FTP를 이용해 업그레이드하기를 선택했다면 FTP 관련된 정보를 워드프레스 설정 파일에 입력해 번거로움을 피할 수 있다.

편한 방법으로 워드프레스 코어를 최신으로 유지하는 것과 웹서버의 문서 디렉터리의 보안간에 균형을 유지하는 것은 중요하다.

플러그인 변경 기록을 보면 새로운 플러그인의 변경사항이 무엇인지 알 수 있다. 변경 기록은 플러그인 개발자가 직접 입력해 넣는 것인데, 변경 기록이 보이지 않는다면 개발자가 입력하지 않았기 때문이다.

플러그인 변경 기록은 최근에 새로 생긴 기능이어서 플러그인 변경사항이 입력된 플러그인이 많지 않으나, 앞으로 많아지길 바란다.

워드프레스의 버전 정보 숨기기

이 절은 여러분의 웹사이트가 어떤 버전의 워드프레스를 이용하고 있는지 일반 방문자들이 알 수 없도록 하는 것에 대해 이야기한다. 솔직히 말하면, 이 문제는 이 글을 쓰는 우리들에게 좀 딜레마가 된다. 저자들은 이 글을 읽는 독자들에게 버전 정보가 보여지도록 내버려 두라고 하고 싶다. 워드프레스를 이용한다는 것을 자랑스럽게 생각하고 드러내라는 생각에서다. 하지만 보안을 생각해서는 버전 정보가 보이지 않게 숨기라고 하고 싶다. 악의적인 사용자들은 버전 정보를 통해 웹사이트의 취약점을 쉽게 찾을 수 있기 때문이다.

저자들은 워드프레스 개발자들에게 동의한다. 악의적인 사용자의 조종에 따라 웹사이트를 공격하도록 만들어진 봇넷botnet은 워드프레스 버전을 확인할 필요 없이 사이트를 직접 공격한다. 워드프레스 버전을 확인하는 시간은 공격하는 시간만큼이나 오래 걸리며, 결과적으로 두 배의 시간을 쓰게 되기 때문이다.

기본 워드프레스 설치에서 웹사이트의 HTML 소스를 보면 메타 테그meta tag에 버전 번호가 표시돼 있다. 버전 번호를 표시하고 싶지 않으면 관련된 플러그인을 찾아보길 바란다. 소스코드를 수정하는 간단한 방법이 있는데, functions.php 파일의 맨 아래에 다음과 같은 코드를 추가하면 된다.

```
Remove_action('wp_head', 'wp_generator');
```

어떤 테마나 플러그인은 HTML 소스코드의 헤드 부분에 버전 정보를 추가하는 경우가 있으니 주의하기 바란다.

어드민 계정 사용하지 않기

워드프레스를 새로 설치하고 제일 처음에 어드민 계정을 만든다. 이 어드민 계정을 사용하지 마라.

악의적인 사람들은 웹사이트의 권한을 획득하기 위해 어드민 계정의 정보를 알아내려고 한다. 계정 정보는 곧 사용자명과 비밀번호인데, 기본 어드민 계정을 이용하면 둘 중에 하나는 이미 노출된 것이다.

새로운 어드민 계정을 만들고, 기본 어드민 계정은 삭제하자. 새로운 설치를 할 때뿐 아니라 기존에 설치된 워드프레스도 어드민 계정을 바꾸자. 기존 어드민 계정으로 작성한 글의 소유도 모두 새로운 계정으로 옮겨야 한다. 기존 어드민 계정을 삭제하기 전에 새로운 어드민 계정부터 만들어야 한다.

워드프레스 제어판에서 로그인 실패에 대한 재시도 횟수를 제한할 수 있다. 이렇게 하면 무차별 공격을 하는 악의적인 사용자를 조금은 막을 수 있다. 재시도 횟수를 무제한으로 설정하면 보안이 심각하게 약해지므로 적절한 숫자로 제한하기 바란다.

조한 엔펠트Johan Eenfeldt가 만든 Limit Login Attempts 플러그인을 이용하면 로그인 재시도 횟수를 제한할 수 있다. 제한된 횟수 이상으로 로그인을 시도하면 정해진 시간 동안 IP가 차단된다. 이런 장애물을 설치해두면 자동화된 해킹 스크립트가 웹사이트를 공격하기가 어려워진다. 이 플러그인에 대한 자세한 정보는 http://wordpress.org/extend/plugins/limit-login-attempts에서 찾을 수 있다.

다음으로, 보안에 적절한 비밀번호를 사용하자. 비밀번호를 다양하게 하면 기억하기 어렵겠지만, 웹사이트의 보안을 생각해서 독특한 비밀번호를 이용하기 바란다. 워드프레스는 비밀번호 변경 시 비밀번호가 얼마나 독특한지 보여주는 기능이 있다.

테이블명 접두어 변경

워드프레스의 기본 설정을 바꾸면 공격하기가 어려워진다. 데이터베이스 테이블명 접두어의 기본 값은 wp_이다. 다시 말하면, 워드프레스 데이터베이스에는 예상하기 쉬운 이름이 있기 때문에 공격하기 쉽다는 뜻이다. 독특한 접두어를 이용하면 공격을 어렵게 할 수 있다.

운영되는 웹사이트의 테이블명을 변경해주는 플러그인이 있다. 마이클 토버트 Michael Torbert가 만든 WP-Security Scan이 그런 플러그인이다. 테이블명을 변경하기 전에 데이터베이스를 백업하길 바란다. 혹시 테이블명을 변경한 후 웹사이트에 심각한 문제가 발생할 수 있기 때문이다. 테이블명을 변경하면, blog_usermeta 테이블과 blog_options 테이블, wp-config 파일도 수정해야 한다.

설정 파일 이동

워드프레스 설정 파일의 기본 위치는 워드프레스가 설치된 디렉터리다. 웹서버에 문제가 발생하여 PHP가 동작하지 않게 되면 설정 파일이 평범한 텍스트 문서로 웹브라우저에 표시될 수 있다. 그렇게 되면 데이터베이스 정보와 비밀번호가 노출된다.

wp-config 파일을 기본 위치가 아닌 곳으로 옮겨 놓을 수 있다. 이렇게 하면 앞에서 말한 문제를 예방할 수 있다. 워드프레스는 설정 파일을 찾지 못하면, 기본으로 상위 디렉터리에서 설정 파일을 찾도록 돼 있다.

이렇게 할 수 없는 웹 서버도 있다. 그런 경우에는 .htaccess 파일을 이용하여 wp-config 파일이 노출되지 않도록 할 수 있다. 다음과 같은 설정 내용을 워드프레스 디렉터리의 .htaccess 파일에 추가해라.

```
<FilesMatch ^ wp-config.php$>deny from all</FilesMatch>
```

콘텐츠 디렉터리 이동

워드프레스 2.6 이후 버전부터 wp-content 디렉터리를 기본 위치가 아닌 곳으로 이동할 수 있다. 이렇게 하면 보안이 한층 강화된다.

다음 두 행을 wp-config 파일에 추가해라.

```
define('WP_CONTENT_DIR', $_SERVER['DOCUMENT_ROOT']. ' /mysite/wp-content');
define('WP_CONTENT_URL', 'http://domain.com/mysite/wp-content');
```

일부 플러그인은 콘텐츠 디렉터리가 변경되면 문제를 일으킬 수도 있다. 그런 경우에는 wp-config 파일에 다음 두 행도 추가해라.

```
define('WP_pLUGIN_DIR', $_SERVER['DOCUMENT_ROOT']. '/mysite/wp-content/plugins');
define( 'WP_pLUGIN_URL', 'http://domain.com/mysite/wp-content/plugins');
```

콘텐츠 디렉터리의 내용을 콘텐츠 디렉터리의 하위 디렉터리에 옮겨 놓은 것은 별로 효과가 없다. 악의적인 사용자들이 이용하는 공격도구는 기본 워드프레스 설정 파일을 기초로 웹사이트에 여러 가지 시도를 할텐데, 콘텐츠 디렉터리를 하위 디렉터리로 옮기는 것은 공격도구를 막는 것이 아니라 시도해야 할 상황을 늘리는 것뿐이다.

비밀키 기능 이용

워드프레스 설정 파일에는 몇 개의 해시 솔트 키salt key(해시에 사용하기 위해 랜덤으로 생성되는 키)가 들어있다. 워드프레스의 암호화 기능과 보안을 강화하려면 이 키를 넣어줘야 한다. https://api.wordpress.org/secret-key/1.1에 가면 키를 발급받을 수 있다.

키는 언제든 바꿀 수 있지만 키를 바꾸면 로그인한 사용자는 다시 로그인해야 한다.

```
define('AUTH_KEY', 'CWTEFSwD/RJ.V.?@cc7C3.pe}|;Ew5yA[Mjwpdvzv90U#q`
1z7Ii5#ZLTiZG]`B{');

define('SECURE_AUTH_KEY', 'Tl;(0u)<7=]27YQp:eg6wE#4wnwrE67l](G|.@
RStxDW5y0*Gvy6ita77K48Z<5>');

define('LOGGED_IN_KEY', 'H8>z8V4m8:!66Em&grave;:j)T|7>;R6+;+S^+R--
XWMB;ywLjvNSIK2RR(C.c-LWVlO>');

define('NONCE_KEY', 'ja+h9t/UXNjq`?Ei;H*|q5I</#tw&qYoQtuI+yZxYYZI%o
Eq`e,dTBuy>9K;2Q/-{#');
```

책에 있는 위 키를 그대로 쓰면 안 된다. 반드시 여러분이 발급 받은 키를 사용해야 한다.

로그인 페이지에 SSL로 통신하기

사용자와 관리자가 로그인할 때 SSL로 암호화된 페이지를 사용하도록 할 수 있다. 웹서버에 SSL은 이미 설정했다고 가정한다. 워드프레스 설정 파일에 다음과 같은 구문을 넣으면 된다.

```
define('FORCE_SSL_LOGIN', true);
```

워드프레스 대시보드 전체를 SSL로 암호화된 페이지로 이용하도록 만들 수 있다. 워드프레스 설정 파일에 다음과 같은 구문을 넣는다.

```
define('FORCE_SSL_ADMIN', true);
```

아파치 파일 접근 권한

웹서버의 환경에 따라 다르겠지만, 접근 권한을 파일은 644로, 디렉터리는 755로 설정하는 것이 좋다. 이렇게 설정해서 파일 업로드에 문제가 발생한다면 파일 업로드 디렉터리만 접근 권한을 열어주는 게 좋다. 일반적으로 워드프레스 파일의 소유는 서버의 로컬 사용자로 하고, 그룹은 웹서버로 설정한다. 예를 들면, 웹서버에서 ls -l 명령을 실행했을 때 다음과 같이 표시된다.

```
drwxr-xr-x 7  davidd www-data   4096  2009-10-07 08:22 wp-content
-rw-r--r-- 1  davidd www-data   1254  2009-08-12 16:19 wp-cron.php
-rw-r--r-- 1  davidd www-data    220  2009-08-12 16:19 wp-feed.php
drwxr-xr-x 7  davidd www-data   4096  2009-06-11 15:39 wp-includes
-rw-r--r-- 1  davidd www-data   1946  2009-08-12 16:19 wp-links-opml.php
```

```
-rw-r--r-- 1  davidd www-data    2341  2009-08-12 16:19 wp-load.php
-rw-r--r-- 1  davidd www-data   21230  2009-08-12 16:19 wp-login.php
-rw-r--r-- 1  davidd www-data    7113  2009-08-12 16:19 wp-mail.php
-rw-r--r-- 1  davidd www-data     487  2009-08-12 16:19 wp-pass.php
-rw-r--r-- 1  davidd www-data     218  2009-08-12 16:19 wp-rdf.php
-rw-r--r-- 1  davidd www-data     316  2009-08-12 16:19 wp-register.php
-rw-r--r-- 1  davidd www-data     220  2009-08-12 16:19 wp-rss2.php
-rw-r--r-- 1  davidd www-data     218  2009-08-12 16:19 wp-rss.php
-rw-r--r-- 1  davidd www-data   21520  2009-08-12 16:19 wp-settings.php
-rw-r--r-- 1  davidd www-data    3434  2009-08-12 16:19 wp-trackback.php
-rw-r--r-- 1  davidd www-data   92522  2009-08-12 16:19 xmlrpc.php
```

이렇게 설정하면, 원클릭 업그레이드나 설정판에서 테마/플러그인 설치를 못하게 될 수 있다. 그런 경우 FTP를 통해 업그레이드하고 설치해야 한다. 그 방법은 11장의 "최신 버전으로 유지" 절을 참고해라.

MySQL 비밀번호

MySQL 계정과 권한을 적절히 설정해야 한다. 워드프레스와 MySQL을 연결하는 데 MySQL 루트 계정을 사용하지 마라. 각 워드프레스 사이트에 대해 다른 사용자를 사용해라. 그리고 그 사용자는 각자 자기가 필요한 데이터베이스에만 연결할 수 있도록 제한해라. 또, 사용자에게 자기가 필요한 권한만을 주어야 한다.

권장 보안 플러그인

보안에 관해서는 절대 마음을 놓아서는 안 된다. 독자들이 점검하지 않은 사항이 잘 동작하고 있다고 생각해서는 안 된다. 꼭 정기적으로 점검해야 한다. 보안을 유지하는 데 도움이 되는 플러그인이 여러 개 있다. 컴퓨터에 바이러스 제거 프로그램을 설치해두는 것처럼 이런 플러그인을 설치해 두는 것이 좋다.

WP Security Scan

그림 11-4는 마이클 토버트[Michael Torbert]가 만든 WP Security Scan의 화면이다. WP Security Scan은 설치된 워드프레스의 전반적인 보안 점검을 수행한다. 점검하는 항목들에는 앞에서 말한 워드프레스 버전, 테이블명 접두어, 어드민 계정 등이 모두 포함된다. 게다가 파일과 디렉터리의 접근권한을 확인하는 파일시스템 스캐너도 포함돼 있다. 또, 워드프레스 설정 파일의 내용도 점검해준다.

자세한 내용은 http://wordpress.org/extend/plugins에서 확인할 수 있다.

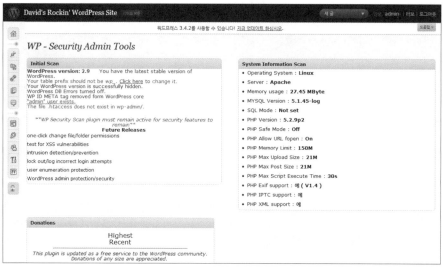

그림 11-4 WP-Security Scan의 점검 결과

WorPress Exploit Scanner

돈차 오 카오임Donncha O Caoimh이 만든 WP-Exploit Scanner 플러그인은 블로그에 작성된 파일, 글, 댓글에 보안을 침해하는 정보가 있는지 점검한다. 이 플러그인은 웹 사이트가 이미 악의적인 해커의 손에 들어가 있는지 조사한다. 이 플러그인은 콘텐츠를 지우지는 않으며, 의심이 가는 콘텐츠의 목록을 만들어준다. 플러그인이 알아서 잘 조사해주기는 하지만 관리자는 이 목록이 무슨 의미를 갖는지 알아야 한다. 이 플러그인은 문제 없는 워드프레스 코어에 해당하는 코드와 플러그인에 들어있는 자바스크립트도 위험한 것으로 잘못 판단하기도 한다.

더 자세한 정보는 http://wordpress.org/extend/plugins/exploit-scanner에서 찾을 수 있다.

Wordpress File Monitor

그림 11-5는 맷 월테스Matt Walters가 만든 Wordpress File Monitor 플러그인의 화면 이다. 이 플러그인은 워드프레스 소스코드의 변경된 파일을 찾아준다. 변경사항을 발 견하면 이메일을 발송하도록 설정할 수 있다. 업로드 디렉터리와 캐시 디렉터리와 같이 특정 디렉터리를 검사에서 제외하도록 설정할 수 있다.

이 플러그인은 변경사항을 발견하면 대시보드에 경고를 보여주고 관리자에게 이 메일을 보내준다. 문제가 발생했을 때 빨리 알 수 있도록 해주기 때문에 편리하기도 하지만, 워드프레스나 플러그인을 업데이트할 때 불필요한 경고를 보여주기도 한다. 업데이트를 할 때에는 이 플러그인을 끄자.

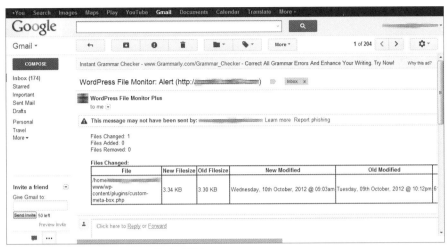

그림 11-5 WordPress File Monitor 알림 이메일

더 자세한 정보는 http://wordpress.org/extend/plugins/wordpress-file-monitor에서 찾을 수 있다.

사용자 역할 설정

관리자는 업무를 위임하는 방법을 고민해야 한다. 웹사이트 관리자도 마찬가지다. 워드프레스의 역할 시스템은 사용자마다 권한을 다르게 부여할 수 있다. 워드프레스의 기본 역할 구분은 워드프레스 기본 사용에서부터 공개하기 과정의 모든 것을 세분화하여 가지고 있다. 플러그인을 이용하면 새로운 역할을 추가하고 관리할 수 있다.

한 명의 관리자가 웹사이트를 관리한다면 역할 구분이 필요 없다. 한 명의 관리자와 다수의 등록하지 않은 방문자만으로 구분될 뿐이다. 이런 설정에서는 새로운 사용자 등록이 필요 없고, 보안이 한결 수월해진다. 하지만 이렇게 하면 방문자들의 참여를 이끌어내기 어렵다. 여러분은 자주 방문하는 사람에게 계정을 주고 편하게 이용할 수 있도록 하고 싶을 것이다.

대시보드의 사용자 설정에서 사용자에게 역할을 부여할 수 있다. 사용자는 적어도 하나의 역할을 받아야 하며, 등록된 사용자에게 부여될 기본 역할이 있다. 이런 설정은 여러분이 권한을 어떻게 나눠줄 것인지에 따라 달라진다.

구독자 역할

구독자subscriber 역할은 로그인하지 않은 방문자와 같다. 로그인하지 않은 방문자와 차이점은, 구독자 역할의 사용자는 댓글 작성 시 방문자처럼 많은 정보를 입력할 필요가 없다는 것이다. 또, 스팸 통제 방법으로 방문자는 댓글을 쓰지 못하고 구독자 역할의 사용자는 댓글을 쓰게 할 수 있다. 이렇게 하면 스팸 로봇이 스팸 댓글을 작성할 수 없다. 또, 어떤 플러그인은 정상 동작하려면 구독자 역할이 있어야 한다.

기여자 역할

구독자 역할 위에는 기여자contributor 역할이 있다. 기여자 역할부터는 권한과 책임을 위임받을 수 있다. 기여자 역할의 특징은 새로운 글을 작성할 수 있다는 것이다. 하지만 글을 공개publish할 수는 없다. 공개하기는 더 높은 역할에서 할 수 있다. 기여자 역할은 여러분의 웹사이트에 정보를 기여하려는 사용자를 위한 것이고, 관리자는 기여받은 정보를 공개할 것인지를 통제한다. 이런 체계가 워드프레스를 콘텐츠 출판 시스템으로 보이게 하는 부분이다.

저자 역할

기여자 역할 위에는 저자author 역할이 있다. 저자는 기여자보다 더 신뢰할 수 있는 사용자이며 글을 작성하고, 파일을 업로드하고, 별도의 승인 없이 글을 공개할 수 있다. 물론 자신의 글을 편집하거나 삭제할 수도 있다.

저자는 타인의 글을 읽고 댓글을 쓸 수 있지만, 타인의 글을 수정하거나 삭제할 수는 없다.

편집자 역할

편집자editor 역할에는 두 개의 능력이 더 있다. 기여자와 저자 역할은 글만 관리하지만 편집자 역할은 페이지도 관리할 수 있다. 게다가 편집자는 어떤 콘텐츠든 수정할 수 있다.

편집자 역할은 다른 사용자 정보를 보거나 워드프레스의 설정을 확인할 수는 있지만 사용자를 관리하거나 설정을 변경할 수는 없다. 이 역할은 블로그 계정 서비스를 할 때 고객들에게 흔히 주는 역할이다. 이 역할로 고객들은 블로그의 콘텐츠를 매일 관리할 수 있다.

관리자 역할

최고 등급의 역할이다. 관리자는 대시보드의 모든 기능을 사용할 수 있으므로 사용할 때 주의해야 한다. 관리자는 사용자나 테마, 플러그인과 콘텐츠를 모두 수정할 수 있다.

관리자 권한이 부여된 사용자들은 보안 문제에 노출되지 않는 비밀번호를 선택해야 한다. 또한 기본 관리자 계정인 admin은 사용하지 않는다. 해커가 관리자 계정을 획득하면 사이트 전체가 넘어간다는 것을 명심하자.

역할 개관

표 11-1은 역할별로 부여된 능력을 한눈에 보여준다. 더 구체적인 정보는 워드프레스 코덱스의 http://codex.wordpress.org/ Roles_and_Capabilities에서 볼 수 있다.

능력	관리자	편집자	저자	기여자	구독자
테마관리	○				
플러그인 관리	○				
사용자 관리	○				
댓글 관리	○				
카테고리 관리	○	○			
링크 관리	○	○			
글 관리	○	○			
페이지 관리	○	○			
타인의 글 관리	○	○			
개인적인 글 읽기 및 관리	○	○			
개인적인 페이지 읽기 및 관리	○	○			
파일 업로드	○	○	○		
글 공개하기	○	○	○		
자신의 공개된 글 지우기	○	○	○		
자신의 글 수정	○	○	○	○	
자신의 공개되지 않은 글 지우기	○	○	○	○	
읽기	○	○	○	○	○

표 11-1 워드프레스 역할별 능력

역할 확장

많은 경우에 기본 역할만으로도 충분할 것이다. 그러나 어떤 환경에서는 콘텐츠 편집 능력을 세분화하는 등 역할 확장이 필요하다.

케빈 베렌스Kevin Behrens가 만든 Role Scoper 플러그인(http://wordpress.org/extend/plugins/role-scoper)은 이런 상황에서 쓸 수 있는 플러그인이다. 이 플러그인을 이용하면 콘텐츠별로 권한을 세분화할 수 있다.

다시 말해 카테고리, 페이지, 글별로 콘텐츠를 관리할 수 있는 권한을 만들어 사용자에게 부여할 수 있다. 기존 역할에 콘텐츠를 수정할 수 있는 권한을 추가하거나 읽을 수 있는 권한을 제거할 수 있다.

예를 들면, 카테고리별로 담당 편집자와 저자를 구분하여 카테고리별로 독립된 사용자가 활동하도록 만들 수 있다.

이 플러그인은 매우 훌륭한 플러그인인데, 독자들이 실제로 필요한 것보다 더 복잡할 수도 있다. Role Scoper 말고도 다른 플러그인이 있으니 찾아보기 바란다.

역할이라는 것은 글을 쓰고 출판하는 과정을 통제하는 핵심이다. 이는 워드프레스와 같은 CMS에서는 모두 동일하다. 12, 13장에서는 이 주제에 대해 더 알아보자.

CMS

▶ CMS의 기능

▶ 콘텐츠 조직화 및 출력

▶ 인터랙션 통합

워드프레스를 콘텐츠 관리 시스템CMS, content management system으로 사용하는 것은 웹에서 흔히 접하게 되는 주제다. 이 주제에 대해 인터넷에서 검색하면 많은 결과가 나올 것이다. 검색 결과 중에는 긍정적인 의견도 있고 부정적인 의견도 있다. 워드프레스가 블로깅 엔진이라는 고정관념이 있는 듯하다. 하지만 실제로는 블로깅 엔진 이상이다.

12장에서는 CMS의 관점으로 워드프레스 시스템을 살펴본다. 주된 내용은 CMS의 주요 기능이 무엇이고 그 기능이 워드프레스에 어떻게 구현되어 있는가다. 그리고 워드프레스가 CMS와 거리가 먼 부분은 무엇인지도 알아본다.

콘텐츠 관리의 정의

'콘텐츠 관리'를 정확히 정의하기는 어렵다. 너무 넓은 범위의 소프트웨어와 시스템에 걸쳐있기 때문이다. 콘텐츠 관리 범위는 한쪽 끝에 위키wiki 같은 것이 있고 다른 한쪽 끝에는 상용 소프트웨어 패키지가 있다고 할 정도로 다양하다. 위키는 무료이고, 공개되어 있으며 여러 사용자가 글을 쓰고 수정할 수 있고, 버전 관리가 가능하지만 페이지를 조직화하거나 내비게이션이나 콘텐츠 출력을 관리하는 기능이 없다.

콘텐츠 관리를 위한 상용 소프트웨어 패키지는 기업 내에서 이용하기 좋게 접근 제어, 감사, 저장소, 문서 공유를 위한 커뮤니티 등의 기능도 있다. 개인적인 출판 시스템과 기업을 위한 트랜잭션 콘텐츠 관리transactional content management 시스템에는 분명히 차이가 있다. 하지만 콘텐츠 관리라는 공통점을 찾아보면 콘텐츠 관리의 의미를 가늠할 수 있을 것이다. 저렴하고 쉽게 이용할 수 있는 도구의 발달로 인터넷 전자상거래 웹사이트나 온라인 상품 홍보 웹사이트에도 콘텐츠 관리가 적용되는 시대가 왔다.

워드프레스는 어느 범위에 속하는가? 좁은 의미에서 블로그 엔진은 CMS 종류 중 하나로 최소의 콘텐츠 종류를 (페이지나 토론) 보여지는 순서로 다룬다. 비록 워드프레스가 단순 블로깅 시스템으로 시작했지만 시장에서 CMS로 판매되는 제품에 필적하는 수준의 성능과 유연성, 기능을 제공한다는 견해도 있다. 이는 사이트와 사용자를 관리하고 콘텐츠를 구조화하여 배포하는 기능이 단순히 블로그나 콘텐츠 관리에만 적용되는 것은 아니기 때문이다. 바라건대, 지금까지 언급한 워드프레스의 '콘텐츠 관리' 기능이 이 책을 통해 전달됐기를 바란다. 이제는 일반적인 CMS에 관하여 좀 더 알아보자.

우리가 다룰 CMS 기능들은 다음과 같다.

▸ **워크플로우와 위임** 흔히 CMS의 목표는 다수의 글쓴이가 있고, 콘텐츠 작성, 편집, 공개 과정을 편리하게 하는 것이다. 워드프레스는 기술을 잘 모르는 사용자도 콘텐츠를 추가하거나 관리, 배포를 하기 쉽다.

▸ **콘텐츠 조직화** 단순한 포털 사이트를 흉내 내는 것부터 복잡한 페이지 계층구조까지, 콘텐츠를 조직화하려면 다양하고 복잡한 콘텐츠, 그리고 적절한 디스플레이가 필요하다.

▸ **상호작용** 메일링 리스트, 폼, 토론과 상업적 기능처럼 전형적인 CMS 기능들을 이용하려면 워드프레스 익스텐션이 필요하다.

▸ **그 밖의 CMS** 블로그 관리 시스템이라는 측면에서 보면, 워드프레스는 편집 기능이 강력한 콘텐츠 생산 플랫폼이면서 동시에 드루팔Drupal과 같은 다른 CMS를 피딩할 수도 있다. 하지만 워드프레스의 부족한 부분에 대해서도 알아본다.

블로깅과 콘텐츠 관리는 서로 다른 곳에서 시작해서 인정받는 기술적인 용어로 자리매김했지만, 워드프레스 내의 확장 가능성과, 디자인 바꿈, 그리고 다양한 개발자 커뮤니티는 '블로깅' 그리고 요즘 유행인 '기업용 콘텐츠 관리' 부분의 경계를 희미하게 바꾸어 놓았다. 워드프레스와 기업은 13장에서 더 알아보겠지만, 완전한 CMS 기능의 세부사항의 시행을 소개하기에 앞서 왜 워드프레스가 CMS의 개척자라 불리는지 이유 꼽자면 다음과 같다.

▶ **단순함** 간단한 사용자 인터페이스부터 복잡한 콘텐츠 창작에 이르기까지, 워드프레스는 사용자 기술수준과 서비스의 난이도에 따라 단순한 설정과 복잡한 설정을 모두 지원한다.

▶ **유연함** 워드프레스는 여러 개의 사이트 아키타입archetype을 지원한다. 아키타입에는 단순히 최신순으로 블로그 엔트리를 보여주는 것, 종합된 뉴스 사이트, 예술가나 사진사 같은 창조적인 전문가들의 쇼케이스를 보여주는 것 등이 포함된다.

▶ **확장성** 시각적 스타일을 다양하게 하거나 다양한 유형의 콘텐츠를 통합하거나 콘텐츠를 다양하게 표시할 수 있도록 플러그인과 테마를 이용할 수 있다.

워드프레스를 CMS로 이용하려는 우리의 목표는 앞 장에서 확인한 기술과 예제들로 일반적인 CMS에서 발생하는 문제를 워드프레스에서 해결하는 방식으로 접근할 수 있다.

우리는 워드프레스의 모든 부분을 방어적으로 이야기하고 싶지는 않다. 우리가 워드프레스를 쓰듯, 여러분도 이 관리 기구를 선택해서 쓰는 것이기 때문이다. 여러분에게 콘텐츠 관리의 의미가 무엇이든, 웹사이트를 만드는 목표가 단순히 글 쓰는 것이 아니라면 콘텐츠 관리의 과정은 워크플로우를 단순하게 하는 것에서부터 시작한다.

워크플로우와 위임

고전적인 CMS의 주된 매력은 콘텐츠 생성과 관리를 간소화하는 것이다. 이러한 매력과 밀접한 관계가 있는 부분이 워드프레스 시스템의 역할이라는 요소다. 예를 들어 사용자와 편집을 통제할 수 있는 역할을 관리자로 구분하고, 관리자에게 CMS를 통해 게재되는 글에 대해 접근 권한, 책임, 통제 권한을 주는 것이다.

사용자 역할과 위임

CMS에 있는 사용자 관리 기능은 권한, 복잡한 정책, 통제 등을 바탕으로 일반 사용자를 분리시켜 놓았다. 역할을 할당할 때 바라는 콘텐츠의 유형과 분류를 기반으로 둬야 하고 콘텐츠를 공개하거나 이미 공개한 콘텐츠에 대해 사용자별로 구분을 만들어 놓아야 한다. 다수의 글쓴이가 있는 블로그에는 이러한 부분이 별 차이가 없을 것이라고 생각될 수도 있다. 하지만 만약 워드프레스를 전자상거래 사이트나 회사 상품 카탈로그에서 사용한다면 보통 다양한 부서와 승인자가 관여하길 요구할 것이다.

보안과 사용자 관리라는 주제와 관련하여 11장에서 캐빈 베렌스의 Role Scoper 플러그인에서 알아보았다. 이 플러그인을 이용하면 사용자에게 새로운 역할을 부여하고 구체적으로 권한을 부여할 수 있다. CMS 환경에서는 콘텐츠 생성을 다른 부서에게 위임할 수 있고, 변경이 필요한 부분에서만 변경할 수 있도록 권한을 준다.

권한을 위임하는 것은 사용자 위계 중 편집자부터 글쓴이까지 아래로 가는 하향식이 아니라 그 반대로 위로 올라가는 것이다. 기존 출판업의 기준으로 보면 편집자는 조직도상 더 높은 위치에 있으며 저자나 교정담당자에게 업무를 할당하는 방식의 워크플로우였다. 그러나 워드프레스에서는 모든 사용자가 저자나 기여자의 역할을 하며 자신의 글은 자신이 직접 관리할 수 있다. 그러므로 워드프레스나 CMS에서는 어떤 부분에서 어떤 책임을 나눌지를 결정하는 것이 매우 중요하다.

▶ 관리자는 역할을 잘 관리해야 한다. 관리자는 root나 sudo 비밀번호를 부여받는다. 편집자에게 관리자 역할을 주면, 권한이 헷갈리게 되므로 좋지 않다. 관리자는 테마, 코어 파일, 플러그인을 관리한다. 각자의 역할에 대해 분명하게 알려줘야 한다.

▶ 편집자는 그에 맞는 대우를 해줘야 한다. 편집자는 페이지를 편집하고, 콘텐츠나 글의 상태를 수정하고, 워드프레스 사이트에 있는 메타데이터를 변경할 수 있어야 한다. 편집자 역할을 이용하여 저자와 기여자를 관리할 수 있다는 것도 기억해두기 바란다.

▶ 만약 대중들이 보기 전에 모든 콘텐츠를 검토하고 싶다면 기여자(포스트를 공개할 수 없음)를 저자(자기 자신의 글은 공개할 수 있지만 다른 사람의 글은 편집할 수 없음)와 분리해야 한다. 기여자와 저자를 분리할 경우 편집자가 더 바빠지겠지만 글 공개에 대한 권한을 더 적합한 사람들에게 위임할 수 있다.

▶ 역할과 위임은 문서 작성 단계에서만 의미가 있으며, 콘텐츠가 공개된 후는 통제하기가 어렵다. 예를 들면, 글이 공개된 후에는 지우기 전까지는 대중에게 열려있다(공개된 상태에서는 캐시될 수 있고, 다른 곳으로 피드를 통해 복제될 수도 있다). 반대로 다른 CMS에 비해 워드프레스는 이미 공개된 콘텐츠에 대해서는 통제하는 기능이 없다. 이는 열람허용, 접근통제 등의 기능을 제공하는 기업형 문서 저장소와는 다른 특징이다.

다중 역할과 다중 사용자 관리기능을 제공하는 워드프레스MU에 대해서는 1장에서 잠시 논의하였다. 워드프레스MU는 WordPress.com의 핵심이다. 워드프레스MU는 WordPress.com의 핵심으로써 가입한 사용자들이 독립적으로 블로그를 운영할 수 있도록 해준다. MU는 여러 개의 브랜드나 제품을 가지고 있으나 각각 독립적으로 운영하기를 원하는 사용자에게 특히 유용하다. 워드프레스MU는 3.0 버전부터는 워드프레스 코어와 합쳐져서 릴리스된다.

워크플로우

사용자와 역할이 정해졌다면 다음으로 사용자가 자신의 생각을 글로 작성할 수 있게 하는 워크플로우를 정해야 한다. 사용자 역할 정의 후 가장 중요한 것이 바로 워크플로우를 정하는 것이다. 워드프레스 내에 워크플로우에 관한 중요한 두 가지 요소는 글 개정 이력과 글 통제 기능이다.

개정 이력은 대시보드의 풀 편집 화면 내에서 보이는 글을 편집 모드로 했을 때, 개정 리스트를 볼 수 있다. 만약 다수의 저자와 편집자가 있는 시스템을 운영하고 특히 편집자가 첫 번째 글에 대해 미세 조정을 할 때에, 편집자 스태프에게 개정 기능을 이용해 콘텐츠를 더하거나, 뺄 때, 아니면 글 개정 현황을 추적할 수 있다.

저자들은 워드프레스의 현재 대시보드 기능이 다른 기능에 비해 아주 단순하다고 생각하지만, 일반 사용자에게 권한을 위임해야 하는 관리자라면 반대로 기술적 배경이 너무 많이 필요하다고 느낄 수도 있다. 어떤 사람들은 너무 많은 옵션이나 선택권이 앞에 놓여질 때 얼어붙는다. 이때 조너선 앨버트Jonathan Albut가 만든 WP-CMS 포스트 컨트롤 플러그인(http://wp-cms.com/our-wordpress-plugins/post-control-plugin/)을 이용해 필요하지 않는 기능을 끄면 도움이 된다. 그림 12-1에서 보듯이 이 플러그인은 새로운 제어판을 설치하는 데 작성 패널을 설정하고 보여주고 싶은 영역을 선택할 수 있다.

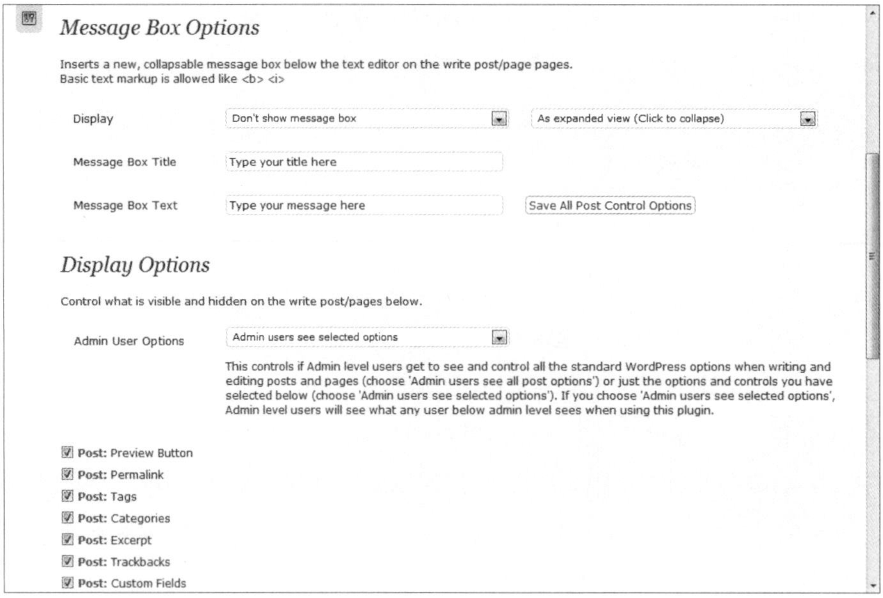

그림 12-1 대시보드에서 WP-CMS Post Control 이용

많은 옵션이 있지만 아주 관리하기 쉽다. 이 플러그인을 사용하면 훨씬 단순한 글 입력 화면을 구성할 수 있다.

콘텐츠 워크플로우의 두 번째 부분은 포스트를 초안에서 공개까지, 그 와중에 만약 근거가 있다면 프라이버시, 미래, 보류 등을 고를 수 있다. 기여자가 쓴 글은 허가를 받을 때까지 '보류'로 분류된다. 많은 포스트 워크플로우는 대시보드에 있는 **포스트** 탭에서 이뤄진다. 여기서는 각 포스트의 상태가 명확하게 표시돼 있고 공개에 대한 메뉴 항목 또는 포스트 상태를 프라이버시나 미래 공개로 바꿀 수 있는 부분도 있다.

만약 워드프레스 내에서 여러 명이 글을 쓰는 사이트를 운영하고 있다면 모든 콘텐츠는 MySQL 데이터베이스에 저장돼 누구라도 쉽게 콘텐츠의 상태를 알 수 있다는 점을 명심하자. 워드프레스는 개인적으로 글의 상태 변화를 알고 싶은 사람이나, 지금 사용하는 페이지를 업데이트하고 싶을 때 wp_transition_post_status() 함수를 통해 플러그인이 글 상태를 알 수 있도록 하고 있다. 또는 다른 사용자에게 워크플로우 변화에 대해 공지하고 싶을 때 알려주는 용도로 이 플러그인을 사용하기도 한다.

콘텐츠 조직화

전통적이고 정적인 콘텐츠의 웹사이트에서 워드프레스를 운영하는 경우 동작방식에 대해 논쟁이 있기도 하다. 포스트는 워드프레스의 기본 요소이고 다른 웹사이트에도 있는 방식이다. 하지만 포스트는 시간적인 순서대로 콘텐츠를 표시하는 특성이 있기 때문에 일반적으로 논쟁이 많다.

포스트를 전자상거래 사이트에 이용하는 예로 다음 세 가지가 있다.

▶ 판매용 상품마다 하나의 포스트를 생성한다. 사용자에게 댓글을 허용하여, 상품에 대한 피드백을 받고 평가나 추천의 글이 작성되도록 한다.

▶ 판매용 상품마다 카테고리나 태그를 만들어 상품별로 포스트를 정리한다. 각 카테고리의 첫 번째 포스트에는 상품 정보와 구매 링크, 쇼핑 카트 링크를 넣어 둔다. 이렇게 하면 상품에 대한 상세한 정보를 포스트의 구조에 맞춰 조직화할 수 있다. 예를 들면, 상품의 제조사, 상품의 특징, 상품의 제조원, 상품 판매자의 의견, 고객의 리뷰, 피드백 등을 따로 구성할 수 있다.

▶ 상품에 대한 도움말 부분을 만들 때 각 도움말 주제를 하나의 포스트로 만든다. 웹사이트 이용 방법이나 웹사이트의 특징을 도움말 주제로 하고 이 주제들을 태그와 카테고리를 이용하여 정리해 놓으면, 문의사항이 있는 고객들이 스스로 답을 찾는데 도움이 된다. 포스트에 댓글을 허용해두면 사용자들이 포스트와 관련된 도움이 되는 정보를 남겨줄 것이다. 전자상거래 웹사이트의 경우는 아니지만, jQuery 개발팀은 API를 문서화할 때 이 방법을 이용한다. http://api.jquery.com에서 댓글이 얼마나 효율적인지 볼 수 있을 것이다.

워드프레스는 포스트를 최신순으로 표시하는 것이 기본인데, 위 세 가지 예는 우리가 이 기본 속성을 바꾸는 경우를 보여준다. 위 세 가지 예는 정적인 웹사이트처럼 보이지만 실제로는 정적인 콘텐츠와 동적인 콘텐츠를 적절히 이용하여 좋은 웹사이트를 만드는 예다. http://wordpress.org/showcase/tag/cms에 가면 워드프레스를 CMS로 활용한 다양한 예를 볼 수 있다.

테마와 위젯 지원

콘텐츠 관리를 위해 테마 지원은 매우 중요하다. 워드프레스를 블로그처럼 보이게 하고 싶은 건 아닐 것이다. 그보다는 상품 판매 사이트나 온라인 뉴스레터에서 사용되는 시각적인 스타일을 제공하는 테마를 찾고 싶을 것이다. 이런 상황이 Thematic(http://wordpress.org/extend/themes/thematic) 프레임워크를 이용하는 주된 경우다. Thematic은 13가지 위젯 영역을 제공하며 풍부한 하위 테마를 제공한다. 오토매틱 사가 개발한 P2 테마(http://p2theme.com)는 글쓰기 패널, 실시간 업데이트, 인라인 편집, 트위터/블로그/토론/뉴스 사이트의 통합 등을 제공한다.

위젯 영역이 있는 테마를 사용하고 사이드바 영역에도 콘텐츠를 표시할 생각이라면, TinyMCE를 고려해보길 바란다. TinyMCE는 자바스크립트로 만들어졌으며, 텍스트 입력란에 HTML을 이용하여 테마와 어울리는 포맷을 사용할 수 있다. 서식 없는 텍스트만 지원하는 기본 텍스트 위젯과는 달리 Rich Text Widget 플러그인은 풍부한 서식을 지원한다. 자끄 아이메릭^{Jacquet Aymeric}이 개발한 Rich Text Widget 플러그인(http://wordpress.org/extend/plugins/rich-text-widget)을 이용하면 위젯 제어판에 새로운 항목이 생긴다. 그림 12-2는 이 위젯 제어판의 모습이다. 이 위젯은 TinyMCE 편집기를 내장하고 있어 사이드바에 텍스트 외의 콘텐츠도 넣을 수 있다.

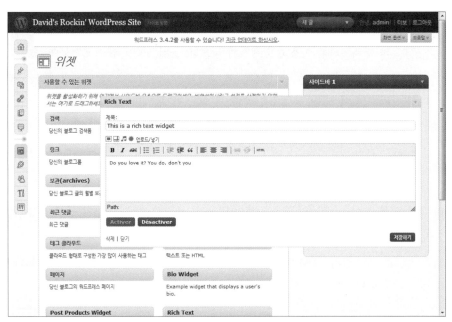

그림 12-2 리치 텍스트 위젯 에디터

이 플러그인을 이용하는 데에는 주의가 필요하다. 보통, 사이드바와 위젯 영역은 화면에서 고정된 폭을 차지한다. 이 플러그인을 이용하면, 콘텐츠 생성자는 위젯에 무엇이든 업로드할 수 있고 웹사이트의 레이아웃이 깨질 수 있다. 하지만 조금만 주의하면 이 문제를 피할 수 있다.

기본으로 제공되는 TinyMCE 편집기는 테이블 삽입과 같이 흔히 쓰이는 기능이 지원되지 않는다. 앤드류 오즈^{Andrew Ozz}가 개발한 TinyMCE Advanced 플러그인 (http://www.laptoptips.ca/projects/tinymce-advanced)은 기본 버전의 단점을 보완하고 있다. 하지만 미리 경고하자면, 위젯 텍스트를 수정할수록 화면의 레이아웃이 깨질 가능성이 높아진다. 그림 12-3은 몇 가지 옵션만 켜놓은 TinyMCE 편집기의 모습이다.

그림 12-3 TinyMCE Advanced를 이용하여 편집한 포스트

홈페이지

작문 수업에서 글을 쓸 때 독자들의 주의를 끄는 문장을 넣는 것에 대해 배운 적이 있을 것이다. 이런 문장을 내러티브 훅^{narrative hook}이라고 한다. 이런 내러티브 훅은 워드프레스 웹사이트에도 있다. 내러티브 훅은 방문자들이 여러분의 웹사이트에 빠져들고, 나머지 이야기들을 더 읽게 만드는 역할을 한다. 내러티브 훅은 상품과 관련된 콘텐츠이거나 포스트일 수도 있다.

일반적인 방법은 정적인 홈페이지를 만드는 것이다. 8장에서 다룬 것처럼, 정적인 홈페이지를 만드는 데에는 몇 가지 방법이 있다. 가장 쉬운 방법은 워드프레스의 읽기 설정 대시보드를 이용해 첫 페이지나 홈페이지를 정적인 페이지로 만드는 것이다. 추가로, 이 페이지는 페이지 템플릿을 이용하여 웹사이트의 다른 페이지와 레이아웃을 다르게 할 수 있다. 간단히 설명하면, 정적인 페이지를 만들고, 대시보드에서 그 페이지를 첫 화면으로 설정하면 된다.

다른 방법은 특별한 워드프레스 템플릿 파일을 이용하는 것이다. 워드프레스의 기본 인덱스 페이지는 포스트의 목록을 보여주는데, 이 템플릿을 이용하면 기본 인덱스 페이지를 바꿀 수 있다. 8장에서 이야기한 것처럼 워드프레스는 테마 안에 있는 home.php 파일을 이용한다. 템플릿 파일을 이용하면 PHP 코드를 직접 수정할 수 있기 때문에 인덱스 페이지의 레이아웃과 기능을 유연하게 바꿀 수 있다. 예를 들면, 고정 위치의 포스트를 만들거나 특정 상품을 화면의 제일 위에 고정하여 보여주거나 관련 콘텐츠를 보여주는 기능을 넣을 수 있다. 추가적인 페이지 데이터 필드를 이용하고, 5장에서 이야기한 사용자 정의 루프 쿼리를 이용하면, 여러분이 원하는 대로 홈페이지에 표시될 콘텐츠를 선택하는 규칙을 만들 수 있다.

추천 콘텐츠 페이지

정적인 인덱스 페이지에서 내러티브 훅을 넣기에 가장 좋은 도구는 추천 게시물이다. 추천 게시물은 잡지 스타일 테마나 그와 비슷한 웹사이트에서 흔히 쓰인다. 콘텐츠 영역의 상단 1/3 영역에 큰 이미지와 헤드라인 문구가 놓여 있는 것을 흔히 보았을 것이다. 이 영역은 'hero spot'이라고 부르며, 유명한 웹사이트들도 많이 사용한다. 이 방법은 효과가 있기 때문에 자주 쓰인다.

인덱스 페이지에 추천 게시물을 넣을 때 jQuery를 이용하여 여러 개의 이미지를 순환하여 표시하는 방법을 많이 쓴다. 이 방법을 이용하면 한정된 'hero spot'에 여러 개의 게시물을 노출시킬 수 있으며, 여러 개 중 하나는 방문자의 눈길을 끌 것이다. 추가로, 추천 게시물을 하나의 포스트로 설정하여, 관리자가 아닌 편집자로 추천 게시물을 관리할 수 있도록 하면 효율적이다.

그렇게 하기 위해서 먼저 추천 게시물을 위한 포스트 카테고리를 만든다. 예를 들면, 카테고리 이름을 **추천**Features이라고 할 수 있다. 웹사이트에 뉴스 섹션이 있다면 이런 카테고리는 루프에서 제외하고 싶을 것이다.

추천 카테고리로부터 추천 게시물 세 개를 임의로 선택하여 보여주는 방법을 예시로 설명하겠다. 먼저 home.php라는 이름의 템플릿 파일을 수정하거나 인덱스 페이지를 위한 새로운 템플릿을 만들어 넣어야 한다. 어떻게 되든 home.php를 수정하게 된다.

우선, 데이터베이스에서 포스트 3개를 가져온다. 워드프레스의 query 객체를 이용하면 쉽게 포스트를 가져올 수 있다.

```
$my_query = new  WP_Query("category_name=Features&showposts =
3&orderby=rand");
```

인자를 보면 이 객체가 무엇을 반환할지 알 수 있을 것이다(잘 모르겠다면 5장의 WP_Query를 이용하여 사용자 정의 루프를 만드는 부분을 다시 보도록 한다). 3개의 포스트를 가져오면, 템플릿 파일의 콘텐츠 영역에 다음 같이 3의 포스트가 표시되도록 jQuery를 이용한 코드를 삽입한다.

```
<div id="feature-content">
  <?php
    while ($my_query->have_posts()) : $my_query->the_post();
    echo '<div id="feature-'.$post->ID.'"  class="slide"  >';
    echo '<div class="feature-post-content">'. $post->post_content .'</div>';
    echo "</div>\n";
    endwhile;
  ?>
</div>
```

다음 코드는 슬라이드쇼를 감쌀 div 영역을 만드는 것이다. 쿼리 결과로 얻은 각 포스트에 대해 반복문을 실행해 class 속성이 "slides"인 div 태그를 만들고, 그 안에 포스트의 콘텐츠를 표시하는 div 태그를 넣는다. 이 콘텐츠는 사전에 적절한 크기로 만들어 두어야 하며, a 태그로 링크를 삽입하여 방문자가 클릭했을 때 어디로 이동할지 정한다. 추천 카테고리의 포스트를 담은 div 영역은 다음과 같이 표시된다.

```
  <div class="feature-post-content">
    <a  href="/somepage/">
    <img  width="500" height="312" alt="This  is a  great picture"
      src="/wp-content/uploads/photo.jpg" title=" This is a  great picture"
        class="aligncenter size-full wp-image-89"/>
    </a>
  </div>
```

이제 적용한 내용을 웹사이트에서 확인해보면, 3개의 이미지가 모두 보일 것이다. 다음으로 할 일은 이미지들이 슬라이드쇼처럼 순환하여 보이도록 자바스크립트 코드를 삽입한다. 마이크 알섭^{Mike Alsup}이 개발한 jQuery Cycle 플러그인(http://malsup.com/jquery/cycle)을 이용하면 쉽게 처리할 수 있다. 이 플러그인은 워드프레스의 플러그인이 아니고 jQuery의 플러그인이다. 이 플러그인은 사용하기 쉽고 다양한 전환 효과를 제공한다. 다음과 같은 코드를 템플릿 파일의 아래 부분에 추가하자.

```
$('#feature-content').cycle({
  fx: 'scrollHorz',
  speed: 500,      // 한 이미지가 노출되는 시간
  timeout: 5000,   // 한 이미지가 다음 이미지로 교체되는 시간
  pause: 1,        // 마우스가 이미지 위로 이동했을 때 이미지 교체를 멈춘다.
  random: 0,       // 이미지 순서를 임의로 정한다.
});
```

매개변수를 바꿔가면서 다양한 결과가 나오도록 실험해보고 그 결과를 사이트에 전시할 수도 있다. 전시할 때는 앞에서 사용한 슬라이드 패턴 방식을 사용하거나 별도의 소개용 카테고리를 만드는 것도 한 방법이다. 콘텐츠로는 그림을 쓰기보다 실제 글 내용으로 구성하는 것이 낫다.

콘텐츠 계층구조

추천 페이지 개념을 구성할 때, 대부분의 CMS는 콘텐츠를 계층적으로 구성할 수 있는 기능을 제공한다. 이런 기능에는 여러 가지 타입의 콘텐츠를 트리 구조로 조직화하고, 콘텐츠를 탐색하고, 정적인 콘텐츠와 동적인 콘텐츠를 혼합하는 기능이 있다. 워드프레스 3.0에서 새로 생긴 기능으로 여러 단계의 메뉴를 만들고 관리할 수 있는 관리자용 인터페이스가 있다. 이를 이용하면 직접 작업할 필요 없이 플러그인을 통해 콘텐츠를 계층적으로 관리할 수 있다.

계층적으로 콘텐츠를 관리하는 방법 중 하나는 카테고리와 태그를 이용해 포스트를 그룹화하는 것이다. 포스트를 주 콘텐츠 타입으로 이용하고, 이미 포스트를 카테고리로 분류하거나 고유한 태그를 붙이고 있다면 매우 유용한 방법이다. 이전 절에서 본 것처럼 포스트를 추천 게시물로 만드는 것과 유사한 방법이다.

또 다른 방법은 6장에서 이야기한 커스텀 택스노미다. 테마의 루프를 수정할 수 있다면, 이 방법은 앞의 방법보다 더 유연하다. 이 절에서는 사용자 정의의 계층구조에 대해 알아보고, 콘텐츠 관리의 측면을 정교화하는 데에 사용할 수 있는 플러그인에 대해서도 알아본다.

복잡한 탐색 문제를 해결하는 방법부터 알아보자. 페이지 위주로 되어 있지만, 포스트 카테고리가 더 어울리는 웹사이트를 관리한다고 가정하자. 여러분은 문서의 계층구조에 따라 자동으로 변하는 메뉴 구조가 아니라 고정으로 박혀 있는 메뉴 구조를 수작업으로 관리하고 싶지는 않을 것이다. 게다가 콘텐츠의 구조는 계속 변하기 때문에 메뉴를 수작업으로 관리하는 것은 좋지 않다.

해결책 중 하나는 마크 재퀴스^{Mark Jaquith}가 개발한 Page Links To 플러그인(http://txfx.net/wordpress-plugins/page-links-to)이다. 이 플러그인을 설치하면 글 쓰기 패널에 입력 필드가 추가된다. 이 입력 필드를 이용하면 웹사이트의 다른 페이지로 이동하는 포스트를 만들 수 있다. 내부적으로, `wp_list_pages()` 함수를 이용해 템플릿 파일에 글로벌 내비게이션을 삽입하게 된다. 또, 웹사이트 외부로 이동하는 링크를 포함하는 메뉴도 만들 수 있다. 또, 메뉴를 하나의 페이지로 만들 수도 있으며, 메뉴의 링크를 통해 포스트 루프 페이지로 이동하도록 할 수 있다.

예를 들면, '회사 소개' 메뉴에 회사의 역사와 연락처를 넣었는데 그와 별개로 '새소식'도 있다고 가정하자. 새소식은 하나의 포스트로 만드는 것이 자연스러운데, 그렇게 되면 메뉴 또는 전체적인 콘텐츠 탐색이 자연스럽지 않게 된다. 이 플러그인을 이용하면 '새소식'이라는 이름의 페이지를 만들고 이 페이지에 대한 링크를 '/category/press-releases/'로 만들 수 있다. 그림 12-4는 이 플러그인의 모습이다.

규모가 큰 웹사이트에서는 페이지를 관리하는 것도 큰 일이다. 시간이 지나면 여러분의 웹사이트에는 많은 페이지가 생기고, 그 페이지들의 계층 관계가 생길 것이다. 11장에서 이야기한 바와 같이, 여러분의 웹사이트를 일관성 있게 하려면 구조가 필요하다. 기본으로 내장된 부모 페이지^{Parent page}/자식 페이지^{Child Page}로 관리하는 것도 가능하지만, 금방 복잡해지고 관리하기 어려워진다. 그리고 그림 12-5에서 보듯이, 방문자 입장에서 페이지 사이를 이동하려고 보면 금방 짜증이 느껴질 것이다.

그림 12-4 Page links To 플러그인을 이용해 카테고리 루프로 이동하는 페이지 만들기

그림 12-5 페이지 수가 적을 때, 부모 페이지의
드롭다운 목록을 이용한 콘텐츠 탐색

조엘 스테임스Joel Stames가 개발한 PageMash 플러그인을 보자. PageMash는
AJAX를 아주 잘 활용했는데, 마우스를 드래그앤드롭하는 방법으로 페이지를 이동시
킬 수 있다. 그림 12-6에서 보는 것처럼, 페이지는 자식 페이지를 가질 수 있으며, 사
용자는 직관적인 인터페이스를 이용하여 페이지를 쉽게 조직화할 수 있다. 추가로, 이
플러그인을 이용하면 wp_list_pages() 함수가 만들어내는 페이지 목록에서 특정

페이지를 제외시킬 수 있다. 이것은 내비게이션 구조와 메뉴에 보이지 않아야 할 항목이 있는 경우 유용하다.

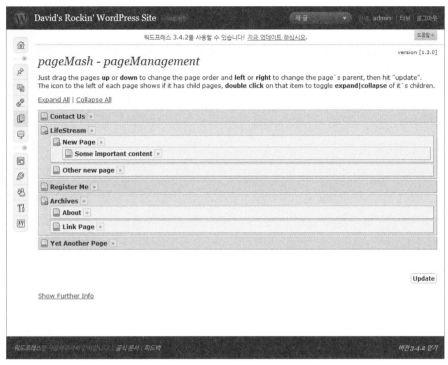

그림 12-6 PageMash 플러그인을 이용해 페이지 순서와 상하 관계를 관리하는 모습

우리는 "포스트는 일반 콘텐츠다"라고 가정하는데, 여러분도 다양한 타입의 콘텐츠를 모두 포스트에 표현한다면, 요시타카 얼와인Yoshitaka Erlewine이 개발한 Yet Another Related Post 플러그인(http://wordpress.org/extend/plugins/yet-another-related-posts-plugin)이 매우 유용할 것이다. 이 플러그인은 방문자가 현재 보고 있는 콘텐츠와 유사한, 여러분의 웹사이트에 있는 다른 콘텐츠를 표시해주는 기능이 있다. 예를 들면, 도움말을 찾을 때 유사한 주제의 도움말을 함께 보여준다.

마지막으로, 택소노미 기반 정렬과 커스텀 콘텐츠 타입, Flutter 플러그인을 이용한 단순 대시보드 이 세 가지를 함께 쓸 수 있다. 프레시아웃Freshout이 개발한 Flutter 플러그인은 커스텀 글 쓰기 패널과 페이지 템플릿에 대한 커스텀 정보 입력을 지원한다. 또한, 글 쓰기 패널에 대한 상세한 설정도 지원한다. 이 플러그인은 페이지나 포스트가 동일한 포맷의 콘텐츠로 돼 있을 때 특히 유용하다. jQuery API 웹사이트를 예로 들면 각 함수마다 정의, 설명, 예시가 있으며 이렇게 포맷이 동일하면 Flutter 플러그인을 이용하는 게 좋다. 예전에는 커스텀 필드 기능을 이용해 이런 일을 처리했다. Flutter 플러그인이 나오면서 이런 일이 매우 단순해졌다.

여러 가지 상품 정보 페이지를 제공하는 웹사이트를 만든다고 가정해보자. 각 상품 정보 페이지는 상품명, 상품을 설명하는 태그, 미리 보기 이미지, 상세 설명 등이 있을 것이다. 상품의 종류는 다양하고, 여러분은 상품 정보 페이지를 모두 일관된 모양으로 보이고 싶을 것이다.

Flutter 플러그인을 이용하면 이런 상품 정보 페이지를 위한 커스텀 글 쓰기 패널을 만들 수 있다. 우선, 기본 글 쓰기 패널에서 불필요한 입력 필드를 모두 제거한 다음 필요한 필드를 추가한다. 예를 들면, 그림 12-7처럼 미리 보기 이미지, 태그 입력 필드를 추가한다. Flutter 플러그인을 이용하는 것이 커스텀 필드를 만드는 것보다 나은데, 이유는 입력 필드에 레이블을 붙여 놓을 수 있고, 콘텐츠가 적절히 입력되도록 지시할 수 있기 때문이다.

그림 12-7 글쓰기 패널에 표시된 Flutter의 사용자 정의 입력 필드

커스텀 페이지 템플릿을 만들어서 Flutter를 이용하는 코드를 추가해보자. 다음 코드를 참고하자.

```
<div class="post">
  <h2 class="page-title">
    <a href="<?php the_permalink();?>" title="<?php the_title();?>">
      <?php the_title();?></a>
  </h2>
  <div class="content">
    <h3 class="tagline"><?php  echo get('tagline'); ?></h3>
    <?php the_content();?>
  </div>
</div>
```

이런 템플릿을 이용한 각 상품 페이지는 그림 12-8처럼 표시된다. 태그가 화면에서 같은 위치, 같은 포맷으로 표시되는 것에 주목하기 바란다.

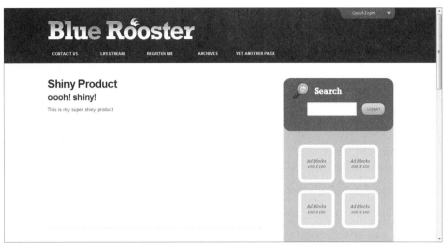

그림 12-8 Flutter를 이용한 사용자 정의 페이지 템플릿이 HTML로 표현된 화면

지금 보는 바와 같이, 콘텐츠 관리와 테마 디자인에 Flutter 플러그인을 이용하면 콘텐츠를 구조적으로 관리하는 절차가 매우 단순해진다. 이 플러그인을 설치하면 콘텐츠 입력 단계에서 콘텐츠의 구조를 정하게 되므로 모든 정보가 무결하게 되며, Flutter 템플릿 태그를 테마와 통합하게 되므로 프론트 엔드front end에서도 무결성을 유지할 수 있다. Flutter 플러그인은 커스텀 글 쓰기 패널 말고도 여러 가지 좋은 기능이 있으므로 관심 갖고 살펴보기 바란다.

매트 깁스Matt Gibbs가 개발한 Pods CMS 플러그인(http://pods.uproot.us)은 데이터를 더욱 깊이 있게 구조화해준다. Pods CMS를 이용하면 포스트, 페이지 외에 새로운 콘텐츠 타입을 만들 수 있다. 새로 만든 콘텐츠 타입을 데이터와 연결 지을 수 있도록 일반화할 수도 있다. 새로 만든 콘텐츠 타입과 앞에서 말한 연결을 Pods 페이지에서 이용할 수 있는데, Pods 페이지에는 Pods만의 고유한 문법과 PHP 코드를 함께 쓸 수 있다. Pods CMS는 Flutter 플러그인보다 더 복잡하고 다양한 기능이 있다.

마지막으로, 워드프레스 2.9부터 커스텀 콘텐츠 타입을 지원하기 시작했다. 이는 포스트, 페이지, 첨부 파일 외에 다른 입력 폼을 지원하려는 의도다. 워드프레스 3.0에서는 커스텀 콘텐츠 타입에 대해 더 많이 개선되었다.

상호작용 기능

10장에서 논의했듯이 가장 기본적인 상호작용 기능은 검색이다. CMS와 연관된 다른 주요 기능은 포럼, 입력 폼, 기본적인 전자상거래 기능이 있다.

포럼

2장에서 소개했듯이 가장 간단한 토론 기능은 글에 달린 댓글이고, 11장에서 소개한 스팸 댓글도 이에 해당한다. 사용자간에 대화를 이어가게 하기 위해서는 댓글의 내용에 대해 깊이 관여하지 않는 것이 좋다. 포럼은 열린 토론으로써 인터넷이 초기에는 보통 BBS라고 불렀다. 워드프레스에 포럼을 추가하는 가장 쉬운 방법은 bbPress(http://bbpress.org)를 이용하는 것이다. 워드프레스와 관련된 프로젝트로 자동으로 사용할 수 있다. bbPress는 사용자 데이터를 워드프레스와 공용함으로써 등록한 사용자는 포럼 토론에 참여할 수 있다. 포럼과 여러분의 웹사이트에 토론 내용을 불러올 수도 있다.

포럼에 도움을 주는 플러그인도 있다. 예를 들어, 에릭 햄비Eric Hamby의 Forum server는 WP-Forums에서 나왔다. 만약 간단한 포럼 기능을 원한다면 플러그인 디렉토리를 통해 원하는 플러그인을 얻을 수 있을 것이다. 반면에 여러 개의 콘텐츠 관리 저장소를 하나로 통합하고 싶다면 bbPress를 사용하는 게 좋다.

입력 폼

다음으로 웹사이트에서 해결해야 할 문제는 입력 폼이다. 예를 들어 연락처 폼contact form이나 이메일폼 같은 것이다. 연락처 폼은 셀 수 없을 만큼의 플러그인이 있다. 하지만 기능이 다양한 사이트라면 더 나아가 생각해야 한다. 오랜 기간 동안 올리버 자이델Oliver Seidel(http://www.deliciousdays.com/cforms-plugin)이 만든 CForms 11 플러그인이 기본으로 사용되어 왔다. CForms는 문제 없이 잘 사용할 수 있고, 아주 강력하다. 원하는 대로 사용자화할 수도 있지만, 사용자 인터페이스가 너무 좋아서 깜짝 놀랄 것이다. 하지만 콘텐츠 관리자에게 CForms를 이용하여 새로운 폼을 만들 수 있도록 권한을 위임할 수 없다.

CForms를 대신할 수 있는 입력 폼으로 RocketGenius(http://www.gravityforms.com/)가 만든 Gravity Forms가 있다. 이 플러그인은 돈을 내야 쓸 수 있다. 하지만 솔

직히 얘기해서 Gravity Forms를 사용할 때 소프트웨어와 충돌이 일어나기도 한다. Gravity Forms로 모든 종류의 입력 폼을 쓰기 쉬운 AJAXy 인터페이스를 이용하여 만들 수 있다. Gravity Forms는 쓰기 쉬운 입력 폼으로 관리자도 사용할 수 있다. 너무 자랑하는 건 아니지만 Gravity Forms는 깨끗하고, 직관적인 인터페이스로 지금까지의 플러그인 중에서는 최고다.

게다가, 사용자 인터페이스 측면에서 볼 때 HTML 렌더링은 최고다. 스타일링을 추가하지 않아도 환상적으로 보인다. 하지만 룩앤필을 바꾸고 싶다면 HTML에 있는 CSS 클래스와 ID 훅을 이용하여 바꿀 수 있다. 마지막으로 Gravity Forms에서 도움이 되는 기능은 **폼 콘텐츠 이메일 전송** 기능에 이를 추적하는 모듈을 대시보드에 넣는 기능이다. CForms에도 비슷한 기능이 있지만 사용이 편리함에 있어 Gravity Forms가 유료임에도 더 낫다.

전자상거래

만약 특색 있는 상품이나 페이지, 상품 태그, 카테고리가 있는 사이트를 만들고 있다면 뭔가를 파는 사이트일 것이다. 쇼핑카트와 결제 시스템을 통합하는 것이 사용자 상호작용의 마지막 분류일 것이다. WordPress.org에서 플러그인 디렉터리를 찾는다면 열 개 이상의 쇼핑카트와 체크아웃 플러그인이 있다. 모든 플러그인을 항목별로 나누기 어려우니 다음 체크리스트를 이용해보자.

- ▶ 쇼핑카트의 환경 설정이 얼마나 어려운가? 관리자가 일일이 가격변경 내역을 수정해야 하는가? 아니면 콘텐츠 매니저가 이 일을 다룰 수 있는가?

- ▶ 카트를 통해 어떤 통계를 얻을 수 있는가? 어떻게, 그리고 왜 물품을 버리는지 알게 되면 사이트가 더 나아질 것이다. 그것은 상품 정보를 더 자세히 적어놓는 것일 수도 있고, 아니면 체크아웃 절차를 더 쉽게 바꿀 수 있다.

- ▶ 어떤 결제 시스템을 사용하는가? Pay Pal 결제보다 나은 것을 찾는 것이 아니라면, PayPal 버튼 템플릿을 이용하여 페이지 내에 또는 사이드바에 직접 추가할 수 있다.

그 밖의 CMS

워드프레스는 블로깅 플랫폼 이상이라는 것을 강조해왔다. 워드프레스를 이용하여 다양한 종류의 웹사이트를 만들 수 있지만 플러그인 기능을 떠나서 (플러그인은 상당히 중요한 역할을 하지만) 워드프레스 코어의 기능은 변하지 않는다. 가끔은 다른 예전 웹을 기반으로 한 애플리케이션을 사용하여 웹사이트를 보완할 수 있다. 예를 들어 bbPress, 전자상거래 애플리케이션 아니면 다른 CMS 솔루션을 이용할 수 있다.

사용할 수 있는 CMS가 많지 않으므로 많은 기업들은 이미 하나 내지는 여러 개의 콘텐츠 저장소를 이용하고 있지만 워드프레스와 다른 CMS를 함께 사용한다면 아주 유용하다. 이번 절에서는 외부 사이트에서 콘텐츠를 가져오거나 콘텐츠를 가져가는 문제에 대해 짧게 알아보자. 그리고 워드프레스를 콘텐츠 코어 관리 시스템으로 사용하면 안 될 때도 알아보자.

워드프레스 통합

워드프레스 같은 애플리케이션을 다른 콘텐츠 지향 애플리케이션과 통합하는 것은 사용자 관리, 콘텐츠 패키징, 룩앤필을 통합하는 등의 문제가 있다. 이 이슈는 플러그인이나 테마 익스텐션으로 쉽게 해결되지 않으며, 사용자가 직접 소스코드를 작성해야 한다. 플러그인 디렉터리를 보면 참조할 자료가 있으니 확인하길 바란다.

외부 시스템이 콘텐츠를 어떻게 제공하는가? RSS 피드를 이용할 수 있다면, 9장에서 이야기한 RSS 수집기를 이용해 볼 수 있다. JSON 데이터를 이용할 수 있다면 JSON 데이터를 받아서 해석하고 포스트로 변환하는 처리를 해야 한다.

원격 자원에 대한 URL을 갖고 있다면 oEmbed(http://oembed.com) 플러그인을 이용해 원격 콘텐츠를 여러분의 웹사이트에 내장할 수 있다. oEmbed는 URL을 받아 워드프레스 테마와 통합될 수 있도록 URL의 콘텐츠를 가공해준다. 워드프레스 2.9부터 oEmbed에 대한 지원이 추가되었으며 3.0에서는 더욱 발전할 것이다.

외부 웹사이트의 사용자 계정과 비밀번호를 관리해야 하는가? 외부 웹사이트에서 계정 비밀번호가 바뀌거나 계정이 삭제돼 에러가 발생하면 어떻게 하는가?

워드프레스를 블로그 엔진만으로 사용하는 것도 가능하다. 드루팔Drupal 같은 CMS는 블로그 포스트를 생성하는 컴포넌트로 워드프레스를 이용한다. 이 경우 워드프레스는 드루팔의 콘텐츠를 블로그 포스트 형태로 관리하며, 드루팔은 콘텐츠를 표현하는 역할을 한다.

워드프레스를 쓰면 안 되는 경우

워드프레스로 콘텐츠 관리 문제를 모두 해결할 수 있는 것은 아니다. 워드프레스보다 다른 도구를 이용하는 것이 더 나은 경우를 살펴보자.

▶ **다양한 미디어를 다룰 경우** 하나의 포스트 내에서 많은 양의 비디오 그리고 오디오, 이미지를 스트리밍해야 할 경우, 여러 비디오 파일의 인덱스를 만들고 태그 정보를 추가하고 싶을 때나 EXIF^{Exchangeable Image File Format} 정보를 바탕으로 그림 파일을 검색하고 싶을 때 이런 목적에 맞게 디자인된 CMS를 찾아봐야 한다.

▶ **리치 인터넷 애플리케이션^{RIA, Rich Internet Application}의 백엔드** 플래시, JavaFX 같은 리치 인터넷 애플리케이션이 많이 사용되고 있는데, 이런 것들은 데이터 저장이나 데이터 처리를 위해 백엔드^{backend}와 상호작용해야 한다. 이 상호작용은 브라우저가 서버와 완전한 웹 문서를 주고받는 것과는 다르다. 워드프레스는 보통 HTML로 된 결과물을 만들어내지만 JSON이나 그외 RIA에서 사용하는 형식의 데이터 형식으로 결과물을 만들어낼 수 있다.

▶ **단순 전자상거래 웹사이트^{storefront}를 만드는 경우** 전자상거래 웹사이트를 만드는 경우 storefront builder를 이용하면 상품 목록, 카트, 결제 등의 기능을 쉽게 만들 수 있다. 단, 상품에 대한 토론, 피드백, 추천, MD 추천 등은 조금 손이 가긴 하지만 12장에서 다룬 내용을 참고하면 만들 수 있다.

▶ **이벤트와 달력** 웹사이트 중에는 달력, 이벤트 등록, 이벤트 내용, 소식 알림, 일정 알림 등의 기능을 제공하는 것도 있다. 워드프레스는 아직 좋은 달력, 이벤트 관리 플러그인이 없다. 이 부분에 대해서는 드루팔을 이용하는 것이 빠를 수 있다.

▶ **워드프레스 코어를 수정해야 하는 경우** 여러분이 이런 상황에 있다면, 워드프레스는 그 상황에서 적당한 해결책이 아니다. 또, 아마도 워드프레스 코어를 수정하면 문제가 많이 발생할 것이다. 워드프레스 코어를 변경하면 업그레이드 시 새로운 버전이 변경사항을 덮어쓴다. 4장에서 이야기했듯이 워드프레스 코어를 수정하지 말고 플러그인이나 테마를 개발해 문제를 해결하기 바란다.

▶ **플러그인 부하** 워드프레스에는 어떤 플러그인이 있고, 플러그인을 어떻게 이용하고, 어떻게 개발할 수 있는지에 대한 것이 이 책의 주된 주제다. 하지만 플러그인이 부하를 크게 만들 수 있다. 너무 많은 플러그인을 이용하면 웹사이트의

성능이 떨어지며, 플러그인간에 의존성이 명확해지지 않아 웹사이트에 오류의 가능성이 높아진다. 각 플러그인은 모두 메모리 공간과 CPU의 파워 등의 자원을 사용한다는 것을 기억하기 바란다.

요약하면, 워드프레스는 상업적인 CMS가 갖고 있는 특징을 대부분 갖추고 있는 매우 좋은 CMS다. 워드프레스는 오픈소스이고, 크고 활성화된 개발자 커뮤니티가 있으며, 확장하기 쉽게 디자인됐다는 특징이 있다. 워드프레스는 단순한 블로그 엔진이 아니라 그 이상을 향해 발전해가고 있다. 13장에서는 워드프레스를 기업 규모에서 사용하는 것에 대해 알아본다.

기업에서 워드프레스 이용하기

13장에서 다루는 내용

▶ 기업에서 워드프레스를 이용하기 위한 조건

▶ 워드프레스 확장

▶ 기업의 인증 시스템 연동

기업용^{enterprise} 소프트웨어는 말로만 그럴 듯하게 제품을 홍보하는 데 사용되는 용어가 아니다. CMS로 워드프레스를 이용하는 것처럼 기업에서 워드프레스를 이용하는 것에 대해서는 굳이 설명할 필요가 없을 것이다. 12장에서 살펴본 것처럼 실제로 워드프레스는 CMS로 이용되고 있으며, 기업은 워드프레스를 매일 같이 이용한다. http://en.wordpress.com/notable-users에 가면 유명한 기업들도 워드프레스를 이용하고 있다는 사실을 알 수 있다.

13장에서는 크고 작은 기업들에서 워드프레스를 이용하는 동기에 대해 알아본다. 기업에서 워드프레스를 이용하는 것이 적합하지 않다면 그 이유도 알아본다. 기업에서 워드프레스를 이용하기로 결정했다면, 워드프레스를 확장 가능하도록 하는 방법과 기업의 인증 및 콘텐츠를 통합하는 방법에 대해서도 알아본다. 이런 기술은 독립적으로 운영되는 웹사이트에도 적용될 수 있으며, 꼭 기업용 웹사이트가 아니어도 적용될 수 있는 것들이다.

워드프레스는 기업용으로 적합한가?

기업용 소프트웨어enterprise software는 어떤 특성이 있는가? 일반적인 의미로, 기업용 소프트웨어는 회사 전체의 요구사항이나 욕구를 해결하기 위한 것이며, 특정 팀이나 부서를 위한 것이 아니다. 때때로 기업용 소프트웨어는 다른 소프트웨어나 비즈니스 프로세스와 통합되기도 한다. 이런 소프트웨어나 프로세스에는 인증 시스템이나 웹사이트도 포함된다. 다시 말하면, 한 소프트웨어 패키지가 기업용으로 가치를 갖는 것은 기업의 요구사항을 반영하는지에 달렸다. 워드프레스가 기업용으로 이용되고 있음은 명백하며, 분명히 여러분도 사용할 수 있을 것이다. 그 이유를 살펴보자.

이유 중 대부분은 워드프레스를 왜 써야 하는지, 워드프레스를 왜 CMS로 쓰는지에 대한 이유와 같다. 워드프레스를 기본으로 설치했을 때 바로 이용할 수 있는 기능을 살펴보자. 워드프레스는 쉽게 사용할 수 있고, 검색 엔진에 최적화되어 있고, 보안이 제공되며, 잘 유지되는 특성이 있으며, 이런 점 외에도 많은 장점으로 인해 현재 매우 유명하다.

기업에게 있어서, 이런 기본적인 특성이 있기 때문에 우리는 어떤 웹사이트를 만들더라도 완전한 기능을 빠르게 만들 수 있다. 다시 말해, 워드프레스는 여러 상황을 고려하여 표준화되었다. 이런 표준화는 웹사이트 구축을 예상 가능하고 관리 가능하게 만들어주며, 개발 프로세스를 효율적으로 만들어준다.

기업에서 워드프레스를 이용하는 이유 중 하나는 12장에서 이미 이야기한 것으로, 콘텐츠 생성의 권한을 부서별로 위임할 수 있다는 것이다. 회사 전체에서 무엇이 일어나고 변화하고 있는지 개발팀이 모두 알 수는 없다. 게다가 각 부서가 자기네 콘텐츠를 업데이트하기 위해 개발팀의 도움을 받는다고 하면 개발팀은 다른 일을 전혀 할 수 없을 것이다. 워드프레스와 플러그인을 이용하면 각 부서별로 콘텐츠를 관리할 수 있는 권한을 위임할 수 있다.

워드프레스는 확장 가능하다. 플러그인을 이용하면 확장 가능성은 매우 다양하다. 필요로 하는 플러그인이 없다면 플러그인 API를 이용하여 직접 만들 수도 있다. 이런 특성 때문에 워드프레스를 기업의 IT 인프라와 통합할 수 있다.

가장 단순한 통합의 형태는 RSSreally simple syndication이다. 이 방법은 별도의 플러그인이 필요하지 않다. RSS를 이용하면 여러 다른 시스템으로부터 콘텐츠를 전달받을 수 있고, 전달받은 콘텐츠를 가공하기도 편하다. 예를 들면, 새로운 소식을 RSS로 중앙 웹사이트에서 전달받아 태그와 카테고리를 추가하고 부서별 각 사이트에 전달할 수 있다. 이렇게 하면 포스트를 생성하는 사람은 한번만 작업하면서 원하는 부서의 사이트에 한꺼번에 포스트를 게시할 수 있다.

RSS를 이용하면 알림이나 주기적인 뉴스를 중앙 사이트에서 전국에 퍼져있는 회사의 인트라넷이나 포털에 게시할 수 있다. 다시 말해 원스톱one-stop 출판이 가능한 것이다.

주로 고려되는 통합의 요소는 기업의 기존 시스템에 있는 직원 아이디, 달력, 프로젝트 관리 시스템 등이다. 공개된 API가 있기 때문에 여러분이 조금만 노력하면 통합은 어렵지 않다.

또 다른 이유는 비용이다. 워드프레스보다 더 싼 것은 없다. 회사에 예산이 있다면 워드프레스에 비용을 지불하고 원하는 기능(예를 들면, 보안 강화 같은 것)을 요청하는 것도 좋다.

워드프레스는 오픈소스 소프트웨어다. 이 말의 의미는, 인터넷에서 소스코드를 다운로드하면 그 안에 모든 것이 들어있다는 것이다. 소스코드가 공개되어 있기 때문에 기능이나 함수에 대해 살펴볼 수 있으며, 컴파일된 라이브러리가 있어서 그 내부를 알 수 없는 소프트웨어와는 다르다는 것이다. 오픈소스이고 투명한 소프트웨어를 이용하면, 특정 회사의 제품에 고착되지 않는 자유로움을 얻게 된다. 나중에 워드프레스가 여러분의 환경에 맞지 않는다고 생각되면, 콘텐츠를 모두 추출하여 다른 시스템으로 옮길 수 있다. 물론 오토매틱 사가 워드프레스의 전체 개발을 관장하지만, 여러분이 소스코드에 접근할 수 있기 때문에 여러분이 원하는 모든 것을 할 수 있다.

오토매틱 사의 개발방향이 마음에 들지 않는다면 여러분의 소스코드 분기fork를 만들 수 있다. 이렇게 할 경우 라이선스와 관련해서 고려할 사항이 있긴 하다. 일반적으로 좋은 방법은 15장에서 설명하는 것처럼 워드프레스 개발에 참여하는 것이다.

워드프레스가 용도에 적합하지 않을 경우

워드프레스는 여러분의 회사에 적합할 수 있다. 하지만 상황에 따라 적합하지 않을 수도 있다. 회사의 목표, 신념, 문화, 기능 등의 측면에서 워드프레스가 적합하지 않는 경우를 생각해보자.

워드프레스는 회사가 원하는 기능과 정확히 맞지 않을 수 있다. 워드프레스는 모든 상황에 맞는 만병통치약이 아니다. 예를 들면, 편집의 절차와 기본 권한은 한 번에 정의 될 수 없다. 그래서 Edit Flow Project나 Role Scoper 같은 플러그인이 만들어 진다. Edit Flow Project에 대해서는 CoPress.org에서 더 많은 정보를 확인할 수 있 고, Role Scoper는 11장에서 이미 언급한 바 있다. 용도에 맞는 플러그인이 없다면, 여러분이 그런 플러그인을 개발할 수도 있다.

워드프레스에만 해당하는 것은 아니지만, 일반적인 기업은 무료/오픈소스 소프 트웨어FOSS, Free OpenSource Software는 책임을 지지 않는다고 생각한다. 안타깝게도 어 떤 기업에는 이 점이 매우 중요한 문제다. 기업은 소프트웨어에 문제가 있을 때 책임 질 사람이 필요하다. 여건이 안 된다면 책임질 사람이 바로 여러분이 될 수도 있다. 게 다가 라이선스, 카피라이트, 카피레프트, 소프트웨어 레이어에 대한 개념이 비즈니스 와 개발자 커뮤니티에서 혼란스럽게 이용되고 있다. 이런 용어에 대해 1장에서 알아 보았다. 또, 지원이 필요할 때에 요청할 곳이 없다. 하지만 찾아보면 인터넷에 많은 양 의 정보와 많은 수의 컨설턴트가 있다(이 책을 읽는 여러분도 컨설턴트가 될 수 있다). 오토매 틱 사는 WordPress Support Network에서 기업들에게 유료 기술지원을 제공한다 (http://automattic.com/services/support-network).

다음으로, 워드프레스는 오픈소스이므로 누구나 소스코드를 수정할 수 있다. 플러 그인에 대해 개발자에게 금전적인 도움을 받기도 하지만 많지는 않다. 대가를 지불하 지 않기 때문에 플러그인의 질이나 강력한 보안을 기대하기는 어렵다. 플러그인을 여 러분의 사이트에 이용하기 위해 코드를 직접 손볼 경우가 생길 수도 있다. 플러그인 의 소스코드를 수정하는 경우가 생긴다면, 여러분이 무엇을 하고 있는지 정확히 알고 하길 바란다.

보통 개발을 하게 되면, 컴퓨터에서 프로그램을 작성하고, 그 프로그램을 QA 서버 로 옮기고, 상용 서버로 옮기는 등의 개발과정을 거치게 되는데, 이런 과정을 거치면 서 테마나 플러그인을 개발하는 것은 어렵지 않다. 어려운 것은 서비스 중인 서버에 있는 콘텐츠를 크게 변경하는 것이다. 가져오기나 내보내기 같은 콘텐츠 관리 도구를 제외하면 콘텐츠를 변경하는 데 쉽고 손이 덜 가는 좋은 방법이 아직까지는 없다. 콘 텐츠를 쉽게 변경할 수 있는 플러그인을 만들 필요가 있다.

확장성

워드프레스는 확장성이 있는데, WordPress.com의 통계(http://en.wordpress.com/stats/traffic)를 보면 알 수 있다. 설치되어 있는 워드프레스를 확장하는 일은 워드프레스 코어, 플러그인, 테마, PHP 버전, PHP 설정, 웹서버, 웹서버 아래에 운영체제, 운영체제가 설치된 서버 하드웨어 등과 같이 많은 레이어와 관련이 있다. 워드프레스를 확장하는 일의 핵심은 이런 레이어들을 안전하게 하고 최고의 성능이 나오도록 튜닝하는 것이다.

성능 튜닝

보안과 튜닝에 대해서는 11장에서 알아보았다. 11장의 내용을 숙지하기 바란다. 기술적인 상용화 과정이 있는 기업과 관련된 이슈에 대해 이야기해보자.

테마를 튜닝하는 것은 테마 개발 과정의 일부다. 튜닝에는 이미지 파일의 크기를 확인하는 것, 자바스크립트와 CSS를 가능한 한 작게 하는 것, HTTP 요청을 최소화하는 것 등이 있다. 파이어폭스 웹브라우저에서 사용할 수 있는 YSlow! 같은 도구를 이용하면 이런 문제를 해결하는 데 도움이 된다(http://developer.yahoo.com/yslow). YSlow!는 웹사이트를 느리게 하는 원인을 찾는 데에 좋은 도구이지만, 이 도구는 Yahoo!를 위해 Yahoo!가 만들었고, 그들이 생각하는 확장성scalability은 우리가 생각하는 범위보다 훨씬 크다. YSlow!를 여러분의 웹사이트에 그대로 사용하기보다는 참고하는 정도로 사용하는 것이 좋겠다. 일반적인 웹 개발 경험도 테마를 확장하는 데 도움이 될 것이다.

플러그인을 알려면 소스코드를 보아야 한다. 이전에 이야기한 것처럼 어느 플러그인에 대해 어느 수준의 개발자가 만들었는지, 어떤 기술을 이용했는지, 어떤 이유로 만들었는지 알지 못한다. 어떤 플러그인은 효율성은 무시하고 일단 만들고 보자는 식으로 그냥 막 만들어졌을 수 있다. 이런 식으로 만들어진 플러그인은 데이터베이스에서 데이터를 어떻게 가져올 것인지 계획되지 않고 필요한 때마다 데이터베이스에 접근을 하게 만들어졌을 수 있다. 이런 플러그인을 개선한다면, 원래 제작자에게도 알려주길 바란다. 그리고 개선된 코드를 공개하려 커뮤니티 전체에도 도움을 주길 바란다.

확장성은 성능과 관련이 있다. 웹사이트를 더 효율적으로 만들면, 더 많은 요청을 처리할 수 있고, 확장성도 함께 따라온다. 애플리케이션 스택의 PHP 레이어를 볼 때,

사용하지 않는 PHP 기능을 끄는 것이 좋다. 이렇게 하면 성능, 보안, 확장성 측면에서 모두 좋다. 보안과 성능을 개선하는 방법에 대해 11장에서 이야기했는데, 그런 방법은 확장성에도 영향을 준다.

php.ini 파일에서 사용하지 않는 확장 기능을 비활성화하자. 예를 들면, 잘 사용하지 않는 데이터베이스 확장 기능은 끄자. 기본 php.ini 파일은 일반적인 모든 사용자들을 위해 만들어졌기 때문에 여러분의 상황에 맞게 튜닝할 필요가 있다. 아래 설정은 꺼도 된다.

```
;Hide PHP for security
expose_php = Off
;Turn off for performance
register_globals = Off
register_long_arrays = Off
register_argc_argv = Off
magic_quotes_gpc = Off
magic_quotes_runtime = Off
magic_quotes_sybase = Off
```

서버 환경과 필요한 정도에 맞게 메모리 허용량을 정해야 한다. 오류 보고가 여러분의 환경에 맞게 설정됐는지 확인해봐라. 실제 서비스 중인 웹사이트에서는 오류가 표시되지 않도록 하는 게 좋다.

다음 레이어는 웹서버 소프트웨어다. 웹서버 소프트웨어로는 아파치가 가장 유명하다. 워드프레스는 아파치뿐 아니라 여러 가지 웹서버 소프트웨어와도 잘 맞는다. 여러분이 사용하는 웹서버에 대해 조사해보고, 그에 맞게 튜닝하자. 일반적으로 튜닝은 불필요한 기능을 끄는 것이다. 아파치와 PHP의 경우 기본 설정은 다양한 케이스를 고려해서 모든 기능이 활성화되어 있다.

확장성을 위해 튜닝하는 것은 일반적인 사용 시나리오와는 대치된다. 자신에게 딱 맞는 사용 시나리오를 고려하여 불필요한 기능을 꺼야 한다.

확장성을 위한 다른 방법은 서버를 추가하여 정적인 콘텐츠만 별도의 서버에서 제공하는 것이다. 이 방법은 하드웨어로 문제를 해결하는 방법이다. 하나의 웹서버는 동적인 콘텐츠를 제공하고, 다른 하나는 이미지 파일이나 CSS 같이 정적인 자원을 제공하여 서버의 부담을 줄이는 것이다. 정적인 콘텐츠를 제공하는 데에는 lighttpd나 nginx 같은 웹서버를 이용하면 더 효율적이다. 이렇게 하면 동적인 콘텐츠를 담당하는 서버는 그 역할을 더 효율적으로 수행할 수 있다.

같은 결과를 낼 수 있는 속임수 같은 방법이 있다. 서버는 동일하게 이용하면서, 정적인 자원을 서브 도메인sub domain에서 제공하는 것이다. 대부분의 웹브라우저는 동시에 2개에서 4개의 자원을 다운로드하게 돼 있다. 예를 들어, static.mysite.com 처럼 서브 도메인을 만들어 정적인 자원을 옮겨서 제공하면 웹브라우저가 동시에 받아오는 자원을 두 배로 늘릴 수 있다.

캐싱

캐싱도 웹서버와 같은 수준에서 이용된다. 이전 장에서 알아본 캐싱은 메모리 내에서 발생하는 캐싱인 Memcache, 그리고 자주 사용되는 워드프레스 객체에 대한 캐싱, 워드프레스의 동적인 페이지를 정적인 HTML으로 바꾸어주는 Super Cache 플러그인 등이었다.

데이터베이스 레벨에서도 최적화 방법이 있다. MySQL은 두 가지 테이블 저장 타입이 있다. 하나는 MyISAM이고 다른 하나는 InnoDB이다. 그 외의 타입도 있지만 이 두 가지가 기본이다.

ISAM 테이블 타입은 원래부터 MySQL에 사용된 저장 엔진이다. MySQL 개발사는 더 개선된 엔진으로 MyISAM을 만들었다. MyISAM는 일반적으로 모든 용도에 사용하기에 적합한 저장 엔진이다. 이 엔진은 읽거나 쓰는 작업 중 하나만 많은 테이블에서 더 나은 성능을 보여준다. 다시 말하면, 데이터를 저장만 하거나 인출만 하는 데에는 좋지만 저장과 인출을 바꿔가면서 하는 경우에는 좋지 않다. MyISAM은 워드프레스의 기본 타입이다.

반면에 InnoDB는 MyISAM보다 잠금 트랜잭션 지원은 약하지만 동시성concurrency 지원이 훨씬 낫다. InnoDB는 효율성과 성능을 최대화하기 위해 잠금 없이 읽기가 가능하다. 이런 특성으로 인해 큰 용량의 데이터를 읽고 쓰기에 InnoDB가 적합하다. 많은 수의 기여자가 있거나 토론이 많은 기업의 경우는 몇 주에 한 번씩 소소한 일에 대해 게시물을 작성하는 개인적인 블로그의 경우보다 쓰기나 업데이트로 인한 부하가 높을 것이다.

`wp_comments` 같이 동적인 데이터가 많은 테이블이 InnoDB를 사용하도록 변경하면 성능이 크게 향상된다. 더불어 확장성에서도 이익이 있다. 추가로, MySQL 설정에서도 튜닝할 꺼리가 있다.

정기 점검

MySQL은 유지보수가 필요하다. 때때로 데이터베이스 테이블을 체크하고 필요하면 최적화와 보수 작업을 해야 한다. 데이터베이스를 유지보수하는 것은 자동차의 오일을 교환하거나 하드 디스크 조각모음을 하는 것과 같다. MySQL 유지보수는 PHPMyAdmin 같은 MySQL 사용자 인터페이스를 이용하면 쉽게 할 수 있다. 레스터 챈Lester Chan이 만든 WP-DBManager 플러그인(http://wordpress.org/extend/plugins/wp-dbmanager)은 이런 작업을 정기적으로 할 수 있도록 도와준다.

하드웨어 확장

돈 드는 방법으로는 하드웨어를 추가하는 방법이 있다. 워드프레스는 기본적으로 하나의 서버 하드웨어 장비에서 실행된다. 그림 13-1처럼 이 하나의 장비에서 웹서버와 데이터베이스 서버 역할을 한다. 하나의 장비에서 처리하는 것이 워드프레스의 기본 시나리오다. 대다수의 웹사이트가 이렇게 운영된다.

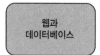

그림 13-1 단일 서버에 설치

그림 13-2처럼 웹서버와 데이터베이스를 두 개의 서버 장비에 나눠 실행할 수도 있다. 이런 구성은 각 서버가 역할에 집중할 수 있게 하며, 웹사이트에 부하가 커지면 가장 첫 번째로 취할 수 있는 확장 방안이다. 그리고 워드프레스 설정 시 localhost 대신 정확한 데이터베이스 서버의 주소를 입력해야 한다. 이런 구성 변경은 설정을 조금만 바꿔도 되기 때문에 자주 사용된다. 서버를 두 개로 나눈 후에는 그에 맞게 데이터베이스와 웹서버를 튜닝하길 바란다.

그림 13-2 두 대의 서버에 설치

확장성에 대한 방안들을 알면 알수록 혼란스럽고, 가능성은 끝이 없다. 그러므로 일반적인 시나리오를 먼저 간단히 살펴보자. 여러분의 여건에 따라 다른 확장 방법도 있다.

다음 단계로 이동하기 전에 사전 조사가 필요하다. 실제 병목현상이 어디에서 발생하며, 성능을 저하시키는지 알아야 한다. 웹사이트를 확장하려고 준비하는 동안 서버를 모니터링하면서 정보를 수집하자.

다음 단계는 일반적으로 그림 13-3처럼 웹서버의 앞단의 부하분산을 확장하는 것이다. 이 시나리오는 두 웹서버에 동일하게 워드프레스를 설치하고 하나의 데이터베이스 서버에 접속하여 데이터를 공유하는 것이다.

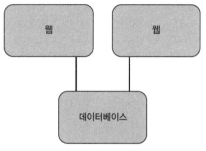

이런 접근에 대해 두 가지 사항을 고려해야 한다. 첫째로, 로드 밸런싱이 필요하

그림 13-3 웹서버 부하를 분산하도록 설치

다. 이는 하드웨어일 수도 있고 소프트웨어일 수도 있다. 여러분의 서버 환경에 따라 선택할 수 있는 것은 다양하다.

둘째로, 웹서버 간에 wp-content/uploads 디렉터리를 동기화해야 한다. 다시 말하면, 글쓴이가 하나의 웹서버에 접속해서 미디어를 업로드하고, 다음 요청 때에는 다른 웹서버에서 접속하게 되어 파일을 찾지 못하게 될 수 있다. 업로드 디렉터리를 데이터베이스 서버처럼 공용인 위치로 이동할 수 있고, 두 웹서버간에 주기적으로 파일을 복사할 수도 있다. rsync(http://www.samba.org/rsync) 유틸리티는 이런 파일 동기화에 아주 좋은 솔루션이다. 단, 주기적으로 파일을 복사하는 경우 파일이 실제로 복사되기까지는 시간이 걸리므로 이 제한점은 감수해야 한다.

다음 시나리오는 데이터베이스 서버를 추가하여 MySQL 복제를 구성하는 것이다. 이는 웹서버의 부하분산을 유지하면서 그림 13-4처럼 데이터베이스 서버가 두 개인 형태다.

기술적으로, 이 시나리오는 성능에 도움을 주지는 않는다. 하지만 데이터베이스 서버에 문제가 있을 때 장애 조치failover에 도움이 된다. 이렇게 추가된 데이터베이스는 핫스페어hot spare라고 불리는데, 평소에는 자료를 최신으로 유지하면서 문제 상황을 위해 대기를 한다. 확장성의 일부는 가용성과 관련된다. 두 대의 웹서버와 두 대의 데이터베이스 서버의 구성을 마치면, 이 중 한 대의 서버가 작동하지 않을 때에도 웹사이트에는 문제가 없다.

추가된 데이터베이스가 실제로 동작하게 해보자. 웹서버의 부하분산을 유지하면서 그림 13-5처럼 MySQL 복제를 이용하여 데이터베이스의 부하를 분산시켜 보자. 이 그림은 모든 쓰기 작업은 마스터 MySQL 데이터베이스에 수행하고, 모든 읽기 작업은 슬레이브slave MySQL 데이터베이스에서 수행하는 것을 뜻한다. 이렇게 하면 MyISAM이 읽기 전용 또는 쓰기 전용에는 탁월한 성능을 내지만, 읽기와 쓰기 모두에는 그렇지 않은 특성을 잘 이용하게 된다.

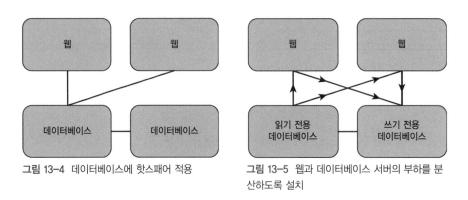

그림 13-4 데이터베이스에 핫스패어 적용   그림 13-5 웹과 데이터베이스 서버의 부하를 분산하도록 설치

마지막으로, 워드프레스에서만 가능한 방법으로 HyperDB(http://codex.wordpress.org/HyperDB)가 있다. HyperDB는 오토매틱 사가 디자인했으며, 워드프레스의 기본 데이터베이스 접근 레이어를 대체할 수 있다. HyperDB는 워드프레스의 데이터를 여러 개의 데이터베이스에 샤딩sharding과 파티셔닝partitioning으로 나누어 둘 수 있기 때문에 기본 데이터베이스 접근 레이어보다 더 좋다. HyperDB를 이용하면 매우 동적이면서도 안정적으로 데이터를 관리할 수 있으며 캐시의 효과를 더 크게 볼 수 있다. 또, 데이터베이스 복제와 장애 조치의 효과도 볼 수 있다. 하지만 참고자료가 부족하기 때문에 이 방법을 실제로 사용하기는 쉽지 않다.

아이디 관리 시스템과의 통합

많은 애플리케이션이 웹으로 전환되면서 사용자명과 비밀번호가 너무 많아져 문제가 되었다. 보안을 위해 비밀번호를 다르게 쓰다 보니 웹사이트마다 비밀번호를 기억하는 것도 어려워졌다. 이런 문제를 보완하기 위해 비밀번호를 안전하게 보관해주는 프로그램(예, password safe)이나 서비스들이 나왔다.

워드프레스는 외부의 아이디 제공 서비스와 쉽게 통합될 수 있으며, 그런 기능을 하는 많은 플러그인이 나와있다. 다음 절은 이런 통합에 대해 기업 환경에서 주로 쓰이는 두 가지 방법을 이야기한다.

LDAP와 액티브 디렉터리

기업 환경에서 흔히 쓰이는 디렉터리 서비스는 마이크로소프트의 액티브 디렉터리AD, Active Directory이다. 액티브 디렉터리는 LDAPLightweight Directory Access Protocol을 사용하며, 윈도우 기반 네트워크로 각 컴퓨터의 사용자명과 비밀번호를 중앙 집중적으로 관리한다. 액티브 디렉터리는 매우 다양한 기능을 갖고 있지만, 여기에서는 사용자명, 비밀번호, 접근 권한에 대해서만 이야기한다.

액티브 디렉터리가 이미 있다고 가정하고, 워드프레스와 액티브 디렉터리를 연결하여 각 컴퓨터의 사용자명과 비밀번호로 워드프레스에 로그인하게 할 수 있다. 클리프튼 H. 그리핀 2세Clifton H. Griffin II가 개발한 Simple LDAP Login 플러그인(http://wordpress.org/extend/plugins/simple-ldap-login/)을 이용하면 된다.

이 플러그인 설치 시 PHP에 LDAP 확장 기능이 켜져 있는지 자동으로 확인하지 않는다. LDAP 확장 기능을 켜려면 다음과 같이 php.ini 파일을 수정한다.

```
// 윈도우용
extension=php_ldap.dll
// 리눅스용
extension=ldap.so
```

PHP 설정을 바꾸고 웹서버를 재시동한 후 플러그인 설치를 진행한다. 그리고 워드프레스의 플러그인 설정 페이지를 살펴보자. 이 플러그인의 설정 패널에서 LDAP 서버에 대한 정보를 입력한다.

그림 13-6의 고급 설정을 잘 살펴보자. 상황에 맞게 로그인 모드를 선택해야 한다. 이전에 워드프레스에 사용자를 생성해두지 않았을 경우 Create WordPress accounts(워드프레스 계정 생성)를 선택한다. 로그인 권한을 액티브 디렉터리의 특정 조직 단위organizational unit에만 줄 수도 있다. 이 플러그인을 이용하면 기존에 구축된 액티브 디렉터리에 접근 권한과 인증을 집중시킬 수 있다.

LDAP/AD 플러그인은 여러 가지가 있으니 상황에 맞는 것을 선택해 이용하기 바란다. 플러그인을 고를 때 액티브 디렉터리에 보안 접속이 지원되는지 확인하기 바란다.

그림 13-6 Simple LDAP 플러그인의 제어판

오픈 아이디

액티브 디렉터리는 마이크로소프트의 제품으로 이뤄진 네트워크에서 쓸 수 있다. 상용 LDAP 제품과 오픈소스 소프트웨어인 OpenLDAP은 여러 가지 시스템이 섞여 있거나 부서 수준으로 관리되는 아이디 관리 시스템이다. 두 가지 모두 인터넷에 오픈될 정도로 큰 규모에는 쓰일 수가 없다.

오픈 아이디OpenID는 다양한 방법으로 인증을 제공하기 위해 플랫폼 중립적으로 개발되었다. 오픈 아이디를 이용하면 사용자들은 오픈 아이디를 이용하는 모든 애플리케이션을 하나의 아이디로 이용할 수 있다. 오픈 아이디는 사용자명과 비밀번호를 이용하는 전통적인 자격증명과는 다른 점이 있다. 오픈 아이디는 사용자명 대신 고유한 URL을 이용한다. 오픈 아이디는 공개된 표준이기 때문에 누구나 오픈 아이디 제공자가 될 수 있다.

기존의 중앙 집중적인 인증 시스템이 없다면, 오픈 아이디는 좋은 선택일 수 있다. 사용자에게 스스로 자격증명을 관리할 수 있는 선택권을 줄 수 있기 때문이다.

DiSo 개발팀이 개발한 오픈 아이디 플러그인(http://wordpress.org/extend/plugins/openid/)을 이용하면 워드프레스 웹사이트에 오픈 아이디 기능을 쉽게 추가할 수 있다. 이 플러그인을 이용하면 그림 13-7과 같이 로그인 화면에 오픈 아이디를 입력할 수 있는 필드가 생긴다.

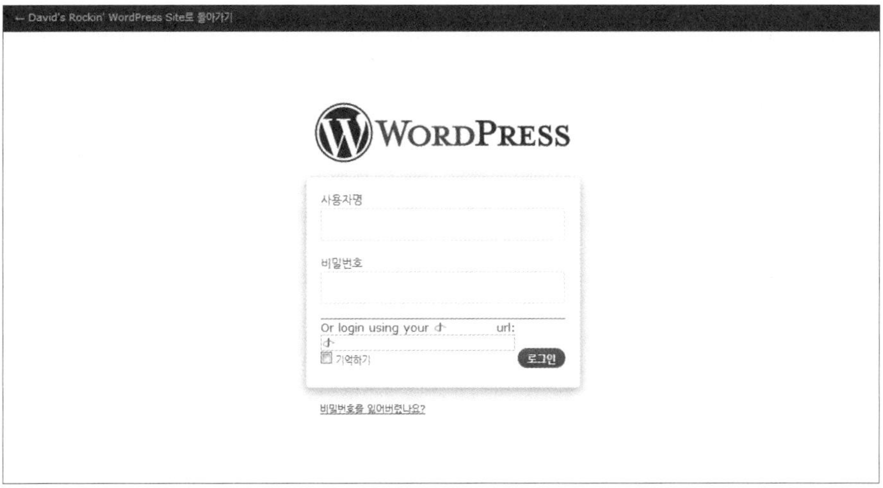

그림 13-7 오픈 아이디를 사용하는 워드프레스 로그인 페이지

이 플러그인의 설정 패널에는 오픈 아이디를 통해 자동으로 인증하는 옵션이 있다. 또, 이 플러그인을 이용하면 저자 페이지를 통해 오픈 아이디 제공자의 기능을 워드프레스에 추가할 수 있다.

피드를 통한 콘텐츠 통합

우리가 접한 상황 중 하나는 부서마다 서브도메인을 줘서 많은 사이트를 관리했다. 이 예에서 각 부서는 비즈니스 유닛의 기능을 한다. 대체물이 있다. 하지만 여러 가지 이유에서 각기 사이트가 특별한 워드프레스 설치로 바뀌었다. 이때 맞는 어려움 중 하나는 많은 사이트에서 콘텐츠가 중복된다는 점이다. 각기 다른 사이트의 변화를 관리하려면 특정한 콘텐츠를 많이 업데이트해야 한다. 예를 들어, 신문 기사를 낸다고 하면 다양한 부서가 관련돼 있거나 아니면 최소한 회사 대표 사이트에는 공개되어야 하고 그 외 각 부서 사이트에도 올려야 한다.

짧게 말해서 비즈니스의 핵심은 수작업으로 하는 업데이트 작업을 줄이는 것이었다. 하지만 이것은 시간이 오래 걸리고 에러가 많이 발생한다. 다행히도, 워드프레스가 있다. 콘텐츠 통합을 쉽게 하는 방법 중 하나는 내장 RSS^{really simple syndication} 피드를 사용하는 것이다. 이것은 워드프레스의 핵심 기능이고 언제든지 쓸 수 있는 기술이다.

이에 해결 방법은 뉴스 기사를 중앙 웹사이트에 공개하는 것이었다. 이때 부모 사이트는 우리가 신문 기사를 공개할 단 한곳의 장소가 되었다. 뉴스 기사는 보통 포스트처럼 같은 방법으로 공개 되고 특정한 카테고리에 있는 각 부서에 할당된다.

워드프레스 사이트 내의 각 부서에는 찰스 존슨Charles Johnson이 설치한 Feed WordPress(http://wordpress.org/extend/plugins/feedwordpress/) 플러그인이 있다. 이 대단한 플러그인은 어떤 RSS나 아톰 피드를 포스트로 사이트에 전환시켜준다. 마술과 같은 부분은 이런 것이다. 워드프레스가 자동으로 카테고리 같이 RSS 피드를 기본 사이트에 만들어 낸다. 이것을 쓰려면 기본 사이트에 있는 카테고리 RSS 피드를 이용해야 한다. 기본 사이트는 http://example.com/category/press/department/feed이다.

플러그인을 설치하고 활성화했다면 기본 URL 피드를 넣고 신디케이션을 웹사이트에 일정을 잡아야 한다. 피드 워드프레스에는 다양하고 주문에 따라 만들 수 있는 설정이 카테고리, 글쓴이, 태그 정보에 맞출 수 있다. 이것으로 들어오는 피드는 강력한 플러그인이 될 수 있다.

이 플러그인을 잘 사용하면 콘텐츠 제작자에게 콘텐츠를 출판할 수 있도록 권한을 줄 수 있다. 또 콘텐츠를 다른 사이트로 나눌 수 있는 권한을 함께 줄 수 있으며, 이렇게 하면 시간과 에너지도 절약되고 콘텐츠에 대한 정확성이나 처리 시간도 개선된다.

비즈니스 요구사항을 충족시켜주는 예를 하나 더 살펴보자. 우리 회사에는 두 개의 웹 개발팀이 있다. 한 팀에서는 PHP를 주로 다루고, 다른 팀에서는 .NET을 주로 다룬다. 기존의 ASP.NET 애플리케이션에 대해 콘텐츠 부분이 주기적으로 많이 바뀌도록 수정해야 하는 상황이 발생했다. 현재의 개발 단계에서 이런 수정은 전체 애플리케이션을 다시 개발하고, 콘텐츠가 변경될 때마다 여러 개의 서버에 전체 애플리케이션을 상용화deploy하는 것을 의미했다.

이렇게 하는 대신에, 조그만한 콘텐츠 관리 애플리케이션을 만들고 이 애플리케이션을 기존 코드와 통합해 콘텐츠를 동적으로 관리할 수 있도록 하는 방안도 있었다. 하지만 이런 단순한 시스템을 개발할 시간이 없었다. 프로젝트를 하다보면 시간, 자원, 비용을 따지게 마련이다.

워드프레스는 콘텐츠와 관련해서 탁월하다. 회사는 .NET 애플리케이션의 동적인 콘텐츠 관리를 위해 .NET RSS 신디케이팅 웹 애플리케이션을 선택하는 대신, 기존의 워드프레스 웹사이트를 선택하였다. 그리고 .NET 개발팀은 RSS consumer 객체가 특정 RSS 피드를 처리하여 그 내용을 출력하도록 단순히 재가공refactor하면 되었다. 그리고 콘텐츠를 만들어내는 인원은 콘텐츠를 생산하는 데 익숙한 도구를 이용할 수 있었다. 이 예시는 14장에서 더 구체적으로 살펴보자.

워드프레스는 분명히 비즈니스 요구사항을 해결해준다. 그렇다면 워드프레스는 엔터프라이즈급의 소프트웨어인가? 저자는 그렇게 생각한다. 워드프레스는 다른 서비스의 부족함을 채워주고, 다른 서비스들과 통합되는 데 아주 좋은 특성을 가지고 있다. 워드프레스는 독립 실행형 소프트웨어나 기존의 인프라와도 잘 융화되어 문제를 해결하는 데 도움이 된다.

워드프레스로 마이그레이션

14장에서 다루는 내용

▶ 마이그레이션 계획

▶ 콘텐츠 가져오기 옵션

▶ 마이그레이션 후 정리

이 책은 워드프레스의 장점을 극찬하고, 열렬한 워드프레스 팬/전도자/전문가로 만들려는 의도로 가득 차 있다. 워드프레스가 세계를 지배하는 데에 도움이 되고 싶다면 기존의 콘텐츠를 워드프레스로 옮기는 것부터 해보자. 또는 친구들이나 가족들이 워드프레스를 쓰는 것을 도와주는 것부터 시작하는 것도 좋다.

다음과 같은 경우에 기존 콘텐츠를 워드프레스로 옮기는 것이 유용하다.

▶ 정적이고, 시간에 따라 변함이 없는 콘텐츠를 서술적인 스타일로 옮기고자 할 경우: 워드프레스는 짧은 이야기를 전달하는 브로슈어 같은 페이지보다는 시간 순서대로 길게 쓰는 글에 더 적합하다.

▶ 콘텐츠를 중심으로 댓글과 토론이 작성되도록 하며, 포스트(토픽)를 중심으로 토론을 조직화할 경우: 게시판보다 블로그 형태가 이런 경우에 더 적합하다.

▶ 온라인 광고 또는 스폰서를 활용할 수 있는 정도로 트래픽이 많이 발생하는 경우

▶ 사용자 경험, 스타일, 웹사이트의 테마를 변경하거나 기존 블로그의 테마를 그대로 이용해야 하는 경우

14장에서는 여러분이 이미 가지고 있는 정적인 페이지들과 기존 웹사이트를 워드프레스로 옮기는 방법에 대해 알아본다. 독자를 모으고 온라인 광고를 활용하기 위해 중요한 것은 페이지와 포스트의 양을 확보하는 것이다. 워드프레스를 이용하면 콘텐츠 출판에 대해 편의성을 얻을 수 있지만, 콘텐츠의 양을 확보하는 것은 워드프레스가 자동으로 해주는 것은 아니다. 콘텐츠의 양을 확보하는 좋은 방법은 여러분이 갖고 있는 콘텐츠를 워드프레스 웹사이트 하나로 옮겨서 모아 놓는 것이다.

마이그레이션 계획

마이그레이션의 첫 번째 단계는 계획을 수립하는 것이다. 계획을 수립하는 것은 지루할 수도 있지만, 매우 중요한 일이다. 콘텐츠 구성 요소들에 대한 구조도를 그리지 않는다면 콘텐츠를 잃어버리거나 마이그레이션을 여러 번 반복하게 될 것이다. 계획에 시간을 조금만 투자한다면 장기적인 관점에서 시간과 노력을 아낄 수 있을 것이다.

콘텐츠를 가져올 곳

마이그레이션을 계획할 때 어떤 데이터 소스로부터 데이터를 가져올지 결정해야 한다. 실제 콘텐츠와 관련된 미디어를 옮길 것은 분명하다. 실제 콘텐츠는 여러 가지로 한정될 수 있다. 실제 콘텐츠는 기존 블로그의 포스트, 워드프로세서로 작성된 문서들, 기존 웹사이트의 정적인 HTML 문서일 수 있으며, 이런 종류 모두일 수도 있다. 다음 절에서는 정적인 콘텐츠를 마이그레이션하는 방법을 간단히 논의하고, 나머지 절에서는 다른 블로그 시스템으로부터 대량으로 데이터를 가져오는 방법과 가져오기 스크립트를 만드는 방법에 대해 이야기한다.

워드프레스로 마이그레이션 하기로 결정하고 나면 12장에서 다뤘던 페이지와 포스트 딜레마를 고민하게 될 것이다. 정적인 브로슈어 웹사이트를 워드프레스로 옮기는 경우, 기존 페이지를 워드프레스 페이지로 1:1로 바꾸면 된다. 그 외의 경우 기존 웹사이트의 콘텐츠를 워드프레스 포스트로 변환하는 방법이 있다. 카테고리 템플릿 페이지를 이용하면 예전 웹사이트의 테마를 그대로 가져올 수 있으며, 포스트 구조를 통해 기능도 그대로 가져올 수 있다. 마지막으로, 정적인 페이지를 포스트로 1:1로 바꾸는 방법을 이용하면 아이디어나 토픽이 시간의 경과에 따라 어떻게 발전됐는지를 표현할 수 있다.

PostNuke와 같은 게시판을 워드프레스로 마이그레이션하는 것도 가능하다. 게시판에서는 하나의 글에 답글을 써서 토론을 하며 스레드 구조를 만드는데, 이런 스레드 구조를 워드프레스의 포스트, 페이지, 댓글로 옮기는 것은 신경을 좀 써야 한다. 한 가지 방법은 게시판의 하나의 토픽을 워드프레스에서 하나의 카테고리로 만들고, 그 토픽과 관련된 글들을 워드프레스의 카테고리 안에 포스트로 옮겨 놓는 것이다. 이런 작업을 스크립트를 통해 자동으로 할 수 있지만, 원하는 결과를 얻기 위해서는 가져오기 import 스크립트를 손 봐야 한다. 14장에서 사용자 정의 가져오기 스크립트를 이용해 게시판의 스레드 구조를 워드프레스로 가져오는 방법에 대해 이야기할 것이다. 이런 스크립트로 크리스 사무엘Chris Samuel이 작성한 PostNuke to WordPress conversion 스크립트(http://www.csamuel.org/wp-content/uploads/2007/01/pnconvert.txt)가 있다.

마지막으로, 새로운 웹사이트에 넣으려고 하는 콘텐츠에 대해 재사용 권한이 있는지 확인해야 한다. 콘텐츠가 모두 자신의 것이라면 별로 문제되지 않는다. 하지만 회사의 블로그에 있는 글이나 저자가 여러 명인 경우는 좀 복잡할 수 있다. 권한을 확인할 때 저작권, 재배포 권한, 상업적 이용 권한 등을 모두 확인하길 바란다.

> ◈ 참고 나의 전 고용주는 회사 블로그 웹사이트의 이용 조건을 수정했다. 원래 이용 조건은 고용 계약에 준하여 저작권을 적용하였는데, 그 내용은 직원이 작성한 모든 것은 회사가 저작권을 갖는 것이었다. 이후 블로그 이용 조건은 직원과 회사가 저작권을 공유한다는 내용으로 바뀌었다. 단, 재사용할 수 있는 소스코드나 마케팅 자료처럼 회사의 지적 재산에 해당하는 것은 제외되었다. -할 스턴

마이그레이션 체크리스트

마이그레이션은 깔끔하거나 단순한 과정이 아니다. 마이그레이션 작업은 도구를 이용하여 대부분 자동화할 수 있지만, 계획 수립은 콘텐츠, 메타데이터, 그 외 기능 등을 누락 없이 옮기기 위한 것이며 자동화할 수 없는 것이다.

다음 마이그레이션 체크리스트를 참고하라.

▶ **콘텐츠 확인** 사이트맵을 만들어라. 사이트맵을 만들면서 페이지를 누락하지 않도록 주의해야 한다. 워드 프로세서 파일을 워드프레스로 옮긴다면 워드 프로세서 파일의 목록을 만들도록 한다. 이 장의 "커스텀 임포트 스크립트" 절을 참고하기 바란다.

▶ **미디어** 옮겨야 할 미디어는 테마와 외양의 그래픽이 아니라 콘텐츠에 삽입된 미디어 자원을 말한다. 이미지, 그래프, 파워포인트 문서, 그 외 문서 파일 등을 옮겨야 하는지 결정해라. 또한 미디어를 옮겨서 어디에 놓을지도 결정해라. 미디어를 워드프레스의 업로드 방법을 이용해 옮길 수도 있고, 웹서버의 어느 디렉터리에 모두 모아 놓을 수도 있다.

▶ **메타데이터** 태그나 카테고리 같은 콘텐츠를 설명하는 메타데이터가 있는지, 그리고 옮겨야하는지 확인해라. 메타데이터를 그대로 옮길 수도 있고, 콘텐츠만 옮긴 후 새롭게 메타데이터를 만들 수도 있다.

▶ **저자와 사용자** 기존 웹사이트에 여러 명의 저자가 있었는지, 콘텐츠와 저자의 관계까지 워드프레스로 옮길 것인지 확인해라. 여러 명의 사용자가 토론을 하는 웹사이트였다면 좀 더 복잡하다. 모든 사용자들도 함께 옮길 것인지 확인해라.

▶ **테마와 표현** 기존 웹사이트의 CSS와 HTML 표현까지 워드프레스 테마로 똑같이 옮겨야 하는 경우는 없을 것이다. 기존 웹사이트의 룩앤필을 그대로 살릴 것인지 새로운 웹사이트를 위해 디자인을 새로 만들 것인지 결정해야 한다. 새로운 테마를 만든다면 8장을 참고하길 바란다. 웹사이트에 공통된 디자인을 사용하지 않는 독특한 콘텐츠가 있는지도 확인해야 한다.

▶ **독특한 기능** 금융기관의 웹사이트를 보면 금융 계산기나 신청서 양식 같이 특별히 만들어진 페이지가 있다. 이런 페이지는 쉽게 옮기기 어려우며 개별적인 관심이 필요하다. 투표, 지도, CRM 통합 같은 경우에는 워드프레스 플러그인을 이용하여 쉽게 옮겨 놓을 수도 있다. 앞에서도 여러 번 말했듯이 워드프레스의 장점은 여러분이 플러그인을 만들어 이용할 수 있다는 것이다. 또, 템플릿을 이용하면 다른 웹사이트 기능을 워드프레스 프레임워크와 적절히 통합할 수 있다. 이런 내용에 대해서는 이 장의 뒷부분에서 다시 한번 논의하겠다.

▶ **정리** 콘텐츠를 깔끔하고 잘 정돈되도록 정리해야 한다. 특히 URL을 잘 정리해야 한다. 새로운 워드프레스 웹사이트의 URL들을 시각적으로 비교해보기 바란다. 또, 기존 URL과 새로운 URL이 연결되도록 하면 검색 엔진이 검색 결과를 더 잘 만들어 낼 수 있고, 기존 방문자들도 불편함 없이 웹사이트를 이용할 수 있다.

▶ **웹사이트 오픈** 여러분은 고생 끝에 새로운 웹사이트를 오픈하게 될 것이다. 세상에 완벽한 웹사이트는 없으므로, 웹에 공개할 만한 수준이 되었다면 그 시점에서 과감히 결정하자. 어차피 오픈 후에도 끊임없이 개선해야 한다.

마이그레이션은 완벽할 수 없다는 것을 받아들이자. 마이그레이션이 완료됐다면 다음 할 일로 넘어가자.

웹사이트 준비

마이그레이션 작업을 실제로 시작하기 전에 고려할 게 있다. 새로운 웹사이트를 작업 중에도 기존 웹사이트의 서비스는 계속 되어야 한다. 해결 방법은 여러분이 사용 가능한 자원에 따라 달라진다. 개발용 웹사이트 또는 콘텐츠를 옮겨 놓을 웹사이트를 준비하는 것은 URL 구조에 영향을 미치며, 다소 수작업을 해야 할 상황에도 영향을 미친다. 이 수작업에 대해서는 14장의 뒷부분의 "정리하기" 절에서 논의하겠다.

이미 존재하는 웹사이트에 콘텐츠를 추가하는 경우라면, 새로운 서브 도메인을 만들고 워드프레스 인스턴스를 하나 더 만들 것을 권장한다. 예를 들어, http://example.com이 현재 서비스 중인 웹사이트의 주소라면 http://new.example.com이나 http://test.example.com 같이 새로운 서브 도메인을 만들고 여기에 새로운 워드프레스 인스턴스를 연결시키는 것이다. 이렇게 하면 기존에 서비스 중인 웹사이트에 영향을 주지 않으면서 개발용 웹사이트에서 작업할 수 있다. 또, 웹서버의 루트 디렉터리를 기준으로 상대 경로를 이용할 수 있으며, 장기적으로 작업하기 편하게 된다. 반면에, 새롭게 워드프레스 웹사이트를 만드는 경우라면 워드프레스 기본 설치로 시작하기 바란다.

이런 방법 외에 다른 방법으로 테스트 환경을 만들 수 있지만, 이런 방법이 그나마 간단한 방법이다. 이렇게 작업한 환경이 바로 실제 서비스로 전환될 수 있기 때문이다. 혼자 작업을 한다면 로컬 컴퓨터에서 개발하는 것도 괜찮은 방법이다. 로컬 컴퓨터에서 개발한다면 컴퓨터의 hosts 파일을 이용할 수 있어 URL 전환이 필요 없다. URL 전환에 대해서는 이 장의 뒤에서 논의한다.

콘텐츠 확인

콘텐츠 마이그레이션 작업에는 다음과 같은 패턴이 있다. 기존 저장소에서 일부 콘텐츠를 꺼내본다. 새로운 시스템에 맞게 콘텐츠를 변환하는 것을 자동화한다. 일괄처리로 콘텐츠를 옮긴다. 이런 과정을 반복하고, 그 외 변경할 것이 있으면 수작업으로 수정한다.

이 절은 콘텐츠를 확인하고 워드프레스에 맞게 준비하는 과정에 대해 알아본다. 또 워드프레스의 세 가지 가져오기 기능에 대해서도 알아본다. 이 세 가지 기능은 텍스트 도큐멘트를 완전히 수작업으로 옮기는 것에서부터 내장 관리 기능을 이용해 많이 쓰이는 블로그 포맷의 콘텐츠를 옮기는 것까지 다양하다. 마지막으로, 콘텐츠 추출 및 가져오기 스크립트를 만드는 방법에 대해서도 알아본다.

텍스트 문서 마이그레이션

보통 워드프로세서로 편집하게 되는 문서를 텍스트 문서라고 하자. 이런 텍스트 문서는 워드프레스에서 하나의 페이지가 될 수 있다.

이 문제를 해결하는 간단한 해결책은 수작업으로 반복하는 것이다. 다시 말하면, 복사하기와 붙여넣기를 이용하거나, 워드프로세서에서 문서의 내용을 HTML로 저장하여 워드프레스 페이지에 삽입하는 것이다. 여기에서 주의할 것이 있는데, 워드프로세서에서 내용을 복사하여 삽입하면 깔끔하지 않는 HTML 태그가 만들어진다. 이렇게 하면 워드프레스 테마와 잘 어울리지 않게 될 수도 있다. 복사한 내용에서 불필요한 p, table, a 태그를 일일이 제거하는 수고를 하고 싶지 않다면, 워드프로세서에서 내용을 텍스트로 저장하고 워드프레스의 편집기에서 스타일을 손수 적용하는 것이 좋다. 좀 이상한 방법이지만, 이렇게 해야 불필요한 HTML 태그로 문서가 이상해지는 것을 막을 수 있다. 맥 OS의 TextEdit처럼 단순한 프로그램도 HTML로 저장할 때 불필요한 태그를 삽입한다. 저장할 때는 꼭 텍스트로 저장하자.

테마 중에는 위키의 글을 블로그로 합해주는 것이 있다. 위키는 위키 나름대로의 고유한 문법이 있어서 복사하기와 붙여넣기로 옮기기에는 시간이 많이 낭비되고, 엄청 큰 위키가 아닌 이상 자동화하여 처리하기에도 적합하지 않다. 만약 위키가 주제를 모아놓은 것이라면 위키 페이지를 워드프레스 포스트로 옮기는 것이 자연스럽다. 위키의 주제를 워드프레스의 카테고리로 옮기고 태그를 이용해 카테고리를 보완하는 것이 좋다. 위키를 옮길 경우, 장점은 워드프레스의 메타데이터 기능을 쓸 수 있고, 댓글과 토론을 코멘트 스레드로 간주하기 때문에 좋다. 단점은 MediaWiki 같은 시스템이 갖고 있는 편집 히스토리 기능을 쓸 수 없다는 것이다. 위키와 MySQL을 함께 쓰고 있다면 14장의 뒷부분에서 소개할 추출 스크립트와 임포트 스크립트를 수정하여 쓰면 좋다.

워드프레스 내장 가져오기 도구

한 워드프레스의 콘텐츠를 다른 워드프레스로 옮겨야 하는 경우를 위해 워드프레스는 여러 가지 방법을 내장하고 있다. 이 절은 기본적인 변환 과정을 설명하고 워드프레스 확장 RSS 파일WXR, WordPress eXtended RSS을 이용하는 방법에 대해 알아본다.

블로그 변환

워드프레스는 일반적인 블로그 시스템이 사용하는 가져오기 방법을 제공한다. 내장 가져오기 기능은 대시보드에서 이용할 수 있다. 그리고 이 기능과 관련된 PHP 함수를 wp-admin/import 디렉터리에서 찾을 수 있다. 블로그 변환 도구는 두 가지 방식으로 동작한다. 하나는 다른 블로그 시스템에서 내보낸 파일을 읽는 것이고, 다른 하나는 다른 블로그 시스템에서 API를 통해 콘텐츠를 가져와 워드프레스에 등록하는 것이다. 예를 들면, 라이브저널LiveJournal이나 블로거닷컴Blogger.com에서는 API를 통해 콘텐츠를 갖고 올 수 있으며, 무버블타입Movable Type, 타입패드TypePad, 룰러Roller에서는 파일로 추출하여 워드프레스에 가져올 수 있다.

또 다른 방법으로 Google Blog Converter 애플리케이션(http://code.google.com/p/google-blog-converters-appengine)이 있다. 이 애플리케이션은 이름 그대로 다양한 포맷의 블로그를 변환하는 기능을 한다. 이 애플리케이션 개발자들은 블로거닷컴의 포맷을 기본 포맷으로 하여 다양한 블로그 포맷을 지원하려고 한다. 이 도구를 이용하면 한 블로그에서 내보낸 파일을 변환하여 워드프레스로 가져 올 수 있다. 이 도구는 온라인으로도 쓸 수 있는데, 주소는 http://blogger2wordpress.appspot.com 이다.

워드프레스 확장 RSS 파일 이용

한 블로그에서 다른 블로그로 변환하는 다른 방법이 잘 동작하지 않거나, 메타데이터/저자 정보 같은 특정 정보가 잘 옮겨지지 않는 경우 워드프레스 확장 RSS 파일을 이용하면 해결할 수 있다. 워드프레스 확장 RSS는 워드프레스가 콘텐츠를 XML 형식으로 RSS로 내보내는 것이다.

WXR 파일을 생성하는 절차는 콘텐츠를 어디서 가져올 것인지에 따라 달라진다. 어떤 애플리케이션은 WXR 내보내기 기능이 내장돼 있다. 워드프레스 대시보드의 내보내기에서는 WXR 파일을 만들어낼 수 있지만, 이 기능은 현재 있는 워드프레스의 콘텐츠를 다른 워드프레스 웹사이트로 옮길 때에만 유용하다. 현재 콘텐츠를 저장해 둔 시스템에 이런 내보내기 기능이 없다면, 텍스트 편집기를 이용해서 수동으로 WXR 파일을 만들 수 있다. 수동으로 WXR 파일을 만들어야 할 경우 가장 쉬운 방법은 사이트맵 프로세스를 이용하는 것이다.

사이트맵을 이용하여 WXR 파일을 생성하려면, 먼저 콘텐츠가 저장돼 있는 웹사이트의 사이트맵을 가져와야 한다. 검색 엔진을 위해 만들어진 사이트맵으로 시작하거나, Xenu 같은 웹사이트 링크 검사기를 이용하여 새로운 사이트맵을 생성하자. Xenu에 대한 정보는 http://home.snafu.de/ tilman/xenulink.html에서 찾을 수 있다. 이 사이트맵은 여러분이 마이그레이션 작업에 포함해야 할 모든 페이지의 목록이 될 것이다.

일반적인 경우에, 웹사이트 전체에 대해 마이그레이션 계획을 세우고 작업을 진행하는 것보다 각 페이지나 CMS의 콘텐츠를 한 개씩 옮기는 경우가 더 많다. 하지만 웹사이트 전체를 긁어와 자동으로 WXR 파일을 만들어주는 PHP 애플리케이션을 만드는 것에 대해 알아보겠다. 웹사이트에서 각 페이지들이 공통적인 부분이 있다면, 이 애플리케이션은 아주 잘 동작할 것이다. PHP, curl, jQuery 등을 이용해 사이트맵에서 페이지 리스트를 가져와 각 페이지의 HTML을 해석하여 콘텐츠를 수집하고 WXR 파일을 만들어 낼 것이다.

WXR 파일을 만든 후, 가져오기 하기 전에 파일을 수정할 수 있다. WXR 파일을 수정하기 전에 14장 전체를 읽고, 실수할 수 있는 부분을 충분히 숙지하기 바란다.

WXR 파일은 XML 포맷으로, 텍스트 편집기로 수정할 수 있다. 다시 말해 텍스트 편집기를 이용해 URL, 저자 이름 같은 것을 일괄 수정하는 것이 가능하다. 이 점은 때때로 시간을 엄청 단축시켜준다. 워드프레스는 가져오기를 이용하여 참 많은 것을 할 수 있도록 만들어졌으니, 이 기능을 잘 이용하자.

WXR 파일을 수정하다보면, 이 파일이 어떻게 해석돼 워드프레스에 들어갈지 알게 될 것이다. 이 파일은 포맷은 확장된 RSS이며, 매우 단순하기 때문이다. 하지만 불행히도 WordPress.org(http://codex.wordpress.org/Importing_Content# Importing_from_an_RSS_feed)에는 이 포맷에 대한 문서가 많지 않다. Google Blog Converter(http://code.google.com/p/google-blog-converters-appengine/source/browse/trunk/samples/wordpress-sample.wxr)가 만들어내는 WXR 파일을 참고하는 것도 좋다.

WXR 파일을 이용해 콘텐츠를 옮기는 것은 상대적으로 쉬운 방법이다. 14장의 뒤에서는 콘텐츠를 옮기는 방법에 대해 알아본다. 결론부터 말하자면, 여러 가지 방법 중에 WXR 파일을 이용하는 방법이 가장 쉽다.

WXR 파일은 워드프레스로 콘텐츠를 옮기는 가장 빠른 방법이다. 기존 웹사이트에 WXR 파일 내보내기 기능이 있다면 이 방법이 가장 쉬운 방법이며, 이 쉬운 방법으로도 새로운 웹사이트를 준비하는 데에 무리가 없다.

커스텀 임포트 스크립트

단순한 WXR 파일을 이용하여 마이그레이션하는 것보다 좋은 방법은 데이터베이스를 직접 옮기는 것이다. 기존에 사용하고 있던 데이터베이스가 MySQL일 경우 특히 좋다. 이 방법은, 기존 시스템에서 MySQL 데이터베이스 테이블을 통째로 새로운 시스템에 옮겨 놓는 것이다. 다시 말하면, 기존 데이터베이스에서 SQL 스크립트를 만들고, 이 스크립트를 여러분이 원하는 대로 가공한 후에 새로운 데이터베이스에 넣으면 된다. 이 방법은 조금 어려울 수도 있다. SQL 스크립트를 손수 추출하고 변환하고 밀어 넣는 작업을 해야 하기 때문이다. 하지만 원하는 대로 자유롭게, 유연하게 데이터를 관리할 수 있는 장점이 있다.

리스트 14-1은 이런 작업을 할 때에 쓸 수 있는 예제 스크립트다. 이 스크립트를 실제로 이용하기 전에 꼼꼼히 살펴보자.

리스트 14-1 MySQL 임포트 스크립트

```php
<?php
// 가져올 데이터가 저장된 데이터베이스의 접속정보를 설정한다.
$hostname = "localhost";
$username = "USERNAME";
$password = "PASSWORD";
$sourcedb = "DATABASE"; // 가져올 데이터가 저장된 데이터베이스
$sourcetable = "stories"; // 포스트가 저장된 테이블의 이름
$sourcecomments = "comment"; // 댓글이 저장된 테이블의 이름

// 데이터를 저장할 데이터베이스의 접속정보를 설정한다.
$destdb = "WORDPRESS-DATABASE";  // 데이터베이스의 이름
$wp_prefix = "wp_"; // 워드프레스 테이블명 접두어

// 데이터베이스 연결 시작
$db_connect = @mysql_connect($hostname, $username, $password)
  or die("Fatal Error: ".mysql_error());
```

```
mysql_select_db($sourcedb, $db_connect);

$srcresult = mysql_query("select * from $sourcetable", $db_connect)
  or die("Fatal Error: ".mysql_error());

// 제목의 공백을 '-'으로 바꾸어 URL로 만들어내는 함수
sanitize($title) {
  $title = strtolower($title);
  $title = preg_replace('/&.+?;/', '', $title); // 특수문자 제거
  $title = preg_replace('/[ ^ a-z0-9 _-]/', '', $title);
  $title = preg_replace('/\s+/', ' ', $title);
  $title = str_replace(' ', '-', $title);
  $title = preg_replace('|-+|', '-', $title);
  $title = trim($title, '-');

  return $title;
}

while ($myrow = mysql_fetch_array($srcresult))
{

  // 포스트 제목 생성
  $my_title = mysql_escape_string($myrow['title']);

  // 포스트 콘텐츠 생성
  $my_content = mysql_escape_string($myrow['content']);

  // 포스트 고유주소 생성
  $myname = mysql_escape_string(sanitize($my_title));
  // 워드프레스의 데이터베이스에 insert할 SQL 생성
  $sql = "INSERT  INTO '" . $wp_prefix . "posts'
(

    'ID' ,
    'post_author' ,
    'post_date' ,
    'post_date_gmt' ,
    'post_content' ,
    'post_title' ,
    'post_name' ,
    'post_category' ,
    'post_excerpt' ,
    'post_status' ,
    'comment_status' ,
```

```
'ping_status' ,
'post_password' ,
'to_ping' ,
'pinged' ,
'post_modified' ,
'post_modified_gmt' ,
'post_content_filtered' ,
'post_parent',
'post_type' )
VALUES (
'$myrow[sid]',
'1',
'$myrow[time]',
'0000-00-00 00:00:00',
'$my_content',
'$my_title',
'$myname',
'$myrow[category]',
'',
'publish',
'open',
'open',
'',
'',
'',
'$myrow[time]',
'0000-00-00 00:00:00',
'',
'0',
'post' );";

 mysql_select_db($destdb, $db_connect);
 // 쿼리 실행
 query mysql_query($sql, $db_connect);

// 방금 입력한 데이터의 포스트 ID를 확인
$sql = "select MAX(ID) from    " . $wp_prefix . "posts";
$getID = mysql_query($sql, $db_connect);
$currentID = mysql_fetch_array($getID);
$currentID = $currentID['MAX(ID)'];

// 방금 확인한 포스트와 관련된 모든 댓글을 가져옴
$mysid = $myrow["pn_sid"];
mysql_select_db($sourcedb, $db_connect);
```

```
$comments = mysql_query("select *  from    "
.$sourcecomments. " where pn_sid =  $mysid", $db_connect);
// 댓글을 워드프레스에 입력
while ($comrow =  mysql_fetch_array($comments))
{

  $myname = mysql_escape_string($comrow['pn_name']);
  $myemail = mysql_escape_string($comrow['pn_email']);
  $myurl = mysql_escape_string($comrow['pn_url']);
  $myIP = mysql_escape_string($comrow['pn_host_name']);
  $mycomment = mysql_escape_string($comrow['pn_comment']);
  $sql = "INSERT  INTO '" . $wp_prefix . "comments' (
    'comment_ID' ,
    'comment_post_ID' ,
    'comment_author' ,
    'comment_author_url' ,
    'comment_author_IP' ,
    'comment_date' ,
    'comment_date_gmt' ,
    'comment_content' ,
    'comment_karma' ,
    'comment_approved' ,
    'user_id' )
    VALUES
    (
       '',
       '$currentID',
       '$myname',
       '$myemail',
       '$myurl',
       '$myIP',
       '$comrow[date]',
       '0000-00-00 00:00:00',
       '$mycomment',
       '0',
       '1',
       '0'
    );";
  if ($submit)
  {
    mysql_select_db($destdb, $db_connect);
    mysql_query($sql,  $db_connect)
      or die("Fatal Error: ".mysql_error());
  }
}
```

```
}

// 댓글 업데이트
count mysql_select_db($destdb, $db_connect);
$tidyresult = mysql_query("select * from $wp_prefix" . "posts", $db_connect)
  or die("Fatal Error: ".mysql_error());

while ($myrow  = mysql_fetch_array($tidyresult))
{
  $mypostid=$myrow['ID'];
  $countsql="select COUNT(*) from  $wp_prefix" . "comments"
    . " WHERE  'comment_post_ID' =  " . $mypostid;
  $countresult=mysql_query($countsql) or die("Fatal Error: ".mysql_error());
  $commentcount=mysql_result($countresult,0,0);
  $countsql="UPDATE '" . $wp_prefix . "posts'
    SET 'comment_count' = '" .  $commentcount .
    "' WHERE  'ID' =  " . $mypostid . " LIMIT 1";
  $countresult=mysql_query($countsql) or die("Fatal Error: ".mysql_error());

}

?>
```

이 스크립트는 처음 보기엔 좀 복잡해 보일 수도 있다. 부분으로 쪼개서 세밀하게 살펴보자.

```
// 가져올 데이터가 저장된 데이터베이스의 접속정보를 설정한다.
$hostname = "localhost";
$username = "USERNAME";
$password = "PASSWORD";
$sourcedb = "DATABASE"; // 가져올 데이터가 저장된 데이터베이스
$sourcetable = "stories"; // 포스트가 저장된 테이블의 이름
$sourcecomments = "comment"; // 댓글이 저장된 테이블의 이름

// 데이터를 저장할 데이터베이스의 접속정보를 설정한다.
$destdb = "WORDPRESS-DATABASE";  // 데이터베이스의 이름
$wp_prefix = "wp_"; // 워드프레스 테이블명 접두어
```

먼저 데이터를 가져올 데이터베이스 접속정보를 설정한다. 테이블 이름도 입력한다. 이 스크립트에서는 데이터를 가져올 데이터베이스와 데이터를 입력할 워드프레스 데이터베이스의 테이블 이름이 동일한 것으로 하자. 테이블 이름과 접두어도 설정하자.
다음은 데이터베이스 연결을 초기화한다.

```
// 데이터베이스 연결
$db_connect = @mysql_connect($hostname, $username, $password)
or die("Fatal Error: ".mysql_error());

mysql_select_db($sourcedb, $db_connect);

$srcresult = mysql_query("select *  from $sourcetable", $db_connect)
or die("Fatal Error: ".mysql_error());
```

데이터베이스 연결을 설정하고, 원본 데이터베이스로부터 데이터를 조회하는 쿼리문을 실행한다. 여기에서 조회되는 데이터가 바로 워드프레스로 옮겨야 할 포스트들이다. 다음으로 고유주소를 만들어내는 함수를 생성한다. 이 함수는 URL에 쓸 수 없는 문자를 삭제하거나 교체한다. 또, 공백을 대시(-)로 바꾼다.

```
// 제목의 공백을 '-'으로 바꾸어 URL로 만들어내는 함수
sanitize($title) {
$title = strtolower($title);
$title = preg_replace('/&.+?;/', '', $title); // 특수문자 제거
$title = preg_replace('/[ ^ a-z0-9 _-]/', '', $title);
$title = preg_replace('/\s+/', ' ', $title);
$title = str_replace(' ', '-', $title);
$title = preg_replace('|-+|', '-', $title);
$title = trim($title, '-');

return $title;
}
```

그다음은 데이터 항목들을 옮기는 반복문을 실행한다.

```
while ($myrow = mysql_fetch_array($srcresult))
{
포스트의 제목, 내용, 고유주소 값을 변수에 넣는다.
// 포스트 제목 생성
$my_title = mysql_escape_string($myrow['title']);

// 포스트 콘텐츠 생성
$my_content = mysql_escape_string($myrow['content']);

// 포스트 고유주소 생성
$myname = mysql_escape_string(sanitize($my_title));
```

데이터베이스에 넣을 데이터를 변수에 넣을 때 mysql_escape_string 함수를 이용하는 것에 주의하자. 이 PHP 함수는 MySQL 쿼리에 특수문자가 적절히 들어가도록 변환한다.

```
// 워드프레스의 데이터베이스에 insert할 SQL 생성
$sql = "INSERT INTO '" . $wp_prefix . "posts' (
'ID' ,
'post_author' ,
'post_date' ,
'post_date_gmt' ,
'post_content' ,
'post_title' ,
'post_name' ,
'post_category' ,
'post_excerpt' ,
'post_status' ,
'comment_status' ,
'ping_status' ,
'post_password' ,
'to_ping' ,
'pinged' ,
'post_modified' ,
'post_modified_gmt' ,
'post_content_filtered' ,
'post_parent',
'post_type' ) VALUES  (
'$myrow[sid]',
'1',
'$myrow[time]',
'0000-00-00 00:00:00',
'$my_content',
'$my_title',
'$myname',
'$myrow[category]',
'',
'publish',
'open',
'open',
'',
'',
'',
'$myrow[time]',
'0000-00-00 00:00:00',
'',
'0',
'post' );";
```

위 코드는 wp_posts 테이블에 각 포스트를 한 열^{row}로 입력하기 위한 준비를 한다. 각 값이 올바른 필드(데이터베이스의 테이블에서 각 칼럼)에 들어가는지 SQL 구문을 확인해라. 다음으로는 이 쿼리를 실행한다.

```
mysql_select_db($destdb, $db_connect);
// 쿼리 실행
query mysql_query($sql, $db_connect);
```

이 쿼리가 정상적으로 실행되면 워드프레스 포스트 테이블로 데이터가 들어갈 것이다. 다음으로는 댓글을 옮기는데, 이때 댓글과 포스트의 연결도 함께 생성해야 한다. 댓글과 포스트의 연결은 포스트의 ID 속성으로 만들 것이다. 다음 코드를 살펴보자.

```
// 방금 입력한 데이터의 포스트 ID를 로드한다.
$sql = "select MAX(ID) from " . $wp_prefix . "posts";
$getID = mysql_query($sql, $db_connect);
$currentID = mysql_fetch_array($getID);
$currentID = $currentID['MAX(ID)'];
```

워드프레스에서 포스트와 댓글의 연결을 생성하는 데 이 ID를 이용한다. 다음으로는 이 ID의 포스트와 관련된 댓글을 원본 데이터베이스에서 읽어온다.

```
// 방금 확인한 포스트와 관련된 모든 댓글을 가져온다.
$mysid = $myrow["pn_sid"];
mysql_select_db($sourcedb, $db_connect);
$comments = mysql_query("select * from "
  .$sourcecomments. " where pn_sid = $mysid", $db_connect);
```

다음으로, 워드프레스 댓글 테이블에 이 포스트와 관련된 모든 댓글을 입력하는 반복문을 실행한다.

```
// 댓글을 워드프레스에 입력
while ($comrow = mysql_fetch_array($comments))
{
$myname = mysql_escape_string($comrow['pn_name']);
$myemail = mysql_escape_string($comrow['pn_email']);
$myurl = mysql_escape_string($comrow['pn_url']);
$myIP = mysql_escape_string($comrow['pn_host_name']);
$mycomment = mysql_escape_string($comrow['pn_comment']);
```

코멘트 데이터를 읽어와 변수에 저장한다. 다음은 읽어온 데이터를 바탕으로 쿼리문을 만들고, 쿼리문을 실행한다.

```
$sql = "INSERT  INTO '" . $wp_prefix . "comments'
(
  'comment_ID' ,
  'comment_post_ID' ,
  'comment_author' ,
  'comment_author_email' ,
  'comment_author_url' ,
  'comment_author_IP' ,
  'comment_date' ,
  'comment_date_gmt' ,
  'comment_content' ,
  'comment_karma' ,
  'comment_approved' ,
  'user_id' ) VALUES
  (
    '',
'$currentID',
    '$myname',
    '$myemail',
    '$myurl',
    '$myIP',
    '$comrow[date]',
    '0000-00-00 00:00:00',
    '$mycomment',
    '0',
    '1',
    '0'
  );";

if ($submit)
{
  mysql_select_db($destdb, $db_connect);
  mysql_query($sql,  $db_connect)
    or die("Fatal Error: ".mysql_error());
}
  }
}
```

위 코드에서 INSERT 쿼리문에 각 값이 올바른 필드에 맞게 들어갈지 확인해라. 쿼리문을 생성하고, 데이터베이스 연결을 만들고, 쿼리를 실행한다. 이 쿼리문 실행은 반복문 안에 들어있다. 다시 말해, 포스트와 관련된 댓글이 10개면, INSERT 쿼리가 10번 실행된다.

마지막 부분은 comment_count 값을 업데이트한다. 워드프레스가 포스트의 모든 댓글을 표시해야 할 때, 매번 댓글수를 세지 않고 이 값을 이용한다. 그 첫 번째 단계는 포스트의 정보를 가져온다.

```
// 코멘트 개수를 업데이트한다.
mysql_select_db($destdb, $db_connect);
$tidyresult = mysql_query("select * from $wp_prefix" . "posts", $db_connect)
  or die("Fatal Error: ".mysql_error());

while ($myrow = mysql_fetch_array($tidyresult))
{
```

워드프레스 posts 테이블에 있는 모든 포스트에 대해 반복문을 수행한다. 그다음은 각 포스트가 갖고 있는 댓글의 수를 SELECT COUNT 쿼리를 이용해 확인한다.

```
$mypostid=$myrow['ID'];
$countsql="select COUNT(*) from $wp_prefix" . "comments"
  . " WHERE  'comment_post_ID' = " . $mypostid;
$countresult=mysql_query($countsql) or die("Fatal Error: ".mysql_error());
$commentcount=mysql_result($countresult,0,0);
```

이 코드가 실행되면, 해당 포스트가 가지고 있는 모든 댓글의 수가 $commentcount 변수에 저장된다. 마지막 부분은 워드프레스 데이터베이스의 posts 테이블의 comment_count 필드에 댓글의 수를 입력하는 것이다.

```
$countsql="UPDATE '" . $wp_prefix . "posts'
  SET 'comment_count' = '" . $commentcount . "' WHERE  'ID' = " .
  $mypostid . " LIMIT  1";

$countresult=mysql_query($countsql) or die("Fatal Error: ".mysql_error());

}
```

이 UPDATE 쿼리는 $commentcount 변수에 저장된 댓글수를 바탕으로 데이터베이스의 댓글수를 업데이트한다. 이 부분은 반복문 안에 들어있으며, 모든 포스트에 동일한 행위를 반복한다.

이 스크립트는 어디까지나 예제라는 점을 기억하길 바란다. 실제로 여러분이 이 스크립트를 이용할 때에는 데이터베이스에서 각 값이 올바른 필드에 들어가도록 수정해야 한다. 워드프레스 데이터베이스 스키마를 살펴보는 게 힘들거나, 원본 데이터베이스가 작업하기 까다로울 경우, migratedata 도구(http://migratedata.sourceforge.net)를 이용해보기 바란다. migratedata는 원본 데이터베이스와 새로운 데이터베이스간에 필드를 매핑하여 SQL을 생성한다. 여러분은 이렇게 생성된 SQL을 새로운 워드프레스의 데이터베이스에 실행하기만 하면 된다. 이 도구는 PostNuke 웹사이트를 워드프레스로 바꿔주는 도구에서 갈라져 나왔다. 따라서 워드프레스로 데이터를 옮기는 경우에 맞게 기능이 맞춰져 있다.

어떤 방법으로 데이터를 옮길지 선택했으면, 그다음에는 데이터를 실제로 옮겨 넣는다. 가능하면 새로 설치한 깨끗한 워드프레스에 데이터를 넣자. 그렇지 않다면 데이터를 옮겨 넣을 워드프레스의 모든 데이터를 깨끗이 지우고 작업을 시작하기 바란다. 데이터가 꼬일 수 있기 때문이다. 데이터가 꼬이지 않게 하려면 손수 SQL 문을 수정해야 할 수도 있다.

자, 데이터를 옮겨 넣어보자. 데이터가 들어가는 과정을 잘 지켜보자. 보통의 경우, 아무리 계획을 잘 했더라도 첫 시도에 성공하는 경우는 드물다. 데이터를 넣고, 웹사이트에서 콘텐츠가 잘 보는지 확인해보자. 이상한 부분이 있다면 해당 부분에 해당하는 SQL 문을 수정해라. 수정할 때 찾기와 바꾸기 명령을 잘 이용한다면 일을 쉽게 끝낼 수 있다. grep 명령어를 이용하면 매우 도움이 된다.

WXR 방법을 선택했다면, 워드프레스 대시보드에서 가져오기 기능을 이용하여 WXR 파일을 선택한다. 여기에서 중요한 점이 있는데, PHP가 업로드 파일의 용량을 제한할 수 있으며, 업로드 시간이 제한될 수도 있다. 업로드할 WXR 파일이 크다면, 업로드하기 전에 PHP 설정을 바꾸어야 한다. 이 문제를 피하는 방법은 Advanced Export for WP & WPMU 플러그인(http://wordpress.org/ extend/plugins/advanced-export-for-wp-wpmu)을 이용하는 것이다. 이 플러그인을 이용하면 날짜, 저자, 카테고리, 콘텐츠 타입, 게시 상태, 태그 등을 기준으로 WXR 파일을 여러 개로 쪼갤 수 있다. 또, 내보내기할 콘텐츠를 위 기준으로 걸러낼 수 있다.

미디어 마이그레이션

미디어와 자원asset 파일에는 두 가지가 있다. 하나는 웹사이트의 테마에 포함된 그림 파일이고, 다른 하나는 콘텐츠에 삽입된 그림이나 문서 파일이다.

이 장의 뒷부분에서 테마 표현에 대해 설명한다. 이 절은 콘텐츠에 포함된 미디어를 옮기는 방법에 대해 설명한다. 여기에서 말하는 미디어는 콘텐츠에 링크된 워드, 파워포인트, PDF 문서 등을 말하며, 스크린샷, 그래프 같은 그림 파일도 해당된다. 보통 이 파일들은 워드프레스의 업로드 디렉터리에 날짜별로 저장된다.

기존의 웹사이트에 이런 업로드 디렉터리가 없을 수도 있다. 콘텐츠를 마이그레이션할 때, 링크의 구조나 파일 이름 규칙이 중요하다. 특히 윈도우에서 리눅스로 웹서버가 바뀐다면 더욱 그렇다. 새로운 웹사이트에 링크의 구조나 파일 이름 규칙을 정하는 것에 대해 케이스별로 알아보도록 하자.

대부분의 웹사이트는 루트 디렉터리에 /img/나 /images/ 같은 이름의 디렉터리가 있다. 이 경우, 가장 간단한 방법은 기존 웹사이트에서 이 디렉터리에 파일을 더 이상 쓰지 않도록 멈춰 놓은 다음, 새로운 워드프레스 웹사이트에 그대로 복사해 넣는 것이다. 구체적인 방법을 예로 들면, 기존 웹사이트에서 이 디렉터리를 tar로 묶고, FTP 클라이언트를 이용해 새로운 워드프레스 웹사이트에서 파일을 받는 것이다. FTP대신 SFTP^{Secure File Transfer Protocol} 클라이언트를 이용해도 된다. 기존 웹서버의 디렉터리 구조를 새로운 워드프레스 웹사이트에도 그대로 유지한다면 각 이미지의 경로가 변경되지 않으므로 콘텐츠를 수정할 필요가 없을 것이다. 예를 들면, 기존 웹사이트의 /pdf/ 디렉터리를 새로운 워드프레스 웹사이트에 그대로 넣게 되면 그 안에 있는 pdf 파일의 경로는 그대로 유지된다. 이 장의 뒷부분 "정리하기" 단계에서 이야기할 텐데, URL을 바꾸거나, WXR 임포트 파일을 편집하는 게 어렵지는 않다. 하지만, 그런 일들이 어렵지 않다고 하여 좋은 방법인 것은 아니다. wp-uploads 디렉터리에 파일을 저장하는 워드프레스의 파일 저장 규칙을 깨뜨릴 수 있기 때문이다. 그리고 기존 파일은 기존 디렉터리에, 새로 업로드되는 파일은 새로운 디렉터리에 저장돼 파일이 저장된 디렉터리가 두 개가 되는 것이다.

두 번째 방법은, 모든 그림 파일을 새로운 워드프레스의 업로드 디렉터리에 복사해 넣는 것이다. 이때 파일을 복사해 넣는 디렉터리가 정확한지 주의하기 바란다. 워드프레스에서는 기본 업로드 디렉터리의 경로를 변경할 수 있다. 이 방법을 이용하면, 콘텐츠 안의 파일 경로를 모두 수정해야 한다. 아니면 정리하기 단계에서 한꺼번에 정리할 수 있다.

세 번째 방법은 새로운 워드프레스 웹사이트의 콘텐츠에 전체 주소 링크를 삽입하는 것이다. 리뉴비linewbie가 개발한 Hot Linked Image Cacher 플러그인(http://wordpress.org/extend/plugins/hot-linked-image-cacher)을 이용하면 전체 주소 링크로 쉽게 전환할 수 있다. 이 플러그인은 워드프레스 콘텐츠에서 원격 이미지를 자동으로 업로드 디렉터리에 다운로드함으로써 로컬 이미지로 바꿔준다. 이 방법을 이용하기 전에 다운로드할 이미지의 저작권과 권한을 확인하길 바란다. 이 플러그인은 모든 콘텐츠에 적용할 수도 있고, 특정 콘텐츠에만 적용할 수도 있다. 설정에 따라서 좀 다를 수 있지만, 이 방법은 시간을 효과적으로 줄여준다.

메타데이터 옮기기

웹사이트의 구조를 관리해야 한다면, 계획 단계에서 이 부분에 대해 꼭 고려해야 한다. 기존 웹사이트에 카테고리와 태그 정보가 있었다면, 마이그레이션에는 이런 정보들도 포함될 것이다. 마이그레이션할 때 이런 정보가 빠지지 않도록 주의하기 바란다.

새로운 워드프레스 웹사이트에 새로운 카테고리를 만들려고 하며 이 일을 데이터를 가져올 때에 함께 처리하고 싶다면, 먼저 테마의 템플릿 파일과 템플릿 파일의 계층구조를 잘 살펴봐야 한다. 상황에 따라서는 기존 웹사이트에서 수작업으로 관리되던 구조가 새로운 워드프레스 웹사이트에 자동으로 반영될 수 있다.

고유주소의 구조와 새로운 워드프레스 웹사이트에 옮겨진 콘텐츠와 어떻게 관계가 이뤄지는 지에 대해 살펴보기 바란다. 또, 카테고리나 태그를 기반으로 만들어지는 URL이 새로운 웹사이트에서 정상적으로 동작하는지도 살펴봐야 한다. 이런 것을 꼼꼼히 확인하면 새로운 웹사이트가 정상적으로 동작하는지 확실히 알 수 있다.

기존 웹사이트 구조와 URL 구조를 유지하는 것은 중요하다. 검색 엔진은 기존 웹사이트에 대해 인덱스를 이미 만들어 놓았을 것이기 때문에, 이런 인덱스를 활용하려면 기존 구조를 최대한 유지해야 한다.

만약 기본 워드프레스 URL이 기존 웹사이트의 URL과 다르다면 기존 URL을 새로운 URL로 연결시켜 놓는 것이 좋다. 이 방법에 대해서는 "정리하기" 절에서 알아보겠다.

저자와 사용자 옮기기

브로슈어 웹사이트는 저자를 밝히지 않는다. 다시 말하면, 그런 웹사이트는 콘텐츠를 누가 작성했는지가 중요하지 않으며, 물건을 잘 팔면 되는 것이다. 워드프레스를 이용해 이런 웹사이트를 만들어야 한다면 테마에서 저자 정보만 끄면 된다.

저자와 글의 소유가 매우 중요한 웹사이트를 만든다면 워드프레스에서 저자를 생성하고, 포스트에 적절한 메타 정보를 만들어주어야 한다. WXR 파일을 이용해 콘텐츠를 옮긴다면 저자 정보가 자동으로 옮겨질 것이다. SQL을 이용해 콘텐츠를 옮긴다면 옮기는 과정에서 저자 정보가 함께 생성되도록 조심스럽게 작업해야 할 것이다.

여러 명의 저자가 워드프레스 웹사이트를 만든다면 워드프레스MU의 다중 사용자 기능을 고려해보아라. 이 기능은 워드프레스 3.0에서 통합될 것이다.

테마와 표현

다음으로, 새로운 웹사이트의 표현에 대해 결정할 것이 있다. 새로운 웹사이트의 테마를 기존 웹사이트와 동일하게 할 것인지, 아니면 바꿀 것인지 결정해야 한다.

테마를 바꾸기로 결정했다면 기존 테마를 수정해서 쓰거나 새로운 테마를 만들면 된다. 그리고 이 문제는 크게 중요하지 않다. 다만, 웹사이트 전체에 통일된 테마가 있을 텐데, 이 테마에서 벗어나는 예외적인 페이지가 있을 수 있으니 주의하기 바란다.

테마를 동일하게 유지하기로 결정했다면, 워드프레스 테마를 기존 콘텐츠에 적용할 수 있는데, 이 작업은 많지 않다. 웹페이지들은 공통되게 헤더, 푸터, 본문 영역, 사이드바 등으로 구성되기 때문이다.

그런데 테마를 기존 콘텐츠에 적용하지 않을 것이라면, 기존 HTML 파일을 가져와 테마에 반영해야 할 것이다. 이 일은 꽤나 노력이 필요한 일이다.

독특한 기능

통합과 기능에 대해서는 사실 마이그레이션할 것이 많지는 않다. 하지만 문의를 작성하는 폼, 이벤트 캘린더, 투표 같이 실질적인 기능을 갖고 있는 페이지는 마이그레이션을 고민해야 한다. PHP로 작성된 코드를 워드프레스에 고쳐서 넣을 수도 있지만, 동일한 기능을 가진 플러그인을 넣는 것이 더 나을 수도 있다. 동일한 기능의 플러그인으로 교체한다면 적당한 플러그인을 찾아서 설치하고 설정하는 것이 더 쉽기 때문이다.

정리하기

가시적으로 콘텐츠를 모두 옮기고 나면, 끝으로 완료작업이 남아있다. 새로운 워드프레스 웹사이트를 방문하여 콘텐츠를 확인하고, 웹사이트의 기능을 테스트해보고 문제가 있다면 고치는 등의 정리 과정이 필요하다.

이 절은 상용 서비스 단계로 전환하는 것에 대해 다룬다. 새 웹사이트를 오픈하기 전에 얼마나 테스트를 해야 하고, 어느 정도 선에서 마무리를 지을지 적정한 수준에서 결정해야 한다. 웹사이트를 완벽하게 만드는 것도 중요하지만 오픈하는 것도 중요하기 때문이다.

이 단계의 이름이 "정리하기"이지만, 이 단계에서도 큰 수정을 할 수는 있다. 그러므로 "정리하기"를 시작하기 전에 워드프레스와 데이터베이스를 백업하기 바란다. 레스터^{Lester}가 개발한 wp-DBManager 플러그인은 이 시점에서 백업을 하는 데 쓰기 좋은 플러그인이다. 이 플러그인은 백업 스케줄을 만들어 예약할 수 있는 기능도 있다.

수동으로 고치기

오픈 전에 모든 화면의 링크가 정상적인지, 포스트와 페이지의 이름이 정상적인지 꼭 확인해야 한다. 이 시점에서 상대 경로를 모두 절대 경로로 바꿀 수 있다. 이 시점에서 웹사이트 전체를 하나하나 살펴보고, 손수 콘텐츠를 수정할 수도 있다. 마이그레이션이 문제없이 깔끔하게 되는 경우는 별로 없고, 거의 항상 마무리 수작업이 필요하기 마련이다. 가져오기 기능은 스스로 원본 데이터를 수정하지 않기 때문에, 그리고 그런 것을 자동화하여 만들려면 노력이 필요하고 자동화하는 것보다 손으로 하는 게 낫기 때문이다.

임포트의 한계

PHP의 메모리 제한을 항상 염두에 두기 바란다. 워드프레스는 임포트 스크립트를 메모리로 로드하고 실행하기 때문에 메모리 제한에 걸리기 쉽다. 많은 수의 포스트를 임포트하는 경우 스크립트를 여러 개의 파일로 나누는 것이 좋다.

또한, 임포트 기능도 놓치는 것이 있을 수 있다. 임포트하면 모든 데이터가 올바르게 입력됐는지 눈으로 확인해야 한다. 이런 작업은 시간을 많이 소모하며 힘든 일이다. 작업 중에 누락된 것을 잘 기록해두고, 누락된 것들을 모두 채워 넣어 완벽하게 만들자.

URL 업데이트

콘텐츠에 포함된 링크 중에 테스트 웹사이트 URL이 절대 경로로 돼 있다면, 상대 경로로 바꾸는 것이 좋다. 기본적으로, 워드프레스는 미디어나 자원asset의 링크를 절대 경로로 입력한다. 이 링크를 상대 경로로 바꾸면 DNS가 바뀌었을 때 절대 경로를 수정하느라 고생하지 않아도 된다.

워드프레스에는 공통된 절대 경로가 몇 가지 있는데, 이것을 바꾸려면 짧은 SQL 쿼리를 사용하면 된다. wp-DBManager 플러그인의 SQL 페이지, phpmyadmin, MySQL 커맨드라인 중 편한 것을 이용해 다음 명령을 실행한다.

웹사이트 내부의 링크를 절대 경로에서 상대 경로로 모두 바꾸자. 아래 쿼리에서 워드프레스 웹사이트의 도메인 부분인 test.example.com을 여러분의 도메인으로 바꾸기 바란다.

```
UPDATE 'wp_posts' SET post_content=replace(post_content,
'href="http://test.example.com/','href="/');
```

이 쿼리는 모든 이미지 소스의 주소를 절대 경로에서 상대 경로로 바꿔줄 것이다. 다음 쿼리에서 워드프레스 웹사이트의 도메인 부분인 test.example.com을 여러분의 도메인으로 바꾸기 바란다.

```
UPDATE 'wp_posts' SET post_content=replace(post_content,
'src="http://test.example.com/','src="/');
```

이제 모든 웹사이트 내부로의 링크와 이미지 소스가 상대 경로로 바뀌었을 것이다. 다음으로, 당연히 해야 할 것은 링크가 정상적인지 웹사이트에서 테스트하는 것이다.

이 테스트는 수작업으로 할 수도 있고, 자동화 도구를 이용해서 할 수도 있다. 이 작업 후에 새로운 콘텐츠를 생성하고 링크나 이미지를 추가하게 될 경우, 워드프레스는 여전히 절대 경로의 URL을 만들어낼 것임을 염두에 두기 바란다.

지금까지 작업한 것과 반대로, RSS 피드에는 상대 경로가 아니라 절대 경로를 이용해야 한다.

절대 경로의 URL을 바꾸는 또 다른 방법은 Search Regex 플러그인(http://wordpress.org/extend/plugins/search-regex)을 이용하는 것이다. 이 플러그인은 찾아서 바꾸는 기능이 아주 뛰어나다. 이 플러그인을 이용하면 변경하기 전후의 콘텐츠를 확인하고 변경할 수 있다. 정규 표현(regex, regular expression)도 찾아서 바꾸는 규칙으로 사용될 수 있다.

주소 전달

이 단계는 매우 중요하다. 검색 엔진이 기존 웹사이트에 대해 인덱스를 만들었을 텐데, 새로운 웹사이트에도 이 인덱스가 유효하게 만들어주면 새로운 웹사이트에도 사용자들이 꾸준히 들어오게 될 것이다. 검색 엔진은 웹사이트가 어떻게 만들어졌는지, 새로운 웹사이트인지 구분하지 않는다. 다만, 해당 주소에 어떤 내용이 있는지, 해당 주소가 유효한지를 확인할 뿐이다.

기존 URL 구조를 새로운 워드프레스 웹사이트에서 유지하는 데에는 몇 가지 방법이 있다. 기본적인 방법은 고유주소를 이용하는 것이다. 상황에 따라서는 페이지와 포스트마다 수작업으로 고유주소를 복사해 입력할 수 있다.

아파치를 이용했다면, 이 문제는 해결하기 쉽다. 콘텐츠 마이그레이션 단계에서 만들었던 사이트맵의 목록을 이용하여 기존 URL이 새로운 웹사이트로 연결되도록 고유주소를 만들면 된다.

또 다른 방법은 .htaccess 설정을 이용해 기존 URL을 새로운 URL로 연결되도록 하는 것이다. 이 옵션은 아파치에서 mod_rewrite 모듈이 있을 때에만 이용할 수 있다. IIS 서버에도 .htaccess 같은 모듈이 있기는 하다. 이 방법도 사이트맵이 있다면 적용하기가 훨씬 수월하다. 간단한 스크립트를 만들면 쉽게 .htaccess 파일을 만들 수 있다. .htaccess 파일은 주소를 1:1로 연결하는 내용이 한줄에 한 항목으로 기록된다. 다음 예시를 보자.

```
Redirect /about.php http://example.com/services/
Redirect /portfolio.php http://example.com/category/portfolio/
Redirect /cool-article.php http://example.com/2009/10/09/cool-article/
```

이 리다이렉트^{redirect} 설정은 .htaccess 파일의 제일 위에 있어야 한다. 이 파일을 수정할 때, 맨 아랫부분에는 워드프레스 기본의 주소 전달 규칙이 있어야 하는 것에 주의하기 바란다. 워드프레스 내장 고유주소 변환 기능을 이용할 때에는 이 파일을 직접 수정하는 것은 조금 위험하다. 수정하기 전에 백업하자.

마지막으로, 존 고들리^{John Godley}가 개발한 Redirection(http://wordpress.org/extend/plugins/redirection)이라는 이름의 리다이렉트 플러그인이 있다. 이 플러그인은 여러분이 만든 주소 전달 설정을 워드프레스 대시보드에서 직접 수정할 수 있도록 해준다. .htaccess 파일을 수정하는 것에 익숙하지 않은 사용자에게 정말 좋은 플러그인이다. 아파치 웹서버가 아닌 경우, 이 플러그인은 워드프레스 기반의 리다이렉트 기능과 함께 잘 동작한다.

이 플러그인은 리다이렉트 규칙에 정규식을 이용할 수 있는 것, 404 Not found 오류가 발생하는 링크에 대한 로그 작성, 여러 가지 가져오기와 내보내기 기능 등 다양한 기능이 있다. 404 Not found 오류를 확인하는 것은 마이그레이션 과정에서 빠진 화면을 찾는 데에 좋은 방법이다. 또, 장기적으로 볼 때 어떤 화면을 추가해야하는지 확인하는 데에도 좋은 방법이다. 404 오류를 확인하는 것은 매우 지겨운 일이지만, 웹사이트가 완전히 잘 동작하는지 확인하려면 꼭 해야 할 일이다.

웹사이트 오픈

언젠가는 이를 악물고 웹사이트를 오픈해야 할 것이다. 지금까지 매뉴얼 리뷰와 자동 업데이트를 끝냈고, 좋건 나쁘건 이제는 사이트를 바꿀 차례다.

사실상으로 웹사이트를 오픈하는 것은 새로운 사이트를 어떻게 가져왔느냐에 달렸다. 그리고 도메인도 변경해야 한다. 도메인 변경 후에는 워드프레스 대시보드에 있는 **설정 > 일반** 메뉴에 있는 URL도 바꿔야 한다. 워드프레스 내에 있는 URL을 현재 진행 중인 사이트 URL로 바꿔야 할 것이다. 그 후 의도적으로 웹사이트 렌더링 중지시킬 수 있다. 일시적으로 wp-config.php 파일에 define('RELOCATE',true) 코드를 넣어 여러분의 사이트에 접근할 수 있다. 나중에 도메인이 잘 전파됐을 때는 앞서 얘기한 설정을 바꿔야 할 것이다. 만약 테스트 단계에서 웹사이트 내부로의 링크를 상대 경로로 정했다면 운영 중인 있는 사이트 주소로 바꿔야 한다. 지금이 계획했던 것과 마이그레이션이 잘 됐는지 입증할 수 있는 단계이기도 하다. 사이트 페이지 하나하나 그리고 기능을 다시 한번 확인하는 것이 좋다.

워드프레스 사이트를 상용화시킬 때 고려해야 할 점은 프라이버시 설정을 가능하게 해서 사이트가 보이게 하는 것이다. 적절한 관리자 이메일 주소를 설정하자. 보통은 다른 사람의 사이트를 옮길 때 새로운 사이트에 여러분의 이메일 주소를 넣는다. 그러면 마지막 사용자가 헷갈려 하지 않는다. 주기적으로 데이터베이스를 백업하기 위해 데이터베이스 백업 플러그인을 정리하자. 아니면 다른 백업 계획이 있다면 실행하자. 또한 현재 진행 중인 있는 사이트에 있는 다른 플러그인도 확인해야 한다. 좋은 예로 super cache를 들 수 있다. 404 에러 코드 처리를 다시 한번 점검하자. 마지막으로 구글 애널리틱스 같은 웹 트래픽 통계 기능을 활성화시킨다. 보통은 개발 단계에서는 통계 부분을 비활성화시킨다.

결론적으로 웹사이트를 워드프레스로 전환시키는 것은 벅찬 일이다. 하지만, 단계를 나누고 잘 계획한다면 그리 어렵지 않을 것이다. 워드프레스의 묘미는 새로운 개발 환경에서 새로운 워드프레스 설치를 설립하는 것과 가져오는 사이트에 대하여 직접 수작업한 사이트를 완벽해질 때까지 계속 반복 수정하는 것이다. 웹사이트를 만드는 일은 길고 힘들지만, 워드프레스와 플러그인을 잘 활용한다면 일을 쉽게 끝내고 결국엔 보상을 받게 될 것이다.

워드프레스 개발자 커뮤니티

15장에서 다루는 내용

▶ 워드프레스 프로젝트에 기여

▶ 트랙 소프트웨어

▶ SVN을 이용하여 워드프레스 코어 만들기

▶ 워드프레스 참고자료 찾기

현재의 워드프레스는 워드프레스 커뮤니티 덕분이다. 워드프레스는 오픈소스 프로젝트로 커뮤니티에 의해 끊임없이 개선된다. 개발은 커뮤니티를 통해 진행되며, 커뮤니티의 지지가 없다면 워드프레스는 인기를 잃고 개발도 추진력을 잃을 것이다. 여러분이 개발에 참여한다면 워드프레스를 마켓에서 최고의 오픈소스 소프트웨어 패키지로 만들 수 있을 것이다.

이 장은 워드프레스 프로젝트에 기여할 수 있는 방법을 다룬다. 좋은 워드프레스 자료를 찾을 수 있는 곳, 워드프레스 지식을 늘리는 방법 등을 알아본다.

워드프레스에 기여

워드프레스 프로젝트에 기여할 수 있는 방법은 다양하다. 가장 확실한 방법은 워드프레스를 이루고 있는 소스코드 개발을 도와주는 것이다. 소스코드에 기여하는 주된 활동은 버그를 찾고 테스트하기, 패치를 만들어 버그를 고치기, 기능을 추가하거나 최근 워드프레스 트렁크 버전에 패치를 테스트하는 것 등이다.

트랙 이해

트랙Trac은 오픈소스 버그 트래킹, 프로젝트 관리 소프트웨어로 워드프레스 프로젝트를 개발하는 데 사용된다. 워드프레스 트랙의 공식 웹사이트 http://core.trac.wordpress.org/에서 더 자세히 알아볼 수 있다. .

트랙은 워드프레스 안에서 티켓을 논의할 수 있는 쉬운 방법이다. 트랙에서 티켓을 만들어 버그 문제, 특징 보고, 기능 향상 등에 대해 논의할 수 있다. 워드프레스에 적합한 새로운 기능을 생각한 적이 있는가? 워드프레스 코어 개발자 팀과 대화할 수 있는 가장 쉬운 방법은 트랙을 통해 새로운 기능에 대해 보고하는 것이다. 워드프레스의 버전이 바뀔 때마다 버그를 찾은 적이 있는가? 버그 리포트를 만드는 것이 다음 버전으로 갈 때 생길 문제를 가장 빠르게 해결하는 방법이다. 개발자가 아니더라도 티켓을 만들고 논의에 참여한다면 워드프레스가 발전하는 데 많은 도움이 될 것이다.

버그 리포트

모든 소프트웨어에는 버그가 있고 워드프레스라고 다르지는 않다. 워드프레스와 같은 모든 오픈소스 프로젝트는 버그를 찾고 고치는 데 커뮤니티의 도움이 필요하다. 다행히도, 워드프레스 트랙을 이용하면 버그를 보고하기가 쉽다.

버그를 보고하는 첫 번째 단계는 플러그인이나 테마 문제가 아닌 워드프레스 내의 버그라는 것을 확인하는 것이다. 이것을 완수하는 가장 쉬운 방법은 워드프레스 포럼에 버그에 대하여 글을 쓰는 것이다. 또한 워드프레스 IRC 채널이나 메일링 리스트에 있는 테스터나 헤커들에게 질문할 수도 있다. 마지막으로 트랙 내에 찾고자 하는 버그 리포팅이 이미 올라와 있지 않은지 확인하는 것이다. 버그가 있다는 것을 확인한 후 트랙에 버그 세부사항에 관한 새로운 티켓을 만들어야 한다.

트랙에 새로운 버그를 보고하려면 먼저 로그인해야 한다. 트랙 로그인 계정은 WordPress.org 계정과 싱크되어 있기 때문에 같은 계정으로 로그인이 가능하다. 만약 계정이 없다면 WordPress.org Support Forums에서 새로운 계정을 만든다.

트랙에 로그인했다면 위에 위치한 새로운 티켓 링크를 클릭해야 한다. 그러면 새로운 버그에 대해 보고할 수 있는 입력 폼이 나온다. 다음은 새로운 티켓에 보여지는 입력 필드다.

- **간단한 요약** 버그티켓에 대하여 간단하지만 정확하고 유용한 제목이어야 한다.
- **상세 설명** 버그에 대해 상세히 설명할 수 있다. 버그가 어떻게 만들어졌는지 설명하고, 예로 버그가 보여지는 URL을 추가하는 것도 좋다. 운영체제, 웹서버, PHP 버전, MySQL 버전, 워드프레스 버전에 대한 플랫폼 버전을 추가하는 것도 좋다.
- **타입** 여기서 타입이란 제출하는 티켓의 종류를 얘기한다. 버그에 관한 것이라면 이미 기본으로 설정돼 있다. 하지만 다른 종류도 가능하다.
- **마일스톤** 마일스톤은 티켓이 적용되는 워드프레스 버전을 얘기한다. 일반적으로 버그 티켓은 다음 마이너 버전의 워드프레스 (2.9.x)에 맞춰져 있다. 반면 새로운 기능은 보통 다음 메이저 버전 (3.x)에 맞춰져 있다. 이것을 기본으로 설정한다. 워드프레스 코어 개발자가 어떤 버전을 이용할지 결정할 것이다.
- **버전** 이 부분은 버그를 찾은 워드프레스 버전을 얘기한다. 버그 티켓에만 적용되며 새로운 기능 보고에는 적용되지 않는다.
- **키워드** 태그를 이용하여 티켓을 설명한 것이다. 키워드 기준은 다음 절에서 설명할 것이다.
- **업무 부여** 트랙 사용자명은 버그를 고치는 데 책임이 있다. 만약 당신이 버그를 고치고 싶다면 당신의 사용자명을 등록하면 된다.
- **우선순위** 아주 중요한 사항이다. 주로 버그는 기본으로 설정되지만 중요한 사안이라면 더 우선순위로 둬야 한다.
- **콤포넌트** 워드프레스 콤포넌트의 버그를 찾은 곳이다.
- **심각도** 문제의 중요성을 얘기한다. 많은 버그가 기본으로 설정된다.
- **참조** 트랙 사용자명을 필드에 넣어 자신을 티켓 업데이트에 넣을 수 있다.

새로운 티켓 정보 입력을 마치고 미리 보기했다면 제출하는 티켓 버튼을 클릭하여 새로운 트랙 티켓을 만든다. 만약 버그 스크린샷 같은 업로드할 첨부파일이 있다면 박스 옆에 있는 **이 티켓에 첨부할 파일** 체크박스에 체크한다. 그다음 아무 파일이나 업로드할 수 있는 새로운 스크린이 생길 것이다.

트랙 키워드

트랙은 사전에 정의된 몇 가지 키워드를 워드프레스와 공통으로 사용할 수 있다. 이들 키워드는 티켓을 좀 더 쉽게 찾을 수 있게 사용되고 있다. 다음의 키워드 리스트와 적절한 사용법에 대해 알아보자.

- ▶ **리포터 피드백** 티켓 만든이로 부터 피드백이 추가로 필요하다.
- ▶ **패치 있음** 해결책 패치 파일이 티켓에 첨부되어 있고, 워드프레스 코어에 커밋하기전 테스트할 준비가 돼 있다.
- ▶ **테스팅 필요함** 해결책을 테스트해야 한다.
- ▶ **타인의 의견** 문제나 해결책에 대해 타인의 의견을 요청한다.
- ▶ **개발자 피드백** 개발자로부터 피드백이 필요하다.
- ▶ **테스트 완료** 패치 테스트가 완료되었다. 추가할 수 있는 세부사항을 많이 추가해야 한다. 예를 들면, 테스트 완료한 패치 파일, 환경, 버전이 있다.
- ▶ **커밋** 패치 테스트가 완료되고 커뮤니티 안에 있는 믿을 수 있는 멤버에게 검토가 끝났다. 이제 워드프레스 코어에 커밋할 준비가 되었다.
- ▶ **패치가 필요함** 티켓이 확인되었고 문제 해결을 위해 패치가 필요하다.
- ▶ **유닛 테스트가 필요함** 패치를 확인하고 테스트하려면 유닛 테스트가 필요하다.
- ▶ **문서가 필요함** 코드를 위한 인라인 문서가 필요하다.

올바른 키워드를 추가함으로써 자동으로 티켓은 워드프레스에 있는 트랙 리포트에 포함된다. 예를 들어, 패치 있음 리포트에는 모든 티켓 내의 has-patch 태그를 보여준다. http://core.trac.wordpress.org/report/13. 이러한 리포트는 워드프레스에 기여할 수 있는 아주 유용한 리포트다.

티켓 보고 찾기

트랙 기능에는 티켓을 많은 방법으로 찾고 필터할 수 있도록 한다. 트랙 티켓을 보려면 위에 있는 **티켓 보기** 링크를 클릭한다. 다음 스크린에서는 미리 정의된 티켓 필터링을 볼 수 있다. 트랙에 있는 모든 티켓을 보기 위해서는 **트랙** 메뉴에 있는 **모든 티켓** 링크를 클릭해야 한다. 활성화된 모든 티켓은 압도적일 수도 있다. 보통 트랙에는 수백 개의 티켓이 있기 때문이다.

트랙을 관리하는 데 있어 미리 정의된 리포트는 티켓을 필터하는 데 많은 도움이 된다. 다음 리스트는 트랙에서 가장 많이 사용된 리포트다.

- ▶ **모든 티켓** 트랙에 있는 모든 티켓을 보여준다.
- ▶ **다음 마이너 릴리스** 다음 마이너 릴리스에 티켓이 할당된다(3.0.x).
- ▶ **다음 메이저 릴리스** 다음 메이저 릴리스에 티켓이 할당된다(3.x).
- ▶ **테스트 완료/ 커밋 후보** 티켓 테스트 완료된다.
- ▶ **패치 있음/ 테스트 필요함** 티켓 안에 테스트가 필요하고 확인되어야 할 티켓 문제가 있는 패치를 목록화한다.
- ▶ **패치가 필요함** 패치가 필요한 티켓을 목록화한다.
- ▶ **최신 티켓** 트랙에 제출된 최신 티켓을 보여준다.
- ▶ **나의 티켓** 내가 만든 모든 티켓을 얘기한다.

트랙 내에서 사용자가 정의한 검색 쿼리도 만들 수 있다. 만들기 위해서는 티켓 보기를 클릭한 후 작은 링크인 사용자 정의 쿼리를 클릭하면 된다.

기본으로 트랙에 있는 모든 티켓은 사용자 정의 쿼리 페이지에 보여진다. 사용자 저의 쿼리 리스트를 개선하려면 필터를 추가한다. 스크린 우측에는 다양한 필터가 있는 드롭다운 목록이 있다. 예를 들어 Milestone을 선택한다. Milestone을 선택 후에는 페이지 상단 부분에 있는 필터 부분 아래로 필터가 보인다. 여기서 티켓을 보려면 Milestone을 선택한다. 그림 15-1에서 보여지듯이 모든 티켓이 할당된 Milestone을 보고 싶다면, 다음 릴리스 예정 버전의 워드프레스를 선택한다.

오픈 티켓의 수는 새로운 예정 버전이 언제쯤 나올지 알 수 있는 좋은 암시다. 사용자 정의 쿼리에 다수의 필터를 더 할 수 있다. 예를 들어 테스팅이 필요한 키워드에 필터를 더해서 티켓을 필터할 수 있다. 필터 후 예정 버전의 워드프레스에 테스트가 필요한 모든 티켓을 볼 수 있다.

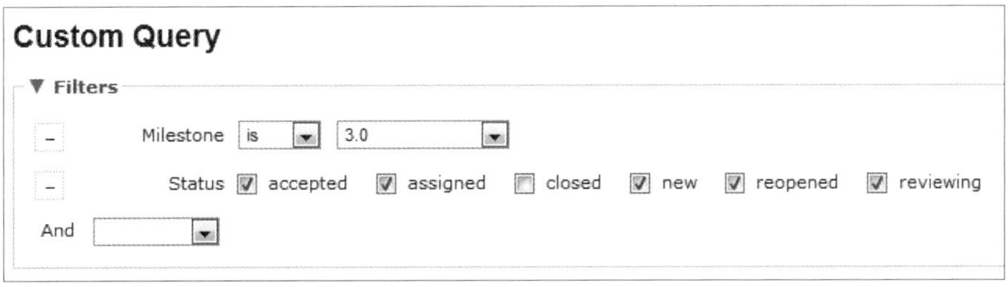

그림 15-1 트랙에 있는 사용자 정의 쿼리

트랙 타임라인

트랙에는 시스템 내의 최근 모든 활동을 타임라인으로 보여주는 기능이 있다. 이 기능은 트랙 내에서 매일 일어나는 변화를 전체적으로 볼 수 있는 기능이다. 또한 날짜 범위나 티켓 상태도 필터할 수 있다. 트랙 타임라인을 보려면 http://core.trac.wordpress.org/timeline에 가면 된다.

소스코드 탐색

트랙 소프트웨어에서 주요한 유리한 점 하나는 SVN과 통합된다는 것이다. SVN은 워드프레스가 소스코드를 변경추적하고 커밋하는 버전관리 소프트웨어다. 트랙 내에서는 가장 최신 버전의 워드프레스를 볼 수 있고, 이것을 가끔은 bleeding-edge*라고도 한다.

워드프레스 소스코드를 트랙 내에서 본다는 것은 워드프레스에 어떤 새로운 변화가 있었는지를 알 수 있으므로 극히 유용하다. 각 파일 옆에 최근 변경사항이 목록화되어 있고, 그것에 대한 세부사항을 알 수 있는 트랙 티켓으로 링크돼 있다. 날짜와 최근 수정한 파일 이력도 목록화되어 있다.

페이지 하단에 있는 **다른 포맷으로 다운로드하기: Zip 파일** 링크를 주목하자. 이 링크를 클릭하고 최신 버전이지만 위험성이 있는 (bleeding-edge) 워드프레스를 다운로드하자. 트랙에서 워드프레스를 다운로드한 후, 보통 워드프레스를 설치하듯 서버에 설치할 수 있다. 이것은 예정 버전의 워드프레스의 새로운 기능을 테스트할 수 있는 좋은 기회다. 명심해야 할 점은, 이 소프트웨어는 최신이지만 위험성이 있기 때문에 (bleeding-edge) 버그가 존재할 수 있다. 생산 웹사이트에는 이 버전의 워드프레스를 실행하는 것은 좋은 생각이 아니다.

코어 수정

워드프레스 소프트웨어는 커뮤니티에 의해 만들어졌다. 이는 누구나 코드베이스를 만드는 데 공헌할 수 있다. 워드프레스가 커뮤니티에 의해 만들어졌다고 해서 정식 배포판에 모두 반영되는 것은 아니다. 워드프레스 코어에 공헌하려면 수정된 패치 파일을 만들어야 하고 검토를 위해 제출해야 한다. 만약 수정된 패치 파일이 받아들여졌을 때,

---

* Bleeding-edge: 극심하면서도 위험성 있는 최첨단 장비 – 옮긴이

워드프레스 코어에 반영되고 다음 버전 릴리스에 포함된다. 코드, 버그 수정, 추가 기능에 대한 공헌은 SVN을 이용하여 이뤄진다.

4장에서는 코어를 절대 해킹해서는 안 된다고 말했다. 이 장에서 이야기하는 것은 워드프레스 설치 코어를 실제로 수정하는 것이 아니라 패치 파일을 만들어 제출함으로써 워드프레스 소프트웨어에 포함시키는 것이다.

SVN 이해

SVN은 현재 코드 베이스를 수정하고 패치 파일을 만들어내는 데 사용된다. 패치 파일은 텍스트 파일로서 하나의 파일이나 여러 개의 파일에 수정된 부분을 함유하고 있다. 워드프레스 코어를 수정하려면 패치 파일을 만들어내고 제출하여 검토받아야 한다. 패치 파일이 오류에 대한 수정이 인정된다면 워드프레스 코어 코드로 커밋된다.

워드프레스 코어훅

워드프레스 코어로 훅하는 첫 번째 단계는 SVN을 이용하여 최신 코드 베이스를 다운로드하는 것이다. 먼저 개발용 컴퓨터에 SVN 클라이언트가 필요하다. 이 장의 나머지는 윈도우용 Tortoise SVN 클라이언트를 이용한 예시로 설명한다. 워드프레스 SVN 저장소는 http://core.svn.wordpress.org/trunk/에서 찾을 수 있다. 저장소를 다운로드하면 개인용 컴퓨터에 복사할 수 있다. 이 워드프레스 복사를 이용하여 버그를 수정하거나 새로운 기능을 추가할 수 있다.

Tortoise SVN을 사용하려면 워드프레스 코드베이스를 다운로드하고 싶은 폴더를 마우스 오른쪽 버튼으로 클릭하고 SVN을 다운로드한다. 워드프레스를 위한 SVN 저장소 URL을 넣는 것을 잊지말고 OK 버튼을 클릭하여 코드 베이스를 다운로드한다. SVN 사용에 대한 더 많은 정보는 http://codex.wordpress.org/Using_Subversion 을 확인하자.

패치/diff 파일 만들기

이제 워드프레스 코드 베이스 다운로드가 끝났으니 변화를 가져올 때다. 수정하고 싶은 파일을 고른 다음 필요한 부분을 적절하게 수정한다. 수정이 끝난 후 파일 저장하는 것을 잊지 않도록 한다. 다음은 방금 수정한 부분에 대한 패치 파일을 만들 차례다. 수정된 파일을 마우스 오른쪽 버튼으로 클릭하고 Tortoise SVN에 있는 패치 만들기를 선택한다. 대화상자가 나타나면 수정된 파일을 고른다. 이때 하나의 파일만 보일 것이다. 계속 진행하려면 OK버튼을 클릭한다. 그런 다음 패치 파일을 저장할 곳을 골라야 한다 그리고 특별한 파일 이름을 짓자. 이름을 지을 때 수정한 파일 이름과 같은 이름으로 짓는 것이 좋다. 만약 wp-config-sample.php가 수정 파일 이름이었다면 패치 파일도 같은 이름인 wp-config-sample.php로 짓는 것이 좋다. 그런 다음 **저장**을 클릭한다. 이제 성공적으로 워드프레스의 패치 파일을 만들었다! 이 패치 파일은 다양한 Trac 티켓에 제출돼 버그 수정이나 기능 추천에 사용될 것이다. 만약 패치가 인정된다면 워드프레스 코어 커미터가 패치 파일을 워드프레스 코어로 커밋할 것이다. 패치를 제출하고 워드프레스 코어로 인정된 후에는 여러분은 공식적인 워드프레스 코어 기여자라고 할 수 있다!

플러그인과 테마 제출

플러그인을 플러그인 디렉터리 플러그인에 제출하는 것은 퍼블릭에게 플러그인을 제공할 수 있는 최고의 방법이다. 테마도 같은 방법으로 테마 디렉터리에 제출해서 퍼블릭에게 제공할 수 있다. 여러분이 만든 테마나 플러그인이 많은 사람들에게 알려질수록 이익이 된다. 플러그인이나 테마를 적절한 WordPress.org 디렉터리에 추가하면 이익을 얻을 수 있다. 양쪽 디렉터리는 관리자 부분의 현재 설치된 워드프레스와 연관이 있다는 것을 기억해야 한다. 이 뜻은 워드프레스를 실행하는 누구나 테마나 플러그인을 쉽게 설치할 수 있다.

테마나 플러그인을 제출하려면 워드프레스에 있는 공식적인 제출 페이지를 방문하자.

▶ **플러그인 제출** http://wordpress.org/extend/plugins/add/
▶ **테마 제출** http://wordpress.org/extend/themes/upload/

여기서는 플러그인이나 테마 제출 과정에 대한 제대로 된 설명을 찾을 수 있다. 제출 과정은 7장 "플러그인 개발"에서 더 자세히 다뤘다.

문서화

문서화는 힘들기만 하고 보상은 못 받는 일이다. 하지만 거의 모든 개발자들이 언젠가는 문서에 의지한다. 워드프레스 커뮤니티에 기여할 수 있는 좋은 방법은 문서를 업데이트하는 것이다. 새로운 기능이 추가되고, 절차 수정, 또는 어떤 면들이 가치가

하락되더라도 새로운 워드프레스 릴리스가 나올 때마다 문서는 수정을 반영해 업데이트되어야 한다.

문서화를 현재 상태로 유지하는 것은 벅찬 일이고 자발적인 참여자인 것을 고려했을 때 문서는 가끔 방치되기도 한다. 자주 이전에 워드프레스 릴리스에 사용된 오래된 코덱스 정보를 찾을 수 있다. 이 정보는 더 이상 많이 찾지도 않고, 적용되거나 지원되지도 않는다.

문서화를 업데이트하는 일은 화려하지 않다. 새로운 기능을 만드는 즐거운 일은 아니다. 하지만 문서화를 업데이트하는 일은 커뮤니티를 지원할 수 있는 가장 최선의 방법이고 새로운 사용자를 도와줄 수 있는 일이다. 가끔은 믿을 수 있는 문서는 새로운 개발자를 끌어 모으고, 커뮤니티 내에 있도록 도와준다.

만약 워드프레스 문서화에 도움을 주고 싶다면 문서화 메일링 리스트에 가입하길 바란다. http://codex.wordpress.org/Mailing_Lists#Documentation

자매 프로젝트

현재 워드프레스는 몇 가지 다양한 자매 프로젝트에 가담하고 있다. 이러한 소프트웨어 프로젝트를 자매 프로젝트라 하는 이유는 일부 코드베이스가 워드프레스에 함께 쓰기 때문이다. 이러한 프로젝트에 참여하는 개발자들 중 많은 수가 워드프레스 프로젝트에도 참여한다. 자매 프로젝트는 워드프레스에 쉽게 통합될 수 있도록 만들어졌다.

워드프레스MU

워드프레스MU[WPMU, Multi-User]는 독립적으로 설치될 수 있는 워드프레스이며, 제한 없이 많은 수의 블로그를 만들 수 있다. 이 소프트웨어는 WordPress.com에서 서비스에 이용하는 소프트웨어다. 워드프레스MU를 이용하면 블로그 한 개가 아니라 블로그 커뮤니티를 만들 수 있다.

12장에서 이야기했듯이 워드프레스MU는 WordPress 3.0 버전에 통합되었다. WordPress 3.0 버전부터는 wp-config.php 파일에 MU의 기능을 켜기만 하면 된다. 이 기능은 WordPress MS[Multi Site]라고도 부른다.

BuddyPress

BuddyPress는 워드프레스MU에 소셜 네트워크층을 추가하는 플러그인과 테마 세트다. BuddyPress 플러그인은 일반적으로 사용되는 웹사이트 디자인과도 매우 잘 어울린다.

BuddyPress에는 확장된 프로필, 개인간 메시지, 친구 맺기, 그룹, 최근 활동, 사용자 상태 표시, 포럼 등의 플러그인이 있다. BuddyPress의 플러그인은 서로 독립적이어서 플러그인 중 일부만 설치할 수도 있다.

bbPress

bbPress는 오픈소스 포럼 소프트웨어 패키지다. bbPress는 가볍고, 좋은 기능을 많이 갖추고, 빠르고, 사용하기 쉬운 소프트웨어를 목표로 한다. bbPress는 단순한 인터페이스, 사용자가 수정할 수 있는 템플릿, 스팸 방지 같은 일반적인 메시지 보드 소프트웨어의 특징을 모두 갖췄다. bbPress는 워드프레스처럼 기능을 확장하기 위해 플러그인을 지원한다. bbPress는 원래 독립적으로 설치 가능한 소프트웨어로 만들어졌지만, 워드프레스 플러그인으로도 이용 가능하다. 워드프레스 3.0 릴리스에서는 코어 플러그인이 될 것이다.

bbPress는 공식 플러그인 디렉터리에서 다운로드할 수 있다. http://wordpress.org/extend/plugins/bbpress 주소를 참고하기 바란다.

앞으로의 프로젝트

워드프레스는 놀라운 속도로 전파되고 있으며, 새로운 관련된 프로젝트가 계속해서 나오고 있다. 워드프레스와 관련해 어떤 새로운 프로젝트가 나올지 상상하기는 어렵지만, 무엇이든 나올 수 있다는 것은 분명하다.

참고자료

워드프레스와 관련하여 많은 참고자료resources를 이용할 수 있다. 이 절은 워드프레스에 대한 지식을 확장할 수 있는 매우 유용한 자료를 소개한다.

코덱스

워드프레스 코덱스는 가장 크고 좋은 자료다. 코덱스는 MediaWiki를 이용하여 만들어진 위키 스타일의 문서화 프로젝트다. 위키 스타일이라는 것은 누구나 문서를 만들어 기여할 수 있다는 뜻이다. 튜토리얼, 예제, 기능 레퍼런스, 그 외의 자료 형태로 설치에서 사용자화하는 영역까지 모든 것에 대해 기여를 받는다. 공식적인 웹사이트는 http://codex.wordpress.org/Main_Page이다.

기술 지원 포럼

워드프레스 기술 지원 포럼도 매우 좋은 참고자료다. 기술 지원 포럼의 URL은 http://wordpress.org/support이다.

　기술지원 포럼은 토픽에 따라 여러 개의 부분으로 나뉘어져 있다. 관련된 스레드를 찾는 가장 빠른 방법은 기술 지원 포럼 웹사이트의 검색 기능을 이용하는 것이다. 검색어 입력 필드에는 검색어 추천 기능도 있다. 추천되는 검색어를 보면 포럼의 최근 트렌드를 알 수 있다.

　포스트에 대한 키워드를 스레드의 태그로 입력할 수 있다. 플러그인의 이름을 어느 포스트에 태그로 입력하면 그 포스트는 플러그인 상세 정보 페이지에 토픽으로 등록된다. 포럼에 새로운 포스트가 작성되면, 이 포스트는 오른쪽 사이드바의 See what others are saying(다른 사용자의 새로운 글 보기)의 목록에 추가된다. 그림 15-2는 **다른 사용자의 새로운 글 보기** 목록에 추가된 화면이다.

　저장소의 모든 플러그인에 대해 기술지원 포럼 부분을 만들 수 있다. 어떤 플러그인에 대한 포럼 포스트를 만들고 싶으면, 플러그인 이름을 그 포스트의 태그로 입력하면 된다. 예를 들어, Wordpress Theme Showcase 플러그인에 대한 포스트를 만들고 싶으면, 포스트의 태그에 **wordpress-theme-**

그림 15-2 See what others are saying(다른 사용자의 새로운 글 보기)

showcase-plugin이라고 입력한다. 이 태그 문구는 http://wordpress.org/extend/plugins/wordpress-theme-showcase-plugin에서 가져온 것이다.

포럼 포스트의 원저자는 그 문제가 해결되었다는 표시를 할 수 있다. 포럼에 질문을 게시하고 누군가가 답을 주어서 문제가 해결되면, 그 질문이 해결되었음을 표시해 다른 사용자들이 참고할 수 있도록 하는 것이다. 이 표시는 사용자들이 비슷한 문제를 접하게 되었을 때 쉽게 답을 찾는 데 도움이 된다. 해결됐다는 표시는 포스트의 토픽 앞부분에 [resolved]라는 문구로 한다.

기술 지원 포럼은 bbPress를 이용한다. 기술 지원 포럼의 사용자 계정은 코덱스와 별개다. 코덱스의 계정으로 기술 지원 포럼에 로그인할 수 없으니 참고하기 바란다.

워드프레스 챗

IRC(인터넷 릴레이 챗)에 접속해보면, 워드프레스에 대해 이야기가 활발하다는 것을 알게 될 것이다. 워드프레스에 대해 물어보거나 이야기하고 싶은 것이 있으면 IRC 클라이언트 프로그램을 설치하고 IRC에 접속해보자. Freenode라는 이름의 IRC 네트워크에 접속하려면 서버 주소를 irc.freenode.net으로 입력해보자. Freenode에서는 아래와 같은 이름의 채팅방이 항상 열려있다.*

▶ **#wordpress** 기본적인 워드프레스 채팅방이다. 빠르고 정확한 답변을 받기에 가장 좋은 곳이다(질문을 예의바르게 잘 한다면).

▶ **#wordpress-dev** 워드프레스 코어 개발을 위한 채팅방이다. 워드프레스 코어에 대해서만 이야기를 나눈다.

▶ **#wpmu** 워드프레스MU와 관련된 채팅방이다.

▶ **#buddypress-dev** BuddyPress와 관련된 채팅방이다.

▶ **#bbpress** bbPress와 관련된 채팅방이다.

IRC 채팅방은 실시간으로 도움을 받기에 아주 좋은 곳이다. 많은 워드프레스 전문가들이 채팅방에서 죽치고 살고 있고, 워드프레스를 사랑하는 사람이면 누구든 도와줄 마음을 갖고 있다. 워드프레스와 관련된 지식을 늘릴 수 있는 좋은 방법이니 IRC 채팅방에 꼭 접속해보기 바란다.

워드프레스 코어 개발자들은 매주 #wordpress-dev 채팅방에서 정기적으로 모인

---

* 한국에서는 IP 제한으로 인해 Freenode에 접속하기가 어렵다. 대신 HanIRC에 접속해보자. 주소는 irc.hanirc.org, 포트는 6660~6670, 8080을 이용하면 된다. – 옮긴이

다. 이 정기적인 채팅에서 워드프레스 개발 항목과 일정에 대한 중요한 논의가 오간다. 다음 버전의 워드프레스에 어떤 기능이 들어갈 것인지를 결정하는 이야기가 중심이다.

IRC와 워드프레스 채팅방에 대해 더 알고 싶으면 코덱스의 IRC 페이지(http://codex.wordpress.org/IRC)를 확인하기 바란다. 이 페이지는 IRC가 어떻게 돌아가고 IRC 클라이언트 프로그램을 어떻게 설치하고 IRC 서버에 접속하여 워드프레스에 대해 이야기를 나눌 수 있는지에 대해 잘 설명하고 있다.

메일링 리스트

워드프레스는 여러 개의 메일링 리스트를 운영한다. 메일링 리스트는 쌍방향 통신이다. 다시 말해, 여러분이 메일링 리스트에 이메일을 보내면 메일링 리스트에 속해 있는 모든 사람이 이메일을 받게 되고 그 중 누구든 답장을 쓸 수가 있다. 메일링 리스트에 가입하려면 다음 설명을 참고하기 바란다.

- ▶ **Announcements**공고　워드프레스와 관련된 주요한 알림을 전달하는 리스트다. 이메일이 드물게 발송되며 단방향으로 알리는 역할만 한다.
  - 이메일: wp-docs@lists.automattic.com
  - 가입 방법: http://wordpress.org/support/profile 페이지로 이동하여 로그인한 후 Edit 링크를 클릭한다. 그다음 Subscribe to WordPress Announcements 항목을 선택하고 저장한다.
- ▶ **Professional**전문가　워드프레스 전문 컨설턴트를 찾는다면 이 메일링 리스트에 채용공고를 올려보자.
  - 이메일: wp-pro@lists.automattic.com
  - 가입 방법: http://lists.automattic.com/mailman/listinfo/wp-pro
- ▶ **Documentation**　워드프레스 코덱스 문서화에 대한 협조나 협업을 위한 메일링 리스트다. 코덱스에 기여하고 싶다면 이 메일링 리스트에 가입부터 하자.
  - 이메일: wp-docs@lists.automattic.com
  - 가입 방법: http://lists.automattic.com/mailman/listinfo/wp-docs
- ▶ **Hackers**해커들　플러그인을 만들거나 워드프레스 코어를 수정하려는 사람들이 토론하는 메일링 리스트다. 워드프레스 코어의 기능을 개선하는 것을 주로 이

야기한다.

- 이메일: wp-hackers @lists.automattic.com

- 가입 방법: http://lists.automattic.com/mailman/listinfo/wp-hackers

▶ **Testers**테스터들 최신 나이틀리 버전nightly, 알파alpha 버전, 베타beta 버전에 대한 메일링 리스트다.

- 이메일: wp-testers@lists.automattic.com

- 가입 방법: http://lists.automattic.com/mailman/listinfo/wp-testers

▶ **XML-RPC** XML-RPC와 관련된 개발에 대한 메일링 리스트다.

- 이메일: wp-xmlrpc @lists.automattic.com

- 가입 방법: http://lists.automattic.com/mailman/listinfo/wp-xmlrpc

▶ **Support Forum Volunteers**기술지원 자원자 워드프레스 기술지원 포럼에서의 활동에 대해 논의하는 메일링 리스트다.

- 이메일: wp-forums@lists.automattic.com

- 가입 방법: http://lists.automattic.com/mailman/listinfo/wp-forums

▶ **Community Support**커뮤니티 지원 기술지원 포럼과 별도로 워드프레스에 대해 도움이 필요한 누구든 이용할 수 있는 메일링 리스트다.

- 가입 방법: http://tech.groups.yahoo.com/group/wpgarage

▶ **Polyglots**다언어 사용자 워드프레스 번역에 대한 메일링 리스트다.

- 이메일: wp-polyglots-bounces@lists.automattic.com

- 가입 방법: http://lists.automattic.com/mailman/listinfo/wp-polyglots

▶ **SVN Update** SVN 저장소 업데이트에 대한 내용을 알 수 있는 메일링 리스트로, 업데이트가 발생할 때마다 이메일로 알려준다. 워드프레스 코어 개발자들은 SVN으로 버전을 관리를 한다.

- 이메일: wp-svn-bounces@lists.automattic.com

- 가입 방법: http://lists.automattic.com/mailman/listinfo/wp-svn

▶ **트랙** 트랙에서의 변경사항에 대한 메일링 리스트다. 트랙은 워드프레스 코어 개발자들이 사용하는 버그 추적 시스템이다. 이메일이 상당히 많으니 가입에 참고하기 바란다.

- 이메일: wp-trac-bounces@lists.automattic.com

- 가입 방법: http://lists.automattic.com/mailman/listinfo/wp-trac

어떤 메일링 리스트는 오가는 메일이 대단히 많다. 그런 메일링 리스트에 가입할 경우에는 이메일 자동 분류 기능을 이용하길 바란다. 남는 시간에 몰아서 볼 수 있도록 메일링 리스트의 이메일은 한 폴더에 정리하면 좋다.

메일링 리스트 가입에 대해 더 알고 싶으면 코덱스의 메일링 리스트 페이지(http://codex.wordpress.org/Mailing_Lists)를 살펴보기 바란다. 오토매틱 사의 공식적인 메일링 리스트에 대한 전체 목록을 보고 싶으면 http://lists.automattic.com/mailman/listinfo 페이지를 살펴보기 바란다.

외부 참고자료

WordPress.org 외에도 참고자료가 많이 있다. 다음 목록을 참고하기 바란다.

- ▶ **WordPress Hooks Database** 워드프레스 버전별로 모든 훅(액션과 필터 등과 관련된 hook)을 설명하는 웹사이트다. 워드프레스 신규 버전이 나왔을 때 최신 버전의 훅을 찾는 데에 유용하다. 주소는 http://adambrown.info/p/wp_hooks이다.
- ▶ **PHPXref for WordPress** Xref는 워드프레스 소스코드의 참조 관계를 보여준다. Xref를 이용하면 변수, 상수, 함수, 클래스 등이 어디에서 정의되었고 어디에서 참조하는지 등을 쉽게 볼 수 있다.

워드캠프와 미트업

워드프레스는 커뮤니티의 힘으로 발전하고 있다. 커뮤니티의 사람들은 직접 만나서 워드프레스에 대해 이야기하는 것을 좋아한다. 실제로 다양한 모임이 있는데, 가장 유명한 모임은 워드캠프WordCamp와 미트업Meetups이다.

워드캠프는 워드프레스를 주제로 한 1~2일짜리 회의다. 이 행사는 대체로 수백 명이 참석하고 여러 명의 발표자가 각 트랙에서 동시에 발표를 진행한다. 워드프레스에 관심이 있다면 꼭 참석해보기 바란다. 워드캠프 일정 및 장소는 http://central.wordcamp.org에서 확인할 수 있다.

워드프레스 미트업은 워드캠프보다는 작고 지역적인 모임이다. 보통 주제는 워드프레스를 이용한 경험이나 지식을 공유하는 것이다. 미트업은 월별, 분기별로 행해진다. 미트업 일정 및 장소는 http://wordpress.meetup.com에서 찾을 수 있다.

WordPress.TV

WordPress.TV는 워드프레스에 대한 비디오를 볼 수 있는 웹사이트다. 이 웹사이트에는 워드프레스를 혼자 설치하거나 WordPress.com을 이용하는 방법에 대해 알려주는 비디오가 많이 있다. 또, 워드캠프에서 나온 발표 영상, 인터뷰 등도 있다. 이 웹사이트는 비디오를 통해 혼자 공부할 사람들에게 매우 좋은 참고자료이므로, 꼭 방문해보기 바란다. 주소는 http://wordpress.tv이다.

테마/플러그인 디렉터리

워드프레스를 설치한 후에는 어떤 테마와 플러그인을 이용할 수 있는지 찾아봐야 한다. 테마와 플러그인을 찾아볼 수 있는 디렉터리 웹사이트가 있다. 플러그인 디렉터리 웹사이트에는 수천 개의 플러그인이 잘 정리돼 있다. 테마 디렉터리 웹사이트는 수천 개의 무료 테마를 찾아볼 수 있다. 아래 주소의 웹사이트를 방문해보기 바란다. 아래 웹사이트 대신, 여러분의 웹사이트에 설치된 워드프레스 내에서도 디렉터리를 찾아볼 수 있다.

> ▶ **플러그인 디렉터리** http://wordpress.org/extend/plugins
> ▶ **테마 디렉터리** http://wordpress.org/extend/themes

워드프레스 아이디어

WordPress.org는 웹사이트의 Ideas라는 페이지에서 사용자들로부터 아이디어를 수렴하고 있다. 이 페이지에서 다양한 아이디어를 볼 수 있으며, 그 중에 마음에 드는 것을 투표할 수 있다. 투표를 통해 지지를 받는 아이디어는 다음 워드프레스 버전에 포함될 가능성이 높다. 아이디어 중에 실제로 반영되는 것은 많지 않다. 이 페이지의 주소는 http://wordpress.org/extend/ideas이다.

워드프레스 개발 업데이트

워드프레스 개발에 대해 알림을 받고 꾸준히 보면, 다음 버전에 어떤 기능이 들어갈지 알 수 있다. 워드프레스는 새로운 버전에서 새로운 기능을 갖고 나오는데, 어떤 새로운 기능이 나올지 예상할 수 있으면 프로젝트를 계획하는 데에 도움이 된다. 워드프레스 개발 업데이트는 http://wpdevel.wordpress.com/에서 확인할 수 있다.

WP Devel 웹사이트는 P2 테마를 이용하고 있는데, 이 테마는 트위터랑 비슷한 테마다. 이 웹사이트는 워드프레스 프로젝트에 대해 토론을 하며, IRC의 #wordpress-dev 채팅방에서 주간 채팅의 결과도 게시한다. 사이드바에는 주간 채팅의 날짜와 시간이 공지돼 있으며, 포스트로 주간 채팅의 주제도 설명돼 있다. 포스트를 작성하여 누구나 주간 채팅의 주제를 제안할 수 있다.

워드프레스 포드캐스트

포드캐스트podcast는 알림을 받는 좋은 방법이다. 워드프레스 관련된 포드캐스트로 다음 네 개가 매우 활성화돼 있다.

주간 워드프레스

WPTravern.com의 제프 챈들러Jeff Chandler가 주관하는 주간 워드프레스WordPress Weekly 포드캐스트는 원탁 회의의 내용을 주마다 발행된다. 이 포드캐스트는 워드프레스 커뮤니티의 유명 인물에 대한 인터뷰도 내보내고 있다. 웹사이트 주소는 http://www.wptavern.com/wordpress-weekly이다.

월드캐스트 포드캐스트

데이브 모이어Dave Moyer와 김현Kym Huynh이 주관하는 월드캐스트WordCast 포드캐스트는 워드프레스와 블로그 관련된 주제에 대해 주마다 최신 뉴스를 발행한다. 이 포드캐스트는 보기 좋은 테마, 워드프레스 커뮤니티 회원 인터뷰 등을 다룬다. 웹사이트 주소는 http://bitwiremedia.com/wordcast이다.

워드프레스 포드캐스트

요스트 더 팔크Joost de Valk가 주관하는 워드프레스 포드캐스트는 WebmasterRadio. FM에서 발송하며, 워드프레스 커뮤니티의 멤버를 한 명씩 인터뷰한다. 웹사이트 주소는 http://www2.webmasterradio.fm/wordpress-community-podcast이다.

플러그인: 워드프레스 플러그인 포드캐스트

Angelo Mandato가 주관하는 플러그인은 매주 발행되며, 워드프레스 플러그인에 특화된 포드캐스트다. 가끔은 플러그인 개발자나 뛰어난 플러그인 사용자들을 인터뷰하기도 한다. 이 포드캐스트의 에피소드는 하나에 10~15분 정도로 짧다. 웹사이트 주소는 http://www.pluginspodcast.com이다.

워드프레스 뉴스 웹사이트

워드프레스와 관련된 많은 웹사이트가 서비스 중인데, 그 중 워드프레스와 관련된 뉴스와 정보를 제공하는 유명한 사이트가 있다. 다음 목록을 참고하기 바란다.

WPTavern.com

WordPress Tavern은 워드프레스와 관련된 모든 것을 다룬다. 예를 들면, BuddyPress, bbPress, WordPress.com, 오토매틱 사와 관련된 모든 프로젝트를 다룬다. 이 웹사이트는 최신 뉴스와 그에 대한 토론을 할 수 있는 기능을 제공한다. 또, 이 웹사이트는 주간 워드프레스 포드캐스트가 나오는 곳이기도 하다. 웹사이트 주소는 http://www.wptavern.com이다.

WPVibe.com

WordPress Vibe도 워드프레스에 대한 모든 것을 다루지만, 소프트웨어와 워드프레스를 위해 노력하는 사람들에 대해 집중하고 있다. WPVibe.com은 인터뷰, 플러그인 리뷰, 테마 리뷰, 튜토리얼, 코드 수정 등 워드프레스를 잘 쓰는 방법에 대해 광범위하게 다룬다. 이 웹사이트는 2009년에 시작했고, 새로 만들어진 편에 속한다. 웹사이트 주소는 http://wpvibe.com이다.

WeblogToolsCollection.com

WBTC^{Weblog Tools Collection}은 블로그에 특화된 웹사이트이지만 워드프레스에 대해서도 다룬다. 이 웹사이트는 유명한 플러그인과 테마에 대해 주별로 포스트를 발행한다. WBTC는 워드프레스 플러그인 경진대회를 매년 주관한다. 웹사이트 주소는 http://weblogtoolscollection.com이다.

WPEngineer.com

WPEnginner는 워드프레스와 관련된 팁, 뉴스, 개선사항 등을 주로 다룬다. 이 웹사이트는 워드프레스 코어와 기능에 대해 깊이 있는 튜토리얼도 제공한다. 대상은 주로 초급 사용자나 개발자들이다. 웹사이트 주소는 http://wpengineer.com이다.

WordPress Alltop

Alltop은 특정 주제에 대한 RSS 수집기다. WordPress Alltop 페이지는 워드프레스와 관련된 RSS를 수집한다. 이 웹사이트는 영양가 있는 트위터 계정도 수집한다. 웹사이트 주소는 http://wordpress.alltop.com이다.

WordPress Planet

WordPress Planet는 워드프레스에 대한 블로그를 수집한다. 대체로 워드프레스 코어 기여자나 커뮤니티 회원 중 매우 활발히 활동하는 사람들의 블로그를 수집한다. 워드프레스를 설치했을 때 뉴스 대시보드 위젯에 보여지는 것과 같은 내용의 뉴스다. 웹사이트 주소는 http://planet.wordpress.org이다.

Planet WordPress

Planet WordPress도 워드프레스에 기여하는 사람의 블로그를 수집하는 RSS 수집기다. 이 웹사이트는 WordPress Planet과 비슷하지만 더 많은 블로그를 수집한다. 대체로 플러그인 개발자와 워드프레스 코어 기여자들의 블로그를 수집한다. 워드프레스 커뮤니티에서 매우 유명한 개발자인 오즈 리차드[Ozh Richard]가 이 웹사이트를 관리한다. 웹사이트 주소는 http://planetwordpress.planetozh.com이다.

찾아보기

1

실용예제로 배우는 웹 표준 (절판)

기획자, 개발자, 디자이너가 함께 보는 XHTML + CSS 활용가이드

8989975778 | 댄 씨더홈 지음 | 박수만 옮김 | 20,000원

국내 최초로 웹 표준에 대한 뜨거운 관심을 불러일으킨 바로 그 책!
웹 표준의 대가 댄 씨더홈과 함께 퀴즈로 풀어보는 웹 표준 실전 가이드
웹 표준 개념의 이론과 실습, 문제 해결방법을 알려준다.

2

웹 2.0을 이끄는 방탄웹 (절판)

크리에이티브한 웹 표준 기법과 제작 사례

8989975891 | 댄 씨더홈 지음 | 박수만 옮김 | 22,000원

유연성, 가독성, 사용자 편의성 등 성공적인 웹 2.0 사이트가 갖춰야 할 핵심사항을 구비하기 위한 웹 표준 전략에 대한 책

3

Ajax 인 액션

8989975883 | 데이브 크레인 지음 | 강철구 옮김 | 28,000원

2006년 아마존닷컴 컴퓨터 인터넷 부문 베스트셀러 1위!

기초부터 고급 기법까지 Ajax의 모든 것을 상세하게 소개한다.
사이트에 바로 응용할 수 있는 5가지 실전 프로젝트 수록

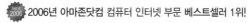

4

예제로 배우는 Adobe 플렉스 2 (절판)

리치 인터넷 애플리케이션 제작의 첫 걸음

8989975980 | 옥상훈 지음 | 25,000원

플렉스에 목마른 개발자들의 갈증을 풀어준 바로 그 책!
예제 위주로 플렉스의 개념을 설명하고 플렉스 프로젝트 필수 기술요소를 다루고 있어 플렉스를 빠르고 쉽게 배울 수 있다.

5

CSS 마스터 전략 고급 웹 표준 사이트 제작을 위한

8960770051 | 앤디 버드 외 지음 | 박수만 옮김 | 28,000원

아마존 베스트셀러 컴퓨터 인터넷 부문 2위

최신 CSS 기법과 활용 팁을 총정리한, CSS 마스터가 되기 위한 필독서

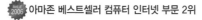

6

Easy Start! 웹 개발 2.0 루비 온 레일스

9788960770003 | 황대산 지음 | 28,000원

강력하고 편리하지만 접근이 쉽지만은 않은 레일스
이 책은 레일스를 빠르고 즐겁게 배우기 위한 지름길이다.
▶ 레일스 웹 개발 프레임워크에 대한 예제 위주의 상세한 설명
▶ 루비 프로그래밍 언어 튜토리얼과 친절하게 기술한 API 문서 포함

19

개정판 웹 2.0을 이끄는 방탄웹

크리에이티브한 웹 표준 기법과 제작 사례

9788960770720 | 댄 씨더홈 지음 | 박수만 옮김 | 25,000원

기존 방식으로 제작한 웹사이트를 사례로 들어 문제점을 분석하고 XHTML과 CSS로 재구축해 코드를 깔끔한 마크업으로 정리하고 CSS를 통해 빠르게 로딩되면서 접근성이 높은 방탄웹으로 변신시키는 기법을 소개한다.

20

개정판 웹표준 완전정복 세트

9788960770669 | 댄 씨더홈, 앤디 버드 외 지음 | 박수만 옮김 | 68,000원

웹 표준 마스터라면 꼭 필독해야 할 바이블!
『실용예제로 배우는 웹 표준』과 『(개정판) 웹 2.0을 이끄는 방탄웹』,
『CSS 마스터 전략』을 하나로 묶었다.

21

오픈 API를 활용한 매쉬업 가이드

HTML과 자바스크립트로 손쉽게 만드는 AIR 애플리케이션

9788960770942 | 오창훈 지음 | 33,000원

블로그, 차트, 지도, 이미지, 동영상 API의 효과적인 활용법과 실용 예제를 배우고, API 사용자 인증, 파일 전송, 배포 등 웹 애플리케이션 개발 실전 팁을 익히는 국내 최초 오픈 API와 매쉬업 활용 가이드

22

리팩토링 HTML 효율적인 XHTML 웹 표준 사이트 구축을 위한

9788960771093 | 엘리엇 러스티 해롤드 지음 | 김인교 옮김 | 30,000원

안정성, 성능, 사용성, 보안, 접근성, 호환성, 검색엔진 최적화 등을 모두 고려해 개선된 웹사이트를 만드는 방법을 설명한다. 기존 사이트를 유지보수하거나 업데이트하려는 웹 디자이너, 개발자, 프로젝트 매니저가 꼭 읽어야 할 필독서다.

23

구글피디어 Googlepedia 구글에 관한 모든 것

9788960771222 | 마이클 밀러 지음 | 김기영, 노영찬 옮김 | 35,000원

구글 웹검색, 지메일, 캘린더, 유튜브, 구글 어스, 문서도구, 데스크탑, 지도, 애드센스, 구글 폰 안드로이드까지 구글에 관한 모든 것이 이 한 권에 들어있다. 이 책 한 권이면 고급 검색기술은 물론이고 구글의 웹/소프트웨어 도구를 전부 마스터할 수 있다.

24

okgosu의 액션스크립트 정석

기초부터 2D와 3D 그래픽, 애니메이션, 게임 프로그래밍까지
플래시/플렉스 액션스크립트의 모든 것

9788960771291 | 옥상훈 옮김 | 48,000원

플래시와 플렉스 기술의 뿌리가 되는 프로그래밍 언어인 액션스크립트의 기초 문법부터 시작해서, 컴포넌트 라이브러리 활용, 2D 그래픽을 위한 드로잉 API, 비트맵, 이펙트, 스크립트 애니메이션, 3D 그래픽, 서버 네트워킹까지 액션스크립트 API가 제공하는 기능을 체계적으로 섭렵할 수 있는 진정한 바이블

25

엔터프라이즈 Ajax 대규모 웹사이트 구축을 위한 실전 Ajax

9788960771321 | 데이브 존슨, 알렉세이 와이트, 앙드레 샬랜드 지음
김수정 옮김 | 장정환 감수 | 30,000원

MVC 구현, 보안, 확장성, 안정성, 신뢰성, 기능 최적화, 프로젝트의 위험요소까지 Ajax 개발자가 기업
환경의 애플리케이션 개발 상황에서 맞닥뜨릴 모든 문제를 다루는 책

26

알짜만 골라 배우는 자바 구글앱엔진
무료로 시작하는 손쉬운 클라우드 애플리케이션 개발

9788960771512 | 카일 로치, 제프 더글라스 지음 | 박성철, 안세원 옮김 | 25,000원

자바 개발자라면 누구나 손쉽게 큰돈 들이지 않고 웹 애플리케이션을 만들 수 있다. 클라우드 컴퓨팅
의 선두주자인 구글의 기술과 서비스를 마음대로 활용할 수 있는 자바용 구글 앱 엔진의 중요한 기능
을 알짜만 골라 배울 수 있는 책

27

웹 컨텐츠 전략을 말하다 온라인 미디어와 소셜 웹 시대에 대응하는

9788960771598 | 크리스티나 할버슨 지음 | inmD 옮김 | 22,000원

유용하며 활용 가능한 온라인 컨텐츠를 제공할수록, 더 많은 고객의 참여와 관심을 이끌어내고 고객
유지율을 높일 수 있다. 점점 다가오는 데드라인, 줄어드는 예산, 충돌하는 이해관계, 기존 웹 컨텐츠
가 안고 있는 골칫거리를 어떻게 해결할 것인가? 이 책『웹 컨텐츠 전략을 말하다』가 해답의 열쇠다.

28

HTML5 첫걸음 개발자, 기획자, 디자이너가 함께 읽고 바로 쓰는

9788960771604 | 브루스 로슨, 레미 샵 지음 | 정유한 옮김 | 25,000원

HTML5의 새로운 기능 중 상당수는 이미 기존 브라우저에서도 구현돼 있고 시간이 지날수록 더 많은
내용을 지원할 것이다. 이 책에서는 현재 사용할 수 있는 브라우저에서 지금 당장 새로운 언어를 적용
해 얻을 수 있는 효과를 잘 보여준다. 학술적인 이론을 다루는 것이 아니라 실질적으로 HTML5를 사
용해 문제를 해결하는 방법을 제시한다.

29

HTML5 활용 구글 개발자가 들려주는

9788960771680 | 마크 필그림 지음 | 현동석, 강유훈 옮김 | 25,000원

캔버스를 활용한 그리기와 비디오 재생, 위치정보나 오프라인과 로컬 저장소 같은 흥미로운 기능뿐만
아니라 특정 브라우저에서 HTML5를 사용할 수 있는지 여부를 감지하는 방법까지 다룬다. 또한 실전
에 적용할 수 있는 라이브러리와 코드를 소개하고 일부 모바일 기기에 HTML5 기능이 어떻게 구현되
어 있는지와 기존 웹페이지에 어떻게 시맨틱을 추가할지에 대한 내용도 별도로 기술했기에 웹에 관심
이 많거나 관련 개발 업무를 담당하고 있다면 꼭 읽어봐야 할 책이다.

30

Ajax 첫걸음 바로 배워 바로 쓰는

9788960771857 | 마이클 모리슨 지음 | 장정환 옮김 | 25,000원

복잡한 자바스크립트 내용이나 어려운 예제는 배제하고 난이도가 낮은 예제를 중심으로 설명함으
로써 Ajax에 익숙하지 않은 사람들이 쉽게 Ajax의 동작 방식과 효과를 이해할 수 있게 안내한다.
난이도가 낮으면서도 웹사이트에 바로 코드를 가져다가 적용할 수 있을 만큼 유용한 예제들은 이
책의 또 다른 장점이다.

31

okgosu의 플렉스 4.5 & 플래시 빌더 정석

웹, 데스크탑, 모바일 RIA 애플리케이션 제작을 위한 어도비 플렉스 & 플래시 빌더의 모든 것

9788960772021 | 옥상훈 지음 | 35,000원

플렉스 입문자가 처음 플렉스를 배울 때 반드시 알아야 할 플렉스의 기초와 개발툴인 플래시 빌더 사용법, 플렉스 컴포넌트를 이용해 화면을 구성하는 방법을 다룬다. 또한 중급자를 위해 커스텀 플렉스 컴포넌트를 만들 때 알아야 할 이벤트 처리와 컴포넌트 작성법, CSS와 스킨 컴포넌트, UI컴포넌트의 커스터마이징 방법을 다룬다. 그리고 서버 데이터를 보여주기 위해 XML, 웹서비스, 오픈 API 연동 방법과 BlazeDS, LCDS 서버 설정과 연동 방법을 다룬다. 후반부에서는 웹뿐만 아니라 데스크탑과 모바일에서 플렉스 앱을 개발하기 위해 프로젝트 생성과 설정 및 주요 API 이해를 돕는 예제를 다룬다.

32

Tagging 태깅 소셜 웹 사용자가 만들어내는 메타데이터, 태그

9788960772137 | 진 스미스 지음 | 박수만 옮김 | 25,000원

태깅은 개인정보 관리, 정보구조, 온라인 커뮤니티의 경계에 맞닿아 있는 영역의 정보 관리 방법이다. 이 책은 태깅의 가치를 설명하고, 사람들이 태깅을 하는 이유를 탐구하며, 태깅의 동작 방식과 더불어 디자이너와 개발자들이 태깅을 통해서 사용자 경험을 개선할 수 있는 방법을 소개한다.

33

웹 접근성 & 웹 표준 완벽 가이드 국가표준 접근성 지침을 준수하는 웹 컨텐트 개발

9788960772151 | 짐 대처, 마이클 버크스 외 지음 | 노석준, 신승식, 현준호, 한정민 옮김 | 40,000원

장애 여부나 연령, 기술 환경 등에 상관없이 모든 웹 컨텐트를 접근 가능하게 구축하고 활용할 수 있도록, 웹 접근성의 개념부터 법률, 지침, 실제적인 접근성 적용 기법, 접근 가능한 웹사이트 구축 사례 등에 이르기까지 광범위하고 상세하게 기술한 완벽 지침서다.

34

Learning PHP, MySQL & JavaScript 한국어판

소셜 웹 개발자를 위한 3대 핵심 기술 PHP, MySQL, 자바스크립트

9788960772199 | 로빈 닉슨 지음 | 황진호 옮김 | 35,000원

이 책은 빠른 시일 내에 웹 서버의 구축부터 웹을 구성하는 핵심 기술인 PHP와 MySQL, 자바스크립트를 자세히 배우려는 독자를 위해서 쓰여졌다. 기술에 대한 문법과 함께 사용 예제가 있어 단시간 안에 실제로 사용할 수 있는 웹 페이지를 손쉽게 구성할 수 있다. 마지막 부분에서는 이 책에서 소개된 모든 내용을 아우르는 예제로서, 소셜 네트워크 사이트를 실제로 구축해 볼 수 있는 내용이 들어 있다.

35

Nginx HTTP Server 한국어판 아파치를 대체할 강력한 차세대 HTTP 서버 엔진엑스

9788960772373 | 끌레망 네델꾸 지음 | 김득권 옮김 | 30,000원

이 책은 기초적인 리눅스 커맨드라인 인터페이스에서 시작해 엔진엑스 소스코드를 다운로드, 빌드, 설치하는 과정뿐만 아니라 주요 모듈과 모든 지시어의 상세한 설명, 구문 용례, 색인 목록까지 망라함으로써 엔진엑스 관리자의 필독서로 활용할 수 있다.

36

jQuery Novice to Ninja 한국어판 제이쿼리 고수로 가는 첫걸음

9788960772410 | 얼 캐슬다인, 크레이그 샤키 지음 | 장정환 옮김 | 30,000원

기초적인 내용부터 제이쿼리의 진가를 알 수 있는 강력한 기능까지 이 책에서 배울 수 있다. 플러그인이나 UI 위젯 같은 재사용과 공유가 가능한 코드를 작성하는 고급 주제도 들어 있어 제이쿼리의 기능을 확장하고 다른 개발자와 함께 더 편리하게 웹 서비스를 개발하는 즐거움을 이 책을 통해 발견할 수 있을 것이다.

37

Node Web Development 한국어판 웹 개발 플랫폼 노드 프로그래밍

9788960772502 | 데이비드 헤론 지음 | 손병대 옮김 | 20,000원

『Node Web Development 한국어판』은 노드 웹 애플리케이션 개발의 핵심을 찌르는 탁월한 시작점이다. 실용적인 예제를 중심으로, HTTP 서버와 클라이언트 객체, Connect와 Express 프레임워크, 비동기 알고리즘, SQL과 MongoDB 데이터베이스 등을 배운다.

38

HTML5 캔버스 첫걸음 인터랙티브 게임과 애니메이션을 위한

9788960772557 | 롭 호크스 지음 | 박진수 옮김 | 30,000원

인터랙티브한 게임과 애니메이션, 엔터테인먼트 애플리케이션을 만드는 데 필요한 HTML5 캔버스를 기초부터 쉽고 자세히 알려주는 책. 자바스크립트의 기초부터 시작해, 단순한 도형을 그리고, 움직이며, 동영상을 화소 단위로 조작하고, 물리학을 응용해 게임을 만드는 일까지 아우르는 내용이 담겨 있다. 학습서로도 활용할 수 있고 참고서로도 활용할 수 있도록 잘 구성되었다.

39

HTML5 Multimedia Development Cookbook 한국어판

HTML5 멀티미디어 프로젝트 제작

9788960772632 | 데일 크루즈, 리 조던 지음 | 동준상 옮김 | 30,000원

HTML5의 대표적인 특징인 비디오, 오디오 등의 멀티미디어 컨텐츠 작성 방법과 각종 지원 기기의 사용자를 위한 접근성 제고 전략, 리치 미디어 애플리케이션을 만들기 위한 캔버스 API와 현대 브라우저에 직접 데이터를 저장하고, 이를 활용할 수 있게 해주는 데이터 스토리지 API의 실용 예제를 함께 만들어 가는 방식으로 구성됐다.

40

jQuery UI 1.8 한국어판 인터랙티브 웹을 위한 제이쿼리 UI

9788960772656 | 댄 웰먼 지음 | 동준상 옮김 | 33,000원

영국의 저명한 웹 개발자이자 작가인 저자는 아코디언, 탭 버튼, 슬라이더, 데이트피커, 드래그앤드롭 등 가장 최신 버전의 제이쿼리 UI 라이브러리 요소를 기본 이론과 다양한 예제를 활용해 소개하며, 독자는 예제를 함께 완성해가면서 제이쿼리 UI의 비밀을 하나씩 풀어갈 수 있다.

41

Play Framework Cookbook 한국어판

생산성 높은 자바 웹 개발 플레이 프레임워크

9788960772724 | 알렉산더 릴젠 지음 | 박재성 옮김 | 30,000원

생산성 높은 자바 웹 개발 프레임워크 플레이(Play) 프레임워크의 진일보한 기능을 활용하는, 실제로 동작하는 애플리케이션 예제를 통해 플레이 프레임워크의 전체적인 윤곽을 단계적으로 차근차근 익힐 수 있는 실용서. 점점 더 복잡해져 가는 자바 진영에 몸담은 웹 개발자들이 한 번쯤 꼭 읽어봐야 할 책이다.

42

Web Standards Solutions Special Edition 한국어판 웹 표준 첫걸음

9788960772755 | 댄 씨더홈 지음 | 박수만, 정유한 옮김 | 20,000원

웹 표준 기술을 적용한 실제 사례가 가득한 명실상부한 웹 표준 입문서. 이 책은 웹 사이트를 제작할 때 기본으로 지켜야 하는 웹 표준에 대한 내용을 담고 있다. 웹 사이트 제작뿐만 아니라 웹에 대한 이해를 위해 시간이 지나도 변하지 않고 책꽂이에 한 권씩 꽂혀있는 기본서가 될 것이다.

49

워드프레스 사이트 제작과 플러그인 활용
100가지 실용 예제로 강력하고 견고하게 만드는

9788960773394 | 릭 쉬리브스 지음 | 스태커 옮김 | 30,000원

이 책은 워드프레스를 잘 모르는 초보자라도 웹진, 포토 갤러리, 쇼핑몰, 커뮤니티, 기업용 웹사이트 등을 워드프레스로 손쉽게 만들 수 있도록 도와준다. 50여 개의 플러그인 사용법과 간단한 워드프레스 팁을 통해, SNS 버튼을 콘텐츠에 넣는 방법, 로그인 창을 웹사이트 안에 넣는 방법, 로고를 변경하는 방법, 자신의 입맛에 맞게 위젯을 만드는 방법 등 견고한 워드프레스 사이트를 만드는 노하우를 모두 공개한다. 뿐만 아니라 데이터베이스를 백업하는 방법, wp-admin 주소를 숨기는 방법, 보안 로그인 기능을 추가하는 방법 등의 고급 팁도 소개하는 강력한 워드프레스 개발서다.

50

반응형 웹 디자인 HTML5와 CSS3로 작성하는

9788960773486 | 벤 프레인 지음 | 류영선 옮김 | 30,000원

최근 웹 페이지에 접근할 수 있는 다양한 모바일 기기가 등장하면서 반응형 웹 디자인이 주목받기 시작했다. 이 책은 기존의 고정폭 기반 디자인을 어떻게 반응형 디자인으로 작성할 수 있는지에 대한 완벽한 가이드를 제공한다. 그리고 HTML5와 CSS3를 사용해 반응형 디자인 방법론을 한층 더 발전시킬 수 있는 방법을 제시한다. 아직까지 반응형 웹 디자인에 대해 다루는 자료가 많지 않은 국내 실정에서, 이 책은 프론트엔드 개발자와 디자이너에게 웹사이트를 어떻게 반응형 웹으로 제작할 수 있는지를 알려주는 좋은 지침서가 될 것이다.

51

WebGL 3D 프로그래밍 HTML5와 자바스크립트, 웹지엘로 만드는 웹 3D 그래픽

9788960773622 | 디에고 칸토, 브랜든 존스 지음 | 김태원 옮김 | 30,000원

최근 HTML5 웹 멀티미디어 기술에 대한 요구가 높아지면서 화려한 3D 그래픽을 웹에 구현할 수 있는 웹지엘(WebGL)에 대한 관심도 높아지고 있다. 이 책은 이런 시장의 요구에 맞춰 3D 그래픽을 웹에 구현하는 방법을 제시하는 완벽한 웹지엘 가이드다. 이 책을 시작으로 웹에서 펼쳐지는 화려한 그래픽을 접하고, 기하 정보, 조명, 애니메이션 등 기본 개념 또한 완벽하게 배울 수 있다.

52

서블릿 & JSP 자바 웹 프로그래밍 완성 Servlet 3.0과 JSP 2.2 핵심을 꼭꼭 짚은

9788960773660 | 부디 커니아완 지음 | 안세원 옮김 | 30,000원

이 책은 자바 웹 애플리케이션의 기반 기술인 서블릿과 JSP를 설명하며, 서블릿을 처음 접하거나 서블릿의 최신 기능을 익히고자 하는 개발자를 대상으로 한다. 최신 버전인 서블릿 3.0과 JSP 2.2를 기반으로 필터, 리스너, 서블릿, JSP, 커스텀 태그 등의 주요 요소와 함께 보안, 비동기 처리, 파일 업로드와 다운로드 등 웹 애플리케이션 개발에 꼭 필요한 주요 기능을 상세한 예제와 함께 자세히 설명한다.

53

HTML & CSS 웹사이트 개발과 디자인 기초

9788960773677 | 존 두켓 지음 | 홍영표 옮김 | 35,000원

이 책은 간결한 예제와 결과 화면을 한눈에 볼 수 있는 방식으로 구성해 HTML과 CSS와 관련된 주제를 매우 쉽게 배울 수 있다. 또한 웹 페이지 개발과 운영에 대한 전반적인 내용을 균형 있게 파악할 수 있도록 HTML과 CSS코드뿐만 아니라 작업 절차와 방법, 그리고 웹사이트 분석방법도 살펴본다. 처음 웹 페이지 개발을 시작하는 디자이너와 개발자에게 안성맞춤인 책이다.

54

워드프레스 플러그인과 테마 만들기 소스코드 분석부터 블로그 마케팅까지

9788960773738 | 할 스턴, 데이빗 댐스트라, 브랜드 윌리엄스 지음 | 이정표 옮김 | 35,000원

이 책은 워드프레스의 기초부터 활용까지를 폭넓게 다루는 입문서다. 워드프레스의 기초, 내부 코어 소스 및 데이터 구조를 순차적으로 학습하며, 플러그인과 테마를 이용해 워드프레스를 확장하고 개인화하는 방법을 보여준다. 이미 설치된 워드프레스를 이용하려는 일반 사용자, 플러그인을 제작하려는 개발자, 테마를 정교하게 다듬고자 하는 디자이너, 워드프레스를 대기업의 콘텐츠 관리 시스템으로 사용하려는 전문가, 검색 엔진 최적화(SEO)와 보안 등에 관심이 있는 운영자에게 도움이 되는 방법과 실제 사례를 제공한다.

에이콘출판의 기틀을 마련하신 故 정완재 선생님 (1935-2004)

워드프레스 플러그인과 테마 만들기

소스코드 분석부터 블로그 마케팅까지

인   쇄 | 2012년 12월 14일
발   행 | 2013년 1월 1일

지은이 | 할 스턴 • 데이빗 댐스트라 • 브래드 윌리엄스
옮긴이 | 이 정 표

펴낸이 | 권 성 준
엮은이 | 김 희 정
         이 순 옥
         황 지 영
디자인 | 남 은 순

인   쇄 | (주)갑우문화사
용   지 | 한신P&L(주)

에이콘출판주식회사
경기도 의왕시 내손동 757-3 (437-836)
전화 02-2653-7600, 팩스 02-2653-0433
www.acornpub.co.kr / editor@acornpub.co.kr

한국어판 ⓒ 에이콘출판주식회사, 2013
ISBN 978-89-6077-373-8
ISBN 978-89-6077-093-5 (세트)
http://www.acornpub.co.kr/book/pro-wordpress
이 도서의 국립중앙도서관 출판시도서목록(CIP)은 e-CIP 홈페이지(http://www.nl.go.kr/cip.php)에서
이용하실 수 있습니다. (CIP제어번호: 2012005881)

책값은 뒤표지에 있습니다.